"十二五"国家重点图书出版规划项目

先进
生物材料学

Advanced Biomaterials

主编　周长忍

暨南大學出版社
JINAN UNIVERSITY PRESS

中国·广州

图书在版编目（CIP）数据

先进生物材料学/周长忍主编. —广州：暨南大学出版社，2014.12
（“十二五”国家重点图书出版规划项目）
ISBN 978-7-5668-1003-8

Ⅰ.①先… Ⅱ.①周… Ⅲ.①生物材料—研究 Ⅳ.①Q81

中国版本图书馆 CIP 数据核字（2014）第 086813 号

出版发行：暨南大学出版社

地　址：中国广州暨南大学
电　话：总编室（8620）85221601
　　　　营销部（8620）85225284　85228291　85228292（邮购）
传　真：（8620）85221583（办公室）　85223774（营销部）
邮　编：510630
网　址：http://www.jnupress.com　http://press.jnu.edu.cn

排　版：广州市天河星辰文化发展部照排中心
印　刷：深圳市新联美术印刷有限公司

开　本：850mm×1168mm　1/16
印　张：25.75
字　数：669 千
版　次：2014 年 12 月第 1 版
印　次：2014 年 12 月第 1 次

定　价：128.00 元

前　言

随着科学技术的发展和临床医学技术的不断进步，生物材料及其制品的发展愈来愈快，技术水平也愈来愈高。生物材料与其他材料最根本的区别在于材料的生物相容性、特殊的功能性和必要的安全性。生物材料不仅涉及生物学、材料学，还涉及医学、药学、物理、化学、计算机、法律和管理等学科的专业知识和技能，是科学技术迅速转化为应用产品，尽快服务于人类的重要领域。本书向读者介绍了一些先进技术在生物材料中的应用与实践，作者结合自己多年的研究特色和国际上的研究热点，较系统地总结了生物材料在一些领域的最新研究成果，其内容基本覆盖了所属领域的最新发展，基本代表了生物材料及其制品的发展趋势。

生物材料的先进性关键在于材料及其制品制备方法的先进性、材料生物功能的先进性以及临床治疗水平的先进性。生物材料的先进性主要包含生物材料先进的合成方法、加工工艺、改性技术 、检测技术应用及其技术标准。先进的生物材料制品可以提升临床治疗效果，可以解决更棘手的临床医学问题，可以推动临床医学的技术变革，为临床治疗、诊断和康复提供更先进、更丰富的物质基础。先进生物材料及其制品的临床应用还会对探索人类生命奥秘、保障人类健康长寿作出重大贡献。

本书的特点是突出生物材料的最新研究成果，较系统地介绍生物材料的最新研究与应用，从材料学的角度介绍相关生物材料的先进性。书中，液晶态生物材料是作者在国际上首次提出的新概念，也是近 20 年相关研究的系统总结。生物高分子材料和生物无机非金属材料的先进设计与合成是在完成多项国家自然科学基金以及国家“973”、“863” 项目的基础上，结合国内外的最新研究成果进行的较系统总结。凝胶态生物材料、生物复合材料、纳米生物材料以及生物材料的表面改性和修饰是作者多年教学科研工作的总结。

在撰写本书的过程中，作者结合几十年有关生物材料研究成果和教学实践，参考了近几年生物材料研究的最新进展，力图为读者提供一本具有显著特色的生物材料学书籍。本书内容共十章，各章及撰写人为绪论：周长忍教授；生物相容性及其评价：焦延鹏教授；生物高分子材料：罗丙红教授；生物无机非金属材料的先进设计与合成：李红教授；生物材料的表面修饰：李立华教授；液晶态生物材料：屠美教授；凝胶态生物材料：鲁路副教授；生物复合材料：赵剑豪副教授；纳米生物材料：曾戎教授；生物材料制品与应用：周长忍教授。丁珊博士参与了“液晶态生物材料” 部分内容的撰写，刘明贤、田金环博士参与了“生物材料制品与应用” 部分内容的撰写，全书由周长忍教授统稿。本书得到了广东省教学改革项目的支持。本书的撰写历经近三年，作者多次对内容进行广泛研讨与修改完善，最终孕育出这本《先进生物材料学》，各位作者付出了辛勤的汗水，在此一并致谢！

尽管作者花费了大量心血，试图编写一本具有科学性、先进性的生物材料书籍，但由于作者才疏学浅，再加上生物材料的发展无比迅速，难免有各种错漏或不足之处，敬请读者批评指正。

周长忍

2014 年 6 月于暨南园

目 录

目 录

目　录

目　录

1 绪 论

1.1 引言

1.1.1 先进生物材料的概念

生物材料一般是指用于临床诊断、治疗、修复或替换人体组织或器官或增强其功能的一类高新技术材料。良好的生物相容性和安全性是生物材料的最基本要求。生物材料可以是天然材料、合成材料或是其复合材料，也可以通过各种技术对材料进行改性或修饰。虽然生物材料和药物都用于临床治疗，但生物材料与药物的作用过程或机制是完全不同的。生物材料对人体的作用不需要通过药物学、免疫学或代谢过程实现，而药物对人体的作用要通过免疫和新陈代谢过程才能发挥。生物材料可与药物结合来促进药物的特殊功能或降低药物的毒副作用，提高药效。

随着科学技术和临床医学的发展，生物材料也从天然材料发展到惰性生物材料，然后又发展为生物活性材料，以至今天国际上研发得十分活跃的生物降解材料、组织工程支架材料和组织诱导材料等。生物材料的先进性关键在于材料及其制品的制备方法的先进性、材料生物功能的先进性以及临床应用的先进性，例如生物材料及其制品的精密加工和可塑性，可赋予材料新型生物活性、组织诱导性以及材料生物可降解性等。此外，生物材料的先进性还表现在生物材料先进的合成方法、先进的结构形态、先进的改性技术以及先进的检测技术的应用。先进的表征方法和先进的标准也是先进生物材料的体现。先进的生物材料制品不仅可以提升临床治疗效果，解决棘手的临床医学问题，而且可以推动临床医学的技术变革，为临床治疗、诊断和康复提供更先进、更丰富的物质基础。先进生物材料及其制品的临床应用还会对探索人类生命奥秘、保障人类健康长寿做出重大贡献。

先进的生物材料不仅可以用来代替、修复或完善病变人体的组织和器官，使其恢复相应的生理功能，更重要的是可以利用机体细胞重新修复损伤的组织和器官，使其恢复自然状态，也就是利用生物及工程学的理论方法创造丢失的或功能受损伤的组织和器官，使其具备正常组织和器官的结构和功能。对于先进的药用生物材料而言，控缓释给药系统、微粒工程系统、靶向给药系统、智能给药系统或自我调节给药系统、经皮给药系统、粘膜给药系统等都对生物材料的性能和加工制备方法提出了更高的要求。很难想象，没有生物材料的应用，医药学的发展将会落后到何等地步。所以说生物材料已经成为人类生命过程中不可缺少也无法替代的重要物质基础。无论生物材料的先进性如何变化，唯一的宗旨永远都不会改变，那就是不断改善人们的生活质量、延长人们的寿命、提高医疗效果以及降低医疗成本。

1.1.2 先进生物材料的类型

生物材料及其制品的应用范围及技术水平已经成为目前衡量医疗水平的重要指标之一，

而材料科学与工程的发展与进步是生物材料及其制品更新或技术水平提高的根本，因为所有制品都离不开材料。生物材料是一种特殊的功能材料，先进的材料制备、加工技术也必然会影响生物材料及制品的发展。因此，生物材料必然与其他材料一样包括金属材料、无机非金属材料、高分子材料、复合材料等，其先进性主要体现在加工制备方法、改性技术以及功能化的实现上。

一般而言，若按材料的来源分类，生物材料可分为自体生物组织或器官，例如自体皮肤移植、冠状动脉搭桥术用自体血管、自体骨移植等；同种异体组织或器官，例如用作角膜移植的人类尸体或活体角膜、异体器官移植等；异种同类组织或器官，例如用猪的肾脏移植治疗人的肾衰、利用动物皮移植治疗皮肤烧伤。此外，还有来自自然界的天然生物材料，例如用于人工肾、人工肝、人工皮肤以及人工骨的甲壳素、纤维素、胶原、珊瑚等，以及人工合成材料，例如人工心脏瓣膜（硅橡胶、聚氨酯等）、骨水泥、合金等。

若按材料的替代对象分类，生物材料又可分为硬组织材料，如替代骨、齿等组织的金属和无机非金属材料；软组织材料，例如人工皮肤、人工角膜、人工心血管等的替代材料；血液代用材料，如人工血浆、人工血液等的替换材料；膜分离材料，例如用于血液净化、血浆分离和气体选择的功能性材料；粘合材料，组织粘合、缝合材料，以及药用材料，药物的添加剂、填料以及包裹材料，药物缓释控释用载体材料等。

若按材料的性质分类，生物材料也可分为金属材料，例如制作人工关节的钛合金、血管支架以及医疗用的针、钉、髓内针、齿冠等和人工假体及其他医疗器械；无机非金属材料，例如用作人工骨、人工关节的生物陶瓷、玻璃等；高分子材料，例如硅橡胶、聚氨酯、聚甲基丙烯酸甲酯、聚乳酸、聚乙醇酸、胶原、海藻酸盐、甲壳素及其衍生物等。实际上，目前大多数生物材料制品均为两种或两种以上不同材料的复合材料。

若按与人体接触程度分类，生物材料又可分为体表接触材料，例如创面敷料、绷带、传导涂料等；半植入性材料，例如导管、医疗器件等；植入性材料，例如人工角膜、人工肾、心血管、人工神经等，以及生物降解和吸收性材料、组织工程支架材料等。

先进生物材料的类型很多，并且会随着技术的不断进步而发生变化。笔者认为，最有发展前景的生物材料应是降解产物无毒、无副作用、降解速率可调、体内可降解，且具有特殊功能的复合材料。本书参考目前国内外最新的研究成果，重点介绍先进的生物相容性及其评价、生物高分子材料和生物无机非金属材料的先进设计与合成、生物材料的表面修饰、液晶态生物材料、凝胶态生物材料、生物复合材料、纳米生物材料以及生物材料制品与应用等。

1.1.3 先进生物材料关注的研究内容

生物材料及其制品的基本要求是可用于代替和修复人体病变组织和器官以及制造医学诊断和治疗使用的医疗器械。因其特殊的使用环境和目的，了解生命体的生理环境、组织结构、器官生理功能及其可行的替代方法是生物材料涉及的基本内容。在此基础上，研究满足特殊性能、特殊功能和特殊要求的生物材料的制备方法和技术就成为生物材料学研究的核心内容。为了满足生物材料与人体组织和器官之间的生物相容性，还必须了解和掌握材料与生命体的细胞、组织、体液及免疫、内分泌系统等的相互作用机制以及避免和减少副作用的技术途径，为研究开发具有更好的综合功能的生物材料提供理论依据。此外，研究生物材料的组成、结构性能、表面现象及形状对材料周边组织的影响也是生物材料学的主要研究内容。由于生物材料的应用与人体生命息息相关，生物材料的管理、评价和安全性鉴定方法也是生物材料学研究的主要内容之一。

先进生物材料的研究内容是在上述研究内容的基础上更加系统地研究材料的结构和性能，尤其是结构性能与生物功能之间的关系，特别关注材料的种类和表面结构与细胞、蛋白以及一些生物大分子之间的相互作用机制。同时，先进生物材料还必须关注如何将相关领域，尤其是材料领域、生物学领域、医学领域等的最先进技术应用于先进生物材料及其制品的研究开发，比如液晶态材料作为抗凝血材料、凝胶材料作为药物载体和组织工程支架材料以及复合材料的广泛应用等。

随着临床医学的发展和临床治疗技术的不断进步，组织再生与构建的研究与应用如雨后春笋，有些结构简单的组织再生与构建已经进入临床试用阶段。尽管这些简单的组织替代物已经在临床治疗上发挥了重要作用，但还远未达到天然组织或器官的临床要求，无论在功能上还是性能上两者都相差甚远。究其原因，既有种子细胞来源及其大规模培养的问题，也有组织构建和临床实施的技术问题，但生物相容性良好的材料更是一个至关重要的因素，因为组织的构建或再生以及细胞的功能都必须依赖于理想的细胞外基质或微环境，而材料的性能对人体微环境的影响至关重要。所以，在组织再生与构建的研究开发中细胞外基质的替代物就格外重要，而这些替代物与细胞或蛋白之间的作用机制又应该首先研究清楚。

先进生物材料应关注的基础内容还有生物制造技术与设备，其核心是应满足植入器械的个性化仿生设计及组织工程制备的技术与设备要求以及动物源转基因异种器官的临床应用。组织工程、组织诱导及其组织再生材料的设计或改性，尤其是骨、软骨、血管内膜再生组织诱导材料的设计与制造应是今后生物材料及其制品重点研发的内容。此外，眼科材料、牙科种植材料、血液净化材料及体外循环系统的相关基础研究也是热点之一。临床上骨科有很多疑难病症，药物和其他传统方法都无能为力，需要应用骨移植、修复或再生，这就要求材料结构稳定、机械性能好。但对先进的生物材料而言，除了稳定的结构和良好的机械性能外，还应具有促进骨组织愈合的功能，尤其是使弹性模量能与人体骨组织的弹性模量匹配。

1.1.4 生物材料的先进性要求

生物材料除了应具有一般材料的物理、化学和机械性能外，还应具有良好的生物相容性和安全可靠性。

1.1.4.1 生物材料的一般性要求

（1）必须符合有关标准的规定，一般应具备无毒、无热源反应、不致畸、不致癌、不引起过敏反应、不干扰机体的免疫机制、具有良好的血液相容性和组织相容性等。

（2）良好的生物稳定性。对于长期植入体内的生物材料，材料的结构性能必须稳定，否则会使其周围组织发生以纤维芽细胞为主的增殖反应，形成生物组织被膜。对于非长期植入性材料，在一定时间范围内也应具有良好的生物稳定性。

（3）材料的溶出物及可渗物无毒。为了改善材料的性能或降低成本，在材料制作和加工过程中会加入部分添加剂或在材料合成和加工过程中残留一些低分子化合物，这些低分子化合物在与体液、血液接触后会溶入或渗入体内引起不良反应。如甲醛会引起皮炎，氯乙烯具有麻醉作用，甲基丙烯酸会进入人体循环引起肺功能障碍等。所以为了避免不良反应，材料的溶出物及可渗物应无毒。

（4）良好的机械性能。良好的机械性能是生物材料的关键因素之一，也是目前阻碍生物材料发展的重要因素之一。机械性能一般包括材料的强度、弹性、耐疲劳性、耐磨性、尺寸、界面稳定性和成型加工性能等。例如人工心脏瓣膜，每分钟要伸缩几十次，一年要伸缩几千万次，若没有良好的机械性能就难以维持。对于新近发展起来的组织工程支架材料，为了保证其在组织培养过程中的支架作用，所用支架材料必须具有一定的机械强度和力学性能。

(5) 便于灭菌和消毒。生物材料的灭菌和消毒是生物材料及其制品制作不可缺少的过程，在确定生物材料的应用目的时，必须考虑与材料和制品相适应的灭菌消毒方法，同时还必须注意灭菌消毒方法对生物材料性能的影响。

(6) 易于加工，成本低廉。目前生物材料及其制品的发展非常迅速，其应用范围也逐渐扩大，但是由于加工或成本的制约，生物材料的应用受到较大的限制。

总之，生物材料的最基本要求是对生物体不产生明显的有害作用，同时也不能因与生物系统接触或结合而降低材料的性能和使用寿命。

1.1.4.2 生物材料的先进性要求

生物材料的先进性主要体现在制品的功能性上。由于生物材料的应用目的不同，所以对其功能要求也千差万别，如有些生物材料及其制品可以全部植入体内，有些则可以穿透上皮表面（如皮肤）部分植入体内，有些可以放在体内的空腔中但不进入皮下（如假牙、子宫内置物、接触镜等），还有些可以放在体外，通过某种方式作用于体内组织（如与血管系统相连的体外装置）。显而易见，这些功能不可能集于一种材料，但必须要求所有材料满足下述一般性要求。换句话说，生物材料及其制品的先进性要求必须建立在一般性要求的基础上。

(1) 力学性能。力学性能是指材料在外力的作用下所表现出来的综合性能。“生命在于运动”，运动就离不开力的作用。力的作用形式有很多，如剪切、压缩、弯曲、拉伸、扭曲、摩擦等。对于生命现象所涉及的以位移为特征的机械运动而言，即使主体是细胞和亚细胞组织，其尺度也未超出牛顿力学有效的范围。因此，材料在人体内的力学作用仍应遵守牛顿力学定律。作为理想的生物材料制品，其力学性能必须与其所替代的组织或器官的力学性能相匹配。

(2) 耐摩擦和磨损性能。生物体内的组织和器官在不停地运动、摩擦。因此，所使用的材料均须具有低摩擦和低磨损性，并要有适合运动的润滑表面。例如，自然关节不仅有滑液润滑，而且有良好的软骨—滑液的协同作用，摩擦系数极低，但一般的人工合成材料很难达到此要求。

(3) 血液流动性。血液在动脉、静脉和毛细血管中流动，血管是有生命的，血液是一种神奇的流体，它供给生命活动所必需的营养，在肺和组织细胞之间运输氧气和二氧化碳，而且知道何时流动、何时凝固。因此心血管材料不仅要有良好的力学强度，还应具备特殊的表面性能，从而削弱材料与血液之间的不良反应。

(4) 体液流动性。人体内的液体称为体液，在成人体内约占体重的60%，其中2/3在细胞内（细胞内液），1/3的体液在细胞外（细胞外液）。细胞外液主要分为组织液（淋巴液和脑脊液等）和血浆两大部分。体液从身体的一个部分引导到另一个部分是通过组织蠕动收缩机制完成的。这就要求生物材料不仅要有良好的表面性能，而且要有一定的弹性。与血液流动性控制一样，体液的流动性控制也是材料的一个复杂问题。

(5) 光、电、音传导性能。生物体的视觉主要是光学现象，也有部分是生理现象。在视网膜中光转变为电信号并通过神经传入大脑。因此眼科用材料的主要功能要求就是具有良好的光传递性能。

身体的许多器官功能的调控都是通过神经系统内的电活动来实现的，身体的感觉系统也是依赖于电脉冲从感官传递到大脑的。这种功能可借助器械的植入把感觉输入转变成可传入神经系统相关部分的电信号。

修复声音传导通道所用材料必须具备声音的传导性能，该性能主要靠材料的声波传递性能完成，例如人工中耳骨已经被广泛使用。

（6）药物的缓释控释性能。药物释放体系一般可分为时间控制和部位控制两种类型。时间控制型释放体系有两种形式，一种是零级释放体系，即单位时间的恒量释放；另一种是脉冲释放，即按需要非恒量释放的体系和随环境改变而释放的体系。无论哪一种都需要材料具有一定的溶胀性、溶解性或生物可降解性。部位控制型一般由药物、载体、特定部位识别分子所构成。这种药物的特点是药物活性部分在发挥药理活性前不分解，能够高效地在目标部位浓缩，最好能被细胞所吞噬，然后通过溶菌体被分解释放，这种药物要求使用的载体材料具有一定的智能性。

（7）生物降解和人体吸收性能。对于药物缓释、控释材料和组织工程支架材料，生物可降解性和人体可吸收性是所用生物材料的重要性能，甚至是不可缺少的性能。材料在体内的降解过程一般可分为酶催化、自由基作用和水解过程等。

（8）组织再生的诱导作用。组织再生的诱导作用是对生物材料的更高要求，它不仅要求材料具有良好的生物相容性，而且要具有能诱导组织再生的作用。这种诱导作用可以借助生物工程的方法对材料进行改性，尤其是引入细胞生长因子类物质等。

1.1.4.3 生物材料的安全性要求

人体组织和器官是机体在长期的进化过程中形成的复杂精细结构体，作为替代组织和器官功能的人工植入体，在结构上无疑会与生物的组织和器官存在较大的差别。生物材料的生物相容性此时就显得非常重要，它贯穿于整个生物材料的研发生产和使用过程。生物相容性是指材料引发的宿主反应和材料变化。生物材料研发生产人员都非常关注材料的生物相容性，但在此必须强调的是材料的生物安全性，即消除生物材料对人体器官的破坏性，比如细胞毒性和致癌性。生物材料对于宿主是异物，在体内必定会产生某种应答或出现排异现象。材料植入成功的必要条件是宿主体能够接受发生的所有反应，且不会产生有害作用，因此要对生物材料进行生物安全性评价。在保证安全的前提下，生物材料必须具备一定的功能，即能够激发宿主恰当应答的能力。生物学评价不仅要对生物材料的毒副作用进行评价，还要进一步评价生物材料对生物功能的影响。生物相容性测试的内容很多，最常测的三个项目是：细胞毒性试验《医疗器械生物学评价（第5部分）：体外细胞毒性试验 GB/T 16886.5—2003 ISO 10993—5:1999》；皮肤刺激试验《医疗器械生物学评价（第10部分）：刺激与迟发型超敏反应试验 GB/T 16886.10—2005 ISO 10993—10:2002》；致敏试验《医疗器械生物学评价（第10部分）：刺激与迟发型超敏反应试验 GB/T 16886.10—2005 ISO 10993—10:2002》。

1.2 先进生物材料简介

生物材料的种类繁多，日新月异。生物材料及其制品不仅是临床诊断和治疗的工具或用品，而且对当代医疗技术水平的提高发挥着重要的引导作用。人工器官、组织工程、基因治疗、介入治疗、控释系统、再生医学等已经成为临床医学研究应用的热点和最重要的技术水平标志。为使读者更好地掌握本论著的内容，本节简单介绍几种应用前景良好的生物材料。

1.2.1 天然生物材料

众所周知，人类肌体的基本组成物质，诸如蛋白质、核糖核酸、多糖、一些脂质都是高分子化合物。人类肌体的皮肤、肌肉、组织和器官都是由高分子化合物组成的。天然生物材料是人类最早使用的医学材料之一。由于天然生物材料具有不可替代的优点，人们一直没有放弃对它的深入研究。天然生物材料的多功能性、生物相容性、生物可降解性及其改性与复合，特别是最近对杂化材料的研究，更显示出它的特点，使其成为不可缺少的重要生物材料之一。由于结构和组成的差异，天然生物材料会表现出不同的性质，应用领域也不完全一样。天然生物材料的先进性就在于在体内降解、降解产物对人体无毒且可为人体所吸收等。

1.2.1.1 天然多糖

天然生物材料中的多糖是由许多单糖分子经失水缩聚，通过糖苷键结合而形成的天然高分子化合物。多糖水解后如果只产生一种单糖则称为均聚糖，如纤维素、淀粉等，如果最终水解产物是两种或两种以上单糖则称为杂聚糖，如菊粉等。杂聚糖的种类虽然很多，但其存在量远不及均聚糖。

纤维素是由 D－吡喃葡萄糖经由 β－1,4 糖苷键联结的天然植物多糖，具有不同的构型和结晶形式，是构成植物细胞壁的主要成分，常与木质素、半纤维素、树脂等相伴，是存在于自然界中的数量最多的碳水化合物。纤维素作为生物材料使用的最大问题是加工性能和人体内的可降解性问题，若此问题不解决，纤维素作为生物材料就难以发挥其独特的优越性。

甲壳素是一种来源于动物的天然多糖，在自然界中的产量仅次于纤维素而居第二位，也是现今所发现的众多天然多糖中仅有的具有明显碱性的天然多糖。自然界生物每年合成的甲壳素估计有数十亿吨，而从每年收集的甲壳类动物的废弃物中即可提取数十万吨。

甲壳素广泛存在于真菌、藻状菌、甲壳动物以及节肢动物中，是细胞壁以及菌丝、菌柄和孢子的结构膜的重要组成成分。人体内只含有相应的单糖结构单元，而无甲壳素或壳聚糖的存在。壳聚糖是由氨基葡聚糖（GlcN）和乙酰化氨基葡聚糖（GlcNAc）两种结构单元通过 β－1,4 糖苷键构成的，是一种纤维增强素，负责维持细胞壁的坚固性，但其作为组织再生或构建的材料是否会与人体内的细胞发生作用而影响细胞的功能或活性尚有待进一步探讨。壳聚糖在体内的降解主要是在人体各种组织和体液中广泛存在的溶菌酶（Lysozyme）的作用下完成的，主要的降解产物是 GlcN－GlcNAc，GlcN 和 GlcNAc。有人发现降解产物中含有麦芽糖，说明壳聚糖中存在 α－1,4 键连接的葡聚糖。尽管壳聚糖及其降解产物无抗原性，不会产生抗体，但壳聚糖植入人体后会激活其他免疫系统（如免疫细胞、免疫球蛋白或补体分子等）而有“异物”反应。壳聚糖的生物合成是定向地在膜结合蛋白复合物上进行的，链的增长是通过将 UDP－GleNA（Uridine Diphosphos－N－Acetylglucosamine）上的 GlcNAc 依次转移到增长分子的非还原端而逐渐形成的多糖。壳聚糖虽是一种天然高分子，但归根结底是对来源于动物的甲壳素进行处理后的产物，对人体的作用应该不同于人体内固有的糖类。

壳聚糖在组织修复中的应用已经受到国内外的广泛关注，每年有关壳聚糖或甲壳素的论文研究和专利有很多。国内外的研究已经表明，壳聚糖作为人工皮肤材料，具有促进创伤上皮化、形成肉芽组织、加速伤口愈合的功能；作为眼科材料，壳聚糖具有抑制纤维结缔组织、减少疤痕组织形成和促进血管内皮细胞生长的作用，可以用作角膜接触镜、粘弹剂、人工泪液、结膜缓释药膜等；作为神经导管材料，壳聚糖具有有选择地抑制成纤维细胞的生长和促进神经膜细胞生长的功能；作为骨科材料的研究更是日新月异。自然界中的甲壳素的生理功能经常被拿来与纤维素相比较，两者均是在生物复合材料中形成纤维束的胞外多糖。自然界中的甲壳素纤维包埋在蛋白基质中，蛋白与多糖的结合多以共价键形式存在，虽然与多糖结合的蛋白已经能分离和表征，但其中的蛋白质的交联程度及多糖—多肽键的化学结构还不清楚。

虽然国际上许多国家已经批准壳聚糖作为植入人体的生物材料，但国内外临床使用的壳聚糖类植入材料经常出现一些不良现象，其原因有材料的制备加工问题、应用问题以及临床问题，但最关键的是目前的研究主要集中在对其改性、复合、加工及其一般的生物相容性研究上，而对其在体内不同时期的降解产物的组成及其对组织修复过程的影响关注不多，尤其是忽略了降解产物（壳寡糖）及其与蛋白质结合后对细胞功能和性能的影响。

人体内含有许多氨基聚糖，如透明质酸、肝素、硫酸角质素等都含有 N－乙酰氨基葡萄糖。这些氨基聚糖的糖链可通过糖苷键共价结合形成蛋白质，从而形成蛋白聚糖。蛋白聚糖单体又可通过非共价键与透明质酸结合形成多聚体。氨基糖在体内可与胶原、弹性蛋白、粘连蛋白结合。骨骺中的硫酸软骨素蛋白聚糖可结合 Ca^{2+}，促进钙化。氨基聚糖（肝素）可与血浆蛋白中的凝血因子结合，具有抗凝血作用。肝素还可与脂蛋白脂肪酶结合。硫酸乙酰肝素蛋白聚糖可与 FGF（成纤维细胞）因子结合，嵌入质膜中成为跨膜结构，参与细胞—细胞、细胞—基质之间的信息交换等。

1.2.1.2 蛋白质

蛋白质广泛存在于动物和植物体中，作为生物材料应用的主要是结构蛋白，如胶原、弹性硬蛋白等。由于胶原来源广泛，特别是其抗原性低而被广泛应用于医学领域；纤维蛋白原具有特殊的生理功能，如止血、可降解性等早已为人们所应用，故对其做一简单概述。

胶原是人体和脊椎动物的主要结构蛋白，是支持组织和结缔组织（皮肤、肌腱和骨骼的有机部分）的主要组成成分。哺乳动物的皮肤胶原种属差异较小。X 射线图显示，由不同种类的动物分离出的胶原极其相似。胶原蛋白中含有大量的甘氨酸、脯氨酸、羟脯氨酸，同时因为胶原中羟基脯氨酸的含量比较均一，因此通过测量羟脯氨酸的含量可以很容易计算出胶原的含量。

胶原蛋白的基本单位称原胶原蛋白，它是由大约 1 000 个氨基酸基构成的 α－肽链所组成的，其分子量约为 30 万。根据 α－肽链结构与组成的不同，胶原可分为由两种不同的 α 肽链，即由两条 α_1（I）肽链和一条 α_2（I）肽链所组成的 I 型胶原和由三条相同 α 肽链所组成的Ⅱ、Ⅲ、Ⅳ型胶原。它们均具有重复的三重序列结构（甘氨酸－X－Y）$_n$。为了保持胶原的力学性能，应力求在整个过程中保持胶原的纤维状结构和尽可能地避免其变性和降解。胶原分子间因为常存在某些共价交联，所以常不易从动物组织中直接萃取。但是在某些组织中，例如幼小动物的皮肤中存在一小部分相当于约百分之几的胶原，这些胶原未能形成交联或交联不够充分，因而可以用 0.5～1 M 冷 NaCl 溶液进行萃取，这样可以破坏醛亚胺交联键。这部分可溶性胶原通常被作为标准品进行研究。

制备可溶性胶原的方法是蛋白酶解法，因为胶原的交联主要发生在原胶原，采用胃蛋白酶解法等可以使原肽区的肽链遭到破坏。用这种方法制备的可溶性胶原主要是截除胶原的原肽末端，而胶原的螺旋体结构仍基本保持不变。胶原溶液是由较多分子形成的聚集体，其溶解性能明显下降。可溶性胶原干燥后和其他蛋白质一样，容易发生变性和非特异性交联，很难再重新溶解。但是采用冷冻干燥法，如果保存方法得当，至少在几个月内可以重新溶解。大部分胶原为酸不溶性胶原，在稀酸中也不能溶解，但少部分会溶胀而被制成胶原分散液。

外科手术一般通过压力和止血海绵控制渗血，胶原海绵高度的止血活性和对体液的吸收，有利于组织，特别是骨组织的再生。胶原还可用作人工肾的透析膜、人工血管、人工肌腱、人工晶体、人工角膜和外科修补材料，亦可作为药物载体制备缓释药物。

纤维蛋白则可简单地定义为纤维蛋白原在生理条件下凝固所形成的一种材料。纤维蛋白原是一种血浆蛋白，在凝血酶的作用下可发生凝固，其在血浆中的浓度为200～500毫克/100毫升。人类和牛血浆的纤维蛋白原的分子量在33万～34万之间，氨基酸的组成相差也不大。除氨基酸外，纤维蛋白原也含有少量糖，半衰期为4～6天。

纤维蛋白和纤维蛋白原的主要区别在于其在生理条件下的不溶性，在没有凝血因子XⅢ参与下制备的纤维蛋白，除可在脲中溶解外，其粘度性质、沉淀性质、光散射性、光学转动性质均和纤维蛋白原相同。纤维蛋白原含有O－磺化酪氨酸和磷酸丝氨酸，因而亲水性基团比例高，含糖残基为4%～5%。对纤维蛋白进行氨基酸分析，结果与纤维蛋白原相似，但含糖组分比纤维蛋白原少10%～20%。纤维蛋白可以用不同方法进行化学改性，其中包括放射性碘化法、用重氮甲烷和甲醛甲基化、与合成高分子进行接枝和在纤维蛋白上进行酶的固定等。

纤维蛋白主要来源于血浆蛋白，因此具有明显的血液相容性和组织相容性，没有毒性和其他不良影响。其作为止血剂、创伤愈合剂和可降解生物材料在临床上已经被应用很久。纤维蛋白的生理功能主要为止血，在人体发生大的创伤时，其凝血机制受血小板粘附、血管收缩和纤维蛋白形成的效率影响。除止血功能以外，纤维蛋白可明显地促进创伤的愈合。在愈合过程中，纤维蛋白被认为有明显的营养价值。从另一角度看，纤维蛋白可作为一种骨架，促进细胞的增长。纤维蛋白还具有一定的杀菌作用，其沉积和移除的相对速率对维持血管完整起着重要作用，这一般归因于其作为外体细胞而能被机体识别。

1.2.1.3 天然无机非金属材料

自然界有许许多多无机非金属生物材料，其中很多是由生命系统参与合成的。生命体中的许多组织或器官，如贝壳、珊瑚、牙齿、骨骼等都是无机非金属材料与生物高分子材料的复合体。天然无机非金属材料的主要成分包括：羟基磷灰石（HAP）、磷酸钙、碳酸钙、珊瑚，以及硅、铝、镁、钛、锆等的氧化物、硼化物、氮化物等。用于生物材料的天然无机非金属材料多为生物矿化材料，而生物矿化材料的合成过程多是细胞的调制过程。由细胞调制过程形成的无机材料与自然界存在的材料最大的差别是前者具有极高的力学强度、很好的断裂韧性以及许多特殊的功能，更重要的是，这些性能是在实验室里无法实现的。

天然无机非金属材料中最常见的是磷酸钙，医学上应用最多的是磷灰石类。磷灰石的化学通式可用$M_{10}(XO_4)_6Z_2$来表示，其中M是典型的二价金属阳离子，XO_4是三价阴离子，Z是一价阴离子。常用于医学的磷灰石类磷酸钙陶瓷最重要的组成成分是羟基磷灰石，理想的化学式是$Ca_{10}(PO_4)_6(OH)_2$，理想的钙/磷比为1.67，通常含有CO_3^{2-}以及镁、钠、氯、氟等微量元素。在骨质中，羟基磷灰石大约占60%，是一种长度为200～400 Å、厚度为15～30 Å的针状结晶，其周围规则地排列着骨胶原纤维。齿骨的结构也类似于自然骨，但齿骨中羟基磷灰石的含量达97%。然而，必须指出的是，合成磷灰石与天然磷灰石相比，在组成上具有较大的差别，多数合成羟基磷灰石实际上含有磷和/或羟基的替代基团，与理想的钙/磷比（1.67）相差较大。HAP基钙磷生物陶瓷因为具有良好的骨传导性，一直以来都备受关注。近来研究者已将工作重心从制备致密的HAP骨替代材料转移到制备多孔HAP或者HAP复合材料，以期改善其生物可降解特性，加速硬组织的再生。同时有研究者采用在HAP中添加少量硅、钛、锌等元素的方式用以提高 HAP 的成骨能力。骨水泥主要是指硫酸钙类、磷酸钙类。磷酸钙骨水泥（CPC）已经用于人工骨、关节的固定和由各种原因引起的骨缺损填充、脊柱融合植骨、颈椎前路术用骨栓等。

在自然界中，碳酸钙是以文石和方解石的形式存在的，多存在于非脊椎动物的外壳中。到目前为止人类仍不清楚为什么草蛇是由碳酸钙支撑其软组织的，而脊椎动物的骨却由磷酸钙组成。生物体内的碳酸钙不仅有支撑结构的功能，还具有一定的功能性。例如，动物内耳中位于耳膜上的小方解石单晶作为平衡器官可以阻止线性加速度的变化。非晶态的碳酸钙一般是作为钙源附着在植物的叶面上的。一般而言，非结晶碳酸钙是不稳定的，遇水会发生相变。而在生物体中，由于生物大分子的作用，碳酸钙会表现出一定的稳定性。

1.2.2 液晶态生物材料

液晶是一种既像液体一样有流动性，又像晶体一样保持一定程度的有序结构的物质，是一种介于各向异性晶体和各向同性液体之间的有序流体。处于液晶相的物质既具有流体的流动性和连续性，又具有晶体分子的有序性和光学各向异性。根据液晶的生成条件，液晶可分为热致液晶和溶致液晶。热致液晶是指由单一化合物或由少数化合物的均匀混合物形成的液晶。其通常在一定温度范围内才显现液晶相的物质。溶致液晶是一种包含溶剂化合物在内的由两种或多种化合物形成的液晶。在溶液中，溶质分子浓度处于一定范围内时会出现液晶相，溶剂主要是水。溶致液晶中的长棒形溶质分子的长宽比在 15 左右，引起分子排列长程有序的主要原因是溶质与溶剂分子之间的相互作用，而溶质分子之间的相互作用是次要的。生物膜具有溶致液晶的特征。

现代生物学研究表明，健康的生命体系是一个有机有序的整体，生命的各种复杂的生理生化反应的维持都依赖于有序结构。生命体系中分子的液晶有序现象广泛存在，组成生物膜特有的脂质结构——液晶，已被公认为是细胞的基本构架，是生命的“脊梁”。一些重要的生命功能都是以生物膜为舞台展现出来的，也就是说生命过程中的许多重要功能都与生物膜分子的液晶态构象与运动密切相关。虽然生物膜的结构极为复杂、精巧，但所有生物膜都具有典型的液晶结构，无一例外。正是由于生物膜处于流动的液晶态，许多正常的生理活动如物质转运、信息传导、细胞识别、细胞融合和分裂等才能顺利进行。不难想象，如果脂膜不是液晶，不能流动，蛋白质就不能侧向移动，甚至不能发生变构效应，细胞就不能分裂和融合，生命体就无法生存、成长和繁殖。许多研究已经证明，细胞膜、多肽、核酸、血管内壁及肌体内的其他生物膜，尤其是与血液长期接触的细胞膜表面均处于流动的类脂层液晶态，其组成成分主要有水、类脂和特定的蛋白质（如细胞中的类脂由磷酸酯、胆固醇和糖脂等两亲化合物组成）。从分子水平观察生物体结构，众多的生物分子在体内通过各种有序排列组合，构成细胞、组织和器官。细胞膜、表皮、肌肉、神经、视网膜、蛋白质、脂类、核酸、碳水化合物等，都是由生物大分子在水溶液中有序排列而形成的。生物膜表面的流动性、湿润性和有序性使其具有良好的生物相容性。任何破坏血管内壁有序排列的因素都可导致血栓的形成，任何引起红细胞膜液晶有序排列程度降低的因素都会导致微循环的不通畅。因此可以预言，处于有序流动性液晶态表面的膜材料具有良好的生物相容性。

越来越多的研究表明生命现象中存在着典型的液晶行为。对生物体存在液晶态现象的研究、对液晶态生物材料与细胞相互作用的考察以及对材料液晶特性与生物体生命活动的相互影响的机理探讨，为人们开发新型仿生生物材料、更好地模拟体内组织培养的微环境提供了新的思路，同时也为人工模拟组织器官提供了理论基础，具有广阔的应用前景。

1.2.3 纳米生物材料

纳米生物材料是从材料领域发展出来的一个崭新领域，其研究涉及口腔材料、骨科材料、载药材料、介入导管、血管支架以及许多临床使用的耗材。国际上不少专家学者预言，纳米材料很可能成为21世纪生物材料的核心，其原因是人体的骨骼、牙齿、筋、腿等都发现有典型的由纳米微粒形成并具有纳米结构的纳米复合材料。

从仿生的观点看纳米材料，其应该是人体组织器官的最佳结构材料，具有许多传统材料所不具备的独特的理化性质和生物学效应，在生物医用领域具有广阔的应用前景。荧光量子点、荧光纳米碳及荧光纳米硅等荧光纳米探针在细胞与组织的标记、生物成像、生物传感、疾病诊断与检测等纳米生物医学领域具有重要的应用价值；磁性纳米粒子可用于磁共振成像（MRI）和生物分离等。

纳米材料与医学药物领域的交叉是其必然的发展趋势。如美国MIT已成功研究出了以纳米磁材料为药物载体的被称为“生物导弹”的靶向药物，即让磁性三氧化二铁纳米微粒包敷蛋白质表面携带药物，注射进人体血管后通过磁场导航输运到病变部位释放药物，可减少药物对肝、脾、肾等产生的副作用。再如纳米载体材料可改善难溶药物的水溶性，提高药物的生物利用度、稳定性、安全性和靶向性，从而更好地发挥药物的治疗效果。纳米微粒在医疗临床诊断及放射性治疗等方面的应用正不断发展着，如在人体器官成像研究中，纳米微粒已进入核磁共振生物成像领域。

纳米材料在生物体内的生理行为与常规物质可能有很大的不同，其负面生物效应，尤其是毒理学与安全性问题对人类健康造成的不良影响不能被忽视，这也限制了纳米材料的生物医学应用。当前，世界各国对纳米材料的毒理学研究还处在初步阶段，研究方法还不统一、不规范。生物安全性一般是指其狭义范围内的生物学评价，即纳米生物材料必须具有生物相容性，对人体无毒性、无刺激性、无致敏性、无遗传毒性、无致癌性，对人体组织、血液、免疫等系统无不良反应。这要求纳米生物材料和宿主间应产生恰当的、相适应的作用，其主要包括两方面的内容：一是材料反应，主要指纳米材料在生物环境中被腐蚀、吸收、降解、磨损和失效等反应；二是宿主反应，包括局部和全身反应，如炎症、细胞毒性、凝血、过敏、致畸和免疫反应等。不同的使用场合对纳米生物材料的生物相容性具有不同的要求。

1.2.4 药用高分子材料

药用材料是现代药物制剂中协助主药（原料药）产生特殊功能的一类材料，如控缓释、靶向、粘附等，以及包装药品或与药品直接接触的一类生物材料。药用材料可分为药用无机材料与药用高分子材料两大类，绝大部分药用材料是高分子材料。按照材料的组成或形态，药用材料可以分为高分子微胶囊、水凝胶、胶束、脂质体以及纤维类给药体系。

高分子材料从功能上讲，可分为三个方面：一是高分子本身是一种药物，如中药中有许多是高分子化合物；二是作为药物制剂的辅助材料，如药物填料、分散剂、粘结剂及包衣剂等；三是作为控制释放药物的载体，这是药用高分子材料的主要功能。

所谓控制释放药物，是指能根据需要人为地控制药物的活性成分的释放速率，使其既达到治病抗病效果，又尽量减轻副作用。控制释放药物的制备方法一般有两种：一种是通过化学键将高分子载体与活性药物结合在一起，选择结合的化学链能在一定的生理环境下断裂，释放出活性成分；另一种是通过微胶囊化将活性药物包裹在高分子材料中间，借助高分子材料的降解、渗透、溶胀等释放药物。活性药物释放速率可用不同的化学键和包裹方法控制。例如，抗癌类缓释药物就是利用癌细胞的温度比正常细胞稍高和 pH 值偏低的性能，选择合适的材料，使其只有在与癌细胞接触时才能释放活性成分，而与正常细胞接触时活性成分无法被释放。

药物载体的内涵随着新型制剂和新功能的更新而不断被完善或扩展，载体的研究方向也非仅仅考虑材料的结构性能，而是更加注重药物—抗体结合、药物—载体共存、载体—抗体介导、载体修饰以及载体—药物偶联等形式的发展，以达到更加理想的临床治疗效果。

1.2.5 智能高分子材料

智能材料一般理解为对环境性能可感知并响应，且具有功能发现能力的材料。以智能高分子材料为基础可使药物释放体系智能化，即需药时释放，无必要时药物停止释放。此体系的特点为药物需要与否可由药剂本身判断，集传感器、处理及执行功能于一体。它可感知由疾病所引起的化学物质及物理量变化的信号，药剂则可依据对此类信号的响应自反馈而释放药物或终止其释放。例如生物体的血糖值由胰腺控制，糖尿病患者血中葡萄糖浓度甚高，正常情况下胰脏分泌胰岛素可促进组织吸收血中葡萄糖，使血中葡萄糖浓度降低。若血中葡萄糖浓度太高，胰腺失去控制难以分泌胰岛素，则一般通过服用或注射胰岛素来促进组织对血液中葡萄糖的吸收。但是若血中葡萄糖浓度过低，引起低血糖，就会危及生命，所以胰岛素的服用要十分慎重。若利用碳化二亚胺在聚丙烯酸中引入葡萄糖氧化酶，使胰岛素微胶囊化，那么当葡萄糖浓度较低时，聚丙烯酸分子链就会伸展，胰岛素难以释放，从而抑制组织对血中葡萄糖的吸收。在葡萄糖浓度较高的场合，pH 值降低，聚丙烯酸大分子链收缩，胰岛素释放速率就会加快，从而促进组织对血中葡萄糖的吸收。

1.2.6 杂化及组织工程材料

1.2.6.1 杂化生物材料

杂化生物材料一般是指由活性物质与非生物活性物质复合的新型材料，是制造高生理功能的人工组织和器官的理想材料，包括用于组织结构材料的多糖类生理活性物质杂化、生物高分子杂化和细胞杂化三类。

材料与生物活性物质的杂化一般是将生物活性物质通过适当的方法结合在材料的表面，使其既具有材料基质的力学强度，又具有良好的生物相容性及抗凝血性能。例如，表面肝素化抗凝血材料，就是利用生理活性物质肝素的抗凝血性能与合成高分子材料之间的结合形成的。将前列腺素固定在高分子材料的表面同样可较好地改善材料的抗凝血性能。

材料与生物高分子的杂化主要是合成材料与酶、抗体、抗原、激素等的杂化，一般可作为人体组织、器官的结构材料，生物传感器及医学论断和治疗材料。例如利用酶的生物信息传递功能与具有刺激响应能力的材料组合可形成酶传感器，也可形成免疫传感器、细胞传感器等生物传感器。

材料与细胞的杂化。能与细胞复合杂化的材料不多，材料本身要有比较好的结构和性能。材料表面的电荷性、微相分离性能、表面能以及表面形态对生理性物质亲和性、选择性都有很大影响。可用于与细胞杂化的材料以天然材料为主，比如聚赖氨酸—海藻酸钠体系、甲壳糖—海藻酸体系、胶原等。聚丙烯酸酯体系、膨体聚四氟乙烯也可用于与细胞的杂化。

1.2.6.2 组织工程支架材料

组织工程的研究目的就是将可降解的组织工程支架材料制成一定形状，在其中种植细胞，孵育一定时间后形成相应组织，然后植入体内，随后材料在体内逐渐降解，而植入的组织则在体内存活并行使其功能。也可将组织工程支架材料直接植入体内进行组织培养，随着材料的不断降解和新组织的形成而使病变组织恢复功能。

组织工程支架材料除要符合一般生物材料的要求外，还要符合一些特殊要求，如材料应具有生物可降解性及适宜的降解速率。当移植的细胞或组织在受体内存活时，支架材料应自行降解，且降解产物无毒、无副作用；支架材料应符合细胞、组织、器官的生物力学要求，包括材料力学支撑与力学衰减，并具有良好的细胞界面关系，能相互作用以保存和促进细胞功能；支架材料的精密加工成型技术，尤其是加工成理想的二维或三维多孔结构，要保证其移植体内后可保持原有形状。有关组织工程或组织工程支架材料的参考书籍很多，在此不再赘述。

1.3 生物材料的先进制备方法

1.3.1 生物材料的功能化设计

生物材料的功能化主要依赖于基质材料和特殊官能团的性质，而相同基质材料的功能与功能化的基团关系密切。

1.3.1.1 官能团的性质与功能之间的关系

有些生物材料中官能团的性质对材料的功能发挥起主要作用，基质骨架仅仅起支撑、分离、固定和降低溶解度等辅助作用，如肝素化材料的抗凝血性能、羧基化材料表面的亲水性、侧链高分子液晶的刚性侧链。若官能团需通过与基质的结合或者借助基质的作用而发挥作用，就需要考虑官能团与基质的作用机理和对功能化基团的影响程度，如高分子药物、血液净化材料等。有一些材料的官能团本身就是基质的一部分，或者说基质分子链本身就起着官能团的作用。还有些官能团对材料的综合影响只起辅助作用，如改善溶解性能、降低玻璃化温度、改善润湿性、提高机械强度等。

1.3.1.2 基质材料对功能的影响

基质材料的组成、形态和性质会影响官能团的微环境和结构形态，因而会影响整体材料的功能或性能。如线型高分子有晶态和非晶态，在适当的溶剂中可以溶解，可塑性好，玻璃化温度较低等。但交联高分子则不熔不溶，在适当的溶剂中可溶胀，溶胀的程度与交联度有关，相对线性强度较好，可塑性差。为了增加材料的比表面积，增强功能的作用，材料应具有一定的孔径和孔率。如组织工程支架材料不仅要有较大的孔隙率和孔径，更要求材料的表面具有一定的生物学功能，尤其是促进组织修复或再生的功能。

材料中的功能基团的性质与相应的自由小分子相比具有明显的差异。如许多高分子与其相应的单体相比挥发性低、溶解性低，甚至只能溶胀不能溶解，亲水性、疏水性、粘弹性等均与之不同。此外，分子的构象、构型、结晶度、聚集态，以及分子中其他基团的数量和分布等对功能基团的活性和性能都有影响。

1.3.1.3 赋予材料功能的设计方法

材料的功能主要由某些官能团完成，我们可以根据已知功能的分子为设计基础，赋予材料某种功能，如抗凝血的肝素分子、促进骨组织愈合的磷酸钙盐、具有特别功能的蛋白片段或氨基酸分子等。但要注意的是，引入小分子时不要削弱小分子的功能，基质与小分子之间不能相互影响，小分子要有合适的功能化方法。同时，还应考虑功能小分子与基质之间的协同作用，如利用空间位阻效应、邻位协同作用等。目前，许多生物功能材料都是通过交叉学科和仿生技术制备出来的具有特殊功能的新材料，如药物载体材料、医用纳米材料、凝胶材料、液晶材料和智能材料等。

功能材料的制备方法：一是将功能性分子直接合成或制备成材料，或将功能性分子借助适当的包埋技术镶嵌在材料中，基质材料与功能分子之间无化学键；二是利用化学或物理改性将功能性分子与材料分子之间通过化学键结合，赋予材料新的功能。

1.3.2 可降解材料的降解速率调控

1.3.2.1 可降解与吸收材料简介

可降解材料是指在适当和可表明期限的条件下，能够完全分解变成低分子化合物的材料。可吸收材料一般是指可被人体吸收、利用或参与机体代谢的可降解生物材料。人体可吸收的是分子量或颗粒相对较小且无毒的化合物。非生物降解的高分子材料或大颗粒固体是不可能被人体吸收的。生物材料在体内的降解机制包括生物降解、物理降解、化学降解和机械降解等。材料的降解过程包括解聚、无规断链、侧基和低分子物的脱除等。生物材料降解的物理变化包括外观、形态、失重直至失去功能等。可降解吸收材料不仅可以降解，而且其降解产物无毒。可降解材料是先进生物材料的代表，其降解产物是否有毒以及如何控制降解速率是目前研究的热点。

材料降解的评价一般是体外评价，主要从分子量、质量和力学性能等方面比较不同材料的降解速率。为了取得更接近临床的试验数据，体内和临床试验是必不可少的。通常要依据样品的应用部位和临床治疗目的而设计试验过程。由于对体内降解的评价还缺乏统一标准，所以对于同一种材料，因技术和动物品种不同，结果会有较大的差异。

组织和细胞生物学是研究材料在体内吸收过程的主要手段。将聚合物微粒或纤维包埋在动物体内的特定部分，随着埋植进程不断地取出包埋材料的组织，用光学或电子显微镜观察组织反应和材料变化，直到材料消失和组织反应结束。用同位素标记法可以定量地研究材料在体内的降解、吸收和排泄。

1.3.2.2 降解机制与速率

材料在体内的降解和吸收是受生物环境作用的复杂过程，包括物理、化学和生化因素。物理因素主要是外应力，化学因素主要有水解、氧化及酸碱作用，生化因素主要是酶和微生物。由于植入体内的材料主要接触组织和体液，因此水解和酶解是生物材料最主要的降解机制。

材料降解速率是受多种因素影响的，其中材料的组成和结构是最关键的因素，如材料的水解性、亲/疏水性、离子强度等。材料的聚集态形式也对降解速率有较大的影响，如立体规整度、结晶型或无定型以及结晶度等。一般而言，比表面积越大降解速率会越快。材料中的杂质或缺陷以及材料周围的环境均会影响材料的降解速率，如自催化作用、植入部位的 pH 值大小、金属离子、酶的种类和浓度等。

天然多糖、蛋白质以及部分合成高分子材料在体内会使缩氨酸和葡萄糖键水解成水溶性产物。降解速率的控制与材料所处的微环境有关，但可以借助对材料的改性来调节降解速率。

合成材料的生物降解过程伴有一定的水解过程，聚酯类材料在体内的降解过程首先是植入材料从周围环境中吸收水分，吸水速率取决于材料的性能和比表面积。吸水后的分子主链发生水解和酶解，使化学链断裂，导致分子量和力学性能下降，导致样品变成低聚物或碎片，被吞噬细胞吸收或进一步水解成为单体溶解在细胞液内，最终产物通过新陈代谢和呼吸作用被吸收和排出体外。主链的水解性和亲/疏水性是影响降解速率的最主要因素。含极性基团的聚合物在湿度较大的环境中就会发生水解反应。单体的亲水性越强，形成的高分子材料在体内的降解速率越快。

杂原子与羰基相连的化学键非常容易水解。主链或侧链含有杂原子的高分子也可水解。一般而言，以下物质在人体环境中的降解速率是：聚酸酐 > 聚原酸酯 > 聚羧酸酯 > 聚氨基。除了材料的结构与组成外，高分子的聚集态形式以及植入装置的整体形状等都会影响材料的降解速率。通常情况下，无定形态比结晶态更易降解，增加比表面积有利于降解。分子量虽不影响降解速率，但分子量越大，达到失重极限的时间就越长，有效寿命就越长。

1.3.3 生物材料制品的先进制备方法

1.3.3.1 硬组织修复与替换材料的先进制备方法

硬组织修复与替换材料从起初的无机物逐渐向有机物演变，最先是钛钢合金。这些产品自身有着诸多优点，如强度大、刚性强等，但是这些产品也有着致命的缺陷，如生物相容性不好，常常会引起患者的不适，抗腐蚀性和耐磨性也不如高分子材料。金属的缺点之一是弹性模量比骨骼大得多，植入体承担了大部分机械负荷，减小了骨骼上的应力，从而产生应力遮蔽效应，对人体产生深远的影响。骨骼愈合过程需要机械应力，而应力遮蔽效应会使骨组织愈合过程变慢，甚至可能在多年后使长期无应力的骨骼变得疏松。所以，人们开始研制弹性更接近皮质骨的新材料，使其在相同骨骼尺寸下具有更强的弹性，缓解骨骼上的应力遮蔽效应，使骨骼更健康。

虽然金属、陶瓷、高分子材料和复合材料等都可用于硬组织的修复与替换，但在临床实际应用中常是几种材料互相结合使用。硬组织修复与替换材料的选择比较复杂，任何一种单一的材料或一类材料都难以满足人体骨和关节的需要。目前在实际临床应用中多倾向于利用多种材料去完成同一功能的不同方面。选择此类材料时，首先应该注意材料的应用大小和分布、组织的塑建及再塑建，以及组织对植入材料的反应，其次是手术时的创伤以及由功能性负载导致的骨与植入体之间的相对活动。

作为硬组织修复和替换材料，聚醚醚酮（PEEK）有许多其他材料无法替代的优势，如：PEEK 具有较低的弹性模量，可防止应力的屏蔽作用，可使周边的骨组织保持应用的自然力学强度。PEEK 不仅具有良好的可塑性，而且可与其他材料，如碳纤维、玻璃纤维、纳米纤维等复合，达到调整力学性能的目的。自 20 世纪末 PEEK 用于临床治疗以来，其已经被广泛应用于创伤、脊柱及关节外科内植物等领域。PEEK 以其优异的临床效果已经得到临床医生的广泛认可，成为硬组织修复和替换的最理想材料之一。

1.3.3.2 心血管系统材料的先进制备方法

心血管疾病均与心脏和血管，尤其是动脉有关。受伤的组织和器官可以被修复和替换，如冠状动脉可以用动脉或静脉进行自身移植，周围动脉可以利用静脉同种移植或动脉异种移植，心脏瓣膜可以用异种移植。除了替代冠状动脉以外，用于心血管系统的人工替代物或修补物也得到了越来越广泛的使用。心血管系统材料必须具备优良的生物相容性，其中最主要的是血液相容性，即要保证材料与流动的血液接触时不产生任何不良反应，不释放任何成分，不发生任何变化。根据血液相容性的要求，此类材料一般应有表面亲水性和一定的相分离性，表面能较低且具有一定的负电性等。

1.3.3.3 人工器官的先进制备方法

人工器官是一种装置或机器，通过替代人体有缺陷的部位或器官来完成复杂的生理功能，以维持人体的生命。所有用于临床的人工器官都是由不同种类的材料组成的。

人工肾的功能是维持人体内每一物质都处于正常的浓度范围。这一目标是通过人工肾半透膜，借助人工液体净化血液来实现的。半透膜是人工肾的核心部分，应具有一定的渗透性能，能使溶质和溶剂在血液和人工液体之间进行交换，如纤维素及其衍生物膜。

人工肺也称氧合器，用于将胸部器官的血液分流，避免心脏手术充血。近年来也用于治疗慢性呼吸衰竭，其功能是按静息时的心排出量氧合血液，以进行氧和二氧化碳的交换。目前使用的体外氧合器有多种，所用材料除具有一般的生物相容性外，还具有气—气、液—气交换功能。

人工血管是柔韧的管状假体，用于替代患者因动脉粥样硬化或其他少见的退化性疾病所形成的血流减弱或阻塞的血管以及用于搭桥旁路。所用材料最关键的性能是具有充分的机械强度，能长期安全地承受血压的搏动。

1.3.3.4 植入传感器用高分子包封材料的选择

植入性传感器除了自身的功能外，传感器与体液之间的隔离也是很重要的一个技术问题。目前一般认为用于传感器的包封材料要具备以下优点：长久耐水和离子性能，尽可能轻和坚实；高电场下不变性；生物相容性好；无毒并可进行消毒，无腐蚀性，不降解和呈化学惰性；为其所包封的电路系统提供力学保护，与包封的器件有较好的粘合性，有适当的透气性和气密性。

1.3.3.5 口腔材料的先进制备方法

口腔材料包括牙科材料、颌面外科材料。牙科材料主要用于牙体硬组织，包括牙釉质和牙本质。颌面外科材料涉及头、颈部结缔组织重建外科的各个方面，包括对骨、关节、肌肉、皮肤和面部其他软结缔组织疾病和缺陷的治疗以及对牙列缺失的置换。牙科材料一般要求在临床充填过程中和充填后由流体糊态固化成固态。如牙科用复合材料有单糊剂型和双糊剂型，前者为光固化复合树脂，是用特定波长和强度的可见光来引发聚合反应的，要求材料具有光敏性。后者一般由硅烷偶联剂处理的陶瓷颗粒组分和双甲基丙烯酸酯单体组成临床使用，两者混合后在一定条件下固化。颌面外科材料多选择无机陶瓷和玻璃材料。

1.3.3.6 药物释放材料的先进制备方法

所谓药物释放材料是指能让药物有效成分按一定的时间，精确地按一定的所需量定向地向靶器官释放，以达到最好的治病效果和最小的副作用的材料。控制释放主要是控制释放速率、释放时间和释放地点。要达此目的，材料的选择十分关键，释放过程主要通过物理、化学分散或将其溶解在高分子载体中来实现。因此对于材料的选择，不仅要考虑药物对宿主的作用，同时也要考虑材料对宿主的影响。对于不同的药物释放系统，材料要有与其相适应的物理、化学性能，能调节药物的释放速率，控制药物释放的时间，确定药物的释放器官等。

1.3.3.7 眼科材料的先进制备方法

人工晶状体对光学性能要求很高，故受到很大限制，除有机玻璃外，硅橡胶和水凝胶都有应用。但有机玻璃晶状体会刺激眼内组织，并引发某种程度的炎症。目前对其进行改性主要集中在表面肝素化固定。接触镜的材料要具备光学性能好、优异的生物相容性、适当的可润湿性、合理的机械强度、较高的透气性、耐降解性、易于精密加工性以及抗污渍沉着性等优点。

1.4 生物材料的发展趋势

1.4.1 生物材料的过去

生物材料与其他学科一样是随着科学技术的进步和人们在生活实践中不断总结、改善或变革的过程中发展进步的。实际上，生物材料的概念也是不断修正和完善的，如早期定义的生物材料是“与人体接触的无生命材料”，此定义就包含了与人体接触的非医用材料。随着生物材料应用的逐步深入，生物材料又被定义为“与活体结合的无生命材料”，主要包括替换或恢复病变组织功能的惰性材料。可是，随着组织工程和再生医学的发展以及临床治疗、诊断技术的不断提高，用于临床诊断和治疗的材料范围不断扩大，材料的功能也不断改进，尤其是材料与细胞或蛋白质类物质的杂化复合、同种异体或异种材料的不断应用，生物材料的定义可重新概括为“用于替换、修复病变组织或器官的生物活性材料”。生物活性材料的关键是具有诱导或促进组织修复再生的活性。

从生物材料发展的历史以及人们对生物材料的认识来看，生物材料的发展分为四个阶段：第一阶段是原始生物材料时期，主要特征是天然材料的直接应用，时间应该是从有文献记载的时期到 19 世纪中叶，属于生物材料的朦胧使用阶段，主要是直接利用天然的动植物材料进行诊病、治病或理疗，主要是靠经验并利用现有的材料进行治病。第二阶段应该是 19 世纪的下半叶，主要特点是人们开始对不满意的天然材料进行改性，仍以天然材料为主，例如金、陶瓷以及硫化天然橡胶的应用等。第三阶段是生物材料发展最快、应用范围扩大最迅速的时期，在该阶段，不仅天然生物材料得到发展，更重要的标志是合成材料在临床医学中得到了广泛的应用，并且开展了材料的生物活性化研究，从理论上开始系统探讨材料与组织、细胞及体液之间的相互作用问题，关注材料与宿主体界面间的相互作用问题，初步形成了生物材料合成与临床应用的一系列基础理论；第四阶段应该与组织工程、再生医学和纳米技术的兴起有密切关系，也是 21 世纪生物材料发展的主流，主要标志是生物材料在组织工程中的应用以及纳米技术在生物材料制备中的应用，是生物材料对临床医学贡献最大的时期。组织工程支架材料不仅要与组织细胞有亲和性，而且本身的成型、力学性能和降解能力必须满足组织工程学的要求。

从生物材料对临床医学的贡献来看，第三阶段是生物材料发展最辉煌的时期，该时期也经历了从天然到合成，从单一到复合，从注重惰性到表面生物化的发展过程。所谓惰性是指材料在生物体内对人体组织呈化学、物理惰性，材料或制品的机械和功能特性与周围组织匹配，且在应用过程中不致产生不利于功能发挥和对其他组织有不利影响的反应，特别是与组织接触时不产生炎症或凝血现象，无急性毒性或刺激反应，一般无补体激活产生的免疫反应。

目前惰性生物材料的主要品种有金属材料、非金属材料、有机高分子材料以及复合材料。金属材料主要集中在不锈钢、钛、金、银等基体金属及钴、镍、汞合金；非金属材料主要有氧化铝、氧化锆、氧化硅、氧化镁、氧化钛、铝酸钙等陶瓷材料；有机高分子材料品种多，应用最为广泛，有聚乙烯、聚丙烯、聚氯乙烯、聚四氟乙烯、聚丙烯腈、聚甲基丙烯酸甲酯、聚甲基丙烯酸乙酯、聚氨酯、硅橡胶、天然橡胶、碳纤维、聚砜纤维、聚丙烯中空纤维、吸附树脂等；复合材料主要有纤维增强聚合物材料或金属—陶瓷复合材料。这些材料可用于制造人工血管、人工角膜、人工瓣膜、人工心脏及心脏辅助设备、心脏补片、人工晶状体、人工中耳骨、人工食道、喉、乳房、肾、肝、胰、胆道、输尿管、阴茎、皮肤、承力骨、颅骨、关节，以及医疗辅助设备，如医用插管、输液管、输血管、避孕套、绷带、止血海绵、组织粘结剂等。

材料表面的钝化也是惰性生物材料的研究内容。表面钝化的内容是在材料表面吸附白蛋白，抑制血小板在基材上的沉积，使凝血反应难以发生，或设计类金刚石表面，使材料表面不会引起任何细胞毒素作用、溶血作用和补体激活现象。另外，该表面具有机械、热、化学和生理环境下的稳定性优点，有望成为最有发展潜力的惰性生物材料。

生物材料发展的第三阶段的最大贡献还在于集中发现了许多新型生物材料，同时也非常关注惰性生物材料所制成的人工器官和医疗器械在使用过程中与组织或血液产生的界面反应。新型生物材料有代表性的成果是20世纪70年代发现的钙磷系玻璃陶瓷，如羟基磷灰石、β-磷酸三钙、珊瑚等。这类材料具有与人体骨组织的无机成分类似的化学组成，材料抗压、抗折强度与人骨接近，植入后与组织亲和性良好，同时有降解作用并诱导成骨细胞（加诱导因子如BMP）的长入，使植入组织骨化，在一段时间后转化为正常组织等特点，即材料在使用过程中逐渐生物化。

生物材料发展第三阶段的另一个研究重点是惰性生物材料的生物化——即在不破坏原有材料性能的基础上，通过表面改性设计使材料在长期使用中与细胞亲和性好，不产生炎症、凝血、畸变、癌变等反应，研究的重点是抗凝血材料的设计与制备。抗凝血材料的设计思路有以下五点：①在惰性生物材料表面引入活性药物如肝素、尿激酶、前列腺素等或类肝素化，这种生物化方法的关键是以物理或化学方法引入这些高抗凝血活性物质，材料在使用过程中表面可以维持一定量的抗凝血活性药物。②表面接枝亲水性分子链，其是疏水高分子生物材料生物化的一大内容，主要是在表面接枝PEO或甲基丙烯酸羟乙酯等亲水链，使材料在体液或血液环境中表面完全亲水。③设计表面微相分离结构也是材料生物化的内容，微相分离血管壁内皮的结构特征，即亲水糖链和疏水脂质体形成两相镶嵌结构，模仿这类结构有望改善材料的抗凝血性。目前人们主要通过共混或共聚方法在高分子聚合物和聚氨酯表面引入微相分离结构。值得注意的是，微相分离结构对材料抗凝血性能提高的机制还没有被完全弄清楚，这使该方法的研究受到制约。④接枝蛋白质或氨基酸，以产生免疫吸附，这主要是基于蛋白质、氨基酸或核酸与细胞有更好的亲和性。天然高分子如壳聚糖、胶原、明胶、蛋白微丝等生物材料的研究表明，它们的抗凝血性能和组织亲和性优于一般生物材料，关键在于在一系列处理过程中如何维持天然材料的结构性能，尤其是维持材料的免疫性能。⑤表面液晶结构设计，使材料表面产生类似于细胞表面的物理结构或化学结构，该研究已经证明表面液晶结构的形成有利于材料抗凝血性能的提高。

1.4.2 生物材料的现在

20世纪90年代组织工程的兴起，尤其是21世纪再生医学的快速发展，使得具有组织诱导或促进组织再生的功能化材料成为目前生物材料研发的热点。材料长期植入体内会产生一定的副作用，材料的功能化过程也会改变材料的基本结构，人体组织或器官又是一个复杂的系统，所以不可能用单一无活性的材料来完成其全部或大部分功能。

在组织或器官供体来源非常有限的情况下，如何在体外培养出正常的组织供手术使用，是医学界和生物医学工程学界追求的目标之一，组织工程的出现和发展为这一目标的实现提供了可能。组织工程的关键是构建细胞和生物材料的三维空间复合体，该结构是细胞获取营养、交换气体、排泄废物和生长代谢的场所，是形成新的具有形态和功能的组织、器官的基础。生物材料在组织工程中占据非常重要的地位，同时组织工程也对生物材料提出了新的要求。

组织工程用支架材料除应具备生物材料的一般特性外，还必须在组织形成过程中被降解并吸收；应具有较好的可加工性，尤其是能形成三维结构并有较大的孔隙率，以便进行营养物质传输、气体交换、废物排泄；能使细胞按一定形状生长，良好的材料—细胞界面有利于细胞粘附、增殖，激活细胞特异基因表达等。

生物降解材料随着组织工程学的发展而得到迅猛的发展，无论是天然降解材料还是合成降解材料都受到前所未有的重视。天然材料的改性、天然材料与合成材料的复合、新型杂化材料的制备以及合成新型生物降解材料的研究日新月异。天然材料作为生物材料使用有其独特的优点，唯一的不足是加工成型困难；合成材料最大的问题不是高分子材料本身，而是材料的降解产物对人体的毒性以及对体内新陈代谢的影响。所以，设计和合成满足临床使用要求、有更好的使用价值的新型生物降解材料仍是一项十分艰巨并具有挑战性的工作。天然可降解性高分子材料主要有胶原、明胶、甲壳糖、毛发、海藻酸、血管、血清纤维蛋白、聚氨基酸等，应用较多的为胶原、血清纤维蛋白，该类材料的最大优点是降解产物易被吸收而不产生炎症反应，但力学性能差，尤其是力学强度与降解性能间存在反对应关系，即高强度源于高分子量，但会导致降解速率慢，难以满足组织构建的速度要求，也使构建多孔三维支架存在困难。目前公认天然材料是组织工程支架材料的发展方向，其主要原因是天然生物材料来源于生物体，其细胞亲和性和组织亲和性得到保证，同时最终降解产物又为多糖或氨基酸，容易被吸收而不产生炎症反应。因此我们在多种冲击和困难面前应把握时机和研究方向，尤其是把握组织工程的基础之一——生物材料的研究方向，为人类的健康和进步做出贡献。

纳米科学与技术是20世纪80年代以来兴起的一个崭新的领域，随着研究的深入和技术的发展，纳米材料开始与许多学科相互交叉、渗透，显示出巨大的潜在应用价值，并且已经在一些领域获得了初步的应用。在过去几年中，生物纳米材料的理论与实验研究已成为人们关注的焦点，特别是核酸与蛋白质的生化、生物物理、生物力学、热力学与电磁学特征及其智能复合材料已成为生命科学与材料科学的交叉前沿。纳米材料与纳米技术为寻求修复各种原因引起的骨组织缺损、畸形的新型材料和技术起到了很大的推动作用。纳米陶瓷材料、纳米碳材料、纳米高分子材料，以及纳米复合材料等生物修复纳米材料具有独特的力学性能及良好的生物相容性，在仿生工程中有许多重要的应用。研究发现碳纳米管可以作为骨中胶原的替代物，羟基磷灰石晶体会在吸附钙离子的纳米管表面生长，且具有良好的组织结构，宜于骨组织的生长。碳纳米管可用于骨支架材料以诱导羟基磷灰石的生长，促进骨组织的愈合，但需要一种注入碳纳米管骨中的生长介质。

血液相容性材料一直是生物材料研究的难点。迄今为止，还没有一种生物材料能满足临床医学的血液相容性要求，最重要的原因就是人们还没有弄清材料的结构性能与血液相容性之间的关系，无法从理论上指导血液相容性材料的合成与改性。因此，材料的组成、结构形态以及表面性能与血液相容性之间的关系已经成为目前生物材料研究的重点内容。此外，研制开发新型血液相容性生物材料也是近段时期的热点，其内容集中在材料的表面修饰与改性，尤其是利用生物大分子对现有生物材料进行改性，利用化学、光学、低温等离子方法以及互穿网络技术将酶、白蛋白、肝素或其他抗凝血基团对高分子材料、无机材料和金属材料进行表面修饰等。

生物材料的制备目前关注的问题除了组织诱导功能之外，还有材料机械性能，尤其是材料的力学性能。以骨替换材料为例，目前制造人骨的材料有石墨、碳纤维、多孔金属材料以及一些高分子材料等。最近，人们找到了聚醚醚酮（PEEK）。聚醚醚酮是一种全芳香半结晶型高聚物，具有多种优良的综合性能，对氧高度稳定，具有坚韧、高强度、高刚性和耐蠕变的特点，抗疲劳性也很突出。大量的实验证明，聚醚酮类聚合物有着良好的生物相容性。

生物材料最终要用于临床治疗或诊断，生物材料制品的精密加工或制造就成为关键技术。所谓加工或制造就是将材料转化为具有一定形状、精度和功能的医疗用品。由于医疗用品的特殊要求，其加工制造过程也不同于其他材料的加工制造过程，涉及的领域不仅有材料学，还有计算机科学、设计与制造、力学、生命科学等多个学科，是典型的多学科交叉领域。例如电场纺丝是制备生物可降解及纳米生物纤维的简单工艺，因其比表面积大，多孔，所以有潜在的医药领域应用前景。离散/堆积成型法是将三维数字模型按一定规则离散为一系列有序的单元，由成型机接受控制指令，把成型的液体材料通过喷头转换成为微滴，在低于凝固点的成型环境中迅速凝固，并逐步堆积成型，得到一个三维物体。上述方法可以将细胞和基质混合，制成具备一定功能的杂化体系。喷墨打印技术，尤其是压电式喷墨打印技术用于细胞打印已经取得了实质性的进展。喷墨打印技术还可用于控制干细胞的特征和分化。组织工程构建组织的主要问题是血管和组织的长入是单向的，缺乏血管化，更因形态特征、生理功能的时间滞后性而难以满足要求，而自组装技术有望用于组织构建。目前，组织工程支架的制备技术已经涉及自组装技术、工程制造技术、干细胞技术以及生物相容性和降解性良好的材料的研制，将一种或多种细胞与材料直接由三维受控组装成型是今后发展的必然趋势。

人类组织器官的多样性和复杂性是自然界生物漫长进化的结果，是目前非生物界无法实现的组装过程。随着科学的不断发展，人类对生命现象和机制的认识会不断提高，真正意义上的生物过程制造将必定取得进展。目前利用细胞和生物材料作为基质，通过细胞材料的直接受控组装，形成的组织或器官前体为制造具有生物活性的组织和器官奠定了基础。

1.4.3 生物材料的将来

生命体系是一个通过自然选择而形成的高特异性、高选择性系统。蛋白质、多糖以及其他生物分子之间通过特异性的识别作用形成的精确结构是正常生理功能的基础。在生理环境中，细胞外基质是支持细胞生长的支架，细胞通过特殊的细胞表面受体与自身的细胞外基质及其他细胞分泌的细胞外基质发生特异性作用，不同的细胞功能就依赖于细胞外基质的组分与结构。材料植入生物体后，细胞与植入后的材料相接触，会产生生物特异性和非生物特异性两种相互作用。前者主要指配体—受体相互作用，后者包括静电作用、氢键作用、亲水—疏水结合等。而最主要的是特异性反应，即植入材料进入人体内后，细胞膜表面的受体会积极寻找与之相接触的材料表面所提供的信号，以区别所接触材料是自体还是异体。只有生物相容性适宜，植入材料才能被生物体细胞所认同。所以，以细胞的行为和维持内环境平衡为基准来设计生物材料，抑制非特异性相互作用，引入特异性相互作用位点，使细胞在类似细胞外基质中发挥功能，是生物材料仿生设计的最重要依据与准则，也是今后生物材料合成与设计的理论基础。

组织工程是采用材料支架作为模板诱导细胞行为，进行组织修复和重建的科学。理想的组织工程支架除了要求材料具有良好的生物相容性、三维立体多孔结构、生物降解性、材料—细胞界面、可塑性和一定的机械强度外，最重要的是支架材料要为细胞提供良好的生长的微环境。然而材料/生物界面的非特异性作用和生命体的特异性作用之间的矛盾是材料非生物相容性反应的根本，因此研制类细胞外基质的组织工程材料是生物材料研究的一个重要方向。

细胞是维持生命的基本单元，也是组织修复的基本物质。细胞膜是由蛋白质分子和脂质分子自组装形成的双层膜结构。从细胞膜结构角度出发，只要对生物材料进行类细胞膜的仿生表面改性，在生物材料的表面修饰上类似于细胞膜的磷脂结构，从而赋予生物材料以类生物膜的性质，使其被宿主细胞识别为“自体”结构，就能提高生物材料的生物相容性。这种仿生设计可以通过两种方法进行：一是利用细胞膜成分如磷脂修饰材料表面，从而模拟细胞膜的结构；二是模拟生物体结构或利用如内皮细胞或生长因子等环境物质来修饰材料表面。

生物材料表面的亲水—疏水平衡是影响和调节蛋白质吸附的一个重要因素。一般来说，疏水性表面对蛋白质的吸附能力较强，并常常使吸附的蛋白质发生不可逆的构象改变，即变性。同时，蛋白质在与生物材料表面接触和被吸附的过程中，常伴随水—蛋白质的吸附交换。材料表面的蛋白质吸附水平往往决定细胞粘附的数量，即细胞只有在具有适宜的亲水—疏水平衡的材料表面才能生长，但对于不同种类的细胞，此平衡值有所差别。此外，材料表面的拓扑结构会改变细胞表面的应力分布，从而改变细胞的形态。相关研究表明，细胞的形态是控制细胞生长和凋亡的重要因素。同时，材料表面的拓扑结构还能够影响细胞的定向、迁移及细胞骨架的排列能力。进一步研究显示，细胞在细微构型或特意设计的拓扑结构上生长良好，从而更加证明了材料表面拓扑结构对细胞生长的影响。因此，材料表面的亲/疏水性、拓扑结构等也是生物材料设计过程当中所需要考虑的。

生物材料在生物体内的应用具有多重复杂性，如材料网络中的非冻结结合水、自由水及中间水与蛋白质吸附之间的关系，材料表面的亲水—疏水平衡与细胞的粘附，材料表面的拓扑结构与血液相容性，材料表面的生物特异性识别与细胞识别及炎症响应等都能影响到材料的应用性能。同时，细胞与生物材料表面的接触及相互作用贯穿于从组织工程支架上的细胞繁殖到材料在生物体内的降解及排出这一全过程。生物材料对细胞生长的影响——如何维持细胞增殖和凋亡的平衡这一双向、动态的过程，是生物材料设计过程中必须考虑的。

材料植入体内最普遍的反应就是炎症反应。当异物刺激巨噬细胞后，细胞会释放细胞因子和粘附因子作用于血管壁，改变血管壁的通透性，使白细胞——炎症细胞越过血管壁内皮细胞向炎症部位集中，从而引发炎症反应。植入材料还会使机体启动一系列伤口愈合机制，炎症就是这一复杂过程中重要的一环。同时，由于多种细胞因子及氧自由基的释放，炎症细胞的迁移聚集也会破坏血管内皮单分子层，最终导致材料植入失败。因此，炎症反应的程度及持续时间直接影响到生物材料的稳定性和组织相容性，从而影响生物材料的有效性。随着材料与宿主反应的重要内容——炎症反应评价的实验方法、分子机制等的研究日渐深入，人们不仅从整体水平去观察材料对人体各系统的影响，从细胞水平去观察材料对细胞的数量、形态及分化的影响，还深入分子水平去观察材料对细胞 DNA，mRNA 以及蛋白表达水平的影响。

一般而言，细胞炎症因子分泌越多，材料的生物相容性就越差。材料引起的炎症失控状态可能与NF－κB活化有关。NF－κB 是调控炎症因子的产生及炎症发生的重要信号通路。有研究表明，海藻酸引起的一些症状与单核细胞被激活的反应相似，更重要的是海藻酸可诱导NF－κB由细胞质进入胞核内，但一旦用抗体将 TLR2 和 TLR4 阻断，或用基因敲除 TLR4 后，海藻酸这种激活 NF－κB 刺激细胞因子产生的作用便丧失了。羟基磷灰石可以增强 NF－κB

的活性，而且针状的较球形的具有更好的刺激效果。另有报道指出，羟基磷灰石的直径和表面孔径与其促巨噬细胞分泌 TNFα 及 NF－κB 的激活作用大小有重要关系，直径为 1～2 μm，表面孔径为 10～50 Å 的羟基磷灰石最具生物活性。壳寡糖具有增强机体的免疫功能的作用，可影响巨噬细胞相关细胞因子如 IL－1β 和 TNFα 的转录和翻译水平。有研究表明，壳寡糖的混合物（含有 1～6 个糖基）和壳聚糖的水解产物均可促进 NF－κB 由细胞质迁移至胞核，提高 NF－κB 与靶 DNA 结合的活性。高分子量可溶性的壳聚糖（约 30 kD）可协同 IFN－γ 诱导炎症因子 TNFα 的产生和 NF－κB 的激活。而高乙酰化的壳寡糖则可抑制 NF－κB 亚基 p65 和 p50 mRNA 的表达。不同的生物材料对 NF－κB 影响的结果不同，即使是相同的材料如壳聚糖，由于其糖基不同，分子量不同，乙酰化程度不同，引起 NF－κB 激活和炎症发生的结果也不同。生物材料的化学特性是否因其所具有的某些特殊的化学基因而可作用于免疫系统，激活细胞内的 NF－κB 信号通路，现在还不清楚。而生物材料引起这些作用的机理也处于探索之中。力学刺激引起的骨细胞快速反应与短期内的 NO 和前列腺素（Prostaglandin，PG）E2 的释放有关，而 PGE2 等短期变化与骨细胞长期增殖或骨基质钙化无关。研究显示，机械应变引起的骨细胞后期的变化可能与 NF－κB 的激活有关，但其中的具体机制还不清楚。不同的实验结果也许与外力的大小、频率和作用方式，以及不同的细胞系有关。

众所周知，蛋白质是机体与细胞的主要功能物质，而蛋白质又是由 DNA 转录翻译而来的。如果生物材料对机体的影响已经在整体水平和细胞水平上表现出来，那么在分子水平的基因及表达方面早已产生，前者已是后者的结果，分子水平的各项指标会极灵敏地被反映出来。生物材料与机体接触后的免疫学反应可以首先表现在分子水平上，然后才表现在细胞水平及整体水平等的不同层面上。为确保生物材料被安全地应用于人体，应及早确定其适应性，因此材料导致生物体反应的机制必须深入分子水平。在基因和蛋白水平上研究材料在人体中应用的安全性也会成为今后生物材料研究的热点。例如动物源转基因异种器官的临床应用，异种器官和动物源衍生材料的完整产业化，以及组织工程、组织诱导及其组织再生材料，其中骨、软骨、血管内膜再生组织诱导材料和眼科材料、牙科种植材料、血液净化材料及体外循环系统的研发与生产将会不断被应用于临床。

综上所述，生物相容性仍然是生物材料今后一段时期的研究重点，只不过研究的方法和思路在不断创新，关注的重点也由以前的组织细胞毒性向材料与细胞、蛋白、功能因子、功能位点、信号通道、分子机制等更微观的方向发展。当然，新材料的设计与合成也是生物材料的根本之一，因为一切优良的医疗器械都是以良好的生物材料为基础的，纳米技术与材料的研发将是生物材料领域的热点之一。先进制造也将是生物材料及其制品今后的研发重点，尤其是精密加工技术、自组装技术、仿生技术、计算机模拟控制技术等。我们可以预计，植入器械的个性化仿生设计及组织工程制备的技术与设备、利用离散堆积原理发展的三维计算机仿生设计及快速成型系统将会越来越受到社会的重视。

今后应该特别重视组织诱导性生物材料、组织工程化制品、材料表面及改性植入器械的设计和制备的工程化技术；用于微创和无创治疗的介入治疗植入器械和复制器械；生物衍生材料和生物人工器官；纳米生物医用材料；与信息和电子学技术相结合的有源植入或部分植入器械，如人工耳蜗、生物芯片、神经调节与刺激、心脏起搏器和生物传感器；通用基础生物医用原材料的开发和质量控制技术，如可降解合金、高分子材料等；计算机辅助仿生设计及快速成型的生物制造技术与设备；药物和生物活性物质控释载体和系统；生物材料和器械的封装、灭菌、消毒和储存技术。

必须指出，生物材料研发必须服务于临床医学，必须在临床使用的过程中不断改进材料和制品的性能。尽管有些材料还无法满足临床治疗的要求，甚至还存在一些无法避免的副作用，但新型医疗器械的更新换代仍是日新月异的。因此，在加强应用基础研究的同时，还必须依据市场和临床技术革新的要求，重视新型医疗器械的开发与应用，尽快完成生物材料的使命，为人类健康服务。

2　生物相容性及其评价

2.1　引言

可植入人体的医疗器械在现代医学应用中的作用越来越重要。近年来，医疗水平的发展和人口老龄化对医学植入材料及新的医疗设备提出了更高的要求。但不幸的是，几乎所有的医疗设备都会使人体产生不同程度的不良反应，包括炎症、纤维变性、血栓或感染等。为了提高医疗植入材料的安全性，材料发展的一个主要要求就是组织响应性。研究表明，植入组织后的蛋白吸附和随后的构象改变会引起免疫反应，研究结果也强调表面性能（物理、化学性能）的改变会减少蛋白吸附和细胞粘连，进而提高植入材料的生物相容性。与血液接触的医疗器械也可以引起很多反应，包括表面血栓、补体激活等。

生物材料区别于其他材料的一个关键性质是生物相容性，然而生物相容性很难定义，其内容包括很多，其中最相关的是生物材料的表面性能。但是直到今天，仍然没有清楚的规则用于设计生物相容性好的生物材料，也就是说生物相容性的概念还未完全被人们所了解。生物相容性之所以很难被定义主要是因为以下两点：①无渗出引起生物学反应的物质的生物材料在体内以某种方式愈合，这被认为具有生物相容性，但并不是所有无渗出的生物材料都具有生物相容性。②人体对植入的材料发生反应，把它们包裹成厚度为50～200 μm的无血管的硬的胶原袋，这个反应虽然被认为是异体反应，但是这也是可以接受的。这种不可控的生物学包囊直接影响许多植入装置的性能，如植入的电子传感器和药物释放载体。包囊的出现防止了装置和组织之间的亲密接触，但也严重降低了它们的性能。

早期材料和机体的生物相容性指的是生物惰性。这就要求生物材料在组织周围不发生变化，包括不致畸、不致癌、不致敏和不引发毒性反应。然而这个概念是有问题的，因为没有材料不和机体发生反应，所以说，“惰性”仅仅指的是机体能够容忍的程度。Ratner的定义是生物体能够接受材料，如植入的表面具有和细胞及生物系统的体液发生相互作用以及能够和机体组织发生正确的反应的能力[1]。这个定义需要生物材料表面和生物系统两方面的知识。

生物材料表面的物理化学性质和生物系统之间是在界面发生反应的，因此，两者的界面变得更加重要。影响的因素包括表面的化学结构、亲/疏水性、离子基团以及多种成分的结构域，如结晶、无定型区域和材料的拓扑结构，如粗糙度。总之，材料的生物相容性是由材料最初的表面性质决定的。

活体组织对生物材料的所有反应都受到很多因素的影响，这些反应决定了生物材料在体内的接受程度及其能否行使其功能。一般情况下，材料和机体之间的反应对机体而言都是不利的，对于接触血液的装置来说，生物相容性主要是指与血液成分的相互作用；对于不接触血液的材料来说，生物相容性主要是指与局部组织的相互作用。生物相容性的好坏受到很多因素的影响，无数的交叉领域决定了生物相容性不但受材料的力学、物理化学性质对机体容忍程度的影响，而且受特异性的应用位置、补体系统的反应、细胞免疫以及病人个体本身的生理状况的影响。生物相容性是一种系统的性质，它包括物理的、化学的、生物学的、医学的和工程学的各个方面，如图 2－1 所示。

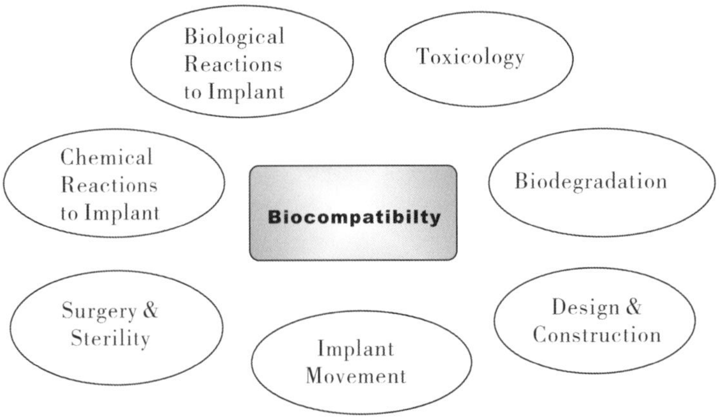

图 2－1　生物相容性所依赖的“体系参数”

2.2　生物体与生物材料相互作用

2.2.1　生物学环境

2.2.1.1　生物材料所处的生物学环境

生物学环境指处于生物系统中的生物材料周围的情况和条件，包括与其接触的体液、有机大分子、酶、自由基、细胞等多种因素。当然，生物环境也受到材料自身组成和性质的影响，如生物材料的降解产物可能改变与其邻近体液的 pH 值和组成等。植入的动物种系、植入位置、应用目标、手术设计和创伤程度也与之有关。

生物环境建立在部分或全部的有机材料（分子和组织）之上，大多数变化是通过一个活跃的、需要能量的控制系统来调节的，这种变化受特殊的生物催化剂（酶）的作用，其能量来源是耦合反应产生的化学能。这些生物系统之间还在局部或整体范围内存在着相互作用，因此在生物体内引入外来材料会引发生物主体的反应，这种反应可能是局部的，也可能是系统水平的。

2.2.1.2　细胞的表面结构与粘附分子

生物学反应经常被认为发生在溶液相，但是实际上生物学上大多数反应是发生在界面上的。典型的生物学界面包括：细胞表面/细胞外基质、细胞表面/植入材料表面、细胞外基质/生物大分子、水化组织/空气（肺）、矿物质/蛋白质（骨）。

在生命体系中，细胞之间以及细胞与细胞外基质之间的相互作用是从细胞表面开始的。细胞膜表面的寡糖链形成细胞外被，细胞膜下的表层溶胶中有由细胞骨架成分组成的网络结构，除对质膜有支持作用外，还与维持质膜的功能有关，所以这部分细胞骨架又被称为膜骨架。细胞外被、细胞膜和表层胞质溶胶构成细胞表面。细胞膜由流动的磷脂双分子层和嵌在其中的蛋白质组成。磷脂分子以疏水性尾部相对，极性头部朝向水相组成生物膜骨架，蛋白质或嵌在脂双层表面，或嵌在其内部，或横跨整个脂双层，表现出分布的不对称性。其中，细胞膜的功能性主要是由膜蛋白的功能性来体现的，细胞的特异性的识别和粘附都是通过由糖基化的蛋白以及蛋白多糖来实现的。

细胞粘附分子是指由细胞产生、存在于细胞表面、参与细胞与细胞之间及细胞与细胞外基质之间相互作用的一类分子。目前已经发现上百种细胞粘附分子，它们可大致分为五类：钙粘素、选择素、免疫球蛋白超家族、整合素及透明质酸粘素。这些细胞粘附分子都是跨膜糖蛋白，少数为糖脂，分子结构由三部分组成：①胞外区，肽链的 N 端部分，带有糖链，负责与配体识别；②跨膜区，多为一次跨膜；③胞质区，肽链的 C 端部分，一般较小，或与质膜下的骨架成分直接相连，或与胞内的化学信号分子相连，以活化信号转导途径。粘附分子是以受体—配体的形式发挥作用的，它会导致细胞与细胞间、细胞与基质间的粘附，并参与细胞的信号传导与活化、细胞的伸展与迁移、细胞的生长与分化、炎症和血栓的形成、肿瘤的转移、创伤的愈合等重要的生理和病理过程。其中整合素（Integrin）为特异性细胞粘附分子，介导细胞与细胞间的相互作用及细胞与细胞外基质间的相互作用。整合素是由 α（120～185 kD）和 β（90～110 kD）两个亚单位形成的异二聚体。迄今人类已发现 16 种 α 亚单位和 9 种 β 亚单位。它们按不同的组合构成 20 余种整合素。虽然细胞表面其他的蛋白多糖和糖蛋白也具有粘附作用，如通过静电相互作用和疏水作用力，但是，它们都不具有特异性。

2.2.1.3 *细胞外基质的结构*

机体中除了细胞之外还有一些非细胞物质，称为细胞外基质（Extracellular Matrix, ECM）。它们是在机体的发育过程中由细胞分泌到细胞外的各种生物大分子，这些细胞外大分子在细胞周围高度水合，构成凝胶或纤维网络，结构精细而又复杂。细胞是通过特殊的细胞表面受体与周围的细胞外基质发生作用，将细胞骨架及细胞内信号通道与细胞外基质连接起来的。

细胞外基质的种类繁多，成分很复杂，主要包括：胶原、非胶原糖蛋白、氨基聚糖与蛋白聚糖、弹性蛋白等。细胞外基质的成分及组装形式由产生它的细胞决定，并与组织的功能相适应。如角膜的细胞外基质是透明柔软的片层，肌腱的细胞外质基则非常坚韧。细胞外基质不仅对细胞产生支持、连接、保水、保护等物理作用，而且在细胞的存活、死亡、增殖和分化以及组织的再生与修复方面发挥着重要作用。细胞外基质在生命演绎过程中不仅仅是广泛存在于多种组织与器官中的被动角色，最近的研究表明，细胞外基质还是完全动态的。正如身体内的其他结构一样，它一直处于不断的更新过程中，而且在组织修复和胚胎发育的过程中更是重要的结构。

细胞外基质是一群具有特殊结构和功能的生物大分子，其基本结构骨架还是蛋白质，除胶原外，蛋白多糖的核心结构也是蛋白质，不过有氨基聚糖侧链的修饰。一般来说，胶原赋予细胞外基质抗牵拉引力，蛋白聚糖则结合大量的水分，使组织具有弹性、缓冲压。蛋白聚糖既有使细胞之间相互作用的能力与性质，又通过蛋白质—蛋白质之间的相互作用影响细胞外基质的组装过程。细胞外基质对各种类型的细胞的粘附、迁移、增殖、分化以及基因表达的调控具有重要的作用和显著的影响，在发育过程中有助于正常组织和器官的形成，在病态情况下参与修复过程。细胞外基质最突出的特点是重复性序列位点结构以及功能性位点结构。细胞外基质分子的一些重要特征如下：

（1）分子较大（分子量在 10^5～10^6），从而具有非常弱的扩散性；

（2）具有多个活性位点，不但提供细胞结合位点，同时也提供与其他 ECM 结合的位点；

（3）能调节细胞的生物学活性，包括分化、凋亡和迁移；

（4）能在力学的作用下改变构象，从而暴露更多的活性结合位点；

（5）许多关键的结合区域都能被一些小肽所模拟；

（6）通过结合整合素分子对游离的哺乳动物细胞保持一定的限制；

这些特点对于理解细胞外基质在组织工程中的应用都很关键，尤其是 ECM 或一些小肽经常被用于调节细胞的粘附、迁移和显型。

细胞外基质是所有组织中的一种复杂的、动态的和关键的成分。它的功能包括为组织的形成提供支撑、诱导细胞的增殖与分化、促进分化组织的稳定和促进创伤后组织的修复，是各种生长因子、细胞因子和化学信号储存的场所。胶原、粘附分子、蛋白多糖、生长因子、细胞因子和其他化学信号是细胞外基质的基本成分，这些成分的数量和类型都随着组织类型的不同而发生变化，在同一组织中也随着发育的不同阶段而发生变化。

2.2.1.4 细胞与细胞外基质的相互作用

ECM 包括很多复杂的网络及凝胶结构，这些结构能够和组织中所有的细胞及其细胞骨架相互作用。ECM 具有组织结构和传递信息的功能，不但为细胞提供力学支持，使得细胞能在上面进行迁移，而且有细胞通信的位点。细胞的表面有很多粘附分子和 ECM 受体用于细胞—ECM 之间的通信。这些信号能够调节细胞的迁移、复制、分化和凋亡。在自然条件下，这些信号受到 ECM 成分的调节，而这些成分又受到组织中的细胞的调节。

组织动力学，也就是损伤或功能病变以后，组织的形成、功能化和再生是由无数独立细胞生命过程在时间和空间上的复杂结合，细胞的这些生命过程最初是由来自细胞外基质微环境的无数信号引起的。[2] 简单地讲，这种相互作用是一种高度动态的、复杂的而又有序的生物物理和生物化学信号，是来自细胞外部的各种各样的细胞表面受体、各种细胞外信号途径综合作用形成的，这些信号一起调节基因的表达并最终形成组织。细胞周围包含很多信号分子的细胞外微环境是一种高度水化的网络结构，主要有三个方面的影响因素：①不溶性的水化的大分子（纤维蛋白，如胶原；非胶原糖蛋白，如弹性蛋白、层粘连蛋白，或纤粘连蛋白；具有大的糖基化侧链的亲水的蛋白多糖）；②可溶性的大分子（生长因子、细胞因子和化学因子）；③临近细胞表面的蛋白。细胞内和细胞外的这些影响因素分子的相互作用最终决定了细胞分化、增殖、迁移、凋亡和某种功能的体现。值得注意的是，细胞和细胞外基质之间的信号交流是高度互动的，例如细胞外基质的降解和重建。

2.2.2 材料与生物体内的相互作用

2.2.2.1 蛋白与表面相互作用

现在人们逐渐认识到，要想真正了解细胞和组织与生物材料表面的相互作用，必须首先认识其表面所吸附的蛋白与生物材料表面的相互作用，这种认识不仅仅局限于蛋白吸附的种类和数量，更重要的是要了解蛋白吸附后的构象变化。

很多材料植入体内后都能使伤口正常地愈合，它们的共同特点是，所有的这些材料都能很快地获得包含很多蛋白的蛋白层（由 200 种或更多的蛋白组成），但每一种材料表面都有不同的最大吸附量，同时这些蛋白具有不同的趋向和变性程度。在正常的生理条件下，这些材料从来不利用这些非特异性的蛋白片层，而是用一种或几种特异性的蛋白作为信号分子，这些蛋白具有特定的趋向和构象。

表面对于表面生物材料的研究非常关键。生物材料的表面决定了它与体液的相互作用，尤其是与蛋白质的相互作用，这种相互作用反过来又导致了一连串的反应，包括人体对材料的反应和表面与组织界面之间的反应。

研究表明，蛋白在材料表面的吸附首先是一个非常快的过程，接下来是一个动态变化的过程。吸附的成分不仅依赖于材料的表面化学性质、拓扑形貌和表面能，还和时间有关系。蛋白在表面吸附的速率主要依赖于几个因素：表面电荷的种类和数量、蛋白与表面之间的范德华力。

研究蛋白在表面的吸附主要有两种方式：等温吸附和吸附动力学。等温吸附不能监测吸附过程中的动态变化。在吸附的初期，吸附的过程也许是可逆的，但是在吸附的后期形成蛋白吸附层时，几乎没有蛋白分子能被溶剂分子取代。吸附动力学可能会提供最佳的信息使我们认识蛋白吸附与细胞事件的关系。在混合蛋白中，高浓度的蛋白会具有更高的扩散性，从而具有在表面吸附的更好的机会。即使这种蛋白把材料表面可提供的位点完全占据，但此时蛋白吸附层还是比较松散，很容易被那些与表面亲和力较高但浓度较低的蛋白分子所取代。

材料表面最终的蛋白吸附量不仅依赖于两者之间的亲和力，还和蛋白在材料表面的排列方式有关。虽然现在已经找到影响蛋白吸附动力的一些因素：材料的表面性能、溶剂条件（pH 值、离子强度）及蛋白种类，但是仍然不能找到一条规律来预测蛋白在其他表面的吸附性能。

2.2.2.2 细胞与表面相互作用

一般来讲，生物材料已经被应用于很多方面，而在所有的应用中，材料表面与细胞和组织的相互作用是最重要的。除了最初应用于组织假体，近几年来，越来越多的是用于药物和细胞的载体，因此表征材料和细胞的相互作用成为材料的生物相容性研究的一个重要的方面。虽然这些性质对于生物材料的发展和应用具有非常重要的意义，但是最初材料和细胞的相互作用的概念很模糊，原因是这些作用的原理是非常复杂和难以理解的。虽然对生物材料的传统的研究已经使得很多的生物材料明显提高了它们的性能，但是如果不能更精确地了解生物学系统和周围环境的相互作用，就会有更多的问题出现。如果能够更加精确地了解这种相互作用，就能够更加容易地制备出新型的生物材料，这种材料就能够用于调节细胞的一些性质，比如细胞的增殖、分化和迁移。

细胞和生物材料的相互作用有两种主要的方式：特异性的和非特异性的相互作用。非特异性的作用通常很难控制，因为这种相互作用所基于的性质对于多数细胞类型来讲是共同拥有的，这些性质包括细胞的表面性质，如细胞膜表面的负电荷性、细胞膜表面的亲脂性膜蛋白和能够介导细胞在生物材料表面非特异性粘附的亲脂性细胞外基质蛋白；相反，特异性的相互作用更加容易控制，这是因为它们的相互作用基于特定的化学和生物学结构，如能够和细胞表面受体结合的配体。“生物仿生化”和“生物活性”的材料能够控制这些精细的相互作用。

一种方法是将整合素受体引入生物仿生化的材料，从而促进细胞自生物材料表面的粘附，这些材料主要是将 RGD 短肽引入材料的表面。材料表面出现的与细胞受体结合的配体能够决定细胞与表面相互作用的强度、细胞在材料表面的迁移速率和细胞骨架形成的范围。这些生物学的相互作用依赖于很多的因素，如受体和配体的亲和性、配体的密度和配体的空间分布，这些因素对于材料的设计都是非常重要的。另一种是将一些可溶性的生物活性分子引入材料，如生长因子从材料中释放，与细胞表面的受体相互作用而影响细胞的增殖和分化。这种分子识别可以通过控制一些材料的设计参数来实现。

2.2.2.3 组织与表面相互作用

目前大多数生物材料的表面如果暴露在伤口处就会使正常的愈合过程停止，接下来发生如下反应：在最初的几秒里，蛋白会从周围的体液中沉积到材料的表面，这层沉积的蛋白能够控制进一步的细胞的反应。由于吸附蛋白的成分和构象依赖于材料的表面性能，所以接下来吸附的蛋白会发生构象的变化或者被其他的蛋白取代而解吸附。植入材料表面与临近的组织会发生动态的反应，但是由于力学和化学信号的刺激使得植入材料引发炎症反应，所以粘附在这些材料表面的巨噬细胞不能识别这些材料，只能在表面铺展力图吞噬这些材料，但是它们不能消化这样大的材料。为了增加它们的作用力，它们就融合在一起形成多核的巨细胞，当然，这些细胞仍然不能吞没这样大的医学装置，于是巨细胞就向机体发出信号——这里有大的异物需要被包裹，于是成纤维细胞在巨细胞的引导下来到这里，分泌胶原产生纤维包囊。这种包裹的植入材料使得它们能够不被机体的免疫系统所识别。虽然这个过程还没有完全被弄清楚，但是多数专家对上述的内容表示认可。在植入材料和机体相互作用的过程中，聚集的一些介质引起了材料的降解，水解和氧化使得材料逐渐失去力学性能并且释放出降解产物。

2.3 组织与细胞相容性

2.3.1 引言

组织相容性是衡量材料能否作为生物材料应用的一个重要条件，是生物材料必备的最基本条件。组织相容性一般是指材料与活体组织之间相互容纳的程度，即材料的植入或接触对组织的形态结构和功能的影响程度。组织相容性的评价包括材料在组织生理条件下的老化以及组织由于材料的存在而产生的生物学的反应两个双向不同的方面。组织的生物学反应除了全身性的中毒外，更多的是材料周围组织的局部反应，如炎症、纤维性包囊、免疫、诱变，甚至癌病等。值得注意的是，同一材料在体内不同部位以及接触时间长短的不同，其组织相容性也是不一样的，因此，应用条件不同，对组织相容性的要求也不一样。

2.3.2 组织反应

高分子材料表面与蛋白质等生物大分子及细胞之间的相互作用是导致组织生物学反应的本质所在。与抗凝血材料的研究一样，由于材料表面的组成和分子结构以及它所吸附的蛋白质的组成和结构难以测定，因此，它们与组织生物学的反应十分复杂，甚至其中有的机理直至目前还不清楚。但是，就分子水平而言，最初的起因是材料表面对体液中蛋白质等生物大分子的吸附使它们正常的构象发生变化。影响组织反应的因素包括：①材料中的杂质。杂质的存在不仅会加速材料本身在体内的老化，还会加剧组织的生物学反应。②物理力学性能。材料的硬度、模量、弹性等应与其周围组织尽可能匹配。③形状。薄膜由于其阻隔作用而容易改变周围组织的正常生理环境，削弱其营养供应，而锐利的边角则会使其周围组织损伤而加剧其组织反应。④表面的形态结构。粗糙不均匀的表面会加剧其周围组织的反应。⑤高分子材料本体的化学结构。化学结构主要影响其体内的老化稳定性，而对其组织生物学反应的影响不十分明显。⑥材料表面的分子结构和性质。

2.3.2.1 材料引起的感染

感染是植入材料在临床上最常见的主要并发症之一，有 1% ~10% 的植入患者会发生感染，有些感染可被抗生素和宿主的自身免疫所抑制，材料不必取出，但有些感染也经常发生功能损失，如心血管材料引起感染会使患者死亡。引起感染的因素很多，其机理还不清楚，但以下几个方面应引起注意：①材料的消毒，保证材料无菌；②感染部位可利用巨噬细胞与炎症细胞的相互作用而抑制炎症，但植入体可能限制了巨噬细胞的迁移，使其难以产生抗感染生理过程；③材料的形态与感染有关，单纤维材料比有孔或复合纤维材料具有更强的抗感染能力；④材料的浸出物、降解产物也会引起感染，有时会出现无源性感染。

2.3.2.2 材料引发的钙化

材料表面形成钙化常使材料丧失功能，使植入失败。生物体内产生的病理钙化有两种：转移性钙化，由组织中钙含量增加而产生；营养不良钙化，由营养供应受阻而产生。植入材料一般不会发生转移性钙化，而是营养不良钙化。按钙化的形成因素可将钙化分为两种：内源性钙化，指由材料本身的因素所引起的钙化；外源性钙化，指材料以外的因素所引起的钙化。

影响钙化的因素包括：①材料的机械运动，应力存在处先发生钙化；②材料表面的缺陷，缺陷能加速细胞沉积；③剪切应力，局部过热而导致细胞死亡；④凝血加速钙化、血小板吸附；⑤体液的钙、磷含量，成骨素、脂质和脂蛋白。

阻止或延缓钙化的措施包括：①抗血小板聚集的药物可防止血小板在材料表面的聚积，因而可防止钙化；②表面活性剂可防止细胞在材料表面的粘附；③减轻生物体固定时的压力，从而减少材料表面的缺陷；④在局部使用钙通道阻滞剂可防止内源性钙化；⑤材料交联时选择环氧而不用戊二醛，因为后者可使组织变硬。

2.3.2.3 材料的致癌性

生物材料的致癌性一直是人们十分关注的问题，尽管多年的临床经验及一些用之有效的人工器官在使用过程中很少发生肿瘤，但一些动物实验肿瘤的发生屡见不鲜。虽然植入物引发肿瘤的直接相关因素还不十分清楚，但总结病例发现植入物引起癌变通常发生较晚，75%以上是在植入15年后发生的，初步观察表明植入物引起癌变的原因有以下几种：①动物实验的结果表明引起恶性肿瘤的原因与埋入材料的外形有关，粉末或海绵状的材料几乎不会发生恶性肿瘤，纤维状的材料也很少发生，片状材料最易发生。此外还与埋植的方法有关，连续放置的片与打孔的片相比，恶性肿瘤的发生率要高。当植入材料表面变粗糙或变软时，肿瘤的潜伏期延长，但发病率并不降低。②实验观察明确了肿瘤发生率和组织反应后形成的纤维组织包膜的厚度及成熟度有直接关系。高多孔材料的组织包膜很少发生纤维化，无孔板材明显发生纤维化。③被致癌物质污染或在生物老化过程中释放致癌物质的高分子材料埋植在动物体内会引起恶性肿瘤。

植入物引起肿瘤的基本发展过程：植入物在急性反应过程中发生细胞增生和组织浸润；在植入物周围形成一个界线分明的纤维组织包膜；组织反应静止期，即与植入物接触的巨噬细胞处于潜伏状态和吞噬功能失活期，肿瘤前体细胞与植入物表面直接接触；肿瘤前体细胞最终成熟为癌变细胞；肉瘤性增生，肿瘤的产生不是植入物与敏感细胞之间直接的物理化学作用，而是植入物包膜中营养血管减少，同材料接触部分的组织细胞的新陈代谢受阻，与体液直接代谢的营养和氧均不充分，以及持续经受异物刺激，引起细胞异常性分化，造成突变。

避免癌变的措施是寻求致癌机理，找出本质原因：不要采用连续相邻的体状材料埋植法；不使材料与生物组织团有间隙而发生相对运动；材料的存在要使周围组织的生态尽量不受影响；材料不溶解出有刺激性乃至有毒的物质。

2.3.3 细胞相容性的评价方法

细胞生物相容性评价是生物材料生物相容性评价的一项重要内容，是指应用体外细胞培养的方法，通过检测材料或者其浸提液对细胞生长情况的影响来评价材料对细胞的毒性。细胞毒性试验作为检测生物材料毒性的手段，具有简便、敏感性高、节省动物、节约经费、缩短生物材料研究周期等优点，目前几乎所有的生物材料都必须通过相关试验来检测其是否具有细胞毒性，该评价已被广泛应用于生物相容性评价。ISO 10993—5：2009 标准对试验的主要步骤、细胞株和细胞培养基、阴性和阳性对照都做了原则要求，并推荐了琼脂覆盖法和分子扩散法（即滤过法）。近年来进一步发展细胞毒性试验，从形态学方法检测细胞损伤、细胞损伤测定、细胞生长测定和细胞代谢特性测定等角度提出了不少试验方法，并从定性评价逐渐向定量测定发展。一些常用的细胞毒性试验方法如下[3]：

（1）细胞形态学评价。细胞形态学评价是一种发展最早的定性细胞损伤检测方法，材料导致细胞损伤从而发生形态学的改变，通过显微镜下观察到变圆或裂解细胞所占的百分比来估算细胞毒性的级别。目测细胞毒性试验无法定量细胞毒性大小，但 2008 年 Bhatia 等[4]对显微镜下观察细胞形态毒性的定性判定法与 MTT 法等定量细胞毒性判定法进行了比较，研究得出 Pearson 相关系数为 0.9，说明二者具有良好的相关性。此外，由于该方法可直观地观察到材料细胞毒性的大小，所以目前仍被广泛用于生物材料细胞毒性的评价。

（2）细胞膜完整性测定生物材料对细胞的毒性作用也反映在细胞膜的变化中，细胞膜结构和功能的完整对于将细胞与其周围环境分离起重要作用。Borenfreund 等[5]建立了中性摄取试验法。其检测原理是未受损的细胞可摄取中性红染料并将其蓄积在溶酶体内，活细胞摄入中性红染料的水平与活细胞的数量成正比。乳酸脱氢酶释放法，又被称为 LDH 释放法。LDH 是一种存在于活细胞中的稳定的胞质酶，其渗出增加提示细胞膜的稳定性遭到破坏。通过测定进入介质的 LDH 能够检测细胞膜的完整性，进而反映出细胞活性。LDH 在生物相容性的评价中被广泛应用，尤其是在现代毒物学测试中可以提供较 MTT 测试更有价值的信息。

（3）细胞代谢活性评价。目前，以线粒体琥珀酸脱氢酶作为生物学终点的评价方法应用最广泛。线粒体病变被认为是表示细胞受损伤最灵敏的指征之一，所以可以十分灵敏地反映出材料对细胞造成的毒性与损害程度。MTT 法是一种快速评定细胞毒性和细胞增殖的比色分析法，常被用于细胞代谢和功能的测定。此方法是由 Mosroam 在 1983 年提出的，该方法可以快速、准确、灵敏地反映出细胞增殖程度和材料对细胞造成的细胞毒性与损害程度。近年来 MTT 法已经在试验中得到广泛的验证。在 MTT 试验法的基础上发展了 XTT 试验法。Scudiero 等[6]首次采用 XTT 体外细胞增殖和药敏检测，所得出的细胞生长曲线与 MTT 法检测结果相似。XTT 法实验时间短、步骤简便，目前已被广泛用于生物材料的相容性评价。由于该法较 MTT 法具有明显的优点，所以已被纳入国际标准 ISO 10993—5：2009 中，但实验成本较 MTT 法高。

（4）细胞增殖率评价。观察材料或材料浸提液与细胞接触后细胞生长速率和增殖率的改变，主要有克隆形成试验。克隆形成试验是检测与生物材料作用后的细胞的克隆形成能力，用克隆形成率来评价材料的细胞毒性。通过直接测定进行有丝分裂的细胞数来评价细胞的增殖能力，主要有 5 - 溴脱氧尿嘧啶核苷（Brdu）渗入法和胸腺嘧啶核苷（$^{3}H-TdR$）渗入法。

（5）细胞增殖相关蛋白检测。2000 年，Klein 等[7]对将 Ki - 67 蛋白含量作为细胞增殖评价方法进行了研究，并与传统的细胞毒性评价方法进行了对比，他认为 ELISA 法检测 Ki - 67

蛋白含量的方法是一种快速可靠、无放射污染的细胞增殖率评价的新方法，并建议将其作为国际标准 ISO 10993—5：2009 细胞毒性评价的补充方法。Oshima 等于 1997 年提出热休克蛋白的检测可以作为牙科材料细胞毒性评价新方法的可能性[8]，随后他们又采用热休克蛋白（HSP70）mRNA 含量检测法对含汞牙科材料进行了毒性评价，提出热休克蛋白（HSP70）含量检测可以作为含汞牙科材料的细胞毒性评价方法，且较传统的中性红比色法敏感[9]。

（6）细胞周期的检测。近些年关于通过检测细胞周期来评价细胞毒性的研究报道日趋增多。细胞周期检测需借助流式细胞仪技术（FCM），对细胞的核酸、蛋白质、酶、细胞周期分布等多种参数进行测定。该技术在材料的生物相容性评价中已有着广泛的应用。

综上所述，评价生物材料的体外细胞生物相容性试验方法较多，亦各有其特点。各试验方法之间虽然存在一定的相关性，但是很难达到完全一致性。因此在选择试验方法时，必须根据“最接近应用状况”的原则，合理地选择样品与细胞的接触方式和检测生物学终点的评价指标或评价方法。综合运用分子水平评价方法，阐明材料对细胞的作用机制，全面地评价生物材料对细胞的毒性作用，将是生物材料细胞生物相容性评价的发展方向。

2.3.4 其他组织相容性的评价方法

2.3.4.1 急性全身毒性和过敏实验

用材料和/或材料浸提液，通过单一或多种途径，用动物模型做试验，评价其有害作用，只对小动物做初步的整体安全性观察。具体方法：将注射用生理盐水、5% 的酒精生理盐水、食用植物油和 PEO－400 作为浸提液，按一定的样品面积用 20 ml 浸提液，采用 121 ℃ ×1 h、70 ℃ ×24 h 和 50 ℃ ×72 h 的条件分别进行消毒浸取，以这些浸提液做小鼠静脉（盐水）或腹腔（PEO）注射，三天内观察小鼠有无整体外观表现异常或死亡，判断是否合格。利用上述浸提液做家兔皮内刺激试验，每次注射后观察 15 min，特别是注意观察末次注射后有无用爪搔鼻、打喷嚏、竖毛、抽搐、呼吸困难、尿便失禁、休克、死亡等反应。必须设立阴性对照组，并且保证遵循随机化原则。

2.3.4.2 植入实验和局部毒性试验

将材料植入适当部位或组织，观察 7 ~ 90 天，最后用光学显微镜和电子显微镜评价材料对活体组织的局部毒性作用，但要有“标准样”做参比。

植入实验包括皮下植入和骨内植入两种实验方法，是评价材料生物相容性和安全性的主要体内方法。该方法是通过将生物材料植入动物的合适部位，在一定时期通过组织学切片观察组织的变化。皮下植入实验适用于评价长期与组织接触的材料对皮下组织的反应。骨内植入实验是指在实验动物左右肢的同一位置的一侧放置实样，另一侧放置对照样本。实验期内观察动物并记录异常表现，实验完毕后对植入体周围组织进行生物反应评价。

2.3.4.3 遗传毒性和致癌试验

这是生物材料中最复杂和最麻烦的问题。在体外检测方法中常用 Ames 试验，但是由于 Ames 试验菌种的变异，试验结果的假阴性率不断增加，因此一般同时还需要进行体外染色体畸变试验和微核试验，这样才能对遗传毒性做出科学的评价。分子生物学和分子基因学将在遗传毒性和致癌试验的评价中有很大的发展潜力，可以在基因转录水平和翻译水平研究细胞的调节机制。生物材料安全性体外试验中还包括原癌基因激活和抑癌基因失活的研究，尤其是 P53 基因，在人类大多数肿瘤中都发现了其功能障碍，这为研究生物材料可能存在的破坏性作用提供了依据。

2.3.5 展望

对生物材料的安全性评价，不仅要从整体水平去观察材料对人体各系统的影响，从细胞水平去观察材料对细胞的数量、形态及分化的影响，还要深入分子水平去观察材料对细胞DNA、mRNA以及蛋白表达水平的影响，从整体、细胞和分子生物学这三个水平全方位地评价生物材料的生物相容性，以确保生物材料被安全地应用于人体组织。建立材料对分子、细胞及机体的相互作用的系统性评价已成为生物材料评价的发展趋势和最终目的。

生物医用材料需求量的日益增长令其对生物学效应评估效率和可靠性的要求也不断提高。现有的动物实验和细胞水平的研究在揭示材料与机体的相互作用和生物相容性机制方面还需进一步深入。蛋白质组学及其相关技术的发展也为在蛋白质水平上评价生物材料的生物相容性提供了广阔的平台[11]。蛋白质组学技术可以一次性定性、定量研究大量蛋白质，快速阐明外来生物材料所引发的体内反应，这种高通量蛋白质分析技术令研究的焦点得以从少数几种常规蛋白质转移到材料作用后蛋白水平响应过程中包括的所有蛋白质，为生物医用材料的生物学评价提供新的视角和手段。

借助于iTRAQ - Coupled 2 - D LC - MS/MS分析，新加坡Xu等[12]首次报道了分别在羟基磷灰石和碳纳米管增强的羟基磷灰石上培养的人成骨细胞的比较蛋白质组学。研究发现，培养在这两种不同表面上的成骨细胞对细胞粘附和增殖相关蛋白的表达有差异性：羟基磷灰石上的成骨细胞有更高的蛋白表达水平和增殖水平。Zuckerman等[13]采用蛋白质组学技术研究了生物材料表面粘附的人单核细胞系U937的细胞内蛋白表达水平，以及基底材料表面吸附的蛋白和磷酸化抑制剂AG18浓度对该细胞蛋白表达的影响。Dinnes等[14]采用蛋白质组学技术（2 - DE和MALDI - ToF质谱），研究了聚碳酸酯—聚氨酯材料表面化学对单核细胞来源的巨噬细胞蛋白表达的影响。Kim等[15]用蛋白质组学技术分析了血清和血浆蛋白在材料表面上的吸附。该方法无须依赖抗体的同位素标记，可以大规模研究蛋白吸附。由此可见，运用蛋白质组学的策略对生物医用材料的生物学效应进行研究，从分子层面分析材料与生物体的相互作用，并在整体水平上反映响应蛋白质的动态变化，是进一步探索生物医用材料生物相容性研究的有效手段。

2.4 血液相容性

2.4.1 血液相容性相关的血液组分[16]

血液与生物材料相互作用引起的凝血过程主要为：在材料表面与血液接触的数秒钟内，首先是血浆蛋白的吸附，然后是血小板粘附、激活，同时启动凝血过程中的级联反应，使纤维蛋白原转变为纤维蛋白网络，形成血栓。目前，对血液相容性的研究主要集中在红细胞、血小板、白细胞、细胞因子、血浆蛋白、免疫系统和血流动力学等方面。

（1）血浆蛋白。血浆蛋白主要有纤维蛋白原（Fg）、纤维结合素（FN）、VWF因子、玻璃体结合蛋白（VN）、胶原、血小板反应素等。当生物材料与血液接触时，发生的最初的反应是来自周围血液的蛋白吸附，形成10 nm左右的单分子蛋白吸附膜。这层蛋白吸附膜不但可以调节血小板在材料表面的吸附和激活从而调节血液的凝集性能，同时也可以调控补体的激活和细胞的粘附。

（2）红细胞。人的红细胞是双面凹的圆饼状，边缘较厚，而中间较薄，所以可以最大限度地从周围摄取氧气。同时它还具有柔韧性，这使得它可以通过毛细血管释放氧分子，氧分子直径通常是6～8 μm。由于红细胞形状特别而且体积比较小，所以比表面积较大，氧气以及二氧化碳能够快速地渗透细胞内外。人的红细胞内所含的血红蛋白占血球总量的30%以上，红细胞破裂，血红蛋白溢出，称为红细胞溶解，简称溶血，可由多种理化因素和毒素引起。

（3）血小板。血小板是哺乳动物血液中的有形成分之一，形状不规则，比红细胞和白细胞小得多，无细胞核，一般呈圆形，体积小于红细胞和白细胞。血小板具有特定的形态结构和生化组成，在正常血液中有较恒定的数量，在止血、伤口愈合、炎症反应、血栓形成及器官移植排斥等生理和病理过程中有重要作用。血小板结构复杂，简言之，由外向内为3层结构，第1层为由外膜、单元膜及膜下微丝结构组成的外围；第2层为凝胶层，电镜下显示为与周围平行的微丝及微管构造；第3层为微器官层，有线粒体、致密小体、残核等结构。血小板膜是附着或镶嵌蛋白质双分子层的脂膜，膜中含有多种糖蛋白，目前已知糖蛋白Ⅰb与粘附作用有关，糖蛋白Ⅱb/Ⅲa与聚集作用有关，糖蛋白Ⅴ是凝血酶的受体。血小板膜外附有由血浆蛋白、凝血因子和与纤维蛋白溶解系统有关分子组成的血浆层（血小板的外覆被）。

血小板的主要功能是凝血和止血，并修补破损的血管。血小板的表面糖衣能吸附血浆蛋白和凝血因子Ⅲ，血小板颗粒内含有与凝血有关的物质。当血管受损或破裂时，血小板受刺激，由静止相变为机能相，迅即发生变形，表面粘度增大，凝聚成团；同时在表面第Ⅲ因子的作用下，血浆内的凝血酶原变为凝血酶，后者又催化纤维蛋白原变成丝状的纤维蛋白，与血细胞共同形成凝血块止血。血小板颗粒物质的释放，则进一步促进止血和凝血。血小板还有保护血管内皮、参与内皮修复、防止动脉粥样硬化的作用。

（4）白细胞和补体。所有的生物材料几乎都能激活中性粒细胞和单核细胞。其中最主要的血栓生成标记是CD11b水平的上调和组织因子的表达。CD11b包括整合素、Fg受体、iC3b和因子Xa，受激后可以快速转移到细胞表面。补体激活发生于血透、瓣膜置换、心肺旁路手术等多种治疗过程中。升高最明显的是SC5b－9水平以及C3b的裂解产物iC3b和C3d水平。过去认为材料导致的补体激活仅通过旁路途径起作用，现在发现其也通过经典途径发挥作用。大量的体外试验表明该途径的激活是通过Ig G发挥作用的[17]。补体活化对白细胞和血小板的激活产生重要影响。

2.4.2 生物材料的表面结构与抗凝血之间的关系

血栓的形成过程由材料表面的界面性能所决定，如材料表面的物理形态、化学性能、表面能量、表面电性等。因此，对材料表面的界面性能的表征进行研究，探讨其与材料血液相容性的关系，可为设计理想的生物材料提供依据。材料的表面性能的表征主要包括四个方面：表面物理形态、化学结构、表面电性能和表面张力与界面自由能。

（1）表面物理形态。生物材料的表面物理形态主要包括粗糙度、曲面曲率和特定几何形态。调控构建这些结构特征可以研究材料表面物理拓扑结构对蛋白质吸附行为产生的影响。生物材料的表面粗糙度对血液相容性有一定的影响，材料表面应该避免使血液产生停滞或涡流，粗糙度过高的材料容易引起凝血。

有研究者通过对血管表面进行研究后提出：具有表面宏观光滑、微观多相分离结构的材料具有优良的血液相容性。生物体血管内壁宏观上看是极其光滑的，微观上看血管壁由皮细胞表面膜系一个双层脂质的液体基质层、中间镶嵌膜内粒子的各类糖蛋白和糖脂质构成，这种宏观光滑、微观多相分离的结构，使其血管壁具有良好的血液相容性。相分离时，对条纹结构而言，层隔为300～500 Å时显示出较好的血小板抑制效果，但层隔增大时，血小板的粘附数增加，对于海岛结构的岛的尺寸为0.2 μm最佳，岛的尺寸增加，也会使血小板粘附增加，变形增大。

相分离具有良好血液相容性的原因可能有三个方面：①材料表面呈现某种特定形态，表面软链段富集，能优先吸附血浆蛋白中的白蛋白，这种白蛋白表面能抑制血小板粘附，防止凝血；②具有微相分离结构的材料表面很少使血小板变形，因此能抑制血小板血栓的形成；③膜表面有软段富集效应，这种软链段区遮盖硬链段区的特点是能降低凝固因子的接触活化。

（2）化学结构。含水或亲水性材料表面具有较好的抗凝血性能，这可从血管壁的结构得到解释。众所周知，血管壁具有良好的血液相容性，只要了解血管内壁的形态，就能更好地了解含水结构对血液相容性的影响。血管壁内皮细胞最外层含有大量的碳水化合物，如含有羟基基因的糖链，它处在异常的吸水膨润状态，向细胞外液伸展，该糖链富含水，类似于水凝胶，厚度为100～300 Å，凝胶层的水与血管内皮、血小板、红细胞中的水处于同一状态，因而血管内皮、细胞成分和血的界面能极低，低界面上无蛋白质吸附和变性，因而不会吸附血小板，不会形成凝血因子，具有较好的抗凝血性能。一般而言，水凝胶中的含水率影响血小板的吸附与变性。

材料表面与血液接触后，由于血液中蛋白浓度大于血小板，蛋白扩散速率也大于血小板，所以材料表面首先吸附血浆蛋白，而后是血小板粘附，再释放血小板因子而凝血。一般而言，亲水性表面要比疏水性表面吸附蛋白量少，但也有人发现，不同性能的材料表面表现出对不同蛋白的吸附性能，如：白蛋白易吸附在亲水区，可阻止血小板粘附；Y－球蛋白在疏水区被吸附，易使血小板粘附。

而超疏水表面同样具有较好的血液相容性，可能是因为界面自由能太大，所以蛋白不易在表面吸附，即材料表面与蛋白或血小板之间的粘附功远远小于血液内部的内聚功。材料表面亲/疏水键段的运动能力亦是影响抗凝血性能的一个重要因素，只要其表面高分子键段的运动接近液体状态，血小板就很难粘附在这类材料的表面，即使材料的含水率一样，表面分子运动能力强的材料上所粘附的血小板亦小。若将材料表面分子的运动与上述水的运动情况结合起来考虑，对研究血小板在材料表面的粘附问题是很有意义的。

（3）表面电荷。正常血管壁内皮ζ电位为－13～－8 mV，血管内皮细胞损伤后胶原组织外露，ζ电位变为正电，随即形成血栓。由细胞电泳的测定可知：红细胞、白细胞、血小板在泳场中均向阳极移动，它们的表面均带负电荷。对凝血影响较大的血小板进行研究后证明，血小板表面含有唾液酸而带负电荷。因此，带负电的红白细胞、血小板在带有适当负电荷的材料表面上，粘附较为困难，但是容易粘附在表面带有正电荷的材料上，进而引发凝血与血栓形成。从减少血小板粘附的角度看，负电荷表面可以提高材料的抗凝血性。玻璃、陶瓷表面虽带负电荷却引起强烈凝血的原因是激活凝血因子Ⅶ而导致内源性凝血途径的激活，这意味着表面带有负电荷的材料不一定就具有良好的抗凝血能力。为了抑制血小板的粘附，材料总体呈负电性，而在局部微观上为防止凝血因子活化，在100埃范围内带正电荷。但是不管材料带哪种电荷，大量实验发现，加大材料表面的电荷密度，均能损伤血小板的功能，因此，电荷密度也是影响生物材料的血液相容性的重要因素。

（4）表面张力与界面自由能。表面张力是指物质表面层微粒间存在的一种平行于表平面的力。它导致液体表面的紧缩，从而维持了最小比表面积的一定界面，即表面张力的大小反映了表面自动收缩趋势的大小。比表面自由能是表示产生单位面积新表面使体内增加的自由能，或者表示物质在本体相内的微粒移位至表面层（非膨胀）而形成单位面积新表面所需消耗的可逆功。对于平衡表面，表面张力与表面自由能在数学上是相等的，只是在作用上概念不同。

血管壁的界面自由能非常低，在0.1～0.3 Pa之间，如此低的界面自由能是血管壁能与血液相容的重要原因。研究表明，材料表面张力值越大，凝血时间越短，也就是表面能越大，固体表面和血液接触越容易凝血形成血栓，因为表面能低的材料具有抑制血小板粘附的作用。但也有例外：各向同性碳临界表面张力较高约为5.0 Pa，而嵌段聚醚聚氨酯和聚酯—聚甲基硅氧烷共聚物的临界表面张力为2.3～2.8 Pa，若单从表面张力判断，各向同性碳的抗凝血性能应较差，但事实与此相反。

2.5 表面对生物相容性的影响

研究表明，植入组织蛋白吸附和随后的构象改变会引起免疫反应，研究结果也强调表面性能（物理、化学性能）的改变会减少蛋白吸附和细胞粘连，进而提高植入材料的生物相容性。

2.5.1 生物材料的表面修饰与表征技术

为了探寻“完美”的材料，材料科学家们已经采用很多种技术进行表面改性，包括物理修饰、化学修饰和辐射。研究已表明，一般的材料表面改性（包括化学性质、润湿性、域组成和形态）会影响体内细胞对生物材料的蛋白吸附和随后的细胞反应。可惜的是，由于缺乏表面的明确界定（只从一个或两个特性来区分）和特点明确的动物植入材料模型，许多早期的研究都没能对材料性质影响异体反应的发病机理有深刻的认识。

2.5.1.1 生物材料的表面修饰技术

在过去的20年中，有许多表面改性技术得到了发展。研究表明，材料的表面吸水性、疏水性、电荷性可以改变蛋白吸附的程度。总的来说，提高表面疏水性可以提高材料的生物相容性（体外培养）。近来许多人的研究不仅仅是改变亲水性或疏水性，还通过在表面均匀地增强不同的化学官能团来提高材料的生物相容性。虽然大量文献已经证明有很好的体外培养结果，但是在体内培养的过程中，表面性能对组织表达没有明显的影响。

近年来发展起来的低温等离子体技术由于其独特的性质在生物材料的表面改性方面也正得到越来越广泛的应用[18]。低温等离子体表面改性只限于几百埃以内的表面，对材料本体的性质影响较小，而且能够处理各种形状的材料表面，改性条件也容易改变和控制等，因此被广泛用于生物材料的表面改性。对于很多聚合物材料来说，控制相关参数、利用特定的气体可以使材料表面产生特定的基团。低温等离子体对材料表面改性可分为两类：等离子体表面接枝聚合和等离子体表面处理。等离子体表面处理技术主要是在材料的表面引入一些亲水性的化学基团，如－OH，－NH_3，－COOH和磺酸基等，从而提高材料表面的亲水性，进而调节细胞在材料表面的粘附性能，改善材料表面的血液相容性[19]。目前常用的是O_2，N_2，NH_3以及SO_3等具有反应活性的气体。另外，表面化学处理利用聚合物本体材料中已存在的基团的反应或通过主链侧基上某些反应活性高的基团或原子的反应，可使聚合物表面产生小分子功能基团。如含有易被水解的酯类聚合物可在碱溶液中部分水解并使表面产生羧基，与二元胺反应可在表面引入胺基，与乙酐反应可引入羟基等。除此之外，像化学氧化法、辐射技术、离子注入技术等物理化学方法也逐渐地被应用到生物材料表面进行处理，产生新的活性基团。

表面接枝改性是生物材料表面改性中应用较为广泛的一种方法，聚合物的表面接枝和传统的聚合物接枝不同。传统的聚合物接枝一般是在均相的溶液体系中进行的，接枝几乎涉及每一个大分子。而表面接枝则只是限于固体的高分子材料表面发生接枝反应，材料的本体并不参与反应，因此表面接枝反应是一种非均相的反应。表面接枝是利用特定的物理化学的方法，在聚合物的固体表面生成活性反应中心，再引发单体进行接枝反应的。接枝聚合反应可将一些具有生物相容性的分子引入聚合物的表面，从而改善和提高生物材料的生物相容性。

等离子体表面接枝聚合是一种很有吸引力的聚合物材料表面化学和形貌修饰的方法[20]。主要是利用一些惰性的 Ar，He 和 H_2等非反应性气体，这些气体的原子不直接进入高聚物材料表面的大分子链中，但由于这些非反应性气体等离子体中的高能粒子在轰击材料表面时传递能量，所以会使材料表面产生大量自由基，然后将一些目的单体在等离子激发的表面上引发聚合，最终在聚合物的表面接枝形成一种刷状薄层。这种接枝的表面也可以提供一些活性位点用于结合蛋白分子。这种方法具有较高的表面选择性，同时这种修饰能够被限制在几纳米的范围内而不引起本体性能的变化。因此，等离子接枝聚合也被认为是一种非常成功的用于固定生物分子和适合细胞培养的功能化的界面的方法[21]。

生物体内很多的分子水平的结构是自组装的和有序的，包括生物膜的有序的磷脂双分子层、胶原合成过程、DNA 的双螺旋结构等。近年来材料领域出现了一种新的技术——自组装单分子层技术，这种技术也是逐渐地被引入生物材料的表面修饰中的，用于制备精细的、可控的、具有特定化学结构的生物材料表面，研究细胞或蛋白与材料的相互作用。大分子自组装技术是指聚合物分子在氢键、静电相互作用、疏水亲酯作用、范德华力等弱相互作用力的推动下，自发地构筑成具有特殊结构和形状的集合体的一项技术。这是一门集化学、物理、生命科学和材料科学为一体的交叉学科，也是近年来才发展起来的新兴学科，已越来越受到人们的关注[22]。自组装单分子层是分子通过化学键相互作用自发吸附在固/液或气/固界面而形成的热力学稳定和能量最低的有序膜。自组装形成的有序分子结构对于生物识别和生物反应有以下几个优点：避免引发非特异性反应、精确的计划和设计表面（原子水平）、处于稳定的平衡状态的材料表面和比较简单的制备方法。

将生物活性分子固定到材料表面是提高其细胞/组织生物相容性的重要方法。生物活性分子在聚合物表面的固定主要有物理吸附和化学固定两种。物理吸附，即通过静电吸附作用可将带有电荷的生物活性分子非共价地固定于材料中带异种电荷的部位，这是在材料表面引入活性分子的最简便的方法；化学固定，指将生物活性分子中的某些基团与基质表面的反应性基团通过化学键合或交联剂使其牢固地固定于材料表面，从而获得长期的组织生物相容性，这是物理吸附方法所无法达到的，但是化学固定的方法较前者又要复杂得多。

2.5.1.2 生物材料的表面表征技术

表面在生物学和医学中扮演了重要的角色，大多数的生物反应是发生在表面和界面的，但是直到 19 世纪人们才首先观察到表面对生物学反应的控制。表面性能对于生物材料及其装置的成功与失败具有重要的影响，表面性能及其后续的表征已经成为生物材料研究的中心内容之一，所以生物材料的表面性能的分析与表征变得非常重要。生物材料表面分析主要有表面化学结构、亲/疏水性、离子基团、表面形貌（如结构域）和拓扑结构（表面粗糙度、平滑度），采用不同的分析方法可以获得不同程度的信息，包括显微技术、光谱技术和热力学技术等。表面分析方法的选择受到很多因素的影响，包括需要测量的类型、被分析的表面区域的范围、准确性和精确性、样品的制备、分析技术对表面的影响、样品对仪器的影响等。表面科学技术的进步明显地促进了我们对生物材料表面成分和分子结构的表征能力的理解。这方面的研究的最终目的是能够真正理解“材料的表面性质是怎样影响细胞与表面相互作用时的生物学活性的”。

2.5.2 表面化学对蛋白吸附的影响

表面化学性质影响蛋白吸附、变性、抗原表面暴露的程度。为了减少不必要的蛋白吸附，可以用表面反应在组织表面增加官能团用于“排斥”蛋白。典型的排斥蛋白官能团包括亲水性基团、氢键受体、无氢键和中性电荷。通常认为涂层抵抗蛋白官能团的识别可以帮助调整材料表面来控制蛋白粘附以及吸附，这样就可以增强生物相容性。

几年来，纤维蛋白受表面官能团的影响已被广泛研究。计算机模拟显示，水分子和纤维蛋白一样可以在羟基涂层的表面吸附，重复试验结果表明纤维蛋白会和表面羟基牢固键合，而且已证明最佳的羟基浓度可以增强白蛋白和纤维蛋白的亲和力。纤维蛋白也可以与羟基化和表面甲基官能团反应，证实了早先纤维蛋白会被表面的甲基官能团吸附。表面的氨基和纤维蛋白会形成氢键，将其束缚在氨基表面。至于羧基，纤维蛋白不能强于水分子和表面羧基进行反应。相似的结果在其他的研究中也可见到，活性或惰性、亲水性或疏水性表面都可以吸附等量的纤维蛋白。和其他表面相比，带有像羧基之类的负电荷的表面吸附的纤维蛋白很少。为了对表面官能团和蛋白反应有更广泛的了解，需要发展涉及混合官能团以及更多的体内实验的研究。

为了测定官能团密度在调制蛋白和与生物材料反应时所产生的作用，可以利用等离子聚合技术在表面移植不同密度的羟基和氨基，以增强表面羟基和氨基的密度来提高表面的亲水性。至于表面和纤维蛋白的反应，有羟基的表面吸附的蛋白量减少，而当羟基和氨基浓度增加时，氨基表面可以吸附到更多的蛋白。这些数据证明，自发吸附的蛋白数量是由表面化学性质决定的。很多实验也在研究表面官能团的种类和密度是否会影响到蛋白构象的改变（变性）。研究结果证实，即使是表面氨基浓度很小的变化也会影响到纤维蛋白的吸附和 P1/P2 抗原表位的暴露。

也有研究显示，生物材料的表面化学通过经典途径参与了补体激活，影响吞噬细胞的吸附和活性以及白细胞的粘附和活性。研究也显示，相比亲水性表面，免疫球蛋白在疏水性表面会发生更深程度的变性，导致可以结合补体蛋白的活性基团的暴露。另外，化学官能团自身也可以和补体蛋白通过共价键结合，然后包裹蛋白进而调控蛋白。羟基会从血清中选择性地吸附免疫球蛋白，最终导致表面 C3 的沉淀。相比较而言，氨基和羧基就显示比较弱的活性。用 SAMs 进行体内研究显示羟基会增加白细胞的反应。这个过程至少由三个连续的步骤组成：表面羟基调整补体活性；补体片段 C5a 激发白细胞活性；白细胞通过键合粘附到表面，束缚补体片段 C3b。

2.5.3 表面官能团对细胞的影响

研究表明，表面官能团会影响细胞生长，很可能是因为表面官能团影响了吸附的蛋白以及随后的蛋白—细胞的相互作用。通常来说，亲水性基团提供较低的界面自由能，从而降低了蛋白吸附、细胞粘附和血液相容性。相比疏水性表面，蛋白倾向于以较少的量和并不牢固的亲水性表面键合。蛋白吸附的减少会影响到随后的细胞表达。例如，在一个相互渗透的网络研究中，我们可以看见亲水性单体的逐渐增加会导致纤维蛋白吸附量的减少和白蛋白吸附量的增加，以及血小板粘附的逐渐减少。也有研究显示亲水性表面会明显抑制白细胞的粘附和巨噬细胞的融合，也会导致细胞因子释放的减少，进而减弱免疫反应。相比较而言，甲基基团的增加会增加白细胞的吸附。白细胞在固体表面的粘附取决于多种不同的因素，像表面化学性质、电荷或亲水性和蛋白吸附。

2.5.4 表面官能团对组织表达的影响

目前很少有对表面官能团在体内影响的研究。几乎所有的体内研究都是通过急性可植入模型来实现的。这些研究工作的结果表明，表面官能团会改变生物材料在体内引起的急性免疫反应。研究发现，表面官能团显示不同的急性免疫范围：氨基 > 甲基 ~ CFx > 羟基 > 硅氧基基团。最近有科学家采用 SAMs 方法制备疏水性甲基、亲水性羟基和羧基表面，结果显示甲基表面与羟基和羧基表面相比，附着在植入体表面的纤维膜的厚度较厚，而且免疫细胞也较多。进行单独研究也发现，甲基与金色覆膜表面相比会增加白细胞和吞噬细胞向植入体迁移。

令人意外的是，几乎所有的研究都没有显示体内表面化学性质对慢性纤维变性表达的影响。可以猜测，表面官能团对体内细胞表达的相对无效性可能简单地反映出细胞与表面反应的不充分。特别是在体外环境中，细胞种植在官能团和表面基团的顶部，这样的话，就能对细胞表达发挥出最大的作用。而在体内，无孔材料表面的官能团就只能和细胞/组织的表层细胞反应。这种相对较弱的细胞和官能团之间的反应就减弱了表面官能团对细胞表达的影响，这可以通过使用组织支架和药物释放微球来提高官能团和细胞之间的反应，进而增强植入材料表面化学性质的影响。对承载有不同分子量表面官能团的细胞应答进行检验，用球形微球使植入体的体积比最大，并且模拟微球用于控制药物释放，将微球微米化，检验其对调节组织对生物材料的表达的能力，采用等离子聚合技术在不同微球的表面附着四种不同的官能团：羟基、氨基、－CFx 和羧基，然后在体内检测这些表面官能团对宿主组织表达的影响，会发现亲水性羟基和氨基表面诱导产生最厚的纤维膜，并且渗透入植入体的细胞最多。正如前文提到的一样，亲水性基团会减少蛋白吸附，而－CFx 和羧基表面的免疫、纤维细胞表达、细胞渗透量就很少。这些结果都说明，植入体的比表面积以及表面官能团对组织表达和生物相容性都有很重要的影响。

2.5.5 仿生化表面设计在组织工程中的应用

表面官能团在组织工程中的影响的研究还处于初期。最近已经在研究如何通过支架表面改性来提高亲水性。了解官能团对细胞粘附的影响就可以对支架表面进行改性从而增强细胞粘附，同时也可以减少对支架材料的免疫应答。目前大多数对组织工程支架的研究都是通过添加细胞外基质获得材料来增强细胞的生长和分化的，主要用表面官能团来增加特殊的膜配位基从而增强细胞粘附。最近的研究结果也显示，表面官能团可以诱导细胞分化。用 Caco－2 细胞研究发现表面官能团和细胞的分化程度有关，αvβ3 整合点暴露在羧基表面会抑制成骨细胞的分化和矿化，羟基表面的成骨细胞显示出较高的分化和矿化水平。

组织工程用的生物材料的发展最近主要集中在材料的生物仿生化制备[23－25]，这种仿生化的生物材料能够通过生物分子的识别来刺激特异性的细胞反应和直接生成新的组织。很明显，将受体和配体的相互作用原理引入生物材料的设计中可以更好地控制细胞和生物材料的相互作用。值得注意的是，生物仿生化的主要任务不仅仅是控制材料和细胞的相互作用，更重要的是履行更好的设计目的，如某种细胞类型的靶向、提供特定的支架结构用于组织的生长等，这种特异性的相互作用的设计是一种用于材料，使其更好地实现预定目标的工具。生物仿生化的材料能够在分子水平上调节和控制细胞与材料的相互作用[26]。

将细胞结合的多肽通过物理的或化学的修饰方法引入生物材料，这些材料可以通过本体和表面两种修饰方法来制备，主要集中在能够和细胞受体发生特异性反应的一些大的细胞外基质蛋白，或来源于细胞外基质蛋白的小肽。这些生物仿生化的材料模仿了组织的细胞外基质的很多作用。如鼠的 MSC 可以通过受体—配体的相互作用来实现[27]，将特异性的蛋白序列引入材料能够使材料被特异性的蛋白酶降解[28]，或者能够引起细胞在局部组织中不能出现的反应[29]。

用生物活性分子对生物材料的表面进行修饰是获得生物仿生化材料的一种简单的方法。早期的工作是用长链的细胞外基质蛋白如 FN，LN，VN 进行表面修饰。这些蛋白能够涂覆在生物材料的表面从而促进细胞的粘附和分化[30-32]。随着一些信号结构域的发现（这些结构域只存在于细胞外基质长链蛋白中的几个氨基酸，它们主要是和细胞膜上的受体相互作用），短肽片断序列也开始被用于材料的表面修饰，这些选择性的合成多肽序列可以用于组织工程[33]。使用短肽进行表面修饰比用长链的细胞外基质蛋白修饰要有优势得多。长链的蛋白分子在吸附到生物材料表面时会发生无规则的折叠，变性的蛋白不一定能够保持其与细胞表面受体相互作用的结构域。而短肽在修饰的过程中能够保持相对稳定的和细胞表面受体结合的结构。另外，短肽在实验室中能够更加经济地被合成。这些用生物活性分子修饰的生物材料可以作为人工的细胞外基质用于组织工程，引导新的组织的形成。还有，用这些受体结合的生物分子进行表面修饰可以作为一种有用的方法精确阐述细胞在生物材料的表面的细胞行为。即细胞粘附多肽的密度和空间分布对细胞特异性功能的影响，如细胞的粘附、增殖和分化等。

通常使用的表面修饰的多肽有 Arg - Gly - Asp（RGD），这种信号区域来自纤粘连蛋白（FN）和层粘连蛋白（LN）。另外，其他的一些短肽序列也被用于固定在各种模板基质上[34]，如 Tyr - Ile - Gly - Ser - Arg（YIGSR），Arg - Glu - Asp - Val（REDV），Ile - Lys - Val - Ala - Val（IKVAV）。很多的基质被这些多肽进行了修饰和表征了与细胞的相互作用，如玻璃、石英、金属氧化物和聚合物。将这些多肽固定到材料的表面的技术有很多，如材料表面具有的活性反应基团，如氨基可以通过化学反应连接到多肽的羧基上，具有功能化的交联剂也可以将这些多肽连接到材料表面，这样固定的多肽在生物学环境中具有一定的柔软的运动性。对于聚合物来说，虽然其表面缺少合适的功能基团用于连接反应，但是有一种光化学固定的方法可以将活性多肽接枝到聚合物的表面。

用细胞粘附多肽进行表面修饰为仅仅在生物医学装置的表面控制细胞的行为提供了一种可能性。然而，表面修饰还是有一定的局限性。由于表面修饰是在一些精细的模板表面进行的，并且对细胞在材料表面的行为的研究是在无血清的介质中进行的，所以这些结果不能准确反映体内的复杂的生物学事件。即使一些模板表面为理解细胞的行为提供了一些基础知识，但是很难被直接用于组织工程支架材料。

随着生物材料的本体修饰的发展，细胞信号多肽也开始结合到生物材料中，从而使得识别位点不仅出现在材料的表面上，而且出现在材料的本体上。从本质上说，生物材料的本体的修饰对组织工程的应用也是有益的。

2.5.6 通过表面功能化来改善药物释放

2.5.6.1 表面化学对药物释放的影响

像许多其他的医用植入体一样，药物释放载体在植入几天（几周）后都人们会被厚厚的成胶纤维组织包围。这些纤维组织就像扩散屏障，以至于会减少药物释放。因此，人们通常认为调整生物材料纤维化反应可以提高药物释放的能力。用 SAMs 进行研究显示，羧基和羟基表面比甲基表面产生的纤维包囊要薄。实验结果也证明，聚合官能团微球植入体甲基表面也显示出较薄的包囊体。然而，羟基植入体表面也出现明显增加纤维包囊的形成。要明确表面官能团和药物释放之间的关系还需要进行大量的研究。

2.5.6.2 表面官能团提高药物摄入细胞

近来的研究也表明，药物传递载体表面的官能团会影响到细胞摄入比例和摄入机理。对末端氨基、羟基和聚乙二醇（PEG）官能团的研究显示，氨基表面能够以较高比率进入细胞。这说明阳离子氨基表面和细胞膜之间充分反应后，允许药物传递载体快速进入细胞。另外，对一个末端官能团是羟基、氨基、羧基的聚合物的研究发现，羧基和羟基表面倾向于增加体内存活时间，这可能得归功于它们因蛋白吸附而提高的宿主识别能力，也可能是出于官能团的原因而影响到了细胞的摄入。表面覆膜已被证明会影响纳米粒子的细胞摄入。通常有亲水性外壳的微米和纳米粒子会减少蛋白吸附并延长循环时间。用带有亲水性羟基官能团的聚乙二醇外壳修饰的粒子，可以减少单核吞噬细胞的摄入。检测改变电荷性对粒子摄入的影响的研究显示，粒子表面氨基基团的增加和细胞摄入有关系。表面氨基浓度越高，癌症细胞摄入的粒子就越多。从经过羟基改性的亲水性 PVC 表面可以看到一个有趣的现象，用无覆膜的 PLGA 和羟基覆盖的 PLGA 进行对比研究发现，添加亲水性覆膜会导致 2 倍的细胞摄入。研究显示羧基表面会增强细胞摄入，并且纳米粒子的摄入量和粒子表面羧基官能团的量有关。这种现象可能和细胞容易与阴离子表面覆膜反应有关。

2.6 生物材料的异体反应

2.6.1 简介

近年来，人类在生物技术、组织工程、生物材料、细胞和分子生物学、高分子科学和其他相关领域中所取得的进展推动了医疗和医药行业的巨大进步。在植入物和药物/设备相结合的产品中所获得的突破尤其引人注目，如药物洗脱支架、人造器官、生物传感器、医用导管、组织工程支架和心脏瓣膜。不过，植入物的生物相容性仍是限制设备寿命和功能的关键问题，植入物所造成的异物反应也会显著增加患者的风险。

通常人类使用的生物材料是疏水性的，和很多蛋白有较强的亲和性。植入后不久，生物材料就会被一层血浆蛋白覆盖，主要是白蛋白、纤维蛋白、免疫球蛋白、粘连蛋白和凝血因子。这些吸附蛋白大部分通过疏水相互作用，使构象发生改变并显示出疏水基团，然后紧紧地粘附到疏水性生物材料表面。大家认为吸附蛋白的构象改变是引起炎症、凝血等异体反应的主要原因，这些蛋白与生物材料的相互作用促使隐藏的蛋白结构和序列显示出来，作为炎症细胞的受体基团，进而引起异体反应。尽管材料表面特性对随后的组织反应的影响还没有被完全弄清楚，但已广泛证明高分子表面特性会影响蛋白的种类和数量，以及吸附蛋白的构象、取向和键能。吸附蛋白可以保持和溶液相近的结构，也可以改变构象适应周围的环境。

2.6.1.1 先天免疫和适应性免疫

脊椎动物由先天免疫和适应性免疫两套免疫系统进行自我保护。先天免疫是防御异物的第一道防线，是通过不变的机理来实现的，是宿主快速的和非特异性的反应，用以清除外来病原体或材料，修复组织损伤和清除凋亡细胞。补体系统是由一系列的血浆蛋白组成的，它们可以与病原体表面结合并将其水解破碎。而这些碎片可以介导由巨噬细胞参与的炎症反应和病原体识别。最终，针对细胞膜的复合攻击使细胞溶解。这些巨噬细胞识别病原体后会释放细胞因子和趋化因子，吸引单核细胞和中性粒细胞从循环系统浸润到感染组织中，进而启动炎症反应。

2.6.1.2 炎症反应

炎症反应是由组织损伤引起的，而材料的植入并在体内持续存在均会导致组织损伤。当组织因植入物而受伤时，伤口愈合反应则会通过一系列复杂的过程立即启动。在这个一系列的复杂过程中，主要阶段包括急性炎症、慢性炎症和形成肉芽组织。

急性炎症反应的时间相对较短（只有几天）。这一阶段的反应主要是形成临时基质并清洗伤口。第一，血管扩张，血液大量流入损伤部位形成以纤维蛋白为主要成分的血块，封闭伤口。通过与毛细血管壁紧密连接的内皮细胞、盐、蛋白质和水的浸润增加造成水肿。这一反应的动力主要来自血液，可能是宿主企图稀释污染物，降低有害分子浓度。白细胞则紧贴血管内皮并渗入受伤点，细胞迅速聚集到损伤部位。在急性炎症阶段，这些细胞主要是中性粒细胞，这是白细胞的主要组成部分。单核细胞之后才进入该部位，并分化成巨噬细胞。这些巨噬细胞的作用是移除异物（如细菌和死细胞）并清理伤口。

异物的持续存在所形成的持续性炎症刺激会导致慢性炎症。该阶段的一般特点是巨噬细胞、单核细胞和淋巴细胞扩散，以及血管和结缔组织增生，重建受损区域。重建过程如下：在急性炎症阶段形成的纤维蛋白凝块通过成纤维细胞和血管内皮细胞的增殖转变成血管肉芽组织。生长因子对产生纤维组织、血管以及上皮细胞有重要作用。这些生长因子包括：血小板衍生生长因子、成纤维细胞生长因子、转化生长因子－β（TGF－β）、转化生长因子－α、表皮生长因子、白细胞介素和肿瘤坏死因子。血管的形成可以提供必要的营养，是伤口愈合过程中必不可少的。新的血管通过所谓“新生血管”或“血管生成”的过程，在已存在的血管中出芽形成。成纤维细胞在合成胶原蛋白和蛋白多糖的过程中十分活跃。最终，肉芽组织被细胞外基质取代。细胞外基质是一种大分子网络结构，位于内皮细胞和上皮细胞之下，围绕着间质细胞。细胞外基质包括四种主要的大分子：胶原蛋白、弹性蛋白、结构糖蛋白、蛋白多糖。它不仅仅是物理支架，同时也是生物过程的关键调控器。这些生物过程包括：分化、发育再生、肿瘤发生和修复。与急性炎症相比，慢性炎症在组织学上不是那么统一，伤口愈合反应主要取决于受损程度。

急性炎症、慢性炎症通过移植部位的单核细胞也就是单核白细胞和淋巴细胞被识别。慢性炎症比急性炎症有更少的统一组织学形态，这个区别被用来特异性识别一个宽范围的多元反应。单核细胞（包括淋巴细胞和血浆细胞）的存在被认为是出现急性炎症的判断性特征。生物材料引起的慢性炎症经常持续时间很短并且只限于移植部位。慢性炎症被用来描述生物材料界面处单核细胞、巨噬细胞和异体巨大细胞的异体反应。与生物相容性材料相比，急性和慢性炎症反应伴随由单核细胞组成的慢性炎症反应的早期解决经常持续两个星期以上。急性炎症性反应持续期超过三个星期通常表明受到感染。急性和慢性炎症反应解决之后，肉芽组织由巨噬细胞的存在、纤维细胞的渗出物来鉴别，并且新愈合组织中的新血管形成也被鉴别。颗粒化组织是纤维胶囊形成的前体物并且肉芽组织通过异体反应的细胞组成与移植物或生物材料区分开来。

2.6.1.3 异体反应

植入体内的生物材料会引起异物反应。异物反应的程度取决于植入物的性质：①形状，②大小；③表面化学性质和粗糙度；④设计；⑤形态和孔隙率；⑥组成；⑦灭菌；⑧接触时间；⑨老化。材料植入后，聚合物与血液的界面立即形成，血液与组织液中的蛋白在材料表面的非特异性吸附也立即发生。事实上，非特异性蛋白吸附程度可用于评估材料的生物相容性。随着非特异性蛋白的吸附，免疫及炎性细胞如单核细胞、白细胞和血小板参与进来保护身体免受异物伤害。异物反应的最后阶段，植入物被血管和胶原纤维包裹，通常厚度为50～200 mm。这种包囊可以限制植入物，防止它与周围组织发生相互作用。

异体巨大细胞是由巨噬细胞和异体巨大细胞组成的，而异体反应是由于医疗器械、假肢或生物材料的植入而产生的创伤愈合反应和炎症性晚期反应。对于导致异体反应机理的简单而核心的概述已经被提出。目前的研究主要是调节巨噬细胞和处于具有化学、物理和形态学特点的合成表面上的异体巨大细胞之间作用的因素，而这些因素被认为在调节细胞活动中起着重要作用。异体反应包括蛋白质的吸附、单核细胞/巨噬细胞的粘附、巨噬细胞融合、形成外来巨细胞、生物材料的异体反应和单核细胞/外来巨细胞与炎症性/创伤愈合细胞之间的交互调节。组织/材料界面上的异体反应对医疗设备在体内的有效期是有影响的，生物材料表面性能在医疗设备植入之后的前2周或4周对调节异体反应起着重要作用。理解异体反应是很重要的，因为异体反应可能会影响医疗设备、假肢和植入生物材料的生物相容性并且可能显著影响组织工程结构（包括蛋白、细胞和其他生物组成的在组织工程和再生医学中的应用）的短期和长期的组织反应。

生物材料植入之后的主体反应包括损伤、血液与材料的相互作用、临时基质的形成、急性炎症、慢性炎症、颗粒化组织的发育、异体反应和纤维化/纤维囊发育。在材料植入的早期，血液与材料的相互作用是随着蛋白质吸附于生物材料表面和在生物材料附近形成的临时基质的发育而发生的。这个临时基质是组织/材料界面上的最初血栓/血块。对结缔组织的损害不仅启动了炎症性反应（自然免疫），而且引起血栓的形成，包括外部和内部凝血系统、补体系统、纤溶系统和血小板的活化作用。

在初期的血液/材料反应和临时基质形成之后发生急性和慢性的炎症就是在预料之中的。这些反应的范围或程度是由被植入过程中及器材植入部位中的组织或器官的损伤程度和临时基质形成程度所控制的。中性粒细胞拥有急性炎症性反应。随组织胺释放和纤维蛋白原吸附的柱状细胞脱粒被认为对植入生物材料具有调节急性炎症性反应的作用。白介素4（IL－4）和白介素13（IL－13）在脱粒过程中从肥大细胞中释放出来，并且在决定异体反应持续发展的范围和程度方面扮演着重要的角色。生物材料炎症性反应可能通过组织胺调节巨噬细胞招募和通过吸附纤维蛋白使组织胺吸附于植入表面。生物材料的急性炎症性反应经常很快解决（经常少于一个星期），这取决于移植部位的受伤程度。

2.6.2 巨噬细胞

巨噬细胞是一种重要的抗原递呈细胞，可以充当哨兵并根据接触到的微生物种类诱导有效的免疫反应。来自循环系统中的前体——单核细胞能够响应巨噬细胞集落刺激因子形成组织巨噬细胞。内皮损伤后，循环的单核细胞使用选择素调节其自身粘附到内皮上。这些被激活的单核细胞转变为活性构象并上调整合素水平，而整合素可以引导单核细胞在内皮上停留并牢固粘附，最终使单核细胞穿过内皮到达炎症部位。多年来，巨噬细胞被视为只有一种活化表型，响应两种信号：炎性因子和微生物产物，前者如干扰素（IFN）-γ，后者如脂多糖（LPS）。这些巨噬细胞后来被称为经典活化巨噬细胞，或M1。20世纪90年代的研究表明巨噬细胞表型具有多样性。例如，白细胞介素（IL）-4或糖皮质激素能够诱导一部分巨噬细胞上调表达某些噬菌受体，但是不能产生杀死病原体的氮自由基。最近，基于细胞表型，这些选择性活化的巨噬细胞或称为M2，被进一步细分为M2a，M2b和M2c三个类型。M1巨噬细胞是炎性和杀菌性的，而M2巨噬细胞具有免疫调节和修复的作用，并没有多少杀菌性能。

2.6.2.1 经典活化（M1）巨噬细胞

干扰素（IFN）-γ能够使巨噬细胞响应炎性细胞因子从而针对病原体发生有效的先天免疫反应。这些巨噬细胞通过吞噬功能并产生活性氮和氧等物质消灭病原体。这些活性氮和氧物质包括一氧化氮（NO）、过氧亚硝基（$ONOO^-$）、过氧化氢（H_2O_2）和其他过氧化物。此外，经典活化巨噬细胞的吞噬能力下降，（FcγR）Ⅱ表达减少，分泌炎性细胞因子，如TNF，IL-1，IL-6，IL-12和IL-23这些细胸因子具有防止恶性细胞扩散的功能并能诱导Th1反应。小鼠巨噬细胞有能力产生NO，而与小鼠的巨噬细胞相比，人的单核细胞源性巨噬细胞无法响应经典刺激，不能产生NO。因此，人类巨噬细胞只能通过其他标准进行识别，包括表面分子的上调，如主要组织相容性复合体（MHC）Ⅱ类、共刺激分子CD86和调理素受体（如FcRIII，CD16），杀灭细胞内微生物的能力提升以及识别作用抗原能力增强。此外，在受损组织中，经典活化巨噬细胞产生一系列的酶，如基质金属蛋白酶（MMPs）、胶原酶、弹性蛋白酶和透明质酸酶，这是基质破坏和组织重建的关键所在。这就使巨噬细胞能够迅速迁移至受损组织并清除病原体和杂物。然而，长期激活经典活化巨噬细胞会导致组织损伤。因此，组织在炎症后期以修复性或替代性活化巨噬细胞取代炎性巨噬细胞以便重建。

2.6.2.2 替代性活化（M2）巨噬细胞

替代性活化巨噬细胞至少包括三个亚类：M2a，M2b，M2c，也分别称为替代型、II型或失活巨噬细胞。M2a型由单核细胞通过IL-4和IL-13诱导产生；M2b由免疫复合物和TLRs或IL-1受体活化剂诱导产生；M2c由IL-10或糖皮质激素诱导产生。与M1巨噬细胞相比，M2巨噬细胞通常产生IL-10的水平较高而产生IL-12的水平较低。M2a和M2c巨噬细胞可通过如下方式进行识别：非调理素受体（MR）丰富，因精氨酸酶诱导而无法产生NO，炎性细胞因子（IL-1，TNF和IL-6）较少以及共刺激因子CD86的表达水平较低。M2c巨噬细胞在免疫抑制、细胞外基质（ECM）重建和诱导纤维化等过程中最为有效。与M2a或者M2c巨噬细胞相比，M2b巨噬细胞更接近于M1。M2b巨噬细胞能产生高水平的NO，精氨酸酶活性较低，CD86的表达水平相对较高并能产生促炎性细胞因子：TNF，IL-1和IL-6。这些巨噬细胞表型之间的主要区别是，M2b巨噬细胞产生IL-10并导致Th2反应，而M1巨噬细胞产生IL-12并引发Th1反应。IL-4激活巨噬细胞产生纤连蛋白和其他基质蛋白（如βIG-H3）并促进伤口愈合和组织重建。因此，M2巨噬细胞在炎症后的组织重建中十分重要。

巨噬细胞的表型具有可塑性，也就是说经典活化M1巨噬细胞可以转换成M2巨噬细胞。因此，当M1巨噬细胞清除病原体并破坏基质后，可以转换为替代性表型进行组织重建。通过对表面消炎标记物CD163和CD206以及CCL18和CCL3（炎性）的评估，巨噬细胞活化是快速的和完全可逆的。相比之下，巨噬细胞也会通过吞噬作用清除凋亡细胞，这反过来又会抑制巨噬细胞的激活状态。然而，这种情况下巨噬细胞仍然会产生NO而不产生IL-10。因此，从 M1 向 M2 的转化并不完全。尽管转化不完全，但仍有越来越多的证据表明，巨噬细胞对凋亡细胞有效的吞噬作用在调节慢性炎症疾病和自身免疫病中具有关键作用。

需要特别提到的是，上述 M1 和 M2 的表型由特异性刺激物诱导产生，并且其表型的明显区别已经得到认可。然而，现实中巨噬细胞 M1 和 M2（与亚类一起）的表型特征难以被区分。所以，研究人员这样定义概念：巨噬细胞具有连续的表型以应对不同的生物学功能。由于 M1 和 M2 巨噬细胞的生物标记物和功能部分重叠，Mosser 等建议以三种基本的平衡活动来区分巨噬细胞的不同表型和特性，这包括宿主防御、伤口愈合以及免疫调节。在这一新的模式中，巨噬细胞被分为三个主要的表型：具有杀菌活性的经典活化巨噬细胞，能进行组织修复创伤愈合巨噬细胞以及具有消炎活性的调节巨噬细胞。

2.6.2.3 巨噬细胞粘附

巨噬细胞招募：炎症和异体反应的发展要求单核细胞/巨噬细胞溢出并移动到植入部位。单核细胞/巨噬细胞的这种指导性移动是对趋化因子和其他化学引诱物做出的响应。趋化因子是细胞激素。趋化因子不仅涉及协调炎症和伤口愈合中的细胞迁移，而且在造血作用、血管形成、肿瘤转移、淋巴细胞分化和淋巴细胞制导方面起作用。

血液和材料反应之后，血小板和凝块释放出化学诱导物，比如转化生长因子（TGF－β）、血小板源生长因子（PDGF）、CXCL4（血小板因子，PF4）、白三烯（LTB4）和白介素（IL－1），可以指导巨噬细胞移到创伤部位。除此之外，肥大细胞的脱粒和组织胺的释放已被证实在移植生物材料部位处，其在补充吞噬细胞包括巨噬细胞方面起着积极的作用。巨噬细胞在移植部位的集合导致化学生物信号更远的传播。血小板源生长因子（PDGF）的巨噬细胞产物、肿瘤坏死因子（TNF－α，1L－6）、粒系集落刺激因子（G－CSF）和巨噬细胞集落刺激因子（GM－CSF）可以召集更多的巨噬细胞移入创伤部位。

吸附血液蛋白并改性的材料表面是与单核细胞/巨噬细胞相遇并相互作用的基底。整合素是一个细胞表面受体大家族，它们可以与调节细胞间作用一样调节细胞外基质。那些吸附分子允许细胞通过细胞外基质和细胞与其环境之间的间接信号转换来进行调节，以便细胞对其周围环境做出响应。

2.6.3 异体巨大细胞

2.6.3.1 诱导融合

细胞与细胞的融合要求一系列高精密协调的过程。生物材料表面粘附的巨噬细胞融合形成异体巨大细胞。人体单核细胞衍生的巨噬细胞融合的诱导和异体巨大细胞形成的体外模型已被建立。IL－4 对体内生物材料表面巨噬细胞融合的诱导已被确认是很重要的。IL－13 被发现和 IL－4 一样能有效诱导由单核细胞衍生的巨噬细胞的融合。

导致巨噬细胞融合的精确分子机制还未完全被阐述。除甘露糖受体之外，几个受体都参与了融合现象。IL－4 诱导融合依赖于 β1 整合素受体，然而 β2 整合素涉及最初单核细胞的粘附过程。CD44 和 CD47 是在融合开始高度引起的巨噬细胞促进融合和多核化。树突特异性跨膜蛋白对纤维蛋白原形成过程中的融合很有必要。巨噬细胞融合在树突特异性跨膜蛋白缺失的老鼠体内被完全清除。树突特异性跨膜蛋白的表达在每个融合细胞上不是必需的，相反，对于主要融合细胞是必需的。DC－STAMP 的配位体未知，但 CCL2 被认为是可能配位体。CCL2 涉及异体巨大细胞的形成。体外 CCL2 的阻塞也会减少异体巨大细胞的形成，这进一步证实 CCL2 在巨噬细胞的融合过程中是一个关键性参与者。除 CCL2 之外的其他炎症介质也可以影响融合。骨桥蛋白（OPN）是一种胞外基质蛋白，在炎症性部位比如生物材料植入部位水平会升高。因此，OPN 似乎扮演着阻止异体巨大细胞形成的角色。

2.6.3.2 异体巨大细胞的作用

（1）降解介质。随着无数生物反应剂的释放，巨噬细胞的活化作用已经在各种体外和体内模型中被广泛地研究。生物材料表面上巨噬细胞和异体巨大细胞的粘附，产生了存在于细胞膜和生物材料表面之间的特有的微环境。在受阻吞噬作用发生的过程中，巨噬细胞和异体巨大细胞会释放出降解介质比如氧化反应媒介（ROTs、自由基）和降解酶并进入细胞膜和生物材料表面之间的特有区域，这会导致那些介质的缓冲作用或抑制作用被延迟或减弱。特有的微环境中的生物材料表面因此易受高溶度降解剂的影响。因此，生物材料表面的化学过程决定了降解作用的敏感性。

（2）器械失效。在异体反应中附着的巨噬细胞和异体巨大细胞会随着生物材料的降解而导致临床设备的失效。20 世纪 80 年代末，临床器械中起搏器使用的失败导致了对降解性能的研究。评估重新设计后的临床试样，其中两个现象被认为是导致 Pellethane PEU 降解的原因。它们通过集中于起搏器上的应力区域而导致随后材料的降解，PEU 中聚醚软段成分处的金属离子氧化（MIO）会导致聚合物分子量的降低和机械性能的下降。在研究中，我们可以清楚地鉴别出材料表面上的环境应力分裂、巨噬细胞和纤维蛋白原之间的内在联系。一般而言，起搏器中的化学降解和物理性缺损很可能导致绝缘失效的协同效应，化学降解会使聚合物表面变脆和变得更容易受物理性损坏的影响，而物理性损坏发生会导致表面裂纹展开，巨噬细胞和异体巨大细胞会通过大部分材料表面释放出氧化剂。

2.6.4 巨噬细胞/巨细胞对生物材料的反应

2.6.4.1 巨噬细胞/巨细胞细胞因子分泌

巨噬细胞活化作用和细胞因子分泌：发生活化作用之后巨噬细胞可以分泌一系列炎症性介质。一个休眠巨噬细胞会因为响应微生物产物、免疫复合物、化学介质、细胞外基质蛋白和 T 淋巴细胞分泌物而变得活跃。活性巨噬细胞能分泌广泛的细胞因子，比如 IL－1，IL－6，IL－10，IL－18，MCP－1 和 MIP－α/β。生物材料上附着的巨噬细胞在尝试吞噬生物材料时变得活跃。随后细胞因子分泌物指导炎症和伤口愈合的生物反应。

20 世纪 80 年代末期，人们开始研究生物医学聚合物上的人体附着的巨噬细胞中释放的细胞因子，发现其与由生物材料表面化学过程决定巨噬细胞激活范围的指示剂一样。在生物材料上培养的巨噬细胞产生的 IL－1 被用来评估聚合物反应性，这是衡量生物相容性的一种手段。IL－1 分泌依赖于生物医学聚合物和表面上的蛋白再吸附。体外 IL－6 和 TNF－α 巨噬细胞分泌物也被发现在不同的生物医学聚合物上是不同的。从许多不同材料的体外巨噬细胞中分泌出的炎性细胞因子分泌物 IL－1β，IL－6 和 TNF－α 已经被广泛地研究。这些研究表明巨噬细胞活性可以通过表面性能比如材料表面化学和表面形貌来决定。

蛋白质组学分析对于分析复杂细胞因子网络是非常有用的，可以进一步用于评估附着巨噬细胞/巨细胞怎样调节异体反应。生物材料附着巨噬细胞/巨细胞被认为是异体反应的主要调节介质，并且可以通过溶解性介质的分泌来影响其他白细胞（即中性粒细胞、单核细胞和淋巴球）和创伤愈合细胞（即成纤维细胞、角质细胞）的行为。其他炎症性/创伤愈合细胞分泌的溶解性介质也可以影响巨噬细胞的行为。尤其 IL－4 和 IL－13 是巨噬细胞融合的诱导物并且众所周知，TNF－α 的存在是生物材料附着巨噬细胞凋亡的原因。

细胞外基质重塑：巨噬细胞能分泌血管生长因子，这在纤维增殖和血管生成的过程中很重要。替代性活化巨噬细胞过多地表达细胞外基质蛋白，比如纤连蛋白，并且被认为涉及创伤愈合期间的组织重塑。替代性活化巨噬细胞也产生前纤维增生因子，相对于抑制纤维增生的经典激活巨噬细胞，其增强了纤维的形成。另外，一些刺激性潜在的成纤维细胞被证实与体内的纤维化反应相互关联。

为了进一步了解巨噬细胞怎样影响细胞外基质的重塑和创伤愈合，最近人们已经开始研究基质金属蛋白酶的分泌，以及来自附着巨噬细胞和异体巨大细胞的分泌物。基质金属蛋白酶是使细胞外基质的成分水解的蛋白水解酶。基质金属蛋白酶（MMPs）通过分解细胞表面和细胞周围的分子来影响细胞行为。

淋巴细胞/巨噬细胞相互作用：研究单核细胞和巨噬细胞在生物材料反应中所起的作用。IL－4 和 IL－3 是附着巨噬细胞中异体巨大细胞形成的有效诱导物。参与巨噬细胞融合的淋巴细胞和淋巴因子在移植部位暂时的存在，表明淋巴细胞在异体反应中起关键性作用。淋巴细胞已被证实在体外粘附到生物材料表面。在淋巴细胞/巨噬细胞共同培养中，淋巴细胞与巨噬细胞和异体巨大细胞联系在一起。为了确定淋巴细胞在生物材料异体反应中的作用，人体血液来源的淋巴细胞直接培养，当接触生物材料表面时用半透膜隔开以便研究在异体反应期间淋巴细胞和巨噬细胞之间的相互作用。

因为可溶性因子的重要性，人们随后研究了来自响应生物材料表面的淋巴细胞和巨噬细胞的炎性介质产物，利用蛋白质阵列作为筛选工具及采用酶标法量化。人们利用体外共同培养和碳酸酯膜系统使副分泌相互作用，并使淋巴细胞隔离通过副分泌和近分泌方式，在炎性细胞因子产品方面增强附着巨噬细胞/巨细胞的活化作用。人们已经证明了淋巴细胞和巨噬细胞之间相互作用的直接（近分泌）和间接（副分泌）机制可能在组织/材料界面处发生的炎性、异体反应和创伤愈合中起到主要作用。然而，这些观察结果的特定机制还是不清楚的。

2.6.4.2 异体识别

在巨噬细胞应对异物入侵的过程中，识别自体与异体是第一步。自我识别是生物体的免疫系统区分自体和异体化学物质、细胞和组织的过程。巨噬细胞和树突状细胞被称为抗原提呈细胞，因为它们参加潜在抗原最初的捕获和处理（先天免疫），并在随后激活特异性淋巴 T 细胞和 B 细胞的效应机制（适应性免疫）。APC 也被称为模式识别受体，它能够表达一系列细胞膜受体，识别所有类型的大分子。这些受体在体内平衡和多细胞宿主方面发挥着更广泛的作用，它们清理细胞外环境，将潜在内源性和外源性不良物质清除。

作为先天免疫系统的组成部分，巨噬细胞针对异物入侵的模式识别受体基因已存在于基因组中，并在进化中进行了选择。一旦接触对应的分子，这些受体就会立即激活并发挥作用。APC 会表达一系列 TLR，这种跨膜蛋白能够有差别地识别微生物和异物分子。TLR 识别配体的信号主要是外源性的，如细菌、真菌和病毒；但是，关于清除凋亡细胞、热休克蛋白和纤维蛋白原等内源性配体的情况也有报道。清道夫受体（SR）在摄取和清除变异宿主分子和凋亡细胞等失活组分的过程中发挥着重要作用。SR 能够参与肺泡巨噬细胞识别、结合、吞噬和清除环境颗粒的过程，而且不需要特异性抗体的调节。甘露糖受体（MR）属于 C 型凝集素家族的内吞和噬菌受体。这种受体已被发现在先天免疫和适应性免疫反应中有多种功能。因为 MR 能够结合一些病原体的糖基，如细菌、真菌、寄生虫和病毒，所以被认为是一种模式识别受体。此外，MR 还能够结合内源性分子，最初被认为是结合在肺泡巨噬细胞溶酶体糖苷酶上的膜相关组件。越来越多的证据表明，MR 参与了炎症分子的清除。

2.6.4.3 颗粒的粘附和吞噬

识别了外源材料之后，巨噬细胞需要粘附其上以便采取进一步行动。巨噬细胞与外源材料的结合是通过整合素介导的粘附作用来完成的。这些相互作用在调节巨噬细胞功能（包括肌动蛋白细胞骨架重排、细胞迁移、激活特异性细胞、基因转录、细胞增殖和存活）的过程中必不可少。整合素是一种异二聚体的跨膜蛋白，在所有有核细胞中均会被表达。这些分子是主要的受体，负责调节细胞向细胞外基质蛋白粘附以及粘附的相互作用。整合素大约有17种不同的α链和8种不同的β链，它们如何配对则取决于表达在什么样的细胞上。细胞骨架和粘附结构的研究已经证明，巨噬细胞和异体巨大细胞的粘附结构以伪足结构和局部接触为主。

巨噬细胞能够通过吞噬吃进外源性材料。吞噬是摄入大颗粒的方式，可区分为三个主要步骤：①大颗粒直径至少为0.5 μm时，才会被吞入；②吞噬的过程是由细胞膜表面的特异性受体和颗粒表面的特异性分子、配体相互作用而启动的；③配体—受体的结合激发了质膜肌动蛋白细胞骨架的重组，为吞噬颗粒提供了驱动力。单核细胞、巨噬细胞和中性粒细胞被称为“专业”的吞噬细胞。这些吞噬细胞清除微生物、污染粒子和宿主的损伤或凋亡细胞，是免疫防御系统必不可少的组成部分。

从进化的观点来看，人工合成生物材料向巨噬细胞的识别提出了新的挑战。然而，巨噬细胞能对几乎所有的生物材料植入物做出积极响应。巨噬细胞识别不同生物材料的机理尚不明确。巨噬细胞识别生物材料的途径包括如下几种：①当生物材料植入后，宿主细胞外基质和血液中的蛋白质（如纤连蛋白、玻连蛋白）可能吸附在其表面，这些材料表面的蛋白质能够激活巨噬细胞的反应；②作为调理素作用的一部分，巨噬细胞表面的受体能与互补蛋白、免疫球蛋白G和M复合；③配体—受体复合物介导的细胞粘附可能依赖于细胞因子和生长因子的调控。然而，巨噬细胞在体外仍能积极应对生物材料，即便上述因素在体外并不存在。巨噬细胞粘附并吞噬生物材料的过程很复杂，尚不完全清楚。吞噬后，巨噬细胞膜重塑导致颗粒被彻底包封并被释放到新的质膜细胞器——吞噬体。通过复杂的成熟过程，溶酶体、水解酶和其他物质融合后进入吞噬体中，杀死、消化并降解其中的颗粒。

2.6.4.4 细胞外降解

对于超越了单一巨噬细胞吞噬能力的颗粒，例如颗粒直径介于10 μm和100 μm之间，多核巨噬细胞、MnGC或异体巨大细胞就会形成。这些细胞或尝试吞噬大颗粒，或在体内一直存在于植入物—组织界面，在某些情况下可能会存在超过20年。MnGC和异体巨大细胞由单核吞噬细胞融合而成。实验结果和间接证据表明，一个以上的巨噬细胞附着在相同的内吞物质表面时，融合就会发生。白细胞介素4（IL－4）和白细胞介素13（IL－13）等细胞因子已被证明可以诱导异体巨大细胞的形成，而巨噬细胞的MR也是巨噬细胞融合成异体巨大细胞的关键。

在MnGC研究中，基质的表面化学成分和蛋白粘附是两个重要因素。而在细胞粘附在基质表面之前，蛋白质粘附就已经发生了。研究人员假设这两个因素在体内针对生物材料和医疗器械的炎症和创伤愈合反应发挥着重要作用。粘附的巨噬细胞活化并融合形成异体巨大细胞的过程是巨噬细胞表型中独一无二的。异体巨大细胞已被用于聚合医疗器械的生物降解，而巨细胞所粘附材料的降解速率显著提高。众所周知，除吞噬能力外，巨噬细胞还通过释放一系列的酶参与胶原等细胞外基质的降解。根据报道，单核细胞/巨噬细胞分泌的脂酶能够介导聚碳酸酯—聚氨酯的生物降解。由单核细胞/巨噬细胞系细胞分化而来的破骨细胞，通过向封闭的细胞外空间释放质子（H^+），在矿物表面形成酸性环境。

【参考文献】

1. B. D. Ratner. New Ideas in Biomaterials Science—a Path to Engineered Biomaterials. *Journal of Biomedical Materials Research*, 1993 (27): pp. 837 – 850.
2. H. K. Kleinman, D. Philp, M. P. Hoffman. Role of the Extracellular Matrix in Morphogenesis. *Current Opinion in Biotechnology*, 2003 (14): pp. 526 – 532.
3. 林红赛，王春仁，王志杰，张华．生物材料的细胞生物相容性评价方法的研究进展．中国医疗器械信息，2011 (17): 10 ~ 14.
4. S. K. Bhatia, A. B. Yetter. Correlation of Visual in Vitro Cytotoxicity Ratings of Biomaterials with Quantitative in Vitro Cell Viability Measurements. *Springer*, 2009. pp. 35 – 39.
5. E. Borenfreund, J. Puerner, Cytotoxicity of Metals, Metal – Metal and Metal – Chelator Combinations Assayed in Vitro. *Toxicology*, 1986 (39): pp. 121 – 134.
6. D. A. Scudiero, R. H. Shoemaker, K. D. Paull, A. Monks, S. Tierney, T. H. Nofziger, M. J. Currens, D. Seniff, M. R. Boyd. Evaluation of a Soluble Tetrazolium/Formazan Assay for Cell Growth and Drug Sensitivity in Culture Using Human and Other Tumor Cell Lines. *Cancer Research*, 1988 (48): pp. 4827.
7. C. Klein, M. Wagner, C. Kirkpatrick, T. van Kooten. A New Quantitative Test Method for Cell Proliferation Based on Detection of the Ki – 67 Protein. *Journal of Materials Science: Materials in Medicine*, 2000 (11): pp. 125 – 132.
8. H. Oshima, T. Hatayama, M. Nakamura. A Possibility for New Evaluating Method of Cytotoxicity by Using Heat Shock Protein Assay. *Journal of Materials Science: Materials in Medicine*, 1997 (8): pp. 143 – 147.
9. H. Oshima, M. Nakamura, K. Yasuda, N. Yamagishi, T. Hatayama. Stress Protein Assay for the Evaluation of Cytotoxicity of Dental Amalgam. *Journal of Materials Science: Materials in Medicine*, 2004 (15): pp. 1 – 5.
10. 李瑞，王青山．生物材料生物相容性的评价方法和发展趋势．中国组织工程研究与临床康复，2011 (15): 5471 ~ 5474.
11. 赵敏芝，魏世成，纪建国．蛋白组学方法应用于生物医用材料生物学评价．国际生物医学工程杂志 ISTIC, 2010 (33).
12. J. Xu, K. A. Khor, J. Sui, J. Zhang, T. L. Tan, W. N. Chen. Comparative Proteomics Profile of Osteoblasts Cultured on Dissimilar Hydroxyapatite Biomaterials: an iTRAQ – Coupled 2 – D LC – MS/MS Analysis. *Proteomics*, 2008 (8): pp. 4249 – 4258.
13. S. T. Zuckerman, W. J. Kao. Effect of Surface – adsorbed Proteins and Phosphorylation Inhibitor AG18 on Intracellular Protein Expression in Adherent Macrophages. *Biomaterials*, 2006 (27): pp. 3745 – 3757.
14. D. L. M. Dinnes, H. Marçal, S. M. Mahler, J. P. Santerre, R. S. Labow. Material Surfaces Affect the Protein Expression Patterns of Human Macrophages: a Proteomics Approach. *Journal of Biomedical Materials Research Part A*, 2007 (80): pp. 895 – 908.
15. J. K. Kim, E. A. Scott, D. L. Elbert. Proteomic Analysis of Protein Adsorption: Serum Amyloid P Adsorbs to Materials and Promotes Leukocyte Adhesion. *Journal of Biomedical Materials Research Part A*, 2005 (75): pp. 199 – 209.
16. 陆炜炜．生物材料血液相容性研究进展．国外医学：生物医学工程分册，2002 (25): 230 ~ 234.
17. P. Tengvall, A. Askendal, I. Lundström. Temporal Studies on the Deposition of Complement on Human Colostrum IgA and Serum IgG Immobilized on Methylated Silicon. *Journal of Biomedical Materials Research*, 1997 (35): pp. 81 – 92.
18. H. T. Spijker, R. Bos, H. J. Busscher, T. G. van Kooten, W. van Oeveren. Platelet Adhesion and Activation on a Shielded Plasma Gradient Prepared on Polyethylene. *Biomaterials*, 2002 (23): pp. 757 – 766.
19. T. G. van Kooten, H. T. Spijker, H. J. Busscher. Plasma – treated Polystyrene Surfaces: Model Surfaces for Studying Cell – Biomaterial Interactions. *Biomaterials*, 2004 (25): pp. 1735 – 1747.
20. I. Gancarz, G. Pozniak, M. Bryjak, A. Frankiewicz. Modification of Polysulfone Membranes. 2. Plasma Grafting

and Plasma Polymerization of Acrylic Acid. *Acta Polymerica*, 1999 (50): pp. 317 – 326.

21. Z. Ding, J. Chen, S. Gao, J. Chang, J. Zhang, E. Kang. Immobilization of Chitosan onto Poly – L – lactic Acid Film Surface by Plasma Graft Polymerization to Control the Morphology of Fibroblast and Liver Cells. *Biomaterials*, 2004 (25): pp. 1059 – 1067.
22. Y. Toyama, M. Ohgaki, S. Nakamura, K. Katayama, K. Yamashita. Conformation of Self – assembled Organic Layer on the Electrically Polarized Hydroxyapatite Ceramics in Nonaqueous Solution. *Solid State Ionics*, 2002 (151): pp. 159 – 163.
23. J. A. Hubbell. Bioactive Biomaterials. *Current Opinion in Biotechnology*, 1999 (10): pp. 123 – 129.
24. K. E. Healy. Molecular Engineering of Materials for Bioreactivity. *Current Opinion in Solid State & Materials Science*, 1999 (4): pp. 381 – 387.
25. S. Sakiyama – Elbert, J. Hubbell. Functional Biomaterials: Design of Novel Biomaterials. *Annual Review of Materials Research*, 2001 (31): pp. 183 – 201.
26. K. Anselme. Osteoblast Adhesion on Biomaterials. *Biomaterials*, 2000 (21): pp. 667 – 681.
27. H. Shin, S. Jo, A. G. Mikos. Modulation of Marrow Stromal Osteoblast Adhesion on Biomimetic Oligo [Poly (Ethylene Glycol) Fumarate] Hydrogels Modified with Arg – Gly – Asp Peptides and a Poly (Ethylene Glycol) Spacer. *Journal of Biomedical Materials Research*, 2002 (61): pp. 169 – 179.
28. J. L. West, J. A. Hubbell. Polymeric Biomaterials with Degradation Sites for Proteases Involved in Cell Migration. *Macromolecules*, 1999 (32): pp. 241 – 244.
29. Y. Suzuki, M. Tanihara, K. Suzuki, A. Saitou, W. Sufan, Y. Nishimura. Alginate Hydrogel Linked with Synthetic Oligopeptide Derived from BMP – 2 Allows Ectopic Osteoinduction in Vivo. *Journal of Biomedical Materials Research*, 2000 (50): pp. 405 – 409.
30. M. J. Humphries, S. K. Akiyama, A. Komoriya, K. Olden, K. M. Yamada. Identification of an Alternatively Spliced Site in Human Plasma Fibronectin that Mediates Cell Type – specific Adhesion. *The Journal of Cell Biology*, 1986 (103): pp. 2637 – 2647.
31. M. D. Pierschbacher, E. Ruoslahti. Cell Attachment Activity of Fibronectin Can Be Duplicated by Small Synthetic Fragments of the Molecule. *Nature*, 1984 (309): p. 30.
32. E. Ruoslahti, M. D. Pierschbacher. New Perspectives in Cell Adhesion: RGD and Integrins. *Science*, 1987 (238): pp. 491 – 497.
33. H. Shin, S. Jo, A. G. Mikos. Biomimetic Materials for Tissue Engineering. *Biomaterials*, 2003 (24): pp. 4353 – 4364.
34. J. A. Hubbell, S. P. Massia, N. P. Desai, P. D. Drumheller. Endothelial Cell – selective Materials for Tissue Engineering in the Vascular Graft via a New Receptor. *Nature Biotechnology*, 1991 (9): pp. 568 – 572.
35. 汗冰，丰伟悦，赵宇亮，邢更妹，柴之芳，王海芳，贾光．纳米材料生物效应及其毒理学研究进展．中国科学：B 辑，2005 (35)：1 ~ 10.
36. J. Koziara, J. Oh, W. Akers, S. Ferraris, R. Mumper. Blood Compatibility of Cetyl Alcohol/Polysorbate – based Nanoparticles. *Pharmaceutical Research*, 2005 (22): pp. 1821 – 1828.
37. A. Mayer, M. Vadon, B. Rinner, A. Novak, R. Wintersteiger, E. Fröhlich. The Role of Nanoparticle Size in Hemocompatibility. *Toxicology*, 2009 (258): pp. 139 – 147.

3 生物高分子材料

3.1 引言

材料设计是指按照指定的使用条件和性能要求，设计材料的组成与结构以及加工工艺等。材料的设计和合成是赋予材料新功能和结构的核心与基础。只有通过科学的材料设计，明确具体的要求和思路，才能为新材料的研制和应用提供服务。在生物材料及制品的设计和制备过程中，除保证材料生物相容性和安全性外，还应避免制备和包装过程中的污染，以及在贮存和使用过程中对人体的危害。对于带有药物的生物材料及制品，其制备过程应严格执行有关药物的管理法规。在设计和生产生物材料时，不仅要尽可能地避免材料中小分子的渗出，同时还要考虑环境中的小分子进入材料或制品后对材料性能引发的不良影响。总之，生物材料的设计要以材料的生物相容性、物理和化学性能的生理惰性为基础，以无副作用或使副作用降至最低为要求，以防病、治病、诊病为目标。

安全性是生物材料及制品的最低要求，在材料的应用和制品的设计过程中要首先考虑如何最大限度地消除或减少材料本身或制品对人体的危害，而对于确实因技术问题目前暂无法避免或不可消除的危害应有足够的预防措施。

在生物材料及制品的制备过程中，为了消除或减少生物材料及制品对病人和其他接触人员的危害，应最大可能地避免感染尤其是微生物污染。在利用异种组织进行治病时，应保证组织源的安全性，且能满足组织的预期使用要求和最佳安全保证。在考虑到病毒和其他可转化的特殊安全时，应在生产过程中采用实际有效的消除或使病毒失活的方法。对于生产和包装成一次性使用的制品，应确保在贮存和运输过程中的无菌状态，并能采用适当的有效方法进行生产和灭菌。若制品在使用前需要灭菌，在制备过程中就应保证产品不低于预定洁净级。包装体系应尽量减少细菌的污染，同时要提供使用前的灭菌、消毒方法。

3.2 抗凝血材料的设计与合成

3.2.1 引言

随着人工器官、组织活性医用高分子材料和装置的迅速发展，医学界对生物医用高分子材料的抗凝血性要求也越来越高。凡是与血液直接接触的生物医用高分子材料，如人工心脏、人工血管、人工心血管的辅助装置及各种进入或留置血管内与血液直接接触的导管、功能性支架等医用装置等，都要求与血液接触后不引起血浆蛋白的变性，不破坏血液的有效成分，不导致血液的凝固和血栓的形成，即对材料的抗凝血性都有严格的要求。因而，如何提高生物医用高分子材料的抗凝血性是内植性高分子生物材料最为活跃的一个研究领域。

当血液在以内皮细胞为内壁的血管中正常流动时，一般不出现凝血现象。当高分子材料植入体内与血液相接触时，血液的流动状态和血管壁状态都发生了变化，材料被生物体作为异物而识别，两者界面将发生一系列复杂的相互作用，从而产生凝血现象。首先，小分子（水和无机盐等）和血浆蛋白（包括部分凝血因子、抗凝血因子）相继吸附在材料表面，形成蛋白质吸附层。材料的表面性质极大地影响着吸附蛋白层的数量、组成、结构，这对血栓的形成起重要作用。其次，吸附在材料表面的蛋白质变性、活化，在 Ca^{2+} 存在的条件下，通过激活凝血因子、血小板粘附、红细胞粘附三条途径，最终导致血栓的形成。同时，由于生物体系还存在着抗凝血系统负反馈机制，如抗凝血因子体系、抗血小板体系、纤维蛋白溶解体系等，所以这些系统也会受到材料表面性质的影响，并与凝血系统协同作用，决定材料表面凝血反应的速率与程度。

材料与血液接触后，不形成不可逆的血栓过程，称为具有抗凝血性（Antithromboeicity）。依据材料表面的凝血机制，形成血栓的任何一个环节受到抑制或阻断，都可得到良好的抗凝血性。通常，材料的血液相容性可通过两种最基本的途径得到改善：一是设计生物惰性表面，尽可能削弱高分子材料表面与血液成分之间的相互作用；二是设计生物活性表面，有效调控高分子材料表面与血液成分间的相互作用。随着人们对血液凝固机制研究的不断深入，抗凝血材料经历了从普通的惰性材料到改性材料，从简单复合抗凝血活性因子到利用共价键或离子键等方法固定抗凝血活性因子，从非生物化表面到内皮细胞化表面等变化过程。就目前而言，抗凝血高分子材料的设计可概括为以下几个方面：①设计生物惰性表面；②设计生物活性表面；③仿生设计伪内膜化表面或内皮化表面；④设计液晶态表面。其中，液晶态高分子材料的设计及其血液相容性见本书第六章。

3.2.2 生物惰性表面的设计与合成

生物惰性表面包括聚氧乙烯醚（PEO）或聚乙二醇（PEG）化表面、微相分离结构表面和负电荷化表面。设计生物惰性表面的主要目的是减少血小板、纤维蛋白原或其他血液成分的粘附，或者不激活已粘附的血液成分，尽可能削弱材料表面与血液成分的相互作用。

3.2.2.1 PEO 或 PEG 修饰表面

材料表面的亲水性及自由能与血液成分的吸附、变性等有密切联系。研究表明，极端亲水性表面的材料，由于界面自由能大大降低，削弱了材料表面对血液中多种组分的作用，因而呈现出优良的抗凝血性；而极端疏水性表面的材料，由于表面能低，与血液各组分作用小，同样可呈现优良的抗凝血性。因此，改变材料表面的亲/疏水性是提高材料抗凝血性的一个重要途径。而进一步的研究又表明，材料的抗凝血性并不简单地由亲水性或是疏水性决定，而是取决于它们的平衡值，这可能是由于具有亲/疏水平衡的材料与人体组织的天然水凝胶十分相似。

PEO 或 PEG 是生物相容性良好的聚醚材料，具有高度亲水性、柔顺性的分子链，稳定的空间位阻效应以及在水溶液中较低的表面能。它一方面可与水结合形成水合 PEO 链，通过位阻排斥效应阻碍血液组分的吸附；另一方面，水合 PEO 的快速运动影响了血液—材料的微区流体力学性质，阻止了蛋白质在材料表面的停滞粘附与变性。因此，PEO 被认为是阻止蛋白质的非特异性吸附和细胞粘附的最有效的亲水性高分子。通过在疏水性高分子材料表面物理吸附或共价接枝不同形态的 PEO 及其衍生物，材料表面可以构建一种长链亲水性钝化层，该钝化层能有效减少血浆中蛋白质和血小板在材料表面的粘附，并能减轻材料表面由非特异性吸附引起的各种不良反应，有效提高材料的血液相容性。如 Sawhney 等[1] 将亲水性的 PEO 链吸附于海藻酸盐“—”聚（L－赖氨酸）药物缓释微囊表面，可降低微囊在体内引发排异反应的概率。然而，由于PEO的水溶性，简单的物理吸附往往不能保证PEO在材料表面的稳定性，所以将PEO接枝在材料表面、复合PEO的两亲性接枝或嵌段共聚物或采用表面截留法，可以提高PEO在材料表面的稳定性。如Han等在聚氨酯（PU）表面直接接枝PEG后，对改性表面进行纤维蛋白原和白蛋白吸附试验，结果表明，改性后的材料表面均没有检测到明显的蛋白吸附。Efremova等人[2]采用不同的接枝方法，在材料的表面接枝不同形态的PEG，从而降低了蛋白质和血小板在材料表面的粘附，大大提高了材料表面的抗凝血性能。计剑等[3]将两亲性十八烷基PEO接枝到聚氯乙烯膜表面，在利用PEO实现对非特异性作用阻抗的同时，通过末端的疏水性十八烷基原位诱导白蛋白在生物体表面进行组装，从而进一步抑制非特异性蛋白在材料表面的吸附。计剑等又通过原子转移自由基聚合方法（ATRP）合成了具有高密度多臂结构的双亲性梳状PEG（CPEG），然后用于聚对苯二甲酸乙二醇酯（PET）的涂层，涂层中的CPEG由于具有特殊的分子结构，其疏水主链可增强与基材的结合力，同时，其支链末端的羟基和PET表面的化学键合作用以及CPEG本身分子间或分子内的氢键作用可以使CPEG双亲聚合物在PET材料表面形成稳定的高密度PEG涂层。该涂层不仅可以有效阻抗血小板的富集和粘附，而且可以实现水溶性药物的表面固定和包埋释放。

Lee等[4]采用PEG－PPO－PEG三嵌段共聚物（Pluronic）与聚氨酯共混。与PEG相比，PEG－PPO－PEG具有两亲链段——中间一段PPO是憎水性链段，两端链段PEG是亲水性链段。改性后的聚氨酯材料表面的蛋白吸附和血小板粘附的试验结果表明，采用分子量小于10 000的磺化PEG改性的聚氨酯表面具有明显的抗蛋白质吸附和血小板粘附特性，并且血小板粘附量随着磺化PEG聚合度的增加而逐渐减少，且当聚合度增加到80时，抗血小板粘附效果最好，几乎观察不到血小板粘附。这表明可通过改变憎水性的PPO和亲水性的PEG的相对链长来控制两亲性平衡，调节表面能，使表面性质有利于维持生物分子的正常构象。进一步将PEO三嵌段共聚物的端羟基磺化，结果在含较短PEO链段的共混物中，磺酸根的负电荷在抑制血小板粘附方面起主要作用；而在含较长PEO链段的共混物中，Pluronic分子链的活动性则起主要作用。Jiang等通过分子模拟研究发现，PEG的长链通过构象的弹性变化可以阻碍蛋白质吸附到材料表面，高表面密度和长链的PEG表现出较好的阻抗蛋白质吸附性能。

表面截留法是一种有效提高涂层稳定性的方法。截留法最早是由Hubbell等人提出的，其基本机理是利用一种溶剂或者混合溶剂，使基体材料充分溶胀，同时使改性材料溶解。基体材料和改性材料在这样的溶剂体系中作用一段时间后，在其中加入另外一种基体材料的不良溶剂，使基体材料表面迅速收缩，将改性材料分子截留在表面，形成一种表面互穿网络结构。表面截留法能够使亲/疏水性相差很大的两种材料结合起来，而且改性仅限于材料的表面。用这种方法改性的材料在基体材料的玻璃化转变温度以下都是稳定的。Hubbell等[5]利用截留法在PET膜表面固定PEO和聚乙烯基吡咯烷酮（PVP），从而提高了材料表面的亲水性，可有效阻抗非特异性蛋白吸附和细胞粘附。具体的实验方法如下：将PEO溶解于去离子水中，然后加入一定量的三氟乙酸；将PET膜浸入该溶液中，PET膜表面由于溶胀作用使得聚合物表面形成疏松的聚合物网络结构，柔性的PEO分子链自由扩散进入疏松的聚合物网络中；一段时间后，加入PET的不良溶剂——水，结果导致PET膜表面迅速收缩，PEO分子链被截留在PET的网络结构中，形成表面物理互穿网络结构。表面截留PEO后，聚合物膜表面的亲水性大大提高，蛋白质、成纤维细胞以及血小板的粘附大大减少。

目前，有关PEO改善材料表面抗凝血性能的理论有以下几种：亲水性理论、维持正常构象假说、熵变理论、排斥性体积理论、覆盖控制理论等。亲水性理论指出，由于 PEO 长链具有很强的亲水性，长链上能结合许多水分子，血液环境下血液成分如血浆蛋白质等与 PEO 长链的作用主要表现为水分子与水分子之间的相互作用，因而具有较好的抗凝血性。维持正常构象假说指出，血液接触性材料表面的结构应能维持血液中的生物大分子的正常构象不发生变化，否则就会因生物大分子（如蛋白质、血小板、细胞等）构象的改变而使其性质发生较大的变化，导致各种蛋白质和血小板吸附在材料表面，从而导致局部凝血现象的发生。但由于 PEO 的亲水性好，分子链的柔顺性高，对生物大分子呈现一种惰性状态，在相互作用过程中能够维持生物大分子原有的构象不发生本质变化，不易被生物大分子视为异物，所以能有效起到抗凝血的作用。熵变理论和排斥性体积理论认为，血液环境下 PEO 长链会伸展开来，当血液中的生物大分子靠近材料表面时，会压缩伸展的 PEO 长链使长链体系的熵变小于零，导致体系吉布斯自由能增加而变得不稳定，体系会恢复到原来能量较低的状态，从而使血液中的生物大分子如血浆蛋白远离材料表面；另外，在长链的高速运动效应下，PEO 链段形成一片排斥性区域，绝大部分生物大分子被拒绝在此区域之外，有效地排斥了生物大分子，起到了抗凝血作用。覆盖控制理论认为，血浆蛋白质在材料表面的吸附由 PEO 改性后的材料表面所形成的微相结构控制，亲/疏水性不同的蛋白质会选择性地吸附在不同的微区，这种特定的蛋白质吸附层结构不会激活血小板表面的糖蛋白质，血小板的异体识别能力无法实现，从而阻碍凝血发生。

3.2.2.2 微相分离结构表面

生物体血管内壁从宏观上看是极其光滑的凝胶体，但在显微镜下可观察到血管内壁表面膜是一个双脂质的液体基质层，中间镶嵌了多种糖蛋白和糖脂质，这种宏观光滑、微观多相分离的结构使天然血管壁具有良好的血液相容性。

微相分离结构材料的开发是当前抗凝血高分子材料设计与合成的一个主要方向。所谓的微相分离结构，是指由两种或两种以上具有不同相容性和高分子链结构所组成的嵌段或接枝共聚物的某种特征微细结构的总称。这是一类微相不均匀结构，其中一相常以不同大小微区分布在另一连续相中，形成“海岛结构”。今井庸二于 1972 年首次报道了具有此种结构的材料具有优异的血液相容性。

微相分离结构材料具有良好的抗凝血性，Nakajima 曾提出覆盖控制假说来解释其抗凝血机理。

聚氨酯（Polyurethane，PU）是指分子主链上含有氨基甲酸酯（ – R – O – CO – NH – R`– ）基团的聚合物，是一类典型的具有微相分离结构的高分子材料。通常，PU 是由软段（长链的低聚二醇）及硬段（二异氰酸酯及扩链剂）所组成的线型嵌段聚合物，由于硬段具有很强的极性，硬段之间通过氢键形成硬段微相区，分布于软段基体中，形成一种物理性交联点，所以使弹性体具有硫化橡胶的弹性回复性能。PU 分子结构中的软硬段存在着极性差异，从而具有微相分离结构，这种微相分离结构赋予 PU 良好的血液相容性。1967 年，人们首次将聚醚型聚氨酯弹性体植入狗体内，4 周后未发现凝血现象；同时，聚氨酯弹性体的力学强度也没有明显变化。这表明这类聚醚型聚氨酯弹性体兼有抗凝血性能和生物稳定性，是一种较为理想的血液相容性高分子材料。

为了进一步改善 PU 的血液相容性和机械性能，我们可将 PU 与其他组分制备嵌段共聚物，通过改变材料本体或表面化学基团的组成与分布来调控材料表面微相分离结构的大小与形态以及材料的力学性能，最终赋予材料优异的血液相容性和机械性能。如 Majumdar 等[6]将聚二甲基硅氧烷（PDMS）与 PU 制成共聚物，当 PDMS 含量为 10%（质量分数）时，共聚物表面具有明显的微相分离结构，表现出良好的血液相容性。美国 Cardiovascular 公司生产的商品 Cardiothane 是聚氨酯与硅酮的嵌段共聚物，少量硅酮的引入对聚氨酯的抗凝血性能产生了巨大的影响。Cardiothane 不仅保持了聚氨酯弹性体本身的良好性能，还具有非常优异的抗凝血性能，作为主动脉内反博气囊材料得到了很好的应用。

Takahara 等还深入研究了聚醚软段的亲水性、分子量对聚醚型聚氨酯血液相容性的影响。他们分别采用聚乙二醇（PEG）、聚丙二醇（PPG）和聚四氢呋喃（PTMG）为软段，其中，聚醚材料表面的亲水性次序为：PEG > PPG > PTMG。材料的血液相容性试验显示，随着聚醚软段亲水性的增强，聚氨酯呈现最佳抗凝血性的聚醚软段的分子量下降。当上述三种聚醚软段的分子量分别为 600、1 000 和 1 900 时，对应聚氨酯材料表面上变形的血小板的数量最少。这表明聚氨酯的抗凝血性除了受嵌段的微相分离程度和微区尺寸影响外，也受其表面亲疏水平衡的影响。

目前，人们已相继研究开发了一系列商品化的聚氨酯生物医用材料，包括：Tecoflex（聚醚型，Thermedics 公司）、Lycra ®（聚醚型，Dupont 公司）、Pellethane（聚醚型，Dow Chemical 公司）、Tecoflex HR（聚醚型，Thermomedics 公司）、Estane ®（聚酯型，B. F. Goodrich 公司）、Cardiothane（聚氨酯/有机硅杂化型，美国 Cardiovascular 公司）、Biomer（聚氨酯脲型，Ethicon 公司）等。由于具有优良的韧性和弹性、良好的抗凝血性能，这些材料在人造心脏、人造心脏瓣膜、人造血管、血泵、助搏气囊等方面得到了广泛的应用。

3.2.2.3 负电荷化表面

由于血液中多种组分（如血红蛋白、血小板、部分血浆蛋白质等）在血液环境中呈负电性，血管内壁也呈负电性，所以一般认为表面带负电荷的材料因静电排斥作用可以阻碍血浆蛋白及血小板等物质的吸附，从而有利于抗凝血功能的发挥。因此，在材料表面修饰带负电性基团如羧基、磺酸根等来提高抗凝血性能已被广泛研究。程忠玲等采用戊二醛交联将褐藻藻酸双酯钠固定在丝素蛋白膜的表面上，由于褐藻藻酸双酯钠分子中带有呈负电性的硫酸基，从而有效提高了丝素蛋白膜的抗凝血性能。Ito 等合成了带羧酸根基团的嵌段型聚氨酯，由于羧酸根阴离子的负电性，材料表面的纤维蛋白原和血小板吸附量及变形程度均明显减少。Han 等利用聚氨酯材料表面上接枝的 PEG 链的端基引入了一个具有类肝素活性的阴离子磺酸基团（$-SO_3^{2-}$），材料的血液相容性评价试验结果表明，由于兼有聚氨酯良好的抗凝血性能、PEG 链的高度亲水性和柔顺性、磺酸根的负电性和类肝素的活性等特性，这种改性材料具有优异的抗凝血性能。然而，由于材料表面吸附蛋白质层及血液中阳离子的存在，仅依赖材料表面—血液相互间的静电作用来设计抗凝血材料具有一定的局限性。

3.2.3 生物活性表面材料的设计与合成

3.2.3.1 表面活性抗凝血材料的基本设计

生物惰性表面高分子材料虽然在体外或体内较短的一段时间内表现出良好的抗凝血性能，但由于高分子材料具有非平衡热力学（一般为松弛状态）等特性，而这种“生物惰性”属性并不是一成不变的，因此，理想的血液相容性高分子材料应具有抗凝血机制的生物活性表面。许多生物活性物质具有良好的抗凝血活性，通过物理吸附、共价键结合或离子键结合等将这些具有抗凝血功能的生物活性物质负载到材料表面，已成为设计抗凝血性高分子材料的主流。由于生物体内的血液凝固与抗凝血是一个相互制约的平衡过程，故设计抗凝血材料生物活性表面有两种思路：一是材料表面负载能够抑制血栓形成的活性物质如肝素、前列腺素、白蛋白、水蛭素等，其中以对肝素化高分子材料的研究最多，这类生物活性材料能够抑制多凝血酶原的活化，阻抗血小板粘附；二是材料表面负载能够溶解已形成血栓的活性物质如尿激酶、链激酶、纤维蛋白溶酶等，这类生物活性材料具有纤溶作用，可溶解材料表面已形成的血栓，其中，尿激酶和链激酶是临床常用的溶解血栓剂。第二类生物活性材料的研究相对较少，但纤溶在抗凝血方面的作用正日益受到重视，如泰尔茂和塞勒姆公司采用纤溶酶修饰聚酯弹性纤维编织管，从而制备了具有优良的抗血栓形成的人工血管。由于抗凝（阻止血栓形成）和纤溶（溶解已形成的血栓）是理想血液相容性材料的两个不可分割的重要方面，因此，也有人尝试将这两种活性物质集于同一高分子材料中，以制得一种同时具有抗凝血性和纤溶活性的新型血液相容性材料。

3.2.3.2 *肝素类抗凝血材料*

肝素（Heparin）是一种由葡萄糖胺磺酸、葡萄糖醛酸及艾社糖磺醛酸等组成的天然硫酸多糖类化合物，对血液有很好的抗凝效果，是临床上被广泛应用的抗凝血药物。在材料表面修饰肝素目前被认为是改善材料抗凝血性能最有效的方法之一。

Gott 等最先报道了在人造石墨乳材料表面涂覆一层肝素能有效提高材料表面的抗凝血性能的研究。Thorslund 等[7]在一种特定的中性、合适的闭合微系统中通过一步溶剂法在聚二甲基硅氧烷（PDMS）表面均匀涂覆一层肝素，相对于未改性的 PDMS 材料表面，在相同条件下，改性后材料表面复钙化时间延长 1 h，且没有纤维蛋白的粘附，显示出极好的抗凝血性能。Andersson 等[8]制备的肝素——壳聚糖复合纳米级微乳不会引起血栓，是一种适合注射给药的理想载体。通过共混合物理吸附的形式将肝素与材料结合，有利于肝素生物活性的保持，但在溶液环境中，特别是流动的血液环境中，表面涂覆的肝素易流失而不能保证长时间的抗凝血活性。

近年，研究者们通过化学方法将材料与肝素共价结合，以提高肝素在材料表面的稳定性。如 Kim 等[9]利用化学接枝的方法将 PEG 引入 PET 表面，并将肝素固定到 PEG 末端来提高材料的血液相容性。Amiji 等将肝素共价连接到壳聚糖膜表面，经过修饰的壳聚糖膜对血小板的吸附明显减少。Wang 等将壳聚糖和肝素交联到聚（乳酸—羟基乙酸）共聚物（PLGA）表面，大大提高了 PLGA 的血液相容性；血小板粘附试验表明，表面经壳聚糖和肝素修饰的 PLGA 膜上几乎没有血小板粘附，而没有修饰的 PLGA 膜上则粘附了大量的血小板。Jee 等[10]直接将聚乳酸与肝素反应，得到两端为肝素的功能化聚乳酸，并进一步将两端肝素功能化的聚乳酸涂覆在材料表面，这样可有效抑制蛋白质与血小板在材料表面的粘附。

然而，直接将肝素固定在材料表面会影响其抗凝血活性的充分发挥，这可能是由于材料表面束缚了分子的自由运动，改变了其具活性功能的正常构象而造成的。为此，在活性分子与材料表面之间引入一适宜长度的柔性间隔基（Spacer）可以克服这一不利影响，提高抗凝血活性。PEG 分子链柔韧，亲水性好，且具有阻抗非特异性蛋白吸附等特性，是生物活性物质与材料表面连接最常采用的柔性间隔基。如 Salchert 等[11]将苯甲酰胺衍生物以羧基 - PEG 链为间隔臂共价接枝在马来酸酐共聚物表面，研究表明膜的厚度以及羧基的含量与共聚物的亲/疏水性及 PEG 的性质有关。苯甲酰胺对凝血酶的抑制作用与 PEG 的高亲水性、柔韧性和空间位阻效应协同作用，使得改性后的膜表面能高度结合凝血酶，使凝血酶失活，显示出极好的抗凝血效果。王安峰等首先在聚乙烯（PE）表面通过臭氧技术接枝甲基丙烯酸缩水甘油酯，再与具有不同分子量的双 -（β - 氨基乙基）PEG 反应，生成端氨基化 PEG 间隔基，再通过端氨基偶联肝素。PE 膜表面固定肝素后其抗凝血性能大大提高，且膜表面固定的肝素密度越大，材料的抗凝血性能越好。

有关肝素的抗凝血作用机理目前普遍认为与抗凝血酶 III（AT－III）有关，因为肝素能够催化和增强 AT－III 与凝血酶的结合而防止凝血。对上述作用的解释目前有以下三种机理：一是肝素通过其分子上的羧基和磺酸基结合 AT－III，诱导其构象变化而形成凝血酶/AT－III 络合物，从而完全丧失了参与凝血的能力；二是肝素开始结合凝血酶，然后，AT－III 再与肝素—凝血酶络合物相结合；三是 AT－III 与凝血酶同时结合到肝素分子上。其中，第一种机理目前被普遍认可。

肝素抗凝血功能主要是其大分子上的活性官能团即羧基和磺酸基协同作用的结果，因此，对材料表面进行羧基或磺酸基化，赋予材料合适的类肝素活性，也可有效提高材料的抗凝血活性。如冯桂龙等采用 SO_2 等离子体处理丝素蛋白/胶原材料，从而在材料表面接上磺酸基团，而引入的磺酸基团在血液中表现出和天然抗凝血物质肝素类似的生物活性，可通过络合凝血因子干扰不溶性纤维蛋白网络的形成，促进凝血因子和抗凝血因子的结合以控制材料表面的凝血反应。屠美等以壳聚糖为原料，通过改性在其主链上引入 －COOH 和 $-SO_3H$ 两种基团制备成类肝素化合物，研究了反应过程中羧甲基和磺酸基取代度及不同取代位置对复钙时间和溶血率的影响。结果显示，合成的类肝素壳聚糖的抗凝血性能是由壳聚糖主链上引入的 －COOH 和 $-SO_3H$ 两种基团的协同效应产生的，血液相容性的优劣主要取决于 －COOH 和 $-SO_3H$ 两者的比例。汤顺清等通过反应在聚乙烯醇（PVA）、聚对苯二甲酸乙二醇酯（PET）纤维和聚醚氨酯（PEU）树脂表面引入磺酸基团，血小板吸附实验表明 PVA 和 PET 纤维及磺化后的 PEU 树脂吸附血小板的量明显减少，表现出类肝素的抗凝血活性。

3.2.3.3 *其他表面活性抗凝血材料*

白蛋白不仅能减少血小板的粘附和聚集，还可降低纤维蛋白原和血浆蛋白质的吸附。当生物材料表面的白蛋白相对纤维蛋白原占主导时，这种材料表面几乎能完全阻抗血小板的粘附[12]。因此，预先在生物材料表面涂覆或通过共价键结合一层白蛋白，形成血液相容性表面，能极大地降低纤维蛋白原和凝血因子等蛋白质的竞争吸附，从而显著提高材料的抗凝血性能。如 Yamazoe 等[13]利用天然白蛋白易溶于水、有效阻抗蛋白质的吸附和细胞粘附的特性，制备了一种不溶于水的白蛋白膜。该膜不仅有天然白蛋白阻抗蛋白质吸附的性能，还有一定的力学性能和柔韧性。细胞粘附实验表明，该膜表面没有细胞的粘附，能有效防止血栓的形成。Bayramoglu 等[14]对肝素改性聚甲基丙烯酸羟乙酯［Heparin－coattd Poly（Hydroxy-ethyl Methacrylate），pHEMA－HEP］及肝素改性聚甲基丙烯酸羟乙酯——白蛋白复合物（pHEMA－AL－3－HEP）的生物相容性进行了比较。研究表明，复合了白蛋白的 pHEMA－AL－3－HEP 的表面纤维蛋白原的吸附和血小板的粘附大大减少，抗凝血性能大大提高。这与白蛋白本身的抗血栓活性及白蛋白的添加增强了亲水性、缩短了 HEMA 聚合物的链长有关。Sperling 等[15]通过层层自组装技术在 PES 铝箔表面涂覆肝素和白蛋白的多层膜，该膜有效减少了血小板的粘附/活化以及白细胞的粘附。

一氧化氮［NO，由血管内皮细胞中的一氧化氮合成酶（NOS）与 L－精氨酸作用产生］是一种很好的血小板粘附或活化的抑制剂，健康血管的内皮细胞可以不断地释放出 NO 来防止血小板在血管壁上粘附，同时，NO 也是一种重要有效的平滑肌细胞增生的抑制剂。因此，如果高分子材料能够在相当长的时间内，定点释放或者产生 NO 的量等于或大于正常的内皮细胞所释放出 NO 的量，就可以解决人工血管临床应用时易形成血栓及再狭窄的问题。

目前，可释放NO高分子材料的制备方法主要有三种：①通过物理共混的方式将小分子的NO供体（如*L*-精氨酸、多聚赖氨酸）分散到高分子材料中；②通过共价键将可释放NO的基团连接到聚合物主链及侧链上；③对聚合物材料的填料微粒进行化学改性，得到可释放NO的填料粒子，再将其填充到高分子材料中。例如，以L-精氨酸为底物，在NO合成酶的作用下，其胍基可释放出NO，从而起到抗血小板粘附和聚集的作用，这是一种潜在的抗血栓试剂。试验表明，通过在材料表面接枝L-精氨酸，可有效改善生物材料的血液相容性[16]。

Andukuria等[17]首先通过静电纺丝技术构建了具有相互连通孔洞结构的聚己内酯（ePCL）纳米纤维人工血管支架。为了提高ePCL人工血管支架表面的生物活性，他们又设计合成了兼有疏水性烷基尾链和亲水性功能化短肽序列［YIGSR——促进内皮细胞粘附；KKKKK（多聚赖氨酸）——NO的供体］的两种PAs（PA-YIGSR和PA-KKKKK），然后将PA-YIGSR和PA-KKKKK通过溶剂挥发自组装到ePCL纳米纤维支架的表面，从而制备出杂化纳米纤维人工血管支架。这类新型的杂化纳米纤维人工血管支架具有YIGSR配体，并且能够稳定释放NO，兼有良好的机械性能和拓扑结构，可以有效促进内皮细胞的粘附和增殖、抑制平滑肌细胞的粘附增殖以及形成良好的抗血小板粘附和活化等特性（如图3-1所示），有望在心血管植入材料方面得到很好的应用。

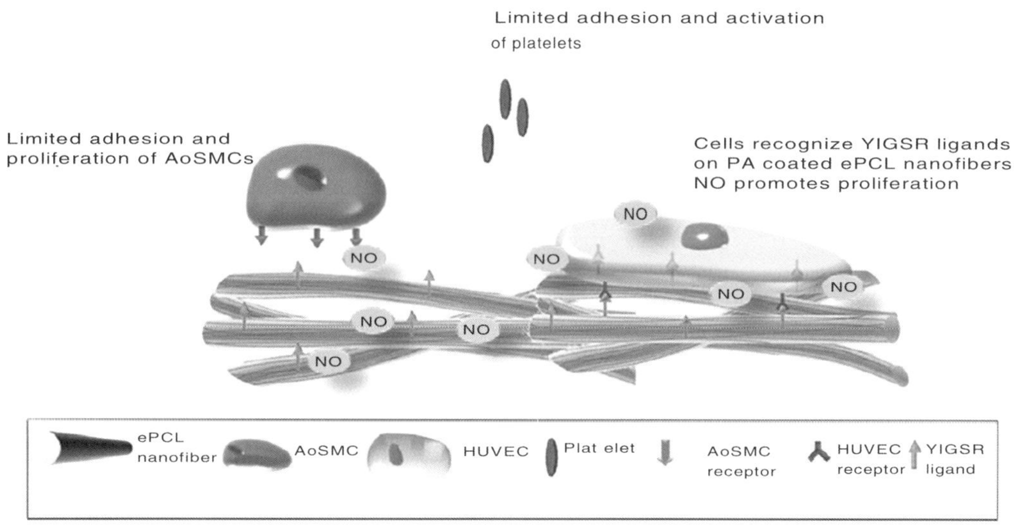

图3-1　表面覆盖可释放NO的PAs的ePCL纳米纤维人工血管支架

3.2.4　抗凝血材料的仿生设计与合成

对高分子材料表面进行仿生化修饰，使其不被血液视为异物，是一种最为理想的改善血液相容性的方法。仿生化研究主要有两种途径：一是仿生物膜结构——表面磷脂化；二是在材料表面种植、培养血管内皮细胞或赋予材料表面体内诱导内皮化的功能——表面内皮化。

3.2.4.1　材料表面磷脂化

细胞是具有生命功能的最小结构和功能单元。众所周知，血液中细胞的表面是完全抗凝血的，如果能在材料表面人工模拟血液细胞的表面，那么就能解决血液相容性问题，这就是生物膜模拟。仿生物膜表面设计的前提是要清楚细胞膜的基本组成与功能，图 3 - 2 为细胞膜的典型结构与基本功能的示意图。典型的细胞膜是以不对称双分子脂质层（主要是磷脂）为骨架结构的，中间镶嵌大量的生物分子如抗体、糖蛋白、酶、受体等。构成细胞膜的磷脂双分子层中，内层部分是疏水非极性长碳键的烃基，外层部分则是亲水的极性偶极离子，即磷酰胆碱（Phosphorylcholine，PC）基团，正是因为外层磷脂含有 PC 两性离子的极性头部而赋予了细胞膜优异的抗凝血性[18]。

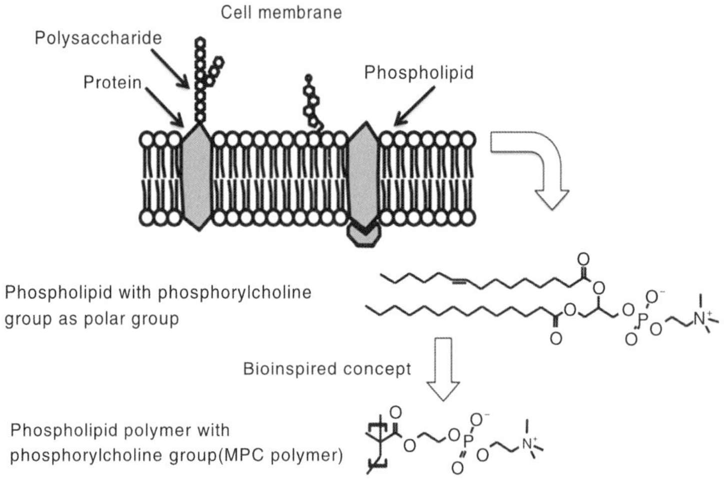

图 3 - 2　细胞膜的典型结构与基本功能

进一步的研究表明，PC 极性头部具有良好的抗凝血性能的机理是：一方面，含有 PC 端基的表面对血细胞是呈惰性的，不会吸附和激活血小板，也不会导致红细胞的溶血现象；另一方面，由于 PC 端基带有等量正、负电荷，可以与水分子形成非常牢固的水合层，减弱与蛋白的相互作用，对蛋白的吸附基本上为可逆吸附，因此被吸附的蛋白能保持其自然构象。据此，用 PC 基团及其聚合物对生物材料表面进行仿细胞膜结构的修饰，不仅能有效改善材料的血液相容性，而且可实现对包括蛋白质、血小板和细胞在内的非特异性阻抗，这已成为心血管植入材料表面修饰的有效手段之一。

日本学者 Nakabayashi 等最早提出了仿细胞膜结构的概念，设计合成了含 PC 基团的 2 - 甲基丙烯酰氧乙基磷酸胆碱单体（2 - Methacryloyloxyethyl Phosphorylcholine，MPC）及其与憎水单体的共聚物。MPC 单体的分子结构如图 3 - 3 所示。

$$CH_2{=}\overset{\displaystyle CH_3}{\overset{|}{C}}{-}\underset{\underset{\displaystyle O}{\|}}{C}{-}O{-}(CH_2)_2{-}O{-}\underset{\underset{\displaystyle O^-}{|}}{\overset{\overset{\displaystyle O}{\|}}{P}}{-}O{-}(CH_2)_2{-}N^+(CH_3)_3$$

图 3 - 3　MPC 单体的分子结构

到目前为止，材料表面磷脂化仿生设计的主要方法仍然是以 MPC 为原料，通过与其他单体共聚将 PC 基团引入材料表面，赋予材料良好的抗凝血性能。如 Ishihara 等[19]合成了很多带有 MPC 的共聚物，将它们涂覆在基材表面，可以有效提高材料的抗凝血性能，如他们合成了 MPC－甲基丙烯酸正丁酯和 MPC－甲基丙烯酸正十二烷基酯的共聚物，将其与聚砜共混，提高了聚砜血液渗析膜的血液相容性。他们进一步合成了 MPC－甲基丙烯酸异戊酯和 MPC－甲基丙烯酸环己酯的共聚物，将其加入聚氨酯（PU）基材中，在很大程度上抑制了血小板和蛋白质的吸附。将这种 PU 共混物制成 2 mm 人工血管移植入兔子的大动脉，七个月后发现该人工血管仍工作正常，没有血液在血管中凝固。Lewis 等合成了 MPC、甲基丙烯酸月桂醇酯、甲基丙烯酸羟丙酯和甲基丙烯酸三甲氧基硅丙酯的共聚物抗凝血涂层。

Seo 等[20]通过膨胀—溶胀方法在 PDMS 表面上接枝 MPC 形成 ABA 型嵌段共聚物，改性后的 PDMS 表面由疏水性变成亲水性，蛋白质吸附和细胞粘附能力显著下降，抗凝血性能大大提高。Xu 等[21]采用臭氧活化接枝的方法把 MPC 接枝到硅橡胶膜上，接触角测定结果表明接枝后膜亲水性增强，富血小板血浆（PRP）实验和扫描电镜分析表明膜表面血液相容性显著增强，接枝膜在 37 ℃下与 PRP 接触 3 h 未发现血小板粘附。

原子转移自由基聚合法（Atom Transfer Radical Polymrization，ATRP）可在温和条件下制备结构可控的新型聚合物，是目前应用最为广泛的一种活性自由基聚合方法。最近，沈健等采用 ATRP 方法首先合成了一种硅烷偶联剂大分子引发剂（PTMSPMA－Br），然后通过 ATRP 聚合方法，以 PTMSPMA－Br 大分子引发剂引发 MPC 聚合来合成 PTMSPMA－b－PMPC 两嵌段共聚物。这一新型嵌段共聚物中 PTMSPMA 段具有偶联基团，PMPC 链段具有抗凝血功能。初步的实验结果表明，将该嵌段共聚物用于纤维素膜和硅橡胶膜的表面改性，经过改性后两种膜表面亲水性得到加强，同时抗血小板吸附性大大提高，即材料表面的抗凝血性能得到提高。

3.2.4.2 *材料表面内皮化*

材料表面内皮化是材料抗凝血性研究的新动向。内皮细胞（Endothelial Cell，EC）是血管内膜表面和血液之间的分界细胞。血管内皮细胞表面是最优良的天然抗凝表面，它不仅仅是一层物理屏障，而且在血管伸缩的调节、凝血纤溶系统平衡的维持以及免疫系统的调控等方面具有不可缺少的功能和作用，同时还参与机体的新陈代谢、能量运输和内分泌系统的调节。因此人们越来越认识到内皮细胞衬层在抗凝血中的作用。人们仿照天然血管，使内皮细胞和高分子材料杂化，即在材料表面培养内皮细胞，使其最终生长出一层内皮。这对于材料的血液相容性的改善，尤其是小口径人工血管的血液相容性的改善，将是一个极理想的途径。

1970 年，Mansfield 在涤纶（Dacron）人工血管上种植内皮细胞后将涤纶植入狗的动脉系统，3 周后发现材料表面没有形成血栓。Herring 等进一步证实了 EC 种植到人工血管材料表面可以形成完整的内膜，由此引导了人工血管内皮化的研究。实验是首先通过手术将狗的一段静脉取出，在无菌条件下把血管内皮细胞刮下来，经洗涤、离心及悬浮后再与血液混合灌入直径 6 mm 的 Dacron 人工血管，然后植入狗的动脉系统。手术 4 周后检查发现，内皮细胞化的人工血管表面 70% 的面积没有血栓，而纯 Dacron 人工血管表面无血栓的面积仅有 22%。Whitehouse 的实验同样也发现，Dacron 人工血管植入体内 8 周后，内皮细胞化的材料表面无血小板粘附，而纯人工血管表面 49% 的面积上有血小板粘附。对弹性聚四氟乙烯（ePTFE）人工血管的研究也得到了相同的结果。人工血管的小口径在应用中保持良好的远期通畅率极其重要。Xia 等[22]用 PU 作为小口径血管，血管表面种植 EC 使 PU 材料内皮化，形成抗血栓表层，既可以提高血管的通畅率，又提高了材料的血液相容性。另有研究者采用直径 4 mm、长 10cm 的 Dacron 人工血管植入，手术后 2 周，发现内皮细胞化小口径人工血管的通畅率为 70%，而纯人工血管的通畅率仅为 27%，植入体内 7 个月后观察，内皮细胞化人工血管的通畅率达 96%，而纯人工血管通畅率仅为 29%。

目前，临床普遍采用的材料表面种植内皮细胞的技术有两种：

（1）一步法或沉淀法。人工血管手术植入前，将酶解法获取的自体内皮细胞与血液相混植入人工血管腔，细胞将沉淀、粘附到材料表面；然后将复合了细胞和血液的人工血管进行手术植入，使沉淀粘附于人工血管内壁的内皮细胞在体内环境中增殖，从而达到材料表面内皮细胞融合的目的。为了提高材料表面内皮细胞的种植量，Herring 采用了二次沉淀法，即先往人工血管腔中注入部分获取的内皮细胞，孵育 10 min，产生细胞的第一次沉淀；然后抽去管腔内的混合液，注入其余的细胞与血管相混，在缓慢旋转条件下于 37 ℃的温度下再孵育 10 min，产生内皮细胞的第二次沉淀，以增加内皮细胞在材料表面的粘附量，随后进行手术植入。

（2）两步法或融合法。该方法先将从自体获取的内皮细胞经体外培养传至 2 ~ 3 代，以增加细胞数量；然后将内皮细胞与血液相混注入人工血管腔内，于 37 ℃、5% 的 CO_2 及旋转条件下培养 3 h，再用细胞培养液进行融合培养 7 ~ 10 d。待内皮细胞在人工血管壁表面融合成单层后进行手术植入。融合法保证了材料表面种植的内皮细胞的稳定性，从而不易被血流冲走，但不足是细胞体外培养时间长，易被污染。

目前内皮化技术的应用面临的主要问题就是 EC 与材料的粘附性不够，内皮细胞易被血流冲走，以及种植的内皮细胞活性低，不足以在材料表面形成一个融合的内皮细胞层等。进一步的试验表明，利用促进内皮细胞粘附的物质如纤维蛋白、纤维蛋白原或抗内皮细胞抗体是一种有效使内皮细胞和材料稳定结合的途径。

有效利用内皮化技术，不能仅仅局限于体外培养和种植内皮细胞，而是实现人工血管的体内内皮化。人工合成材料在体内不能内皮化的一个重要原因就是材料缺乏仿生特性，目前对此观点的认识较一致，也被众多的研究所证实。材料表面仿生特性可以通过在材料表面结合有关细胞、生长因子、基因等形成组织样基质，或在材料表面整合细胞外基质成分或接枝能与细胞结合的功能域结构等实现[23]。在仿生条件下形成的内皮细胞能有效阻抗纤维蛋白原的沉积和血栓的形成。因此，可以在表面自发形成内皮细胞或是内皮细胞能在其上粘附和增殖的材料将具有完美的抗凝血性能。

细胞外基质有助于细胞的粘附和增殖目前已经得到认同，因此，可以将细胞外基质主要成分如胶原、氨基多糖、蛋白多糖或细胞外基质成分中能与细胞特异性结合的一个功能域——短肽，如 RGD，环状 RGD[24]，Arg - Glu - Asp - Val（redv，具内皮细胞选择性）[25]，通过与细胞表面整合素的特异性识别实现特定的细胞粘附。内皮细胞在仿生的细胞外基质表面经 3 个月基本可分化成熟，因此可以有效降低血管再狭窄的发生概率。

另有研究表明，内皮祖细胞（Endothelial Progenitor Cells，EPC）对体内构建内皮层发挥着关键性作用：Asahara 等[26]于 1997 年首次在 *Science* 上报道了 EPC，人体通过迅速动员外周血中的 EPC，使体内局部损伤的内皮细胞快速得到修复，从而确定了 EPC 在血管内皮化中的关键作用和地位。为此，Kutryk 将 CD34 抗体（特异识别 EPC 的整合素）共价接枝在不锈钢血管支架表面，通过抗原抗体特异结合的原理，将循环血中的 EPC（表面表达 CD34 抗原）特异地捕获在支架表面，并随之在支架表面粘附、分化，形成光滑的内皮细胞层。动物实验结果显示，支架置入动物体内 1 h 后，包被 CD34 抗体的支架 70% 的表面被 EPC 所覆盖；

48 h 后，包被 CD34 抗体的支架表面形成了完整的内皮细胞层；28 d 后，抗体包被支架植入处的新生内膜增生明显轻于裸支架植入对照组[27]。

又如 Joung 等[28]首先通过静电纺丝技术构建了 PU 人工血管，并利用功能化聚乙二醇的端异氰酸酯基团与 PU 人工血管表面反应，从而制备了表面共价结合含端氨基聚乙二醇的 PU 人工血管，然后进一步利用聚乙二醇的端氨基将 CD34 抗体固定在 PU 纤维膜表面。体外细胞培养结果表明，CD34 抗体的引入大大提高了 EPC 细胞在 PU 人工血管壁上的粘附、分化和内皮化，有效抑制了人工血管的内膜增生。在此基础上，可通过聚乙二醇的端氨基同时将 CD34 抗体和肝素共价结合到 PU 人工血管的表面，肝素的引入不仅可提高 CD34 抗体在 PU 人工血管表面的密度，而且有效抑制了人工血管腔内血栓的形成。这一研究结果表明，CD34 抗体和肝素共同修饰的 PU 人工血管由于兼有 EPC 细胞分化特异性和优异的抗血栓性，有望成为一类理想的人工血管材料或血液接触性材料。具体的设计路线如图 3－4 所示。

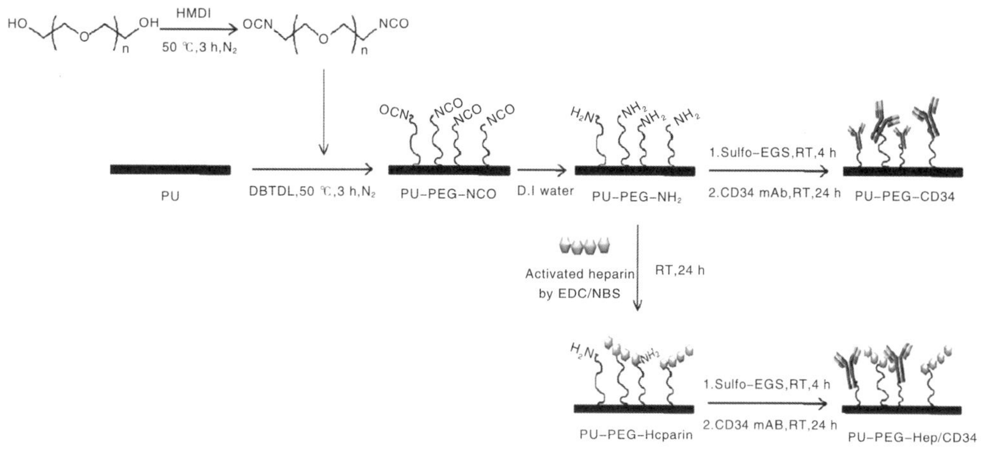

图 3－4　共价结合 CD34 抗体和肝素的 PU 人工血管设计路线图

3.3　智能材料的设计与合成

由蛋白质、多糖、核酸等生物高分子所构筑的生物体系能够精确地响应外界环境微小的变化，从而行使其相应的生物学功能。智能高分子材料（Intelligent Polymer Material）的构想来源于仿生，目标就是研制出一类具有类似于生物各种功能的“活”的材料。具体而言，智能高分子材料是一类在外界因素的刺激下，其自身的某些物理和化学性质会发生相应突变的聚合物，也叫做“机敏性聚合物”、“刺激响应型聚合物”、“环境敏感聚合物”。环境刺激因素有温度、pH 值、溶液成分、离子强度、光强度、电场、应力、磁场等，当这些刺激信号发生变化时，智能高分子的自身性质如相、形状、光学、力学、电场、表面能、反应速率、渗透速率和识别性能等会随之发生变化。目前，在生物医药领域涉及的智能高分子材料主要有温度敏感材料，pH 敏感材料，光敏感材料，电场、磁场响应性智能材料，复合敏感性材料和生物降解形状记忆材料，并已被应用于药物控制释放、组织工程支架材料、可吸收手术缝合线、生物分子诊断、生物传感器等方面。

3.3.1 温度敏感材料

温度敏感高分子材料一般由热敏性聚合物制备而成。此类聚合物都有一个临界溶解温度（Critical Solution Temperature，CST），在 CST 温度上下，热敏感聚合物在溶液中会经历一个相转变过程。其转变有两种类型，当温度低于 CST 时聚合物是水溶性的，但当温度高于此温度时变成水不溶性的，这种现象称之为具有较低临界溶解温度（Lower Critical Solution Temperature，LCST）；反之，则具有较高临界溶解温度（Upper Critical Solution Temperature，UCST）。聚（N－异丙基丙烯酰胺）（PNIPAM）是目前被研究的最为广泛的温敏性聚合物之一，它的 LCST 为 32 ℃左右，在水溶液中具有非常明显的可逆相转变过程（如图 3－5 所示）。PNIPAM 的这一特性与它的链结构有着密切的关系：它的侧链同时含有疏水基团（异丙基）和亲水基团（酰胺键），当温度低于 LCST 时，亲水基团和水分子之间的氢键作用使聚合物溶于水；当温度高于 LCST 时，疏水基团之间的作用得到加强，而氢键遭到破坏，最终结果是分子链间发生聚集而从水中沉淀出来。改变亲水部分和疏水部分之间的平衡可以调控 LCST，如疏水部分的比例增大，LCST 变低，亲水部分的比例增大，LCST 则升高。因此，将 NIPAM 与更为疏水或更为亲水的单体共聚，可以灵活调控 PNIPAM 的相转变温度，当加入疏水成分时，它的 LCST 下降；反之，LCST 则升高。对具有 LCST 的高分子进行适当交联，即可制备温度敏感高分子水凝胶。PNIPAM 水凝胶是一种典型的热缩型水凝胶，在 LCST 以上，溶胀的凝胶失水收缩，在 LCST 以下，凝胶则会再次吸水而溶胀。

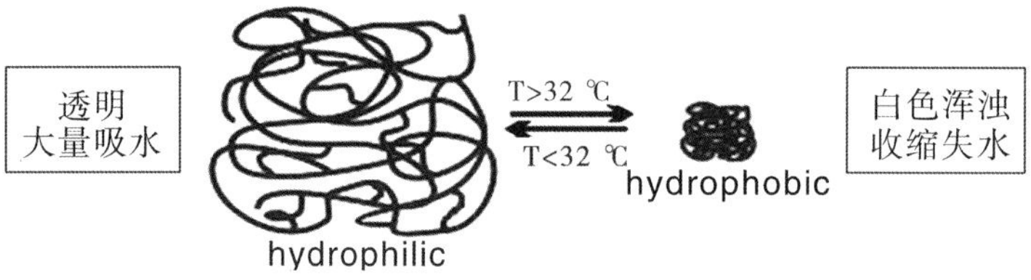

图 3－5　PNIPAM 水凝胶的体积相转变过程

虽然 PNIPAM 的温度响应性非常灵敏，但是单一 PNIPAM 水凝胶的溶胀—收缩相转变过程的速率比较慢，有时甚至需要几十天才能达到平衡。为此，Yoshida 等[29]合成了一种对温度变化具有快速去溶胀响应的梳型接枝水凝胶（接枝 PNIPAM），其中，接枝梳型侧链可以自由运动，当升高温度时，接枝链的疏水相互作用产生多个疏水核，大大增强了交联链的聚集，从而使去溶胀过程由传统的一个多月缩短为大约 20 min（如图 3－6 所示）。

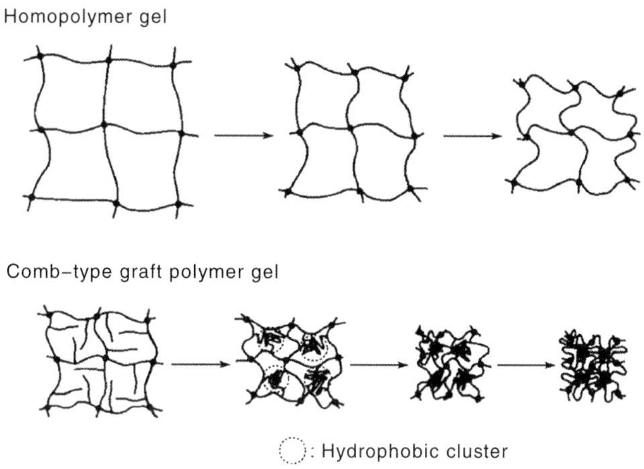

图 3-6 PNIPAM 均聚物水凝胶和梳型接枝水凝胶的去溶胀示意图

PNIPAM 及其共聚物水凝胶通常采用传统的自由基聚合方法来制备。近年来，随着点击化学的出现和活性自由基聚合方法如原子转移自由基聚合（ATRP）、可逆加成断裂链转移聚合（RAFT）和氮氧调控活性自由基聚合（NMP）等的发展，上述聚合方法很快在智能高分子材料的设计合成方面得到了应用。如 Li 等[30]通过一系列连续的 ATRP 和点击化学反应制备了具有热响应性的 ABC 三杂臂星型嵌段共聚物，三杂臂分别为聚乙二醇（PEG）、聚（叔丁基—甲基丙烯酸酯）（PtBMA）和 PNIPAM，即（PEG-*b*-PtBMA）-*b*-PNIPAM，不仅实现了该嵌段共聚物的可控制备，还对其在溶液中的超分子自组装行为进行了研究。三嵌段星型共聚物包含亲水性的 PEG、疏水性的 PtBMA 以及具有热敏性的 PNIPAM，它们在溶液中自组装成以 PEG/PNIPAM 为壳、PtBMA 为核的胶束，邻近的 PEG 和 PNIPAM 链与溶液中自由的 PNIPAM 链相比具有独特的相转变行为，并且由于聚合物中存在的 PNIPAM 具有温敏性而使这种胶束具有热响应重排效应。

Zhao 等[31]通过 RAFT 和点击化学以“Grafting From”的形式制备大分子刷，具体步骤如下：首先，通过 ATRP 合成具有叠氮基团的聚合物主链；其次，通过点击化学将 RAFT 链转移剂接枝到聚合物主链；最后，通过 RAFT 进行聚合物刷的合成。在 NIPAM 的 RAFT 聚合过程中，活性自由基浓度并未改变且聚合过程无终止反应的发生，因此，这一方法可作为合成大分子刷的通用方法。合成后的聚合物刷以甲基丙烯酸甲酯、羟乙基甲基丙烯酸酯共聚物（MMA-co-HEMA）为主链，上面密集悬挂着 PNIPAM。大分子刷侧链密集排列使得主链被迫伸长，阻止了大分子形成无规则卷曲构象，而倾向于形成球形、圆柱形、蠕虫状构象。侧链悬挂的 PNIPAM 刷使得这种刷型聚合物具有温度响应性，在溶液中大分子刷自组装形成的胶束粒子的粒径会随着温度变化而发生变化。

Eglin 等[32]首先合成了一种具有叠氮端基的 RAFT 链转移剂，再利用 RAFT 聚合合成单叠氮端基的聚异丙基丙烯酰胺（N_3-PNIPAM），最后通过 Cu（Ⅰ）催化（CuAAC）的点击化学，将其接枝到有侧链炔基功能化的透明质酸上，从而得到了具有温敏性的水凝胶。

利用活性自由基聚合方法对聚合物结构的可控性，可以将生物可降解高分子引入 PNIPAM 温敏性水凝胶体系，从而制备 PNIPAM 基生物可降解温敏性水凝胶。具体的方法有两种：一是先设计端基功能化的 PNIPAM，然后利用其功能端基引发环状单体（如丙交酯、乙交酯或己内酯）开环聚合，或者直接采用端基功能化的 PNIPAM 与生物可降解高分子通过偶联反应制备，其中，端基功能化的 PNIPAM 可以很方便地通过活性自由基聚合方法制备；二是先合成末端功能化的生物可降解高分子引发剂，然后用于引发 NIPAM 单体聚合制备嵌段共聚物。例如，Kohori 等[33]首先利用具有端氨基的 RAFT 链转移剂引发 NIPAM 聚合，从而合成了具有端氨基的 PNIPAM，然后以具有端氨基的 PNIPAM 为大分子引发剂引发丙交酯开环聚合，制备了 PNIPAM－co－PLA 两嵌段共聚物，这种嵌段共聚物在水溶液中可以组装为具有核—壳型结构的温敏性智能胶束。陈学思等[34]采用同样的技术路线制备了温度和 pH 双重响应性的 PNIPAM－*b*－PGA 和 PNIPAM－*b*－PLL 两种聚多肽基的嵌段共聚物智能水凝胶。You 等[35]则先利用两端具有羟基的 RAFT 链转移剂引发丙交酯开环聚合，然后进一步通过 RAFT 反应引发 NIPAM 聚合，从而制备了 PLA－*b*－PNIPAAM－*b*－PLA 三嵌段共聚物。Zhu 等[36]首先利用 2－羟乙基甲基丙烯酸甲酯（HEMA）的端羟基引发己内酯开环聚合，制备末端含双键的聚己内酯大分子单体，然后进一步通过 RAFT 反应引发NIPAM聚合制备 PNIPAM－*b*－（HEMA－PCL）共聚物。

近年来，生物可降解聚酯与聚乙二醇的嵌段共聚物［如 ABA、BAB、AB 或（AB）$_n$等］具有温度响应性的溶胶—凝胶体积相转变的现象引起了人们的关注。这类嵌段共聚物的热致响应特性主要取决于共聚物的组成、亲水/疏水链段的长度和分子量等因素。Lee 等[37]最近将 pH 敏感性链段引入上述嵌段共聚物中，从而合成了一系列 pH 和温度双重敏感的生物降解智能性水凝胶。Jiang 等[38]通过点击化学制备了温度响应性可调节的生物可降解聚乳酸类共聚物。他们首先合成了炔基的含量和分布均可以调节的炔丙基化乙交酯（Propargyl Glycolide，PGL）均聚物（PPGL）以及一系列的丙交酯与炔丙基化乙交酯的无规共聚物和嵌段共聚物，然后通过 CuAAC 点击化学，将上述侧基含炔基的聚乳酸共聚物与叠氮化的 PEG 和/或叠氮化癸烷反应，从而制备了一系列可降解的聚乳酸基共聚物。其中含 59% 的 PEG 侧链和 41% 的癸烷侧链的共聚物可形成 LCST 在 27 ℃～29 ℃范围内的温度敏感性的胶束，这类聚合物的 LCST 可以改变接枝 PEG 的比例，但必须在 25 ℃～65 ℃范围内进行调控，且这种变化随 PEG 的接枝率变化呈近似线性变化。这说明点击化学是一种对聚合物进行后聚合改性非常有效的方法。这种具有温度敏感性同时可在体内发生降解的高分子胶束有望被用作药物载体。

3.3.2 pH 敏感材料

pH 敏感高分子材料是指其结构与性能随环境 pH 值、离子强度变化而变化的一类智能高分子材料，最常见的为 pH 敏感的高分子水凝胶。pH 敏感的高分子水凝胶网络结构一般含有大量易水解和可质子化的酸性或碱性基团，随着介质 pH 值的变化，这些基团会发生解离，造成凝胶内外离子强度的差异，并导致网络内大分子链段间氢键的破坏，使交联点减少或静电斥力增加，从而在宏观上引起凝胶溶胀，显示出 pH 敏感性。根据聚合物大分子骨架上可电离部分的不同，可将其分为阴离子、阳离子和两性离子三种 pH 敏感性水凝胶。其中，阴离子型 pH 敏感型水凝胶的敏感基团一般为－COOH，最常用的单体为丙烯酸（AAC）及其衍生物，阳离子型 pH 敏感型水凝胶的敏感基团一般为碱性的伯胺、仲胺和叔胺等，最常用的单体是 N,N－二甲基氨乙基甲基丙烯酸酯、乙烯基吡啶等；两性 pH 敏感型水凝胶为分子中同时含有酸碱基团的一类水凝胶。

pH 敏感高分子水凝胶也是一类被广泛研究和应用的刺激响应性水凝胶，这主要是因为人体内不同组织的环境 pH 值各有差别，比如正常人体组织和血液的 pH 值约为 7.4，而一般肿瘤组织的 pH 值环境是呈酸性的，通常低于正常组织的 pH 值 0.5 ~ 1.0。利用这种 pH 值环境的差异可设计出众多针对肿瘤组织或其他特定器官进行药物传递的 pH 敏感药物载体，并被广泛用于药物、基因、蛋白质等的控制释放。如利用聚丙烯酸衍生物类 pH 敏感型水凝胶可实现特定的肠道给药，当在低 pH 值环境下（弱酸性胃部环境）时，羧基质子化就会引起凝胶收缩，以免药物在胃部被吸收，经过肠道弱碱性环境时，羧基去质子化（离子化），凝胶体积就会变大，其网络结构中包载的药物就会被释放出来，从而达到肠道给药治疗的效果。

Kim 等[39]合成了具有 pH 响应性的聚［（L－组氨酸）－co－（L－苯基丙氨酸）］－*b*－聚乙二醇（PHF－*b*－PEG）两嵌段共聚物胶束，通过改变 L－组氨酸和 L－苯基丙氨酸在共聚多肽链段中的比例以及聚合物的分子量可以调控共聚物的 pKa 值。陈学思等[40]设计合成了 PNIPAM－*b*－P（GA－co－BLG）两嵌段共聚物，并对共聚物的 pH 值响应特性进行了研究，结果表明，当共聚物中 BLG 在 P（GA－co－BLG）链段中的含量超过 30 mol% 时，共聚物在 pH 值为 5.5 ~ 7.4 的范围内，均具有非常灵敏的响应性。Kadlubowski 等[41]通过光引发交联的方法合成了由聚乙烯基吡咯烷酮和聚丙烯酸组成的水凝胶体系。在低 pH 值环境下，羧基质子化引起凝胶收缩，变为混浊状，发生相分离，而单纯含聚丙烯酸的水凝胶则没有这种性能。

利用高分子复合物溶解度的变化也能制备智能水凝胶体系。如聚丙烯酸（PAA）或聚甲基丙烯酸（PMAA）与 PEG 形成的复合物在 pH 值较低时，PMAA 的羧基上的酸性氢离子与 PEG 的醚氧基会形成氢键，从而得到稳定的高分子复合物，该复合物在水中的溶解度很低，会从水中析出来；当溶液的 pH 值升高时，PMAA 的羧基去质子化，氢键作用就会消失，因此该复合物解离，PMAA 与 PEG 各自重新溶解于水中。利用这种特性可制成 pH 敏感型凝胶，该凝胶随 pH 值的变化发生高分子复合物的形成或解离，从而使凝胶出现收缩或溶胀现象。

3.3.3 光敏感材料

光敏感高分子材料是一类在光作用下能迅速发生化学和物理变化的智能高分子材料，其中，光敏感水凝胶是由于受光辐照（或光刺激）而发生体积相转变的一类凝胶。由于光在人的生命中是不可缺少的，光也是临床手术时非常有用的一种刺激，同时光还具有独特的清洁性、可远程控制等优点，因此它被认为是最理想的控制手段之一，因此，光敏感高分子凝胶的合成与应用近年来引起了研究专家极大的兴趣。

目前，光敏感水凝胶的光响应机理主要有以下三种：①将遇光能够分解的感光性化合物添加到高分子凝胶中，在光的刺激下，凝胶内部将产生大量离子，使凝胶中渗透压大大增加，外界溶剂向内扩散，促使凝胶发生体积相转变，做出光响应。②在温敏性凝胶中加入感光性化合物，当凝胶吸收一定能量的光子之后，感光化合物将光能转化为热能，使得凝胶内部局部温度升高；当温度升高到凝胶的相转变温度时，凝胶就会做出响应，发生体积相转变。③在高分子主链或侧链引入感光基团，这些感光基团吸收了一定能量的光子之后，就会引起某些电子从基态向激发态跃迁。此时，处于高能激发态的分子会通过分子内部或分子间的能量转移而发生异构化作用，引起分子构型的变化，促使凝胶内部发生物理化学变化，产生响应。目前，光敏感高分子凝胶的合成通常是设法在聚合物分子链中引入光敏基团，如偶氮苯、二苯乙烯、三苯甲烷等，在光照条件下，以上基团会发生结构、极性等变化并进一步引起凝胶形态的变化。

偶氮苯（Azobenzene）及其衍生物是一类最典型的具有光异构化性能的聚合物。偶氮苯具有反式（Trans）和顺式（Cis）体，在紫外光照射下其分子结构会发生顺—反异构变化

（如图3－7所示），不仅可以使分子尺寸发生大的变化，同时也可以改变大分子链间的距离，从而导致凝胶的体积变化。因此，以偶氮苯为高分子主链可以制备出体积随光刺激而变化的材料。

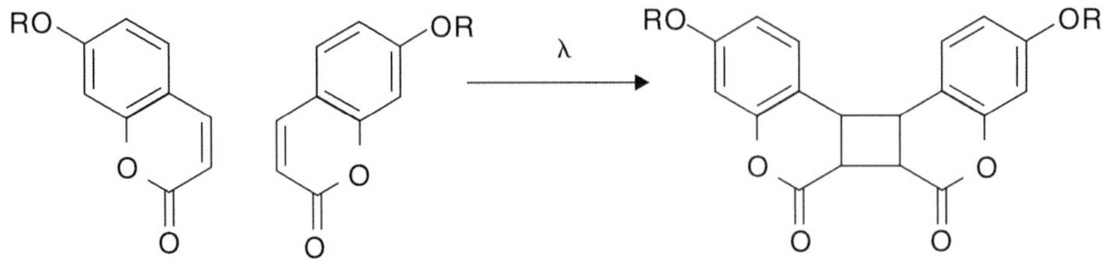

图3－7　偶氮苯的反式（左）和顺式（右）异构体的可逆转变

例如，Zheng等[42]将少量的偶氮苯接枝到羟丙基甲基纤维素上，经紫外光照射之后，其Sol－Gel转变点向高温移动；而当体系中加入少量α－环糊精时，经紫外光照射后，顺式的偶氮苯与环糊精相互作用，反而使得Sol－Gel转变点向低温移动。这种在α－环糊精分子存在下Sol－Gel转变点的变化差异为光控制水凝胶温度敏感点变化的研究开辟了新的方向。Zhao等将偶氮苯引入两亲性聚合物的疏水链段制得了一类光敏聚合物，在可见光照射下，该两亲性聚合物可以形成胶束，有趣的是经过紫外光照射后，胶束变成了囊泡，并且该变化是可逆的。

Desponds等[43]合成了PNIPAM和丙烯酰氧基琥珀酰亚胺共聚物，并在丙烯酰氧基琥珀酰亚胺的侧基上键合生色团——3－氨基丙氧基偶氮苯，通过此方法可使共聚物具备光敏性。当侧链偶氮基以稳定的反式结构存在时，产物的LCST为16 ℃；用330 nm的紫外光照射时，偶氮基转变成亲水性更强的顺式结构，其LCST升至18 ℃；当用波长大于440 nm可见光照射时，该基团又变回反式结构，从而实现了光控制温度敏感点的变化。

香豆素广泛存在于植物中，在生物医学领域可以作为光致交联剂使用，交联机理如图3－8所示。如Yamamoto等[44]制备了含有ε－7－香豆乙酰基－L－赖氨酸残基的聚（L－赖氨酸）共聚物，当受到光照时，共聚物中的香豆素的侧基可以发生顺式头—头环化反应，从而使得共聚物光致交联。Matsuda和他的合作者制备了一系列具有不同臂数的香豆素封端的聚（ε－己内酯－co－三亚甲基碳酸酯）液晶聚合物，这类光调控前驱体可用于制备具有确定几何形态的交联型生物可降解聚合物材料，有望被用于医用制品的微成型和药物释放[45]。

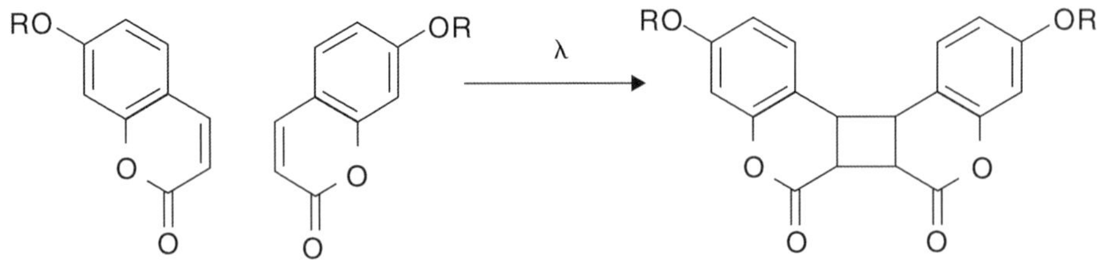

图3－8　香豆素改性聚合物的光交联反应

3.3.4 电场、磁场响应性智能材料

电场或者磁场响应性智能高分子材料多数为水凝胶形式。电场敏感高分子水凝胶是一类在电刺激下可以溶胀、收缩或弯曲的智能性水凝胶，其主要特点是可以将电能转化为机械能。电场敏感高分子水凝胶一般由聚电解质构成，其响应性是由于溶液中自由离子在直流电场下定向移动，从而造成凝胶内外离子浓度不均匀，产生渗透压变化而引起凝胶变形。将这种水凝胶置于电解质溶液中，在电场刺激下，凝胶会发生体积或形状变化，实现由电能到机械能的转化，因此可以将其作为能量转换装置应用于机器人、传感器、可控药物释放和人工肌肉等领域。

电场敏感高分子水凝胶的研究始于 1965 年，Hamlen 等发现将离子化的聚乙烯醇水凝胶和阳极接触并置于 1% NaCl 溶液中，并施加 5 V 的直流电压后，与阳极接触的那部分水凝胶会发生收缩。又如将聚丙烯酰胺水凝胶直接与阴极和阳极接触并置入电场后，凝胶会随电压的变化而发生体积相变。在凝胶上施加电压后，H^+ 向阴极移动，而高分子网络上离解的羧基被阳极吸引，因此，在高分子网络上产生连续阴极与阳极轴向的应力。在该应力的作用下，凝胶向新的平衡状态移动。随着施加在凝胶上的电压增加，产生的应力也相应增大，当电压超过一定值后，高分子凝胶产生体积相转变，凝胶的体积产生显著变化。

包埋有磁性微粒子的高吸水性凝胶被称为磁场响应水凝胶。这种凝胶可用作光开关和图像显示板等。将铁磁性“种子”材料复合到凝胶中，当凝胶置于磁场时，铁磁材料被加热而使凝胶的局部温度上升，导致凝胶膨胀或收缩；撤掉磁场，凝胶冷却，就会恢复至原来的大小。通过调节磁性粒子的含量等，可以得到对磁刺激十分灵敏的智能高分子水凝胶。如 Zrinyi 等[46]利用聚乙烯醇（PVA）凝胶和磁溶胶制成了具有磁响应特性的智能高分子凝胶，并为之起名为“Ferrogel”。他先利用 $FeCl_2$ 和 $FeCl_3$ 制成 Fe_3O_4 磁溶胶，再把 Fe_3O_4 磁溶胶封闭在化学交联的 PVA 凝胶中，并研究了这种凝胶在非均一磁场中的形状变化。通过适当调整磁场的梯度，凝胶可以做出各种各样的动作，如伸长、收缩、弯曲变形等。磁溶胶中磁性微球的大小、浓度和 PVA 凝胶的交联度对其性能有很大的影响。

3.3.5 复合敏感性材料

单一敏感的高分子材料往往不能满足实际应用的需求，在复杂的外界环境变化以及多智能体系的要求下，复合敏感性高分子材料因能够同时响应不同的外界刺激，将具有更加广阔的应用前景。如 Shim 等[47]将具有 pH 敏感功能的磺胺二甲嘧啶低聚物接枝到具有温度敏感性的聚（己内酯 - co - 丙交酯）—聚乙二醇—聚（己内酯 - co - 丙交酯）（PCLA - PEG - PCLA）的两端，从而制备了同时对温度和 pH 敏感的复合型智能凝胶。该凝胶在很小的人体 pH 值范围内发生凝胶—溶胶转变，它在 pH 值为 7.4 和 37 ℃的条件下形成凝胶，但在 pH 值为 8.0 和室温下它依然呈溶胶状态。

Jiang 等[48]制备了具有温度和 pH 双重响应性的壳交联胶束，具体的实验如下：首先合成带端炔基的 ATRP 引发剂，再分步加入甲基丙烯酸甲氧基低聚乙二醇酯（OEGMA）、甲基丙烯酸 N,N - 二甲胺基乙酯（DMAEMA）和甲基丙烯酸 N,N - 2 - 乙胺基乙酯（DEA），通过 ATRP 聚合制得了单端炔基的双亲水三嵌段共聚物，该三嵌段共聚物具有显著的 pH 敏感性，在 pH 值为 7 ~ 8 时能形成三层的胶束结构，其中端炔基和亲水链段 POEGMA 在最外层；然后，在水相中加入 1,2 - 双（2 - 碘代乙氧基）乙烷，与 DMAEMA 单元形成季铵盐，从而得

到内层壳交联的胶束；最后加入单叠氮端基的PNIPAM，利用CuAAC点击反应对胶束的表面进一步改性，最终所得的胶束具有温度和pH双重敏感性。研究表明该胶束具有很好的稳定性（室温下可保存数月），有可能被用作药物智能控释载体。

将PNIPAM温度敏感聚合物用于包覆磁性纳米粒子，可以制备磁场/温度双重敏感高分子水凝胶。例如，Kim等[49]采用共沉淀法首先制备了一种表面含功能双键的磁性纳米粒子，并以该磁性纳米粒子为核，在其表面引入PNIPAM类温度敏感两亲性聚合物，即可制备出一种以磁性纳米粒为核、两亲性聚合物为壳的磁性/温度敏感聚合物复合纳米粒子。

3.3.6 生物降解形状记忆材料

3.3.6.1 形状记忆材料简介

形状记忆聚合物（Shape Memory Polymer，SMP）是指具有初始形状的制品，在一定的条件下改变其初始形状并固定后，通过改变外界的条件（如温度、电场力、pH值等）又可回复其初始形状的一类高分子材料。与传统的形状记忆合金相比，形状记忆聚合物具有形变量大、记忆效应显著、形状回复温度便于调控、机械性能强和易于加工成型等优点，目前作为功能高分子的一个新分支受到了广泛关注，并成为近年来发展最快的智能材料之一。

形状记忆聚合物按照形状回复的驱使条件可分为热致感应型形状记忆聚合物、电致形状记忆聚合物、光致形状记忆聚合物和化学感应型形状记忆聚合物等。热致感应型形状记忆聚合物是指在室温以上一定温度变形并能在室温固定形变且长期存放，当再升温至某一特定温度时，制件能迅速回复其初始形状的聚合物。电致形状记忆聚合物是指热致形状记忆聚合物与具有导电性的物质（如导电炭黑、金属粉末等）的复合材料，这种材料通过电流产生的热量使体系温度升高，使复合材料的形状回复。这种材料既具有导电性，又有良好的形状记忆功能。光致形状记忆聚合物是指将某些特定的光色基团引入聚合物主链和侧链中，当受到紫外线照射时，光色基团就会发生光异构化反应，使分子链的状态发生显著变化，材料在宏观上表现为光致形变；当光照停止时，光色基团发生可逆的光异构化反应，分子链的状态回复，材料也回复原状。化学感应型形状记忆聚合物是指利用材料周围的介质性质的变化来激发材料变形和形状回复。其中，热致感应型形状记忆聚合物由于具有操作方便、性能可调范围广、与人体的生理相容性好等优点，是被研究和开发的最为活跃的一类形状记忆聚合物。

关于热致感应型形状记忆聚合物的形状记忆机理，日本的石田正雄[50]认为其由记忆起始形状的固定相和随温度变化能可逆地固化和软化的可逆相组成。固定相一般为聚合物交联结构或部分结晶结构，在工作温度范围内保持稳定，用于保持成型制品的形状——记忆起始态；可逆相是能够随温度变化在结晶与结晶熔融态（T_m）或玻璃态与橡胶态（T_g）间可逆转变，相应结构发生软化、硬化可逆变化——保证成型制品可以改变形状。若将固定相和可逆相的软化温度分别标识为T_a和T_b，首先将材料加热到T_a以上，此时固定相和可逆相均处于软化状态，塑形后将其冷却到T_b以下，固定相和可逆相先后硬化，材料成型得到具有初始形状的制品；然后将材料制品加热至可逆相的软化温度T（$T_b<T<T_a$），固定相不变，而可逆相软化，任意变形为具有第二种形状的制品，保持应力并冷却固定就得到新的形状；最后再次加热至适当的温度，使可逆相软化，在固定相回复应力的作用下，制品回复到初始形态。此形状记忆效应的基本原理在宏观上可简单地表述为“记忆起始态→固定变形态→回复起始态”的循环，形状记忆过程如图3-9所示。

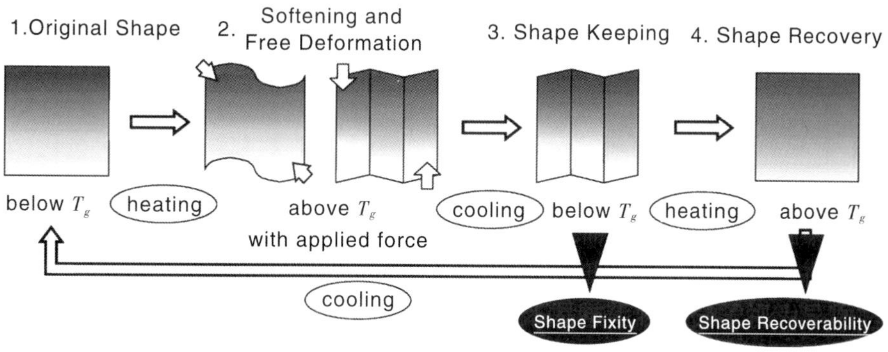

$$L \xrightarrow[\text{变形}]{T>T_g\ \text{或}\ T>T_m} L+L' \xrightarrow[\text{固定}]{T<T_g\ \text{或}\ T<T_m} L+L' \xrightarrow[\text{回复}]{T>T_g\ \text{或}\ T>T_m} L$$

L：样品原长　　　L'：变形量

图 3－9　热致感应型形状记忆聚合物的形状记忆过程

Lendlein[51]认为形状记忆聚合物是一类“积极移动”的双形状聚合物，它们能积极地从形状 L 变成形状 L'，其中，形状 L 是由机械变形和热力学变形固定所得到的一种暂时的形状，形状 L 通过形状变换又回复到形状 L'——永久形状。形状记忆特性并不是聚合物固有的一种特性，而是由聚合物形态和特殊处理所致的。因此，形状记忆聚合物并不要求构成聚合物的重复单元具有特定的化学结构，而仅仅依赖于聚合物的分子结构。传统的加工方法如挤出或注射成型，赋予聚合物初始形状——永久形状 L，然后通过一个形变处理过程，聚合物的形状发生变化，这种形状变化被固定下来，从而得到暂时性形状 L。而在某种外界刺激下，聚合物又由形状 L 回复到初始形状 L'。这种形状改变和形状回复过程可以重复多次。相比形状记忆合金，形状记忆聚合物的这种形变发生周期更短，形变量更大。

生物降解性高分子是指在有水存在的环境下，能在酶或微生物作用下促进水解、高分子主链断裂、分子量逐渐变小，最终成为单体或代谢成 CO_2 和 H_2O 的一类高分子，换言之，是一类在酶或化学以及微生物作用下能够发生分解或水解的高分子材料。根据来源分类，生物降解高分子可分为天然生物降解高分子、人工合成生物降解高分子和微生物合成生物降解高分子。甲壳素或壳聚糖、胶原、明胶、淀粉、纤维素等天然高分子往往是在酶作用下发生微生物促分解的，而合成高分子材料中只有在含酸酐键、酯键、碳酸酯键等易水解基团时才能发生生物降解。目前，在生物医药领域研究与开发最多的一类合成生物降解高分子是生物降解脂肪族聚酯，包括聚乳酸（PLA）、聚己内酯（PCL）、聚乙交酯（PGA）、聚对二氧杂环己烷酮（PDS）等。生物降解高分子材料具有无毒、可生物降解及良好的生物相容性等优点，目前在可吸收手术缝合线、可吸收骨折内固定器件、组织工程支架材料、药物缓控释载体、医用粘合剂等方面得到了广泛的应用。

依据 SMP 和生物降解高分子的结构特点，设计合成同时含有生物降解基团和形状记忆特征结构的聚合物，即可得到生物降解形状记忆聚合物（Biodegradable Shape Memory Polymer，BSMP）。生物降解形状记忆聚合物是一类集形状记忆效应和生物相容性、降解吸收性、加工性、各种理化性能可调等众多特性于一体的高智能新型医用高分子材料，它既是一类新型的形状记忆材料，更是一类新型的生物医用材料。生物降解形状记忆聚合物材料在发挥其应有的生物功能后，能在人体内降解成安全、无毒的物质，并最终从人体内排泄出去，不引起人体的排异反应，大大提高了材料临床使用的安全性与便捷性，完全顺应了生物医用材料发展的要求，目前已在手术缝合线、骨折内固定材料、血管手术夹、心血管膜材料、药物缓控释载体、人工器官材料等生物医药领域得到了广泛应用。

热致感应型形状记忆生物降解聚合物因其使用环境的特殊性，最理想的设计是控制其转变温度为体温，在植入人体时发生形状回复。然而，这在实际操作过程中又存在问题。当聚合物的形状转变温度太接近于体温时，往往形变过快，手术来不及进行就已回复形状。因此，人们通常设计材料形状转变温度稍高于体温，手术植入后，通过外部额外加热使材料形状回复。目前，已被报道的生物降解形状记忆聚合物材料的转变温度通常在 50 ℃左右。

Langer 和 Lendlein 在生物降解形状记忆材料的研究与开发方面进行了一系列开创性研究，对生物医用高分子材料在临床应用过程中的微创治疗做出了巨大贡献。例如，2002 年，Lendlein 和 Langer 在 *Science* 上报道了将一组热塑性生物降解形状记忆聚合物材料用于手术缝合线时，其具有可控的内应力，在使用时以松弛的状态缝合伤口，当温度升高到其形状回复温度时，由于预置的回复力使手术缝合线收紧，缝合伤口，从而实现了在改变温度条件下缝合线自动打结（如图 3 – 10 所示）。同时，因为材料的生物可降解性，使用后无须拆线，免除了二次手术给病人带来的痛苦，特别适用于小血管缝合等高难度手术。他们在实验中采用的热塑性生物降解形状记忆聚合物的具体设计如下：首先，以小分子二元醇为引发剂分别引发 ε – 己内酯和对二氧杂环己烷酮开环聚合，合成了熔点较低的聚（ε – 己内酯）二元醇软段低聚物和熔点相对较高的聚对二氧杂环己烷酮二元醇硬段低聚物，然后，采用 2,2(4),4 – 三甲基己烷二异氰酸酯为偶联剂对两种二元醇低聚物进行偶联，从而制备了分子量分散性指数约为 2、数均分子质量（M_n）在 35 000 ~ 77 000 的范围内、硬段质量含量在 0 ~ 83% 的范围内的一组新型热塑性生物降解性形状记忆聚合物[52]。

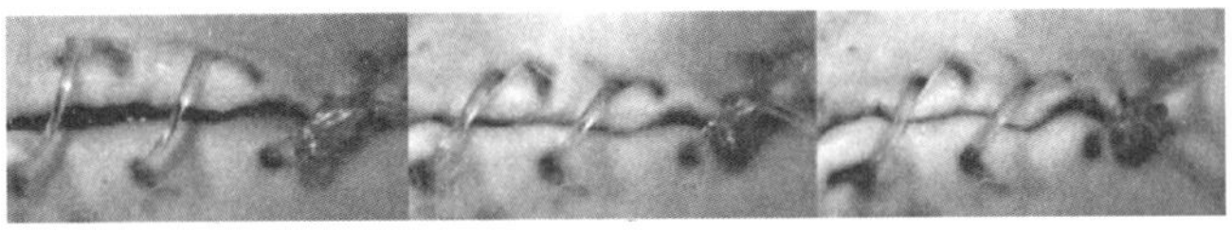

图 3 – 10　生物降解形状记忆聚合物缝合线用于伤口缝合

近年来，生物降解形状记忆聚合物材料的研究发展十分迅速，同时成为目前国际上形状记忆材料和医用高分子材料两个领域研究的热点方向。表 3 – 1 列出了近年来报道的主要的生物降解形状记忆聚合物材料以及它们的生物相容性和生物降解性指标。从表中可以看出，目前对生物降解形状记忆聚合物的研究与开发主要集中在生物降解脂肪族聚酯如聚乳酸和聚己内酯等材料方面，另外，生物降解性形状记忆聚氨酯材料也有不少文献报道。

表 3－1 生物降解形状记忆聚合物

Polymer type	Shape－memory properties	Degradation properties 50%/complete	Biocompatibility in vitro	Biocompatibility in vivo
Poly(ε－caprolactone) dimethacrylate and n－butyl acrylate	Third cycle R_r =93－98% R_r ~95%	Phosphate buffer solution (pH 7.4;37 ℃) No mass loss after 140 days	Statistically significant differences in cell lysis depending on sterilization technique	CAM test No adverse effects on angiogenesis
Star－shaped oligoesters of rac－dilactide and diglycolide	Fifth cycle $R_r \geqslant 99\%$ $R_r \leqslant 97\%$	Aqueous buffer solution (pH 7;37 ℃) 80 days/150 days	No data shown	No data shown
Multiblock copolyesters from poly(ε－copolactone), PEG and chain extender based on CA groups	Third cycle R_r =100% R_r =88%	Phosphate buffer solution (pH 7.2;37 ℃) 5% after 25 days	No data shown	No data shown
Oligo(ε－caprolactone) diols, oligo (p－dioxanone) diols and diisocyanate	Third cycle R_r =98－99.5% R_r =98－99%	Aqueous buffer solution (pH 7;37 ℃) 270 days	No statistical difference on the activity of matrix metallopteinases (MMPs) and tissue inhibitors of MMP5 (TIMPS)	CAM test No avascular zones and or free capillaries
Multiblock copolymers containing poly(L－lactide) and poly[glycolide－co－(ε－caprolaclone)]－segments	Third cycle R_r ~99.0% R_r ~99.6%	Phosphate buffer solution (pH 7.4;37 ℃) 154 days	No data shown	No data shown

3.3.6.2 聚乳酸形状记忆材料

聚乳酸（PLA）又被称为聚丙交酯，由于具有良好的生物相容性、可降解吸收性和一定的力学强度，它是生物医学领域研究与开发最热门的医用高分子材料之一。聚乳酸制备采用的初始原料为乳酸［HO－C*H（CH_3）－COOH］，乳酸的二聚单体为丙交酯（LA）；乳酸分子中含有一个手性碳原子，LA 中含有两个手性碳原子，因此，LA 存在三种光学异构体，如图3－11所示。

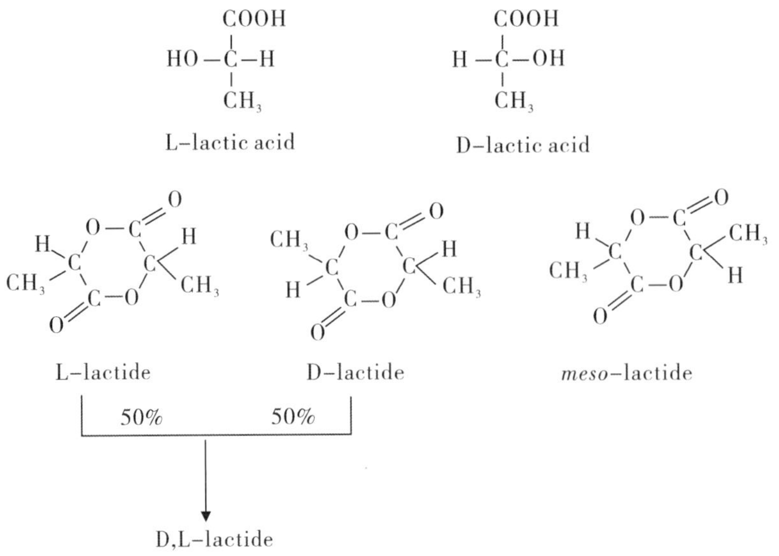

图 3－11　乳酸和丙交酯的分子结构式

PLA 的制备主要有两种方法：直接缩聚法和开环聚合法。直接缩聚法简单，但是制备的 PLA 的分子量较低且分子量分布较宽，材料的强度低，易分解，应用前景不大；并且聚合温度较高时，常导致产物变色。目前 PLA 的合成主要采用开环聚合法：首先由单体乳酸在催化剂作用下缩聚得到乳酸低聚物，低聚物在高温下进一步裂解形成 LA，LA 在引发剂作用下开环聚合得到 PLA。具体反应如图 3－12 所示。

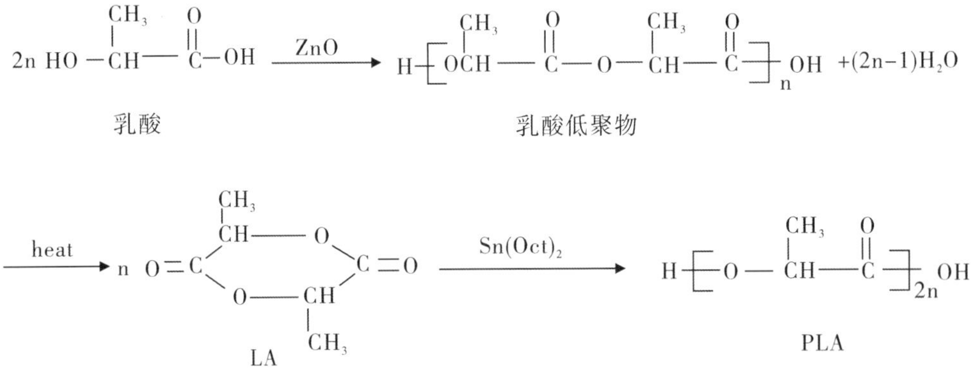

图 3－12　开环聚合法制备聚乳酸的技术路线

由于乳酸分子中有一个手性碳原子，其二聚体 LA 中含有两个手性碳原子，因此，PLA 有四种形式的异构体，它们分别是左旋聚乳酸（PLLA）、右旋聚乳酸（PDLA）、内消旋聚乳酸（*meso*－PLA）和外消旋聚乳酸（PDLLA）。其中，PDLA 和 *meso*－PLA 在生物医学方面应用得很少。PLLA 是半结晶性的聚合物，熔点（T_m）为 170 ℃～180 ℃；PDLLA 是无定形的透明材料，玻璃化转变温度（T_g）为 50 ℃～60 ℃。

Yasuo 对 PDLLA 的形状记忆特性进行了研究，得到了具有形状记忆特性的生物降解聚乳酸。表3－2列出了一些不同分子量PDLLA的形状记忆特性。

表3－2 不同分子量的聚（D,L－乳酸）的形状记忆特性

聚D,L乳酸的粘均分子量（×10^4）	形变的程度（Rs＝R_L）*	横向面积回复比率（%）	纵向回复比率（%）
40	3.0	97.3	96.7
25	3.0	97.3	97.3
15	3.0	97.7	98.0
10	3.0	98.7	98.8
7	3.0	99.5	99.5

注：＊Rs＝So/S1，R_L＝Lo/L1；So，Lo分别为变形前的横截面积和长度；S_1，L_1为变形后的横截面积和长度。

聚乳酸的这种形状记忆特性，实际上是聚合物在低温条件下的应力冻结和在高温条件下的弹性应力松弛现象。高分子量的聚（D,L－乳酸）（PDLLA），大分子呈无规则缠绕的无定形状态，其玻璃化转变温度（T_g）为58 ℃左右，在T_g以上5 ℃～10 ℃的范围内，玻璃态转变为橡胶态，在外力的作用下，材料的伸长导致分子链的空间排布有了方向性，使分子链不得不顺着外力场的方向舒展开来，当这种变形至期望的形状时，在保持应力的条件下，将材料冷却，使可逆相进入玻璃态，分子链被冻结，材料硬化成稳定的固形体。另外，由于大分子的缠结阻止了分子间的滑移，当变形后的固形体被加热至橡胶态时，热运动力图使分子链无序化，以便回复到卷曲状态，这就形成了回复力，变形后的固形体回复至原来的形状，即完成了一个记忆循环[53]。

Langer等利用聚乳酸材料的形状记忆特性用于伤口缝合，具体实验如下：在略高于聚乳酸的T_g温度下，对最初成型的制件进行形变使其内径变大，然后对中间过渡状态较大的环状制件开口，并使其形成与缝合针类似的小钩，这样就可以对手术切口进行缝合，切口位置通过形状记忆材料的两端连接起来。然后在热水或热气流的作用下对其进行加热，使其回复至最初的形状（如图3－13所示），手术伤口两端就被紧密地接合在一起，随着时间的流逝，聚乳酸材料将会逐渐被降解吸收。用这种方法进行手术的缝合能够大大减少由于拆线而带来的不便。

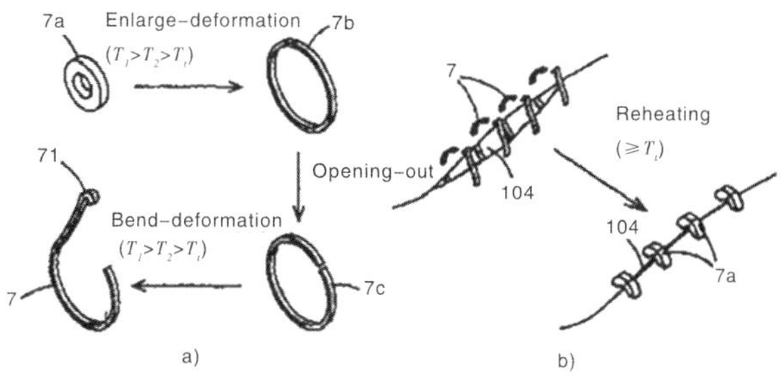

图3－13 聚乳酸形状记忆材料用于伤口缝合[52]

Langer等[54]还报道了采用聚乳酸形状记忆材料来固定断裂骨头，具体操作如下：将二次

成型后的聚乳酸制件放入带有裂纹的骨髓腔内，利用消毒后的 60 ℃ ~70 ℃盐水对其进行加热，使骨髓腔内的聚乳酸形状记忆材料回复到最初的形状，使其变得较厚，从而可以和骨髓腔的内表面紧密接触而且不会滑移，这样就可以起到固定的作用了（如图 3 – 14 所示）。最终聚乳酸也会被降解和吸收而不会对伤口和人体有危害，无须二次手术，减轻了病人的痛苦。

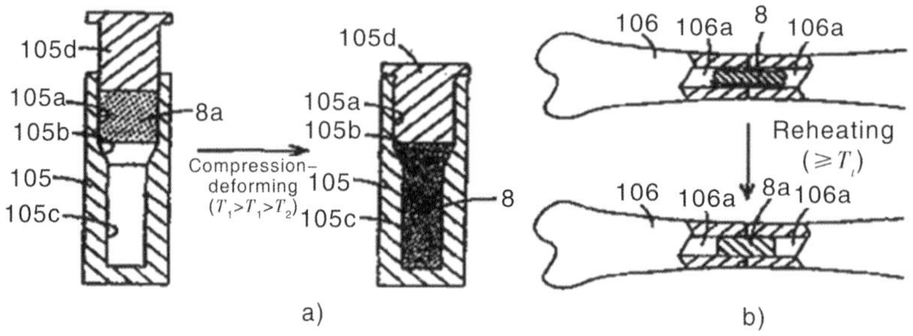

图 3 – 14　聚乳酸形状记忆材料用于骨头固定[54]

Lendlein 等[55]以二丁基氧化锡（DBTO）为催化剂，季戊四醇、1,1,1 – 三羟甲基乙烷为引发剂，在 130 ℃下引发丙交酯和乙交酯开环聚合，合成了组成、分子量和官能度不同的端羟基星型预聚物；控制温度为 80 ℃，将端羟基星型预聚物与脂肪族二异氰酸酯（HMDI）反应，制备出新型交联可降解形状记忆医用高分子材料，合成路线如图 3 – 15 所示。其交联点是由端羟基星型预聚物的三元醇和四元醇引发剂构成的，二异氰酸酯的偶合反应起到将星型预聚物连接到一起的作用。由于交联点的存在，当温度高于形状记忆材料转变温度时，材料能回复其永久形状，其转变温度可通过预聚物的玻璃化转变温度来调节。材料存在保持其机械性能稳定的降解滞后期和快速降解期，这种降解特性更符合医用材料的要求。在植入体内一定时间内，交联结构的形状记忆支架具有稳定的机械性能，克服了非交联可降解高分子材料机械性能损失过快的缺点。这类新型交联可降解形状记忆聚合物制品从过渡态形状（SM）回复到永久性形状（螺旋状）这一复杂过程在 70 ℃时需要 5 min（如图 3 – 16 所示）。

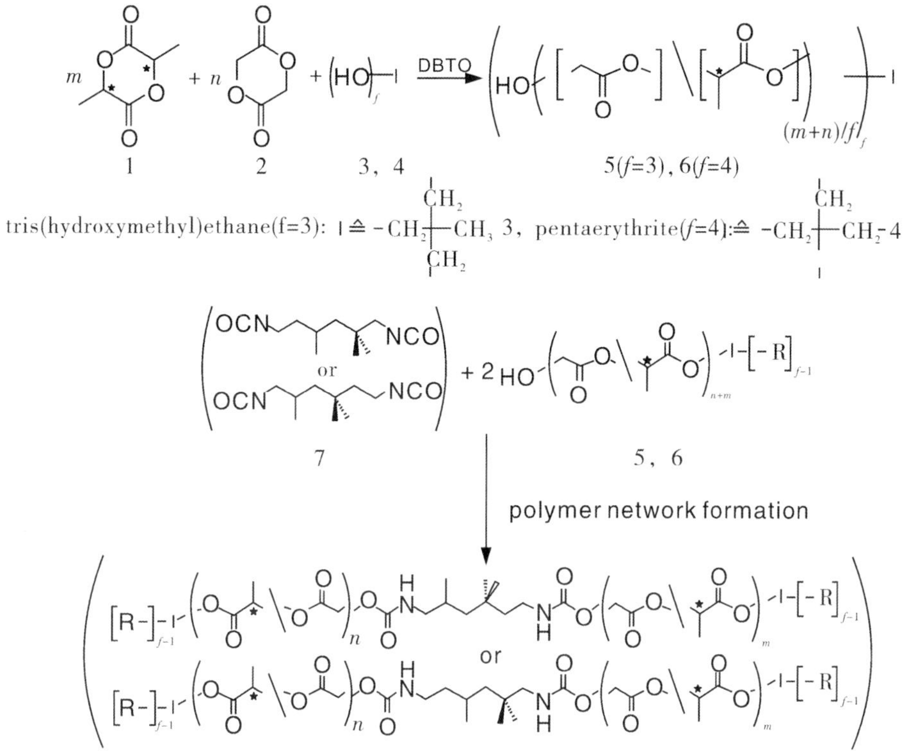

图 3-15　无定形生物可降解共聚酯和生物降解性共聚酯—聚氨酯交联网络的合成路线[55]

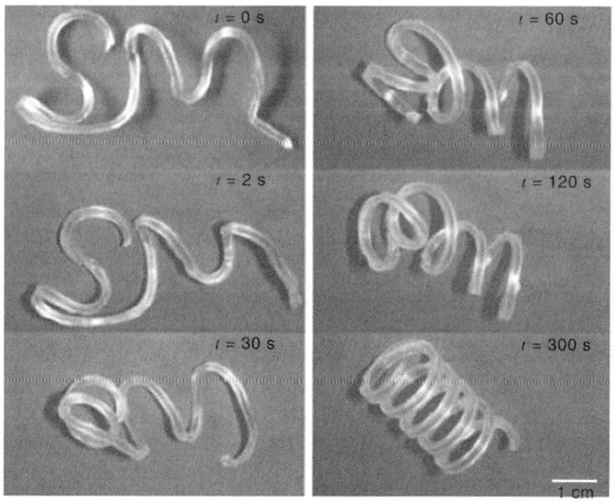

图 3-16　生物可降解共聚酯—聚氨酯交联网络的宏观形状记忆效应的照片描述[55]

3.3.6.3　聚己内酯形状记忆材料

聚己内酯（PCL）的分子结构式如图 3-17 所示，其重复结构单元有 5 个非极性的亚甲基和 1 个极性酯键，分子链比较规整，容易结晶；另外，分子链中的 C-C 键和 C-O 键能够自由旋转，这样的结构使得 PCL 具有很好的柔韧性和加工性，断裂伸长率高达 300%~600%。

$$\left[O-(CH_2)_5-\overset{\overset{\displaystyle O}{\|}}{C}- \right]_n$$

图 3-17 聚己内酯的分子结构式

PCL 是一种半结晶性的生物可降解聚合物，熔融温度约 60 ℃，玻璃化转变温度约 -60 ℃，温度一旦达到其熔点或以上即呈熔融状态，不具有形状记忆特性。利用己内酯与其他单体共聚形成无规共聚物，或通过适当方法交联后，聚合物被加热到其 T_g 或 T_m 以上时不再熔融，而是呈高弹态，因此，可以施加外力使其变形，在其形变状态下冷却进入玻璃态或结晶，冻结应力。当再加热到 T_g 或 T_m 以上时，应力释放，材料回复到原来的赋形状态，完成一个记忆循环。

Xue 等[56]以丙三醇为引发剂，在脂肪酶 Novozyme 435 的催化下合成了三臂的 PCL，以其为软段，与二苯基甲烷二异氰酸酯反应，以己二醇为扩链剂，合成了一系列具有形状记忆特性的可降解聚氨酯材料。其形变温度为 36 ℃ ~ 39 ℃，形变回复率达 99%，固定率为 92%。Wang 等[57]将己内酯和乙交酯共聚来调节其降解时间，利用强度高的 PLLA 作为硬段，用 1,6 - 己烷二异氰酸酯（HDI）进行耦合，合成了热塑性的聚（己内酯 - co - 乙交酯） - co -（L - 丙交酯）无规共聚物。研究表明，聚合物的机械性能、降解时间和转变温度根据嵌段的长度和共聚物组成可在一定范围内变化，并能调整到形状转变温度约为 45 ℃、合适的降解时间（1 ~ 2 月）以及较高（≥90%）的形状保持率和形状回复率，且具有良好的生物相容性和生物降解性能。

Langer 等[58]基于聚己内酯二甲基丙烯酸酯的后聚合反应合成了一种具有热致形状记忆特性的生物降解形状记忆聚合物，其形状记忆效应如图 3-18 所示。

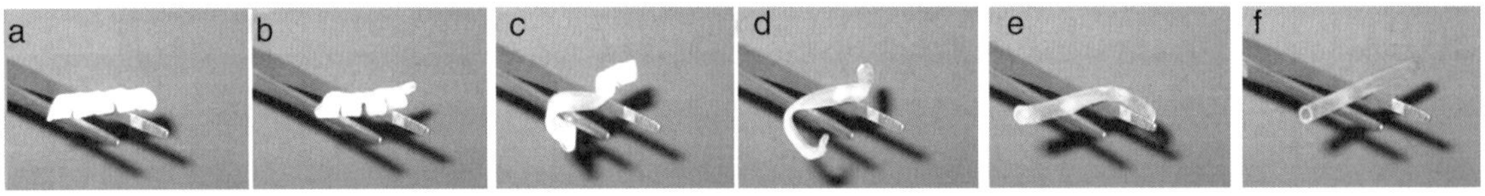

图 3-18 热致形状记忆管随时间变化形状回复的系列照片[58]

Luo 等[59]用 α - 环糊精和 PCL 自组装的内含复合体合成了一种新型的生物降解形状记忆材料，并研究了该聚合物的特性及其形状记忆行为。它以纯 PCL 的结晶—熔融转变作为可逆相转变的基础，以含有 PCL - a - CD 内含体的结晶态作为固定相，经实验证实，它具有良好的形状记忆性能，应变回复率 >90%，且在 90 ℃时，在小于 6 s 的时间内，形变即可回复。另外降解测试表明，在脂肪酶存在的条件下，这种 PCL - a - CD 的内含复合体在 45d 内可失重 50%，降解性能良好。该设计的新颖之处在于它不像一般的形状记忆材料那样，通过物理或化学交联的方式来固定材料的永久形变，而是利用 a - CD 独特的中空空穴结构，将 PCL 的结晶态结构包含进去，形成一个内含复合体，两者共同作用达到固定永久形变的目的。

3.3.6.4 生物降解聚氨酯形状记忆材料

本章前面已经提到，聚氨酯（Polyurethane，PU）是指分子主链上含有氨基甲酸酯（ - R - O - CO - NH - R` - ）基团的聚合物，通常由二异氰酸酯与具有一定相对分子质量的端羟基聚醚或聚酯反应生成氨基甲酸酯的预聚体，然后由小分子二元醇或二元胺等扩链后即可合成。聚氨酯是一类具有最典型的形状记忆特征结构的聚合物，它的分子结构由软段和硬段组成，其中，聚醚、聚酯、聚醚酯等链段的 T_g 较低，形成软段，分子链中的异氰酸酯和扩链剂反应生成的氨基甲酸酯基之间形成氢键，T_g 较高，构成硬段。软段区的柔性分子链能产生很大的形变，而硬段区内的分子链被其相互间的物理或化学交联结构所固定。由于软硬段的共价偶联抑制了大分子链的塑性滑移，从而产生了回弹性。这种两相结构赋予了聚氨酯分子形状记忆功能。通过调节聚氨酯分子中软、硬段组分的种类、含量等，可获得具有不同形状记忆温度（-30 ℃~70 ℃）的聚氨酯形状记忆材料。

采用生物可降解的聚己内酯、聚乳酸、聚羟基乙酸（PGA）、聚（乳酸-co-羟基乙酸）（PLGA）或聚醚酯如聚己内酯—聚乙二醇—聚己内酯（PCL-PEG-PCL）等作为软段，与二异氰酸酯反应并经扩链即可制备生物可降解聚氨酯，并且，从生物相容性的角度考虑，尽可能选择在人体内降解产物安全且无毒副作用的二异氰酸酯，例如4,4′-甲烷二环己基二异氰酸酯（HMDI）、1,4-环己烷二异氰酸酯或六亚甲基二异氰酸酯等。

景遐斌等[60]首先以辛酸亚锡为催化剂，丁二醇为引发剂，通过丙交酯的开环聚合，合成了两端均为羟基的聚乳酸二元醇软段，然后，以2,4-甲苯二异氰酸酯为封端剂、乙二醇（EG）为扩链剂，通过两步法合成了一系列具有不同软硬段组成的生物可降解聚氨酯。景遐斌等还对生物可降解聚氨酯材料的两相分离程度进行了研究，并演示了它在人体温度附近的形状记忆效应。

Ping 等[61]以辛酸亚锡为催化剂，以乙二醇为小分子引发剂引发己内酯开环聚合合成了PCL大分子二醇软段，然后以甲苯二异氰酸酯为封端剂、乙二醇为扩链剂，合成了一系列具有形状记忆特性的生物可降解聚氨酯材料。其变形温度可以低于其熔点15 ℃~20 ℃，最低回复温度（LRT）低于其熔点15 ℃~18 ℃，而在300%拉伸变形条件下的形变回复率高达94%~100%。通过调整PCL分子质量和硬段含量，可将形状回复后的强度和LRT控制在37 ℃~42 ℃的范围内，满足植入材料的要求。

Alteheld 等[62]用端羟基星型预聚物和脂肪族二异氰酸酯反应制备了一种新型交联结构的生物降解聚氨酯形状记忆聚合物。其形状记忆特性是通过星型预聚物的三元醇和四元醇引发剂构成的交联点来实现的，材料的转变温度可通过预聚物的 T_g 来调节。Pamela 等[63]合成了一种以多面体低聚倍半硅氧烷（POSS）作为硬段的生物降解热塑性聚氨酯。结果表明，硬段中引入POSS使得材料在 T_g 以上弹性优越，这主要归因于POSS结晶化所形成的物理交联点。

3.4 特殊结构材料的设计与合成

随着医用高分子材料的不断开发与临床的广泛应用，以及相关学科的迅速发展，许多生物医学难题获得了突破，但同时也对医用高分子材料的性能提出了更高的要求。材料的性能与其结构密切相关，因此，设计合成具有特殊结构的生物医用高分子材料就变得十分迫切。近年来，随着高分子化学的发展，特别是可控自由基聚合反应和“点击化学”（Click Chemistry）的发现，不同拓扑结构医用聚合物的合成已获得了巨大的发展。

目前，报道最多的活性自由基聚合方法有：原子转移自由基聚合（ATRP）、可逆加成—断裂链转移自由基聚合（RAFT）和氮氧自由基聚合（NMP）。由于具有分子量可控、分子量分布窄、化学成分可控以及易实现功能化等优点，在采用多官能团引发剂或链转移剂引发单体合成各种复杂结构聚合物方面，这类活性自由基聚合呈现出极大的发展空间与发展潜力。作为一种可控聚合，活性自由基聚合近年已被广泛应用于星型、树枝状、超支化、环状等具有不同拓扑结构聚合物的设计合成。

2001 年，Sharpless（诺贝尔化学奖获得者）提出了“点击化学”这一概念[64]。这是一种快速合成大量化合物的新方法，是继组合化学之后又一给传统有机合成化学带来重大革新的合成技术，它把化学反应过程描述得像搭扣一样简单、高效、通用。因其具有模块化、高产率、高效、高选择性和多样性以及对各种官能团和反应条件优异的耐受性等特点，“点击化学”近年来成为材料尤其是生物材料设计和改性方面最为有效的工具。近年来，活性自由基聚合对链末端功能化的控制和点击化学的高效率相结合，为合成特殊结构且结构可控的医用高分子材料提供了一条方便且非常有效的途径，如先利用活性聚合得到在特定位置上带有炔基或者叠氮基的高分子，再利用 click 反应的高效性，将高分子作为构筑单元以一定的方式连接起来，即可得到特定结构的聚合物。

围绕国内外目前在特殊结构医用高分子材料设计合成方面的现状，下面将重点介绍星型、树枝状、超支化、刷状、环状、蝌蚪型等特殊结构医用高分子材料的先进设计与合成。

3.4.1 星型分子的设计与合成

星型聚合物是由多个线型支链通过化学键连接到同一个中心核上而形成的一类具有特殊结构的聚合物。与相同分子量的线型聚合物相比，星型聚合物具有良好的溶解性能、较低的熔融度和溶液粘度、优异的加工性能以及高浓度的末端功能化基团等特性，因此，这类特殊结构的聚合物在药物载体与自组装胶束等方面具有良好的应用前景。星型聚合物最早由 Schaefgen 和 Flory 于 1948 年制备，他们首次合成了己内酰胺的四臂和八臂的星型聚合物。

星型聚合物的制备方法主要有两种（如图 3－19 所示）：“先核后臂”法（Core－First）和“先臂后核”法（Arm－First）。“先核后臂”法是首先合成末端含功能基团的超支化聚合物，然后通过活性聚合方法，以超支化聚合物为多功能化引发剂引发单体聚合来制备的，它可以通过调节引发剂与单体的摩尔比对星型聚合物的分子量进行控制。“先臂后核”法一般是先合成线型高分子活性链，然后线型高分子活性链再与超支化聚合物发生反应，具体可以采用超支化聚合物来终止线型活性聚合物的聚合反应，或者是线型聚合物的端基与超支化聚合物发生偶联反应。

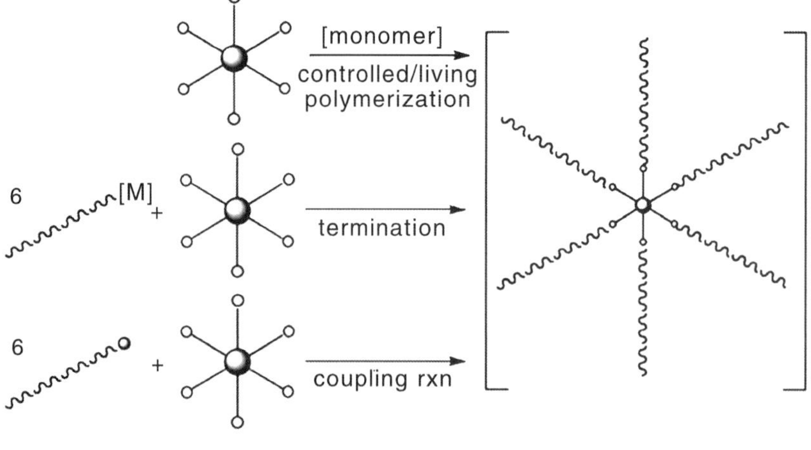

图 3－19　星型聚合物的合成方法

生物降解聚酯星型聚合物是合成最多的一类星型医用高分子材料，采用“先核后臂”或“先臂后核”法均可制备。采用“先核后臂”法制备生物降解星型聚合物的方法如下：在催化剂的作用下，以多官能团化合物为引发剂引发环状酯类单体（丙交酯、乙交酯、己内酯、β－丁内酯、三甲基碳酸酯等）开环均聚或共聚即可制备。催化剂的选择对于控制酯类单体的开环聚合非常重要，其中，辛酸亚锡［$Sn(Oct)_2$］是催化交酯类单体开环聚合最有效的一类金属化合物，但聚合产物中不可避免地有金属锡离子的残余，从提高材料生物相容性的角度考虑，采用酶催化单体开环聚合是非常可取的，但催化效率有待提高。另外，三乙胺、N－杂化碳烯和二甲基氨基吡啶（DMAP）等有机催化剂也被用于生物降解聚酯星型聚合物的合成。

无论是采用“先臂后核”法或“先核后臂”法来合成生物降解聚酯星型聚合物，选择一种合适的多官能团分子作为引发剂或偶联剂都是关键。目前，生物降解聚酯星型聚合物合成中采用最多的是结构简单的小分子多元醇（如甘油、季戊四醇、山梨醇等）（图 3－20），但环糊精（Cyclodextrin）和树枝状聚合物（图 3－21）、过渡金属络合物（图 3－22），甚至是有机—无机杂化材料（如笼型多面体低聚倍半硅氧烷、POSS）等也被用于生物降解聚酯星型聚合物的合成。如 Wang 等以双季戊四醇（如图 3－23 所示）为引发剂，通过己内酯（ε－CL）和 L－丙交酯（L－LA）的依次开环聚合制备了六臂星型嵌段共聚物 6sPCL－*b*－PLLA，共聚物中 PLLA 和 PCL 链段的结晶能力能通过每条臂上的链长来调节，随着 PCL 链长的增加，PLLA 链段的结晶逐渐从普通球晶变成了带状球晶。Pan 等则以三乙胺为催化剂，通过开环聚合合成了以 β－CD 为核心的星型 PDLLA。丁静等以含有 8 个羟基、结构极为对称的八聚［2－(2－羟基乙氧基)二甲基硅氧基］倍半硅氧烷（POSS）为核引发 D,L－丙交酯开环聚合，制备了含有八臂聚乳酸的星型有机—无机杂化 POSS－PDLLA 材料。对这类杂化星型聚合物的化学结构和性能的研究结果表明，聚合物的分子量分布极窄（小于 1.1），玻璃化转变温度为 43.6 ℃，热稳定性良好，具有与线型聚乳酸截然不同的特性。

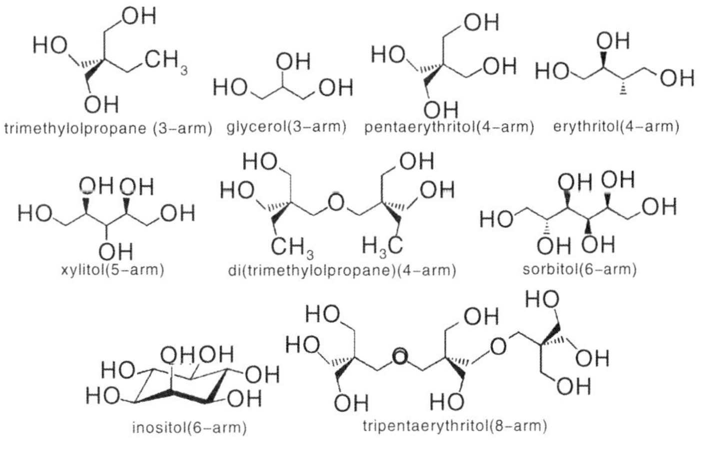

图 3－20 生物降解聚酯星型聚合物合成常用的多元醇

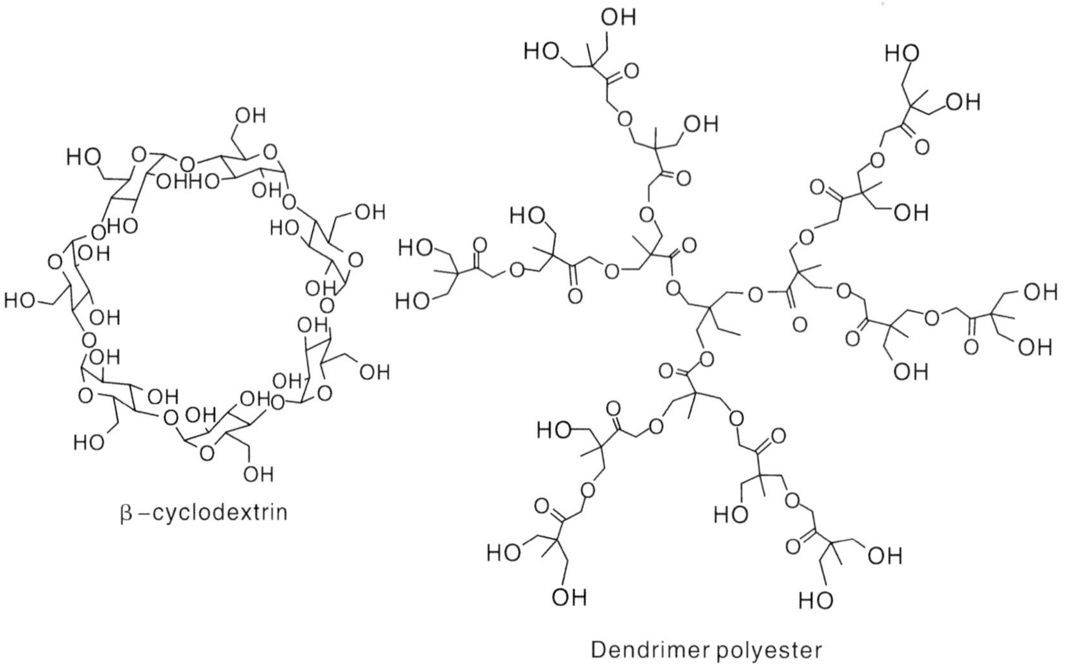

图 3-21　两种可用于制备生物降解聚酯星型聚合物的多官能团引发剂

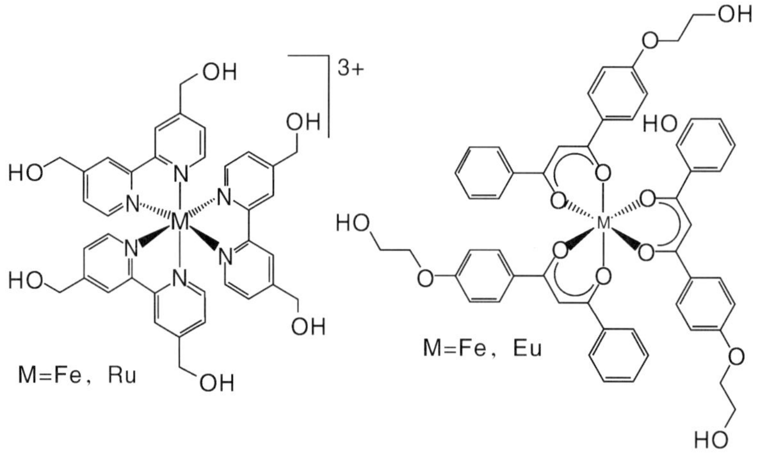

图 3-22　生物降解聚酯星型聚合物合成采用的过渡金属络合物

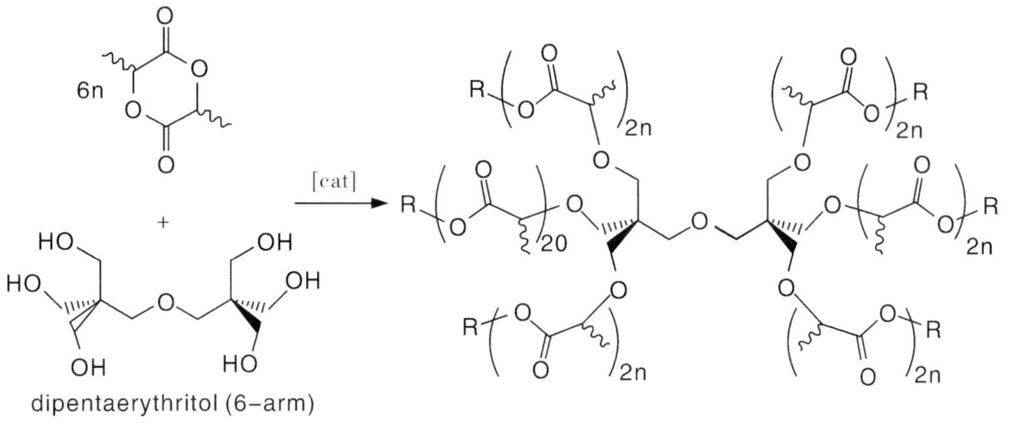

图 3－23　6sPCL－*b*－PLLA 星型聚合物的合成路线

近年来，随着点击化学和活性自由基聚合的发展，这类新型聚合方法也被用于星型聚合物的合成。如 Schubert 等[65]以炔乙醇为小分子引发剂引发己内酯（CL）开环聚合合成了端炔基化的 PCL，再利用 ATRP 反应对 β－环糊精上的 7 个伯羟基进行改性得到叠氮化环糊精，最后将两者进行 click 反应制备了 7 臂星型 PCL。刘世勇等[66]首先采用含炔基的 ATPR 引发剂引发 PNIPAM 聚合得到端炔基化的 PNIPAM，再在 β－环糊精的 7 个伯羟基或 14 个仲羟基上引入叠氮基团，最后通过点击化学使端炔基化的 PNIPAM 和叠氮化环糊精反应，从而制备 7 臂或 21 臂的星型 PNIPAM 聚合物。

帅心涛等[67]利用从阳离子开环聚合（CROP）到原子转移自由基聚合（ATRP）的转换机理，合成了树枝状星型共聚物。他们以芳香醚类树枝体 CMG3－OH 为 CROP 的引发剂进行 L－丙交酯的开环聚合，得到 24 臂的树枝状聚（L－丙交酯）。然后将聚（L－丙交酯）末端的羟基酯化，使每个臂的末端转变为 ATRP 的引发剂，进一步引发 MMA 的 ATRP 聚合（合成路线如图 3－24 所示），从而制备了一类新型的树枝状星型共聚物。

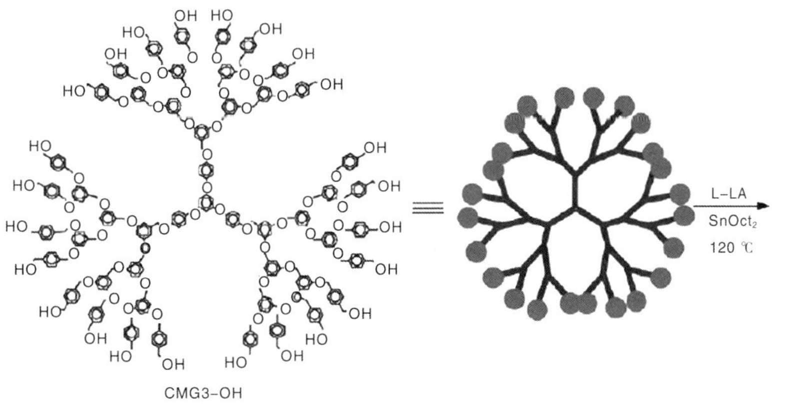

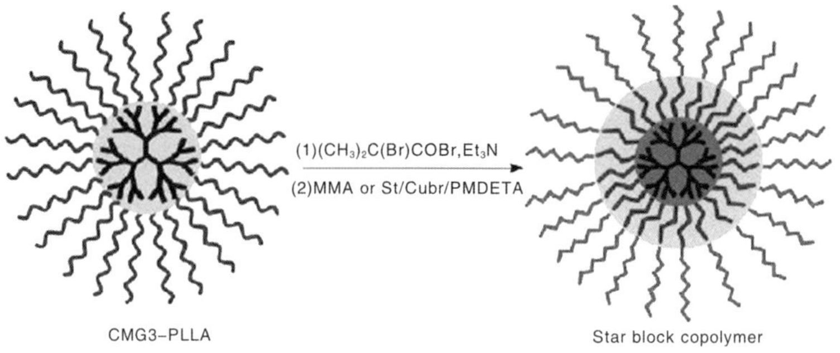

图 3-24　树枝状星型共聚物的合成[67]

3.4.2　树枝状分子的设计与合成

树枝状大分子（Dendrimer）是由重复的支化单元从一个核中心向外辐射组成具有高度支化的3D球状结构的一类大分子，每一圈同中心的支化单元称为完整的一代（Generation，G），如图3-25所示。其由于内部具有空腔、高支化度、易修饰、很好的水溶性、单分散的尺寸的优点，非常适合被用作抗癌药物和造影剂等的载体，并使得纳米尺度上的给药得以实现。有研究表明，由于树枝状大分子的尺寸和紧凑球体形状，细胞对以树枝状大分子为载体的药物的吸收显然要比对以线型聚合物如聚乙二醇等为载体的吸收高很多。

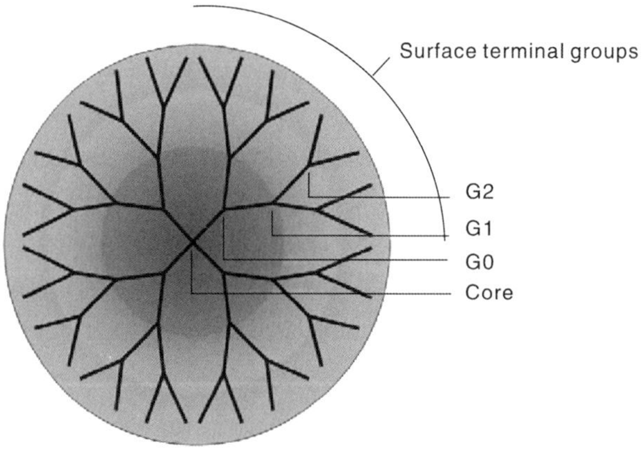

图 3-25　树枝状大分子结构示意图

树枝状大分子的合成方法有多种，但应用最广泛的是发散法和收敛法两种。发散法是用单体单元逐步迭代加成，使树枝状大分子的结构从起始的核向外围增长的方法（如图3-26所示）。收敛法是从树枝状大分子的外围单元开始向内部发展来构造楔形大分子或扇形大分子的方法，多个构造出来的扇形分子与一个多功能团的核分子连接，形成一个完整的树枝状大分子（如图3-27所示）。

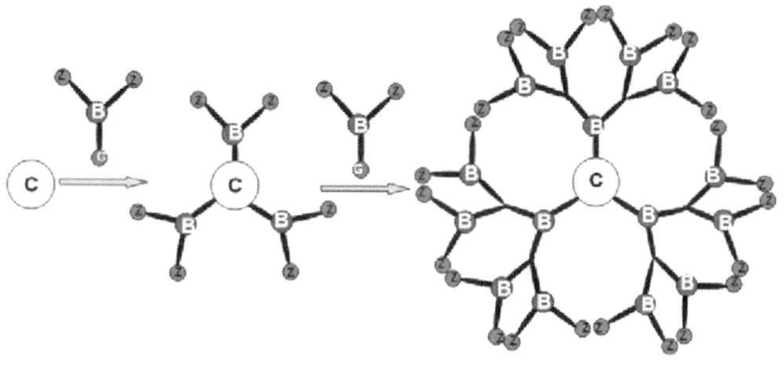

图 3－26　发散法合成树枝状大分子

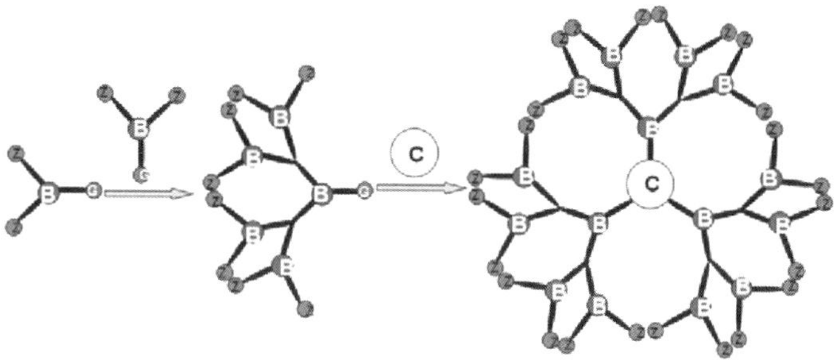

图 3－27　收敛法合成树枝状大分子

近年来，有关树枝状医用高分子材料的合成有大量文献报道。如 Sanyal 和他的同事[68]首先合成了含单端炔基化芯的二代/三代树枝状生物降解脂肪族聚酯和双端叠氮基化的 PEG，再通过点击化学合成三嵌段（ABA 结构，B 为 PEG）的支化高分子，然后将该三嵌段支化高分子表面的羟基与戊炔酸酐反应制得表面含有多炔基的树枝状高分子。

Gong 等[69]通过线型 PEG 两端连接着的树枝状 PEG 引发丙交酯开环聚合，设计合成了一类结构明确的哑铃型树枝状三嵌段共聚物（如图 3－28 所示）。这种共聚物溶液经浇铸成膜和溶剂挥发后，可以观察到因分子自组装形成的多孔结构，通过改变 PLLA 链段的长度，则可以得到蜂窝状的孔结构。此外，随着 PLLA 链长的增加，聚合物膜的表面疏水性和蛋白质吸附能力相应增强。

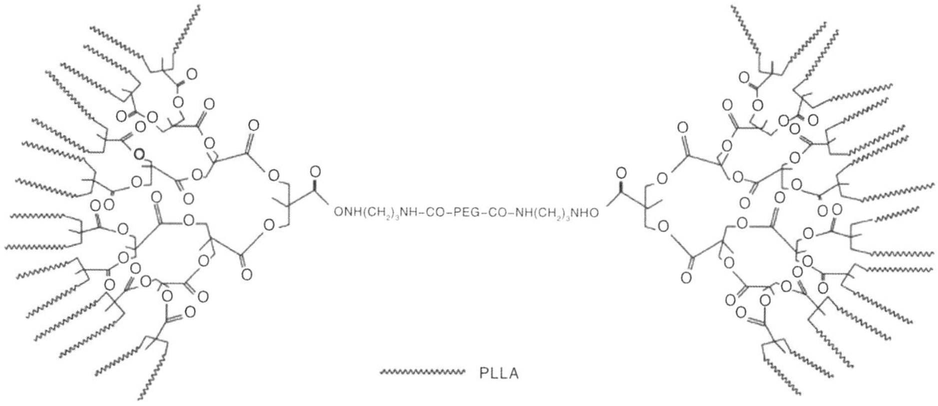

图 3－28　PEG 和 PLLA 组成的梳型—树枝状三嵌段共聚物[69]

Kim 等[70] 报道了含有温度响应性的线型 PNIPAAm 链、疏水性的 PLLA 接枝链和亲水性聚赖氨酸（PLL）树枝状单元的线型—树枝状共聚物（如图 3－29 所示）。他们首先合成含侧羟基的线型 PNIPAAm 链，然后引发丙交酯开环聚合制备接枝共聚物 PNIPAAm－*g*－PLLA，最后，PLL 树枝状单元与 PNIPAAm－*g*－PLLA 在二环己基碳二亚胺脱水作用下发生耦合反应制备了线型—树枝状共聚物。研究结果表明，这种共聚物具有温度响应特性，而且其 LCST 值随聚合物浓度的变化而变化。

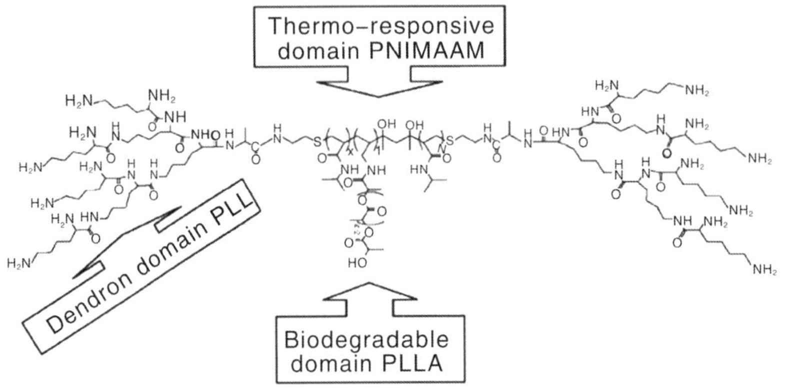

图 3－29　兼有温敏和生物降解特性的线型—树枝状共聚物[70]

目前，树枝状医用高分子材料的合成存在的主要问题是制备工艺烦琐、产物提纯困难等，这使得这类特殊结构聚合物的合成依然存在一定的难度，相关的研究成果也比较有限。但这种聚合物独特的优势依然吸引着广大研究者的兴趣，今后，如何通过合理设计来简洁高效地合成这类具有特殊结构和功能的聚合物仍是研究的重点。

3.4.3　超支化分子的设计与合成

早在 1952 年 Flory 就在 *Principles of Polymer Chemistry* 一书中提到了超支化聚合物的概念。超支化聚合物（Hyperbranched Polymers）是一类具有高度支化结构的准椭球状大分子，其表面含有很多高活性的末端反应官能团。超支化聚合物和树枝状大分子同属于树状支化大分子。就分子结构而言，超支化大分子不如树枝状大分子完美，分子结构存在缺陷。但超支化大分子支化度（DB）小，分子量分布宽，几何异构体多，且具有类似于树枝状大分子的优异性能，如粘度低、溶解性高、成膜性好等，同时，超支化大分子合成工艺简单，成本低，有利于大规模生产；而树枝状大分子制备工艺烦琐且费用高昂。因而，很多方面可用超支化大分子代替树枝状大分子。近年来，超支化大分子的合成已成为高分子学界的研究热点，而合成具有良好生物相容性尤其是兼具生物降解性的超支化大分子则是当今生物材料研究领域的一个热点方向。

常见的超支化大分子的合成方法有：AB_x（x 通常为 2）型单体的缩聚反应、开环聚合反应、自缩合乙烯基聚合反应（SCVP）等。如 Liu 等以辛酸亚锡为催化剂，在 110 ℃下引发 4－（羟乙基）己内酯进行本体聚合，得到了末端为羟基的脂肪族超支化聚酯，相对于聚苯乙烯的重均分子量为65 000 ~85 000，^{13}C NMR 测得的支化度约为0.5。降低催化剂浓度得到的聚合物具有较高的分子量。这类超支化生物降解聚酯的溶解性与其末端基团有关，末端为羟基的聚合物溶于甲醇、二甲亚砜等溶剂，不溶于四氢呋喃、二氯甲烷和氯仿；末端为乙酸酯基的聚合物溶于四氢呋喃、二氯甲烷和氯仿，不溶于甲醇。Perrier 等[71]通过 RAFT 和点击化学制备高支化及超支化糖类聚合物。他们首先用 RAFT 制备支化度较高的分子主链，然后再分别通过三种不同的点击反应——硫醇炔反应、1,3 - 偶极环加成反应和硫醇烯反应得到相应的高支化和超支化大分子。超支化大分子由于结构无规，结晶度低，与线型聚合物相比具有低的特性粘数和玻璃化转变温度，以及较高的溶解度，而糖类具有亲水性、生物相容性以及潜在的细胞定位能力，因此通过多种点击化学和 RAFT 制备的带有糖类基团的超支化聚合物材料在生物医用方面具有很大的应用前景。

3.4.4 其他特殊结构材料的设计与合成

随着活性自由基聚合和 click 反应的发展，其他一些特殊结构如刷型、环状、蝌蚪型等医用高分子材料也得以合成。如 Zhao 等[31]通过 RAFT 和点击化学以“Graft From”制备了以甲基丙烯酸甲酯和羟乙基甲基丙烯酸共聚物（MMA - co - HEMA）为主链，上面密集悬挂着 PNIPAM 的大分子刷（如图 3 - 30 所示）。

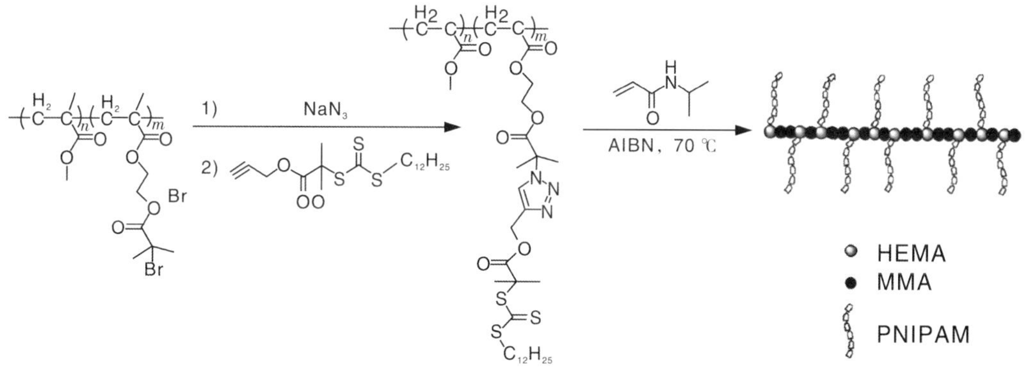

图 3 - 30 RAFT 和点击化学联用制备刷型聚合物[31]

Xu 等[72]联用 ATRP 和 click 反应设计合成了环状的聚（N - 异丙基丙烯酰胺）（*cyclic* - PNIPAM），具体合成路线如下（如图 3 - 31 所示）：首先，以氯丙酸炔丙酯为引发剂，通过 N - 异丙基丙烯酰胺的 ATRP 聚合合成了线型的单氯端基化聚（N - 异丙基丙烯酰胺），再利用叠氮化钠将得到的聚（N - 异丙基丙烯酰胺）氯端基转化为叠氮基，最后在极稀浓度下进行大分子内的 click 反应，最终得到了分子量窄分布的环状聚（N - 异丙基丙烯酰胺）。

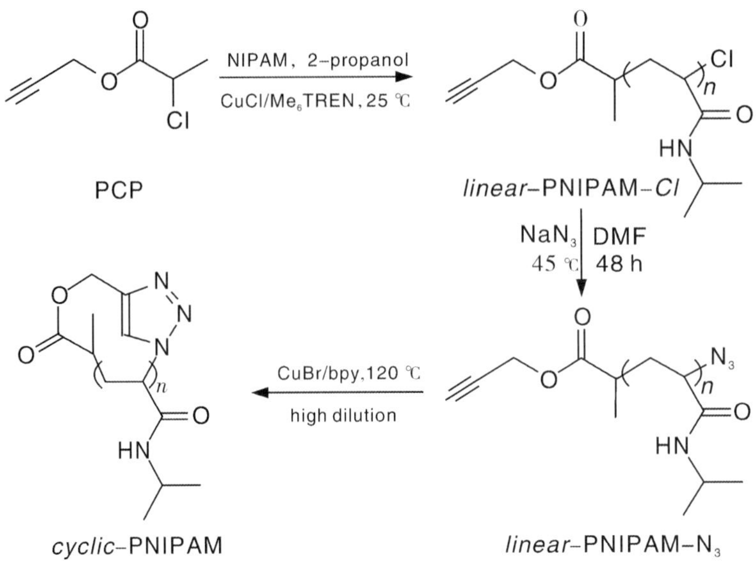

图 3-31　联用 ATRP 和 click 反应合成 *cyclic*-PNIPAM 的技术路线

Misaka 等[73]以 6-叠氮-1-己醇为引发剂引发 δ-戊内酯开环聚合合成了单叠氮基化聚(δ-戊内酯)，然后在 1,4-二甲氨基吡啶（DMAP）的催化作用下，单叠氮基化聚（δ-戊内酯）的端羟基与己炔基酰氯反应，从而得到了一端为叠氮基、另一端为炔基的线型聚（δ-戊内酯），最后在极稀的浓度下进行大分子内的类环反应，制备了分子量窄分布（M_w/M_n = 0.9～1.15）的环状聚（δ-戊内酯），合成路线如图 3-32 所示。

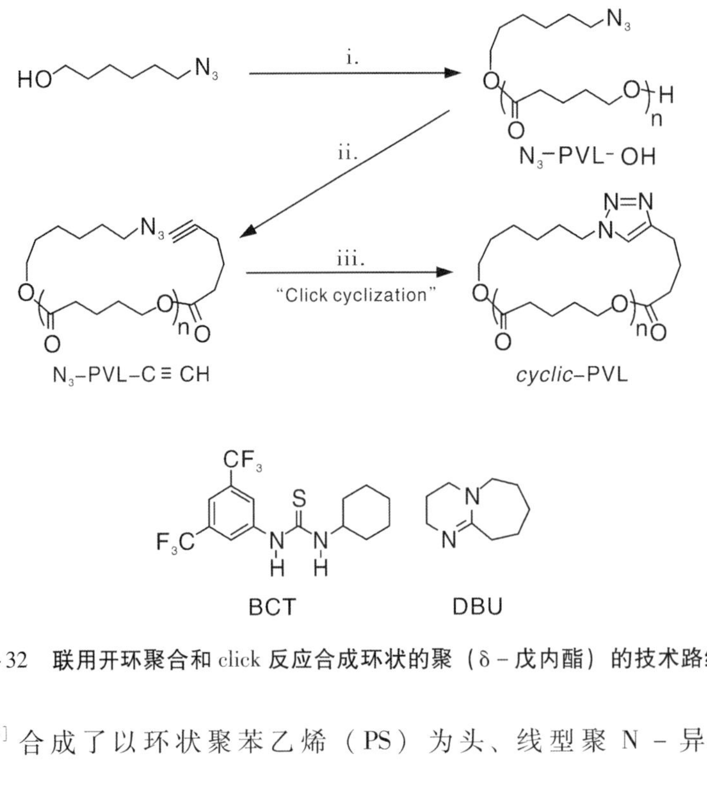

图 3-32　联用开环聚合和 click 反应合成环状的聚（δ-戊内酯）的技术路线[73]

潘才元等[74]合成了以环状聚苯乙烯（PS）为头、线型聚 N-异丙基丙烯酰胺

（PNIPAAM）为尾的蝌蚪型两亲性共聚物，合成方法如下：首先合成端炔基化的 PNIPAAM－*b*－PS 线型共聚物，该共聚物在两嵌段结合处还含有一个叠氮侧基；然后通过点击化学发生分子内的环化反应形成环状的 PS 嵌段（如图 3－33 所示）。由于结构的差异，该新型蝌蚪型共聚物与前期线型共聚物表面性能存在较大差异，前者的水接触角明显大于后者。Grayson 等[75]用含炔基的 ATRP 引发剂引发苯乙烯聚合，再利用叠氮化钠将得到的 PS 溴端基转化为叠氮端基，得到了一端为叠氮、另一端为炔基的线型 PS，最后在极稀浓度下进行大分子内的 click 反应，最终得到了环型的 PS。这类分子内的关环反应能否顺利实施，关键问题在于能否实现高效成环以及简化纯化过程。

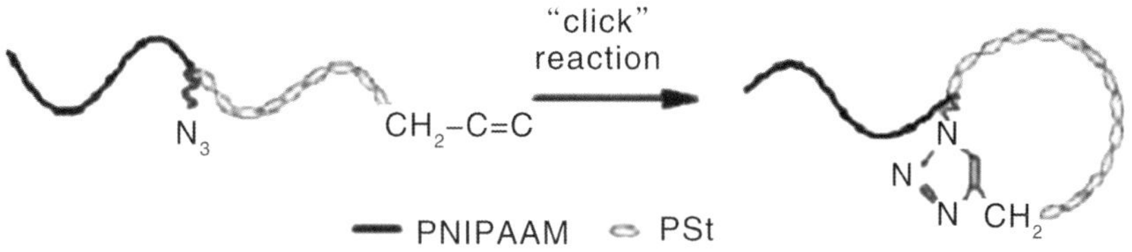

图 3－33　蝌蚪型共聚物的合成路线[74]

Stenzel 等[76]通过 RAFT 和点击化学合成聚醋酸乙烯酯（PVAC）梳型共聚物。首先通过 RAFT 合成含炔基的主链，同时制备具有叠氮基团的 PVAC 侧链，最后通过 1,3－偶极环加成反应得到以 PVAC 为侧链的梳型共聚物。由于聚合物侧链为聚乙烯醇（PVA）而具有高密度羟基，因此这类梳型共聚物具有高度水溶性，以其水凝胶为载体进行药物控释，可控制亲水性药物的释放。在此基础上，他们又报道了联用点击化学和开环聚合，通过“一锅法”合成了生物可降解的蜈蚣状刷型共聚物。具体操作如下：首先，通过 ATRP 合成甲基丙烯酸叔丁酯和甲基丙烯酸缩水甘油酯的无规共聚物，再用叠氮化钠将其侧链的环氧基团开环制得侧链同时带有羟基和叠氮基团的共聚物［Poly（tertbutylmethacrylate）－co－Poly（2－Hydroxy－3－Azidopropylmethacrylate），PtBA－co－PHAZPMA］，最后将上述共聚物 PtBA－co－PHAZPMA、磷酸酯 EEP 和单端基炔基的聚己内酯一起加入，同时进行开环聚合和 CuAAC 点击化学，从而合成侧链为聚己内酯（PCL）与聚磷酸酯（PEEP）、主链为 PtBA－co－PHAZPMA 的生物可降解的蜈蚣状刷型共聚物高分子。由于引入了亲水性的和疏水性的聚己内酯（PCL）侧链和聚磷酸酯（PEEP）侧链，这类共聚物可以在水溶液中自组装成胶束。由于亲水与疏水侧链共同作用的结果，共聚物的临界聚集胶束浓度相对较低，同时，这种相互作用也会增强胶束的稳定性。这类生物可降解的新型蜈蚣状刷型共聚物在生物医学特别是药物载体方面有广阔的应用前景[77]。

3.5　生物材料的绿色合成

高分子材料的传统合成方法往往涉及高温加热，使用大量易挥发、易燃、毒性较大的有机溶剂，反应时间长，能耗大，是一种对环境不友好的合成途径，尤其是从医用高分子材料的生物相容性考虑，传统的合成方法更是不可取。绿色化学的出现为生物材料的合成提供了新的思路，绿色化学的目标就是尽可能减少有机溶剂和不可再生资源的应用，减少有害物质的形成，减少能量的消耗和气体的排放等。微波聚合和超临界二氧化碳合成是绿色合成的两个主要研究方向，近年来，上述两种绿色合成方法在生物材料的合成与设计中得到了很好的应用，发展十分迅速。

3.5.1 微波合成法

微波（Microwave）又称超高频电磁波，是指波长为 1 m～1 mm、频率为 300 MHz～300 GHz的电磁波，其中，使用最广泛的频率是 2 450 MHz（波长 12.2cm）。微波加热是由分子本身运动引起的，是一种独特的分子内加热方式，而常规加热是由外部的热源通过热辐射、热传导和热对流的方式来实现的，是一种由表及里的外加热方式。和常规加热方式相比，微波加热速率快、受热体系温度均匀、无滞后效应而且热效率高。微波辅助聚合（Microwave－Assisted Polymerization，MAP）是一种非传统的聚合方法，相对于传统的热聚合方法，微波聚合可以高效促进聚合反应速率，大大提高产物的产率和选择性，减少副产物的形成，使得产物处理和纯化操作简单，反应更加绿色。因此，微波辅助聚合在高分子合成尤其是医用高分子材料合成方面得到了广泛的应用，包括生物降解聚酯的合成、天然医用高分子材料的改性和医用聚合物基复合材料的制备等。

3.5.1.1 生物降解聚酯的微波合成

生物降解聚酯主要包括聚乳酸（PLA）、聚（ε－己内酯）（PCL）、聚乙交酯（PGA）以及它们的共聚物，它们通常采用传统的加热直接缩聚或开环聚合法合成，但是这两种方法反应周期较长（十几小时以上），能耗成本高，产品纯化工艺复杂，而且长时间高温聚合容易导致最终产品氧化变黄。微波能均匀、高效地加热化学反应体系，选择性地活化某些基团，促进化学反应。研究表明，在微波辅助下，通过缩聚反应和开环聚合均可合成生物降解性聚酯及其共聚物。如杨秀英等以脱水后的 L－乳酸为原料，在催化剂作用下微波聚合 60 min 后，得到淡黄色透明粘稠液，冷却后产物呈淡黄色透明玻璃状固体，最终得到的聚乳酸分子量在 1 万左右。Keki 等采用微波辐射聚合 D,L－乳酸，反应时间 20 min，得到分子量较低的聚乳酸，产率接近 85%。

微波作用下的直接缩聚法相比传统的加热法，大大缩短了反应时间，降低了成本，但所得聚乳酸的相对分子量较小，强度较低，实用性不强。因此，通常采用在微波作用下的开环聚合制备高分子量的生物降解聚酯。

刘立建课题组[78]对生物降解聚酯在微波作用下的均聚和共聚反应进行了大量研究，他们采用微波法制备了丙交酯均聚物、丙交酯与己内酯的共聚物以及聚（三亚甲基碳酸酯）等系列聚合物。如他们采用辛酸亚锡催化外消旋丙交酯（D,L－LA）在微波作用下开环聚合，制备了重均分子量为 6.7×10^4 的外消旋聚乳酸（PDLLA）。进一步的研究发现微波功率以及反应时间会影响聚合产物的分子量，较低的微波功率有利于得到高分子量的聚合产物，而延长辐射时间会使 PDLLA 的分子量降低。Fang 等在 2 400～7 000 MHz 的变频微波下研究了己内酯的均聚反应，结果表明己内酯对微波有强烈的吸收；在 90～125 W 的微波功率下，控制温度在 150 ℃～200 ℃下反应 2 h，可以得到分子量为 9 900～86 000 g/mol 的聚（ε－己内酯）。廖立琼等[79]报道在微波频率为 2.45GHz 和恒定微波功率下，以辛酸亚锡和锌粉作为催化剂，聚合温度在 80 ℃～210 ℃范围内，己内酯的开环聚合能够温和地进行。在相对于单体用量为 0.1 mol% 的异辛酸亚锡催化下，在微波功率 680 W 下辐照 30 min，聚合物的重均分子量达到了 12 万以上，产率也高达 90%，在 1%（质量分数）的锌粉催化下，680 W 下辐照 270 min，产物的重均分子量可高达9万。与常规的加热聚合相比，微波辐射有利于己内酯的开环聚合，能够大大缩短聚合反应时间和提高产物的分子量。在常压下进行丙交酯的微波开环聚合，产物分子量可达2.5×10^4。

然而，上述研究均采用改制的家用微波炉，存在微波功率输出不连续、体系加热不均匀等不足。Discover单模聚焦微波有机合成仪具有连续的微波场和高密度以及对系统温度和功率的精确控制等优点，大大提高了微波反应的高效性、可控性和安全性。如Nagahata等[80]在单模聚焦微波作用下，控制温度在200 ℃，辐照时间为30 min，研究了采用不同催化剂催化对合成聚乳酸分子量的影响，当采用氯化亚锡/对甲苯磺酸（$SnCl_2/p-TsOH$）二元催化体系催化时，可以制备最大重均分子量为16000的聚乳酸。

本课题组近年来对在单模聚焦微波作用下生物降解聚酯及其共聚物的合成开展了大量研究。曾庆慧等以辛酸亚锡为催化剂，在低温常压下引发左旋丙交酯（L－LA）开环聚合，快速、高效合成了性能良好的高分子量左旋聚乳酸（PLLA）。其通过正交实验研究了催化剂用量、反应温度和时间对产物分子量的影响，在催化剂用量为0.21%（质量分数）、反应温度为100 ℃、反应时间为60 min时，所得产物的粘均分子量高达16.21×10^4，且产物纯净，结晶度高达85.6%，光学纯度为98%，具有良好的力学性能。罗丙红等采用Discover微波精确有机合成系统及其单模聚焦微波辐射技术与空压气体同步冷却技术，分别以脂肪酶和辛酸亚锡为催化剂、聚乙二醇（PEG）为大分子引发剂引发外消旋丙交酯（D,L－LA）开环聚合制备了PLA－PEG－PLA三嵌段共聚物，通过正交实验研究了功率、催化剂种类和用量、时间和温度对共聚物产率的影响，确定了最佳合成条件。对共聚物的结构与性能的研究结果表明，在微波作用下，两种催化剂均可催化体系反应得到共聚物，但脂肪酶的催化效率较低，对应共聚物的分子量不高；原料配比对共聚物的组成与性能有显著影响，随着D,L－LA投料量增大，共聚物的分子量增加；由于引入了亲水性的聚乙二醇链段，共聚物的亲水性明显优于单一的PLA材料。

3.5.1.2 壳聚糖的微波改性

甲壳素及其脱乙酰化产物壳聚糖是源于动植物的天然多糖，并且是现今发现的唯一具有明显碱性、带正电荷的天然多糖。壳聚糖及其衍生物具有良好的生物相容性、生物可降解性以及可利用的活性基团（$-NH_2$，$-OH$）等特性，是目前在生物医学领域应用最为广泛的一类天然高分子材料。目前，微波技术在壳聚糖改性方面的应用主要集中在壳聚糖的微波降解制备水溶性的壳寡糖，壳聚糖的羧甲基化、磺化、烷基化以及接枝改性等方面。如周学英等应用微波辐射技术氧化制备了低分子量的壳聚糖，对影响壳聚糖分子量的工艺因素，如过氧化氢溶液浓度、反应时间、壳聚糖与过氧化氢溶液的固液比、微波功率等分别进行了实验研究。结果表明，在温度为70 ℃～80 ℃的条件下，用5%的H_2O_2、质量为8 g的壳聚糖，可将高分子量的壳聚糖氧化制备低分子量壳聚糖。

壳聚糖的磺化反应同样可以用微波技术来完成。最初将微波辐射应用于壳聚糖的磺化时，反应持续80 s即可得到分子量低并且含硫量高达14.9%的磺化壳聚糖。随后来水利等在自制的羟乙基壳聚糖中加入磺化试剂，经微波辐射得到磺化羟乙基壳聚糖，其中含硫量为9.1%（接近肝素分子中的硫含量），红外光谱可证明其结构与肝素分子的结构较为相似。最近李鹏程等在自制的壳聚糖和金属的复合物中加入硫酸使其磺化，所得产物的抗凝血性也有较好的改善。

在家用微波炉中进行的壳聚糖O－烷基化反应，可以合成出O－苯甲基化壳聚糖、O－苄基化壳聚糖、O－正丁烷基壳聚糖、O－正辛烷基壳聚糖、O－正癸烷基壳聚糖、O－正十二烷基壳聚糖和O－正十六烷基壳聚糖等一系列烷基化壳聚糖产物，结果表明各种产物均表现出良好的液晶性能。

在微波辐射下壳聚糖的接枝改性已经有不少研究，包括壳聚糖—己内酯的接枝共聚物、壳聚糖接枝丙烯腈和丙烯酰胺、壳聚糖接枝β－和γ－环糊精等。本课题组何柱国等在微波辅助下，以辛酸亚锡为催化剂、壳聚糖（CS）为大分子引发剂引发外消旋丙交酯（D,L－LA）本体开环聚合制备了壳聚糖接枝聚乳酸共聚物。他们通过正交试验确定了最佳合成条件：微波功率为10 W，反应温度为120 ℃，反应时间为15 min，催化剂浓度为0.1 mol%。他们通过红外光谱、元素分析、核磁共振氢谱、X射线衍射和热分析测试技术对接枝共聚物的结构与性能进行了表征和测试，结果表明，在微波条件下，其能快速、有效地合成壳聚糖接枝聚乳酸共聚物，单位糖环上聚乳酸支链的平均乳酰单元数大于17.46；聚乳酸支链的引入有效削弱了壳聚糖分子间和分子内较强的氢键作用，与壳聚糖相比较，共聚物的结晶性能下降，热分解发生在246 ℃，低于壳聚糖的253 ℃；随着$n_{\text{D,L-LA}}/n_{\text{CS糖环数}}$值增加，共聚物中平均乳酰单元数逐渐增加，共聚物的结晶性能、起始分解温度逐渐下降。

罗丙红等为了改善壳聚糖的反应活性，从而提高壳聚糖－*g*－聚乳酸共聚物的接枝率，首先，以异丙醇为溶剂，用碱化壳聚糖与2－氯乙醇反应制备了羟乙基壳聚糖，然后，在单模聚焦微波作用下，以羟乙基壳聚糖为大分子引发剂，通过正交试验得出了最佳的聚合条件，如下：微波功率为10 W，反应时间为15 min，反应温度为130 ℃，催化剂浓度为0.05 mol%；进一步在最佳聚合条件下，采用不同的原料投料比（$n_{\text{D,L-LA}}:n_{\text{HECS糖单元}}=20:1$或40:1），通过微波辅助聚合方法制备了一系列不同组成的HECS－*g*－PLA。为了进行比较，采用同样的$n_{\text{D,L-LA}}$：$n_{\text{HECS糖单元}}$投料比，通过传统聚合方法制备了相应的接枝共聚物，探讨了壳聚糖羟乙基化和微波聚合对接枝共聚物的影响。结果表明，与传统的热聚合相比，微波聚合可显著提高聚合速率和聚合效率，共聚物的接枝率可控，接枝率随着投料比的增加而增加，其中投料比为40：1，可得接枝率最大为317.5%，该共聚物的单位糖环平均乳酰单元数为24.17，且产物可溶于二甲基亚砜。

3.5.1.3 生物降解聚酯纳米复合材料的原位微波合成

生物降解聚酯（聚丙交酯、聚乙交酯和聚己内酯等）由于具有生物降解性、生物相容性、良好的力学性能和加工性等，在生物医学领域得到了广泛的应用。但这类材料也存在脆性较大、作为硬组织修复材料力学强度不够理想、热稳定性较差等不足，为此，将具有特定结构的纳米填料（如纳米粒子、层状纳米粘土、中空管状纳米管等）加入生物降解聚酯基体中，可有效改善生物降解聚酯的力学性能和热稳定性等。微波具有热效应和电磁效应，可实现物料内外同时均匀加热，加速化学反应。在微波作用下，可实现快速、原位合成生物降解聚酯纳米复合材料。

张坤等[81]对蛭石（VMT）进行有机改性后，以丙交酯为单体，在催化剂存在的条件下采用微波辅助原位聚合法制备聚乳酸/蛭石（PLA/VMT）纳米复合材料。他们对复合材料的结构与性能进行了研究，也考察了蛭石的添加量对材料的插层效果以及材料性能的影响。结果表明，在反应时间很短的情况下，蛭石即可以纳米尺寸分布在PLA中；随蛭石含量的不同，会分别得到剥离型和插层型的PLA/VMT纳米复合材料。

王鹏等[82]将D,L－丙交酯和有机蒙脱土（OMMT）在连续微波辐照下开环聚合，合成聚乳酸（PLA）/有机蒙脱土（OMMT）纳米复合材料。对复合材料的力学性能及热性能测试表明，在 PLA 中加入 w（OMMT）为 0.1% 时，其拉伸强度和断裂伸长率均达到最佳，相对于纯 PLA 分别提高了 60.75% 和 7.85%；PLA 的热失重中心温度提高了 8 ℃，即提高了复合材料的热稳定性。分析复合材料的 X 射线衍射图谱、透射电子显微镜和扫描电子显微镜照片可知：OMMT 主要以剥离状态分散在 PLA 基体中，形成以剥离型为主，同时存在插层结构的纳米复合材料，OMMT 的加入使复合材料的拉伸断面由脆性断裂向韧性断裂转变。王鹏等进一步以乳酸为原料，在微波辐射作用下，采用原位熔融缩聚法制备出聚乳酸/有机蒙脱土纳米复合材料。有机蒙脱土的加入有利于聚乳酸分子链进入蒙脱土片层，当蒙脱土用量为 1.5% 时，微波辐射 60 min 所制得的聚乳酸/有机蒙脱土纳米复合材料与纯聚乳酸相比，其拉伸强度提高近 2 倍，热失重中心温度提高 7.3 ℃，对紫外线的屏蔽波段扩展了 50 nm 以上。透射电镜（TEM）结果表明，有机蒙脱土以剥离态均匀分散于聚乳酸基体中。

罗丙红等在单模聚焦微波作用下，利用羟基磷灰石（HAP）纳米粒子表面的活性羟基引发左旋丙交酯（L－LA）开环聚合，在反应温度为 130 ℃、反应时间为 40 min 和微波功率为 45 W 的聚合条件下，快速、原位合成了 PLLA/HAP－g－PLLA 纳米复合材料。对纳米复合材料的形貌和力学性能的研究结果表明，HAP－g－PLLA 纳米粒子与 PLLA 基体界面相容性良好，且分散均匀，对纳米复合材料力学强度的提高有促进作用；细胞毒性试验显示，PLLA/HAP－g－PLLA 纳米复合材料较 PLLA 和 HAP/PLLA 具有更好的细胞相容性，有望成为一类新型的骨修复杂化材料。在此基础上，我们进一步选用具有特殊纳米双层管状结构的埃洛石（HNTs）粘土为增强相，利用埃洛石纳米管表面的羟基引发 L－丙交酯开环聚合，在反应温度为 130 ℃、反应时间为 30 min 和微波功率为 30 W 的聚合条件下，快速、原位合成了PLLA/HNTs－g－PLLA 纳米复合材料，其拉伸强度和模量明显优于相应的 PLLA 单一和 PLLA/HNTs 复合材料。

3.5.2 超临界二氧化碳合成法

超临界 CO_2（Supercritical Carbon Dioxide，scCO_2）是指介于气态和液态 CO_2 之间一种状态的 CO_2。自 DeSimone 等[83]于 1992 年在 *Science* 上报道了其成功地将超临界 CO_2 作为反应介质，通过均相聚合制备了含氟侧基的聚丙烯酸酯以来，超临界 CO_2 聚合已成为近年来高分子合成和改性方面被广泛应用的一种绿色合成方法。超临界 CO_2 作为聚合反应介质具有以下特性：超临界条件易达到（临界温度为 31.1 ℃，临界压力为 7.38 MPa）、价格便宜、容易与产物分离以及对多种单体和聚合物的溶解能力强、粘度较低、扩散性较高、有利于以它为介质的聚合反应速率和聚合物分子量的提高等。尤为值得一提的是，超临界 CO_2 还具有无毒、无残留、使生物活性物质性能保持良好等优点，以其为介质制备医用高分子材料，更显示出其独特的优越性，因此，超临界 CO_2 近年来在医用高分子材料的绿色合成方面成为一种备受青睐的介质。另外，基于超临界 CO_2 流体对大多数小分子化合物具有良好的溶解性能以及对聚合物具有不同的溶胀能力，超临界 CO_2 萃取技术和超临界 CO_2 法构建组织工程多孔支架材料方面的研究也备受关注。

在超临界 CO_2 流体中可有效合成生物降解脂肪族聚酯及其共聚物。如 Hile 等[84]于 1999 年首先在超临界 CO_2 中合成了丙交酯－co－乙交酯共聚物（PLGA）。实验采用辛酸亚锡［$Sn(oct)_2$］为催化剂，在丙交酯与乙交酯摩尔投料比为 4：1、温度为 70 ℃、压力为 200 bar 的条件下，搅拌反应 72 h，最后的产物经核磁与凝胶渗透色谱（GPC）测试表明：制备的 PLGA 共聚物的重均分子量为 3 500，共聚物中 PLA 与 PGA 链段的摩尔比为 70.7：29.3。由于 PL-

GA 共聚物在超临界 CO_2 中不能溶解，仅仅能适当溶胀，所以上述的共聚合反应为沉淀聚合，因此，共聚物的分子量偏低。为了提高超临界 CO_2 中合成的生物降解聚酯的分子量，Hile 于 2000 年在超临界 CO_2 中采用一种氟碳表面活性剂作为乳化剂，进行了丙交酯与乙交酯的开环共聚，并研究了不同的反应时间和温度对丙交酯与乙交酯转化率的影响，结果表明，在 70 ℃ 和 200 bar 的条件下，乙交酯的转化率超过 99%，但在相同的条件下丙交酯的转化率为 65%；通过 GPC 测试表明，不同反应时间（6 ~ 48 h）下，共聚物的重均分子量分布在 2 500 ~ 30 200 g/mol 之间，共聚物的分子量多分散性分布指数在 1.4 ~ 2.3 之间，同时发现单体的转化率随着时间的延长而提高，但共聚物的分子量在超过 48 h 后不再增加。

Bratton 等采用辛酸亚锡作为催化剂，研究了 L – 丙交酯在超临界 CO_2 流体中的开环聚合反应，制备了分子量较高的 PLLA。Fabrice 等探索了超临界 CO_2 中 PLA 与 ε – 己内酯的共聚改性。实验采用二丁基锡作为催化剂，在 334 K 和 220 bar 的条件下，控制搅拌速率，得到了两嵌段的 PLA 和 PCL 的共聚物。Bergeot 等尝试以超临界 CO_2 为单体溶剂的阴离子开环聚合反应制备聚（ε – 己内酯），结果表明，只要催化剂合适，超临界 CO_2 中的阴离子聚合也可以发生。

罗丙红等以辛酸亚锡为催化剂，外消旋丙交酯（D,L – LA）与壳聚糖（CS）为原料，在超临界 CO_2 中合成了以聚（D,L – 乳酸）（PDLLA）为基体、CS – *g* – PDLLA 共聚物为填充相的共混体系，然后通过超临界 CO_2 萃取/致孔技术原位构建了壳聚糖 – *g* – 聚（D,L – 乳酸）（CS – *g* – PDLLA）多孔支架材料。其通过 FT – IR、^{1}H NMR、GPC、TG 和 XRD 对共聚物的结构与性能、PDLLA 的分子量进行了表征，采用 SEM 观察了多孔支架的结构形态，并对支架材料的孔隙率进行测定。结果表明，以超临界 CO_2 为反应介质可以成功合成 PDLLA 均聚物和 CS – *g* – PDLLA 共聚物，同时，通过改变原料比、反应温度和时间能在一定程度上调控共聚物的组成与 PDLLA 的分子量以及产率，在最佳反应条件（$n_{D,L-LA}$：$n_{aminoglycoside}$ 为 10：1、反应温度为 100 ℃、反应时间为 48 h）下所得共聚物的接枝率为 117.02%，PDLLA 的产率为 68.75%。CS – *g* – PDLLA/PDLLA 多孔支架材料的孔洞分布均匀，孔洞连通性较好，孔内壁具有非常独特的长沟壑形微观结构，且 CS – *g* – PDLLA 填充相与 PDLLA 基体的相容性良好（如图 3 – 34 所示）；另外，减压速率和处理温度对多孔支架的结构形态有一定影响。

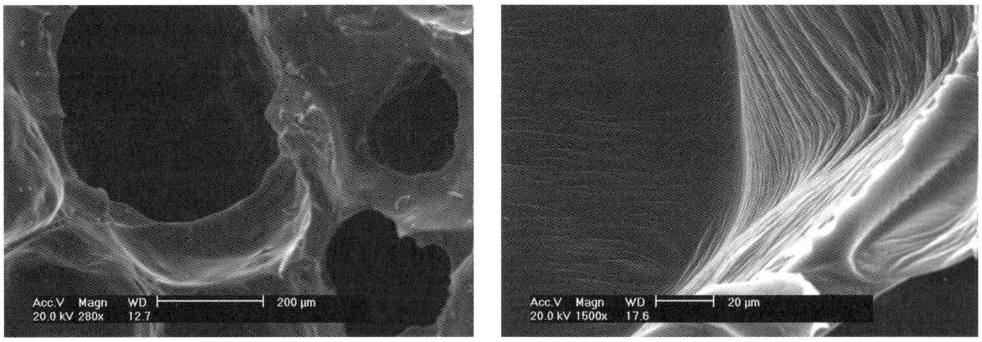

图 3 – 34　超临界 CO_2 合成/萃取/致孔复合技术原位构建的 CS – *g* – PDLLA/PDLLA 多孔支架材料的形貌

【参考文献】

1. Sawhney A. S. , Pathak C. P. , Hubbell J. A. . Interfacial Photopolymerization of Poly (Ethylene Glycol) – based hydrogels upon Alginate – poly (L – lysine) Microcapsules for Enhanced Biocompatibility. *Biomaterials*, 1993, 14 (13): pp. 1008 – 1016.
2. Efremova N. V. , Sheth S. R. , Leckband D. E. . Protein – induced Changes in Poly (Ethylene Glycol) Brushes: Molecular Weight and Temperature Dependence. *Langmuir*, 2001, 17 (24): pp. 7628 – 7636.
3. Ji J. , Feng L. X. , Shen J. C. , Barbosa M. A. . Preparation of Albumin Preferential Surface on Poly (Vinyl Chloride) Membranes via Surface Self – segregation. *J. Biomed. Mater. Res.* , 2002, 61 (2): pp. 252 – 259.
4. Lee J. H. , Ju Y. M. , Lee W. K. , Park K. D. , Kim Y. H. . Platelet Adhesion onto Segmented Polyurethane Surfaces Modified by PEO – and Sulfonated PEO – containing Block Copolymer Additives. *J. Biomed. Mater. Res.* , 1998, 40 (2): pp. 314 – 323.
5. Desai N. P. , Hubbell J. A. . Solution Technique to Incorporate Polyethylene Oxide and Other Water – soluble Polymers into Surface of Polymeric Biomaterials. *Biomaterials*, 1991, 12 (2): pp. 144 – 153.
6. Majumdar P. , Webster D. C. . Preparation of Siloxane – urethane Coatings Having Spontaneously Formed Stable Biphasic Micro – topograpical Surfaces . *Macromolecules*, 2005, 38 (14): pp. 5857 – 5859.
7. Thorslund S. , Sanchez J. , Larsson R. , Nikolajeff F. , Bergquist J. . Functionality and Stability of Heparin Immobilized onto Poly (Dimethylsiloxane) . *Colloids and Surfaces B: Biointerfaces*, 2005, 45 (2): pp. 76 – 81.
8. Andersson M. , Lofroth. , Jan Z. . Small Particles of a Heparin/Chitosan Complex Prepared from a Pharmaceutically Acceptable Microemulsion. *Int. J. Pharm.* , 2003, 257 (1): pp. 305 – 309.
9. Kim Y. J. , Kang I. K. , Huh M. W. , Yoon S. C. . Surface Characterization and in Vitro Blood Compatibility of Poly (Ethylene Terephthalate) Immobilized with Insulin and/or Heparin Using Plasma Glow Discharge. *Biomaterials*, 2000, 21 (2): pp. 121 – 130.
10. Jee K. S. , Dal P. H. , Park K. D. , Ha K. Y. , Shin J. W. . Heparin Conjugated Polylactide as a Blood Compatible Material. *Biomacromolecules*, 2004, 5 (5): pp. 1877 – 1881.
11. Salchert K. , Gouzy M. F. , Glorius M. , Kühn A. , Nitschke M. , Carsten Werner. Immobilization of an Anticoagulant Benzamidine Derivative: Effect of Spacer Arms and Carrier Hydrophobicity on Thrombin Binding. *Acta Biomaterialia*, 2005, 1 (4): pp. 441 – 449.
12. Khan W. , Kapoor M. , Kumar N. . Covalent Attachment of Proteins to Functionalized Polypyrrole – coated Metallic Surfaces for Improved Biocompatibility. *Acta Biomaterialia*, 2007, 3 (4): pp. 541 – 549.
13. Yamazoe H. , Tanabe T. . Preparation of Water – insoluble Albumin Film Possessing Nonadherent Surface for Cells and Ligand Binding Ability. *J. Biomed. Mater. Res. Part A*, 2008, 86A (1): pp. 228 – 234.
14. Bayramoglu G. , Yilmaz M. , Batislam E. , Batislam E. , Arca M. Y. . Heparin – coated Poly (Hydroxyethyl Methacrylate/Albumin) Hydrogel Networks: in Vitro Hemocompatibility Evaluation for Vascular Biomaterials. *J. Appl. Polym. Sci.* , 2008, 109 (2): pp. 749 – 757.
15. Sperling C. , Houska M. , Brynda E. , Streller U. , Werner C. . In Vitro Hemocompatibility of Albumin-heparin Multilayer Coatings on Polyethersulfone Prepared by the Layer – by – layer Technique. *J. Biomed. Mater. Res. Part A*, 2006, 76A (4): pp. 681 – 689.
16. Lee C. , Kim S. H. , Choi S. H. , Kim Y. J. . High – concentration Glutaraldehyde Fixation of Bovine Pericardium in Organic Solvent and Post – fixation Glycine Treatment: in Vitro Material Assessment and in Vivo Anticalcification Effect. *Eur. J. Cardiothorac. Surg.* , 2011, 39 (3): pp. 381 – 387.
17. Andukuria A. , Kushwahaa M. , Tambrallia A. , Andersona J. M. , Deanb D. R. , Berryc J. L. , Sohnd Y. D. , Yoond Y. S. , Brotte B. C. , Juna H. W. . A Hybrid Biomimetic Nanomatrix Composed of Electrospun Polycaprolactone and Bioactive Peptide Amphiphiles for Cardiovascular Implants. *Acta Biomater*, 2011, 7 (1): pp. 225 – 233.
18. Ishihara K. , Goto Y. , Takai M. , Matsuno R. , Inoue Y. , Konno T. . Novel Polymer Biomaterials and Interfaces

Inspired from Cell Membrane Functions. *Biochimica et Biophysica Acta*, 2011, 1810 (3): pp. 268 – 275.

19. Ishihara K., Fukumoto K., Iwasaki Y., Nakabayashi N.. Modification of Polysulfone with Phospholipid Polymer for Improvement of the Blood Compatibility. Part 2. Protein Adsorption and Platelet Adhesion. *Biomaterials*, 1999, 20 (17): pp. 1553 – 1559.
20. Seo J. H., Matsuno R., Konno T., Takai M., Ishihara K.. Surface Tethering of Phosphorylcholine Groups onto Poly (Dimethylsiloxane) through Swelling – deswelling Methods with Phospholipids Moiety Containing ABA – type Block Copolymers. *Biomaterials*, 2008, 29 (10): pp. 1367 – 1376.
21. Xu J. M., Yuan Y. L., Shan B.. Ozone – induced Grafting Phosphorylcholine Polymer onto Silicone Film Grafting 2 – methacryloyloxyethyl Phosphorylcholine onto Silicone Film to Improve Hemocompatibility. *Colloids and Surfaces B: Biointerfaces*, 2003, 30: pp. 215 – 223.
22. Xia C. Y., Liu C. J.. Surface Modification of Small – diameter Vascular Prosthesis. *J. Clinical Rehabilitative Tissue Eng. Res.*, 2009, 13 (16): pp. 3197 – 3200.
23. Heydarkhan – hagvall S., Esguerra M., Helenius G., Helenius G., Soderberg R., Johansson B. R., Risberg B.. Production of Extracellular Matrix Components in Tissue – engineered Blood Vessels. *Tissue Eng.*, 2006, 12 (4): pp. 831 – 842.
24. Blindt R., Vogt F., Astafieva I., Fach C., Hristov M., Krott N., Seitz B., Kapurniotu A., Kwok C., Dewor M., Bosserhoff A. K., Bernhagen J., Hanrath P., Hoffmann R., Weber C.. A Novel Drug – eluting Stent Coated with an Integrin – binding Cyclic Arg – Gly – Asp Peptide Inhibits Neointimal Hyperplasia by Recruiting Endot Helial Progenitor Cells. *Journal of the American College of Cardiology*, 2006, 47 (9): pp. 1787 – 1795.
25. Wei Y., Ji Y., Xiao L. L., Lin Q. K., Ji J.. Different Complex Surfaces of Polyethyleneglycol (PEG) and REDV Ligand to Enhance the Endothelial Cells Selectivity over Smooth Muscle Cells. *Colloid and Surfaces B: Biointerfaces*, 2011, 84 (2): pp. 369 – 378.
26. Asahara T., Murohara T., Sullivan A., Silver M., Zee Rvd, Li T., Witzenbicheler B., Schatteman G., Isner J. M.. Isolation of Putative Progenitor Endot Helial Cells for Angiogenesis. *Science*, 1997, 275 (5302): pp. 964 – 967.
27. Aoki J., Serruys P. W., Beusekom H. V., Andrew T. L., Mafadden E. P., Sianos G., van der Giessen W. J., Regar E., de Feyter P. J., Davis H. R., Rowland S., Kutryk M. J. B.. Endothelial Progenitor Cell Capture by Stents Coated with Antibody Against CD34 – The HEALING – FIM (Healthy Endothelial Accelerated Lining Inhibits Neointimal Growth – first in Man) Registry. *Journal of the American College of Cardiology*, 2005, 45 (10): pp. 1575 – 1597.
28. Joung Y. K., Hwang I. K., Park K. D.. CD34 Monoclonal Antibody – Immobilized Electrospun Polyurethane for the Endothelialization of Vascular Grafts. *Macromolecular Research*, 2010, 18 (9): pp. 904 – 912.
29. Yoshida R., Uchida K., Kaneko Y., Sakai K., Kikuchi A., Sakurai Y., Okano T.. Comb – type Grafted Hydrogels with Rapid De – swelling Response to Temperature – changes. *Nature*, 1995, 374 (6519): pp. 240 – 242.
30. Li C. H., Ge Z. S., Liu H. W., Liu S. Y.. Synthesis of Amphiphilic and Thermoresponsive ABC Miktoarm Star Terpolymer via a Combination of Consecutive Click Reactions and Atom Transfer Radical Polymerization. *J. Polym. Sci. Part A: Polym. Chem.*, 2009, 47 (16): pp. 4001 – 4013.
31. Wu D. X., Song X. H., Tang T., Zhao H. Y.. Macromolecular Brushes Synthesized by "Grafting from" Approach Based on "Click Chemistry" and RAFT Polymerization. *J. Polym. Sci. Part A: Polym. Chem.*, 2010, 48 (2): pp. 443 – 453.
32. Mortisen D., Peroglio M., Alini M., Eglin D.. Tailoring Thermoreversible Hyaluronan Hydrogels by "Click" Chemistry and RAFT Polymerization for Cell and Drug Therapy. *Biomacromolecules*, 2010, 11 (5): pp. 1261 – 1272.
33. Kohori F., Sakai K., Aoyagi T., Yokoyama M., Sakurai Y., Okano T.. Preparation and Characterization of Thermally Responsive Block Copolymer Micelles Comprising Poly [(N – isopropylacrylamide – b – (d, l – lactide)]. *J. Controlled Release*, 1998, 55 (1): pp. 87 – 98.

34. He C. L., Zhao C. W., Chen X. S., Guo Z. J., Zhuang X. L., Jing X. B.. Novel pH - and Temperature - responsive Block Copolymers with Tunable pH - responsive Range. *Macromol Rapid Commun.*, 2008, 29 (6): pp. 490 - 497.
35. You Y. Z., Hong C. Y., Wang W. P., Lu W. Q., Pan C. Y.. Preparation and Characterization of Thermally Responsive and Biodegradable Block Copolymer Comprised of PNIPAAM and PLA by Combination of ROP and RAFT Methods. *Macromolecules*, 2004, 37 (26): pp. 9761 - 9766.
36. Zhu J. L., Zhang X. Z., Cheng H., Li Y. Y., Cheng S. X., Zhuo R. X.. Synthesis and Characterization of Well - defined, Amphiphilic Poly (N - isopropylacrylamide) - b - [2 - hydroxyethyl Methacrylate Poly (ε - caprolactone)] Graft Copolymers by RAFT Polymerization and Macromonomer Method. *J. Polym. Sci. Part A: Polym. Chem.*, 2007, 45 (22): pp. 5354 - 5364.
37. He C. L., Kim S. W., Lee D. S.. In Situ Gelling Stimuli - sensitive Block Copolymer Hydrogels for Drug Deli very. *J. Controlled Release*, 2008, 127 (3): pp. 189 - 207.
38. Jiang X., Vogel E. B., Smith M. R., Baker G. L.. "Clickable" Polyglycolides: Tunable Synthons for Thermoresponsive, Degradable Polymers. *Macromolecules*, 2008, 41 (6): pp. 1937 - 1944.
39. Kim G. M., Bae Y. H., Jo W. H.. PH - induced Micelle Formation of Poly (Histidine - co - phenylalanine) - block - poly (Ethylene Glycol) in Aqueous Media. *Macromol Biosci.*, 2005, 5 (11): pp. 1118 - 1124.
40. Zhao C. W., Zhuang X. L., He C. L., Chen X. S., Jing X. B.. Synthesis of Novel Thermo - and pH - responsive Poly (l - lysine) - based Copolymer and Its Micellization in Water. *Macromol Rapid Commun.*, 2008, 29 (22): pp. 1810 - 1816.
41. Kadlubowski S., Henke A., Ulanski P., Rosiak J. M., Bromberg L., Hatton T. A.. Hydrogels of Polyvinylpyrrolidone (PVP) and Poly (Acrylic Acid) (PAA) Synthesized by Photoinduced Crosslinking of Homopolymers. *Polymer*, 2007, 48 (17): pp. 4974 - 4981.
42. Zheng P. J., Hu X., Zhao X. Y., Li L., Tam K C., Gan L. H.. Photoregulated Sol - gel Transition of Novel Azobenzene - functionalized Hydroxypropyl Methylcellulose and Its Alpha - cyclodextrin Complexes. *Macromol Rapid Comm.*, 2004, 25 (5): pp. 678 - 682.
43. Desponds A., Freitag R.. Synthesis and Characterization of Photoresponsive N - isopropylacrylamide Cotelomers. *Langmuir*, 2003, 19 (15): pp. 6261 - 6270.
44. Yamamoto H., Kitsuki T., Nishida A., Asada K., Ohkawa K.. Photoinduced Cross - linked Gel and Biodegradation Properties of Copoly (l - lysine) Containing Epsilon - 7 - coumaryloxyacetyl - l - lysine Residues. *Macromolecules*, 1999, 32 (4): pp. 1055 - 1061.
45. Kwon I. K., Matsuda T.. Photo - polymerized Microarchitectural Constructs Prepared by Microstereolithography (mu SL) Using Liquid Acrylate - end - capped Trimethylene Carbonate - based Prepolymers. *Biomaterials*, 2005, 26 (14): pp. 1675 - 1684.
46. Zrinyi M., Barsi L.. Ferrogel: a New Magneto - controlled Elastic Medium. *Polymer Gel & Networks*, 1997, 5 (5): pp. 415 - 427.
47. Shim W. S., Yoo J. S., Bae Y. H., Lee D. S.. Novel Injectable pH and Temperature Sensitive Block Copolymer Hydrogel. *Biomacromolecules*, 2005, 6 (6): pp. 2930 - 2934.
48. Jiang X., Zhang G., Narain R., Liu S.. Covalently Stabilized Temperature and pH Responsive Four - layer Nanoparticles Fabricated from Surface "Clickable" Shell Cross - linked Micelles. *Soft Matter.*, 2009, 5 (7): pp. 1530 - 1538.
49. Kim G. C., Li Y. Y., Chu Y. F., Cheng S. X., Zhuo R. X., Zhang X. Z.. Nanosized Temperature - responsive Fe_3O_4 - UA - g - P (UA - co - NIPAAm) Magnetomicelles for Controlled Drug Release. *Eur. Polym. J.*, 2008, 44 (9): pp. 2761 - 2767.
50. 石田正雄. 形状记忆树脂. 配管技术, 1989, 31 (8): 112.

51. Behl M. , Lendlein A. . Shape – memory Polymers. *Materials Today*, 2007, 10 (4): pp. 20 – 28.
52. Lendlein A. , Langer R. . Biodegradable, Elastic Shape – memory Polymers for Potential Biomedical Applications. *Science*, 2002, 296 (31): pp. 1673 – 1676.
53. 朱光明. 形状记忆聚合物及其应用. 北京: 化学工业出版社, 2002: 12 ~ 21.
54. Langer R. , Lendlein A. , Schmidt A. . Biodegradable – shape Memory Polymers: WO, 99/42147. 1999 – 08 – 26.
55. Alteheld A. , Feng Y. K. , Kelch S. , Lendlein A. . Biodegradable, Amorphous Copolyester – urethane Networks Having Shape – memory Properties. *Angew. Chem. Int. Ed.* , 2005, 44 (8): pp. 1188 – 1192.
56. Xue L. , Dai S. Y. , Li Z. . Synthesis and Characterization of Three – arm Poly (ε – caprolactone) – based Poly (ester – urethanes) with Shape – memory Effect at Body Temperature. *Macromolecules*, 2009, 42 (4): pp. 964 – 972.
57. Min C. C. , Cui W. J. , Bei J. Z. , Wang S. G. . Biodegradable Shape – memory Polymer Polylactide – co – poly (Glycolide – co – caprolactone) Multiblock Copolymer. *Polymers for Advanced Technologies*, 2005, 16 (8): pp. 608 – 615.
58. Langer R. , Tirrell D. A. . Designing Materials for Biology and Medicine. *Nature*, 2004, 428: pp. 487 – 492.
59. Luo H. Y. , Liu Y. , Yu Z. J. , Zhang S. , Li B. J. . Novel Biodegradable Shape Memory Material Based on Partial Inclusion Complex Formation between Alpha – cyclodextrin and Poly (ε – caprolactone) . *Biomacromolecule*, 2008, 9 (10): pp. 2573 – 2577.
60. Wang W. , Ping P. , Chen X. , Jing X. . Polylactide – based Polyurethane and Its Shape – memory Behavior Eur. *Polym. J.* , 2006, 42 (6): pp. 1240 – 1249.
61. Ping P. , Wang W. S. , Chen X. S. , et al. . Poly (ε – caprolactone) Polyurethane and Its Shape Memory Property. *Biomacromolecules*, 2005, 6 (2): pp. 587 – 592.
62. Alteheld A. , Feng Y. , Kelch S. , Lendlein A. . Biodegradable Amorphous Copolyester Urethane Networks Having Shape Memory Properties. *Angewandte Chemie International Edition*, 2005, 44 (8): pp. 1188 – 1192.
63. Pamela T. K. , Kyung M. , Qin H. H. , Mather P T. Biodegradable Thermoplastic Polyurethanes Incorporating Polyhedral Oligosilsesquioxane. *Biomacromolecules*, 2008, 9 (9): pp. 2458 – 2467.
64. Kolb H. C. , Finn M. G. , Sharpless K. B. . Click Chemistry: Diverse Chemical Function from a Few Good Reactions. *Angew Chem Int. Ed.* , 2001, 40 (11): pp. 2004 – 2021.
65. Hoogenboom R. , Moore B. C. , Schubert U. S. . Synthesis of Star – shaped Poly (ε – caprolactone) via Click Chemistry and Supramolecular Click Chemistry. *Chem. Commun.* , 2006, 38 (9 – 10): pp. 4010 – 4012.
66. Xu J. , Liu S. Y. . Synthesis of Well – defined 7 – arm and 21 – arm Poly (N – isopropylacrylamide) Star Polymers with Beta – cyclodextrin Cores via Click Chemistry and Their Thermal Phase Transition Behavior in Aqueous Solution. *J. Polym. Sci.* , *PartA: Polym. Chem.* , 2009, 47 (2): pp. 404 – 419.
67. Zhao Y. L. , Shuai X. T. , Chen C. F. , Xi F. . Synthesis of Star Block Copolymers from Dendrimer Initiators by Combining Ring – opening Polymerization and Atom Transfer Radical Polymerization. *Macromolecules*, 2004, 37 (24): pp. 8854 – 8862.
68. Altin H. , Kosif I. , Sanyal R. . Fabrication of "Clickable" Hydrogels via Dendron – polymer Conjugates. *Macromolecules*, 2010, 43 (8): pp. 3801 – 3808.
69. Gong F. R. , Cheng X. Y. , Wang S. F. , Wang Y. , Gao Y. , Cheng S. J. . Biodegradable Comb – dendritic Tri – block Copolymers Consisting of Poly (Ethylene Glycol) and Poly (*l* – lactide): Synthesis, Characterizations, and Regulation of Surface Morphology and Cell Responses. *Polymer*, 2009, 50 (13): pp. 2775 – 2785.
70. Kim Y. S. , Gil E. S. , Lowe T. L. . Synthesis and Characterization of Thermoresponsive – co – biodegradable Linear – dendritic Copolymers. *Macromolecules*, 2006, 39 (23): pp. 7805 – 7811.
71. Semsarilar M. , Ladmiral V. , Perrier S. . Highly Branched and Hyperbranched Glycopolymers via Reversible Addition – fragmentation Chain Transfer Polymerization and Click Chemistry. *Macromolecules*, 2010, 43 (3):

pp. 1438 – 1443.

72. Xu J. , Ye J. , Liu S. Y. . Synthesis of Well – defined Cyclic Poly （N – isopropylacrylamide） via Click Chemistry and Its Unique Thermal Phase Transition Behavior. *Macromolecules*, 2007, 40 （25）: pp. 9103 – 9110.
73. Misaka H. , Kakuchi R. , Zhang C. H. , Sakai R. , Satoh T. , Kakuchi T. . Synthesis of Well – defined Macrocyclic Poly （δ – valerolactone） by "Click Cyclization" . *Macromolecules*, 2009, 42 （14）: pp. 5091 – 5096.
74. Shi G. Y. , Tang X. Z. , Pan C. Y. . Tadpole – shaped Amphiphilic Copolymers Prepared via RAFT Polymerization and Click Reaction. *J. Polym. Sci. Pol. Chem.* , 2008, 46 （7）: pp. 2390 – 2401.
75. Laurent B. A. , Grayson S. M. . An Efficient Route to Well – defined Macrocyclic Polymers via "Click" Cyclization. *J. Am. Chem. Soc.* , 2006, 128 （13）: pp. 4238 – 4239.
76. Quemener D. , Hellaye M. L. , Bissett C. , Davis T. P. , Kowollik C. B. , Stenzel M. H. . Graft Block Copolymers of Propargyl Methacrylate and Vinyl Acetate via a Combination of RAFT/MADIX and Click Chemistry: Reaction Analysis. *J. Polym. Sci. Part A: Polym. Chem.* , 2008, 46: pp. 155 – 173.
77. Yuan Y. Y. , Du Q. , Wang Y. C. , Wang J. . One – pot Syntheses of Amphiphilic Centipede – like Brush Copolymers via Combination of Ring – opening Polymerization and "Click" Chemistry. *Macromolecules*, 2010, 43 （4）: pp. 1739 – 1746.
78. Zhang C. , Liao L. Q. , Liu L. J. . Rapid Ring – opening Polymerization of D,L – lactide by Microwaves. *Macromolecular Rapid Communications*, 2004, 25 （15）: pp. 1402 – 1405.
79. Liao L. Q. , Zhang C. , Gong S. Q. . Rapid Synthesis of Poly （Trimethylene Carbonate） by Microwave – assisted Ring – opening Polymerization. *European Polymer Journal*, 2007, 43 （10）: pp. 4289 – 4296.
80. Nagahata R. , Takeuchi K. , Suzuki H. , Takeuchi K. . Microwave – assisted Single – step Synthesis of Poly （Lactic Acid） by Direct Polycondensation of Lactic Acid. *Macromol Rapid Commun.* , 2007, 28 （4）: pp. 437 – 442.
81. 张坤，徐静，王瑞，陈昊．微波辅助原位聚合法制备聚乳酸/蛭石纳米复合材料．高分子材料科学与工程，2009，25（11）：162 ~ 169.
82. 袁维波，王鹏，曹海雷，雷海芬．微波原位聚合 PLA 纳米复合材料的结构与性能．合成树脂及塑料，2008，25（3）：61 ~ 64.
83. DeSimone J. M. , Zihibin G. , Elsbernd C. S. . Synthesis of Fluoropolymers in Supercritical Carbon Dioxide. *Science*, 1992, 257 （5072）: pp. 945 – 947.
84. Hile D. D. , Pinshko V. , Macromol R. . Ring – opening Precipitation Polymerization of Poly （D,L – lactide – co – glycolide） in Supercritical Carbon Dioxide. *Rapid Commun.* , 1999, 20 （10）: pp. 511 – 514.

4　生物无机非金属材料的先进设计与合成

生物医用无机非金属材料按其在生物体内的组织反应类型可分为三类：惰性生物材料、生物活性材料和可吸收陶瓷材料。惰性生物材料主要是氧化物陶瓷材料和碳质材料等。植入体内后，材料与周围组织之间形成纤维包膜，将材料与组织隔离，这类主要是氧化铝和氧化锆，常被用于关节和齿根材料。而新型的纳米发光材料和磁性材料等惰性生物材料，如稀土金属氧化物、过渡金属氧化物、磷酸盐等等，常被用于生物图像和医疗诊断等。在碳质材料中，纳米碳管是良好的药物载体，类金刚石薄膜则显示出良好的抗凝血性，是良好的血液相容性材料，被用作心血管类材料及组织修复材料的表面改性材料和传感器。生物活性材料，通常是指以羟基磷灰石为代表的钙磷类和以 Bioglass® 为代表的生物玻璃微晶玻璃类，植入体内后与周围组织形成牢固的化学键结合（骨性结合）。可吸收陶瓷材料植入体内后会逐渐被降解、吸收，从而被新生组织替代，如磷酸钙类材料。本章重点介绍无机生物材料中最重要的生物活性无机非金属材料的设计和合成，即羟基磷灰石和生物玻璃的先进设计和合成。

4.1　羟基磷灰石的设计与合成

4.1.1　羟基磷灰石的起源和发展

羟基磷灰石（Hydroxyapatite，HAP）是自然骨和牙无机质的主要成分。早在 1790 年，Werner 就用希腊文字将这种材料命名为磷灰石（Apatite）。1871 年，HAP 就被人工合成，但一直到 1926 年，Bassett 用 X－射线衍射方法才证实人的骨和牙齿的无机矿物成分与磷灰石相似；1972 年，日本学者 Hideki Aoki 成功烧结了 HAP，制得了 HAP 生物陶瓷。在随后的几年中，HAP 就以其良好的生物相容性和生物活性，能引导骨的生长并与骨组织形成牢固的骨性结合等特点，被公认为是性能良好的骨修复替代材料。20 世纪 80 年代，研究发现 HAP 不仅具有良好的骨传导性，而且具有一定的骨诱导性[1-3]，这进一步提升了该材料在硬组织修复中的应用。

经过近半个世纪的发展，HAP 在合成和制备方法上趋于成熟，各种产品，如粉体型、颗粒型、致密陶瓷型、多孔支架型、可注射型已应运而生，不仅应用于硬组织修复，而且已扩展到药物载体。另外，通过掺杂改性还可赋予 HAP 抗菌性能和发光性能，这进一步拓宽了 HAP 作为生物医用材料的应用领域。

4.1.2　羟基磷灰石的组成和结构

4.1.2.1　羟基磷灰石的基本组成与结构

HAP 是人体骨和齿的重要组成部分，化学分子式为 $Ca_{10}(PO_4)_6(OH)_2$。HAP 晶体属于六方晶系，空间群为 P63/m，晶胞常数 a＝b＝9.432 Å，c＝6.881 Å。其理想结晶形态如图 4－1所示，呈六方棒状。单位晶胞含有 10 个（Ca^{2+}），6 个（PO_4^{3-}），2 个（OH^-）。Ca^{2+}

在 HAP 晶体结构中有 2 个不同的位置，从图 4－1（a）中可看出每个晶胞的角上有一个 OH^-，4 个 Ca^{2+} 占据 Ca1 位置，即 Z＝0 和 Z＝1/2 位置各 2 个，该位置处于 6 个 O 组成的 Ca－O 八面体的中心；6 个 Ca^{2+} 处于 Ca2 位置，即 Z＝1/4 和 Z＝3/4 位置各有 3 个，该位置处于 3 个 O 组成的三配位体中心；6 个 PO_4^{3-} 四配位体分别位于 Z＝1/4 和 Z＝3/4 的平面上，这些 PO_4^{3-} 四面体的网络使得 HAP 结构具有良好的稳定性，即 HAP 微晶表面结构决定了其对大部分人体蛋白质具有亲和性，在液体环境中能够保持稳定。Kawasaki 提出 HAP 表面主要存在两种吸附位置，一种是当 OH^- 位于晶体表面时，OH^- 与 2 个 Ca2 离子相连。当 HAP 在水溶液中时，HAP 晶体表面的 OH^- 位置至少在某一瞬间空缺，由于 Ca2 离子带正电，此时形成一个吸附层，即 C 位置，C 位置能吸附生物大分子中的 PO_4^{3-} 或 COO^-。另一种是当 Ca 位于晶体表面时，Ca1 与 6 个磷氧基团中的 O 原子相连。当 HAP 在水溶液中时，此时 Ca1 能吸附 PO_4^{3-}，K^+，Sr^{2+} 等阳离子以及蛋白质大分子上的羧基或氨基，形成较强的吸附位置，而在 Ca2 位置则形成一个较弱的吸附位置。

尽管 HAP 是哺乳类动物硬组织的主要成分，但在不同物种、同物种的不同部位中，HAP 的组成和结构各有特色。如图 4－2 所示[4]，人体中的磷灰石在牙釉质、牙本质和骨中表现出不同的 XRD 图谱和 IR 图谱，说明其组成和结构上都存在着显著的差异。

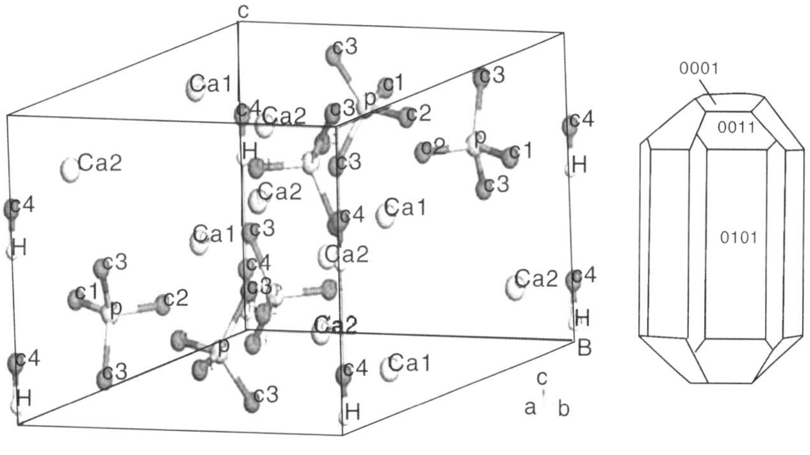

a　　　　　　　　b

图 4－1　HAP 结构示意图

a. 晶体结构；b. HAP 的晶粒的理想形态

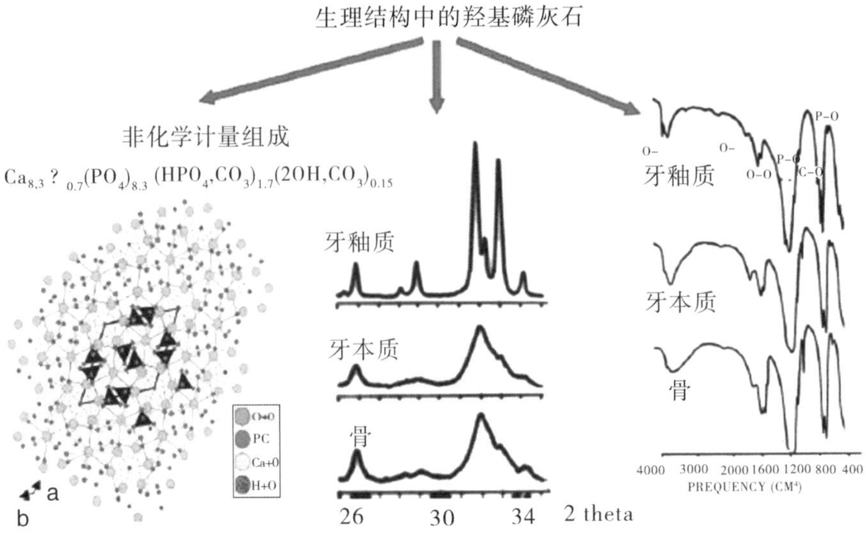

图 4－2　生理磷灰石的晶体结构：牙釉质、牙本质和骨的 XRD 和 IR 图谱

4.1.2.2　骨中羟基磷灰石的组成和结构特点

骨是由有机物和无机物组成的，有机物主要是Ⅰ型胶原纤维，而无机物主要是 HAP 和碳酸磷灰石（CHAP，Carbonated Hydroxyapatite）。由图 4－3 的 XRD 图谱可知骨中的磷灰石晶体在高温煅烧后才呈现出特征的 XRD 峰，而自然状态下，特征峰并不明显（如图 4－2 所示），说明骨中的 HAP 呈弱结晶状态，且晶体尺寸很小。Weiner 等[5]从材料学的角度分析了骨的结构，他将骨的结构从宏观到微观分成了七级结构，图 4－4 是骨的一级结构，即最微小的结构。从照片上可以看到骨中的 HAP 呈片状，长度为 50～100 nm，宽度为 20～50 nm。这种纳米片状的 HAP 是非化学计量比的物质。Ca/P 比值一般在 1.5～1.67 之间，含 CO_3^{2-}，F^- 及少量 Na^+，Mg^{2+} 等物质，其中 CO_3^{2-} 的含量较高。图 4－2 的 IR 图谱证实了这种碳酸根的存在。CO_3^{2-} 可以取代 OH^- 和 PO_4^{3-} 的位置而形成 A 型取代或 B 型取代 HAP。一般骨中这两种同时存在。此外，骨中还存在无定形磷酸钙（ACP）、磷酸八钙（OCP）、二水合磷酸氢钙（DPCD）、磷酸氢钙（DCP）和六方碳酸钙等多种矿物相。有关骨中 HAP 的形成，崔福斋等人[6-8]提出了三种机理：一是先形成 DCPD，然后转化成 HAP；二是先形成 ACP，然后转化为 OCP，最后变成 HAP；三是先形成弱结晶的 HAP，然后逐渐成熟。在矿化过程中有机基质对晶体生长具有调控作用，也有研究认为骨的生长是分步进行的，首先是无机离子吸附到有机基质上（蛋白质、磷脂、胶原质）成核生成 CaP 纳米颗粒，并发生细胞外基质与界面分子的重组以及有机配体和无机晶体间的分子附着，随后，HAP 纳米微粒在两个空间方向生长形成针状晶体。有关骨中矿化物形成的机理至今尚无定论。但有机基质在无机矿物质成核生长中，对无机矿物质点的空间排列、形态大小、晶体取向有重要的影响。

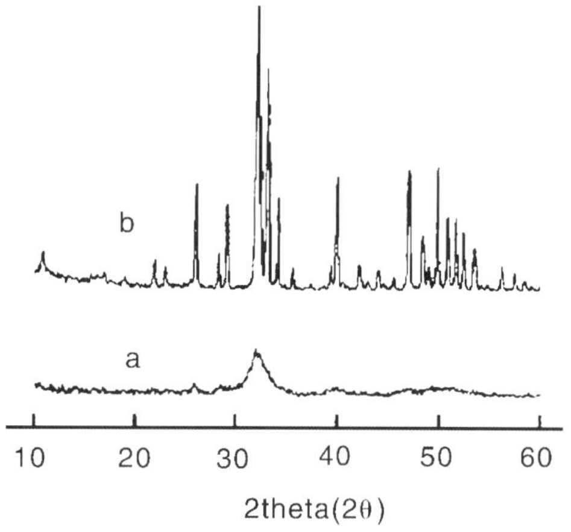

图 4－3 骨中 HAP 的 XRD 图谱

a. 自然骨；b. 灰化后骨[9]

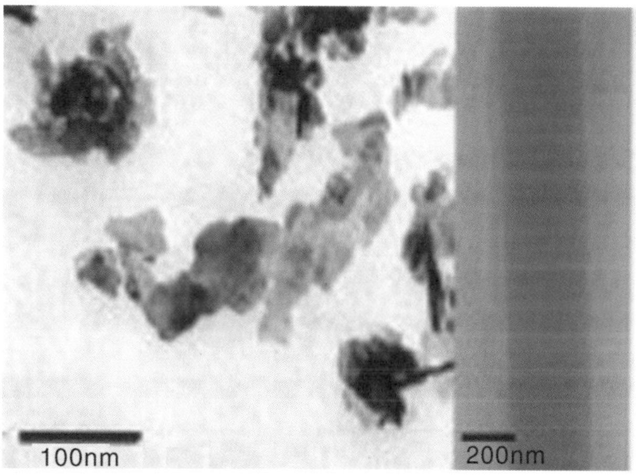

图 4－4 人骨中 HAP 纳米晶体的 TEM[10]

4.1.2.3 牙釉质羟基磷灰石的组成和结构特点

牙釉质中无机矿物占 96%～97%，HAP 晶体是其基本组成单元。牙釉质中 HAP 的组成和骨中的一样，都不是纯的 HAP，含 CO_3^{2-}，F^- 及少量 Na^+，Zn^{2+}，Ag^+ 等物质。牙釉质中 HAP 的晶体与骨中的不同，呈六方棱柱形，宽为 60～100 nm，厚为 26.3～35.0 nm，长为 250～1 000 nm，这些微晶沿长轴排列成行形成晶体束，晶体束再平行排列成为釉柱（Prism），釉柱与釉柱交错排列，形成高强度高韧性的牙釉质。图 4－5 为生长过程中老鼠门牙的牙釉质结构的 SEM，可以看到有序的磷酸钙棒状晶体沿长轴平行排列形成晶体束，并交错排列。

图4－5　生长过程中老鼠门牙的牙釉质结构的SEM[11]

牙釉质的形成是一个复杂的生物矿化过程。Fincham 等[12]的研究总结出牙釉质的矿化过程主要分五个步骤：①成釉细胞合成釉原蛋白并在细胞外分泌；②釉原蛋白单体组装成为20 nm 球状结构；③带负电的纳米球与平行 c 轴的微晶面发生静电相互作用，阻止了晶体—晶体的融合生长；蛋白酶－1 连续处理暴露的釉原蛋白的末端羧基，不断减少其所带的负电荷；憎水性的纳米粒子进一步组装，稳定含有出生釉质晶体的基质，然后通过在暴露的（001）晶面增加离子，使釉质晶体继续生长；④蛋白酶－2 使憎水性的纳米釉原蛋白降解，产生小片段和其他未经确定的产物，最后由成釉细胞再吸收；⑤去掉了釉质细胞纳米球的保护，晶体增厚，最后聚合形成完整的牙釉质。但牙釉质与骨组织不同，一旦牙体发育成熟，成釉细胞就不存在了，故牙釉质不具备自身再生修复能力。

表 4－1 是人体中不同部位硬组织中无机相的成分[13,14]。由表 4－1 可看出，不同的部位其成分相差很大。钙磷比、离子取代、晶体形貌、晶胞参数在牙釉质、牙本质、牙骨质及骨中都不同，这也为人体硬组织修复材料 HAP 的合成提出了挑战。

表 4－1　成人矿化组织的成分和结构参数

成分，wt. %	牙釉质	牙本质	牙骨质	骨	HAP
Ca[a]	36.5	35.1	[c]	34.8	39.6
P[a]	17.7	16.9	[c]	15.2	18.5
Ca/P（摩尔比）[a]	1.63	1.61	[c]	1.71	1.67
Na[a]	0.5	0.6	[c]	0.9	—
Mg[a]	0.44	1.23	[c]	0.72	—
K[a]	0.08	0.05	[c]	0.03	—
CO_3^{2-}[b]	3.5	5.6	[c]	7.4	—
F^-[a]	0.01	5.6	[c]	0.03	—
Cl^-[a]	0.30	0.01	[c]	0.13	—
多聚磷酸盐（以 $P_2O_7^{4-}$ 计）[b]	0.022	0.10	[c]	0.07	—

(续上表)

成分，wt. %	牙釉质	牙本质	牙骨质	骨	HAP
无机物总量[b]	97	70	60	65	100
有机物总量[b]	1.5	20	25	25	—
水[b]	1.5	10	15	10	—
晶体学性能					
晶胞参数(±0.003Å)					
a－轴，Å	9.441	9.421	[c]	9.41	
c－轴，Å	6.880	6.887	[c]	6.89	6.8919.43
结晶度	70～75	33～37	[c]	33～37	100
晶体尺寸(nm)	$10^5 \times 50 \times 50$	35×25×4	[c]	35×25×4	200～600
弹性模量(GPa)	80	15	[c]	0.34～13.8	10
弯曲强度(MPa)	10	100	[c]	150	100

注：[a] 灰份样品
[b] 未灰份样品
[c] 数据未查到或者和牙本质相近

4.1.3 羟基磷灰石合成的基本原理

在 $Ca(OH)_2-H_3PO_4-H_2O$（或 $CaO-P_2O_5-H_2O$）三元体系中，共有11种无离子取代的钙磷盐，钙磷比为0.5～2.0，如表4－2所示[15]。$CaO-P_2O_5-H_2O$ 体系在高温和高压下的相图如图4－6所示，由图可看出，羟基磷灰石（图中的HAP）在高温的稳定区域较宽，故早期的HAP合成通常采用高温固相反应法。

表4－2 各种磷酸盐及其钙磷比

钙磷比	分子式	名称	简写
2.0	$Ca_4O(PO_4)_2$，$Ca_4P_2O_9$	磷酸四钙	TTCP
1.6	$Ca_{10}(PO_4)_6(OH)_2$	羟基磷灰石	HA；HAP
<1.67	$Ca_{10-x}H_{2x}(PO_4)_6(OH)_2$	无定形磷酸钙	ACP
1.50	$Ca_3(PO_4)_2$ (αβγ)	磷酸三钙	TCP
1.33	$Ca_8H_2(PO_4)_6 \cdot 5H_2O$	磷酸八钙	OCP
1.0	$CaHPO_4 \cdot 2H_2O$	二水磷酸氢钙	DCPD
1.0	$CaHPO_4$	磷酸氢钙	DCP
1.0	$Ca_2P_2O_7$ (αβγ)	焦磷酸钙	CPP
1.0	$Ca_2P_2O_7 \cdot 2H_2O$	二水焦磷酸钙	CPPD
0.7	$Ca_7(P_5O_{16})_2$	磷酸七钙	HCP
0.67	$Ca_4H_2P_6O_{20}$	磷酸二氢四钙	TDHP
0.5	$Ca(H_2PO_4)2 \cdot H_2O$	一水磷酸一钙	MCPM
0.5	$Ca(PO_3)_2$ (αβγ)	偏磷酸钙	CMP

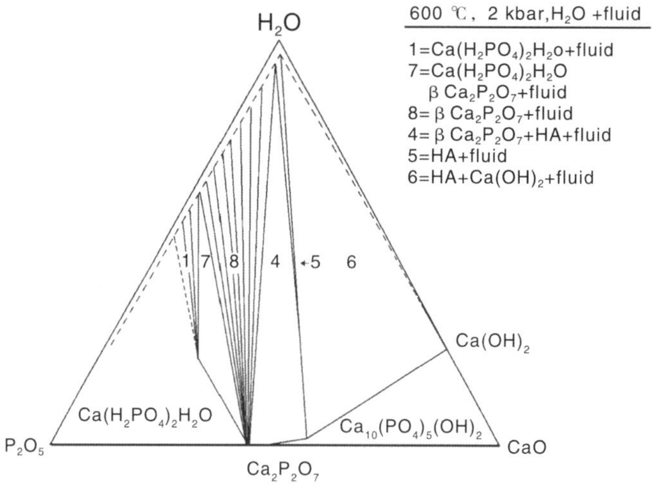

图 4－6　600 ℃，2kbar 水热条件下 $CaO - P_2O_5 - H_2O$ 的相图

从合成的角度看，合成的钙磷盐的种类取决于钙磷比、酸碱性和溶解度。这些参数都与合成体系的 pH 值密切相关。钙磷比越低，pH 值越低，钙磷盐的溶解度越高，即在水中越不稳定，越易形成酸性稳定的化合物，如 MCPM。各种钙磷盐的稳定性与 pH 值的关系如图 4－7[16] 所示，从图中可看出，pH＝9 左右时，磷酸根离子溶解度最低，即最稳定，故在一般湿法合成 HAP 中，常把反应体系的 pH 值调至 9～11，以促使 HAP 形成。但在生物体内，在 pH 值为中性的条件下，却能形成形状规则、多级有序的 HAP 晶体，这个问题一直困扰着材料学家。研究表明，生物体内的 HAP 的形成过程是在生物大分子蛋白质调控之下的生物矿化，其形成过程涉及四个阶段[17]：

（1）有机大分子预组织，在矿物沉积前构造一个有组织的反应环境。

（2）界面分子识别，在已形成的有机大分子组装体的控制下，通过晶格几何特征、静电势相互作用、极性、立体化学因素、空间对称性和基质形貌控制无机物的矿化。

（3）生长调制，无机相通过组装得到亚单元，同时形态、大小、取向和结构受到有机分子组装体的控制。

（4）细胞加工，在细胞参与下亚单元组装成高级的结构。

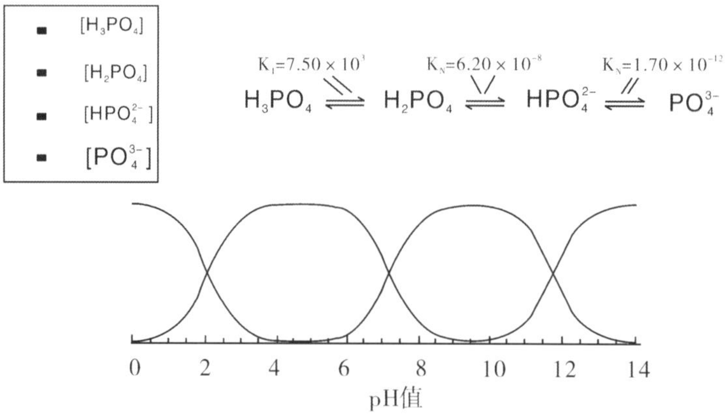

图 4－7　磷酸溶液离子浓度随 pH 的变化曲线

为获得与生物体内HAP结构和性能相同或相似的HAP，人们开展了大量的研究，至今为止，HAP合成方法有固相合成法、溶胶—凝胶法、水热法、微乳液法、超声波化学合成法、模板法、化学沉淀法、相微波介电加热法等。无论采用何种合成方法，从表4-2和图4-7可知，钙磷比和pH值的控制是关键要素。理想计量比的HAP中钙磷比是1.67，在合成中由于反应条件的不同，即不同的离子取代钙磷比通常会偏离1.67，所以会形成各种取代的HAP，在生物学性能、吸附性能、光谱性能等各方面表现出一定的差异性。

人工合成HAP具有良好的生物相容性，故其广泛应用于硬组织修复、组织工程、药物和基因载体等生物医学领域。采用各种工艺手段，不同形貌的和不同组成的HAP被合成、制备和应用。人工合成HAP一直是生物材料界的热点课题。本章将介绍HAP的最新形貌控制合成及掺杂（取代）HAP的先进设计和合成方法。

4.1.4 羟基磷灰石形貌控制合成

自然界中的HAP具有不同的形貌，如牙釉质中的HAP呈纳米棒状，长径比高达1 000；而骨中的HAP呈纳米片状晶体（如图4-4所示）。在HAP制品的加工中，根据制品的用途，需要设计和合成不同形貌的HAP。如对于致密HAP陶瓷制品和等离子喷涂HAP涂层中用到的HAP粉体，人们希望是纳米球状的；而对于组织再生修复中的HAP材料，人们希望其组成和形貌与自然硬组织相似[15]，能促进损伤组织的再生和修复。HAP形貌控制的方法主要有水热法、微乳液法、仿生合成法和模板法。

4.1.4.1 水热法

水热反应是在高温高压下利用水溶液物质进行有关化学反应的合成。这种方法能很好地控制反应条件，制备出纯度高、分散性好、形貌均一、尺寸可控的各种晶体。Li Yubao等以磷酸氢二铵和硝酸钙为原料，用氨水调节pH值到大于10，先在70 ℃的温度下合成出磷灰石前驱物，然后在密闭容器中于140 ℃反应2 h，得到尺寸在100 nm以内的细棒状纳米磷灰石晶体。目前，人们采用水热法已经能够控制合成纳米棒状、针状、片状、花簇状等不同形貌的HAP粉体颗粒。

在水热合成中，形成的HAP形貌受pH值和添加剂的影响，特别是各种氨基酸和表面活性剂的影响。李丽颖等[18]采用水热合成方法，研究了在N-酰基十二烷基肌氨酸钠（Sar-Na）阴离子表面活性剂的控制下HAP的合成，实验结果发现随着Sar-Na用量的增大，HAP由椭圆形变为长片状。Xin等[19]以磷酸氢二铵和硝酸钙为原料，加入EDTA，调节pH值为12，先在60 ℃的温度下反应2 h生成DCPD前驱物，然后转入反应釜中于210 ℃的温度下反应12 h，得到了片状的纳米HAP。基于HAP可通过静电吸附、空间占位及空间位阻多种方式与氨基、羧基和羟基发生作用，所以采用富氨基、羧基和羟基的氨基酸可得到不同形貌的HAP。李红等[20]采用水热法，在pH值为7的中性条件下研究了有机小分子乙酸钠、甘氨酸、乙二胺对HAP晶体生长及形貌的影响。实验结果表明，小分子基团可以调控HAP晶体的形貌。甘氨酸诱导的HAP主要呈针状，长500~1 500 nm，宽20~50 nm，长径比大于30：1；而在乙二胺的诱导下合成了长度100~300 nm、宽50~100 nm的片状羟基磷灰石晶体；在乙酸钠诱导下合成了直径为200~500 nm的微球。

在水热合成HAP中，Zhang等[21]以硝酸和（或）柠檬酸调节体系的pH值，在pH=4~9的范围内合成了不同形貌的HAP，如图4-8所示。Zhang等认为在不同的pH值下，羟基在HAP表面的不同吸附状态对晶体的形貌起着控制作用。由于HAP中含有羟基，故羟基在HAP晶胞中的吸附是必然的。在碱性或中性条件下，羟基的吸附强烈，形成的HAP晶体各向同性或弱各向异性，如图4-8中a，b所示；在酸性条件下，羟基的吸附有限，且表现出不同晶面的择优吸附，此时HAP晶体呈二维带状生长或三维花簇状生长，如图4-8中c~h所示。在不同的 pH 值下，HAP 晶体的吸附机理如图 4－9 所示。

图 4－8　水热法在不同 pH 值下得到的 HAP 的 SEM 图

a.，b. 纳米棒，pH ＝ 7.0；c.，d. 微球型，pH ＝ 5.0；e.，f. 微米花，pH ＝ 4.5；g.，h. 微米片 sheets，pH ＝ 4.0

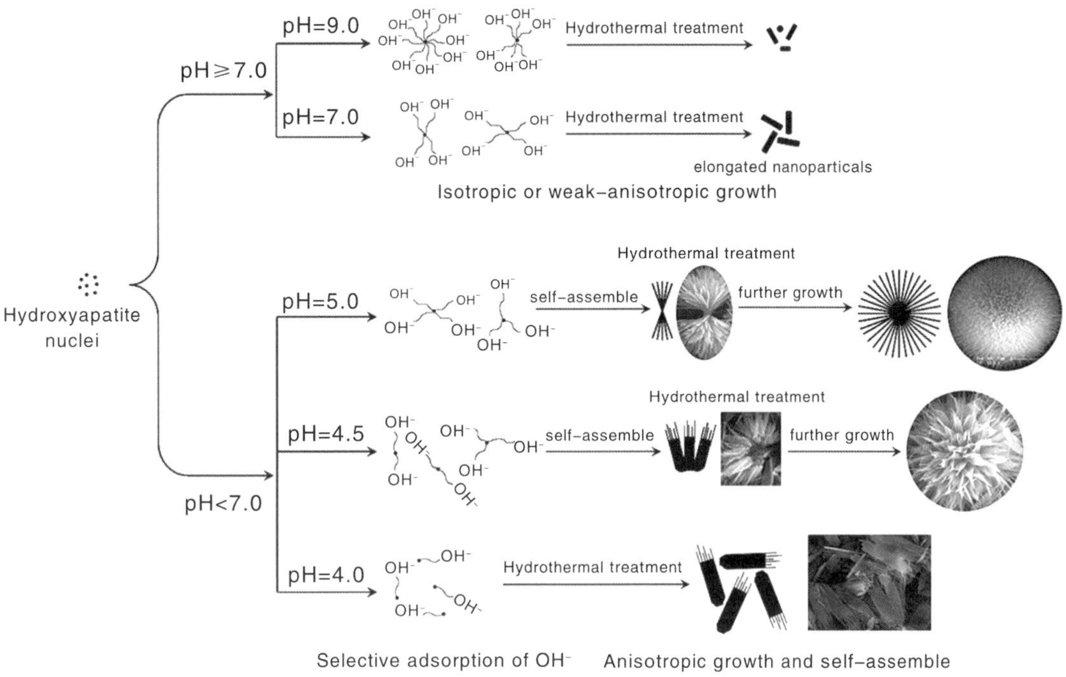

图 4-9　在不同的 pH 值下，不同形貌 HAP 形成的过程示意图

同样是在水热合成的条件下，Neira 等[22]将尿素添加到溶液中，通过尿素的加热分解将反应体系的 pH 值控制在 8.1～8.4 之间，可以得到几乎无杂质的片状、六方棒状、针状的 HAP（如图 4-10 所示）。研究认为，加热过程导致结晶的热力学状态不同，故初始晶核的种类不同，从而进一步导致最终的晶体形貌不同。90 ℃的高温下，尿素迅速分解，为成核提供了初始条件，片状的 OCP 首先形成，然后原位转化为片状的 HAP［图 4-10，PT（A）］。在周期加热过程中，由于反应所需的饱和离子浓度（如 OH^-）不高，故 HAP 按其结晶特性，呈六方形态生长［图 4-10，HX（B）］。尿素在被控制降解的慢升温工艺中形成大量细小的晶核，这些晶核在高温下聚集在一起，形成大尺寸的片状 HAP［图 4-10，ND（C）］。而控制的升降温制度，形成了形貌混杂的 OCP 和 HAP［图 4-10，FP（D）］。

图 4－10　在水热合成中，采用不同的控温制度，得到不同形貌的 HAP

4.1.4.2 *微乳液法*

微乳液通常由表面活性剂、助表面活性剂、溶剂和水（或水溶液）组成。它分为水包油型（O/W）和油包水型（W/O，也叫反相胶束）两种。该方法的优点是对纳米材料的粒径和稳定性可以精确控制，易制备分散性好、粒径均一的纳米材料，在纳米微粒的制备领域具有优势。

由于 HAP 是在水相中生成的，故 HAP 的微乳液合成中常用反相微乳液，即油包水型。反相微乳液是指在非极性介质中增溶大量的水，形成均一、透明、各向同性的溶液。微乳液法也称反相胶束法，其原理是在水/油/表面活性剂的体系中，形成油包水型反相微乳液，形成热力学稳定均匀透明的微乳液。因此该方法也称为智能微反应器法。这种微反应器被表面活性剂和助表面活性剂所组成的单分子层界面所包围，大小可控制在几至几十纳米之间，是一种适合于制备纳米粒子的有效方法。

关于微乳液法用于制备纳米 HAP 的报道甚少。新加坡国立大学材料系 Lim[23] 最先采用该法对制备 HAP 进行了研究，其方法是将 $CaCl_2$ 与 $(NH_4)_2HPO_4$ 分别制成微乳液。油相为环乙醇，表面活性剂为 NP5＋NP9，将两种微乳液混合后放置一定的时间，将沉淀物用乙醇洗涤，制备出了粒径为 20～40 nm 的 HAP 粉体。Bose 和 Saha[24] 采用环已烷为油相、NP5＋NP12 的混合物为表面活性剂、$Ca(NO_3)_2$ 和 H_3PO_4 的水溶液为水相形成微乳液来制备 HAP 纳米粉体。他们通过对实验因素的研究发现随着微乳液中水/有机相体积比从 1∶5 变化到 1∶15 时，纳米粒子的形态从针状向微乳液（是指两种互不相溶的溶剂在表面活性剂的作用下形成乳液）变化，在囊泡中经成核、聚结、团聚、热处理后得到纳米粒子。Li 等[25] 以环已烷为油相、TX－100 和戊醇的混合物为表面活性剂，研究了水/有机相体积比对 HAP 形貌的影响，如图 4－11 所示。随着水/有机相体积比的升高，HAP 由几个纳米的球状转变为棒状进而尺寸增大，说明囊泡有效地控制了 HAP 的形貌。

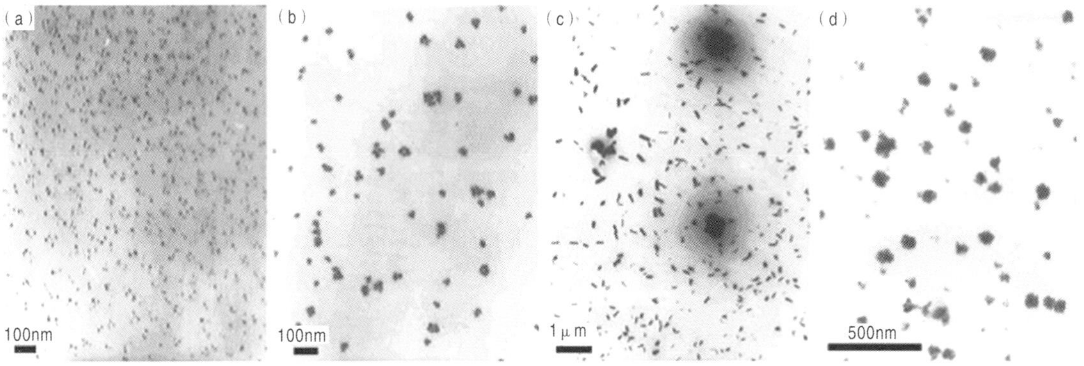

图4－11 微乳液法中不同水油比制备的HAP形貌图
a. 1∶10；b. 1∶5；c. 2∶5；d. 1∶2

在微乳液系统中，pH值对HAP的形貌控制仍然起着重要作用。Sun等[26]利用反相微乳液法结合水热反应，研究了在不同pH值下在胶束体系中HAP的形貌。在油相、TX－100和戊醇及钙离子乳液体系中，加入一定量的CTAB磷酸盐溶液，结果如图4－12所示。在中性条件下，HAP呈长径比大的片状；随着pH的提高，长径比逐渐减小，HAP的形貌也由片状、棒状发展到球状。这种现象主要是受十六烷基三甲基溴化铵（CTAB）的影响，即在水热条件下，在HAP结晶过程中，离子化的CTAB的阴离子对HAP的定向生长起着阻碍作用，使其形成不同形貌。

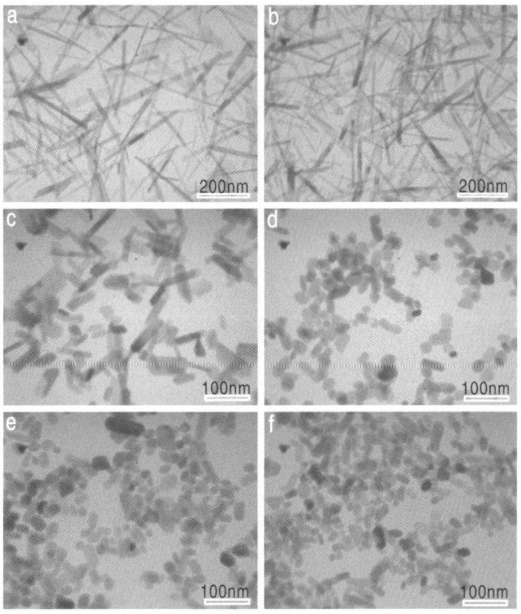

图4－12 不同pH值下制备的HAP形貌
a. 10，pH＝7.0；b. 11，pH＝7.5；c. 12，pH＝8.0；d. 1，pH＝9.0；e. 13，pH＝10.0；f. 14，pH＝11.0

4.1.4.3 仿生合成法

利用生物矿化的原理仿生合成是一种崭新的无机材料合成技术。仿生合成就是将生物矿化的方法引入材料合成的过程中，以有机基质为模板，控制无机物的形成，制备具有独特显微结构特点和生物学性能的材料。

早期的仿生合成通常以 SBF（Simulated Body Fluid）为基本体系。SBF 是人们模拟人体血清中无机离子含量而配制的一种亚稳溶液。SBF 在金属、陶瓷及高分子材料表面形成一层类骨磷灰石（Bone - like Apatite），通常是以蠕虫状聚集态形式存在的。该层磷灰石在体外实验中被证实能与骨组织形成骨性结合[27]。

随着人们对生物矿化及仿生合成研究的深入，研究者们开始尝试采用大分子来控制合成 HAP。首先尝试的是使用天然大分子，如明胶、硫酸软骨素（Chondroitinsulfate，ChS）、壳聚糖等。Teng 等通过明胶控制 HAP 团聚，合成了棒状的纳米 HAP。Xiao 等将 $Ca(NO_3)_2 \cdot 4H_2O$ 和 $(NH_4)_2HPO_4$反应体系在常温下静置 14 d，当 ChS 浓度达到 0.5% 以上时才可诱导生成片状的纳米 HAP，低于这个浓度则生成絮状或纤维状的 HAP。Chen 等应用仿生合成的方法，以磷酸二氢铵和硝酸钙的壳聚糖溶液共沉淀反应，以制备壳聚糖复合的 HAP。上述方法得到的 HAP 与自然生物矿化得到的 HAP 相差甚远，故人们尝试采用自然骨中的胶原为模板仿生合成 HAP，以期能得到与自然骨组成和结构相似的 HAP。

在自然界的生物矿化过程中，有机基质在矿化过程对 HAP 的成核、结晶和生长起着重要的作用。胶原是哺乳动物体内结缔组织的主要成分，构成人体约 30% 的蛋白质，其中 I 型胶原最为丰富，主要存在于人体的骨和牙本质中，在骨的矿化过程中起到了功能支架的作用。胶原蛋白的分子量约为 283 000 Da（daltons），长约 300 nm，直径 1.5 nm，由三股螺旋多肽的肽链结构组成，可以通过自组装形成胶原纤维。胶原纤维是人体生物矿化的模板，研究认为胶原蛋白中所含的多种带电基团成为矿化过程中生物大分子和无机矿物相互作用的活性位点。胶原蛋白的结构类似于绳索，由无数根胶原纤维束所组合而成。胶原蛋白最基本的单位为原胶原，是由三条多肽（Polypeptides）链所组成的，而此三条多肽链则以平行及链间的氢键紧密地结合在一起，形成稳定的三股螺旋结构。胶原上某些特定的基团（如羧基或羰基）能与钙离子发生作用，从而使 HAP 能够在胶原模板上有序地结晶。研究表明胶原分子中所含的负电性基团对 HAP 的矿化过程可能起了重要的作用，在溶液中这些负电性基团对钙离子有很好的亲和力，从而可以使 ACP 粒子均匀地分布在胶原表面。Rhee 等[28]证实了胶原与 HAP 之间存在 - COO…Ca 的配位作用。红外光谱的分析认为胶原分子中约占 11.7% 的游离羧基是 HAP 生物矿化的第一类成核位点，此外，羰基是 HAP 晶体的第二类成核位点。胶原表面的带电基团为 HAP 晶体提供成核位点，从而对 HAP 的成核和生长起调控作用。而最新的研究认为，胶原在生物矿化过程中起着模板作用，非胶原蛋白起着诱导 HAP 形成的作用。

清华大学崔福斋教授[29]在胶原仿生矿化方面做了大量的工作。其课题首先研究了胶原的自组装及其矿化行为。不同含量的胶原和钙磷离子溶液在一定的温度和 pH 值下能形成矿化的胶原纤维；TEM 显示，相互缠绕的胶原纤维达 1 μm 长。每股胶原表面都被形成的 HAP 覆盖，每股矿化的胶原都比较厚实，证实了胶原是 HAP 形成的模板。重组的 I 型胶原蛋白同样也能自组装及矿化。崔教授课题组利用重组的 I 型胶原蛋白直接诱导纳米 HAP 的形成。重组的 I 型胶原蛋白自组装形成纤维，在钙磷溶液体系中形成矿化的胶原纤维（如图 4 - 13 所示），与自然骨的组成和结构相似。Maas 等[30]采用一个改良的双扩散体系，同样获得了矿化的类骨胶原纤维，如图 4 - 14 所示。双扩散体系左右用纳米高分子膜（PCTE）隔开；左边溶液中是胶原和磷酸氢根离子，右边是 Ca^{2+}。该体系通过扩散控制临界的钙磷离子浓度，促使矿化的类骨胶原纤维的形成。

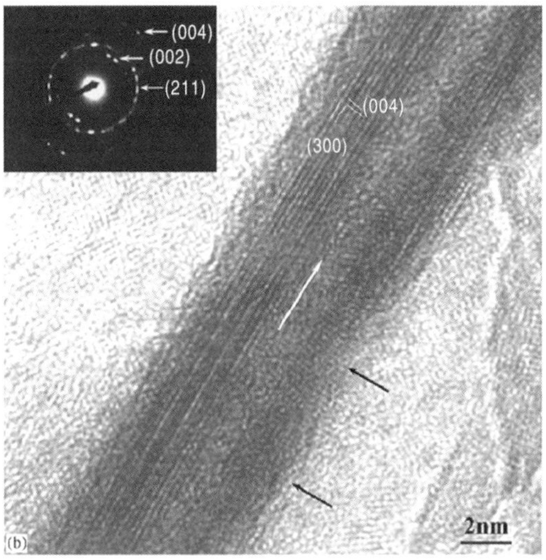

图 4－13 矿化胶原纤维的 HRTEM 及其电子衍射

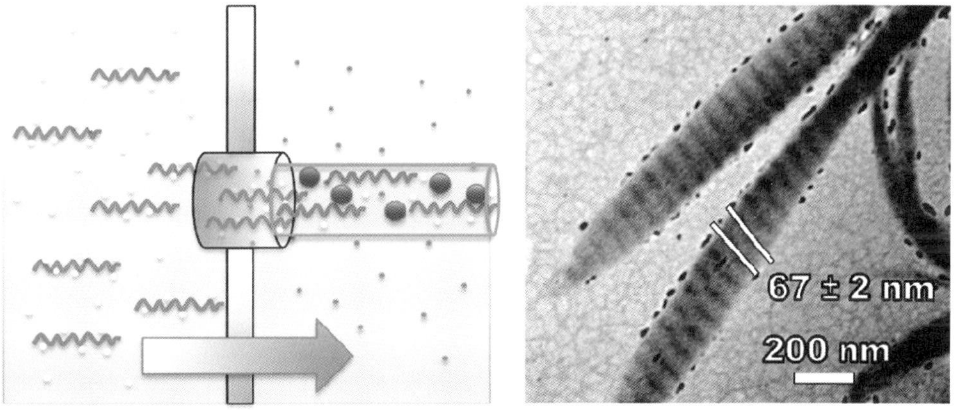

图 4－14 采用改良双扩散体系制备矿化的胶原纤维

相对于类骨 HAP 的合成，自然牙釉质的修复显得更为重要。因为自然牙釉质不具备自我修复能力，故牙釉质的损伤无论多么小，都无法自然修复；且牙釉质形成所需的牙釉蛋白在牙体发育成熟后就自然降解了。基于牙釉质多级有序的高度矿化结构，人工合成修复牙釉质难以进行。根据生物矿化的原理，研究者们尝试采用重组牙釉蛋白或者从动物体内提取的牙釉蛋白开展仿生合成的研究。如图 4－15 所示。

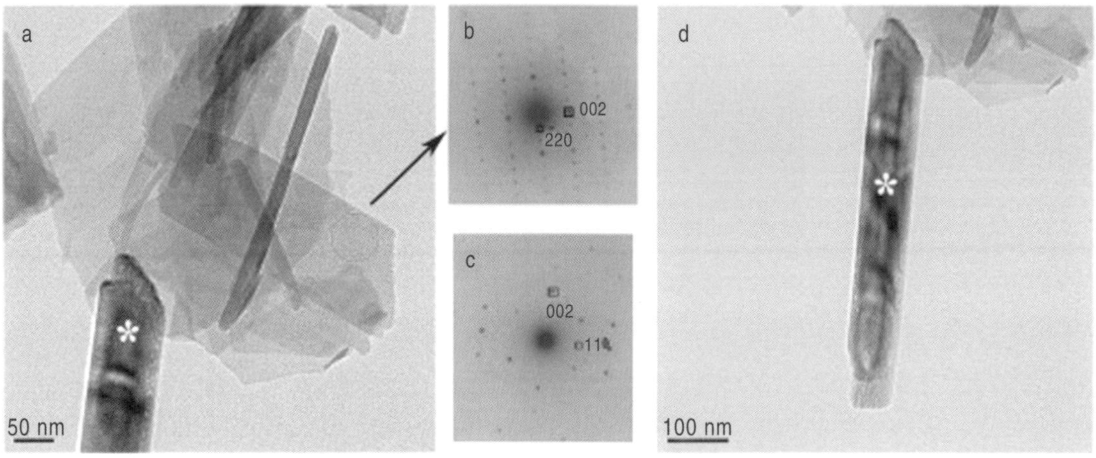

图 4-15　在含有 EMPs 的凝胶体系中获得的钙磷盐形貌

a. 制备的晶体，片状为 OCP；b. 片状 OCP 的电子衍射图；c. “ * ” 晶体的电子衍射图，表明其为 HAP；d. “ * ” 晶体是由 2~3 片片状纳米晶体沿特定晶面组装而成的。

在利用天然生物大分子调控合成无机材料的研究过程中，人们逐渐认识到大分子的组装形态对无机物仿生合成的模板功能。基于大分子组装形态的多样性及多变性，特别是在湿态条件下难以被监控和控制，但多肽和蛋白质在很宽的范围内都可以呈纤维状态，并能很好地组装成有序结构，并具有周期性和螺旋结构[31,32]的特征，所以人工合成可控组装大分子模板的研究将为仿生合成形貌功能可控无机材料开辟一个新的天地。

4.1.4.4　模板法

模板法是常用的控制形貌的合成方法。模板一般有硬模板和软模板之分。硬模板一般是一些多孔的材料，如多孔氧化铝等。软模板一般是表面活性剂和一些嵌段高分子。HAP 的模板合成常用软模板。在水溶液中，在一定的浓度下，表面活性剂在水溶液中形成均匀的棒状或柱状纳米胶束，如图 4-16 所示，CTAB 阳离子型表面活性剂在水中随浓度的提高，可从自由分子状态聚集形成球形胶束、棒状胶束，进而形成六方密堆积液晶相、三维的双连续相以及二维的层状结构。将材料的合成反应控制在纳米反应器中，可以实现对合成产物的形貌控制。到目前为止，研究者们利用表面活性剂的这种性质制备了 $CaCO_3$[33]，$BaCO_3$[34]，Au[35]，CdS[35] 等纳米棒、纳米线等以及不同形貌的 HAP[36]。利用油酸和其他表面活性剂 CTAB 和 K12 协同作用，可制备不同长径比的纳米棒[37]。

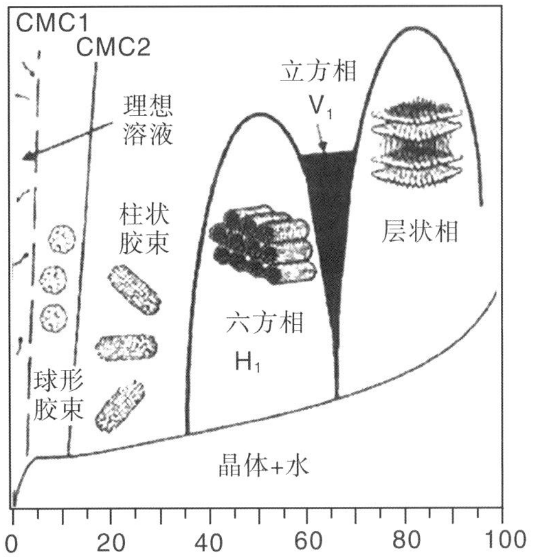

图 4－16　表面活性剂胶团结构与浓度的关系

高分子的嵌段共聚物，由于不同链段间的极性和分子链的长短不同，所以也可以组装成不同的形态，如图 4－17 所示。嵌段共聚物可形成球形胶束（MIC）、柱状胶束（CYL）、层状（LAM）、变形层状（MLAM）、六方穿孔层状（HPL）、双连续立方（Ia3d）、六方（HEX）、面心立方（BCC）等丰富多样的液晶结构[38]。这些结构为无机物的形貌控制合成提供了模板[39,40]。

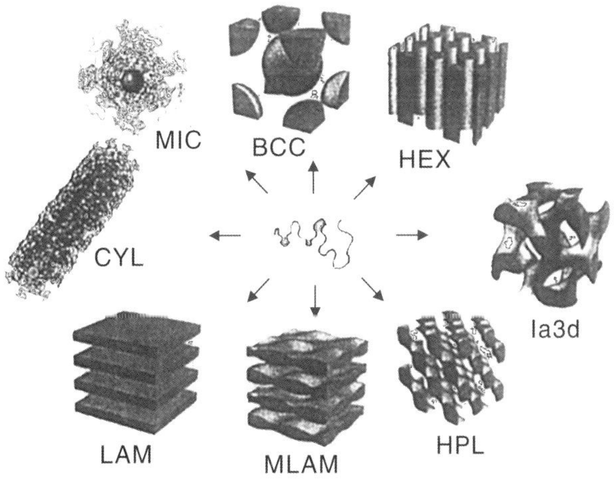

图 4－17　高分子嵌段共聚物的组装形貌

4.1.5　掺杂（取代）羟基磷灰石形的设计和合成

自然界骨和牙中的 HAP 晶体结构存在各种取代和空位[9]，这种取代赋予自然 HAP 优良的生物学性能。如在牙釉质中，理想 HAP 晶格中的 OH^- 被 F^- 取代[41]，使其具有良好的化学稳定性，并形成形态完整的棒状 HAP 晶体，力学性能优越。近年来的研究又发现 Si，Mg，稀土元素 Sr 等取代可以促进骨组织自身的修复功能[42]。而进一步的研究发现，部分的离子取代可以赋予 HAP 新的物理性能，如发光特性，可应用于体内生物图像[43]；抗菌性能，可用作抗菌部件[44]。本节分阳离子取代和阴离子取代两部分介绍目前掺杂（取代）羟基磷灰石形的设计和合成的最新进展。

4.1.5.1 阳离子掺杂（取代）羟基磷灰石形的设计和合成

目前，文献报道的阳离子取代 HAP 按功能分为两种：一种是生物学功能，主要是促进骨组织修复的离子取代，主要有 Si^{4+}，Mg^{2+}，Sr^{2+} 等[42]；另一种是物理学功能如发光、抗菌等功能[43,44]。常用的合成方法一般是湿法合成，如沉淀法。其具体操作为：在溶液状态下将钙盐（加入掺杂离子）和磷酸盐混合，控制一定的 pH 值，在常压和加热条件下进行反应，以获得纳米 HAP 粉体。常用的钙盐有 $CaCl_2$，$Ca(NO_3)_2$，CaO，$Ca(OH)_2$，$Ca(CH_3COO)_2$，$Ca(OC_2H_5)_2$ 等，常用的磷酸盐有 $(NH)_2HPO_4$，H_3PO_4，K_2HPO_4，NaH_2PO_4，$(CH_3O)_3PO$ 等。

自然骨中含有微量的 Si 元素；在生物玻璃的生物活性研究当中，Si 离子的存在促进 HAP 的形成，从而使生物玻璃与骨组织有良好的骨性结合，故最早研究的阳离子取代是 Si 元素。W. Bonfield[45]采用化学沉淀法制备了不含杂质的 Si－HAP，Si 元素以 $Si(CH_3COO)_4$ 的形式引入反应体系，其含量按其可能取代的 P－O 基团进行计算。合成的 Si－HAP 的 FTIR 证实，Si 的引入导致 P－O 基团的吸收谱带发生变化，XRD 同样证实 Si 的引入导致 HAP 晶格 a 轴缩短而 c 轴变长，OH^- 离子占位减少。可能的反应方程式如下：

$$10Ca^{2+} + (6-x)\ PO_4^{3-} + xSiO_4^{4-} + (2-x)\ OH^- \rightarrow Ca_{10}(PO_4)_{6-x}(SiO_4)\ x\ (OH)_{2-x}$$

W. Bonfield[46]随后对合成的 Si－HAP 的生物学性能进行了表征。将 Si－HAP 和 HAP 制成 0.5～1.0 mm 的颗粒，植入新西兰兔的长骨部位进行缺损修复研究。研究结果证实，Si－HAP在体内显著促进骨组织的修复，组织学评估骨长入 39.5%，大于 HAP（22.5%）；骨植入体覆盖面积 59.8%，也大于纯 HAP 组（47.1%）[46]。另外，Si 的取代促进 HAP 在体内的溶解。W. Bonfield 课题组将不同 Si 含量的 Si－HAP 植入动物体内 6 周和 12 周，发现体内溶解度是 1.5wt.% Si－HAP＞0.8wt.% Si－HAP＞纯 HAP，说明 Si 的取代降低了晶体的稳定性。目前该类材料产品已问世。

镁在生理磷灰石中是取代 Ca 原子的位置，在牙釉质、牙本质和骨中，镁的含量分别为 0.44wt.%，1.23wt.% 和 0.72 wt.%，因此 Mg－HAP 被认为是具有良好生物相容性和生理特性的硬组织修复材料。Bonfield 和 Gibson[47]将 Mg 和 CO_3 取代的 HAP 用于制作骨植入体，Dolci 等[48]将 25.4% 取代的纳米 Mg－HAP（0.5～200 nm）用于牙的修复。Mg 元素的定量取代通常简单地采用 $Ca_{10-x}Mg_x(PO_4)_6(OH)_2$ 来计算，但 Mg 取代的含量还没有一个定论。在生理学中 Mg 元素与矿化组织及无机矿物的代谢密切相关[49]，但其机理还没有被完全理解。有人认为镁直接刺激成骨细胞增殖，可与胰岛素（一种已知的成骨细胞生长因子对）作用相媲美[50]。然而，体外研究表明，部分替代 Mg－HAP 晶体（5wt.%）在 HAP 胶原复合材料中导致类成骨细胞增殖和活性减弱[51]。全取代 Mg－HAP 有毒，影响骨细胞和阻碍细胞外基质的释放。尽管硬组织修复中 Mg 的用量还不确定，但低取代的 Mg－HAP 有助于组织修复[52,53]。由于 Ca 和 Mg 的离子 Pauling 半径相差 0.28 Å，故 Mg 取代将导致 HAP 晶格变形和结晶度降低，从而使得溶解度和生物降解性提高[54,55]。在 CO_3^{2-} 同时取代的情况下，Mg 的取代可能提高而不导致性能的大幅度改变[56]。Mg 在 HAP 的取代位置也是一个饱受争议的问题。Ca 在 HAP 晶格中有两个位置，如图 4－18 所示，分别为 CaI（与磷酸根配位）和 CaII（与羟基配位）。D. Laurencin[57]在他最近的研究中证实，Mg 更倾向于 CaII 取代。

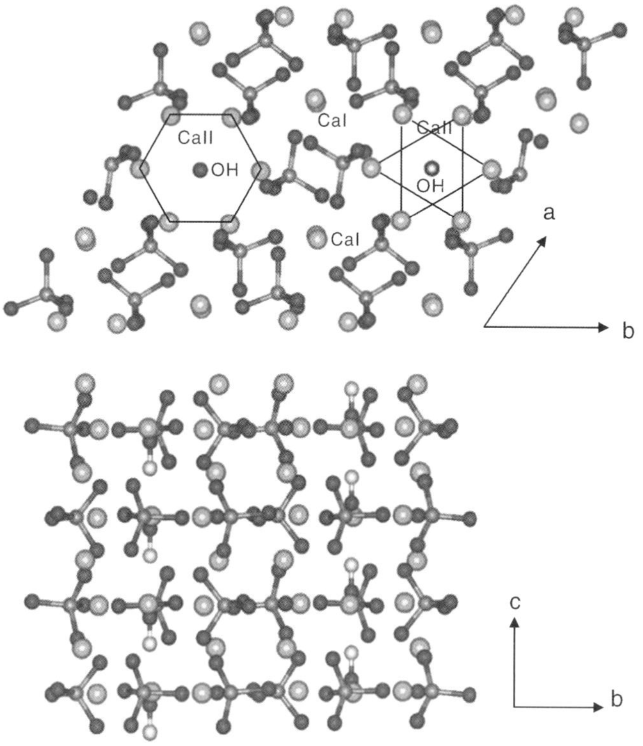

图 4－18 垂直于 c 轴和 a 轴方向 HAP 的代表性结构示意图
Ca：绿色，O：红色，P：紫色，H：白色

Sr 是人体中必不可少的微量元素，由于 Sr^{2+} 与 Ca^{2+} 的相似性，其含量的98%在骨中。大量的临床研究证实一定量的稳定的 Sr 能促进骨形成，降低骨吸收[58]。上述研究引发了近年来 Sr－HAP 的合成和制备研究。近年来，人们采用各种方法，制备了 Sr－HAP 的粉体、支架、骨水泥等各种硬组织修复材料及涂层[59~61]，体外实验证实 Sr 取代能促进成骨细胞的增殖和破骨细胞的活性下降[62]；体内植入后植入体与骨组织界面骨整合效果好，可以促进骨组织的修复[62,63]。

Sr－HAP 还有一个特殊的性能，即发光特性。发光材料在实时生物图像中被广泛应用着。发光材料主要是有机高分子和半导体量子点。有机高分子的光淬灭和量子点的生物毒性非常明显，这严重限制了它们在生物医学领域的应用，使无机纳米发光材料应运而生。特别是各种取代的 HAP，因为 HAP 生物相容性好，同时又是良好的药物载体，所以可以实现实时诊断和给药及治疗[64]。Zhang 等[64]采用水热法合成的纳米 Sr－HAP 单分散棒，长度为 120～150 nm，直径约 20 nm，介孔尺寸 3～5 nm。Sr－HAP 纳米棒显示出强烈的明亮的蓝色发射光（发射谱带 432 nm，发射时间 11.6 ns，量子效率 22%）。在发光特性研究中，除 Sr 取代外，Eu，Gd 等稀土元素也是常见的取代素[65]。Chen 等[65]以 PLA－mPEG 为添加剂，采用微波辅助水热法合成了 Eu^{3+}/Gd^{3+} 取代 HAP 纳米颗粒，如图 4－19 所示。将颗粒注射到小鼠的皮下（每只动物 20 μL，浓度为 1 $mg \cdot mL^{-1}$），在 430 nm 的激发光下，研究 Eu^{3+}/Gd^{3+} 取代 HAP 纳米颗粒的体内发光效应，如图 4－20 所示。在相应的皮下注射部位显示明确区分发光信号，而没有明显的 PN（Photolumi Nescence）信号出现在空白组，表明合成 Eu^{3+}/Gd^{3+}－HAP 纳米棒是在体内有效 PL 成像。

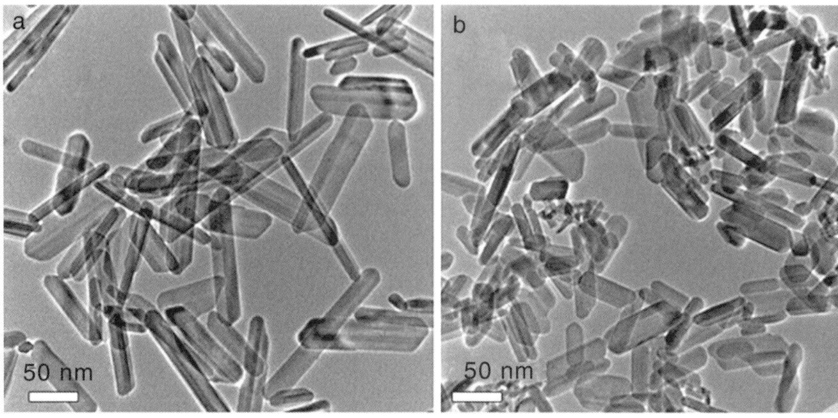

图 4-19　采用微波辅助水热法合成制备的 HAP

a. 未掺杂 HAP 纳米棒；b. Eu^{3+}/Gd^{3+} - HAP 纳米棒（Eu^{3+}/Gd^{3+} 摩尔比 = 1:1）

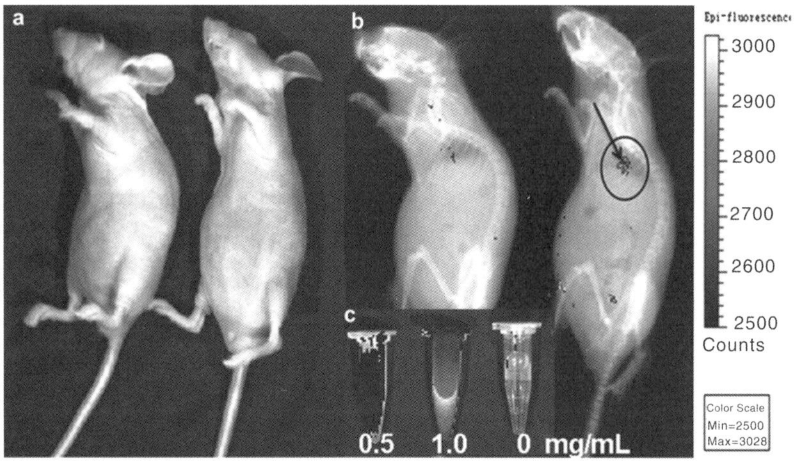

图 4-20　在小鼠皮下注射 HAP 纳米颗粒致发光现象

a. 空白组；b. Eu^{3+}/Gd^{3+} - HAP（Eu^{3+}: Gd^{3+} = 1:2）纳米棒；

c. 不同浓度 Eu^{3+}/Gd^{3+} - HAP 纳米棒的光致发光现象，激发波长为 430 nm。

植入体的感染是常见病和多发病。在 1 033 例全髋关节和全膝关节假体置换术感染中，主要发现的是好氧球菌，最常见的是金黄色葡萄球菌（23%）和凝固酶阴性葡萄球菌（25%）。HAP 是关节置换的主要材料，其与 Ag/Ag^{+} 的复合有效地降低了感染。最常用的方法是将 HAP 涂层浸泡在硝酸银溶液中一段时间[66]，通过离子交换法将 Ag 置换 Ca^{2+}。离子交换法使 Ag 主要停留在外表面涂层，并使其很快耗尽，在体内/体外没有长期的抗菌效果。为了实现连续释放 Ag，HAP 涂层必须整个厚度层都掺杂 Ag。目前已开发了溶胶—凝胶法、溅射和热或冷喷法、离子注入法等。特别是离子注入法[67,68]，在 HAP 涂层的区域形成梯度的 Ag 取代，在一定程度上解决了连续释放问题。

4.1.5.2 阴离子掺杂（取代）羟基磷灰石形的设计和合成

骨和牙矿物质是包含多个离子取代的磷灰石，其中碳酸根离子是最丰富的，占 2 ~ 8 wt. %。这一事实促使碳酸根取代羟基磷灰石（CHAP）的合成。在各种合成方法中，由于溶液中都有一定的 CO_2 存在，故合成和制备的 HAP 中或多或少含有一定量的碳酸根。碳酸根在 HAP 中的取代类型有两种，CO_3^{2-} 可以取代的 OH^- 位置为 A 型，取代 PO_4^{3-} 的位置为 B 型，自然骨中 A 型和 B 型取代都存在。W. Bonfield[69] 比较了碳酸取代 HAP 陶瓷和化学计量比 HAP 陶瓷在人破骨细胞共培养下的生物吸收情况。通过 SEM、表面形貌分析和 Ca 离子的浓度的定量分析可知，在 2.35wt. % 碳酸根含量之下，随着碳酸根含量的增加，陶瓷的生物降解吸收能力增强。

氟元素是另外一种重要的阴离子取代。F－HAP [FHAp; $Ca_{10}(PO_4)_6(OH, F)_2$] 在结构上和化学组成上比纯 HAP 更稳定，在体液中具有更低的溶解度，具有良好的耐体液腐蚀能力，主要存在于牙釉质部分。F－HAP 同样影响骨中的无机晶体结构和性能[70]。氟磷灰石的稳定性较羟基磷灰石好，降低了晶格中的磷灰石晶体的溶解度。在骨矿物中，氟离子已被证明通过改变结晶度和比表面积可以影响骨晶体结构。这些变化反过来导致骨矿物的化学变化。研究证实，氟会导致骨矿物形成速率降低；氟离子自身不扩散到骨矿物总分，但是会在生物矿化过程中进入骨质磷灰石结构。通常，氟积累在高度矿化的骨质部分，如牙釉质。

F－HAP 的设计和合成主要基于其在口腔修复体中的应用，即作为牙体最外层的牙釉质的仿生制备。由于自然牙釉质是多级有序的釉柱结构，故 Christian Rüssel 在微晶玻璃体系中利用高温挤出加工制备了定向排列的 F－HAP[71]。而陈海峰等则采用水热法，在金属基片表面合成了类牙釉质的釉丛结构[72]，在液相特别是在接近生理条件下（pH = 6，37 °C，1 atm）制备高度有序的 F－HAP 结构[73]。李红等[74] 则利用自组装技术在自然牙表面接枝极性官能团，在含 F^- 离子的 SBF 中形成了棒状的 F－HAP。冯祖德等[75] 采用 EDTA 辅助在 pH 6.00、37 °C 及 1 atm 的条件下在自然牙表面制备了类釉质层的 F－HAP，这种 F－HAP 不仅结构有序，而且在反应 5 天后，采用维氏硬度测得其硬度高于自然牙，如图 4－21 所示。李兰英等[76] 在含氟的模拟唾液中，在自然牙缺损表面形成了致密的棒状 HAP，其实验模拟唾液与自然口腔环境并且其无机离子含量与自然的相同，制备条件更接近生理条件。

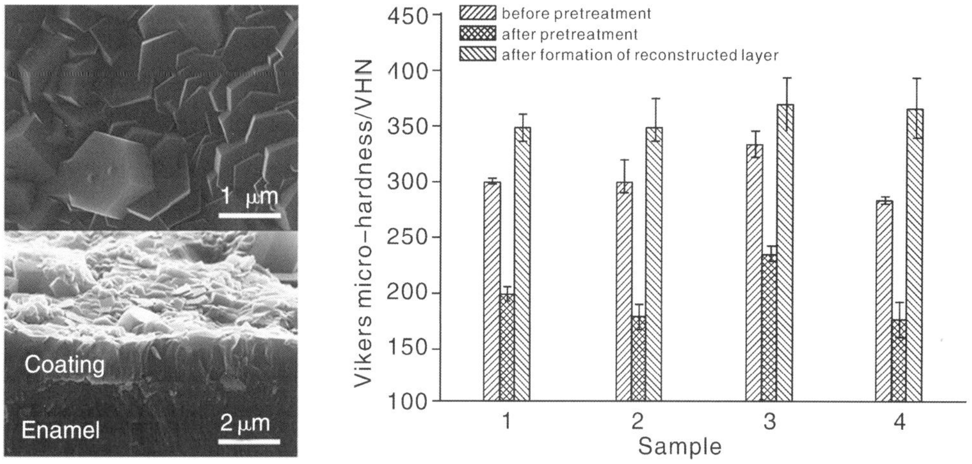

图 4－21　在 pH 6.00，37 °C，1 atm 的条件下在自然牙表面制备了类釉质层的 F－HAP 及其维氏硬度值[75]

4.2 生物玻璃的设计和合成

4.2.1 生物玻璃的发展历史

生物玻璃（Bioglass）是能实现特定的生物、生理功能的玻璃，即具有生物活性，将其植入体内能与骨组织形成骨性的共价结合，从而从根本上改变材料植入体内后的组织反应特性。第一代的生物活性玻璃采用经典的熔融法制备，以 $CaO-P_2O_5-SiO_2-Na_2O$ 四元体系为最基本组分。最早发明的45S5生物玻璃是由佛罗里达大学的Hench教授于1972年研究开发出来的。20世纪90年代，Hench教授研究组的Li、Zhong等通过现代溶胶—凝胶技术成功制备了58S、77S等生物活性玻璃[77,78]。这种方法可以在较低的温度下制备生物玻璃，组分分布可达分子级别，因而大大提高了生物玻璃的结构均匀性和可设计性；同时溶胶—凝胶生物玻璃具有较高的比表面积从而具有较高的生物活性。溶胶—凝胶工艺的出现带来了新一代生物活性玻璃材料的研究热潮[79,80]。

生物玻璃按其生物特性分为生物活性生物玻璃和生物惰性玻璃陶瓷。玻璃陶瓷是玻璃受控析晶的产物，与玻璃的无定形结构不同，玻璃陶瓷含有2%～98%的晶体，故其力学性能普遍优于生物玻璃，可用于制作人工椎板、人工椎骨等承重部件。有些生物玻璃陶瓷还具有良好的可加工性，可制作形状复杂的口腔修复体。生物活性玻璃通常有良好的生物相容性，无细胞毒性，且可以与骨组织形成牢固的化学键合，促进骨组织的再生，同时还可以促进软组织的再生，具有优良的生物活性。高生物活性的生物玻璃陶瓷人工骨、钛基金属的生物活性涂层、骨组织修复用的生物活性粉体、皮肤创面愈合生物玻璃辅料等各种产品已经应用于临床治疗，并取得了良好的治疗效果。

尽管如此，目前科学家对生物活性玻璃的结构、理化及生物学性能研究仍在不断深入，特别是近年来在生物活性玻璃的细胞学研究方面取得了一些突破性进展，证明其具有一定的细胞和基因激活作用[81]，通过Si，Ca元素的释放可以达到基因激活及促进新骨形成的作用，这已经再次引起生物材料学界的高度重视。

4.2.2 生物玻璃的组成和性能

4.2.2.1 生物玻璃的组成和结构

目前生物活性玻璃以 $CaO-SiO_2-P_2O_5$ 为主要组成成分，其组成成分的设计基本基于图4－22所示相图[82]。为了降低熔融温度，提高其生物活性，人们在其组成成分中添加一些碱金属或者碱土金属氧化物。最常见的熔融生物活性玻璃45S5即为 $45\%\ SiO_2-24.5\%\ Na_2O-24.5\%\ CaO-6\%\ P_2O_5$ 四元系统。从材料学的观点来看，生物玻璃的结构特点如下：①三维网络结构硅氧四面体中有三个氧原子与相邻四面体共用，另一氧原子以双键与磷原子相连，处于亚稳态。②玻璃网络结构中若添加碱金属或碱土金属氧化物，玻璃网络结构就会被部分破坏，非桥氧数量增加，从而溶解性增强，生物活性也增强；而若向玻璃中引入 Al^{3+}，B^{3+}，Ga^{3+} 等三价元素，则可打开双键，非桥氧数量减少，电价平衡，结构趋于稳定，生物活性降低。

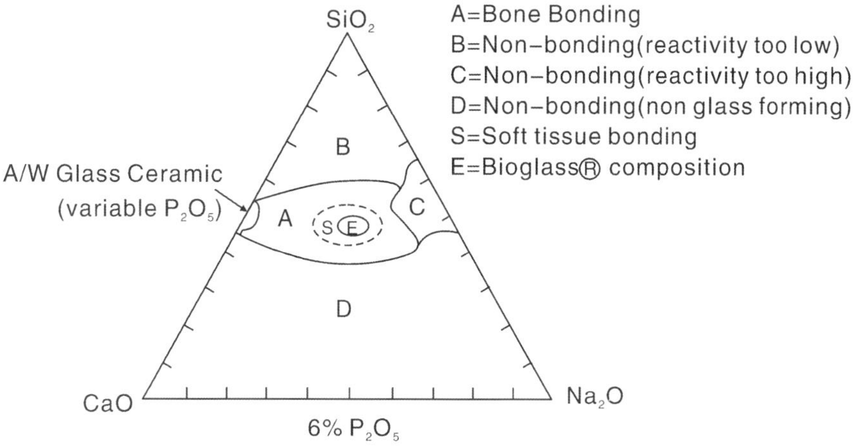

图 4－22　生物玻璃的组成与骨结合之间的关系，其中 S 区域既可以与骨和软骨形成骨性结合又具有基因激活作用

此外，在此体系基础上，一些其他玻璃陶瓷体系也得以发展，如 $Na_2O-K_2O-MgO-CaO-P_2O_5-SiO_2$体系的 Cerātival、A－W（磷灰石－硅灰石）体系、$Na_2O-K_2O-MgO-CaO-Al_2$体系、$O_3-P_2O_5-SiO_2-F$ 等可切削玻璃陶瓷体系。

4.2.2.2　生物活性玻璃降解及离子释放行为

生物材料在生物体内的降解主要通过溶解、酶解和细胞吞噬三种方式。溶解分为物理溶解和化学溶解。物理溶解主要指材料在体液或是细胞的作用下，由溶解导致的材料降解；化学溶解主要指材料在体液或是细胞的作用下，发生材料表面的化学溶解而使材料表面降解；酶解和细胞吞噬主要指材料在细胞及各种生物酶的作用下，被生物细胞吞噬、吸收从而发生的降解过程。

生物活性玻璃是一种典型的硅酸盐无机材料，同普通玻璃一样，在体液中发生的降解过程属于溶解过程，同时伴随着玻璃网络中的离子释放过程，最后由于玻璃网络骨架的破坏而发生降解，其降解过程是和它的羟基磷灰石形成过程密切相关的，其为一种可降解材料。在体液环境中，由于生物玻璃释放大量的玻璃网络离子，而离子释放会导致体液中的钙离子浓度过于饱和，从而在生物玻璃表面形成磷酸钙类无机矿物，离子释放与磷酸钙沉积同时进行，最终生物玻璃降解，而羟基磷灰石形成。由于在体液环境中，生物玻璃表面最先由于离子释放形成比表面积很大的硅胶层，从而吸附大量胶原蛋白，所以材料被这些物质牢牢包裹，故而酶解和细胞吞噬的降解方式不会发生。然而，生物活性玻璃降解的过程是否存在细胞介导的过程目前还需要进行进一步的研究。

4.2.2.3　生物玻璃表面羟基磷灰石活性的形成

与惰性生物材料相比，生物玻璃之所以具有生物活性，是因为生物玻璃在体液中可以形成类骨 HAP 层，然后吸附胶原和细胞，参与生命过程。类骨 HAP 层是参与生命过程的关键。长期以来，生物玻璃材料在体液和模拟体液中沉积 HAP 的能力被用来作为评判其活性好坏的重要依据。

当生物活性玻璃浸入体液或模拟体液环境中时，首先发生的是材料中的 Ca，Na 等离子迅速与体液中的氢离子进行交换，导致玻璃结构中 Si－O 键的断裂，在玻璃表面聚合形成一层高比表面积的 Si－OH 凝胶层。在弱碱性的条件下，该凝胶层带负电，吸附 Ca^{2+}，PO_4^{3-} 的沉积，沉积的无定型 Ca－P 层经过晶化后形成类骨 HAP。早期制备的熔融法生物活性玻璃由于结构致密，与液体环境接触面积小，所以离子释放速率慢，生物活性较低。而45S5 由于含有大量 Na^{+} 等易溶性离子，所以生物活性较高。相对于熔融法生物活性玻璃，溶胶—凝胶法玻璃由于具有多孔的结构，比表面积大，离子释放速率快，所以 Si－OH 的凝胶层形成速率也大大提高，从而显示出高的生物活性。

生物活性玻璃的磷灰石形成活性主要取决于材料的离子释放速率、化学组成、结晶度、形态、尺寸大小等参数。随着对骨修复材料研究的深入，“生物活性”已不能局限于 HAP 的沉积能力，材料与细胞间的相互作用以及在体内组织的生长情况等也成为评价材料活性的重要依据。生物玻璃在这方面显示出了优势，其释放出的 Si 不仅能诱导 HAP 的沉积，而且能促进骨细胞的基因表达，加快骨细胞的增殖。

4.2.2.4 生物玻璃与骨形成骨性结合的机理

生物玻璃最显著的特性就是与骨组织能形成化学键合。1982 年，Hench 和 Clark 教授经过体内外试验，首先确定了生物玻璃与骨的结合，并在各学科专家的共同努力下，将生物活性玻璃与骨结合的过程分成以下十二步[82]：

（1）玻璃中的 Na^{+} 和 K^{+} 等与溶液中的 H^{+} 离子以及 H_3O^{+} 离子迅速交换：

$$Si-O-Na^{+}+H^{+}+OH^{-}\longrightarrow Si-OH^{+}+Na^{+}+OH^{-};$$

（2）SiO_2 以 Si（OH）$_4$的形式溶于溶液中，导致 Si－O－Si 键被溶解打开，Si－OH 在界面处形成；

（3）Si－OH 的缩聚聚合反应在玻璃表面形成富多孔硅溶胶的胶体层：

$$Si-OH+OH-Si\longrightarrow -Si-O-Si+H_2O;$$

（4）玻璃中的 Ca^{2+} 和体液中的 PO_4^{3-} 在富 SiO_2 上聚集形成富 Ca，P 层；

（5）随着 OH^{-}，CO_3^{2-} 和 HPO_4^{2-} 从体液中引入，富 Ca，P 非晶相层转变成碳酸羟基磷灰石（HCA）晶体；

（6）HCA 层内生物部分地吸附，主要是吸附生长因子；

（7）巨噬细胞反应，为材料的植入和组织的再生修复做准备；

（8）成骨细胞的源细胞附着；

（9）成骨细胞增殖及分化；

（10）基质产生，成骨细胞的细胞外基质产生，为骨质的形成做好准备；

（11）基质晶化和骨形成，主要是胶原的矿化和骨质的形成；

（12）成骨，HCA 和胶原复合结构形成骨组织。

在这十二步中，前五步是材料的表面反应，进行得比较快。最终的骨质形成（10～12 步）需要 6～12 天。

4.2.3 生物玻璃的合成与制备

4.2.3.1 熔融生物活性玻璃

第一代的生物玻璃和玻璃陶瓷以及临床应用的生物活性玻璃商品都是通过熔融法制备

的[82]。其制备方法类似于传统制备玻璃的方法。即首先混合一定量组成的原料，然后在1 300 ℃ ~1 500 ℃的高温下熔融，最后淬冷制得。熔融法制备生物玻璃要求条件高，能耗较大；另外由于其结构较为致密，高温熔融条件下材料组成不够均匀，比表面积小，生物活性主要取决于其化学组成。

表4－3为常用的生物玻璃组成中的组分含量及类型。生物玻璃中被研究最多并已被广泛应用于临床的是45S5系列生物活性玻璃，其化学组成以 $Na_2O-CaO-SiO_2-P_2O_5$ 四元系统为主。同时为了改善生物活性玻璃的结构和性质，有时还可以添加少量F，B等元素。生物活性玻璃的基础性研究、动物及临床试验研究发现，生物玻璃确实具有良好的生物相容性和较高的骨修复能力。20世纪80年代中期至90年代初其产品陆续应用于牙周缺损及骨缺损填充和修复等方面，取得了良好的治疗效果。后来的研究还发现，45S5生物玻璃也可与皮肤等软组织形成良好的结合，并促进其再生，使熔融法制备生物玻璃应用更广泛。

表4－3　熔融法制备生物玻璃的成分一览表

Samples	SiO_2	Na_2O	CaO	CaF_2	P_2O_5	B_2O_3	Al_2O_3
45S5.4F	46.1	24.4	16.2	10.8	2.6	0	0
45S5	46.1	24.4	26.9	0	2.6	0	0
S63.5P6	65.7	15.0	15.5	0	2.6	0.4	0.6
S53P4	53.9	22.6	21.8	0	1.7	0	0
S45P7	46.6	24.1	24.4	0	3.0	1.8	0
52S4.6	52.1	21.5	23.8	0	2.6	—	—
55S4.3	55.1	20.1	22.2	0	2.6	—	—
60S3.8	60.1	17.7	19.6	0	2.6	—	—
60SF	60.1	17.7	11.76	7.84	2.6	—	—

4.2.3.2　溶胶—凝胶生物活性玻璃

溶胶—凝胶法是一种常温下制备无机材料的新方法，20世纪90年代被Hench教授课题组引入制备生物活性玻璃材料的方法中。制备过程中主要利用室温下，生物玻璃组成中Ca，P，Si的前驱体在酸或碱的催化下均匀水解形成生物玻璃溶胶，然后陈化形成凝胶，最后干燥热处理除去有机物残留获得生物玻璃材料。由于用这种方法制备的生物玻璃的网络结构是在溶胶缩聚的过程中形成的，因而不需要较高的煅烧温度，一般在700 ℃以下即可。另外，该方法由于在分子水平上设计材料的组成，所以凝胶化之后结构中具有大量的微纳米介孔，从而制备的生物玻璃具有高的比表面积，所以显示出了较高的生物活性[77,78]。

溶胶—凝胶法制备的材料化学组成以 $CaO-P_2O_5-SiO_2$ 系统为主，具体组分可调节。几种常见的溶胶—凝胶生物活性玻璃的化学组成如表4－4所示。常见的生物活性玻璃溶胶—凝胶工艺以正硅酸乙酯（TEOS）作为硅源、磷酸三乙酯（TEP）作为磷源，在一定的pH值下先行水解，再加入可溶性的金属盐（如硝酸钙等）。由于工艺的特性，其组成成分调节范围宽、可掺杂的元素多，可制备不同要求的生物玻璃。对其组成、结构和性能的研究表明，由于特殊的制备工艺而导致其网络结构不同于传统熔融法制备的生物活性玻璃，所以其结构相对较疏松，结构中含有大量的羟基（－OH）。进一步的研究表明，溶胶—凝胶生物活性玻璃由大量纳米级微球组成（如图4－23所示），因此具有巨大的比表面积，这些结构特性使其具有较熔融法制备的生物活性玻璃更高的生物活性[83,84]，可以加速材料表面的生物矿化速率、蛋白的粘附和细胞附着，也有利于材料的表面修饰、生物组装及生长因子的控制释放，促进新骨组织的生长。

表4－4　几种溶胶—凝胶生物活性玻璃的化学组成

样品名称	SiO_2 (mol%)	P_2O_5 (mol%)	CaO (mol%)	Na_2O (mol%)
49S	50	4	46	0
58S	60	4	36	0
68S	70	4	26	0
77S	80	4	16	0
45S5（熔融法）	46.1	2.6	26.9	2.4

图4－23　58S生物玻璃900 ℃煅烧后的截面图[83]

相对于熔融生物玻璃而言，溶胶—凝胶生物活性玻璃具有以下优点：

（1）制备条件在室温下进行，热处理温度在600 ℃～900 ℃，远低于熔融法，工艺简单；

（2）溶液混合，化学成分的均匀性可达分子级别；

（3）采用化学试剂为原料，产品化学纯度高；

（4）可以对材料的组成和分子结构进行设计；

（5）比表面积大，有较高的化学活性和吸附特性，容易进行复合以及表面生物功能化；

（6）容易制备超细粉体、薄膜、涂层、纤维等多种形式的生物活性玻璃材料。

溶胶—凝胶生物活性玻璃由于具有上述一系列优点，被生物材料领域誉为新一代的生物活性玻璃。

4.2.3.3　模板溶胶—凝胶生物活性玻璃

模板合成的溶胶—凝胶生物活性玻璃是近年来出现的一类新型生物活性玻璃材料。模板合成的生物活性玻璃大大拓宽了其在生物医药领域的应用。与传统溶胶—凝胶生物活性玻璃相比，模板合成的生物活性玻璃有着高度有序的介孔结构、更大的比表面积、更好的成骨活性，在骨组织再生和药物输送领域有着广泛的应用前景[85]。

采用低温溶胶—凝胶工艺结合有机高分子聚氧乙烯—聚氧丙烯—聚氧乙烯共聚物自组装技术可制备高度有序的介孔生物活性玻璃（MBG）[85]。图 4 - 24 是有序介孔生物活性玻璃透射电镜（TEM）的图片。图 4 - 25 是 MBG 在模拟体液（SBF）中浸泡 8 h 后，有序介孔溶胶—凝胶生物活性玻璃形成针状磷灰石的图片，其形成速率明显高于传统的溶胶—凝胶生物活性玻璃，并与孔大小和三维形态密切相关。

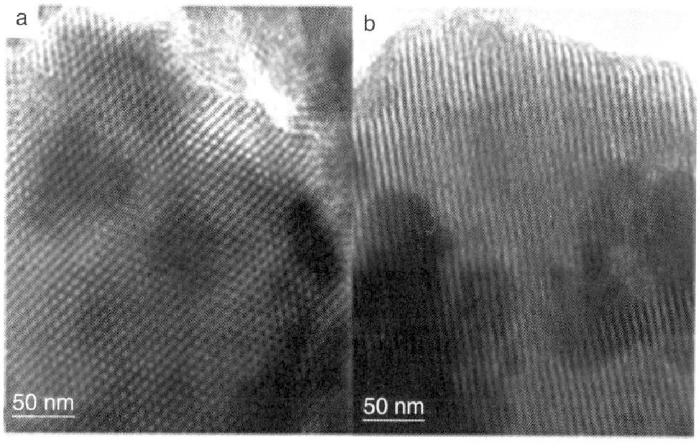

图 4 - 24　煅烧后的有序介孔生物活性玻璃的 TEM

a. [001]；b. [100] 方向[85]

（A）有序介孔生物玻璃　　（B）普通生物玻璃

图 4 - 25　有序介孔生物活性玻璃体外针状磷灰石的形成（在 SBF 反应 8 h）

2006 年，Ostomel 等[86]采用喷雾干燥法结合模板溶胶—凝胶技术制备了有序介孔生物活性玻璃微球，将其应用于止血的研究。一些研究者利用高度有序介孔溶胶—凝胶生物活性玻璃的制备工艺和性质，证实介孔的有序性随着生物玻璃中硅的含量的增加而增加，随着钙的含量的增加而降低，无法制备出高钙含量的高度有序介孔生物活性玻璃。Zhang 等[87]详细研究了有序介孔生物活性玻璃的生物矿化活性，提出了结构与体外磷灰石形成活性的关系，结果表明有序介孔有着与传统材料不同的磷灰石成核机制。Chang 等[88]首次研究了将有序介孔生物活性玻璃应用于药物分子负载运输的情况，实验测试了药物庆大霉素在 MBG 中的负载和释放情况，结果显示与传统生物玻璃相比，药物负载量提高了三倍，并且 MBG 中的药物释放突释效应明显小于传统生物玻璃。随后大量研究有序介孔生物玻璃增强复合材料的实验都有一个共同的发现：与传统溶胶—凝胶生物玻璃相比，有序介孔生物玻璃增强的复合材料显著促进骨相关细胞的粘附、增殖和分化。

4.2.3.4 微纳米生物活性玻璃制备

微纳米生物活性玻璃（Micro - Nano Bioactive Glass，MNBG）是指一种颗粒尺寸小到纳米至几个微米级的玻璃粉。这种玻璃粉用传统的方法很难制备，但具有优良的生物学性能。从有限的文献来看，MNBG 的制备方法目前主要有火焰喷射法、微乳液法、溶胶—凝胶模板法、高能球磨法等。

应用火焰喷射熔融工艺可合成钠硅酸盐生物玻璃和硼硅酸盐生物玻璃纳米粉体，粒径分布在 20 ~ 80 nm，比表面积 70 ~ 200 m^2g^{-1}，在 SBF 溶液中这些材料呈现不同的活性，但一定时间后都生成了碳酸羟基磷灰石[89]。用这种方法制备的生物玻璃属于熔融体系材料，颗粒分散性不好，形貌如图 4 - 26 所示：

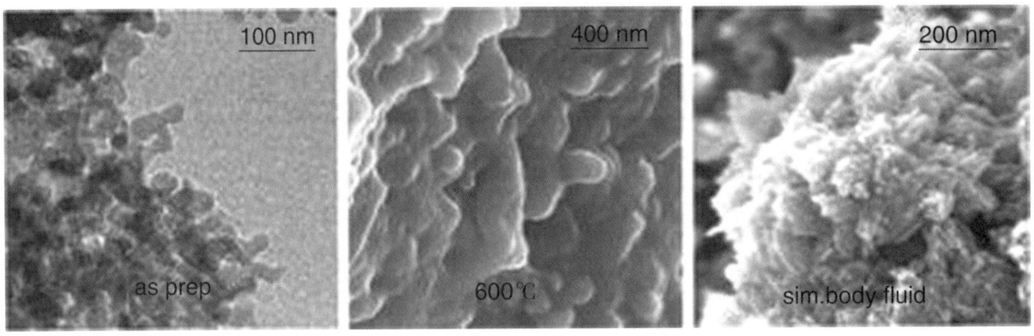

图 4 - 26 用火焰喷雾制备的纳米生物活性玻璃及其在 SBF 溶液中形成的生物活性层[89]

微乳液是由表面活性剂和助表面活性剂组成的混合的稳定胶束，直径一般在 10 ~ 100 nm 范围内。合成反应一般在胶束内进行，可以很好地控制合成粉体的形貌和大小。微乳液法制备的纳米粉体，所得粉体粒度分布窄，不易团聚，且容易控制，但缺点是工艺较为复杂，纳米材料制备不易控制。陈晓峰等[90]利用微乳液法合成的单分散的纳米生物活性玻璃具有不同于普通溶胶—凝胶生物活性玻璃的生物学性质。采用 Triton X - 100 - 正辛醇—环已烷—水体系制备生物活性玻璃，图 4 - 27 为单分散的纳米生物活性玻璃 TEM 图。可以看出得到的玻璃颗粒尺寸均匀，且尺寸均在 100 nm 以下。

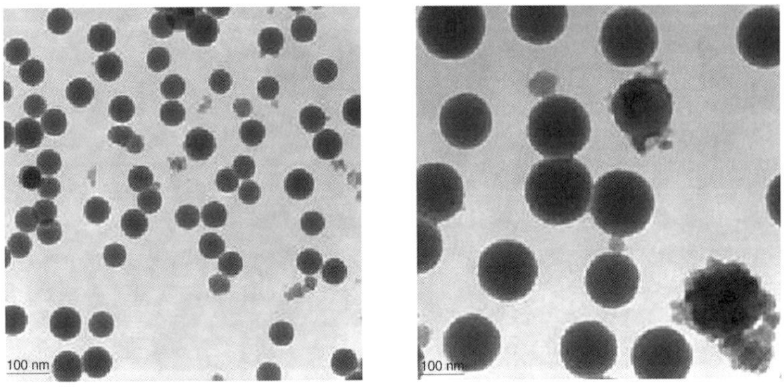

图 4 - 27 用微乳液法合成的单分散的生物玻璃纳米粒子的 TEM[90]图

郭常亮等采用简单的湿法研磨工艺制备出了溶胶—凝胶生物活性玻璃超细纳米粉体（uS-BG），制备过程中采用乙醇作为分散介质[91]。粒度分布图表明，微米级的 SBG 在经过湿法研磨和冷冻干燥处理后，得到的 uSBG 粉体粒径分布在 1 μm 以下，在 100～400 nm 之间的粉体较为集中，平均粒径为 265 nm。这说明结合溶胶—凝胶和湿法研磨工艺可以制备生物活性玻璃超细粉体。

通过超分子（蛋白质、细菌等）模板自组装，合成具有等级结构的、高度有序的无机复合材料，这种模板自组装技术广泛存在于天然骨组织的形成过程中，因而借鉴仿生学的知识，模板合成已经成为材料学与生物学的重要研究方向。这种技术同样可以合成独特结构的微纳米生物活性玻璃。

采用非离子表面活性剂吐温－80 为模板可合成纳米簇状的生物活性玻璃（如图 4－28 所示）[92]。生物活性玻璃纳米簇的宽度在 50～120 nm 范围内不等，长度范围为 200～500 nm。从图中可以观察到纳米线宽度约为 10 nm，还可以清晰地发现堆积排列的纳米线之间存在几个纳米的介孔孔隙，通过氮气吸附—脱附分析测试还可以得出，生物活性玻璃纳米簇的比表面积为 205.3 m^2/g，平均孔体积为 0.240 8 cm^3/g，由此可以看出，生物玻璃纳米簇材料具有较高的比表面积。仔细观察材料的结构还可以知道，生物玻璃纳米簇的孔径主要分布在 1.5～3 nm 范围内，平均孔径 6.372 nm。

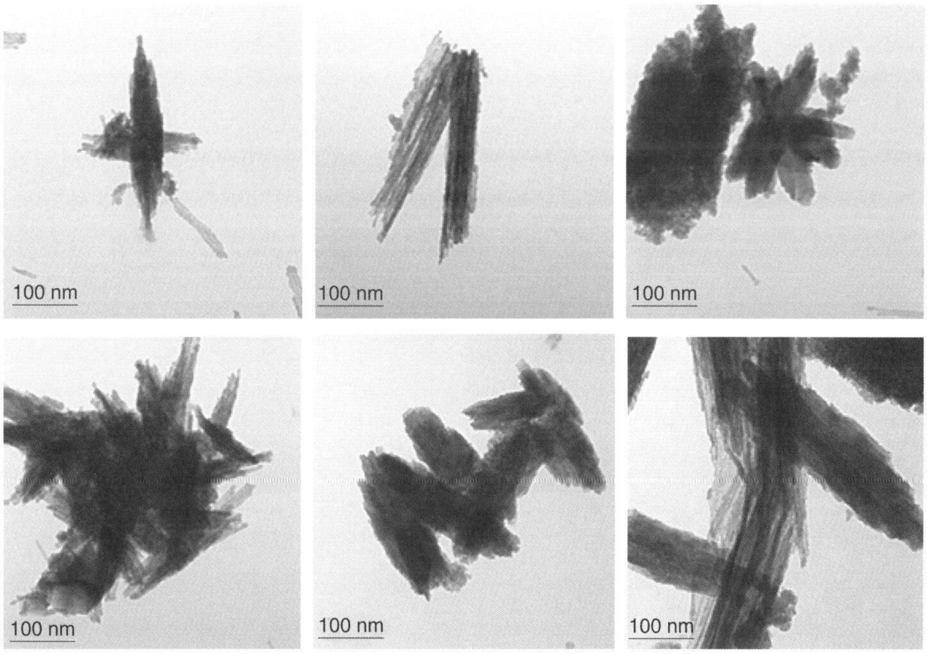

图 4－28　各种形状的纳米簇状的生物活性玻璃的 TEM 照片[92]

共沉淀化学的方法是合成纳米无机材料的常用方法，这种方法制备的纳米材料最主要的优点是工艺简单，制备纳米颗粒分散性较好，缺点是颗粒形状以及分布难以控制。Hong 等[93]采用溶胶—凝胶共沉淀法制备了纳米生物活性玻璃陶瓷颗粒，颗粒大小在 50～100 nm 之间。

静电纺丝的方法是近年来制备纳米有机聚合物纤维的常用方法。最近静电纺丝的方法被用来制备纳米溶胶—凝胶生物活性玻璃纤维材料。Kim 等[94]最先采用溶胶—凝胶结合静电纺丝技术制备了纳米级生物活性玻璃纤维材料，如图 4-29 所示。通常先制备生物活性玻璃溶胶，在生物玻璃溶胶中加入一定的辅助溶剂（一般是有机高分子），以提高溶胶的粘度，便于成功成丝。生物矿化实验和细胞培养实验表明该材料具有比传统材料更好的磷灰石形成活性，与纯的 PCL 纳米纤维相比具有更好的细胞相容性。

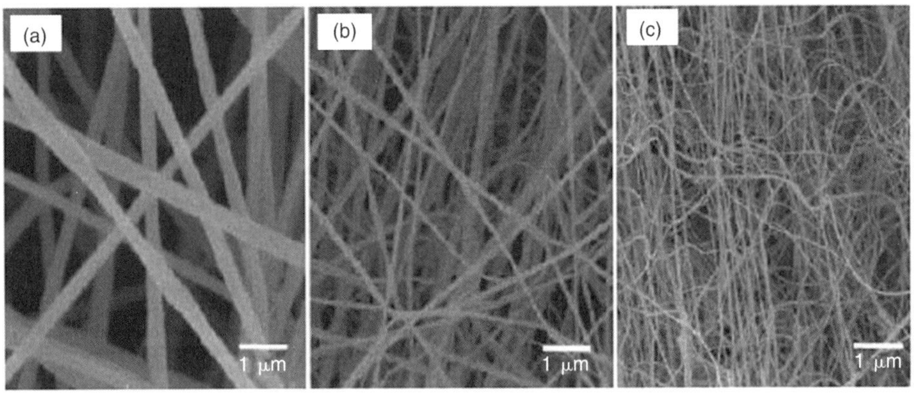

图 4-29　溶胶—凝胶—静电纺丝制备的纳米生物活性玻璃纤维[94]

尽管静电纺丝的方法可以制备出纳米生物活性玻璃纤维，但由于溶胶—凝胶工艺的限制，纳米纤维经过煅烧之后，力学强度大大降低，单独使用受到很大限制[95]。2009 年，Quintero 等[96]采用激光吹制的方法制备了熔融生物活性玻璃纳米纤维，这种纳米纤维相比溶胶—凝胶纳米生物活性玻璃纤维具有较大的力学强度，制备工艺较为简单，如图 4-30 所示。

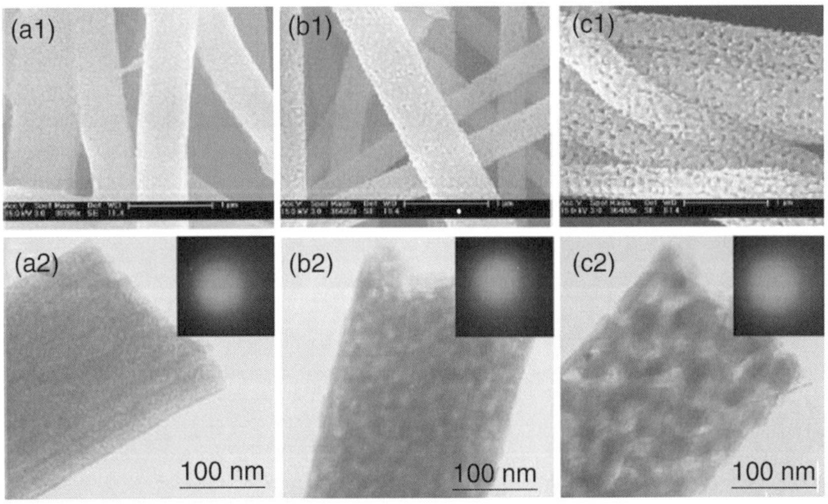

图 4-30　不同条件下制备有序介孔溶胶—凝胶生物活性玻璃纳米纤维[96]

Hong 等[97]在 Kim 静电纺丝制备纳米生物玻璃纤维的基础上，以 P123 共聚物为模板，制备了有序介孔的生物玻璃纳米纤维，并测试了这种材料的药物释放性质，研究表明该介孔纳米纤维具有可调的体外生物矿化性质以及药物释放能力。

与传统的生物活性玻璃相比，微纳米溶胶—凝胶生物活性玻璃由于其独特的微纳米结构而使其具有不同于传统生物活性玻璃的独特的性质[97]：较快的磷灰石形成能力、较高的降解速率以及较高的生物活性增强相。

【参考文献】

1. Ripamonti U.. Osteoinduction in Porous Hydroxyapatite Implanted in Heterotopic Sites of Different Animal Models. *Biomaterials*, 1996, 19 (1): pp. 31 –35.

2. Yuan H., Kurashina K., Bruijn D. J., Li Y., Groot K., Zhang X.. A Preliminary Study on Osteoinduction of Two Kinds of Calcium Phosphate Ceramics. *Biomaterials*, 1999, 20 (19): pp. 1799 –1806.

3. LeGeros R. Z.. Properties of Osteoconductive Biomaterials: Calcium Phosphates. *Clini. Ortho. Rela. Res.*, 2002 (395): pp. 81 –98.

4. Vallet – Regí, M., González – Calbet J. M.. Calcium Phosphates as Substitution of Bone Tissues. *Prog. Solid Stat.* Chem, 2004, 32 (1 – 2): pp. 1 –31.

5. Weiner S., Wangner H. D. The Materials Bone: Structure – mechanical Function Relations. *Annual Review of Materials Science*, 1998, 28: pp. 271 –298.

6. Zhang H. B., Cui F. Z., Li H. D.. Characterizing the Hierarchical Structures of Natural Ivory. *Mater. Res. Soc. Sym. Proc.*, 1991 (255): pp. 151 –154.

7. Cui F. Z., Wen H. B., Zhang H. B., et al.. Anisotropy of Micro Indentation and Morphology in Natural Ivory. *Mater. Sci. Eng.*, 1994 (C2): pp. 87 –89.

8. Cui F. Z., Wen H. B., Zhang H. B., et al.. Nanophase Hydroxyapatite – like Crystal in the Natural Ivory. *J. Mater. Sci. Let.*, 1994 (13): pp. 1024 –1027.

9. Weiner S., Wangner H. D.. The Materials Bone: Structure – mechanical Function Relations. *Annual Review of Materials Science.*, 1998 (28): pp. 271 –298.

10. Jean E. A., Brian O., Nicholas. D., Howard C.. Calcified Microspheres as Biological Entities and Their Isolation from Bone. *Histo. J.*, 1999 (31): pp. 455 –470.

11. Heinz A. L., Stephen W.. *On Biomineralization.* New York: Oxford University Press, 1989.

12. Fincham A. G., Moradian – Oldak J., Simmer J. P.. The Structural Biology of the Developing Dental Enamel Matrix. *J. Stru. Bio.*, 1999 (126): pp. 270 –299.

13. LeGeros R. Z., Calcium Phosphates in Oral Biology and Medicine. *Monogr. Oral Sci.*, 1991 (15): pp. 1 –201.

14. Daculsi G., Bouler J. –M., LeGeros R. Z.. Adaptive Crystal Formation in Normal and Pathological Calcifications in Synthetic Calcium Phosphate and Related Biomaterials. *Inter. Rev. Cyto.*, 1997 (172): pp. 129 –191.

15. Dorozhkin V. S.. Calcium Orthophosphates in Nature. *Bio. Med. Mater.*, 2009 (2): pp. 399 –498.

16. Lynn A. K., Bonfield W.. A Novel Method for the Simultaneous, Titrant – free Control of pH and Calcium Phosphate Mass Yield. *Acc. Chem. Res.*, 2005 (38): pp. 202 –207.

17. Mann S.. Molecular Recognition in Biomineralization. *Nature*, 1988 (332): pp. 119 –124.

18. 李丽颖，宋文华，陈铁红．阴离子氨基酸表面活性剂调控下水热合成 HAP 纳米片．物理化学学报，2009，25 (11): 2404 ~2408.

19. Xin R., Yu K.. Ultrastructure Characterization of Hydroxyapatite Nanoparticles Synthesized by EDTA – assisted Hydrothermal Method. *J. Mater. Sci.*, 2009 (44): pp. 4205 –4209.

20. 张兰兰，薛博，李红．有机小分子调控下的羟基磷灰石的合成．材料导报，2012，26 (6): 75 ~78.

21. Zhang C., Yang J., Quan Z., Yang P., Li C., Hou Z.. Hydroxyapatite Nano and Microcrystals with Multiform Morphologies: Controllable Synthesis and Luminescence Properties. *Cryst. Growth Des.*, 2009, 9 (1): pp. 2725 –2733.

22. Neira S. I., Kolen'ko V. Y., Lebedev I. O., Tendeloo V. G., Gupta H. S., Guitia'n F. Yoshimura M.. An Effective Morphology Control of Hydroxyapatite Crystals via Hydrothermal Synthesis. *Cryst. Growth Des.*, 2009, 9 (1): pp. 466 –474.

23. Lim G. K., Wang J., Nga S. C., Chew C. H., Gan L. M.. Processing of Hydroxyapatite via Microemulsion and Emulsion Routes. *Biomaterials*, 1997 (18): pp. 1433 –1439.

24. Bose S. , Saha S. K. . Synthesis and Characterization of Hydroxyapatite Nanopowders by Emulsion Technique. *Chem. Mater.* , 2003, 15 (23): pp. 4464 - 4469.
25. Li H. , Zhu M. , Li L. , Zhou C. . Processing of Nanocrystalline Hydroxyapatite Particles via Reverse Microemulsions. *J. Mater. Sci.* , 2008 (43): pp. 384 - 389.
26. Sun Y. , Guo G. , Tao D. , Wang Z. . Reverse Microemulsion - directed Synthesis of Hydroxyapatite Nanoparticles under Hydrothermal Conditions. *J. Phys. Chem. Solids.* , 2007, 68 (3): pp. 373 - 377.
27. Habibovic P. , Barrére F. , van Blitterswijk C. A. , de Groot K. , Layrolle P. . Biomimetic Hydroxyapatite Coating on Metal Implants. *J. Am. Ceram. Soc.* , 2002 (85): pp. 517 - 522.
28. Rhee S. H. , Lee J. D. , Tanaka J. . Nucleation of Hydroxyapatite Crystal through Chemical Interaction with Collagen. *J. Am. Ceram. Soc.* , 2000 (83): pp. 2890 - 2892.
29. Zhang W. , Liao S. S. , Cui F. Z. . Hierarchical Self - assembly of Nano - Fibrils in Mineralized Collagen. *Chem. Mater.* , 2003 (15): pp. 3221 - 3228.
30. Maas M. , Guo P. , Keeney M. , Yang F. , Hsu M. T. , Fuller G. G. , Martin R. C. , Zare N. R. . Preparation of Mineralized Nanofibers: Collagen Fibrils Containing Calcium Phosphate. *Nano. Lett.* , 2011, 11 (3): pp. 1383 - 1388.
31. Fandrich M. , Fletcher M. A. , Dobson C. M. . Amyloid Fibrils from Muscle Myoglobin. *Nature*, 2001 (410): pp. 165 - 170.
32. Ryadnov M. G. , Woolfson D. N. . Engineering the Morphology of a Self - assembling Protein Fibre. *Nat. Mater.* , 2003 (2): pp. 329 - 332.
33. Lei M. , Li P. G. , Sun Z. B. , Tang W. H. . Effects of Organic Additives on the Morphology of Calcium Carbonate Particles in the Presence of CTAB. *Mater. Let.* , 2006 (60): pp. 1261 - 1264.
34. Ma M - G. , Zhu Y - J. , Cheng G - F. , Huang Y - H. . Fabrication and Characterization of $BaCO_3$ Nanostructures. *Mater. Let.* , 2008 (62): pp. 3110 - 3113.
35. Xiao J. , Qi L. . Surfactant - assisted, Shape - controlled Synthesis of Gold Nanocrystals. *Nanoscale*, 2011 (3): pp. 1383 - 1396.
36. Shih W - J. , Wang M - C. , Hon M - H. . Morphology and Crystallinity of the Nanosized Hydroxyapatite Synthesized by Hydrolysis Using Cetyltrimethylammonium Bromide (CTAB) as a Surfactant. *J. Cryst. Growth*, 2005 (275): pp. 2339 - 2344.
37. Ma T. , Xia Z. , Liao L. . Effect of Reaction Systems and Surfactant Additives on the Morphology Evolution of Hydroxyapatite Nanorods Obtained via a Hydrothermal Route. *Appl. Surf. Sci.* , 2011 (257): pp. 4384 - 4388.
38. Zheng W. , Wang Z. G. . Morphology of ABC Triblock Copolymer. *Macromolecules*, 1995 (28): pp. 7215 - 7226.
39. Liu S. Y. , Weaver J. V. M. , Save M. , Armes S. P. . Synthesis of pH - Responsive Shell Cross - linked Micelles and Their Use as Nanoreactors for the Preparation of Gold Nanoparticles. *Langmuir*, 2002 (18): pp. 8350 - 8357.
40. Hu J. , Qian Y. , Wang X. , Liu T. , Liu S. . Drug - loaded and Superparamagnetic Iron Oxide Nanoparticle Surface - embedded Amphiphilic Block Copolymer Micelles for Integrated Chemotherapeutic Drug Delivery and MR Imaging. *Langmuir*, 2012, 28 (4): pp. 2073 - 2082.
41. Aoba T. . The Effect of Fluoride on Apatite Structure and Growth. *Cri. Rev. in Oral Biol. & Med.* , 1997 (8): pp. 136 - 153.
42. Webster J. T. , Massa - Schlueter A. E. , Smith L. J. , Slamovich B. E. . Osteoblast Response to Hydroxyapatite Doped with Divalent and Trivalent Cations. *Biomaterials*, 2004 (25): pp. 2111 - 2121.
43. Chen F. , Huang P. , Zhu Y - J. , Wu J. , Zhang C - L. , Cui D - X. . The Photoluminescence, Drug Delivery and Imaging Properties of Multifunctional Eu^{3+}/Gd^{3+} Dual - doped Hydroxyapatite Nanorods. *Biomaterials*, 2011 (32): pp. 9031 - 9039.
44. Bai X. , More K. , Rouleau M. C. , Rabiei A. . Functionally Graded Hydroxyapatite Coatings Doped with Antibac-

terial Components. *Acta Biomaterialia*, 2010 (6): pp. 2264 - 2273.

45. Gibson I. R., Best S. M., Bonfield W.. Chemical Characterization of Silicon - substituted Hydroxyapatite. *J. Biomed. Mater. Res.*, 1999 (44): pp. 422 - 428.
46. Porter A. E., Patel N., Skepper J. N., Best S. M., Bonfield W.. Comparison of in Vivo Dissolution Processes in Hydroxyapatite and Silicon - substituted Hydroxyapatite Bioceramics. *Biomaterials*, 2003 (24): pp. 4609 - 4620.
47. Bonfield W., Gibson I. R.. Process for the Preparation of Magnesium and Carbonate Substituted Hydroxyapatite. *Patent Application*, No. WO 99/32400, 1999.
48. Dolci G., Mongiorgi R., Prati C., Valdre G.. Odontostomatologic Use of Apatite - based Nanostructured Materials. *Patent Application*, No. WO 00/03747, 1998.
49. Althoff J., Quint P., Krefting E. R., Höhling H. J.. Morphological Studies on the Epiphyseal Growth Plate Combined with Biochemical and X - ray Microprobe Analysis. *Histochemistry*, 1982 (74): pp. 541 - 552.
50. Liu C. C., Yeh J. K., Aloia J. F.. Magnesium Directly Stimulates Osteoblast Proliferation. *J. Bone Mineral Res.*, 1988 (3): p. 104.
51. Serre C. M., Papillard M., Chavassieux P., Voegel J. C., Boivin G.. Influence of Magnesium Substitution on a Collagen - apatite Biomaterial on the Production of a Calcifying Matrix by Human Osteoblasts. *J. Biomed. Mater. Res.*, 1998 (42): pp. 626 - 633.
52. Gomes S., Renaudin G., Jallot E., Nedelec J. M.. Structural Characterization and Biological Fluid Interaction of Sol - gel - derived Mg - substituted Biphasic Calcium Phosphate Ceramics. *ACS Appl. Mater. Interfaces*, 2009 (1): pp. 505 - 513.
53. Landi E., Logroscino G., Proietti L., Tampieri A., Sandri M., Sprio S.. Biomimetic Mg - substituted Hydroxyapatite: from Synthesis to in Vivo Behavior. *J. Mater. Sci. Mater. Med.*, 2008 (19): pp. 239 - 247.
54. Suchanek W. L., Byrappa K., Shuk P., Riman R. E., Janas V. F., TenHuisen K. S.. Preparation of Magnesium - substituted Hydroxyapatite Powders by the Mechanochemical - hydrothermal Method. *Biomaterials*, 2004 (25): pp. 4647 - 4657.
55. Tampieri A., Celotti G., Landi E., Sandri M.. Magnesium Doped Hydroxyapatite: Synthesis and Characterization. *Key Eng. Mater.*, 2004, pp. 264 - 268, pp. 2051 - 2054.
56. Gibson I. R., Bonfield W.. Preparation and Characterization of Magnesium/Carbonate Co - substituted Hydroxyapatites. *J. Mater. Sci. Mater. Med.*, 2002 (13): pp. 685 - 693.
57. Laurencin D., Almora - Barrios N., Leeuw H. N., Gervais C., Bonhomme C., Mauri F., Chrzanowski W., Knowles C. J., Newport J. R., Wong A., Gan Z., Smith E. M.. Magnesium Incorporation into Hydroxyapatite. *Biomaterials*, 2011, 32 (7): pp. 1826 - 1837.
58. Bonnelye E., Chabadel A., Saltel F., Jurdic P.. Dual Effect of Strontium Ranelate: Stimulation of Osteoblast Differentiation and Inhibition of Osteoclast Formation and Resorption in Vitro. *Bone*, 2008 (42): pp. 129 - 138.
59. Capuccini C., Torricelli P., Sima F., Boanini E., Ristoscu C., Bracci B., et al.. Strontium - substituted Hydroxyapatite Coatings Synthesized by Pulsed - laser Deposition: in Vitro Osteoblast and Osteoclast Response. *Acta Biomater*, 2008 (4): pp. 1885 - 1893.
60. Capuccini C., Torricelli P., Boanini E., Gazzano M., Giardino R., Bigi A.. Interaction of Sr - doped Hydroxyapatite Nanocrystals with Osteoclast and Osteoblast - like Cells. *J. Biomed. Mater. Res. A.*, 2009 (89): pp. 594 - 600.
61. Li Z. Y., Lam W. M., Yang C., Xu B., Ni G. X., Abbah S. A., et al.. Chemical Composition, Crystal Size and Lattice Structural Changes after Incorporation of Strontium into Biomimetic Apatite. *Biomaterials*, 2007 (28): pp. 1452 - 1460.
62. Ni G. X., Lu W. W., Xu B., Chiu K. Y., Yang C., Li Z. Y., et al.. Interfacial Behaviour of Strontium -

containing Hydroxyapatite Cement with Cancellous and Cortical Bone. *Biomaterials*, 2006 (27): pp. 5127 - 5133.

63. Li Y., Li Q., Zhu S., Luo E., Li J., Feng G., Liao Y., Hu J.. The Effect of Strontium - substituted Hydroxyapatite Coating on Implant Fixation in Ovariectomized Rats. *Biomaterials*, 2010, 31 (34): pp. 9006 - 9014.
64. Zhang C., Li C., Huang S., Hou Z., Cheng Z., Yang P., Peng C., Lin J.. Self - activated Luminescent and Mesoporous Strontium Hydroxyapatite Nanorods for Drug Delivery. *Biomaterials*, 2010, 31 (12): pp. 3374 - 3383.
65. Chen F., Huang P., Zhu Y - J., Wu J., Zhang C - L., Cui D - X.. The Photoluminescence, Drug Delivery and Imaging Properties of Multifunctional Eu^{3+}/Gd^{3+} Dual - doped Hydroxyapatite Nanorods. *Biomaterials*, 2011, 32 (34): pp. 9031 - 9039.
66. Lee I. S., Whang C. N., Oh K. S., Park J. C., Lee K. Y., Lee G. H., et al.. Formation of Silver Incorporated Calcium Phosphate Film for Medical Applications. *Nuclear Instruments and Methods in Physics Research Section B Beam Interaction with Materials and Atoms* (*Impact Factor*: 1.27), 2006 (242): pp. 45 - 49.
67. Rabiei A., Blalock T., Thomas B., Cuomo J., Yang Y., Ong J.. Microstructure, Mechanical Properties and Biological Response to Functionally Graded HA Coatings. *Mater. Sci. Eng. C.*, 2007, 27 (3): pp. 529 - 533.
68. Bai X., More K., Rouleau M. C., Rabiei A.. Functionally Graded Hydroxyapatite Coatings Doped with Antibacterial Components. *Acta Biomater*, 2010, 6 (6): pp. 2264 - 2273.
69. Spence G., Patel N., Brooks R., Bonfield W., Rushton N.. Osteoclastogenesis on Hydroxyapatite Ceramics: the Effect of Carbonate Substitution. *J. Biomed. Mater. Res. A.*, 2010, 92A (4): pp. 1292 - 1300.
70. Grynpas M. D.. Fluoride Effects on Bone Crystals. *J. Bone Min. Res.*, 1990, 5 (S1): pp. 169 - 175.
71. Moisescu C., Jana C., Habelitz S., Carl G., Rüssel C.. Oriented Fluorapatite Glass - ceramics. *J. Non - Crystal. Solids*, 1999, 248 (2 - 3): pp. 176 - 182.
72. Chen H., Tang Z., Liu J., Sun K., Chang S. - R., Peters M. C., Mansfield J. F., Czajka - Jakubowska A., Clarkson B. H.. Acellular Synthesis of a Human Enamel - like Microstructure. *Adv. Mater.*, 2006, 18 (14): pp. 1846 - 1851.
73. Yin Y., Yun S., Fang J., Chen H.. Chemical Regeneration of Human Tooth Enamel under Near - physiological Conditions. *Chem. Commun.*, 2009 (39): pp. 5892 - 5894.
74. Li H., Huang W., Zhang Y., Zhong M.. Biomimetic Synthesis of Enamel - like Hydroxyapatite on Self - assembled Monolayers. *Mater. Sci. Eng. C.*, 2007, 27 (4): pp. 756 - 761.
75. Xie R., Feng Z., Li S., Xu B.. EDTA - assisted Self - assembly of Fluoride - substituted Hydroxyapatite Coating on Enamel Substrate. *Cryst. Growth Des.*, 2011, 11 (12): pp. 5206 - 5214.
76. 李兰英，薛博，李红，张渊明．表面官能团作用下的牙釉质原位再矿化研究．无机化学学报，2011，27 (8): 1536 - 1540.
77. Li R., Clark A. E., Hench L. L.. An Investigation of Bioactive Glass Powders by Sol - gel Processing. *J. Appl. Biomater*, 1991, 2 (4): pp. 231 - 239.
78. Zhong J. P., Greenspan D. C.. Processing and Properties of Sol - gel Bioactive Glasses. *J. Biomed. Mater. Res.*, 2000, 53A (6): pp. 694 - 701.
79. Chen X., Meng Y., Li Y.. Investigation on Bio - mineralization of Melt and Sol - gel Derived Bioactive Glasses. *Appl. Surf. Sci.*, 2008, 255 (2): pp. 562 - 564.
80. Balamurugana A., Sockalingumb G., Michela J., Fauréa J., Banchetc V., Worthama L., Bouthorsa S., Laurent - Maquina D., Balossiera G.. Synthesis and Characterization of Sol Gel Derived Bioactiveglass for Biomedical Applications. *Mater. Let.*, 2006, 60 (29 - 30): pp. 3752 - 3757.
81. Jell G., Stevens M. M.. Gene Activation by Bioactive Glasses. *J. Mater. Sci. Mater. Med.*, 2006 (17): pp. 997 - 1002.
82. Hench L. L.. Bioceramics: from Concept to Clinic. *J. Am. Chen. Soc.*, 1991, 74 (1): pp. 1450 - 1487.

83. Chen X. , Wang Y. , Zhao N. , Yang C. . Microstructure and Bio – mineralization Behavior of the Sol – gel Derived Bioactive Materials. *Key Eng. Mater.* , 2005, pp. 280 – 283, pp. 1609 – 1612.

84. Hench L. . L. . Sol – gel Materials for Bioceramic Applications. *Cur. Opin. Solid State Mater. Sci.* , 1997, 2 (5): pp. 604 – 610.

85. Yan X. , Yu C. , Zhou X. , Tang J. , Zhao D. . Highly Ordered Mesoporous Bioactive Glasses with Superior in Vitro Bone – forming Bioactivities. *Angew. Chem. Int. Ed.* , 2004, 43 (44): pp. 5980 – 5984.

86. Ostomel T. A. , Shi Q. , Tsung C. K. , Liang H. , Stucky G. D. . Spherical Bioactive Glass with Enhanced Rates of Hydroxyapatite Deposition and Hemostatic Activity. *Small*, 2006, 2 (11): pp. 1261 – 1265.

87. Yan X. , Huang X. , Yu C. , Deng H. , Wang Y. , Zhang Z. , et al. . The in – vitro Bioactivity of Mesoporous Bioactive Glasses. *Biomaterials*, 2008, 27 (18) : pp. 3396 – 3403.

88. Xia W. , Chang J. . Well – ordered Mesoporous Bioactive Glasses (MBG): A Promising Bioactive Drug Delivery System . *J. Contr. Rel.* , 2006, 110 (3): pp. 522 – 530.

89. Brunner T. J. , Grass R. N. , Stark W. J. . Glass and Bioglass Nanopowders by Flamesynthesis. *Chem. Commun.* , 2006, 37 (23): pp. 1384 – 1386.

90. 杨宇霞，王迎军，陈晓峰. CaO – P_2O_5 – SiO_2系统生物活性纳米粒子形貌和粒径分布影响因素探讨. 硅酸盐通报，2004, 23 (6): 93 – 97.

91. Chen X. , Guo C. , Zhao N. . Preparation and Characterization of the Sol – gel Nano – bio – active Glasses Modified by the Coupling Agent Gamma – Aminopropyltriethoxysilane. *Applied Surface Science*, 2008, 255 (2): pp. 466 – 468.

92. Chen X. , Guo C. , Zhao N. . Template – assisted Synthesis of Nano – clusters of Bioactive Glasses. 华南理工大学硕士学位论文，2008.

93. Hong Z. , Liu A. , Chen L. , Chen X. , Jing X. . Preparation of Bioactive Glass Ceramicnanoparticles by Combination of Sol – gel and Coprecipitation Method. *J. Non – crystal Solids*, 2009, 355 (6): pp. 368 – 372.

94. Kim H. W. , Kim H. E. , Knowles J. C. . Production and Potential of Bioactive Glass Nanofibersas a Next – generation Biomaterial. *Adv. Funct. Mater.* , 2006, 16 (12): pp. 1529 – 1535.

95. Wallenberger F. T. . *Advanced Inorganic Fibers: Processes, Structures, Properties, Applications.* Boston: Kluwer Academic Publishers, 2000. pp. 123 – 128.

96. Quintero F. , Pou J. , Comesana R. . Laser Spinning of Bioactive Glass Nanofibers. *Adv. Funct. Mater.* , 2009, 19 (19): pp. 3084 – 3090.

97. Hong Y. , Chen X. , Jing X. , Fan H. , Guo B. , Gu Z. , et al. . Preparation, Bioactivity and Drug Release of Hierarchical Nanoporous Bioactive Glass Ultrathin Fibers. *Adv. Mater.* , 2010, 22 (6): pp. 754 – 758.

5 生物材料的表面修饰

5.1 引言

5.1.1 生物材料表面修饰的基本要求

在生物环境中，细胞和材料的相互作用实际上是细胞膜表面受体与细胞外生物材料提供的相应配体之间的分子识别，而产生特异性相互作用。因此，表面修饰旨在抑制非特异性相互作用，引入特异性相互作用位点，使细胞在类似天然细胞外基质（ECM）中发挥其功能。生物材料表面修饰的实质是用一定的技术手段来改变材料表面的微观结构，从而改善生物材料的性能。

生物材料表面微观结构：

5.1.1.1 基团

基材的表面能量、表面电荷、材料表面的化学组成及特异化学基团等都会影响动物细胞的粘附。优化材料表面电荷、表面化学组成及特异化学基团是改善和提高材料的生物相容性的有效手段。

5.1.1.2 （大）分子

在生物材料表面设计与建立能够消除或减轻对蛋白质肽键—侧基协同作用和天然构象影响的表面分子结构，也是提高材料生物相容性和生物功能性的一个重要方向。

5.1.1.3 活性（大）分子

细胞表面糖类的种类、数目、排列顺序和接合部位对细胞识别有重要作用。改变材料表面基团的种类、数目、排列顺序和接合部位等使之与细胞表面的这些性质相同或相近，也是改善材料表面性能的有效途径。

表面修饰后的生物材料应达到如下要求：①良好的生物相容性；②适宜的表面亲水—疏水平衡；③较强的细胞特异性识别能力；④较强的消除非特异性识别能力；⑤易于加工和表征等。

5.1.2 生物材料常见修饰方法

生物材料的复杂性、表面蛋白质吸附、细胞在材料表面的粘连、信号传递等要求，决定了生物材料表面修饰所占的重要地位。组织工程的发展对生物材料的表面修饰提出了更高的要求，仿生化、表面自组装及特异性识别修饰是表面工程中值得注意的方向。

常用生物材料表面修饰的技术：低温等离子体法、辐射（光）接枝技术、表面固定化、自组装技术、纳米颗粒的表面修饰等，下面就将对常用的表面改性技术作简单介绍。

5.1.3 材料表面修饰的必要性

可植入生物材料的表面修饰，从材料学角度讲，是为材料赋予动态整合性，使其适应与组织的接入；从组织工程临床应用角度上讲，则担当着粘附组织和植入生物材料的接合与过渡的人工 ECM 的作用，这就要求严格按照体内 ECM 环境来构思材料表面修饰[1]。当材料植入宿主体内，细胞膜表面的受体积极寻找与之接触的材料表面所能提供的配体信号，以区别所接触材料为自体或异体。因此，从材料表面与细胞相互作用调控的角度讲，对生物材料进行表面修饰是临床应用的关键。生物学反应一般认为发生在溶液相，但是实际上生物学大多数反应是发生在界面上，典型的生物学界面包括：细胞表面/细胞外基质；细胞表面/植入材料表面；细胞外基质/生物大分子；水化组织/空气（肺）；矿物质/蛋白质（骨）等。

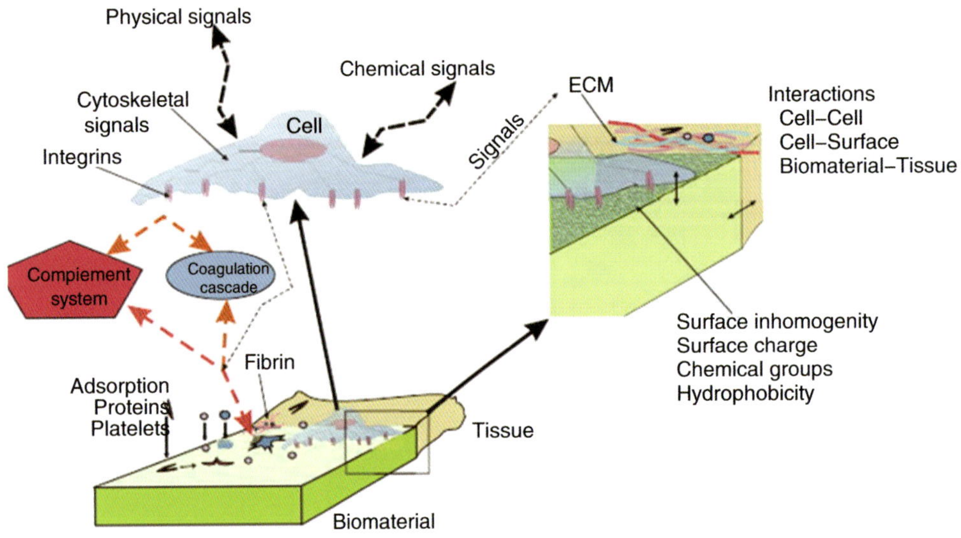

图 5 – 1　发生在植入材料表面的一系列相互作用[2]

5.2 生物材料表面的生物响应

5.2.1 生物材料表面的生物学环境

生物材料植入人体后所处的环境非常复杂，但 ECM 是材料的主要环境或影响材料性能的主要因素。所以，材料表面修饰的主要目的之一就是改善材料与细胞外基质的生物相容性。ECM 包括很多复杂的网络及凝胶结构，这些结构能够和组织中所有的细胞及其细胞骨架相互作用。ECM 具有结构和信息的功能，不但提供力学支持，使细胞能在上面进行迁移，而且还有细胞通信的位点。细胞的表面有很多受体分子用于细胞 - ECM 之间的通信，这些信号能够调节细胞的迁移、复制、分化和凋亡。在自然条件下，这些信号受到 ECM 成分的调节，而这些成分又是受组织中的细胞调节。

组织动力学，也就是损伤或功能病变以后，组织的形成、功能化和再生，是由无数独立细胞命运过程在时间和空间上的复杂的结合，细胞的这些命运过程最初是由来自细胞外基质微环境的无数的信号引起的（图 5 - 2）[3]。

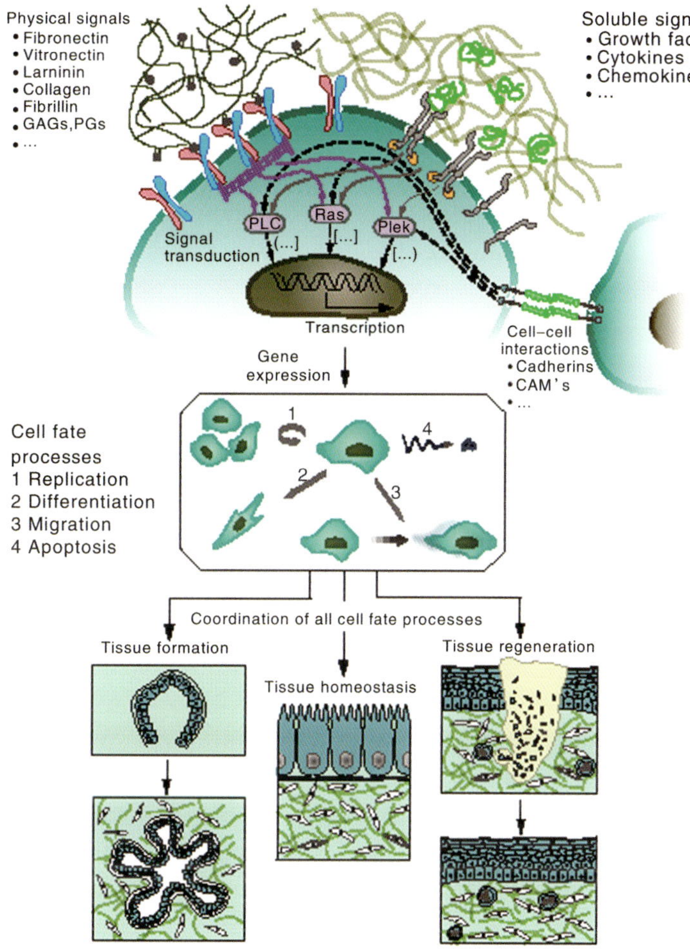

图 5－2　细胞与细胞外基质微环境的相互作用

简单地讲，这种相互作用是一种高度动态的、复杂而有序的生物物理和生物化学信号，是由来自细胞外部的各种各样的细胞表面受体、各种细胞外信号途径综合作用的，这些信号在一起调节基因的表达最终使组织形成。细胞周围包含很多信号分子的细胞外微环境是一种高度水化的网络结构，主要有三个方面的影响因素：①不溶性的水化的大分子（纤维蛋白，如胶原；非胶原糖蛋白，如弹性蛋白、层粘连蛋白或纤粘连蛋白；具有大的糖基化侧链的亲水的蛋白多糖）称为物理信号。②可溶性的大分子（生长因子、细胞因子和化学因子）。③临近细胞表面的蛋白。细胞和细胞外的这些影响因素分子相互作用的综合体现最终决定了细胞分化、增殖、迁移、凋亡和某种功能的体现。值得注意的是，细胞和细胞外基质之间的信号的交流是高度互动的，例如细胞外基质的降解和重建。

5.2.2　材料表面的生物学响应

要想真正了解细胞和组织与生物材料表面的相互作用，必须首先认识表面所吸附的蛋白与生物材料表面的相互作用，这种认识不仅仅是了解蛋白吸附的种类和数量，更重要的是要了解吸附后的构象的变化。

很多材料植入体内后都能使伤口正常地愈合，它们的共同特点是：所有的这些材料都是很快获得了包含很多蛋白的蛋白层（由 200 或更多的蛋白组成），但每一种材料表面都有不同的最大吸附量，同时这些蛋白具有不同的趋向和变性程度。但正常生理条件下从来不利用这些非特异性的蛋白片层，而是用一种或几种特异性的蛋白作为信号分子，这些蛋白具有特定的趋向和构象。

表面对于表面生物材料的研究非常关键。生物材料的表面决定了它与体液的相互作用，尤其是与蛋白质的相互作用，这种相互作用反过来又导致了一连串的反应，包括人体对材料的反应和表面与组织界面之间的反应，如图 5 – 3 所示。

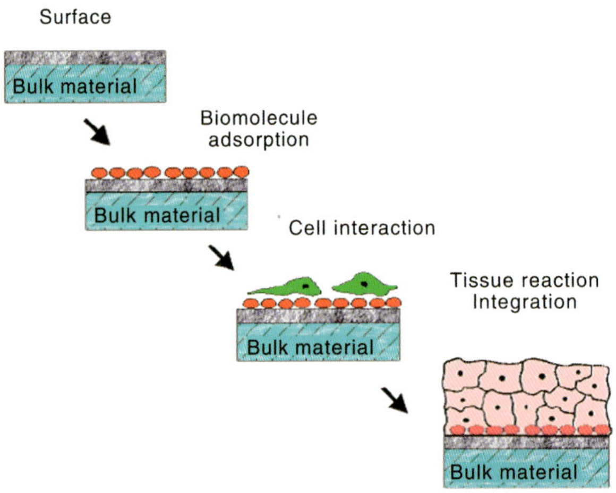

图 5 – 3　材料的表面性能所引发的系列生物学事件[4]

研究表明，蛋白在材料表面的吸附首先是一个非常快的过程，接下来是一个动态变化的吸附过程。吸附的成分不仅依赖于材料的表面化学性质、拓扑形貌和表面能，还和时间有关系。蛋白在表面吸附的速率主要依赖于几个因素：表面电荷的种类和数量，蛋白与表面之间的范德华力。

研究蛋白在表面的吸附主要有两种测量方式：等温吸附和吸附动力学。等温吸附不能监测吸附过程中的动态变化，在吸附的初期，吸附的过程也许是可逆的，但是在吸附的后期形成蛋白吸附层时，几乎没有蛋白分子能被溶剂分子取代。吸附动力学可能会提供最佳的信息使我们认识蛋白吸附与细胞事件的关系。在混合蛋白中，具有更高浓度的蛋白具有更高的扩散性，从而具有更多的吸附机会。即使这种蛋白把材料表面可提供的位点完全占据，但此时蛋白吸附层还是比较松散的，这就很容易被那些与表面亲和力较高、但浓度较低的蛋白分子所取代。材料表面最终的蛋白吸附量不仅依赖于两者之间的亲和力，还和蛋白在材料表面的排列方式有关，虽然现在已经找到影响蛋白吸附动力学的一些因素：材料的表面性能、溶剂条件（pH，离子强度）及蛋白种类，但是仍然不能找到一条规律来预测蛋白在其他表面的吸附性能。

目前大多数生物材料的表面如果暴露在伤口处，会使正常的愈合过程停止，接下来发生如下反应，如图 5 – 4：在最初的几秒里，蛋白会从周围的体液中沉积到材料的表面，这层沉积的蛋白能够控制进一步的细胞的反应，而吸附蛋白的成分和构象依赖于材料的表面性能，接下来吸附的蛋白会发生构象的变化或者被其他蛋白取代而解除吸附。植入材料表面与临近的组织会发生动态的反应，但是由于力学和化学信号的刺激使得植入材料引发炎症反应，粘附在这些材料表面的巨噬细胞不能识别这些材料，并且在表面铺展力图吞噬这些材料，但是它们不能消化这样大的材料，为了增加作用力，它们就融合在一起形成多核的巨大细胞，当然这些细胞仍然不能吞没这样大的医学装置，于是巨细胞就向机体发出信号，成纤维细胞在巨细胞的引导下来到这里，分泌胶原产生纤维包囊。这种包裹的植入材料使得它们能够不被机体的免疫系统所识别。虽然这个过程还没有完全搞清楚，但是多数专家对上述的内容表示认可。在植入材料和机体的相互作用过程中，聚集的一些介质引起了材料的降解，水解和氧化使得材料逐渐失去力学性能并且释放出降解产物[5]。

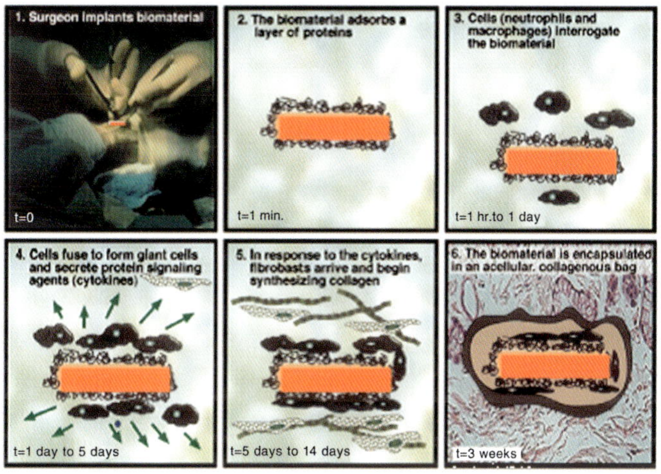

图 5－4　纤维包囊形成的示意图

5.2.3 材料表面与细胞的相互作用

细胞和生物材料的相互作用分两种：特异性和非特异性。非特异性的作用通常很难控制，因为这种相互作用所基于的性质对于多数细胞类型来讲是共同拥有的，包括细胞的表面性质，如细胞膜表面的负电荷性，细胞膜表面的亲脂性膜蛋白和能够介导细胞在生物材料表面非特异性粘附的亲脂性细胞外基质蛋白。相反，特异性的相互作用更加容易控制，这是因为它们的相互作用是基于特定的化学和生物学结构，如能够和细胞表面受体结合的配体[6]。“生物仿生化”的和“生物活性”的材料能够控制这些精细的相互作用[7,8]。一种是将整合素受体引入生物仿生化的材料从而促进细胞自生物材料表面的粘附[9,10]，这些材料主要是将 RGD 短肽引入材料的表面[11,12]。材料表面出现的与细胞受体结合的配体能够决定细胞与表面相互作用的强度[13]、细胞在材料表面的迁移速率[14]和细胞骨架形成的范围[15]。这些生物学的相互作用依赖于很多的因素，如受体和配体的亲和性[16]、配体的密度[17]和配体的空间分布[18]，这些因素对于材料的设计都是非常重要的。另一类是将一些可溶性的生物活性分子引入材料，如生长因子从材料中释放与细胞表面的受体相互作用而影响细胞的增殖和分化[19,20,21]。这种分子识别可以通过控制一些材料的设计参数来进行调节。

材料表面的亲/疏水平衡是调节蛋白质吸附、影响细胞粘附的一个重要因素。一般而言，亲水性的材料表面更利于细胞粘附，而疏水性表面对蛋白质的吸附能力较强[22]。蛋白质与人工 ECM 基材表面接触和吸附的过程中，常伴随水/蛋白质的吸附交换，而异种蛋白质间的吸附交换常有 Vroman 效应产生。同时，适宜的亲水/疏水平衡才适宜细胞的生长，但对于不同种类细胞，此平衡值各异[23]。

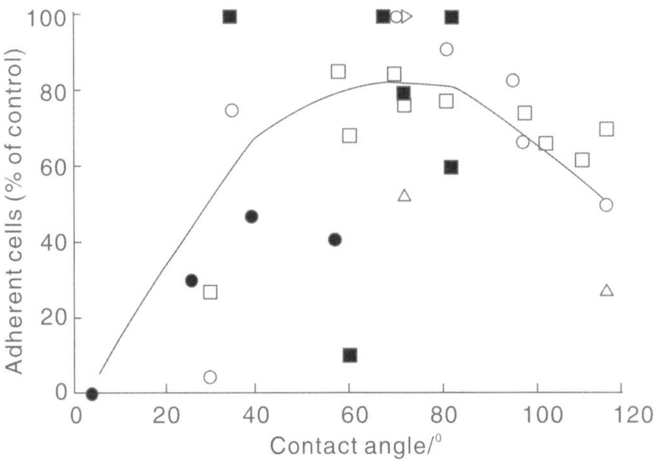

□、■—成纤维细胞　○—*L* 细胞　△、●—内皮细胞

图 5－5　各种高分子表面上细胞粘附率与水—空气接触角的关系[24]

在图 5－5 中，各种聚合物材料表面的亲水性是用接触角来表征的，这些材料表面细胞粘附的数据，来自不同的作者，选用的细胞也不尽相同，但是细胞在不同润湿程度的材料表面的粘附出现最大值。由此说明细胞粘附率的高低不完全由材料表面的亲水性决定。细胞在材料表面的粘附，实质上是细胞外基质蛋白、细胞膜蛋白、细胞骨架蛋白与材料的相互作用，因此粘附期比较长，粘附作用是通过细胞膜上的受体发生的，该受体能特异性地识别材料表面的粘附位点。

聚合物材料表面的化学结构是影响细胞粘附、生长的另一重要因素。一般认为，砜基、硫醚、醚键等对细胞生长影响不大；刚性结构如芳香聚醚类不利于细胞粘附；羧基、磺酸基、胺基、亚氨基及酰胺基等基团则可促进细胞的粘附和增殖[25,26]。由于磺酸基能模拟肝素的生理活性而显示出较好的促进细胞粘附和生长的性质。含氮基团不仅能使材料表面带一定的正电荷（胺的阳离子化），调节表面的亲/疏水性，而且可以与蛋白质肽链发生官能团间的相互作用，这已成为材料表面修饰促进细胞粘附的一个重要措施。

大量体外实验证明，细胞的粘附、增殖直接和与之接触的材料表面生物特异性相关，基材的表面能量影响哺乳动物细胞的粘附。一般认为，能量较高的表面较能量较低的表面更有助于促进细胞在生物材料表面的粘附，这主要是由于材料的表面能会影响到血清中的蛋白质在材料表面的吸附，进而介导细胞的粘附[27]。同时，材料表面的粗糙度与材料的表面能大小具有密切关系，随着表面粗糙度的提高，材料表面非极性组分的表面能显著增大[28]。

基材表面的电荷也对细胞粘附有影响。通常哺乳动物细胞膜表面带有分布不均的负电荷。因为在细胞膜外包覆的是具有分支的亲水性寡糖链，其分支末端是带有负电荷的岩藻糖和唾液酸，所以一般认为带正电荷的材料表面与细胞负电荷之间由于静电作用有利于细胞的粘附，而带负电荷的材料表面由于静电排斥而不利于粘附。但是通过研究发现，表面无论带何种电荷，新生鼠颅盖骨成骨细胞都能在聚苯乙烯离子交换树脂微球上生长，但电荷能极大地影响蛋白质的吸附与细胞的迁移形态。在正电荷基材表面，细胞在材料表面的粘附呈连续性；而在负电荷基材表面，细胞在材料表面的粘附则呈非连续性。血清中的蛋白质在材料表面的正电荷区和负电荷区的吸附行为差异也很大，在正电荷区吸附的玻连蛋白对细胞的粘附具有积极影响，因此材料表面正电荷区吸附玻连蛋白对骨样细胞的粘附、铺展及迁移至关重要[29]。

因此，生物材料的表面修饰是一个复杂的系统工程，需兼顾材料科学和生物科学的需要，实现优化。理想的表面修饰应该兼顾表面拓扑结构、特异性识别、亲水/疏水平衡、蛋白质吸附等。

5.3 物理修饰方法

5.3.1 分子自组装表面修饰

5.3.1.1 分子自组装机制

分子自组装是分子与分子在一定条件下，依赖非共价键分子间作用力自发连接成结构稳定的分子聚集体的过程。分子自发地通过无数非共价键的弱相互作用力的协同作用是发生自组装的关键。这里的“弱相互作用力”指的是氢键、范德华力、静电力及疏水作用力等。

自组装膜按其成膜机理分为自组装单层膜（Self - Assembled Monolayers，SAMs）和层层（Layer - By - Layer，LBL）自组装膜。

基于聚电解质阴阳离子所带正负电荷间相互作用是最常用的一种自组装超分子技术。该技术的主要特点是在表面荷电的基材表面通过静电相互作用交替地吸附上带相反电荷的聚电解质阴阳离子。

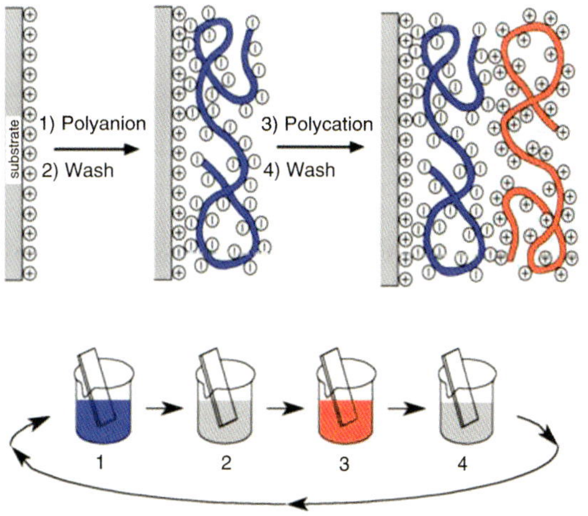

图 5 - 6　LBL 技术示意图

自组装技术有以下几个明显优点：

（1）组装分子的选择范围广泛，可以为合成的聚电解质，也可以是蛋白质、多糖、DNA 等荷电的生物活性大分子；

（2）制备工艺简单，通过简单的交替浸涂技术可实现材料表面组装分子在纳米、亚微米尺度的有规结构设计；

（3）制备条件温和，可在常温水溶液中进行，可以保证生物分子具有维持生物活性的天然构象；

（4）该方法适用的基体材料种类多，对基体材料的体型结构适应性强，并可在具有复杂体型结构的装置和材料上实现。

材料表面自组装修饰的设想，起源于细胞膜的两亲性双分子层结构及细胞膜的流动镶嵌模型，也可看作仿细胞膜结构。同时，材料表面分子自组装的另一优势是具有较大的流动性和可变形性，赋予适宜细胞生长的材料表面拓扑结构。另外，材料表面的自组装还能改善材料的生物相容性、降低非特异性作用。

肽链的自组装为材料的表面修饰提供了新的思路。如以环 β-肽为基材，以自组装方式在磷脂双分子层膜内成功构建了纳米管，可用作双分子层膜内外离子交换的通道。另一思路则是引入多官能团的复合自组装。如引入 RGD 序列及 $(EG)_3OH$ 基团。由于 $(EG)_3OH$ 骨架为非吸附蛋白质基团，因而可以防止细胞分泌蛋白质对 ECM 的重建，实际上提供了一个可用作探索 ECM 组成组分，诸如成纤蛋白、玻连蛋白、胶原等单组分的生物特异及其对细胞影响的模型。另外，肽链—双亲分子杂化自组装，也为生物材料的表面修饰提供了思路。

5.3.1.2 自组装技术在构建血液相容性界面中的应用

自组装技术由于能在温和条件下负载多种生物分子并保持生物分子的天然构象而在构建生物惰性表面中得到广泛应用。已有研究表明聚合物材料表面吸附的白蛋白层可进一步抑制血液其他成分蛋白的吸附和变性，从而抑止凝血的发生，具有良好的生物惰性。如采用聚阳离子聚乙烯基亚胺（Polyethylene Imine，PEI）和白蛋白的层层自组装，可在多种材料上形成稳定的白蛋白层，从而形成生物惰性表面[26]。

层层自组装技术用于负载抗凝血活性物质的抗凝血表面设计。天然聚阴离子肝素，可通过催化血液中凝血因子和抗凝血因子的复合而有效地阻抗凝血过程，是临床中使用最广泛的抗凝血药物。因此，在医用支架材料，如聚氯乙烯或医用不锈钢表面通过肝素和聚阳离子的层层自组装修饰，获得了稳定的抗凝血涂层。Chen 等[30]研究发现两性离子磷酰胆碱自组装膜（PC-SAMs）有很强的阻抗蛋白质吸附的能力，PC-SAMs 表面的两性离子通过静电相互作用能形成水合层，且具有平衡电荷和最小偶极矩的两性离子聚合物是极好的无污染材料和抗凝血材料。2-甲基丙烯酰氧乙基磷酸胆碱（MPC）上的磷脂质极性基团能强烈吸附血液中磷脂分子，形成一层自组装仿生物膜。磷脂基团能结合大量的水分子，在表面形成一层水合层阻止蛋白质和细胞的粘附[31]。

5.3.1.3 自组装技术在构建细胞相容性界面中的应用

利用层层自组装技术可构建促或抗细胞粘附的表面以及可调控的细胞相容性表面。

通过层层自组装技术把细胞外基质组分直接固定在材料表面，从而在材料表面覆盖一层细胞外基质，使材料的细胞相容性明显提高，这类研究已成为细胞相容性材料研究中的热点。采用人为的方式形成材料—细胞外基质复合层，可通过选择特定细胞外基质（如促细胞粘附的透明质酸、纤维粘连蛋白、胶原等）或类细胞外基质，改善细胞在材料表面的吸附及生长性能，是一种简单有效的方法。

5.3.1.4　自组装技术用于抗菌涂层的表面设计

医用植入体及介入治疗的表面药物控释涂层可以形成长效、靶向的药物传递体系，局部的高浓度药物可以提高治疗的有效性，降低系统毒性。层层自组装涂层表面规整的层状水凝胶结构同时也为药物控释涂层设计提供了良好的手段。简单温和的水相组装方式不仅为多种生物活性分子的活性负载和传递提供了有效手段，也为实现大规模的工业应用提供了可能[32]。

不同盐浓度下透明质酸（HA）/壳聚糖（CS）体系。细菌粘附实验结果表明：在高盐浓度下组装10双层聚电解质修饰的表面与玻璃基底相比，细菌粘附量降低了80%；而在低盐浓度下组装20双层的HA/CS，当CS为最外层时，细菌粘附量降低仅40%，当HA为最外层时，细菌粘附量的降低仅为20%。这种抗菌性能的下降可能是与多层膜厚度的减少及膜刚性的增加有关。

5.3.2　离子注入技术表面修饰

离子注入是将电离的原子经电场加速后，快速注入固体材料表面，从而引起材料表层成分和结构的改变，导致原子环境和电子组态等微观状态的扰动，改善材料表面性能。离子注入技术不影响基体材料的力学性能，形成的注入层与基体无明显界面，在提高生物材料表面硬度及耐磨性方面得到了成功的应用，在改善生物材料的生物相容性方面成效甚好[33,34,35]。

离子注入法有其自身的优点：在表面特定深度注入预定计量的高能离子，可定量控制，仅仅影响材料表层性能，不会破坏材料本体性能；注入的离子渗入材料表层，与基体原子相混合，不会发生脱落现象。

利用离子注入技术可在金属表面生成与基体结合强度极好的表面膜，提高表面的耐磨性和耐蚀性，产生生物活性，因而使新骨直接沉积于金属表面且中间无纤维结缔的隔层。Baumann[36]等将钙、磷离子按不同比率，分别以30 keV和23 keV的能量注入纯钛试样表面，在600 ℃下热处理后，纯钛表面形成了类羟基磷灰石薄（HAP）层。Stefano[37]等研究发现，N^+注入Ti后与之结合生成TiN层，经氧化处理后生成的$TiN_2TiO_xN_y$可在体液中加速Ca_2P层的沉积，改善钛的生物活性。Maitz[38]等则将人体所含的另一种重要元素钠注入钛表面，浸入模拟体液（SBF）中发现，由于注入的Na^+在模拟体液中引起附近环境中OH^-浓度的升高，从而引起Ca^{2+}的吸附，加速了HAP的沉积，而体外细胞培养试验证实沉积了HAP层的纯钛表面利于成骨细胞生长。赵清在生物陶瓷Al_2O_3和ZrO_2中注入$-NH_2$，$-OH$和$-COOH$等活性基团，并通过动物活体试验证明了陶瓷表面的生物相容性得到极大的提高。Zhao[39]等利用离子注入技术，在Al_2O_3表面接枝$-NH_2$，植入动物体内一段时期后观察表明，改性后的Al_2O_3加速了骨组织的形成，提高了材料的生物相容性。此外，Mg是人体中的重要元素，大量存在于骨、骨骼肌和心肌中，是细胞新陈代谢中各种酶的重要活性剂。Howlett[40]等将Mg元素引入Al_2O_3表面，经体外细胞培养试验证实，成骨细胞在改性后的Al_2O_3表面的附着性有明显提高，极大地改善了Al_2O_3的生物相容性。

离子注入可增加聚合物表面的粗糙度，从而促进了聚合物在生物体液中的浸润性，生物相容性得到提高。Suzuki等利用离子注入分别将（1～3）$\times 10^{17}$ ion/cm^{2}的Na^+，N^+，O^+，Kr^+离子以150 keV的能量注入聚苯乙烯和聚氨酯中，发现内皮细胞粘着性有所提高。Kuskzabe等在室温下，分别将1×10^{15} ion/cm^{2}的Ne^+，Na^+，Ar^+离子以50 keV，100 keV，150 keV的能量注入聚苯乙烯表面，分析表明内皮细胞和海拉细胞与改性表面的结合力以及在表面的铺展程度都有显著的提高。Tsuji 等在聚苯乙烯的表面局部注入 Ag^+，经过体外细胞培养发现，离子注入处理过的聚苯乙烯表面细胞的粘附性和神经突的扩展性都明显增强。

Kim 等采用硼和氮离子注入法对聚酰亚胺膜表面改性，发现随着离子剂量的增大，膜表面水接触角下降。Chen 等使用 40 keV 碳正离子注入对聚羟基链烷酸酯膜改性，亲水性得到改善，培养成纤维细胞，发现基体膜的细胞相容性明显提高，细胞粘附形态的变化估计和表面改性时发生的物理化学过程有关。

5.3.3 表面拓扑结构修饰

从材料学的角度讲，材料结构决定材料性能，所以表面微观结构对表面性能有重大影响。生物材料表面的拓扑结构（表面的粗糙度、孔洞的大小及分布、沟槽的尺寸和取向等）对细胞的粘附、铺展、增殖、分化、功能表达有很大影响。

生物材料表面的拓扑结构无论在生物相容性还是在人工 ECM 中都起着重要作用。Ingber 认为，小到原子、分子、细胞，大到组织，它们的空间结构构建都遵循着应力平衡原则[41]。也就是说，细胞通过自身协调胞体内张力和压力的分布和平衡达到总体力学平衡。因此，人工 ECM 的拓扑结构直接改变表面的应力分布，从而改变细胞的形态。研究表明，不同细胞在具有不同粗糙度的材料表面的粘附行为有很大差异[42,43]。而 Kieswetter 等运用扫描电镜观察成骨细胞在不同粗糙度生物材料表面的形态证实，细胞在光滑、平整的材料表面较粗糙的材料表面上更容易伸展成连续的细胞层[44,45]。

为构建精细的化学、生物表面微/纳米图案结构，近几年来主要发展了“墨水笔”纳米刻蚀技术（Dip Pen Nanolithography，DPN）[46]、聚合物笔平版刻蚀术（Polymer Pen Lithography，PPL）[47]、光笔刻蚀技术（Beam Pen Lithography，BPL）[48]、光刻蚀[49]、近场光刻蚀等。

材料的细微结构对细胞行为和组织生成具有非常大的影响。将 Millipore 公司的滤片植入体内，在滤片周围生成纤维肉瘤的概率达 50%。并且肿瘤的发展与滤片的孔径大小有关。当孔径从 450 Lm 减小到 50 Lm 时，肿瘤的发展更迅速。培养的细胞在带有沟槽的或其他细微结构的表面或在棱角边缘上的生长情况与在光滑表面上是有差别的。一般情况下，细胞将沿着材料表面的突起部分或是纤维进行取向和迁移。这一现象称为细胞培养的接触诱导，细胞取向的程度取决于表面沟槽的深度与宽度。例如成纤维细胞在带有沟槽的表面特别是沟槽的尺寸为 1 ~ 8 μm 时更易取向。是否取向还与细胞种类有关。在带有深度为 1.2 μm 和宽度 0.9 μm凹槽的二氧化硅表面上培养细胞，只有成纤维细胞、单核巨细胞在表面伸展，而角质化细胞、中性粒细胞则不展开。材料表面凹凸不平也会影响细胞的行为。例如 PDMS 表面（聚二甲基硅氧烷）均匀地分布 4 或 25 μm^2 的峰状突起，这将是成纤维细胞最好的生长环境，而 100 μm^2的峰或 4、5、100 μm^2的谷状表面的生长情况都不如前者。

利用微刻蚀技术用不粘附细胞的 pHEMA 把钯的表面分成大小不等的微区，结果发现 500 μm^2 大小的微区细胞可被粘附但伸展不好。在大的微区（4 000 μm^2）细胞展开情况很好，与单层培养没有差别。多孔材料表面可以比普通的材料表面更有利于细胞伪足的攀附，增加细胞层与基质材料之间的作用力。而且多孔的基底材料有利于水分、无机盐以及其他营养物质和细胞代谢产物的运输和交换，故更有利于细胞的生长。在研究以水凝胶为基底材料的细胞生长过程中发现，与无孔水凝胶相比，多孔结构能显著增加成纤维细胞、软骨细胞的生长速度，细胞分泌物增多。多孔结构还能促进稳定的接触融合细胞层（attached confluent cell layer）生长，可使原位培养的内皮细胞层承受一定的生理流动剪切力，达到良好的内皮化效果。纤维状材料的表面曲率大小对细胞的取向生长行为是有影响的，细胞因能识别小尺寸纤维的表面曲率而被激活，产生明显的排列取向。一般认为细胞能识别的纤维直径上限为 20 μm。

本课题组通过冰滴致孔和相分离技术，以多孔壳聚糖海绵为基础，在其表面上制备了蜂巢状多孔结构，如图 5－7，结果表明这种多级开孔结构有利于成骨细胞的粘附和增殖[50]。

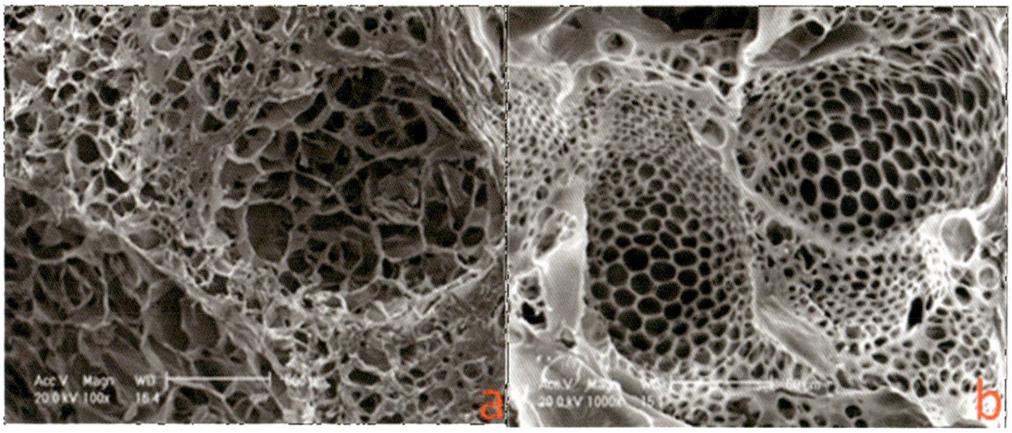

图 5－7　壳聚糖多级开孔结构扫描电镜观察

5.3.4　表面物理截留法

表面截留法最早是由 Hubbell 提出的，它的机理是利用一种溶剂或者混合溶剂，使基体材料充分溶胀，同时使改性材料能够溶解。基体材料和改性材料作用一段时间后，加入基体材料的不良溶剂，使基体材料表面迅速收缩，将改性材料分子截留在表面，形成一种表面互穿网络结构。

溶胀是高聚物特有的现象，控制溶剂相和非溶剂相（如水）比例，可以使高聚物表面溶胀而不溶解，原本紧密缠绕着的分子链处于相对松弛状态。加入改性组分（常溶解在非溶剂相中），其链段通过分子运动可进入高聚物表面链段之间。然后用非溶剂浸泡，使高聚物表面链段收缩，溶胀现象消失。改性组分分子链段与高聚物分子链相互缠结，形成表面互穿网络结构，从而达到固定的目的。

例如在聚乳酸（PLLA）表面截留改性引入生物大分子实验中经常采用的是 1，4－二氧六环和水作为溶剂体系[51]。这种溶剂体系的特点是生物大分子可以在这种混合溶剂中溶解，而 PLLA 在这种溶剂体系中只是发生表面的溶胀。当 PLLA 的膜材料或支架材料浸入生物大分子的 1，4－二氧六环和水的溶液中，生物大分子就会扩散到聚合物表面，当表面溶胀的聚合物被快速地置入聚合物的非溶剂体系中，如冷水，溶胀的聚合物表面就会发生快速的收缩，这样生物大分子就会很快地被“封锁”在聚合物的表面，从而被固定，如图 5－8 所示。

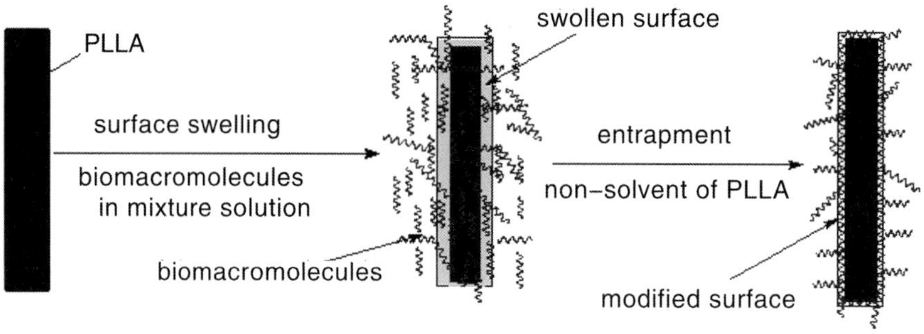

图 5-8　聚乳酸材料表面截留改性

本课题组也曾利用表面截留法在壳聚糖纤维表面修饰一层消旋聚乳酸，然后将改性后的壳聚糖纤维和基体材料 PLLA 模压成型，增强其界面相容性[52]。

Seo 等[53]将合成的 PMPC-PDMS-PMPC 嵌段聚合物加入经过乙醇溶胀的硅橡胶中，然后在水中退溶胀处理，对硅橡胶进行表面改性（见图 5-9）。经过表面改性后硅橡胶的生物相容性明显改善。

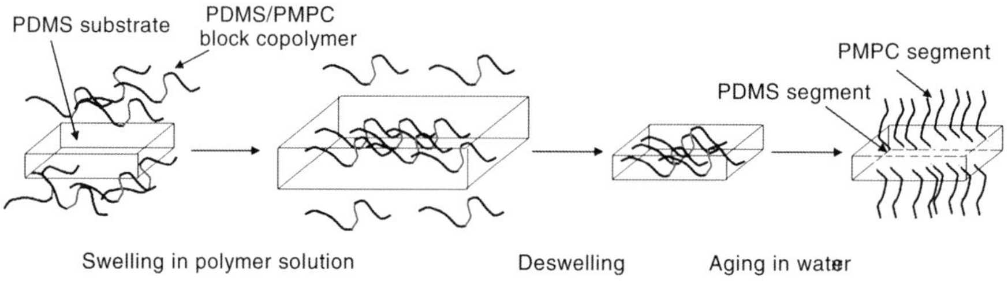

图 5-9　硅橡胶表面亲水性改性

表面截留法能够使亲疏水性相差很大的两种材料结合起来，改性仅限于材料的表面，这种方法改性的材料在基体材料的玻璃化温度以下都是稳定的。目前，在生物医学领域对于表面截留法的应用有很多，如采用表面截留法在聚乳酸膜上成功修饰壳聚糖及其壳聚糖衍生物，提高了聚乳酸类材料的亲水性，有利于细胞在材料上粘附与生长[54]；利用表面截留法在海藻酸纤维上修饰牛血清白蛋白（BSA）[55]等。

5.3.5　表面涂覆改性

培养基或培养细胞自身分泌的蛋白质，吸附在聚合物表面，将改变材料的化学性质，进而影响细胞与材料的粘附。ECM 及血清都是由非常复杂的蛋白质、生物大分子和小分子组成的混合体系，其中含有对细胞粘附、生长、繁殖有促进作用的多种活性因子，因此把这些具有生理活性的因子涂覆在材料表面，可为细胞的粘附生长提供理想的条件。常用的生长因子、贴壁因子有纤粘连蛋白（Fn）、层连蛋白（Laminin）、GP3（Cntactin）、胶原（Collagen）、聚赖氨酸［poly（D-lysine）］、玻连蛋白（Vn）等。众多研究发现，细胞粘附和伸展同吸附在各种材料表面上的 Fn 有关。细胞在材料表面的粘附、迁移依赖于预涂粘附蛋白以及蛋白质介导的细胞粘附剂的浓度。

Fn 是一种促进多种细胞粘附生长的糖蛋白，分子量为 200 000～250 000。由于细胞在粘附生长过程中并不能区分外源性 Fn 与内源性 Fn，因此材料表面预涂外源性 Fn 后，有利于细胞粘附生长。但预涂 Fn 费时，成本高，且这种强制性吸附面临培养体系中其他物质的竞争吸附，吸附后的 Fn 分子可能会发生不利的空间取向和构象变化，减弱甚至完全丧失其对细胞的粘着功能。进一步研究发现，促进细胞生长的主要因素是细胞膜上某种受体与吸附蛋白肽链上的特定序列发生特异性的相互作用，如 Fn、Vn、胶原等分子中的 RGD（arginine-glycine - aspartic acid）序列和 Laminin 分子中的 YIGSR（tyrosine - isoleucine - glycine - serine - arginine）序列，于是在高分子生物材料表面涂覆 RGD、YIGSR 等特定肽链，制成受体专门性材料，可以促进受体介导的细胞被固有粘附蛋白受体特异性结合，在生物材料表面自发形成单分子层，为与受体介导的细胞提供了位点，进而促进细胞的粘附、伸展。此外也发现 GHK 序列（glycine - histidine - lysine）对成纤维细胞、软骨细胞的增殖有促进作用。

5.4 化学修饰方法

5.4.1 化学修饰的特点

利用聚合物本体材料中已存在的基团的反应或通过主链侧基上某些反应活性高的基团或原子的反应，可使聚合物表面产生小分子功能基团。主链饱和的聚烯烃材料，如 PE、PP，主链较稳定，通过表面氧化可在表面引入功能基团。如用过硫酸盐氧化 PP 中空纤维膜，可在其表面引入羟基。光氧化（Photo - Oxidization）方法是将材料浸泡在双氧水中，进行紫外辐照。该方法由于条件温和，可以在很多高分子表面引入过氧基团，近几年研究比较热门[56,57,58]。

含有易被水解的酯基的聚合物如 PMMA、PET 可以在碱溶液中部分水解使表面产生羧基，与二元胺，如乙二胺反应在表面引入胺基，与乙酐反应在表面引入羟基。

含氟聚合物可用光化学方法改性。如 PTFE 可在紫外光作用下与碱或硫醇酯反应在表面引入羟基或磺酸基。

用 1，3 - 丙磺内酯或 1，3 - 丙醇内酯处理聚氨酯表面时，聚氨酯硬段氨基甲酸酯中的氮与内酯发生双分子亲核取代反应，表面生成磺酸基或羧基，提高了聚氨酯的亲水性。通过控制表面磺酸基的含量或羧基可以提高材料的细胞相容性。

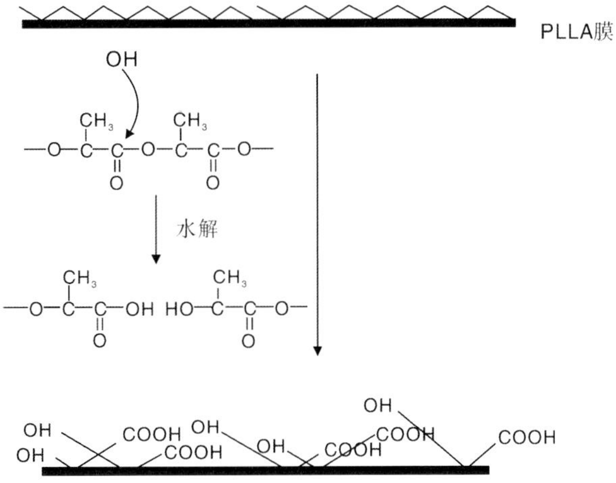

图 5 - 10　聚乳酸表面碱水解处理示意图

纳米羟基磷灰石（HAP）具有优良的生物相容性和骨传导性，与人体骨骼中的无机成分具有相似的组成、结构及性质，因此，HAP是一种理想的骨组织替代材料。但是HAP脆性大、韧性不足、力学性能差。近年来，纳米HAP/聚合物复合材料有效地结合了HAP的骨传导性和聚合物的韧性。通过对HAP表面进行化学修饰，引入有机分子，可以有效地提高HAP与聚合物的相容性。在利用有机分子对HAP进行表面改性这方面，早期有利用硅烷偶联剂、异腈酸酯、脂肪酸等有机小分子对HAP进行表面处理，从而实现其表面物理性质的改变。近几年研究较多的是在纳米HAP表面接枝聚合物分子，如聚乳酸、聚ε-己内酯、聚乙烯基膦酸、聚甲基丙烯酸甲酯、聚（N-异丙基丙烯酰胺）等高分子都可以通过化学键键合在HAP表面。

5.4.2 低温等离子体改性

等离子体由部分电离的导电气体组成，其中包括电子、正离子、负离子、基态的原子或分子、激发态的原子或分子、游离基六种类型的活性粒子。等离子体可分为高温等离子体和低温等离子体。

低温等离子体中基本粒子的能量范围为电子：0~20 eV；离子：0~2 eV；亚稳态粒子：0~20 eV；紫外光/可见光：3~40 eV。

一些化学键的键能为：（eV）

C—H	4.3	C═O	8.0	C—N	2.9
C—C	3.4	C—Cl	3.4	C═C	6.1
C—F	4.4	C≡C	8.4		

可见，低温等离子体中粒子的能量均略高于这些化学键能量，足以引起聚合物内化学键断裂或重新组合，使大分子降解，或使材料表面和外来的气体或单体在等离子体的作用下发生反应。

低温等离子体处理高分子材料，可有选择地在表面引入新的基团，改变表面湿润性、表面电位、表面能极性分量和色散分量及表面微结构，达到改善高分子材料生物相容性的目的。低温等离子体对材料进行表面改性有如下特点：①等离子体表面处理的深度仅涉及距表面几个到数十个纳米范围内，改性的区域和程度有易控性，界面性能可得到明显改善而材料本体不受影响；②能处理形状复杂的表面；③有较强的杀菌作用；④低温等离子体技术是干式工艺，有省能源、无公害等优点，可满足环境保护的需要。

当等离子体轰击聚合物表面时，由于分子键断裂而发生表面刻蚀、交联、化学改性或等离子体聚合等，从而引发气固相间的界面反应，产生多种活性基团，如羰基、羧基、羟基、氨基、亚氨基等，改变了表面的物理和化学性质。但等离子含有的活性自由基在聚合物本体内有一个扩散衰减的过程，因而等离子体处理有一定的时效性。

低温等离子体对聚合物的表面改性在反应性气体或非反应性气体的气氛中都能进行。反应性气体如氧、氮等；非反应性气体如氦、氩等。在氧气氛中，聚合物表面等离子氧化反应是自由基连锁反应，可生成含氧基团，如羧基、羟基、羰基、过氧基等。CO_2，CO，H_2O及其他含氧的气体在等离子状态下也可分解为原子氧，也具有氧等离子作用。氮等离子体中有N，N^+，N^-，N^*等活性粒子，与聚合物表面自由基反应，引入含氮的活性基团。

$$O_2 \xrightarrow{E} 2O\cdot$$
$$O\cdot + R—H \longrightarrow R\cdot + HO$$
$$O\cdot + R'—R'' \longrightarrow R' + R''—O\cdot$$
$$R_1—R_2 \xrightarrow{hu} R_1\cdot + R_2\cdot$$
$$R\cdot + O_2 \longrightarrow ROO\cdot$$
$$ROO\cdot + R'H \longrightarrow ROOH + R'\cdot$$
$$ROOH \longrightarrow RO\cdot + HO\cdot$$

图5－11　氧气等离子体处理自由基反应

非反应性气体Ar、He等这些惰性气体的原子不直接与聚合物表面反应，结合到大分子链中，但是这些非反应性气体等离子体中的高能粒子轰击聚合物表面，可使材料表面产生大量自由基，使表面形成致密的交联结构。

此外，若被处理聚合物结构中含有氧，则等离子体轰击使大分子链断裂分解产生活性氧，其效果类似于氧等离子处理。如果材料本身不含氧，则惰性等离子处理后的新生自由基，其半衰期可达2～3天，能与空气中的氧作用，导致氧结合到大分子链上。

聚合物表面经低温等离子体改性后，其处理效果会随时间的推迟而减弱，这一现象称为退化效应。等离子体改性聚合物表面时，将极性基团引入表面，而这些极性基团是连接在分子链上的，它随分子链的自由旋转从表面潜入本体，因此表现出表面润湿性随时间的推迟而减弱。等离子表面接枝改性可有效改善这种情况。等离子表面接枝聚合改性，即利用表面产生的自由基基团与含不饱和键单体反应，引发聚合，在材料表面引入功能性高分子长链。如高分子材料利用O_2等离子表面处理后引入二胺进行功能化改性等。

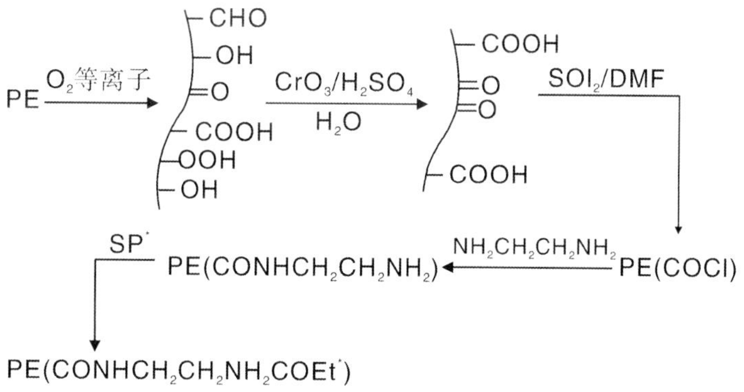

由于低温等离子体的独特特性，最近几年在生物医学领域中已引起人们的关注，如用等离子体杀菌、用等离子体喷涂和离子束辅助沉积在钛金属上形成含羟基的磷灰石来研究骨移植等。通过低温等离子体技术对聚乙二醇双丙烯酸酯（PEGDA）/甲基丙烯酸羟乙酯（HEMA）共聚物水凝胶生物材料进行表面改性，以骨髓基质干细胞（BMSc）为细胞模型，结果表明：等离子体处理方法有利于细胞在水凝胶材料表面的粘附和增殖[59]。

在血管材料改性方面，利用CF_4等离子体处理可获得氟化表面或类似聚四氟乙烯的表面；表面引入的含氟基团又可用Ar等离子体可控地去除，由此可获得一系列不同湿润性的表面[60]，适合用作特定场合的生物医用材料。丝素蛋白膜表面等离子体磺酸化，O_2、NH_3等离子处理后直接通空气，或者 NH_3 处理后浸于 1，3－丙磺酸丙酯溶液中反应 48 h 后清洗。丝素蛋白膜上 vwf 抗体的固定化则利用 NH_3 反应气体 30W 处理 5 min 后，浸入 0.5%（体积比）的戊二醛溶液中，4 ℃反应 18～24 h，或者 56 ℃反应 2 h，洗涤后浸入 50～100 μg/ml 的鼠抗人 vwf 抗体溶液中，4 ℃反应 24 h 或者 37 ℃反应 1 h。Krishna 等[61]利用等离子体聚合的方法将烯丙醇接枝聚合到硅橡胶导尿管的表面，使材料表面形成大量活性羟基，然后与丙烯酰氯反应，表面形成可聚合的丙烯酸结构，最后将甲基丙烯酰氧基乙基磷酰胆碱 MPC 接枝聚合到材料表面，过程如图 5－12 所示，接枝改性后材料表面接触角降低到 58°，抗血小板粘附性能显著提高。

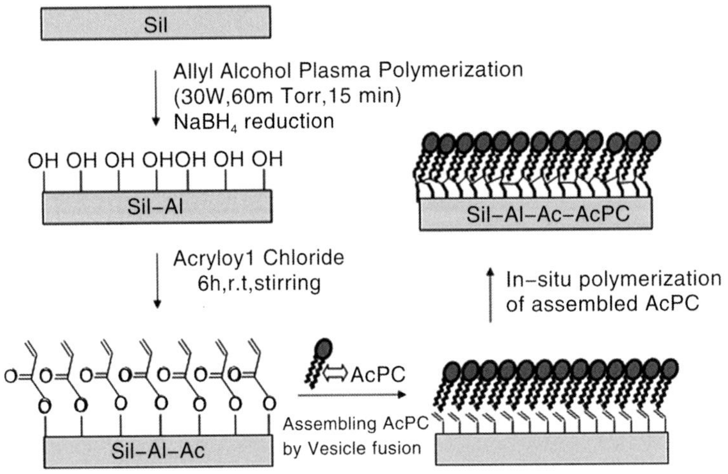

图 5－12　等离子体接枝 MPC 亲水改性硅橡胶导尿管

应用脉冲等离子体沉积技术，可在聚乳酸表面接枝 3－氨基丙烯，形成表面含有游离氨基的聚合物，再利用活性氨基与 Tresylat－PEG－RGD 反应，获得 RGD 序列修饰的材料表面。NH_3 等离子体处理聚乳酸，可使其表面产生能与胶原形成共价键的－OH，－COOH，－NH 等活性基团，然后再于溶液中将胶原锚定在聚乳酸表面上，从而增加材料表面的亲水性。

5.4.3　光化学偶联改性

为了使在材料上引入的分子的稳定性增强及得到一些活性的生物材料表面，人们提出了通过光化学的方法将一些设计所需要的分子接到材料表面的方法。BSI 公司开发了一种专利技术可以通过共价结合的方法将一系列的分子接枝到生物材料的表面。

光化学试剂芳基酮进行光化学偶联的机理如图 5－13 所示。

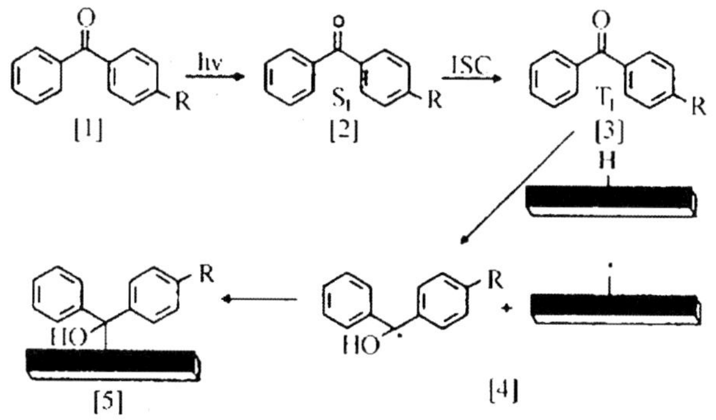

图 5-13 芳基酮进行光化学偶联的机理

芳基酮在紫外光的激发下形成单线激发态［2］，［2］经过系间窜跃而形成长寿命的三线态［3］，这个高活性的中间产物能够插入碳氢键夺取聚合物表面的一个氢原子形成自由基对［4］，从而形成新的碳氢键。光活性的芳基酮在有水存在时是不能反应的，如果没有合适的基质材料存在，活性中间体会返回基态，这样就可以充分提高光活性基团的利用率，当有合适的基质存在时，可再度光引发。光化学试剂根据改性过程中所需要的处理步骤通常分为一步法和两步法两种。一步法包括涂层分子光反应部分的预先衍生化，再将纯化好的光化学试剂溶于适当的溶剂后应用于要改性的基质材料，经过适当波长的光照来活化光偶联过程。两步法中，材料本身能预先衍生化（而不是涂层分子），基质材料与光活性试剂复合经光照，再通过常用的有机反应或蛋白质化学反应将目标分子接在基质材料上。

特异性的细胞外基质如 Fn（Fibronectin）、Lm（Laminin）、胶原 I、胶原 V 等都可通过光化学接枝在材料的表面以提高材料的细胞亲和性。Green 等将胶原 IV 通过光化学的方法接枝在聚苯乙烯培养皿上，考察了不同细胞在培养皿上的生长，发现改性后的材料非常有利于细胞在材料上的粘附和生长。

5.4.4 辐射接枝技术

辐射接枝法是在辐射聚合反应的基础上随着聚合物改性的需要而发展起来的，迄今辐射接枝技术已成为研制各种性能优异的新材料和对原有材料进行改性的有效手段之一。其原理是利用高能辐射使聚合物 A 产生活性点（自由基或离子），再由该活性点引发单体 B 的接枝聚合。

由于辐射接枝技术独特的优点，在生物材料的表面改性上已得到广泛的应用。例如早期的 N-乙烯基吡咯烷酮（NVP）对硅橡胶的辐射接枝后，作接触眼镜；甲基丙烯酸 β-羟基酯（HEMA）、NVP 等对硅橡胶的辐射接枝，用于抗凝血材料。通过辐射接枝也能赋予普通高分子材料不具备的生物功能性，在高分子基体上进行所需的辐射接枝后，使蛋白质、激素、酵素、医药等用化学键或静电的方法引入接枝链以获得很多有用的生物相容性材料和医疗材料。

5.4.5 原子转移自由基聚合技术

原子转移自由基聚合技术（Atomic Transfer Radical Polymerization，ATRP）是一种新型自由基聚合技术，在许多领域获得了广泛的研究与应用[62]。

ATRP 的反应机理，以带有卤素基团的有机分子作为引发剂，在过渡金属复合物（M_t^n - Y）的催化作用下生成活性自由基，从而引发合适的高分子单体（Ligand）进行聚合生成高分子。典型的 ATRP 催化体系为以卤化亚铜/2、2′ - 联二吡啶、C - Cl、C - Br 为主要代表的引发基团，另外，有研究证明 C - F 基团也可以引发 ATRP 反应。ATRP 技术具有非常多的优点，如可以在材料表面引发自由基聚合，从而对材料进行表面改性；ATRP 反应条件容易控制，常温下即可进行；可用于合成特定复杂结构的高分子材料等。

生物材料表面通过等离子体处理、表面自组装以及紫外光照等方法在材料表面引入卤素引发基团，在 CuX/byp 的催化体系下，在材料表面接枝聚合相应的高分子。根据聚合单体的性能可以赋予材料表面不同的生物活性与化学反应性，聚合后材料表面的卤素基团可以进一步进行 ATRP 反应，也可利用卤素基团的反应活性进一步接枝其他功能分子，如果目标高分子的基团 R 具有反应活性（如羧基、羟基等），也可进一步接枝其他生物分子，从而赋予材料不同的表面性能。

受磷脂分子良好抗凝血性的启发，具有两性离子结构的材料引起了研究者的注意，如硫代甜菜碱甲基丙烯酸酯（Sulfobetaine Methacrylate，SBMA）[63]、羧基甜菜碱丙烯酸酯（Carboxybetaine Methacrylate，CBMA）等都具有良好的抗凝血性能[64]。Liu 等合成了另外一种新的具有两性离子结构的物质 N，N - 二甲基 - N（对 - 乙烯基苯基） - N - （3 - 硫丙基氨）（DMVSA，见图 5 - 14），通过 ATRP 技术将这些物质接枝到生物材料表面可以提高材料的血液相容性。Stefano Tugulu 等[65]采用 ATRP 技术将 2 - 羟乙基甲基丙烯酸酯或者聚乙二醇甲基丙烯酸酯接枝到材料表面后，进一步利用材料表面的未反应羟基基团接枝蛋白多肽 RGD，提高了人脐静脉血管内皮细胞的粘附能力。研究结果表明，改性材料暴露在模拟动脉血流状态下的剪切应力能够维持动态平衡，可望用于心血管植入材料的表面改性。

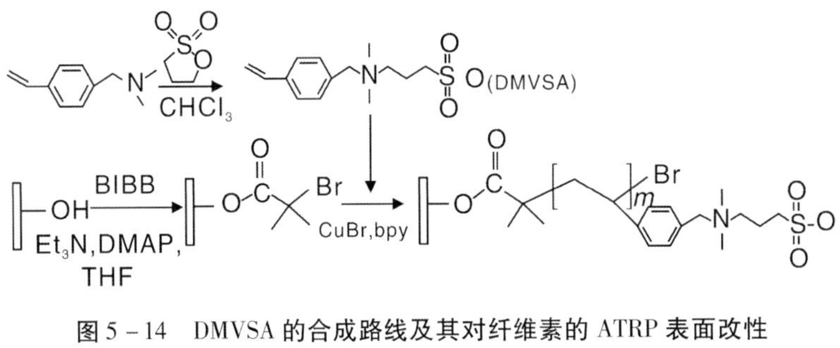

图 5 - 14　DMVSA 的合成路线及其对纤维素的 ATRP 表面改性

近年来，点击化学（Click Chemistry）反应以其高产率与高选择性成为材料科学研究中新的有力手段。ATRP 聚合与点击化学的结合为制备新型高分子生物材料提供了新的途径与方法。ATRP 聚合完成后可以通过简单的取代反应在聚合物末端引入点击化学反应需要的典型基团—叠氮基团（$-N_3$）。点击化学与 ATRP 技术结合还可以合成各种具有不同分子结构的高分子化合物，如星型聚合物、树枝状聚合物、超支化聚合物等，这些合成的新型高分子在生物材料、组织工程、药物输运以及基因材料等方面具有潜在的应用前景，显示出两者结合的强大生命力。

5.5 生物活性修饰方法

目前，对材料表面进行分子生物学设计，其方法主要是将一些有生理功能的物质如蛋白质、多肽、酶和细胞生长因子等固定在材料表面，充当临近细胞、基质或可溶性因子的配基或受体，使表面形成一个能与生物活体相适应的过渡层。此方法不会影响高分子材料的本体性能，可基本保持所固定的生物分子的活性，还可以设计材料表面改性区域，经改性的高分子材料可获得良好的生物相容性和多种优良的生物医学应用性能。

5.5.1 蛋白质表面修饰

蛋白质作为重要的生物活性分子在材料表面的固定已有较多报道。蛋白质在聚合物表面的固定方法主要有物理吸附法、化学固定法。

物理吸附是固定生物活性分子的一种最简便的方法。通过静电吸附作用可将含有多个负电荷的生物活性分子如肝素固定于材料中带正电荷的部位；通过蛋白质与聚合物分子间的作用可将蛋白质吸附到聚合物表面。吸附到表面的蛋白质用光辐射或交联剂可使其交联。

将生物活性分子中的某些基团与基质表面的反应性基团化学键合使其牢固地固定于材料表面是获得长期组织相容性的有效方法。这种方法克服了物理吸附中生物活性分子不能长期作用于材料表面、易脱离的缺点。这种固定方法通常要求基质表面具有 $-OH$，$-COOH$，$-NH_2$ 等反应性基团。因此通过表面改性使材料表面产生这些基团是固定的前提。

为了使细胞能有效识别表面固定的蛋白质，在化学固定过程中，必须考虑以下两点：一是空间位阻效应使蛋白质分子中的反应点与表面官能团的反应受到限制，蛋白质的固定量较小；二是由于材料表面物理结构的限制，蛋白质中活性点被包埋，固定可引起蛋白质的变性，细胞受体与蛋白质之间不能建立最佳的相互作用。

通过在聚合物表面预先引入“间隔基”（Space Arm）有助于克服上述缺点。蛋白质的化学固定通常分两步：聚合物表面活化和活化表面与蛋白质的反应。利用前面提到的表面改性技术引入功能基团，制备具有反应活性位点的材料，然后与蛋白类分子发生反应，比如将胶原类蛋白固定在材料表面，设计出接近组织中的条件反应界面；将蛋白质加入聚合物单体中混合反应；将蛋白质与聚合物溶剂混合；用胶原和其他细胞外基质分子制成水凝胶等。以上方法都可以改变材料表面的湿润度，提高粘附蛋白对材料表面的吸附能力，进而影响细胞的粘附。

5.5.1.1 蛋白质在含羟基聚合物表面的固定

表面含羟基的聚合物可通过磺酰卤、碳化二亚胺、环氧树脂、二异氰酸酯、卤代烷等活化，活化可在有机溶剂如丙腈、二氯甲烷、丙酮、苯中进行。表面的羟基被磺酰氯活化后生成反应性的磺酸酯，它可以进一步与蛋白质中的胺基或巯基反应生成 C－N 或 C－S 键从而将蛋白质固定。

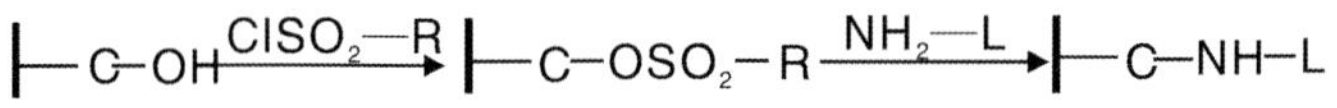

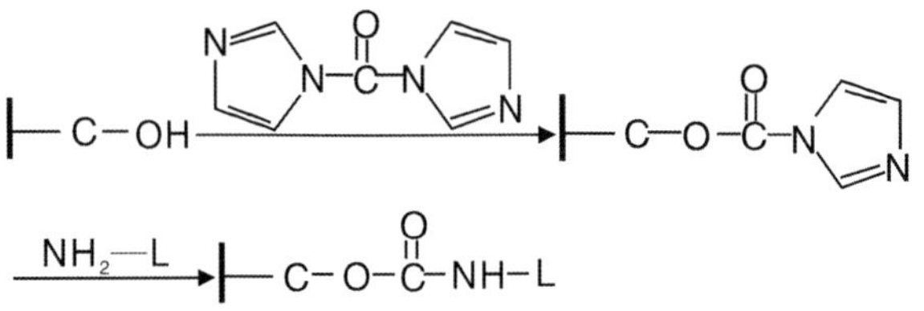

当双官能团的偶联剂如六次甲基二异氰酸酯（HMDI）与聚合物中的羟基反应时，羟基和偶联剂的一端反应，生成具有一定“臂”长的中间产物，偶联剂的另一端和蛋白质反应将其固定。

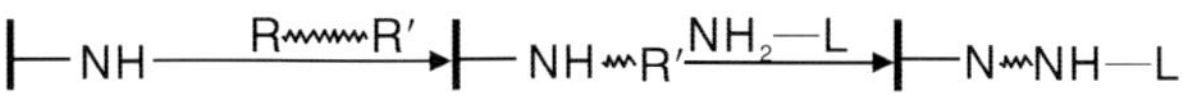

5.5.1.2　蛋白质在含羧基聚合物表面的固定

蛋白质在含羧基的聚合物表面的固定必须先将羧基活化，常用的试剂为 N－羟基丁二酰亚胺（N－Hydroxysuccinimide，NHS）和 1－(二甲基胺丙基)－3－乙基碳化二亚胺（EDC）。活化反应既可在水溶液中进行，也可在有机溶剂中进行。

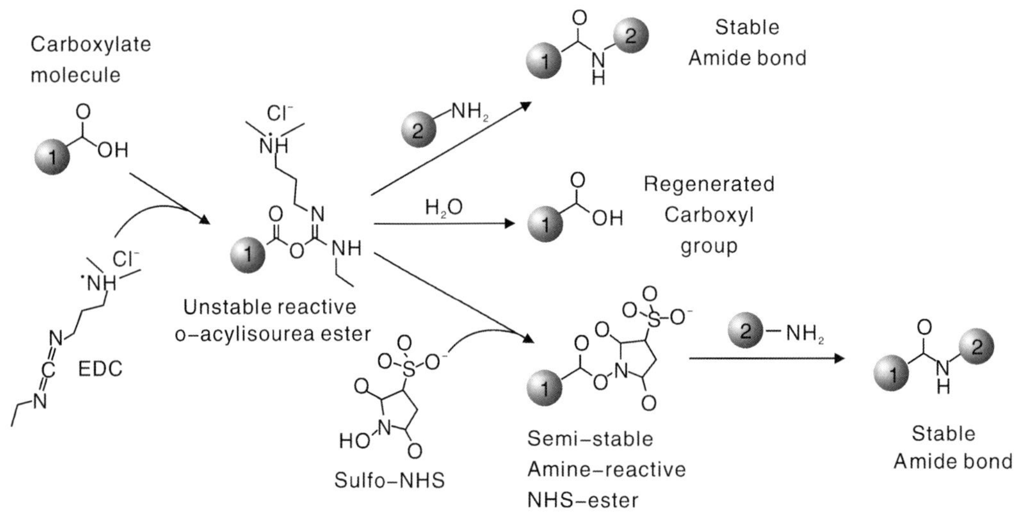

NHS 活化的表面与蛋白质的反应在水/有机溶剂体系中进行。而 1－乙基－3－（二甲基胺丙基）碳化二亚胺活化的表面与蛋白质的偶联在蛋白质的水溶液中进行。

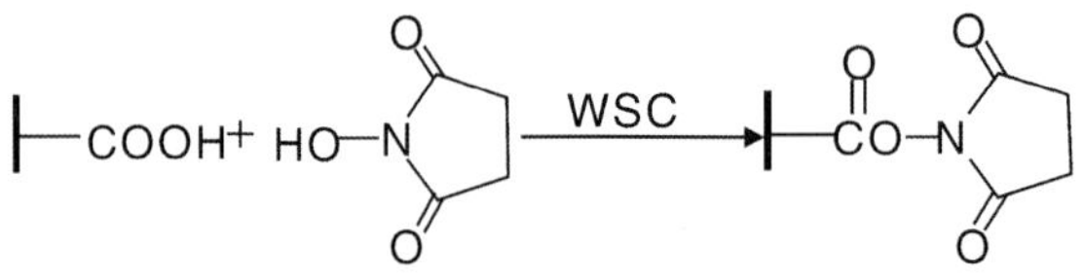

5.5.1.3 蛋白质在含胺基聚合物表面的固定

表面含胺基的聚合物可与含双官能团的偶联剂反应而活化，所用的偶联剂有二异氰酸酯、二元醛、环氧树脂等。二异氰酸酯的活化反应通常在有机溶剂中进行，而与蛋白质的偶联在缓冲液中进行。二元醛如戊二醛由于与聚合物表面及蛋白质中的胺基反应速度较快通常被用于蛋白质在含胺基聚合物表面的固定。二元醛的活化反应及与蛋白质的偶联通常在水溶液中进行。

5.5.1.4 蛋白质的光固定

光固定通常是在双官能团偶联剂存在下进行的。光固定蛋白质有三条途径：双官能团的化合物先固定到聚合物表面，后在光辐照下与蛋白质偶联；双官能团偶联剂首先在光辐照下固定到聚合物表面，后与蛋白质偶联；先将蛋白质偶联到双官能团的化合物上，再在光辐照下将其偶联到聚合物表面。所用的光活化剂有光敏性的偶氮、二苯甲酮和丙烯酸酯等。

5.5.2 多肽类物质的表面修饰

与细胞表面受体真正起反应的是细胞外基质上 3 ~ 20 个氨基酸的多肽链，不同序列的多肽具有不同的生物特性，因此选择合适的多肽对提高生物材料的细胞粘附性有重要意义。若在材料表面直接固定多肽，制成受体特异性材料，可以促进受体介质的细胞对表面的特异性粘附。目前主要使用的是 RGD。RGD 可被固有粘附蛋白受体特异性组合，在生物材料表面自发形成一分子层，为与受体介导的细胞反应提供了位点，进而促进细胞粘附、伸展。

修饰生物材料表面的多肽与细胞的结合也是与细胞表面的整合素（Integrin）的结合。整合素由 α，β 亚单位组成，是介导细胞粘附的重要受体。人体组织内的大部分细胞表达 $\alpha_1\beta_1$，$\alpha_2\beta_1$，$\alpha_3\beta_1$ 和 $\alpha_6\beta_1$ 整合素。人成骨细胞高表 $\alpha_1\beta_1$，$\alpha_5\beta_1$，$\alpha_v\beta_5$，而 $\alpha_3\beta_1$ 只在大血管内皮细胞表达，α_v 亚基在表皮细胞呈高表达，α_v 主要与 β_5，β_6 形成二聚体，而白细胞主要为 β_2 亚基，也有 $\alpha_4\beta_1$，$\alpha_4\beta_7$，$\alpha_5\beta_1$，$\alpha_6\beta_1$，而血小板整合素为 $\alpha_{IIb}\beta_3$。不同的整合素分子可能识别相同的短肽序列或同一配体中不同的短肽序列。由于同一短肽序列可能存在于不同的细胞外基质中，因此每一种整合素分子可有几种细胞外基质做配体，而每个细胞外基质中的配体也可能被不同的整合素识别。能与整合素结合的配体是纤维连接蛋白、层粘连蛋白等，但这些蛋白质功能较多，与细胞粘附有关的蛋白序列已被探明，应用这些蛋白的核心序列可以减少粘附中的其他不良反应，现在研究细胞粘附时多应用人工合成的短多肽序列，它们能与细胞的整合素结合，提高细胞粘附性，按其结构分为 RGD 序列和非 RGD 序列。

以 RGD 为基础的各种多肽不断出现，以 RGD 为模板，在 RGD 的前端或后端加上不同的氨基酸，形成新的多肽，不断改良 RGD 性能。

多肽固定的方法有很多，共价键的形成一般需要材料表面引入羟基、羧基、氨基等活性基因后，利用交联剂或偶联剂，将多肽的氨基酸侧链或氨基、羧基末端连接起来。

碳二亚胺是一类很强的脱水剂，能使羧基和氨基脱水生成酰胺键，在反应时一种分子中的羧基先与碳二亚胺反应生成一个加成中间产物，再与另一分子上的氨基反应形成酰胺键，实现两者的交联。其交联反应条件温和，即使在冷却条件下也能于中性溶液中进行。

马来酰亚胺基结构中的双键比较活泼，可与游离巯基进行选择性加成反应。马来酰亚胺基能与含氨基的药物或蛋白反应形成酰胺键，引入马来酰亚氨基，与另一含有游离巯基的分子通过巯基对双键的加成反应连接起来。

通过非共价作用将多肽固定于材料表面同样有效，有些无活性的生物蛋白如牛血清白蛋白（BSA）、卵白蛋白（OVA）能稳定地吸附于玻璃的表面。BSA 或 OVA 和马来酸亚胺作用可形成中间物，能提供具有活性的巯基与多肽形成共价连接，它们也能和 1－乙基 3－（3－二甲基氨基丙基）－碳二亚胺氢氯化物作用以提供活性羟基或氨基与多肽共价结合。这些无活性的蛋白与多肽共价结合，然后吸附于底物上，能简单有效地实现在材料表面固定多肽。有些学者用 EDC 和 NHS 作为偶联剂使多肽 GRGDS 与多聚赖氨酸共价结合然后再将聚乳酸 GRGDS 吸附至多聚乳酸表面以完成 PLA 表面的修饰。

将细胞粘附性多肽固定在羟基磷灰石（HAP）表面可以明显提高它的细胞亲和性。天冬氨酸和谷氨酸是酸性氨基酸，它们能和钙位点结合形成复合物。所以富含酸性氨基酸的多肽序列，如骨和牙质中含有细胞粘附信号的蛋白，都可以固定在 HAP 上，使 HAP 转变成为一种易于被细胞附着的材料。人工合成肽的化学性质是可变的，其氨基酸序列可以延伸，也可以加上各种不同的分子而生成各种生物模拟物；将生物活性肽连接上疏水性“尾巴”然后和疏水性材料相互作用，也可以将多肽固定于材料的表面。

5.5.3 酶和细胞生长因子的表面修饰

实验证明胰岛素与粘附蛋白类共同固定，诱导产生协同作用，可使胰岛素活性增加。不同生长因子对细胞粘附和生长的影响有一定的特异性，白蛋白缺乏促进细胞粘附、伸展和生长的活性，其原因在于成纤维细胞缺乏与之相互作用的受体。胰岛素有较高促细胞生长能力，RGD 有较高促细胞粘附能力，二者共同固定于材料表面，产生协同作用可增加胰岛素的活性。

在高分子表面共价固定酶类，可生产出具有酶活性的新型生物材料，在生物感受器、生物反应器、人工细胞的制作及合成等方面显示了较好的应用前景。目前固定酶技术主要包括：物理技术（即酶被包裹，但其运动性受到限制）和化学共价结合。

5.5.4 表面仿生矿化

从结构上讲，人体骨骼和牙齿是由天然胶原构成的连续模板和弥散于其中的纳米 HAP 晶粒所组成的复合材料，具有高的强度和韧性等优良的力学性能。

从材料角度来看，骨基质是一种矿化的胶原纤维，这种材料既可以看成是弹性高分子增韧的 HAP 复合材料，又可以看成是 HAP 增强的高分子复合材料。

天然骨是典型的有机基质模板介导的生物矿化产物，其矿物相的形核、生长、晶型、取向、大小、形状、有序排列等特性及矿化热力学与动力学过程的调控都是在有机基质的介导下完成的。这一特定的生物矿化材料具有从微观、介观直到宏观尺度的精巧而复杂的分级结构。

等离子喷涂 Ca－P 涂层是目前最为普遍采用的制备技术，然而高温和射线会对基体造成不利影响，而且喷涂复杂器械的效果不好，尤其是内腔处无法喷涂到，因此，人们探索了许多新的方法，比如浸渍法、电泳沉积、水热反应法、物理气相沉积法、溶胶—凝胶法等，但每种方法都有其各自的局限性。相比之下，仿生溶液法越来越引起人们的兴趣，它是在模拟体液（SBF）的环境下在基体表面自然沉积出磷灰石，通过 SBF 调节 Ca/P 比例。SBF 具有和人体血浆类似的无机离子浓度，研究表明它可以在不同的基质表面被诱导生成类似骨基质的弱结晶的羟基磷灰石。

早期人们认为生物矿化的过程本质上是一个溶液中晶体生长过程，也就是一个典型的溶液中非平衡态下固体和液体的界面反应过程。这可以由 Burton，Cabrera 和 Frank 在 20 世纪 50 年代提出的经典晶体生长理论来解释[66]。然而，由于生物矿化是在生物体内进行的，有机基质会影响晶体成核和生长的过程，使其不同于一般溶液中的无机物自发成核结晶，这一调控过程是生物矿化的关键。目前，一般认为生物矿化是一个有机—无机界面分子识别的过程。

有机—无机的模板模型，强调的是有机基底和无机晶面间物理化学结构的互补，从而降低界面处的成核能垒，诱导特定取向的晶体生长。然而，该模型并不能够完全解释生物矿化中的晶体生长过程。有些情况下，溶液中的有机分子，即使没有形成有序的框架结构，也能够诱导和改变晶体生长的过程和形貌。例如，少量的柠檬酸能够改变草酸钙结晶形貌，但此过程中柠檬酸并没有预组装成有机膜，然后再诱导草酸钙成核生长[67]。本质上讲，晶体生长的基本过程在微观上是晶体表面台阶的形成和扩展过程，有机分子的调控有可能是通过和晶体表面的台阶相互作用，改变台阶的特性及其生长动力学。而台阶的形貌、生长动力学和晶体形貌有着密切联系。因此生物矿化中晶体生长的调控是通过对台阶进行修饰和影响台阶生长动力学实现的。

近年来在早期生物矿化中起十分重要的作用的无定形前驱相也受到人们的关注。一定条件下，体系会先形成亚稳态的前驱相，在受控条件下可转化为最终的稳定结晶相。这也与传统的直接由离子或分子成核结晶生长不同。在前驱相研究中，关注得最多的是无定形相。而研究得最多的无定形相则是无定形磷酸钙（Amorphous Calcium Phosphate，ACP）和无定形碳酸钙（Amorphous Calcium Carbonate，ACC）。无定形相是一类长程无序，短程有序的非晶态物质。其原子排列介于晶体和溶液之间，自由能与溶液更接近。

Posner 等最早在用高过饱和度合成羟基磷灰石时发现最初的沉积物相是无定形的磷酸钙。他提出无论是结晶还是无定形磷酸钙相的结构单元都是 $Ca_9(PO_4)_6$ 团簇（Posner Cluster）；这些小团簇尺寸为 0.95 nm。它们在 3 nm 的短程内与羟基磷灰石结构相同。Onuma 等通过动态光散射发现在 Tris 缓冲的 $CaCl_2-K_2HPO_4\cdot 3H_2O-NaCl$ 体系中有 0.7 ~1 nm 类似 Posner 小球的磷酸钙团簇。Towe 等最早在双壳类生物体内发现无定形碳酸钙。Weiner 和 Lowenstam 则最早揭示了无定形相在生物矿化中的意义，他们在贻贝的牙齿矿化中发现最早形成的物相是 ACP，经过数周转化为含碳酸根的 HAP。生物界中，海洋生物和陆生甲壳纲生物的甲壳中存在着相当多的无定形相[68]。

唐睿康等将表面为无定形的羟基磷灰石（HAP@ ACP）纳米颗粒放入含甘氨酸（Gly）、谷氨酸（Glu）和牙釉蛋白的溶液中，发现 Gly 参与下可得到针状的类牙磷灰石，Glu 参与下可得到片状的类骨磷灰石。而在牙釉蛋白存在下得到的针状结构比 Gly 存在下得到的针状结构在尺寸上大了一个数量级。在没有氨基酸和蛋白的条件下，这些纳米颗粒只能形成杂乱的聚集体而不会形成此种高级有序结构，表明了生物矿化中有机基质对无机纳米颗粒的组装起着关键的调控作用[69]。

但是与其他无机纳米组装不同的是，在这一过程中无定形相起了很大的作用。合成同样尺寸的完全结晶的 HAP 纳米颗粒，在相同溶液条件下就不会得到针状或片状的高级结构。甚至在没有有机物的条件下，表面未结晶的纳米颗粒都能够形成针状结构，只是所需的时间更长。这表明有机物不仅影响纳米颗粒组装的动力学，而且参与调控无机物的组装结构和纳米颗粒的排列模式。利用类似的原理，在磷酸钙溶液中加入表面活性剂 2 - 丁二酸二异辛酯磺酸钠（AOT）和牛血清蛋白（BSA），得到一种有机—无机复合的层状结构[70]。这种有机—无机复合晶体有着类似于骨的力学特征。每一层结构是同时形成的，通过组装形成高级结构。在这一过程中表面活性剂和蛋白的协同作用起着至关重要的作用。这些结果表明，通过研究生物体内控制纳米颗粒组装方式的原理，仿生纳米组装可为合成高性能的有机—无机复合提供一种新方法。

5.5.5 抗菌表面修饰

表面抗菌处理，可以提高材料的抗菌性能，使用含有抗菌剂的组分涂覆硅橡胶材料表面或通过化学接枝方法将抗菌剂接枝到材料表面都可以提高材料表面抗菌性能。抗菌涂层（Antimicrobial Coating）分为三种类型：一是抗粘附细菌的涂层，这是一种水凝胶涂层表面，降低了导管对细菌的亲和力；二是抗菌药物释放，使用高效的抗菌活性药物，在聚合物基质表面缓慢释放抗菌剂；三是抗菌剂固定，通过将抗菌剂固定在导管表面的方法，提供一种长期的药物释放的方法，可有效抑制革兰氏阳性菌和革兰氏阴性菌。

常见的抗菌剂包括无机金属银离子、二氧化钛、有机抗生素药物以及季铵盐等。

5.5.5.1 使用无机银离子进行表面处理

无机金属银离子带有很强的正电荷，与生物大分子中带电负性的基团具有很强的吸引力，这种吸引力使分子结构发生改变，导致生物大分子对细胞失去了应有的功能性，从而阻止了细菌/微生物的生长[71]。银离子具有高度活性，容易与给电子基团（如带有硫、氧和氮的基团）及带负电荷的基团（如磷酸根、卤素离子等）结合。通过与银离子的结合导致分子内部结构发生变化，从而使蛋白质酶变性，而大部分被银离子变性的酶提供细胞繁殖的能量，一旦微生物细胞繁殖的能量链断裂，微生物将很快死亡[72]。因此，通过表面改性的方法将银离子覆盖到材料表面可以提高材料的抗菌性能。

5.5.5.2 使用二氧化钛进行表面处理

纳米二氧化钛由于具有光催化特性，在光照下能够使材料产生羟基自由基（·OH）和原子氧（·O）。羟基自由基具有强氧化性，将各种有机物（包括有害微生物体内的）氧化分解为 CO_2 和 H_2O，从而起到抗菌作用。纳米二氧化钛本身对人体和微生物无毒性，以纳米二氧化钛对硅橡胶进行表面改性能够提高材料的抗菌性能。

5.5.5.3 使用抗生素进行表面处理

抗生素作为医学上常见的消炎药物，其抗菌性能优异，利用抗生素药物对硅橡胶进行表面改性能够提高材料的抗菌性能。由于细菌与抗生素长时间接触后容易产生抗药性，导致抗生素的抗菌性能下降甚至消失，因此，抗生素改性的硅橡胶只能短期使用，不能作为长效抗菌材料使用。

5.5.5.4 使用季铵盐进行表面处理

有机季铵盐分子是一种两性分子，在与细菌接触时能够与细胞膜发生静电作用，使亲脂基团穿透细胞壁，导致细胞壁破碎，杀灭细菌。季铵盐类抗菌剂抑菌和杀菌浓度较低，毒性与刺激性小，表面改性同样能够提高材料的抗菌性能。

氯化三十二烷基季铵盐（TDMAC）是季铵盐，其特点是带有强正电和三个疏水性侧基，它的引入可以大幅度减少细菌在材料表面的吸附。Gottenbos 等[73]在硅橡胶表面进行氩气等离子体处理，然后将十八烷基季铵盐硅烷偶联剂经过共价接枝到材料表面，使硅橡胶表面共价接枝上季铵盐，形成抗菌硅橡胶。Majumdar 等[74,75]合成带有季铵盐的抗菌性倍半硅氧烷（Q-POSS），将其作为抗菌剂与端羟基聚二甲基硅氧烷和硅烷偶联剂混合，用于涂覆材料表面，结果表明，具有良好的抗菌性能（见图5-15）。由于倍半硅氧烷具有纳米尺寸，并且一个倍半硅氧烷分子具有八个取代基，因此，倍半硅氧烷能够被八个季铵盐取代，以带季铵盐的倍半硅氧烷作为抗菌剂可提高材料抗菌基团的密度，进而提高材料的抗菌性能。研究发现，季铵盐倍半硅氧烷的分子结构和组成对材料抗菌性能有显著影响。

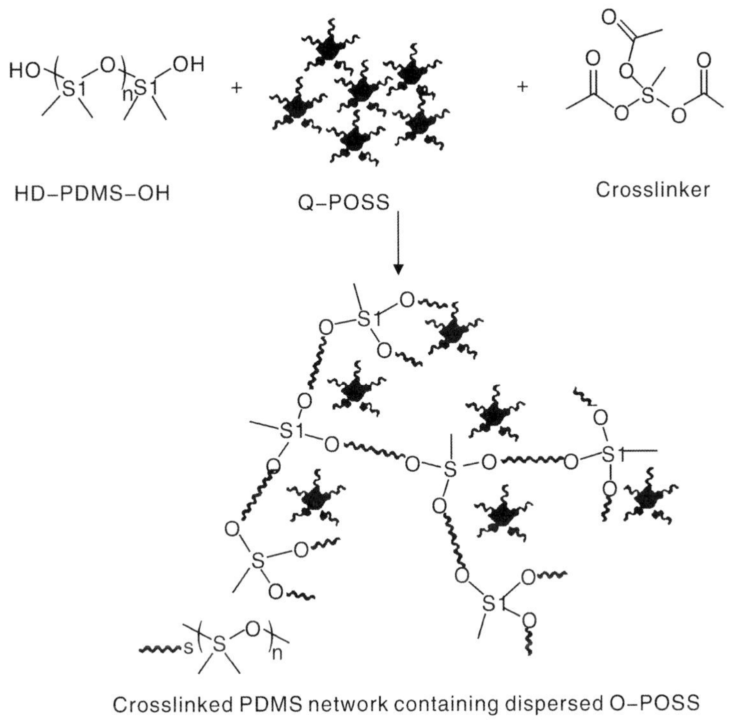

图5-15　含抗菌性倍半硅氧烷的有机硅树脂交联涂层

5.6 常见临床材料的表面改性方法

5.6.1 介入导管的表面改性

随着介入医学的发展，介入治疗导管被广泛地应用到临床治疗中，介入导管是介入器具的重要组成部分，分为血管内介入导管和非血管内的介入导管。

血管内介入诊疗技术（Intravascular Catheterization）是一种新兴低创治疗技术。它是借助于血管内介入导管（Intravascular Catheters，简称介入导管）通过血管管腔到达体内病灶处（如冠状动脉，脑部、肝脏和肾脏部位的血管腔），注入诊疗剂来治疗疾病的。非血管介入性诊疗导管包括：经皮穿刺活检、抽吸、引流及治疗导管。介入导管根据用途不同，可以分为造影介入导管、给药介入导管、血管成形术介入导管以及异物摘取介入导管等。这些介入导管大部分都与血液、血管相接触，所以必须有良好的生物相容性、表面的润滑性和一定的抗细菌粘附能力。

事实上，大多数的生物反应发生在表面，因此，对导管材料界面、表面特性的研究，包括蛋白质和细胞在界面的性质，局部和系统的特性，将是考察涂层效果的重要指标。导管涂层的处理方法，包括喷涂、浸渍，真空沉积技术，等离子沉积，化学电镀，接枝或键合，导管的复合挤出等[76]。通过上述处理，可以改变产品的性能或赋予产品特殊功能，包括硬度、耐磨性、结合强度、润滑性、润湿性、血液相容性、抗菌性和耐细菌粘附性、细胞生长和组织整合、蛋白质和细胞粘附等。

5.6.1.1 *抗凝血涂层*

与血液接触的导管是由合成材料制作的，这些材料与血液接触时成为异物，会引起前文讲到的一系列凝血反应。凝块在植入部位能堵塞血管，或者释放进入病人的血液，能堵塞远端的血管，潜在导致心脏病或者死亡。

提高血液相容性常用的方法是在导管的表面进行生物活性涂层处理，这些涂层比单一的抗排斥表面更有效地抑制血栓的形成。这些表面处理方法应用前面所提到的表面改性技术，如蛋白质固定、等离子处理、自组装技术等。常用的涂层有：肝素固定化、磷酸胆碱处理层、键合白蛋白涂层以及血纤维蛋白溶酶原活性剂的溶解血栓涂层。

5.6.1.2 *抗菌涂层*

导管材料表面的性能，特别是光滑性、表面电荷和疏水性对导管引发的生物体反应有很大的影响。表面具有负电荷在很多方面是非常有益的。第一，血管内环境是负电性的，带负电性的导管表面就会减少血小板的粘附反应；第二，多数细菌都不会吸附在带负电荷的表面，这样就可以减少感染的发生。

关于抗菌表面的构建方法本书前面已经讲过很多，下面就导管的抗菌改性举几个例子。

医用纳米银系抗菌导管对广泛的细菌和霉菌具有长效抗菌作用，但镀银导管生产工艺要求很高，成本较高，阻碍了其推广应用[77]。另外，银对细胞的毒性作用也限制了临床推广应用。Tang 等[78]将载银磷酸锆纳米粒子通过溶液涂覆，然后沉积交联的方法与硅橡胶组分混合，制备抗菌硅橡胶材料，作者认为该方法操作简单，适合工业生产，同时对使用氧化锌、二氧化钛等抗菌剂也适用。

Girshevitz 等[79]使用液相沉积法将无定型二氧化钛沉积到硅橡胶表面，获得了具有抗菌性能的硅橡胶材料。Sekiguchi 等[80]首先将硅橡胶导尿管表面经过硫酸处理，然后将二氧化钛涂覆并固定到材料表面，获得具有“自杀菌功能”的导尿管。研究材料抗菌性和生物相容性，并进行临床试验，结果表明，这种抗菌硅橡胶导尿管具有良好的抗菌性和生物相容性，能够作为临床医用材料使用。

5.6.1.3 *超润滑涂层*

超润滑涂层在湿润环境中，可以降低导管的表面摩擦系数达 90%，减少器官与导管之间界面的损伤，减轻病人的痛苦。并且这种表面同时可以减少血小板聚集和血纤维蛋白吸附，并且减少细菌对材料表面的吸附。

目前亲水性涂层有聚氧乙烯、聚乙烯吡咯烷酮、聚丙烯酰胺基聚合物等，利用前面所述的化学表面接枝、等离子接枝、光偶联接枝等方法接枝或者涂覆到导管表面。

常用的疏水性的抗粘附涂层是 PTFE 润滑涂层，这种薄的涂层，能减少摩擦系数达 50%。最早使用喷涂方法制备的涂层光滑度、均一性较差，后来使用浸渍法，能够得到润滑性好，并且厚度非常均一的涂层，延长导管在体内的有效使用时间。常用亲水性聚合物有聚乙烯吡咯烷酮（PVP）和聚丙烯酰胺基聚合物。如利用聚氨酯（PUR）/PVP 制备互穿网络结构的水凝胶涂层，以改善 PUR 材料表面的润滑[81]。

5.6.1.4 *超声涂层*

超声涂层是一种新的涂层，也称为反馈涂层，这种薄的聚合物涂层在超声下变得非常亮，在超声下可视。应用是生物探针，装置表面的涂层嵌入包含空气的微孔。气泡在所有的方向反射信号，而不是简单地传送超声信号到传感器。尤其是装置与传感器形成一定的角度时，涂层能使超声图像系统显示装置在体内的位置。因此，超声能替代装置定位手术其他设备如 MRI 或荧光透视仪。

5.6.2 植入关节假体的表面修饰

人工关节技术涉及材料学、生物摩擦学和医学工程等多种学科的交叉，关系到人们的生命质量。人工关节是临床需求量最多的植入体之一，欧美等发达国家每年仅全髋关节置换患者已超过 70 万例，目前我国人工关节置换术不到 40 万例，但需要进行关节置换的患者远超过此数。

自然关节具有优良的抗磨减磨性能，主要原因在于自然关节具有软骨层结构和良好的润滑性能；另外，关节是一个复杂的运动系统，虽然各种关节模拟试验机相继问世，但均难以模拟人关节的真实运动状态，模拟试验结果与临床结果存在较大差异；目前生物固定型人工关节在临床应用中占据越来越重要的地位，因为生物固定型人工关节是通过假体表面与骨的紧密压配达到固定目的，所以假体表面结构的性状对骨—假体的牢固结合起着至关重要的作用。因此，在人工关节的设计上应根据仿生学的设计原理，模拟自然关节的结构对现有人工关节进行改性及设计，在提高人工关节抗磨减磨能力的同时，增强人工关节承受生理冲击载荷的能力。而且设计更接近自然关节运动的试验模拟系统，使模拟试验与临床结果更加接近，这对于关节软骨材料的磨损性能和机制研究尤为重要。

目前人工关节表面改性方法主要有四个方面：表面涂层、表面拓扑结构、等离子处理和表面接枝改性等，其目的是为了改善关节表面的硬度、抗腐蚀性及生物学性能。

5.6.2.1 *表面涂层修饰*

表面涂层主要是通过等离子喷涂、电化学沉积、物理气相沉积、化学气相沉积、磁控溅射和脉冲激光处理等技术在材料表面制备硬质涂层，从而增强材料的表面硬度，提高材料的抗磨损性能。例如通过等离子喷涂技术在关节假体表面形成一层 500 μm 厚的钽涂层，能有效提高基体金属的抗腐蚀性能，为解决人工关节无菌性松动及 Ti－6Al－4V 合金关节假体的优化提供了发展方向[82]。新型 β 型钛合金（TLM）材料为基体的关节假体，经微弧氧化技术处理后的微孔微弧氧化 HAP 复合涂层试件（PCI/HAP）置入动物体内后，能形成较好的涂层骨组织界面新骨，为生物型人工关节假体表面改性新方法提供了临床应用前景[83]。如书中前面所述将假体浸入模拟体液（SBF）中，使假体表层形成一层类骨磷灰石，该涂层具有与人骨更为接近的结构，涂层均匀而且不需要经过热处理。通过调整模拟体液的成分和浓度，还可使涂层形成速度大大加快。电泳沉积法是一种低耗、温和的处理过程，其主要的局限性是它需要对涂层假体进行加热处理以使 HAP 更加致密。涂层好坏的关键在于涂层与基体间界面结合强度的大小，这是涂层中至关重要且较难解决的问题。在涂层应用中，由于摩擦引起的温升会导致涂层失效、脱落。同时，涂层与基体的热膨胀系数的差异会导致材料中存在内应力，进而影响人工关节的抗磨能力。此外，由于改性后人工关节表面硬度的提高，在受到生理冲击载荷作用时，很难在短时间内有效缓解材料的应力集中，从而导致人工关节在受到生理冲击载荷时易于断裂。因此，系统研究涂层与关节材料的界面结合强度的影响因素及其变化规律、改善硬质涂层抗冲击载荷的能力是人工关节表面涂层改性研究的重要内容。

5.6.2.2 表面拓扑结构修饰

对假体表面进行粗糙处理，使骨沿假体粗糙面交错生长，变原来假体—骨界面的纯剪切力为压应力，实现牢固固定的目的。表面拓扑化结构修饰是通过表面刻蚀、模板印刷及纳米压印等技术手段在材料表面构建具有规整形状的微/纳米级微囊图案结构，表面微囊具有储存润滑液的作用，从而改善摩擦配副表面的润滑状态，实现摩擦学性能的提高。虽然表面拓扑化可有效提高材料的润滑性能和抗磨能力，但目前的研究主要集中在单一规则织构化图案，缺乏对复杂织构的系统研究。此外，由于表面织构种类繁多，目前尚无一定的最优化织构图案，并且大多以试验研究为主，缺乏理论解释。因此，材料表面的织构化拓扑形貌的设计及相应理论研究和模拟计算对表面图案化技术的应用具有重要的理论指导价值。

5.6.2.3 等离子处理

等离子体与人工关节（UHMWPE 和 PEEK）表面相结合，处理后的聚合物表面层结构发生变化，改变了聚合物的链结构，如同在基体表面覆盖一层性能强化后的薄膜，从而提高材料表面性能如润湿性、硬度和耐磨损性能。等离子体对金属人工关节的改性主要是提高金属人工关节表面硬度，从而提高材料的抗磨能力。

与硬质涂层改性相比，表面接枝改性在改善材料生物摩擦学性能的同时，保持了材料抗冲击载荷的能力；但由于技术条件的限制，目前关节材料表面接枝润滑膜的厚度有限，仅达到纳米量级。这对人工关节在生理载荷作用下，润滑膜的润滑效果的持久性有待验证，且接枝改性后润滑膜与基材的结合强度有待提高。Kyomoto 等[84,85]分别在交联聚乙烯和 PEEK 表面采用紫外光辐照技术接枝仿细胞膜结构的 2-甲基丙烯酰氧乙基磷酸胆碱（PMPC）膜，结果显示交联聚乙烯的摩擦系数降幅高达 88%，磨损测试显示几乎无磨损；PEEK 接枝改性后润湿角急剧下降（$<10°$）、摩擦系数小于 0.01。Moro 等[86,87]提出以 Co-Cr-Mo 合金为基体、3-甲基丙烯酰基-3-乙氧基硅烷为过渡层，采用紫外光辐照接枝的方式在聚乙烯（PE）人工关节表面接枝 PMPC 仿生超润滑膜，结果显示：过渡层的存在可有效提高 PMPC 膜与 Co-Cr-Mo 合金基体间的结合强度；生物摩擦学性能测试结果表明接枝改性后 Co-Cr-Mo 合金的摩擦系数和磨损量均显著下降。方刚等通过自组装分子膜和有机镀膜技术在钛合金表面制备了三嗪硫醇三乙基硅烷自组装分子膜（TES）和含氟官能团的三嗪硫醇（ATP）复合膜（TES-ATP），结果表明：TES 和 TES-ATP 复合膜呈疏水性，二者均能有效降低钛合金基体的摩擦系数，同时 TES-ATP 复合膜还表现出良好的抗磨能力[88]。

人工关节表面涂层和等离子处理技术均可以提高材料的表面硬度，增强人工关节抗磨损能力，但很难在短时间内有效缓解材料的应力集中，从而导致人工关节在受到生理冲击载荷时易于断裂；表面图案化主要是通过表面微囊储存润滑液，改善摩擦配副表面的润滑状态，实现摩擦学性能的提高，但难以提高材料的抗冲击能力；表面接枝改性主要是通过在材料表面接枝具有亲水性或特异功能的官能团，提高材料表面的亲水性，改善润湿性，从而提高润滑性能，降低摩擦系数。

5.6.3 血管支架的表面修饰

经皮冠状动脉介入治疗可以快速开通血管，恢复有效冠状动脉血流，已经广泛应用于冠状动脉性心脏病的治疗。支架的植入克服了单纯经皮球囊冠状动脉成形术的很多缺陷，发展至今支架已成为经皮冠状动脉血运重建术中最为重要的机械性技术。但支架的植入会造成局部血管的损伤，血管内再狭窄是局部血管损伤后的一种修复反应，血栓、炎症和平滑肌细胞增生迁移是血管内再狭窄的3个重要阶段。支架植入后炎性反应水平越高，血管内再狭窄的危险性就越大[89]。每一个支架植入后，局部都会发生血管内膜增生反应，当这种增生超过一定限度时就发生动脉支架内再狭窄，严重时动脉支架内再狭窄病变可堵塞整个管腔。因此血管支架的表面修饰主要集中在表面的血液相容性和防止再狭窄研究。

Bong－Hyun Jun[90]等将疏水处理的血管支架接枝血管内皮粘附蛋白（VE－cadherin），作为内皮祖细胞的Marker通过抗原—抗体反应连接内皮祖细胞，从而阻止支架上血栓的形成。Guojiang Wan等[91]利用等离子浸泡和离子注入技术，在支架表面形成一层$Ti-O_{2Oz-x}$膜，显示具有良好的血液相容性和力学性能。也有学者研究在表面形成TiN膜，也会提高表面的硬度和弹性模量，同时提高内皮细胞粘附。

载药支架是近年预防支架内再狭窄的重要研究成果，药物洗脱支架通过被包覆于金属支架表面的载体（多为聚合物）携带药物，当植入病变部位后，药物自载体通过洗脱方式有效地释放至心血管壁组织而发挥生物学效应，药物洗脱支架可局部传递抗增生或免疫抑制药物，具有预防支架内再狭窄的作用。但是药物涂层支架方面还存在许多问题，如药物对血管内皮的影响，局部应用的安全有效剂量和时间窗，药物代谢衰减后血管平滑肌增殖是否存在反跳现象，如何改进药物涂层的技术等。

预防支架内再狭窄的一个主要途径是抑制支架周围平滑肌细胞的生长，其中基因治疗是目前讨论比较热烈的一种方法。如大家熟知的Akt1蛋白能够抑制细胞的生长，因此In－Kyu Park[92]等利用通过二硫键交联的低分子聚酰亚胺（ssPEI）作为Akt1载体，然后固定在透明质酸钠涂层的支架上。由于二硫键在细胞外氧化环境中稳定而在细胞内还原环境中又可以很快降解，从而可以在细胞内部稳定释放Akt1蛋白。Satya Prakash[93]等将纤维蛋白和预先涂覆聚丙烯酸的碳纳米管通过层层自组装技术对血管支架进行表面改性，同时将Tat peptide/DNA纳米粒子运载在其中。

5.7 生物材料表面修饰发展趋势

5.7.1 生物材料表面的生物仿生化

在设计用做组织工程细胞外基质（ECM）时，模仿天然ECM的人工ECM材料，是一种有效的构想，也就是以细胞的行为和维持内环境平衡为基准来约束、规范生物材料的设计。前面提到的生物材料的表面固定化技术就是基于这一思想，可以固定到材料表面的物质还有很多，如糖链团簇、糖酯质等。层粘连蛋白的抗原决定基Ile－Lys－Val－Ala－Val（IKVAV）也经常用来提高细胞行为[94,95]。这些天然成分在材料表面及在体内环境中经常以凝胶形式存在，因此可以在内部加入细胞或生长因子等活性成分，以跟机体细胞、组织或细胞外基质产生特异性相互作用。所以选择固定基团以及如何将这些基团固定到材料表面，能使材料更好地满足实际需要，都是以后生物仿生化技术研究的任务。

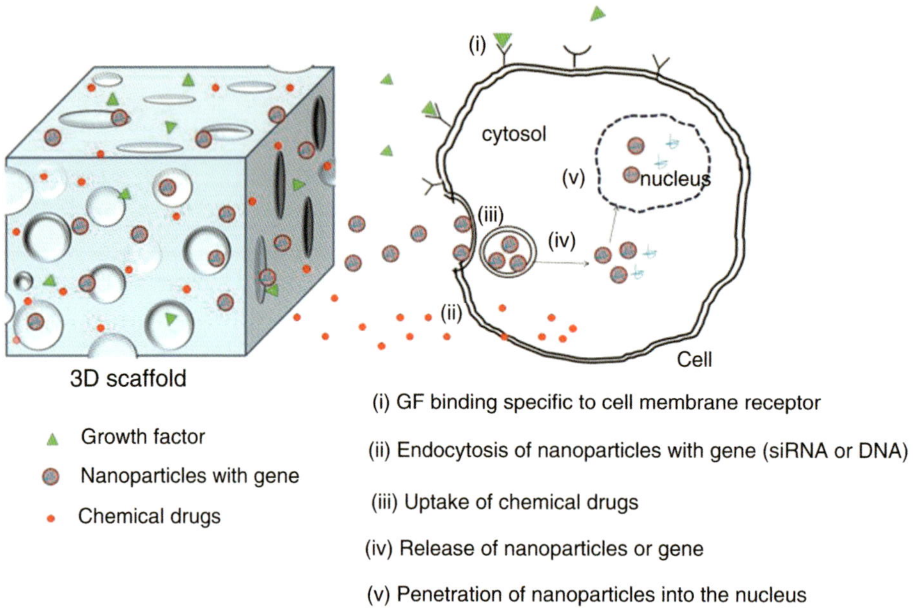

图 5-16　仿生材料示意图

5.7.2　生物材料表面的智能化

为了满足长期修复和良好的临床结果的需要，人们对智能材料（Smart Materials）提出了更高和更多的需求。2009 年全球的智能材料市场已经达到了 470 亿美元，到 2025 年估计要升到 1 130 亿美元[96]。虽然对于“智能材料”的定义有不同版本，尤其是在商业领域这个概念应用更广泛，但是却没有一个严格的定义。我们通常讲的智能材料是指工程材料在内部或外界刺激如 pH、温度、离子强度和磁场等作用下产生或诱导细胞或组织响应性。比如通过表面修饰改变材料表面性能，或构建更加精细的三维拓扑结构，引入药物、生长因子或细胞缓释系统等。从临床角度看，智能材料（植入材料）应该能够在受损组织修复中，随着环境的刺激产生有益的响应。因此，生物相容性只是智能材料的必要要求之一，除了制备材料更加复杂的结构外，很多研究者旨在发展一类新型材料，这些材料的固有性能能够提高机体固有的修复和半修复能力[97]。这种具有交互作用的智能生物材料可以模拟细胞外基质的功能来刺激细胞的粘附和增殖。材料的粗糙度、拓扑结构和化学性能等表面性质能够在细胞特异性生命行为如粘附、迁移、增殖和分化等中起到关键的作用，因此，生物材料的表面改性是增强这些性能的关键技术[98]。

【参考文献】

1. 蔡开勇，姚康德．组织工程生物材料的表面修饰．中国康复理论与实践，2002，8（5）：263～293.
2. Yaseen M.，Pan F.，Zhao X.，Lu J. R.. Surface Modification to Improve Biocompatibility. *Comprehensive Biotechnology（Second Edition）*，2011（5）：pp. 65－81.
3. Kleinman H. K.，Philp D.，Hoffman M. P.. Role of the Extracellular Matrix in Morphogenesis. *Curr. Opin. Biotechnol*，2003（14）：pp. 526－532.
4. Ziats N. P.，Miller K. M.，Anderson J. M.. In Vitro and in Vivo Interactions of Cells with Biomaterial. *Biomaterials*，1988（9）：pp. 5－13.
5. Williams D. F.. Tissue－biomaterial Interactions. *J. Mater Sci*，1987（22）：pp. 3421－3445.
6. Cima L. G.. Polymer Substrates for Controlled Biological Interactions. *J. Cell Biochem*，1994（56）：pp. 155－161.
7. Blunk T.，Gopferich A.，Tessmar J.. Special Issue Biomimetic Polymers. *Biomaterials*，2003（24）：p. 4335.
8. Shin H.，Jo S.，Mikos A. G.. Biomimetic Materials for Tissue Engineering. *Biomaterials*，2003（24）：pp. 4353－4364.
9. Ruoslahti E.，Pierschbacher M. D.. New Perspectives in Cell Adhesion：RGD and Integrins. *Science*，1987（238）：pp. 491－497.
10. Hersel U.，Dahmen C.，Kessler. RGD Modified Polymers：Biomaterials for Stimulated Cell Adhesion and Beyond. *Biomaterials*，2003（24）：pp. 4385－4415.
11. LeBaron R. G.，Athanasiou K. A.. Extracellular Matrix Cell Adhesion Peptides：Functional Applications in Orthopedic Materials. *Tissue Eng*，2000（6）：pp. 85－103.
12. Shakesheff K.，Cannizzaro S.，Langer R.. Creating Biomimetic Micro－environments with Synthetic Polymer－peptide Hybrid Molecules. *J. Biomater. Sci：Polym. Ed.*，1998（9）：pp. 507－518.
13. Rezania A.，Thomas C. H.，Branger A. B.. The Detachment Strength and Morphology of Bone Cells Contacting Materials Modi. ed with a Peptide Sequence Found within Bone Sialoprotein. *J. Biomed Mater Res*，1997（37）：pp. 9－19.
14. Kouvroukoglou S.，Dee K. C.，Bizios R.. Endothelial Cell Migration on Surfaces Modified with Immobilized Adhesive Peptides. *Biomaterials*，2000（21）：pp. 1725－1733.
15. Rezania A.，Healy K. E.. Biomimetic Peptide Surfaces that Regulate Adhesion，Spreading，Cytoskeletal Organization，and Mineralization of the Matrix Deposited by Osteoblast－like Cells. *Biotechnol Prog*，1999（15）：pp. 19－32.
16. Schense J. C.，Hubbell J. A.. Three－dimensional Migration of Neurites Is Mediated by Adhesion Site Density and Affinity. *J. Biol Chem*，2000（275）：pp. 6813－6818.
17. Palecek S. P.，Loftus J. C.，Ginsberg M. Hl.. Integrin－ligand Binding Properties Govern Cell Migration Speed through Cell－substratum Adhesiveness. *Nature*，1997（385）：pp. 537－540.
18. Massia S. P.，Hubbell J. A.. An RGD Spacing of 440nm Is Sufficient for Integrin aVb3－mediated Fibroblast Spreading and 140nm for Focal Contact and Stress Fiber Formation. *J. Cell Biol*，1991（114）：pp. 1089－1100.
19. Mann B. K.，Schmedlen R. H.，West J. L.. Tethered－TGF－［beta］Increases Extracellular Matrix Production of Vascular Smooth Muscle Cells. *Biomaterials*，2001（22）：pp. 439－444.
20. Kuhl P. R.，Griffith－Cima L. G.. Tethered Epidermal Growth Factor as a Paradigm for Growth Factor－induced Stimulation from the Solid Phase. *Nature Med.*，1996（2）：pp. 1022－1027.
21. Mann B. K.，Tsai A. T.，Scott B. Tl.. Modification of Surfaces with Cell Adhesion Peptides Alters Extracellular Matrix Deposition. *Biomaterials*，1999（20）：pp. 2281－2286.
22. Braun H.，Meyer E.. Microprinting － a New Approach to Study Competitive Structure Formation on Surfaces. *Macromol. Rapid Commun*，1999（20）：pp. 325－327.
23. Ranier J. P.，Bellamkonda R.，Jacob J.. Selective Neuronal Cell Attachment to a Covalently Patterned Mono-

amine on Fluorinatied Ethylone Propylone Films. *J. Biomed Mater Res*, 1993, 27 (7): pp. 917 –924.

24. Lanza R. P., Langer R., William L. C.. *Principles of Tissue Engineering.* 1th edition. Georgetown, Texas, U. S. A: R. G. Lands Company, 1997.

25. Tamada Y., Ikada Y.. Fibrolblast Growth on Polymer Surfaces and Biosynt Hesis of Collagen. *J. Biomed Mater Res*, 1994 (28): pp. 783 –789.

26. Lee J. H., Jung H. W., Kang I. K.. Cell Behavior on Polymer Surfaces with Different Functional Groups. *Biomaterials*, 1994, 15 (9): pp. 705 –712.

27. Boyan B. D., Hummer T. W., Dean D. D.. Role of Material Surfaces in Regulating Bone and Cartilage Cell Response. *Biomaterials*, 1996 (17): pp. 137 – 146.

28. Lampin M., Waroquier C. R., Legris C.. Correlation Between Substratum Roughness and Wettability, Cell Adhesion, and Cell Migration. *J. Biomed Mater Res*, 1997 (36): pp. 99 – 108.

29. Thomas C. H., McFarland C. D., Rezania A.. The Role of Vitronectin in the Attachment and Spatial Elistribation of Bone Derved Cells on Materials with Patterned Surface Chemistry . *J. Biomed Mater Res*, 1997 (37): pp. 81 –93.

30. Chen S. F., Yu F. C., Yu Q. M., et al.. Strong Resistance of a Thin Crystalline Layer of Balanced Charged Groups to Protein Adsorption. *Langmuir*, 2006 (22): pp. 8186 –8191.

31. Yao K., Huang X. D., Huang X. J., et al.. Improvement of the Surface Biocompatibility of Silicone Intraocular Lens by the Plasma – induced Tethering of Phospholipid Moieties. *J. Biomed. Mater. Res. Part A*, 2006 (78A): pp. 684 –692.

32. 孙婕衎, 王雪飞, 计剑. 层状组装：先进药物控释涂层材料的新选择. 化学进展, 2009, 21 (12): 2682 ~2688.

33. Pollock J. T. A.. Durability of Ion2imp Lanted Surfaces: a Review. *Mater Forum*, 1986, 9 (3): pp. 127 –137.

34. 张通和, 吴瑜光. 离子注入表面优化技术. 北京：冶金工业出版社, 1993.

35. Piran Sioshansi, Eric J. Tobin. Surface Treatment of Biomaterials by Ion Beam Processes. *Surface and Coatings Technology*, 1996 (83): pp. 175 – 182.

36. Baumann H., Bethge K., Bilger G., et al.. Thin Hydroxyapatite Surface Layers on Titanium Produced by Ion Implantation. *Nucl Instrum Methods Phys Res Sect B*, 2002, 196 (3 –4): pp. 286 –292.

37. Stefano P., Lucio C. C., Erik V.. Bioactivity of TiN_2 Coated Titanium Implants. *Acta Mater*, 2004, 52 (5): pp. 1237 – 1245.

38. Maitz M. F., Pham M. T., Matz W.. Promoted Calcium Phosphate Precipitation from Solution on Titanium for Improved Biocompatibility by Ion Implantation. *Surf. Coat Technol*, 2002 (158 – 159): pp. 151 – 156.

39. Zhao Q., Zhai G.. Promoted Calcium Phosphate Precipitation from Solution on Titanium for Improved Biocompatibility by Ion Implantation. *Biomaterials*, 1999, 20 (6): pp. 595 –599.

40. Howlett C. R., Zreiqat H., O' Dell R.. Effect of Magnesium Ion Implantation into Alumina upon the Adhesion of Human Bone Derived Cells. *J. Mater Sci Mater Med*, 1994 (5): pp. 715 –722.

41. Ingber D. E.. The Architecture of Life. *Scientific American*, 1998 (1): pp. 30 –39.

42. Healy K. E., Thomas C. H., Rezania A.. Kinetics of Bone Cell Organization and Mineralization on Materials with Patterned Surface Chemistry. *Biomaterials*, 1996 (17): pp. 195 –208.

43. Thomas C. H., McFarland C. D., Rezania A.. The Role of Vitronectin in the Attachment and Spatial Elistribation of Bone Derved Cells on Materials with Patterned Surface Chemistry. *J. Biomed Mater Res*, 1997 (37): pp. 81 –93.

44. Kieswetter K., Schwartz Z., Hummer T. W., et al.. Surface Roughness Modulates the Local Production of Growth Factor and Cytokines by Osteoblast – Like MG –3 Cells. *J. Biomed Mater Res*, 1996 (32): pp. 55 –63.

45. Anselme K., Bigerelle M., Noel B.. Qualitative and Quantitative Study of Human Osteoblast Adhesion on Materi-

als with Various Surface Roughnesses. *J. Biomed Mater Res*, 2000 (49): pp. 155 – 166.

46. Salaita K., Wang Y., Mirkin C. A.. Applications of Dip – pen Nanolithography. *Nat Nanotechnol*, 2007 (2): pp. 145 – 155.
47. Huo F., Zheng Z., Zheng G., Giam L. R., Zhang H., Mirkin C. A.. Polymer Pen Lithography. *Science*, 2008 (321): pp. 1658 – 1660.
48. Huo F., Zheng G., Liao X., Giam L. R., Chai J., Chen X., Shim W., Mirkin C. A.. Beam Pen Lithography. *Nat Nanotechnol*, 2010 (5): pp. 637 – 640.
49. Ogaki R., Cole M. A., Sutherland D. S., Kingshott P.. Micro – cup Array Patterns of Four Chemical Regions with Nanoscale Precision. *Advanced Materials*, 2011, 23 (16): pp. 1876 – 1881.
50. Zhao M. Y., Li L. H., Li X., Zhou C. R., Li B.. Three – dimensional Honeycomb – patterned Chitosan/poly (L – lactic acid) Scaffolds with Improved Mechanical and Cell Compatibility. *J. Biomed. Mater. Res.*, 2011, 98A (3): pp. 434 – 441.
51. Jiao Y. P., Cui F. Z.. Surface Modification of Polyester Biomaterials for Tissue Engineering, Biomed. *Mater.*, 2007 (2): pp. 24 – 37.
52. 赵秀娟，罗丙红，焦延鹏，周长忍．表面截留聚乳酸的壳聚糖纤维的制备及其与聚乳酸的相容性．功能高分子学报，2010，23（3）：53～57.
53. Seo J. H., Matsuno R., Konno T., Takai M., Ishihara K.. Surface Tethering of Phosphorylcholine Groups onto Poly (dimethylsiloxane) through Swelling – deswelling Methods with Phospholipids Moiety Containing ABA – type Block Copolymers. *Biomaterials*, 2008, 29 (10): pp. 1367 – 1376.
54. 江德正，刘朝，魏顺安等．纤维素热解过程的分子动力学模拟．工程热物理学报，2009，30（12）：1986～1900.
55. Weiner S. J., Kollman P. A., Case D. A.. A New Force Field for Molecular Mechanical Simulation of Nucleic Acids and Proteins. *American Chemical Society*, 1984, 106 (3): pp. 765 – 784.
56. Guan J. J., Gao C. Y., Feng L. X., Shen J. C.. Functionalizing of Polyurethane Surfaces by Photografting with Hydrophilic Monomers. *J. Appl. Polym. Sci.*, 2000 (77): pp. 2505 – 2512.
57. Ma Z. W., Gao C. Y., Juan J., Ji J., Gong Y. H., Shen J. C.. Surface Modification of Poly – L – lactide by Photografting of Hydrophilic Polymers towards Improving Its Hydrophilicity. *J. Appl. Polym. Sci.*, 2002 (85): pp. 2163 – 2171.
58. Ma Z. W., Gao C. Y., Shen J. C.. Surface Modification of Poly – l – lactic Acid (PLLA) Membrane by Grafting Acrylamide: an Effective Way to Improve Cytocompatibility for Chondrocytes. *J. Biomater. Scie. – Polym. Ed.*, 2003 (14): pp. 13 – 25.
59. 谭帼馨，王迎军，张姝江，陈荣，宁成云，刘旭建．骨髓基质干细胞在等离子体处理 PEGDA 基凝胶表面的粘附和增殖．高等学校化学学报，2011，32（2）：402～406.
60. Ma G. Q., Liu B., Li C., Huang D. H., Sheng J.. Plasma Modification of Polypropylene Surfaces and Its Alloying with Styrene in Sit. *Applied Surface Science*, 2012, 258 (7): pp. 2424 – 2432.
61. Krishna O. D., Kim K., Byun Y.. Covalently Grafted Phospholipid Monolayer on Silicon Catheter Surface for Reduction in Platelet Adheshion. *Biomaterials*, 2005, 26 (34): pp. 7115 – 7123.
62. 潘长江，聂煜东，董云肖．原子转移自由基聚合在生物材料中的应用．材料导报 A：综述篇，2011，25（12）：80～84.
63. Yang W., Chen S., Cheng G., et al.. Film Thickness of Protein Adsoption from Blood Serum and Plasma onto Poly (sulfobetaine) – grafted Surfaces. *Langmuir*, 2008 (24): p. 9211.
64. Zhang Z., Chen S.. Dual – functional Biomimetic Materials: Nonfouling Poly (carboxybetaine) with Active Functional Groups for Protein Immobilization. *Biomacromolecules*, 2006 (7): p. 3311.
65. Tugulu S., Silaccl P., Sterglopulos N.. et al.. REG – functionalized Polymer Brushes as Substrates for the Inte-

grin Specific Adhesion of Human Umbrilical Vein Endothelial Cells. *Biomaterials*, 2007 (28): p. 2536.
66. Burton W., Cabrera N., Frank F.. Philos. *T. R. Soc. A*, 1951, 243 (866): pp. 299 - 358.
67. Tang R. K., Darragh M., Orme C. A., et al.. Angew. *Chem. Int. Ed.*, 2005, 44 (24): pp. 3698 - 3702.
68. Addadi L., Raz S., Weiner S.. Taking Advantage of Disorder: Amorphous Calcium Carbonate and Its Roles in Biomineralization. *Adv. Mater.*, 2003, 15 (12): pp. 959 - 970.
69. Tao J. H., Pan H. H., Zeng Y. W., et al.. Roles of Amorphous Calcium Phosphate and Biological Additives in the Assembly of Hydroxyapatite Nanoparticles. *J. Phys. Chem. B*, 2007, 111 (47): pp. 13410 - 13418.
70. Zhai H. L., Jiang W. G., Tao J. H., et al.. Applications of Bio - Inspired Special Wettable Surfaces. *Adv. Mater.*, 2010, 22 (33): pp. 3729 - 3734.
71. 孙复钱，曾国屏，邓朝阳. 生物医用抗菌性硅橡胶材料的研究进展. 高分子通报，2012 (5): 61 ~ 67.
72. Wiencek K. M.. Senior Anthropologist at the Army Research. *Rubber World*, 2010, 242 (3): pp. 22 - 30.
73. Gottenbos B., Klatter F., Nieuwenhuis P., Busscher H. J.. In Vitro and in Vivo Antimicrobial Activity of Covalently Coupled Quaternary Ammonium Silane Coatings on Silicon Rubbers. *Biomaterials*, 2001 (23): pp. 1417 - 1423.
74. Majumdar P., Lee E., Gubbins N., Stafslien S. J, Daniels J., Thorson C. J.. *Polymer*, 2009, 50 (5): pp. 1124 - 1133.
75. Majumdar P., He J., Lee E., Kallam A., Gubbins N., Stafslien S. J., Daniels J.. Hyperspectral Microscopic Imaging by Multiplex Coherent Anti - Stokes Raman Scattering (CARS). *J. Coat Technol. Res*, 2010, 7 (4): pp. 455 - 467.
76. 王传栋，刘庆，赵成如，刘作勤. 介入导管的研究进展. 医学影像学杂志，2003，13 (9): 682 ~ 686.
77. 程定超，杨洁，赵艳丽. 纳米银抗菌材料在医疗器具与生活用品中的应用. 医疗卫生装备，2004 (11): 27 ~ 30.
78. Tang C. K., Chen D. Z., Chan K. Y., Chu K. N.. Fabrication of Antibacterial Silicon Composite by an Antibacterial Agent Deposition. *Polymer International*, 2011, 60 (10): pp. 1461 - 1466.
79. Girshevitz O., Nitzan Y., Sukenik C.. Solution - deposited Amorphous Titanium Dioxide on Silicone Rubber: a Conformal, Crack - free Antibacterial Coating. *Chem Mater*, 2008, 20 (4): pp. 1390 - 1396.
80. Sekiguchi Y., Yao Y., Ohko Y., Tanaka K., Ishido T., Fujishima A., Kubota Y.. Thin Films for Clean Intermittent Catheterization: Basis and Study of Clinical Use, *Inter J. Urol*, 2007, 14 (5): pp. 426 - 430.
81. 伍增勇，彭娅，童荣柏，王柯. PVP 在医用聚氨酯表面润滑改性中的研究及应用. 工程塑料应用，2010，38 (3): 49 ~ 51.
82. 尹大宇，朱庆生，段永宏，张玉萍. 钽涂层对 Ti - 6Al - 4V 合金抗腐蚀性能的影响. 科学技术与工程，2010 (36): 1671 ~ 1815.
83. 井文森，张明华，于振涛，文艳华，姬振伟. 微弧氧化法制备微孔假体表面 HA 涂层的动物实验研究. 中国骨与关节损伤杂志，2011，26 (4): 319 ~ 321.
84. Kyomoto M., Moro T., Konno T., et al.. Effects of Photo - induced Graft Polymerization of 2 - methacryloyloxyethyl Phosphorylcholine on Physical Properties of Cross - linked Polyethylene in Artificial Hip Joints. *J. Mater Sci Mater Med*, 2007, 18 (9): pp. 1809 - 1815.
85. Kyomoto M., Moro T., Takatori Y., et al. Self - initiated Surface Grafting with Poly (2 - methacryloyloxyethyl phosphorylcholine) on Poly (ether - ether - ketone). *Biomaterials*, 2010, 31 (6): pp. 1017 - 1024.
86. Moro T., Takatori Y., Ishihara K., et al.. Surface Grafting of Artificial Joint with a Biocompatible Polymer for Preventing Periprosthetic Osteolysis. *Nat Mater*, 2004, 3 (11): pp. 829 - 836.
87. Moro T., Kawaguchi H, Ishihara K., et al.. Wear Resistance of Artificial Hip Joints with Poly (2 - methacryloyloxyethyl phosphorylchonline) Grafted Polyethylene: Comparisons with the Effect of Polyethylene Cross - linking and Ceramic Femoral Heads. *Biomaterials*, 2009, 30 (16): pp. 2995 - 3001.

88. 方刚，刘秦，康志新等．Ti_6Al_4V 钛合金表面疏水性复合膜的制备及其微摩擦磨损性能．摩擦学学报，2011，31（6）：534～539.
89. 罗启剑，刘宗军，钟明康等．血管支架再内皮化研究进展．心血管病学进展，2007，28（6）：907～909.
90. Kang C. K., Lim W. H., Kyeong S., Choe W. S., Jun B. H.. Fabrication of Biofunctional Stents with Endothelial Progenitor Cell Specificity for Vascular Re－endothelialization. *Colloids and Surfaces B：Biointerfaces*，2012（102）：pp. 744－751.
91. Xie D., Wan G. J., Maitz M. F., Lei Y. F., Huang N.. Characterization and Mechanical Investigation of Ti－O2－x Film Prepared by Plasma Immersion Ion Implantation and Deposition for Cardiovascular Stents Surface Modification. *Nuclear Instruments and Methods in Physics Research Section B：Beam Interactions with Materials and Atoms*，2012，289（15）：pp. 91－96.
92. Che H. L., Bae I. H., Lim K. S., Park I. K.. Suppression of Post－angioplasty Restenosis with an Akt1 SiRNA－embedded Coronary Stent in a Rabbit Model. *Biomaterials*，2012，33（33）：pp. 8548－8556.
93. Arghya P., Wei S., Dominique S－T, Satya P.. The Attenuation of Restenosis Following Arterialgene Transfer using Carbon Nanotube Coated Stent Incorporating TAT/DNA Nanoparticles. *Biomaterials*，2012，33（30）：pp. 7655－7664.
94. Cui H., Webber M. J., Stupp S. I.. Self－assembly of Peptides Amphiphilies from Molecules to Nanostructures to Biomaterials. *Pept. Sci.*，2010（94）：pp. 1－18.
95. Hosseinkhani H., Hosseinkhani M., Kobayashi H.. Design of Tissue－engineered Nanoscaffold through Self－assembly of Peptide Amphiphile. *J. Bioact. Compat. Polym.*，2006（21）：pp. 277－296.
96. Joint European Commission. ETN Nanomedicine：Roadmaps in Nanomedicine towards 2020. *Expert Report*，2009，56.
97. Place E. S., Evans N. D., Stevens M. M.. Complexity in Biomaterials for Tissue Engineering. *Nat. Mater.*，2009（8）：pp. 457－470.
98. Jakob F., Ebert R., Rudert M., Noth U., Walles H., Docheva D., Schieker M., Meinel L., Groll J.. In Situ Guided Tissue Regeneration in Musculoskeletal Diseases and Aging：Implementing Pathology into Tailored Tissue Engineering Strategies. *Cell Tissue Res.*，2011（347）：pp. 725－735.

6 液晶态生物材料

液晶态（Liquid Crystalline State）是物质介于固态与液态之间的一种状态，它既有固体结构的规则性，又有液体的流动性。从微观来看，液晶态是某些特定分子在溶剂中有序排列而成的聚集态。液晶相变时有严格的焓变和熵变，因而液晶态是热力学稳定的中间态，由各向异性晶体转变为液晶态时的温度 T_m 称为熔点（Melting Point）；由液晶态转变为各向同性液体时的温度 T_i 称为清亮点（Cleaning Point）。在 T_m 和 T_i 温度区间为液晶相区间，在此温度区间可以表现出许多液晶态[1]。

液晶相物质，既有晶体的空间构架，又有液体的流动性能。液晶物质具有很强的时间变数和空间变数。在不同的环境条件下液晶相材料有不同的时间稳定期。与其他相态物质相比，液晶相物质的时间特征最明显。同时，液晶相物质的空间构架，在不同的环境条件下具有不同的空间稳定形态，其空间变数的灵敏度非常高。液晶相物质的这种时空变数的巨大跨度，是其他任何相态物质所无法比拟的，这也是大自然选择液晶相物质作为生命体结构材料的主要原因[2]。

液晶态生物材料（Liquid Crystalline Biomaterials）一般是指含有液晶相的生物材料，包括由液晶态材料制备的生物材料和由液晶化合物改性及其与其他非液晶材料复合、共混的一类具有液晶性能的生物材料。液晶态生物材料的制备方法很多，既可以将生物相容性良好的液晶态材料直接用于生物材料领域，也可以利用液晶分子对现有生物相容性良好的材料进行修饰或功能化，还可以利用生物相容性良好的液晶分子与非液晶材料接枝、共混、复合等制备具有液晶态的生物材料。

6.1 生命体系中的液晶

6.1.1 生命中的液晶现象

从液晶发现之日起，液晶的结构和特性与生命结构及特性的相似性，就成了液晶研究领域引人注目的方向。液晶既有液体的特征（能流动），又有固体的特征（可保持一定程度的有序结构），是自然界两大基本法则流动性和有序性的有机结合[3]，是自组织过程的最高体现。

生物学家早就发现了生物活细胞具有液晶的特性。生命过程中的物质的物理状态很大程度就是液晶态。生物结构与液晶的联系可追溯到 19 世纪中叶，对细胞学说创立有重要贡献的 Virchow 早在 1854 年就发现神经细胞髓磷脂溶液具有偏光性（即液晶特性）；此外，哺乳动物发育过程中肢节轴索的诞生则是与液晶相变产生的几何拓扑结构联系在一起，生物肌肉组织与细胞结构同样显示出与液晶各相相似的分子堆积结构。20 世纪 50 年代，生物学家便出版专著论述肌肉组织与细胞结构所显示的与液晶各相相似的分子堆积结构。尤其是以胆甾相液晶模型所建立的手性分子生物膜理论（1990）对 1984 年以来实现的生物手性分子的自组装螺旋结构给出符合实验的解释，并被物理学家与病理学家联合应用去研究胆结石的螺旋结构[3]。

在植物细胞中，有不少分子在一定温度范围内都可以形成液晶态。一些较大的颗粒像核仁、染色体和核糖体也具有液晶结构。液晶态与生命活动息息相关，生物结构与液晶具有密切的联系已被越来越多的事实所证实。生物学家公认的生物膜流体镶嵌模型（Singer，Nicolson，1972；图 6－1[4]）认为膜糖蛋白是浸在二维脂类双亲分子液体膜中，如果把双亲脂类分子膜当成普通流体，则蛋白分子都能在不到 1min 时间内扩散跨越细胞膜，但荧光漂白实验显示，蛋白质在膜上扩散的本领比自由扩散所预期的少许多个数量级。把生物膜当成普通液体膜的另一个困难是无法解释为什么人的红细胞是双凹碟形而不是其他几何形状，只有将分子膜视为液晶，并采用液晶膜曲率弹性理论才能让上述现象得到证明。此外，从拉普拉斯液体膜泡定律出发，几何学家 Alexandrov 在 20 世纪 50 年代证明，平衡的液体膜泡只有一种形状——正球形。因此从高尔基体到细胞膜泡所显现出来的生物膜泡结构的奇形怪状确实证明生物膜不是普通流体，而是液晶。不仅如此，根据生物膜是液晶的线索，生命科学中许多困难的问题，如细胞膜的融合、蛋白质在膜上的奇异扩散，以及细胞分泌的胞吐与内吞现象都正在一一得到理论上的解释。

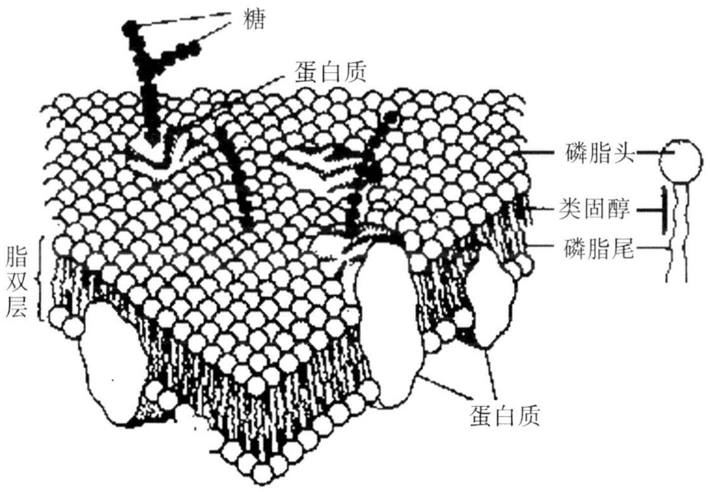

图 6－1　生物膜流体镶嵌模型

生物分子在生物体内的浓度都在形成液晶态的临界浓度之上，因此，液晶态普遍存在于生物体内，生物分子的液晶性质对维持生命机体的结构和功能，起着十分重要的作用。而许多重要的生物分子如蛋白质、核酸、脂类、多糖、叶啉和胡萝卜素由于在溶液中多呈棒状或扁平状的构象，分子链上有苯环和氢键等极性基团，还含有不对称的碳原子，因此具有液晶性质，在水中能呈现出液晶结构，见表 6－1。

表6－1　具有液晶性质的生物分子

生物分子	包含内容
脂类	卵磷脂　神经鞘磷脂　脑磷脂　单酸甘油酯　胆甾醇酯　磷脂类
蛋白质及多肽	肌球蛋白　血红蛋白　糖蛋白　胰蛋白酶
	聚－γ－苄基－L－谷氨酸酯（PBLG）
	聚－γ－甲基－L－谷氨酸酯（PMLG）
	聚－γ－乙基－D－谷氨酸酯（PEDG）
	聚－β－苄基－L－天冬氨酸酯（PBLA）
	聚－α－L－谷氨酸
	聚－α－L－谷氨酸钠
	聚－L－赖氨酸盐酸盐
核酸	脱氧核糖核酸（DNA）　核糖核酸（RNA）
多糖	纤维素　甲壳素
卟啉	铁卟啉　血红素　叶绿素

6.1.2　生命中的液晶功能

在生命体系中，液晶的功能是基于流动性与有序性的结合，利用溶液中产生的自组织或细胞表面的取向作用将它们引入膜中。这是典型的液晶行为的性质的结合，所以液晶被选择作为自组织系统的一个主要例子。这些自组织系统对材料科学及生命科学都极其重要。

液晶态对生物膜的功能起到关键的作用。在正常的生理状态下，生物膜总是以液晶态的双层相结构存在，由流动的类脂双亲性分子组成膜的连续体双层，α－螺旋结构的球蛋白分散镶嵌在其中。

大量的研究结果表明，适当的膜流动性是其正常功能的基础。如细胞的内吞与外排都要通过膜的流动与自发闭合过程，使细胞膜内陷或者向外突出形成小囊，以帮助物质进入细胞或排出细胞，且能保持膜结构的完整。在细胞分裂过程中，还是通过膜物质的流动与自发闭合过程，使细胞膜内陷导致细胞变形而分裂，同时也能保证分裂的细胞具有相同的膜组分与完整的膜结构。目前，人们普遍接受的生物膜结构模型是"流体镶嵌模型"。按照这一模型，膜的蛋白质分子镶嵌在类脂双层膜的表面或贯穿其中，在流体态的类脂膜面中"浮动"。

生物膜的功能是多种多样的，诸如细胞表面质膜所起的保护作用、选择性吸收、信息传递、酶的活性、细胞融合、免疫、吞噬等，以及细胞内膜的换能作用等，无不与其处于液晶态密切相关。另外，一些药物（如麻醉剂、抗生素等）对细胞的作用，也是通过影响细胞膜的液晶态而生效的。

6.1.2.1　选择性吸收

细胞借助于载体和通道对一些离子（如 Na^+/K^+）和小分子有选择性吸收作用，而生物膜类脂的物理状态（凝胶态或液晶态）对离子或小分子的选择性吸收有明显的影响。类脂处于液晶态时，离子或小分子比较容易通过生物膜，类脂处于凝胶态则不易通过。实验证明，生物膜中类脂的碳氢链愈不饱和，则膜对水和甘油的通透性愈明显。有人研究类脂体对葡萄糖通透性的特性时，也发现高于类脂的相变温度的情况下，葡萄糖的通透性显著增加。在有关 $^{22}Na^+$ 离子通过卵磷脂双分子膜的实验中，发现高于温度，也就是在液晶态时，$^{22}Na^+$ 离子的透过率明显增加。一些抗生素能促进离子的迁移，例如把一种能迁移 K^+ 离子的缬氨霉素加到人工类脂双分子膜上，则能使膜的离子电导增加几个数量级。一般认为缬氨霉素起到一种能移动的载体的作用，它与 K^+ 结合在一起，从膜的一侧转移到另一侧，因为这种运动，只有在液晶状态下才能出现，故膜从液晶态变成固态后就抑制 K^+ 的移动[5]。

6.1.2.2　酶的活性

膜处于液晶态，显然对结合在膜上的酶的正常功能具有重要意义。例如，有人曾用交换类脂的方法，对钙离子泵 ATP 酶进行过实验，用具不同相变温度的各种类脂（如二油酰卵磷脂、二肉豆蔻酰卵磷脂和二棕榈酰卵磷脂）取代原来的类脂后，发现当蛋白质周围的类脂由液晶态变成凝胶态，则输送钙离子的蛋白质几乎没有 ATP 酶的活性。又如有一种突变型的大肠杆菌，只有不断地补充不饱和脂肪酸，才能正常生长。当以油酸或反油酸补充时，它们能分别把这两种脂肪酸结合到膜的磷脂中去，而且含有油酸的膜，相变温度是 13 °C 左右，含有反油酸的膜，则要到 30 °C 左右才发生相变。有趣的是在低于 13 °C 的情况下，乳糖转移酶的活性才受到抑制[5]。此外，膜上带负电荷的类脂（如磷脂酰丝氨酸）在控制酶活性方面也起重要作用。二价金属离子可以降解类脂的流动性，因而可使某些酶的活性下降。

6.1.2.3　能量转换

叶绿体膜、线粒体膜和脊椎动物视细胞外段的盘膜等，都是生物体内进行能量转换的一些膜结构。各种感受功能（如感光、味觉、嗅觉）的原初过程，都和结合在各种感受细胞膜上的固有蛋白的功能分不开。这种与能量转换有关、具有感受功能的蛋白被称为感受器蛋白。对每一物理或化学属性的感觉，都可能通过一种特定的感受器蛋白，把外界各种信息转变为生物体内进行传递和处理的电信号。这些能量转换过程，都与感受器的膜结构处于液晶态有关。例如在视觉的原初光电转换过程中，有两种感受器电位，先出现早期感受电位（ERP），然后出现晚期感受电位（LRP）。已有充分的实验表明，早期感受器电位的产生，依赖于视细胞外段膜结构保持有序性和流动性（即处于液晶态）。例如，通过加温或其他方式处理使膜结构的有序性遭到破坏，以及通过降温或戊二醛处理等，使膜结构的流动性下降或消失，都能阻抑早期感受器电位[6]。

6.1.2.4　药物通道

一般认为，药物作用于细胞膜类脂，引起类脂流动性变化，可能是药物起作用的重要方式之一。很早以前，人们就已注意到能引起神经活动功能变化的许多药物，都是脂溶性的物质。在这样的基础上 Overton - Meyer 曾提出了一个假说，认为化学物质的麻醉效应，与其在类脂中的溶解度成正比，只要这些物质在神经细胞膜的类脂中达到一定的浓度，即能产生麻醉效应[7]。近年来对生物膜作了较深入的研究，证明许多生物膜上含有特殊的“通道”蛋白，这类蛋白质使膜对某种特定的离子具有选择性的通透作用，这样离子在膜的两侧分布不平衡，故在神经细胞的两侧出现休静电位。在休静状态下，钠离子是不大能透过神经细胞膜的。当处于兴奋状态，则钠离子“通道”打开，出现去极化的动作电位，而钠离子“通道”的开放，则可能是由于神经细胞膜上的“通道”蛋白质的构型变化所引起。麻醉剂的作用，可能是由于脂溶性分子插入磷脂双分子层，使其有序的排列变紊乱，疏水端的流动性增加，进而影响到膜的“通道”蛋白，并使这种“通道”蛋白质构型变化的效应受到阻抑，于是钠离子“通道”得不到开放而发挥麻醉的效应[5]。故麻醉剂的作用最初还是借助于影响类脂的液晶态，进而影响到膜上的一类固有蛋白——“通道”而实现的。

临床上一些抗生素的作用，是基于有些抗生素使细菌膜能透过某些离子，以扰乱细菌内外正常离子梯度；也有一些是影响细菌的膜结构，使之发生漏电现象。如用多烯抗生素——制霉素和乙型两性霉素治疗霉菌感染，是由于这些抗生素霉菌的细胞膜形成含有固醇的“漏孔”，故离子和一些小分子溶质更容易漏出霉菌，使之致死。然而人体细胞膜内固醇的分布与霉菌不同，故一定浓度的抗生素，只能使霉菌致死，却不影响人体细胞的正常功能。此外，还有不少事实表明，生物膜的其他功能如免疫作用、细胞融合、吞噬作用等，都与生物膜保持适当的流动性（即处于液晶态）密切相关。

6.1.3 生命中的液晶物质

在生命体系中，液晶结构是各组织的基本结构，除了生物膜中具有液晶外，其他组织器官中也存在液晶结构。具体如下：

6.1.3.1 卵巢

在健康的机体卵巢中，几乎所有的类脂都集中在黄体，而黄体中包含具有偏光交叉的微球和具有双折射性质的脂溶性物质，这种脂溶性物质具有复合甾族化合物的结构，其主要成分为自由的酯化胆甾醇以及少量的甘油三酯和磷脂。随着放置时间的延长，双折射性增加，微球体减少。根据舒尔茨—利伯曼（Schultz－Lieberman）反应，这里存在一种以上的甾族化合物，因此可以推测甾酮类激素中存在液晶。

6.1.3.2 副肾皮质

1948 年从副肾皮质中发现球状结晶，也是复合类脂的一部分，在体温时形成液晶结构。这种复合类脂用紫外光照射时产生荧光，包括多种多样的甾族化合物，含有好几个不饱和的多环化合物，脱水时与硫酸产生各种颜色反应。这种复合类脂中有些具有激素活性，有些是各种甾醇的前体；还含有胆甾醇，且参与副肾皮质细胞中晶型的激素的合成。

6.1.3.3 神经组织

纳乔特 1936 年在白光下用显微镜观察到从脑、脊髓和神经末梢所得到的“白色物质”中有髓磷脂小脂肪滴。这种油滴的形状随观察时物理条件的影响（如温度）而改变。而在偏振光下则具有各种不同程度的双折射和具有正、负偏光交叉。1958 年法因安用 X 射线衍射法和电子显微镜观察时，则发现几种具有糖脂的神经所特有的结构。整个复合体类似于高度特殊化的天然的脂蛋白质，介于蛋白质和极性基团之间结合态的离子性物质（脂肪酸，磷脂）和以微弱的范德华力结合的非离子性物质（甘油酯，胆甾醇）。

髓磷脂的形态为管状。只要在与水的界面处存在亲水性的极性基团时，就能形成稳定的管状脂蛋白。而劳伦斯（Lawrence）认为，界面增大是形成管状的原因。在夹层中控制住游离的水则形成近晶相那样的层状结构。髓鞘磷脂的产生在于界面形成膜状的功能结构，而对于神经髓鞘磷脂这种液晶结构的基本组成要素来说，若要引起膜相变，必须存在磷脂质，具有独特结构的糖脂质、甾醇，而且还要有蛋白质，根据法因安的研究，同心圆的层状结构中，前面三种类脂含量之比为2∶1∶2。

6.1.3.4 肌肉

肌肉组织中的液晶现象在 1930 年就发现了。肌肉纤维收缩，长的肌球蛋白分子只要流动，就可以观察到双折射现象。在肌肉收缩的过程当中伴随着高能化合物的交换，同时引起双折射和 ATP 酶的活性发生变化。然而作为蛋白质成分之一的肌动球蛋白，随着离子强度的增加，其粘度和双折射也增加，当 ATP 存在时便形成聚合体，因此，从单条纤维来说，收缩时结构的变化和能量的消耗，与液晶状态的伸长的蛋白质分子排列取向的交替有关。而从肌肉细胞水平的研究结果表明，肌肉细胞中也存在与半导体类似的有序性，认为肌原纤维是液晶状态，其物理化学特性在肌肉收缩机理中担负极为重要的任务。

6.1.3.5 结缔组织

存在于结缔组织中的类脂与身体中的大部分类脂一样，是由各种各样甘油酯组成的。这种甘油酯本身不存在液晶相，但在其他的类脂和脂蛋白质的液晶中则以沉淀物形式存在，蛋白质分子的骨架主要是骨胶朊，作为其中之一的 α－骨胶朊由围绕共同轴的两根相同螺旋组成。图 6－2[8] 为不同物种的结缔组织中的液晶态结构。

6.1.3.6 动脉

动脉的老化从人生的初期就开始了，如今越来越多的年轻人动脉内壁会附着动脉粥样化沉淀。而这种沉淀中主要成分是胆甾醇，此外还包含磷脂、蛋白质和水。胆甾醇本身与许多胆甾醇的衍生物不同，它不具有液晶相，而是需要与水、蛋白质和磷脂（或相同的离子性物质）在界面起反应，才能形成液晶。即使是非结晶性的胆甾醇，在这种复合体系中，由于双亲性分子的作用，液晶相也只能在这种磷脂、水和蛋白质形成的溶致液晶结构的情况下产生。

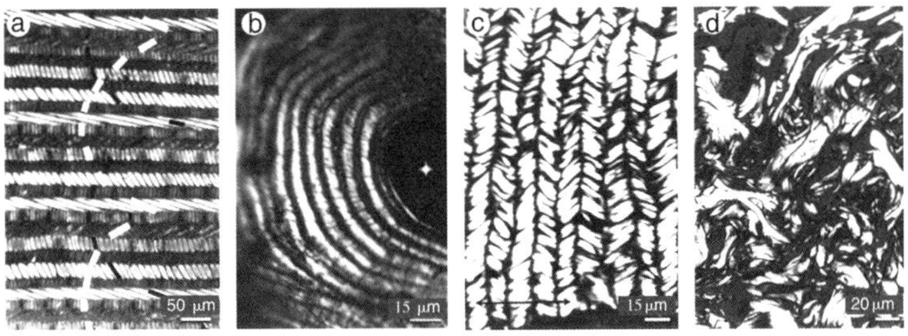

图 6－2　结缔组织中观察到的液晶态织构

a. 腔脊鱼鱼皮；b. 脱钙致密骨单位；c. 鼠尾肌腱；d. 小鼠真皮

6.1.3.7 支原体细胞膜

支原体是 800～2 500 埃大小的细菌，是目前具有自养能力的最小的生物，其细胞中没有核，没有线粒体和高尔基体。这种由膜所包围的小结构体是由核酸、核糖体、蛋白质等混合在一起，细胞的表面是由类脂和蛋白质所构成的薄膜与外界接触。这种膜的主要成分为磷脂的烷烃链，在 30℃～40℃温度范围内发生从固态到液态的相变。

6.1.3.8 核酸类液晶

DNA 具有液晶性能是在各向同性的液体中进行六角细菌的培养时发现的（如图 6－3[9] 所示）。培养过程中发现小的细菌保持良好的六角形状（a），大的细菌维持六角对称性，但转化成花形（b），一定程度后部分会发生分离（c）。通过偏光显微镜观察，发现细菌具有液晶性能，部分逐渐消光，部分光折射增强（箭头所指）（d）。倾斜观察细菌则具有正交偏光性（e）。侧面看细长的细菌的三维生长，随着伸展，细菌极度分叉，呈树枝状，具有正交偏光性（f）。这说明生物体内 DNA 是呈液晶态的。在 20 世纪前半期主要是发现生物体不同组织中存在液晶，之后逐渐由人工制成比较简单的类脂溶致液晶，并对其结构和性能以及应用进行了深入的研究。而后对于糖类溶致液晶以及蛋白类的溶致液晶的研究与利用也愈来愈多。近年来，生物体内蛋白质/胶原，核酸/DNA 等生物大分子的液晶行为成为人们研究的热点。

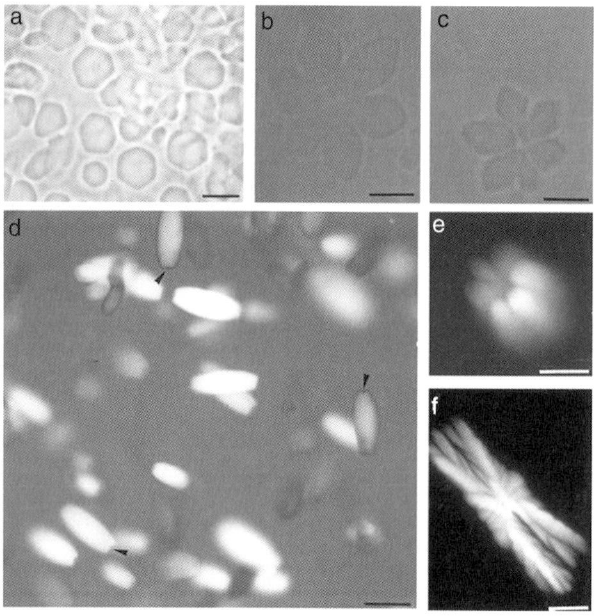

图 6-3　DNA 的液晶性

6.2　天然生物液晶材料及其性能

6.2.1　甲壳素及其衍生物液晶

甲壳素又名甲壳质或几丁质［化学名称为（1，4）-2-乙酰氨基-2-脱氧-β-D-葡聚糖］，是一种天然高分子，是海洋节肢动物如虾、蟹的外壳的主体，同时还存在于许多低等生物的外壳和低等植物的细胞壁中。自然界每年生物合成的甲壳素量估计为 100 亿吨，仅次于纤维素，为第二大天然多糖。甲壳素可广泛应用于环保、食品、医药、生物工程、日用化工、纺织印染、造纸和农业等。几种可形成天然液晶物质的化学结构示意图如图 6-4。

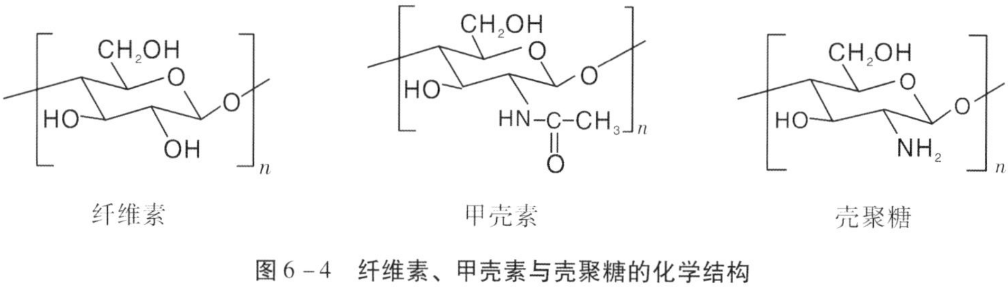

图 6-4　纤维素、甲壳素与壳聚糖的化学结构

甲壳素是多糖化合物中最重要的一种聚氨基葡萄糖。由于甲壳素分子中存在多种可形成氢键的基团，因而分子间作用力很强，分子倾向于形成微束结构，导致其不溶于一般有机溶剂或酸、碱溶液，只溶于少数几种溶剂如甲磺酸、二氯乙酸、纯甲酸、六氟异丙醇（或六氟丙酮）以及硫氰化锂的饱和水溶液、5% 氯化锂/二甲基乙酰胺（N-甲基-2-吡咯烷酮）和

1，2－二氯乙烷/三氯乙酸（6.5/3.5 w/w）等混合溶剂体系。甲壳素可以在50%左右的浓碱加热条件下脱除乙酰基而转化为壳聚糖。壳聚糖能溶于许多酸的和酸性溶剂，从而有更广泛的用途。

甲壳素与壳聚糖的化学结构与纤维素相似。从分子结构可以得知，甲壳素、壳聚糖可以形成比纤维素更多的分子内氢键，分子内氢键阻碍了β－（1，4）糖苷键由于内旋转而引起的构象变化，所以甲壳素、壳聚糖有更长的构象持续长度，从而有更大的链刚性，链刚性从大到小依次为甲壳素、壳聚糖和纤维素。因而从链刚性的角度分析甲壳素与壳聚糖应具有液晶性能。

有研究报道壳聚糖/10%乙酸溶液（40%）具有典型胆甾相指纹织构，并指出羟丙基壳聚糖及其醋酸酯也有溶致液晶性，且从液晶溶液制备的壳聚糖薄膜和纤维中均能观察到典型的液晶态条带织构。通过对3种N－邻苯二甲酰化壳聚糖系列衍生物的研究，发现这3种衍生物均有溶致液晶性。其中取代基或溶剂的改变均可能导致溶液手性的变化，取代增加减少氢键，削弱了分子间相互作用而使临界浓度提高，且相应于从各向异性凝胶到各向同性凝胶的转变，液晶有序的形成快于凝胶的形成，这与其他棒状高分子体系的结构是相反的。

甲壳素及其衍生物液晶在偏光显微镜下都能观察到胆甾相的指纹织构。而在溶液浇铸膜中，能将这种织构“冻结”下来。但是甲壳素的这种织构与纤维素衍生物有明显的不同。纤维素衍生物织构更像指纹，而甲壳素则多形成分隔的微区，微区大小从几微米到几百微米不等，微区内层线很直，这可能是与甲壳素分子间的强氢键作用使分子间的有序结构更规则有关。

6.2.2 胶原液晶

胶原主要存在于动物的皮、骨、软骨、牙齿、肌腱、韧带和血管中，是结缔组织极重要的结构蛋白质，起着支撑器官、保护机体的功能。胶原在组织工程中是常用的具有良好生物活性和生物降解性能的材料。胶原分子是一种典型的两性聚电解质，为三股螺旋结构，可以呈现液晶态。近年来人们对胶原的液晶行为进行了研究。

研究者通过对肌腱的分析发现肌腱中的胶原纤维在长轴上相互平行，并且具有消光现象，消光垂直于起偏器方位；而把胶原纤维用磺酸基偶氮染料Ponceau SS染色后，可明显地观察到胶原纤维的双折射现象（如图6－5所示[10]）。通过对比经过超声处理前后的胶原溶液，并将溶剂蒸发至浓度达100 mg/mL时，在偏光显微镜下观察到扭曲液晶相。随后，在氨气缓慢中和条件下制备了具有液晶取向织构的胶原基质。另外，将原胶原溶液浓缩至5～30 mg/mL后，在生理缓冲液条件下，通过偏光显微镜观察到原胶原分子具有向列相和预胆甾相的液晶结构，证实了原胶原分子先经过液晶态的自组装，再组装成胶原纤维。鱼皮中提取的Ⅰ型胶原其浓度为40 mg/mL时可观察到交叉条纹状纤维，呈正弦波浪形预胆甾液晶相，通过氨气中和的方法能够有效将其液晶织构固定，最后将固定后的胶原超薄切片后进一步利用透射电镜观察其微观结构，见图6－6[11]。研究发现在不同浓度酸溶性胶原溶液能观察到类似肌腱中皱褶形貌和致密骨中的超分子结构。对体外胶原分子自组装成原纤维进行系统物理化学研究后发现Ⅰ型胶原溶液液晶形态受浓度、温度、pH值和离子强度的影响，在酸性介质高浓度胶原溶液中也能形成纤维丝，暗示着胆甾型向向列型转变的可能性，见图6－7[12]。若从胶原纤维的结构来分析其液晶性能（如图6－8所示[13]），可观察到胶原微纤维存在两种扭曲排列方式，一种是紧密排布成交叉条纹纤维，另外一种是胆甾型聚集排列，其排列模型见图6－8中c、d所示。Gerald等提出[14]，利用非线性光学图像技术，结合倍频效应及双光子激发荧光信号技术从微米水平原位监控胶原液晶相的形成，可为胶原生物仿生结构的形成提供一种研究方法。

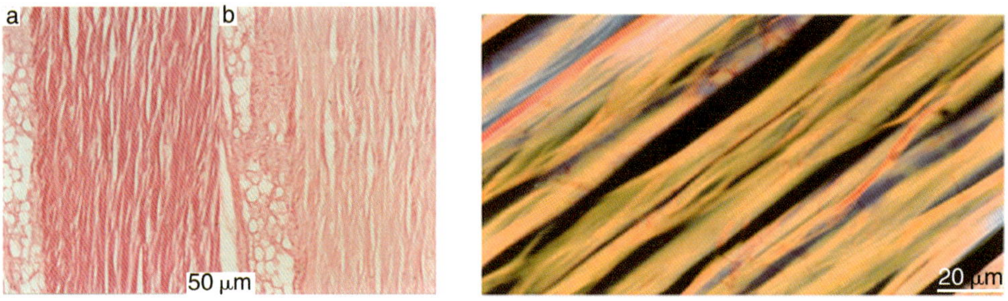

图 6－5　胶原纤维的双折射现象

a. 肌腱中的胶原纤维，纤维在长轴上相互平行；b. 消光垂直于起偏器方位；c. 经磺酸基偶氮染料 Ponceau SS 染胶原纤维后的双折射现象

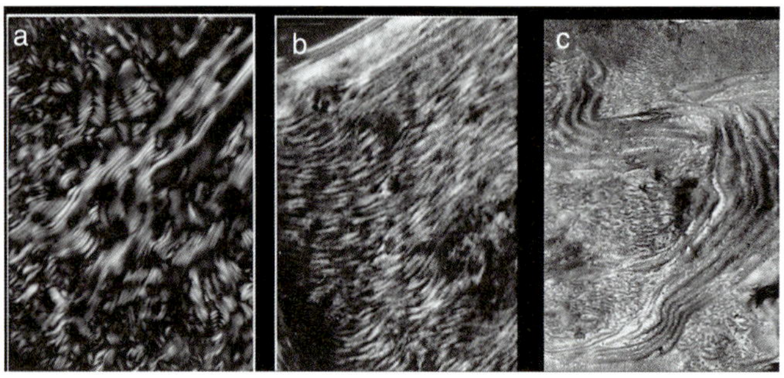

图 6－6　从鱼皮中提取Ⅰ型胶原浓缩溶液（50 mg/mL）

a. 在偏光显微镜下观察；b. 经过氨气中和处理后在偏光显微镜下观察；c. 超薄切片后透射电镜观察

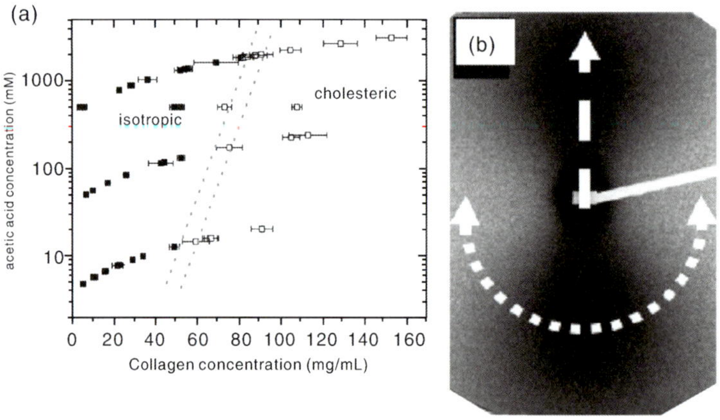

图 6－7　胶原相位图和 SAXS 结果分析

a. 乙酸溶液初始浓度从 5 mM（pH 3.52）增加到 500 mM（pH 2.52），胶原溶液的 I/N* 转变浓度从 0～60 mg/mL 增加到 80～85 mg/mL；b. SAXS 分析结果表明在垂直方向上的扩散峰强度较大，表明细长的胶原分子沿着水平的方向流动

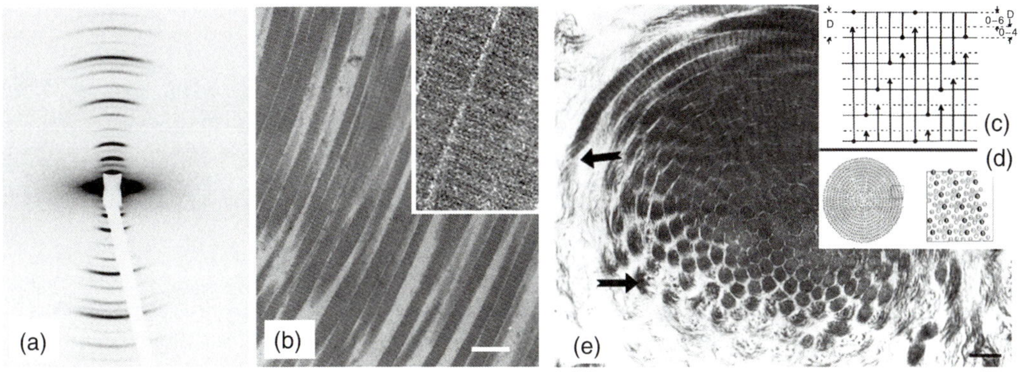

图 6 - 8　胶原微纤维结构

a. 对鼠尾胶原的 SAXS 分析结果；b. 鼠尾胶原超薄切片乙酸铀酰染色后透射电镜观察；c. 胶原微纤维轴向结构的线性模型表明胶原分子排列周期性，0.6 D 和 0.4 D 分别对应“空隙”和“重叠”区域；d. 胶原分子横切面排列的模型，重复出现的周期单元代表 5 个胶原分子组成的微纤维，每第 5 个分子用黑圆点表示；e. 电子显微镜照片可观察到胶原微纤维存在两种扭曲排列方式，一种是紧密排布成交叉条纹纤维，另外一种是胆甾型聚集排列。b，e：bar = 100 nm

此外，原子力显微镜（AFM）对不同浓度的胶原薄膜表面拓扑结构进一步观察的结果表明：当胶原溶液浓度为 5 mg/mL 时，胶原纤维的分布与排列是无序的，纤维之间聚集重叠部分很少；随着浓度的提高，胶原纤维排列较为紧密，有部分出现聚集的胶原纤维束；而达到胶原的胆甾型液晶相浓度 40 mg/mL 时，胶原纤维沿某一轴向分布排列聚集成胶原束，具有明显取向性；当胶原浓度提高至 80 mg/mL 时，可以看到原来沿某一方向取向的胶原纤维束发生了不同角度的扭转（图 6 - 9 所示），这是一种典型的胆甾相液晶行为，这也进一步证实了胶原能自组装成胆甾相的液晶。

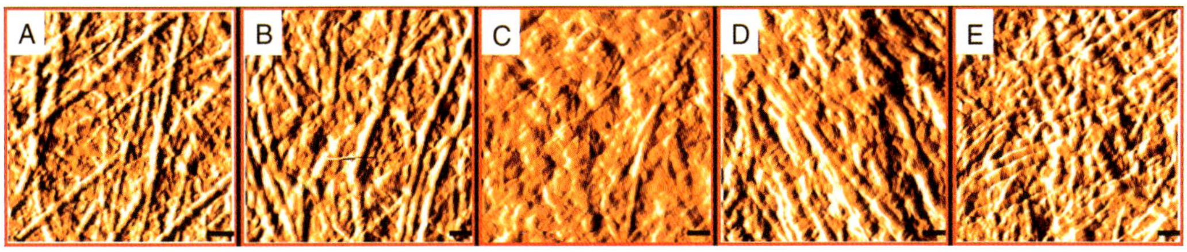

图 6 - 9　各浓度胶原薄膜原子力显微镜表面拓扑结构观察图像

A. 5 mg/mL；B. 10 mg/mL；C. 20 mg/mL；D. 40 mg/mL；E. 80 mg/mL. Bar：1μm

周长忍课题组也对从牛跟腱提取的胶原进行了系列的液晶性能与生物相容性研究，图 6 - 10 为不同浓度的胶原乙酸溶液的偏光显微照片，从图片结果可以得知：胶原的乙酸溶液在一定的浓度范围内呈现出胆甾型液晶织构，即胶原是一种溶致型液晶。在胶原浓度为 5 ~ 15mg/mL 时，偏光显微镜下观察到的几乎全是暗场，没有液晶性的现象显示。只有当胶原浓度增加到 20mg/mL 时，偏光显微镜下能观察到各向异性的双折射现象出现，表现为少量黑白交叉的条纹，说明此浓度是胶原液晶的临界浓度。随着胶原浓度增加至 40mg/mL，黑白交叉条纹现象越来越明显，并随着浓度的增加，双折射现象更为明显，直至浓度增加到80 mg/mL，胶原薄膜仍呈现胆甾型液晶织构。

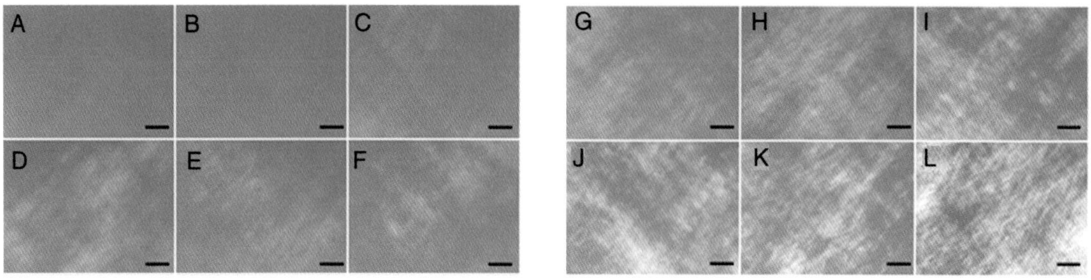

图6－10　不同浓度胶原薄膜偏光显微镜观察照片

胶原浓度分别为A. 5 mg/mL；B. 10 mg/mL；C. 15 mg/mL；D. 20 mg/mL；E. 25 mg/mL；F. 30 mg/mL；G. 35 mg/mL；H. 40 mg/mL；I. 45 mg/mL；J. 50 mg/mL；K. 60 mg/mL；L. 80 mg/mL. Bar：50 μm.

6.2.3　磷脂类液晶

生物膜是可以流动的，而组成生物膜的蛋白质分子和磷脂分子都在不断地变化。在生理条件下，磷脂大多呈液晶态而表现出流动特征。而磷脂则包括卵磷脂、脑磷脂、大豆磷脂以及其他合成脑磷脂。磷脂在水中会溶胀形成多层结构，或形成多层囊泡，而且每一层均为脂质双分子层，囊泡中央和各层之间被水相隔开。磷脂分子在水中所形成的结构，主要是由磷脂分子和水的含量所决定的。磷脂分子溶于水时，会随着磷脂分子浓度的不同而产生不同的堆积结构（如图6－11所示[15]）。在稀溶液中，磷脂分子以单体、二聚体或低聚物的形式将憎水基靠拢而分散在水中，随着浓度的增加，达到临界胶束浓度（CMC）时，磷脂分子开始聚集，形成球状胶束（a），其亲水基朝外与水分子接触，而憎水基朝内藏于胶束内部。随着磷脂浓度进一步增加，胶束的大小或数量也增加，磷脂会形成棒状胶束（b）或盘状胶束（c），或者是堆积成六方相（e）；浓度进一步增加，磷脂膨胀形成更稳定的形态即层状相（f），这种层状相随着双分子层中磷脂分子和水分子层的改变而改变。在高浓度的磷脂水溶液中，如有少量的非极性溶剂存在，则可能形成反相胶束，即亲水基团朝内，憎水基团朝外，向着非极性液体（d）。随着两种分子的增加，水膜厚度减小，此时磷脂分子变成了极性头朝里、非极性的碳氢链朝外的反六方相（g）。

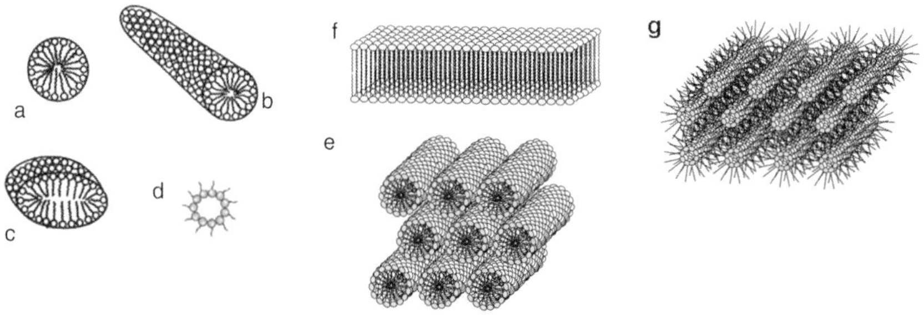

图6－11　磷脂在水溶液中的几何形状

当磷脂分子的亲水头部的横截面积与疏水尾部大致相等，分子呈圆柱形时，磷脂分子在水溶液中自发排列成片层形式，呈现液晶态，此时磷脂分子的亲水头部伸向双分子层两侧表面，疏水尾部伸向内侧。如果磷脂分子的亲水头部横截面积大于疏水尾部的横截面积时，脂类分子呈倒圆锥形，这类分子在水环境中则容易形成小球状的分子团或微囊，非极性的疏水尾部朝向微囊的内面。如果磷脂分子的两条疏水尾部均由不饱和烃所组成，它们的亲水头部的截面积就会小于疏水尾部的截面积，整个分子呈圆锥形，在水相中形成内翻型的微囊，即亲水头部朝向微囊内面。微囊和内翻型微囊都是非双分子层膜结构。

天然生物膜结构本身是一个典型的自组装系统，利用磷脂分子自组装特性在材料表面构建单分子膜成为细胞膜仿生生物材料研究的重要手段。用自组装单分子膜模拟细胞膜的形式有三种：①功能基团模拟[16]。细胞膜外层的磷酸胆碱基团可以通过化学键被固定在材料表面，实现细胞膜表面亲水基团模拟。②结构及形貌模拟[17]。用柔性长链及天然磷脂在材料表面组装、模拟细胞膜结构。③功能模拟[18]。人工仿细胞膜具有细胞膜的部分功能，如物质传输，用特定酶或蛋白质对分子的识别等。与 LB 成膜技术相比，自组装成膜技术操作简单、膜的热力学性质好，膜稳定。

6.3 液晶态生物材料的结构与功能

大量研究证明，生物膜就是具有液晶（LC）态结构的物质，生物膜所特有的功能与液晶特性和行为有着密切的关系。因此，从仿生角度构建液晶态生物材料，研究液晶态生物材料与细胞相互作用以及探讨材料液晶特性与生物体生命活动的相互影响的机理，可为人们开发新型仿生生物材料，更好地模拟体内组织培养的微环境提供新的思路，同时也为人工模拟组织器官提供理论基础，具有广阔的应用前景。

由于生物体内的大多数液晶态物质如磷脂、蛋白质、核酸、叶绿素、类胡萝卜素及多糖等，均属于高分子液晶，因此本章侧重介绍高分子液晶态物质的结构、性能、表征手段及各类不同用途液晶态生物材料的设计制备途径及其在医学领域的应用。

6.3.1 液晶态高分子的基本结构和性能

高分子液晶态是介于高聚物液态（溶液或熔体）和晶态之间的一种中间状态，称为中介相。它既具有液态的流动性，又具有晶态的各向异性。

形成高分子液晶的基本条件主要有三个方面：①满足一定的几何条件，即长径比 $R \geqslant 6.4$（实际远大于6.4），在液态下具有维持分子的某种有序排列所必需的凝聚力，这种凝聚力通常与结构中的强极性基团、高度可极化基团、氢键等相关联；②分子之间能形成相互作用力；③链结构要求刚柔结合（这与小分子液晶有区别）。高聚物液晶根据结构特征可分两类：

6.3.1.1 主链型：其结构模型为 –Z–X–Y–X–Z–

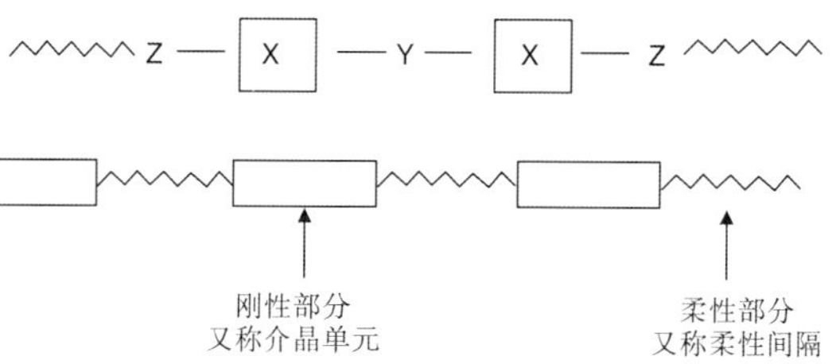

图 6－12　主链型高分子液晶结构

图6－12中，X通常是刚性棒状结构，为单苯或联苯；Y为－CH＝N－，－N＝N－，－N＝N（O）－，－COO－，－C＝C－，－C≡C－，－N＝N－，－N＝NO－，－C＝N－，是扩大刚性部分尺寸的基团，使刚性单元的几何形状呈扁、平、长的形状；Z为－COO－，－COOR－，和其他柔性链结构如氰基、硝基、氨基、卤素等。

液晶态中起着决定性作用的这些介晶单元（也称为致介单元）有一种相互间的作用力，聚集排列呈一定方向，而其中的柔性间隔正好提供了这种排列运动所需要的空间。

6.3.1.2 侧链型液晶（侧链型又称梳型）

这类高分子液晶的主链仍为柔性高分子链，在分子的侧链中含有介晶（致介）单元，如图6－13所示，单元是通过一柔性链段连在主链上，这样的结构，介晶（致介）单元趋于有序排列的同时，各自的主链却倾向于无规统计构象分布，但由于有一柔性链段存在，致介单元仍能有序排列，不受主链无规排列的干扰，从而获得较好的液晶行为。

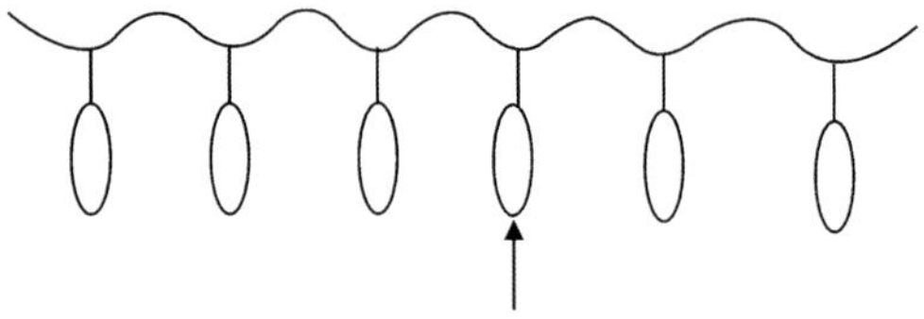

侧基介晶单元

图6－13 侧链型高分子液晶结构

对于高分子液晶来说，本身具备一些特有的物理性能，如其粘度特性特别有意义，因为它的粘度特性决定了它具有独特的流动性，正因为这种流动性质使液晶高分子加工过程中自动取向，自动取向形成的取向态结构决定了液晶高分子材料（如纤维）具有高强度、耐高温、耐化性等优良性能。

高分子液晶的物理性能具体表现为：

（1）弹性性质：液晶对外场作用较为敏感，即使不大的电磁力、切变力、表面吸附等都能使液晶产生较大的变形。液晶可独立存在展曲、扭曲、弯曲三种弹性变形。

对高分子液晶而言，弹性常数不仅与其化学组成有关，还与其分子链长度有关。由于链的柔性影响，液晶高分子的弹性常数颇不同于小分子量液晶分子。

（2）粘滞性与流变性：液晶存在取向有序性，这将影响流体力学行为。而液晶高分子还具有高分子的粘滞特性，如与分子链长度密度相关。

一般液晶高分子为多畴状态，畴的大小在几微米之内，故在宏观上液晶高分子是各向同性的，其许多物理性质如力学性能等，表观上也是各向同性的。溶致型液晶高分子溶液在各向同性相时，粘度随浓度增大而增大。进入液晶相后，粘滞系数突然降低。分子量越大，进入液晶相浓度也越低，最大粘滞系数升高。体系进入液晶相后，指向矢受切变流动的影响而沿它的流动方向取向，从而迅速降低了粘滞系数。当切变流动停止一段时间后，样品会逐渐弛豫回原来的多畴状态。如果在此之前就使液晶高分子降温或溶剂移走成为固态，仍可获得相当好的宏观取向，即各向异性固体。这是高分子液晶态纺丝的基础。

6.3.2 液晶态高分子的结构表征方法

液晶高分子的表征应该包括分子的链结构和凝聚态结构，最基本的表征手段主要有三种：

热台偏光显微镜、DSC 和 X 射线衍射。偏光显微镜法可给出有关相变的信息（但有时不准确）、液晶态的织构、分子取向状况以及液晶体的光学性质。DSC 能够提供样品在变温环境中的行为，包括各种相变温度和相变热等。而 X 射线衍射对于确定液晶态的种类，特别是各种近晶型液晶态的鉴别以及分子取向和有序程度的确定最为有效。对液晶态作出较为准确和完整的表征要靠这些方法的综合使用。

6.3.2.1 偏光显微镜方法

偏光显微镜法主要用于研究液晶样品的软化温度或熔点，液晶态的清亮点，各液晶相间的转变，以及液晶态的织构等。在偏光显微镜下不同的液晶聚合物其纹影织构是不同的，一般情况下可利用织构特征较容易地将向列相液晶态与其他液晶态区别开来，但对近晶型液晶态鉴别的可靠性较低。

偏光显微镜（POM）法往往被作为首选的液晶表征手段。这不仅是因为该方法比较方便有效，更重要的是它确实能提供很多有价值的信息。由于液晶是各向异性的物质，使得液晶具有光学各向异性（如双折射），即在液晶中不同方向的光具有不同的传播速度，从而使其具有不同的折射率，在正交偏振光显微镜下能观察到其偏光图案，视场为黑色，这就形成了鲜明的对比。一种液晶可能会出现多种织态结构，每一种织态结构代表一种具体的液晶态，由此可以大致确定液晶属于何种类型。织态结构一般指液晶薄膜在光学显微镜特别是正交偏光显微镜下用平行光系统所观察到的图像。此外，利用普通偏光显微镜，可以测定溶致高分子液晶的临界浓度，直接观察到液晶高分子的相变过程。用带有控温加热台的偏光显微镜，在观测中变化加热台的温度，可以测定热致液晶高分子熔体的液晶化温度，即逐步对被测样品升温，当高分子熔融，至物镜出现液晶图像时，样镜可以观测高分子液晶态的干涉图像，由干涉图的形状可以确定液晶态的光轴数及光性的正负；用偏光显微镜可观测到不同高分子液晶所具有的不同织构图像，由液晶的织构图像可以定性判断高分子液晶的类型。向列型、近晶型和胆甾型液晶各具有独特的织态结构，例如反映到偏光显微镜照片上，向列型可表现为丝状纹理的图像，近晶型为焦锥或扇形纹理图像，胆甾型液晶为平行走向的消光条纹图像等。表 6－2 为三种液晶特有的织态结构。图 6－14 是不同类型液晶在偏光显微镜下的织构（近晶、向列、胆甾）。

表 6－2　三种典型液晶态织构

液晶类型	织构
向列型液晶	丝状纹理（球粒织构、纹影织构、条带织构等）
近晶型液晶	焦锥织构、扇形纹理、阶粒织构、花瓣织构等
胆甾型液晶	焦锥织构、平行走向的消光条纹即指纹织构

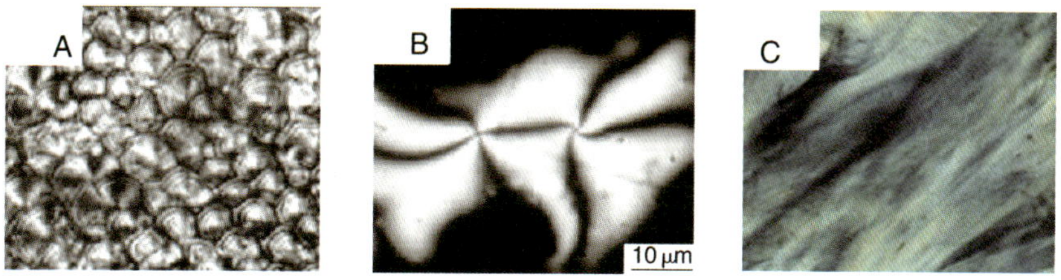

图 6－14　高分子液晶在偏光显微镜下的织构

A. 近晶相 90 ℃（×320）；B. 向列相 104 ℃；C. 胆甾相 25 ℃（×100）

6.3.2.2 DSC 法

DSC 广泛用于研究物质的物理变化和化学变化，是研究高聚物热行为的常用方法，在 DSC 曲线上可观察到吸热或放热的峰或基线的不连续偏移。热致液晶高分子各种相转变温度和热焓的确定均可由 DSC 给出，因此 DSC 是用以表征和研究具有液晶态物质的必要手段。用 DSC 测定高聚物程序升温时的 DSC 曲线，在熔点以上出现的吸热峰所对应的温度，即是该高分子的热致液晶化温度。DSC 方法的不足之处是仅能告知事件的发生和发生时的温度及焓变，而不能直接告知事件的性质，即无法仅仅从 DSC 图上某个吸热峰确定究竟是否是熔融峰。许多情况下，当对液晶样品获得的 DSC 图上信号进行解释时须十分慎重，要结合偏光显微镜观察与 X 射线研究方能得到有关相变的准确结论。将液晶样品进行 DSC 测试时要注意以下几个方面：

1. 进行 DSC 测试时应同时实施升温和降温两个过程。如图 6－15 所示[19]，液晶聚酯在第二次升温过程中样品在 150 ℃出现一个吸热峰，此时样品进入液晶态；再继续升温至 230 ℃，这时由液晶态向各向同性液态转化。第一次冷却曲线同样分别出现两个放热峰，只是与升温过程中对应的相变点的位置略有偏差。

2. 即使 DSC 图中升温和降温曲线只出现一个峰，亦不可就此判断无液晶态。因为它可能是清亮点很高的液晶高分子。例如分子链刚性大的高分子直至分解也不发生液晶相的各向同性转变。

3. 液晶样品的 DSC 图中曲线出现多重熔融吸热峰现象，其原因在于：

(1) 样品中同时存在具有本质差异的两种甚至多种结晶体的结晶形态；

(2) 一种熔点较低的晶体熔化后同时转化成另一种熔点较高的晶体；

(3) 各种结晶体的结晶度大小和完善程度存在差异。

这种情况下，如果要正确地将多重熔融峰与液晶相的转变峰区别开来难度很大。一般将最后一个熔融峰当作晶体向液晶体的转变峰。

4. 液晶高分子的相变温度和热焓与样品的热历史相关。常将第二次升温的相变序用于液晶相行为的表征。

5. 液晶相转变的单向性与双向性。单致液晶与双致液晶的区别是，前者在升温过程中不能出现，只在降温过程中才能产生。

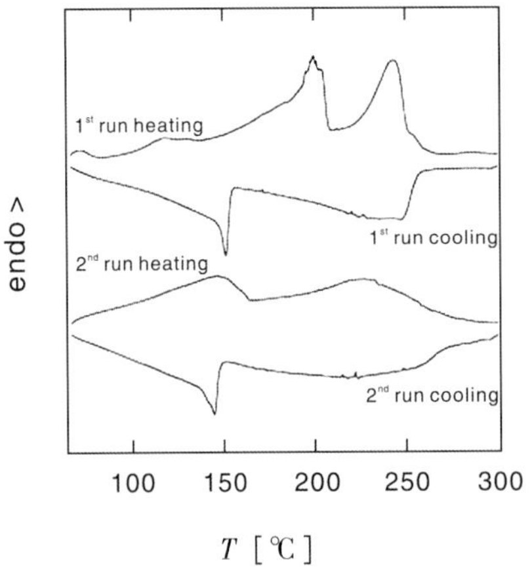

图 6－15　液晶聚酯升温与降温过程 DSC 曲线

6.3.2.3 X射线衍射法

对材料进行X射线衍射（又称广角X射线衍射，WAXS），可获得材料内部原子或分子的结构或形态等信息。X射线衍射对于研究液晶高分子非常有用。主要包括以下几个方面：

1. 确定液晶的相态

向列相与近晶相X射线衍射的主要区别在于内环。前者内环弱而弥散，与液晶分子或液晶基元的长度有关；后者有一个或多个明晰尖锐的内环，是近晶相层状结构的反映。在大角位置（$2\theta \approx 20^{\circ}$）给出弥散外环的液晶相有向列相、近晶A相及近晶C相，后两者的弥散程度略低些。给出一个以上清晰尖锐的衍射外环者有近晶B，E，G，H，J，K相，而近晶F和I相的外环明晰度介于上述两类之间。外环反映的是分子间距，由于近晶B相层内有六方序，所有邻近分子间距离都一样，故只有一个尖锐的衍射外环。典型的向列相、近晶A及近晶C相的X射线衍射图如图6-16所示。

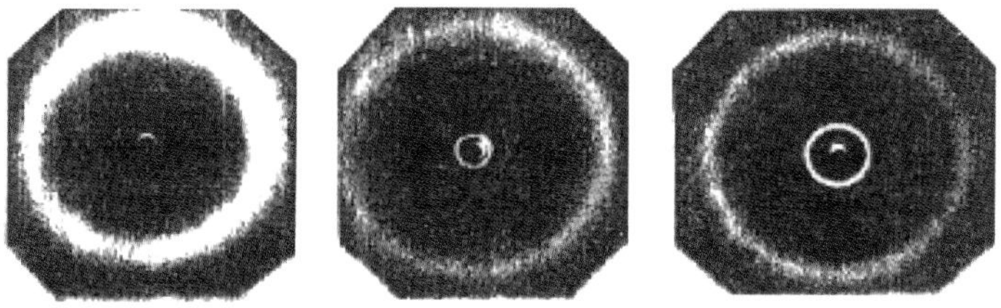

a　　b　　c

图6-16　非取向液晶衍射图

a. 向列相；b. 近晶A相；c. 近晶C相

小角X射线衍射（SAXS）近年来已发展成为研究分子有序结构的一种有力手段[20]。在小角范围的X射线散射系发生于原光束附近0.1°~3°范围内的相干散射现象，物质内部一至数百纳米尺度的电子密度的起伏是产生这种散射效应的根本原因。小角X射线照射到样品上（密度达到纳米级的不均匀区）时，会在入射的X射线周围（2°~5°）出现散射线。通过SAXS可以获得有序体系Bragg重复间距、长程有序性等一系列定性或定量信息，进而从动力学和热力学角度解析体系的稳定性、相转变和体系内相互作用。SAXS图谱中散射强度I对散射因子q的曲线为散射曲线，从曲线中可以得到所研究的体系的结构和尺寸等信息，确定液晶的相态结构。如果曲线上的散射峰数较多，峰强度较大，说明得到了比较有序的液晶相结构。SAXS的检测结果还可以用来表征具有不同Bragg峰的各种相图以及获得它们长程有序的信息。利用SAXS技术，可以从获取的相图中的曲线表征液晶的层状结构，从测定的液晶散射峰的位置，确定其晶面间距；分析结构转化机理和层状有序相及其分子之间的相互作用。

2. 研究近晶相液晶的层厚和液晶分子间距离

利用X射线衍射法可以计算近晶相液晶的层厚度。内环是层面衍射的反映，与中心的距离r是层厚的函数。

此外，由SAXS谱图中的散射曲线呈现出的散射峰，根据Bragg方程，利用不同散射峰所对应散射因子q值之比可确定体系的相态与重复间距，由公式$d=2\pi/q1$（$q1$为第一级散射峰对应的散射因子）计算得到层间距。一级衍射与高级衍射之间的Bragg空间关系如下：若

$d1:d2:d3:d4$符合1 : 1/2 : 1/3 : 1/4 的比例，即为层状液晶；符合1 : v1/3 : v1/4 : v1/7的比例，即为六角状液晶；符合1 : v3/4 : v3/8 : v3/11的比例，即为立方状液晶[21]。图 6 - 17 为六角相和层状相结构的 SAXS 谱图。

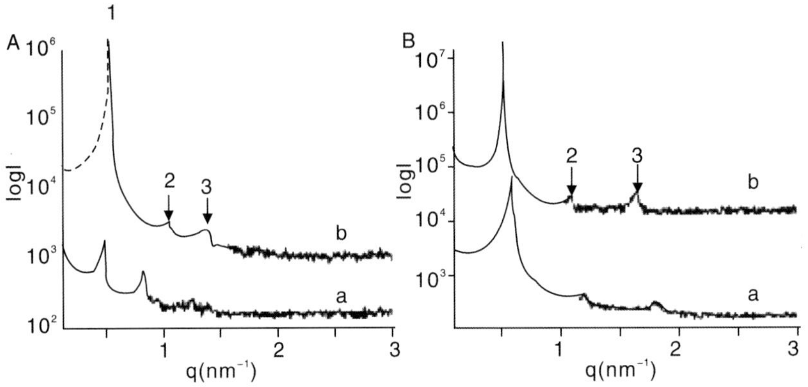

图 6 - 17　液晶相 SAXS 曲线

A. 六角相结构；B. 层状相结构

通过观察 SAXS 谱线散射强度的变化，还可获悉有关研究液晶分子的取向基体系长程有序程度变化的信息。

6.3.3　液晶态材料的仿生功能

生物体的许多特性亦可以通过液晶的特征来说明：①液晶具有流动性质，能够同时表现生物体系的形式多样性和流动性；②液晶分子群（有序排列）能不断破坏以及不断再生，同时在液晶里液体和类似液体的物质能够扩散，这和生物为了维持其短暂的生命，循环往复地进行个体发生和消灭相似，所以液晶结构和物质代谢并不矛盾；③液晶对于外界热、电磁场、电磁波、压力及化学物质等的变化能作出敏锐的反应；而且液晶具有长程有序的特性，能把能量和信息有选择地送到远方，这些性质正是生物系统特有的，只是生物系统更加显著、微妙而已。生物体内蛋白质/胶原、核酸等生物大分子的液晶行为，近年来成为人们研究的热点。

由于液晶的功能基于流动性与有序性的结合，因此利用溶液中产生的自组织或细胞表面的取向作用将它们引入膜中，构成典型的液晶行为的性质的结合，这些自组织系统在生物材料科学及生命科学中发挥着重要作用。

6.3.3.1　液晶态影响细胞行为

液晶态广泛存在于生物系统已由生物学研究证实，如细胞膜是液晶和生物分子的浓缩液；DNA 和蛋白质是以液晶形式存在。液晶是一种各向异性的粘弹性材料，可独立存在展曲、扭曲、弯曲三种弹性变形，在各种应用中，可变形的液晶—软—固界面起到重要的作用。液晶的基本理论和模型已经贯穿了许多科学领域，如取向有序和聚集体分子行为成为现代了解生物科学的焦点，对细胞膜动力学、肌肉功能及形态形成均有贡献。

有研究表明，用细胞外基质 Matrigel 修饰的热致液晶 TL205 为基质材料与仅用 Matrigel 修饰的玻璃对照组比较，人胚胎干细胞的培养状况有较大差异，干细胞在液晶基质材料上呈现明显的分化等级，偏光显微镜揭示了液晶的取向有序和 Matrigel 的存在和重组有关[22]。研究结果证实可利用液晶来反映支持细胞培养的细胞外基质的表达和组构，其中的成分和组织构造影响如分化此类的细胞过程。此外，通过采用一种细胞外基质薄膜修饰过的热致液晶的界面培养人胚胎干细胞，亦可影响细胞行为[23]。而且施加应变于细胞上能有效控制分化，这恰是利用液晶基质材料获得这种机械变形。侧链胆固醇液晶功能化的缩酚酞酸复合－DL－乳酸复合材料是一种能展示柔软和坚韧特性的可植入的生物材料[24]。此类材料的设计思路是利用侧基胆固醇液晶片段针对细胞膜具有高的热动力学亲和力及其有能力改变细胞膜渗透性和流动性的特点，提供一种驱动力促成分子内的自组装，作为组织工程细胞支架。同样，采用含有胆固醇基的 L－聚乳酸作为基质材料，利用胆固醇可通过自身排列形成液晶态物质的能力及其所具有的介晶特性构建液晶态基质表面，从而实现调控细胞附着、增殖、分化等细胞行为[25]。由于此种液晶态自组装体系可使材料表面形成多层有序化结构，其性能大大优于仅经历化学改性的，单一的外层表面，而且，与细胞产生相互作用的界面存在液晶相将具有更好的分子流动性。细胞相容性实验结果表明含有胆固醇基的 L－聚乳酸形成的自组装层状结构不仅促进初始细胞粘附，而且以一种一致的空间取向在材料—细胞界面不断释放细胞所必需的生物分子，从而更有利于促进成纤维细胞的粘附和分散。

基于液晶的粘弹性特征及其可变形的液晶—软—固界面在医用材料应用中起到的重要作用，近年来发展了一种软物质细胞模型以研究细胞的接触和粘附。迄今为止，较成功的细胞模型是流动镶嵌式模型，即 Singer and Nicolson 的磷脂双分子层液晶模型[26]。此模型体现了磷脂双分子层的两个本质的特征：流动性和扩散性。另一种已确立的和非常成功的细胞膜的机械学和数学模型是 Helfrich 的液晶细胞模型，此模型基于流动镶嵌式模型，即基于液晶的微观结构，尤其是近晶 A 液晶类似于细胞磷脂双分子层的微观结构。事实上，磷脂双分子层已被认为是生物液晶的一种形式，由于 Helfrich 的液晶细胞模型成功地预言血红细胞的双凹形状，因此被认为是第一个成功的软物质物理学。

相关研究表明成纤维细胞在具有液晶态织构的胶原基质上培养时，细胞不仅在基质表面增殖，还迁移到 400 μm 深处。这是由于此种液晶态结构能减缓胶原基质的降解，使其与体内细胞外基质非常类似，可用于研究材料结构对细胞行为影响的模型。此外，人成纤维细胞在液晶态胶原基质上移行、细胞密度及金属蛋白酶表达情况揭示胶原基质浓度影响细胞行为[27]。低浓度胶原基质没有明显的细胞增殖，也不能促进细胞移行过程中的凋亡，而细胞在高浓度的胶原基质中则具有更好的移行和增殖能力并促进细胞凋亡。如细胞在 40 mg/mL 的胶原基质上经过 28 天培养后，密度增殖到接近人真皮层。人成纤维细胞在胶原分子组装的具有胆甾型液晶相结构基质上的形态观察[28]发现人成纤维细胞平行于沉积条纹生长，其伪足沿着各条胆甾条纹延伸，说明该自组装胶原薄膜基质的拓扑形貌能诱发细胞的接触引导（如图 6－18）[29]。图 6－19 所示的是 3T3 细胞在不同浓度胶原膜上培养 24h 后的细胞形态。图中显示，具有液晶织构的胶原薄膜一方面能够促进成纤维细胞 3T3 的粘附及增殖，另一方面对细胞生长形貌和骨架组装具有一定的接触诱导效应，成纤维细胞沿着胶原纤维组装的取向而伸展，细胞骨架也变得取向有序。这些研究表明胶原的乙酸溶液具有溶致型液晶行为，细胞和组织相关功能的表达与基质的液晶态结构相关。

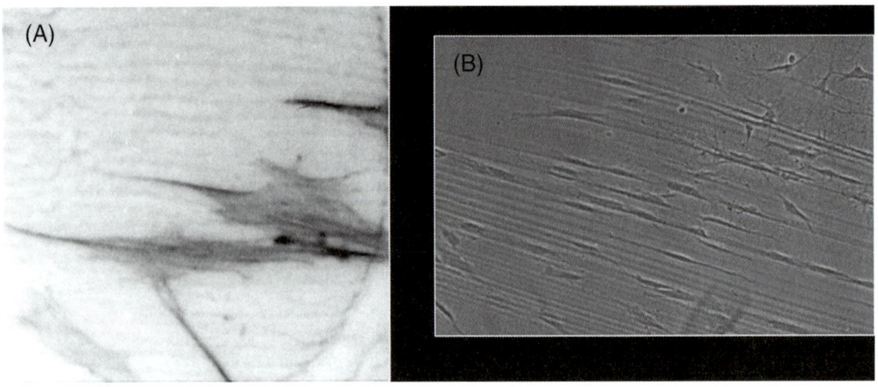

图 6 - 18　人成纤维细胞在胆甾型条纹织构胶原膜上培养 24 h 后，沿着胶原条纹方向伸展生长

A. 激光共聚焦显微镜观察；B. 相差倒置显微镜观察

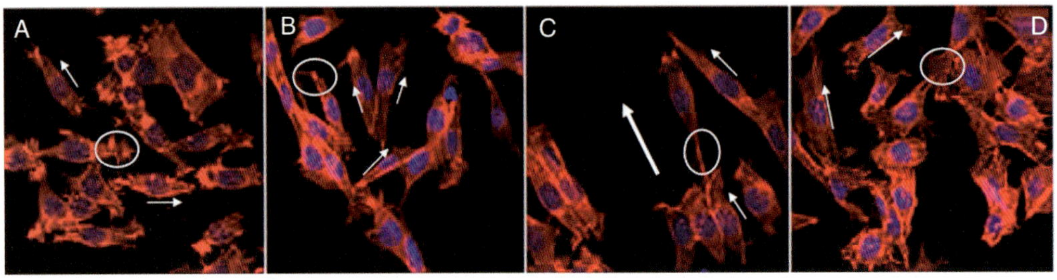

图 6 - 19　小鼠成纤维细胞 3T3 在各浓度胶原薄膜上培养 24 h 后的细胞骨架观察

A. 5 mg/mL；B. 20 mg/mL；C. 40 mg/mL；D. 空白培养板

6.3.3.2　液晶态材料组织工程支架

从细胞和分子水平看，细胞与生物材料表面间的相互作用可以用细胞膜与材料表面结合位点间的相互作用来描述，细胞膜受体与材料表面配体的结合方式主要有配位结合、疏水性结合、静电结合、氢键结合等，在生理环境中，贴壁细胞与植入材料的相互作用实际上是细胞膜表面受体与生物材料表面配体间的相互分子识别，产生生物特异性与非特异性相互作用。基于液晶具有许多性能，使它们益于作为活细胞的工程化界面。在这些系统中，“感应的”液晶材料对于生物材料而言成为一种活性基质，在复杂的界面与细胞之间产生相互作用。可以预言，具有液晶相结构表面，且同时兼具柔软和坚韧特性的生物材料将成为组织工程细胞支架有前景的新型材料。

国外一些科学家将液晶态生物材料作为细胞支架，并研究了液晶态生物材料与细胞的相互作用。如将 3T6 小鼠成纤细胞种植在聚乳酸薄膜和胆甾醇聚乳酸（C - LA28）液晶薄膜上，结果表明前 2 h 内，成纤细胞在 C - LA28 液晶薄膜上的粘附明显优于聚乳酸薄膜，由图 6 - 20[30] 可以观察到 72h 后在 C - LA28 薄膜上细胞沿圆锥形结构向外铺展，而细胞在聚乳酸薄膜表面只聚集不铺展。在两种基质表面种植 3T3 小鼠成纤细胞，取得了同样的结果，即自组装 C - LA28 修饰 PLA 液晶基质可明显提高细胞的粘附数量，促进细胞的增殖和铺展，这可能是液晶相赋予材料更多的分子迁移性，使基质有利于与细胞结合的原因。若以 1.5×10^5 个/mL 基质细胞的密度在真皮同等物和胆甾型胶原液晶基质表面培养人成纤细胞 21 d，结果表明成纤细胞存活并增殖；而且还观察到前两周成纤细胞在胶原液晶基质表面增殖，继而浸润基质，迁移至400 μm深度，将成纤细胞种植在无液晶态的胶原基质（浓度为1mg/mL）上和液晶态胶原基质（浓度为40 mg/mL）上，生长与迁移观察结果表明，4周后前者表面细胞存活率不到原来的25%，而在后者表面细胞可迁移320 μm的深度，三周后细胞密度达4 000个/mm^3，与人真皮细胞的密度（2 000～4 000个/mm^3）接近，可能是呈现液晶态的胶原分子取向有序，有利于细胞粘附及迁移。由此表明，胆甾醇聚乳酸和胶原生物液晶材料，都能很好地促进细胞粘附及分化。

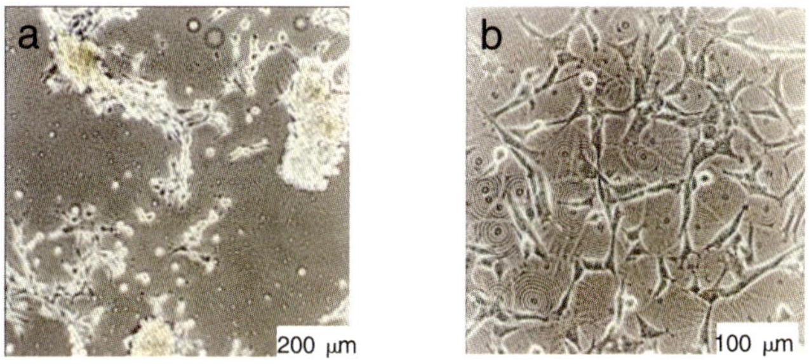

图6-20　3T6小鼠成纤细胞在膜材料表面72h后的生长情况

a. 聚乳酸薄膜；b. 胆甾醇聚乳酸液晶薄膜

生物体在富水环境中形成具有一定刚性流体组织能力是这个行星上生命存在的关键所在，生物大分子的液晶态与细胞行为密切相关，就细胞而言，其具有刚性，使其正常发挥功能；其细胞质有足够的流动性，使所有必要的过程能够进行，这种刚性和流动性之间精巧的平衡部分能够被液晶结构所实现。由于生命体中的蛋白质、核酸、脂类、多糖等生物大分子及其衍生物具有刚性或半刚性链、螺旋或双螺旋结构，且在生物体内的含量通常在形成溶致液晶的临界浓度之上，这表明生命现象中存在着典型的液晶行为。总的说来，对生物体存在液晶态的研究及生物液晶材料与细胞相互作用的研究，为人们开发新型的生物材料，更好地模拟体内组织培养的微环境提供了新的思路，具有广阔的应用前景。

6.4　液晶态生物材料的设计与构建

6.4.1　自组装液晶生物材料的构建

由于细胞膜呈现溶致液晶结构，研究者便从仿生的角度，构建与制备液晶态生物材料，以期能更好地模拟体内组织培养的微环境，促进细胞的粘附和分化，使材料获得良好的细胞相容性。

6.4.1.1　仿生溶致液晶体系的构建与掺杂

生物结构与液晶具有密切的联系已被越来越多的事实所证实。液晶相作为一种有序结构，是自然界两大基本法则流动性和有序性通过自组装的有机结合。生命体中的细胞膜、核酸、蛋白质、脂类、多糖等亦都是通过自组装而呈现与细胞形态和组织功能表达有关的液晶态，利用溶液中的自组装或细胞表面作用，将生物大分子引入膜中，是生命现象中典型液晶行为的体现。研究表明，新型的生物液晶态薄膜和支架材料，均对细胞的粘附、生长及分化产生很好的促进作用。将与生命结构及特性相似的液晶态结构引入基底材料，已成为生物材料领域仿生设计的一个新的思考角度。生物学家公认的生物膜流体镶嵌模型认为膜糖蛋白是浸泡在二维脂类双亲分子液体膜中的溶致液晶结构[31]，如果把双亲分子脂类分子膜当成普通流体，则无法解释蛋白质在细胞膜上的扩散本领，也无法解释为什么人的红细胞是双碟形而不是其他形状，只有将分子膜视为液晶，并采用液晶膜曲率弹性理论才能让上述现象得到证明。蛋白质的形成、细胞的生成及演化、DNA 分子间的信号储存和传递都是通过分子自组装来实现的。生物膜本身也在进行大量精细而高度可控的基于分子自组装的生命活动，如生物膜的变形过程等。分子自组装和生物学的交叉是仿生研究的必由之路，构建自组装结构可以模拟生命的某些过程，以实现最大程度的仿生设计。

自组装是一种可应用于医学和生物技术并赋予生物材料新功能的新颖策略。具有特殊热动力学稳定结构的自组装策略是以设计特定分子为目标的。生物材料的自组装在医学领域有特殊的用途，其形成目标结构可以程序化地与组织发生接触，而含有介晶相自组装可控的三维结构可瞄准活性配体的空间直接影响细胞的行为。这种控制可影响材料的性能以促进细胞分裂、分化及合成细胞外基质，也可用于设计超精细分子向细胞的释放。

仿生液晶在材料学、生物学和医学等领域的应用已取得了丰硕的成果，利用仿生液晶模拟生物膜结构和解释生物体内各种生命现象也引起了人们的极大关注。基于细胞膜属溶致液晶片层相结构，利用表面活性剂溶致液晶（Lyotropic Liquid Crystal，LLC）作模板合成与组装有机或无机纳米材料近年来得到广泛的研究。如通过改变组成或表面活性剂种类可得到不同周期性有序结构的溶致液晶，具有较大的灵活性和多样性，以此作模板易得到预期的纳米结构功能材料。近几年来，生物技术的研究取得了重大的进展，特别是仿生技术在生物学和医学领域的研究及应用已众所周知。而仿生溶致液晶的构建与掺杂，将模板与仿生技术相结合，为新型功能材料的可控组装提供了一个重要的途径。

我们可以从两个基本概念制造介晶相行为。一是简单形状介晶化合物的紧密堆积，产生形状驱动介晶相转变，即类似棒状分子可以一种优于自由状态（各向同性）的有序方式堆积（液晶相）。二是由两个不相容部分共存于一个分子产生相分离。因此，可由两亲分子特征制造两亲液晶。如图 6－21 所示[32]。

类脂是一种特殊的表面活性剂。由类脂构成的溶致液晶作为一类具有独特性质的软物质，其超分子构型和物理化学性质易于模仿生物膜，能呈现各种结构形态（如层状、六角状和立方状），具有高度各向异性、晶格尺寸纳米级可调以及相互分隔的水相和有机相。而生命过程中的许多重要功能都与生物膜的液晶态构象及运动密切相关。因此，将生物、液晶和纳米技术的研究相融合，将有助于设计和制备新型的功能性纳米结构材料。目前，利用仿生溶致液晶作模板，通过掺杂其他组分来设计与制备纳米材料，已成为一种新颖的组装方式。此外，通过这种方式组装纳米材料在生物催化分析、药物纳米控释和生物分子识别作用放大等方面也有重要的实际意义和理论价值。

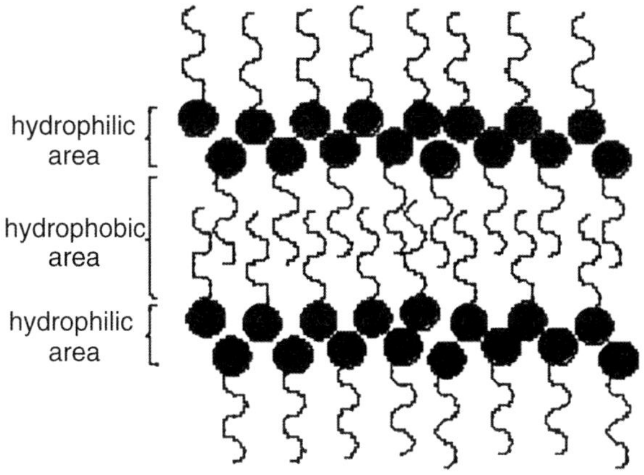

图 6－21　两亲溶致液晶结构

仿生溶致液晶（Lyotropic Liquid Crystal，LLC）体系除了通过上述自组装方式构建之外，还可以类脂为基础来构建，类脂包括磷脂（Phospholipids）、糖脂（Glycolipid）、胆固醇及其酯（Cholesterol and Cholesterol Ester）三大类。溶致液晶结构如图 6－22 所示。在溶致液晶体系中掺杂纳米粒子、碳水化合物、嵌段聚合物和生物分子是一种组装纳米结构有序液晶材料的有效途径，主要包括金属纳米粒子在类脂 LLC 中的掺杂；嵌段聚合物在层状类脂 LLC 中的掺杂；碳水化合物在类脂 LLC 中的掺杂；生物分子在类脂 LLC 中的掺杂；胆固醇的掺杂；DNA 的掺杂；氨基酸和维生素的掺杂以及天然药物在类脂液晶中的掺杂。

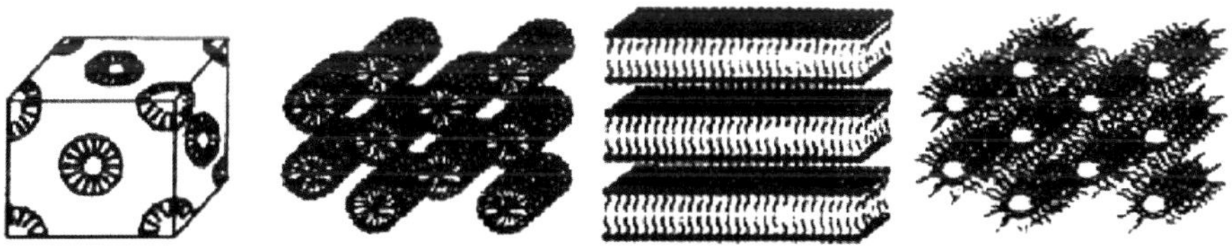

（a）Cubic　（b）Hexagonal　（c）Lamellar　（d）Reverse Hexagonal

图 6－22　双亲性分子及溶致液晶结构

糖脂具有重要生物学功能，如膜的构成，细胞—细胞识别和各种特殊的功能，是构建仿生溶致液晶体系的类脂之一。除了天然糖脂外，合成糖脂亦可展示出许多潜在的优异性能应用于医学领域。这些应用主要基于他们的液晶特性：可制备成含药物涂层；可用作主要溶剂用于局部药物治疗；亦可在细胞生物学及宿主微生物交互作用方面发挥重要作用[33]，它们被认为是大量病源有机体和细菌毒素宿主细胞粘附的位点。有关研究将糖脂作为药物释放体系的识别标记，也有考虑作为抗病毒药物。目前已在实验室合成出糖脂，通过一个醚键将糖基连接于脂段，如硬脂酰－D－吡喃葡糖苷[34]；带有酯键的糖脂亦已合成出来且已在制药等领域得到应用。全氟烷基取代的糖脂已被研究证实在医药研究领域具有许多潜在的用途，如作为表面活性剂，乳化剂和药物释放体系。

壳聚糖是一种天然多糖，具有良好的生物相容性和可降解性，在生物医学领域具有广泛的用途。壳聚糖及其衍生物大都也具有液晶性能。国外科学家研究发现，用液晶态材料如胆固醇L-乳酸齐聚物、胶原作为基质材料更有利于细胞形态的调控，同时也更接近体内组织培养的微环境。国内研究者对壳聚糖及其衍生物的液晶行为也有研究，并以壳聚糖衍生物N-马来酰壳聚糖、氰基壳聚糖、丁酰化壳聚糖、羟丙基壳聚糖、低分子量壳聚糖、壳聚糖与纤维素共混物等构筑液晶态材料并探究其液晶行为[35-37]。这些研究表明，壳聚糖及其衍生物可以呈现液晶态，可能是壳聚糖大分子中含有-OH、$-NH_2$、-Ö-三种可以形成氢键的基团，其形成的分子内氢键阻碍β-（1，4）苷键内旋转而引起构象的改变，从而使得构象持续长度较大，链刚性较强，而其衍生物由于引入了极性侧基，使得其主链刚性增强，因此也可以呈现液晶态。近年来，壳聚糖及其衍生物的液晶行为成为人们研究的热点，认为壳聚糖的液晶结构是其胶束颗粒在分子间的相互作用下形成的自组装构型，是一种非平衡态的耗散结构。

因此，把生物材料和液晶巧妙地联系起来，利用溶致液晶的特点，可以构建一种壳聚糖/明胶液晶膜及支架。结果证实，壳聚糖/明胶液晶溶液呈现胆甾相液晶织构，其流变性能与一般高分子体系不同，在临界液晶浓度，粘度呈现最大值；其相转变温度随液晶有序性的完善而升高；液晶膜及支架的各项性能及生物相容性比非液晶材料更能满足组织工程的需要。再者，在类脂立方液晶中添加蔗糖，可以制备蔗糖对油酸单甘油酯/水立方液晶LLC体系，结果亦证明随着蔗糖含量的增加，油酸单甘油酯/水体系发生了由反相立方液晶到反相六角状液晶的相转变，从而改变体系的相态，降低体系的粘度，有效地改善了脂质立方液晶作为药物载体粘度过大的缺点，为其实现多途径给药创造条件。由此提出，立方液晶中无限循环排列的脂双层膜非常类似于生物膜中的脂双层膜，可设计为多种药物的载体体系。用于构建立方液晶的脂类在文献报道中使用最多的是甘油单酸酯，这一系列体系被称为类脂立方液晶，而其中又以甘油单油酸酯（Monoolein，MO，$C_{21}H_{38}O_4$）体系最为常见。将类脂立方液晶用作药物载体的设计思路是把促生长激素抑制素包载于MO/水立方液晶中，并注入兔子体内，结果发现药物能够从立方液晶中连续缓慢地释放出来；而维生素E、二氯苯胺苯乙酸钠和阿司匹林在脂质立方液晶中的释放行为却不受药物极性和分子量大小的限制。

同样，在基因载体方面亦可构建类脂立方液晶体系。可将促生长激素促进素包载于液晶中；还可在构建的立方液晶中载入牛血红蛋白，仍可保持其二级结构；将胰岛素包封于构建的类脂立方液晶体系中，被包封的胰岛素可避免由于血液流动或搅拌引起的聚合，从而保持胰岛素原有的内部构型和生物活性；亦可将Insulin包结在MO/水立方液晶中制成口服类药物[38]，通过构筑溶致液晶药物载体可以提高抗体与抗原的结合度；利用LLC作为聚合模板，构建具有纳米层状结构的光交联生物可降解聚乳酸—聚羟基乙酸—聚乳酸液晶，通过调控LLC网络结构，在不改变其化学和生物相容性的前提下，控制生物可降解水凝胶的孔隙率、物理性能和生物降解行为。

仿生溶致液晶体系的构建与掺杂为将来设计和合成此类材料以及今后应用于医学领域提供了一种有益的途径。

6.4.1.2 自组装热致液晶材料的设计与制备

仿生溶致液晶的构建由于较接近生物膜液晶态结构，在药用载体材料的仿生设计方面得到广泛应用，但同时也存在许多问题，如液晶体系的稳定性、生物膜模型的真实性等，这些问题将成为以后工作的研究重点。为了拓宽液晶仿生材料设计思路，除了溶致型液晶构建之外，还可以考虑自组装热致型液晶的构建。

自组装热致型液晶策略同样可赋予生物材料新型功能而应用于先进的医学和生物技术。在自组装策略实施中，可以通过具体的分子设计得到特定的热力学稳定结构。由于形成目标结构可程序化地与组织接触，生物材料自组装在医学领域具有特殊的用途。自组装生物材料也能实施将更精密的分子传递到细胞的设计，通过控制三维结构将生物活性配体的空间表达直接对细胞行为产生影响，这种控制将影响材料促进细胞分裂、分化和合成细胞外基质的能力。

许多生物体系呈现液晶性质的组织均含有大量介晶态化合物，这些化合物通常为胆固醇或类脂的衍生物，胆固醇基对细胞膜具有高的热动力学亲和力及其有能力改变膜的渗透性和流动性，因此，将具有生物活性和生物相容性的胆固醇片段与医用高分子材料复合构建功能化液晶材料应用于药物载体和组织工程[39]。选择胆固醇片段有下列几个原因：一是胆固醇对细胞膜的热动力学亲和力及其改变这些性能的能力，如增强它们的机械耐久性和减少被动通透性，而且胆固醇在真核细胞膜中是一种重要的成分，它的动态平衡对细胞存活十分关键；二是胆固醇对稳定含有接收器的隔膜筏有重要作用；三是选择胆固醇是由于其具有众所周知的介晶特性，以及自身通过排列形成液晶态物质。采用开环聚合法合成系列胆固醇－（L－乳酸）聚合物，构建含胆固醇结构的自组装生物材料，可形成含有胆固醇基的L－聚乳酸层状结构（如图6－23所示[40]）。此种液晶态自组装体系的多层有序化结构在与细胞产生相互作用的界面呈现更好的分子流动性，促进成纤维细胞的粘附和分散。胆固醇－（L－乳酸）表面呈现的液晶相特性大大优于仅经历化学改性的单一的外层表面，此体系不仅促进初始细胞粘附，而且以一种一致的空间取向在材料—细胞界面不断释放细胞所必需的生物分子，自组装材料对于细胞呈现有序和周期性体结构的能力在组织工程材料设计中是一种有益的策略。胆固醇低聚物（L－乳酸）与聚乳酸相比可明显促进细胞粘附和增殖，利用胆固醇结构构造的功能化聚酯，如胆固醇封端聚碳酸酯及胆固醇基聚乳酸，作为支架材料用于组织工程具有良好的前景。

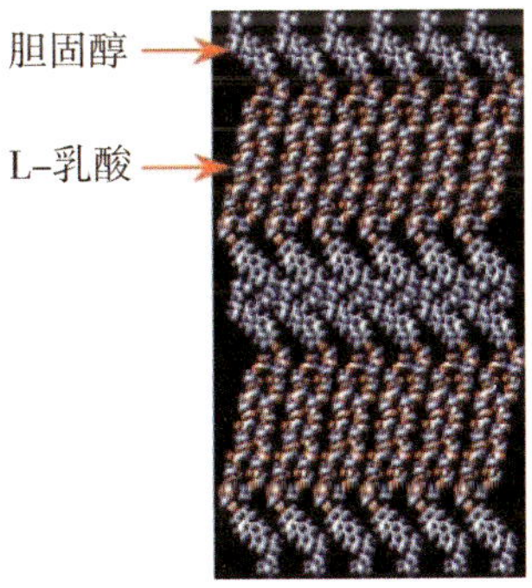

图6－23　胆固醇－（L－乳酸）自组装结构

由于胆甾醇酯的液晶特征，尤其近年低分子量双胆甾醇基作为新一类的自组装材料备受瞩目。设计将胆甾结构作为双胆甾醇基功能化三嵌段聚合物自组装的动力，通过在骨架结构中引入胆甾醇基合成一组新型的双胆甾醇基功能化三嵌段聚合物，可获得含有胆甾醇结构而呈现液晶特性的胆甾醇－（乳酸）n－胆甾醇（$n\leq40$）三嵌段聚合物[39]。更重要的是，双胆甾醇基功能化三嵌段聚合物特有的一些功能使它们可作为分子支架利于细胞生长。

6.4.2 生物可降解液晶的合成

合成的热致液晶聚合物由于其生物相容性和生物可降解性能可满足生物医学应用的需要，近来已用于生物学和医学领域。已被报道的几种天然生物高分子液晶，如多肽、RNA、血红蛋白S（HbS）、纤维状肌动蛋白以及多糖等，由于它们作为生物学器械时可用性差，稳定性低和加工性较差，因而受到限制。因此，通过合成方法制备生物可降解热致液晶聚合物越来越受瞩目。生物降解性液晶高分子材料的基本设计思路是：将液晶链段引入生物降解性脂肪族聚酯主链中，使其结合脂肪族聚酯良好的生物降解性以及液晶高分子良好的热性能和力学性能。基于这条基本思路，研究者们采取不同的方法，合成了多种生物可降解液晶聚合物。

6.4.2.1 芳香—脂肪族液晶复合共聚物的合成

主链芳香族液晶聚酯具有好的机械性能。但由于具有高熔点而不熔和差的降解性使它们无法作为生物可降解材料应用于整形修复和组织工程[41]。将脂肪族酯连接到聚合物主链被认为是获得水解降解材料的关键因素。把乙醇酸掺入聚合物合成4-羟基苯甲酸和4-羟基苯乙烯酸可得到可降解的液晶材料。当熔点较高、机械性能和可溶性较差的聚合物主链嵌入乙醇酸后，这些性能得到改善；采用4-羟苯甲酸（HBA），4-羟基-3-甲氧基苯甲酸（VA），4，4’-磺酰二（2-甲基苯）（d-BPS）和一系列脂肪族二酸（AD）可设计合成液晶共聚酯，反应示意图如图6-24[41]。DSC测试结果显示合成的芳香—脂肪族共聚酯的玻璃化转变温度在72℃~116℃范围，偏光显微镜观察表明，当加热到熔融状态，聚合物展示向列介晶相。合成共聚酯的体内体外生物降解研究表明，与其他商业使用的生物可降解聚酯相比较，在37℃~80℃范围内材料的降解基本不存在温度敏感性。此类芳香—脂肪族共聚酯集降解性能、机械性能和生物相容性于一体，有望将来作为医用器件。

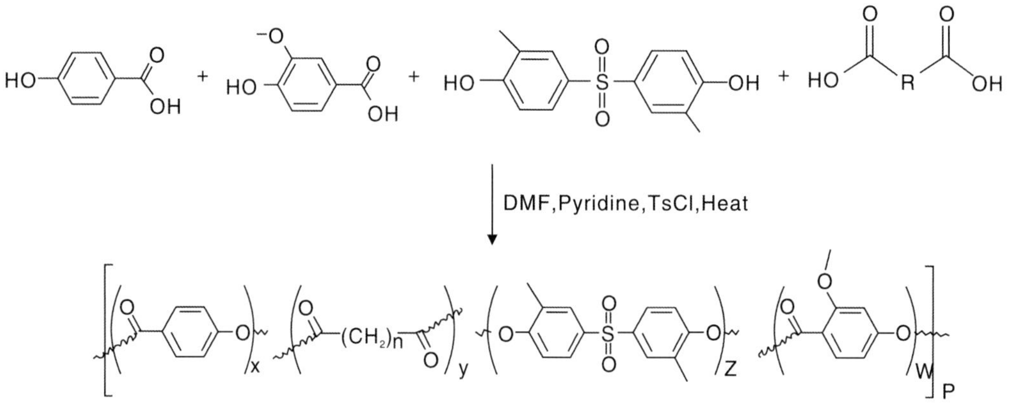

图6-24 HBA、VA、d-BPS和AD通过缩聚反应合成芳香—脂肪族液晶复合共聚物

6.4.2.2 纳米结构溶致液晶模板

纳米结构溶致液晶作为模板的设计思路旨在引入一种纳米结构溶致液晶（LLC）以改善两种互不相容生物可降解聚合物体系的相容性，获得具有优异性能的复合物。LLC几何结构中具有高度有序排列的纳米尺度亲水和疏水微区，对于增容两相不相容的单体体系是一种理想的模板。纳米尺度的微区不仅可以实现不相容交联单体在某一尺度的初始混合，而且通过交联可以对相分离进行初始的限定，因此，纳米结构溶致液晶亦可作为模板构件制作先进的

复合材料作为生物可降解材料。采用纳米有序的 LLCs 作为增容平台使不相容的生物可降解单体形成降解速率和物理性能高度可控的生物复合物[41]。合成的 PLA－b－PEG－b－PLA 二甲基丙烯酸酯（LPLDMA）作为亲水光聚合单体，而已内酮二甲基丙烯酸酯（CDMA）或新合成的丁二酸琥珀酸二甲基丙烯酸酯（EOSDMA）用作疏水成分制备生物可降解复合物。上述聚合单体和相关表面活性剂的化学结构式见图 6－25。这些单体简单的水混合物只展示低的相容性，聚合后，上述配伍的复合物可获得适宜的物理性能。若 LPLDMA 和 CDMA 两种生物可降解聚合物各自具备良好的细胞相容性，被制备成相容的复合物应具有特殊应用前景。LLC 复合物的制备如图 6－26 所示[42]。

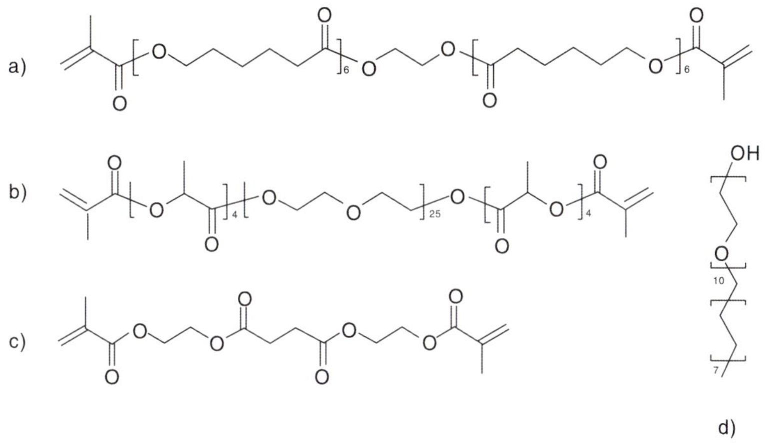

图 6－25　生物可降解单体和相关表面活性剂的化学结构式

a. CDMA；b. LPLDMA；c. EOSDMA；d. Brij56 表面活性剂

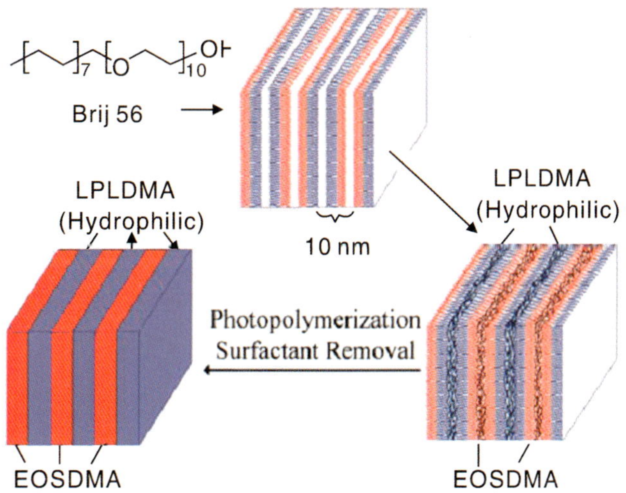

图 6－26　采用层状 LLC 作为增容模板用于不相容的 LPLDMA 和 EOSDMA 交联生物可降解聚合物复合体

逆时针方向：自组装的 Brij 56 层状 LLC，亲疏水单体复合的层状 LLC，去除表面活性剂后的光聚合 LLC 复合物利用LLC作为光聚合模板产生的复合物展示出互穿网络结构行为，其物理性能直接依赖于单体组成。亦就是说，利用单体组分可导致这些材料物理性能和降解行为的显著变化。如随着交联度增加，生物可降解复合物EOSDMA－LPLDMA中疏水性的EOSDMA单体亦增加，复合物水吸收率降低超过60%，弹性模量与LPLDMA均聚物比较增加200%。此外，复合物的Tg在150 ℃范围内迁移，当在LLC复合物中增加少许EOSDMA，降解速率延迟达70%。纳米结构的LLC模板不仅产生更加均质的材料，而且获得具有互穿网络结构行为和优异的性能。因此，LLC模板的应用是一种将不相容性交联生物可降解网络嵌入物理性能可调控的生物复合物中获得增容作用的简单的方法。

6.4.2.3 生物降解性聚酯液晶

采用脂肪族聚酯与热致型液晶聚酯共聚方法制备生物可降解材料。此设计方法简便实用，且容易操作，在降解过程中，微生物往往选择性地侵蚀脂肪族部分，而芳香族的液晶组分相对不易被降解。另外，结晶度是影响降解性能的重要因素，一般来说，相对结晶度低的高分子材料更容易被降解。无规共聚能够有效地降低分子链的规整度，从而降低材料的相对结晶度，因此绝大部分的研究还是利用无规共聚的方法合成脂肪族—芳香族共聚酯。

采用癸二酸（SA）、对羟基苯甲酸（HBA）、对苯二酚（HQ）为单体，对甲苯磺酸为催化剂，通过熔融缩合聚合反应可以获得三元共聚产物HBS，其化学结构如图6－27所示[43]。偏光显微镜观察结果显示，当HBA的摩尔分数大于30%时，共聚产物在热台偏光显微镜视野下为向列型液晶，随着HBA含量的增加，共聚物的清亮点显著提高，而结晶度则降低。在40 ℃1%氢氧化钠水溶液中HBS显示出一定的降解性能。

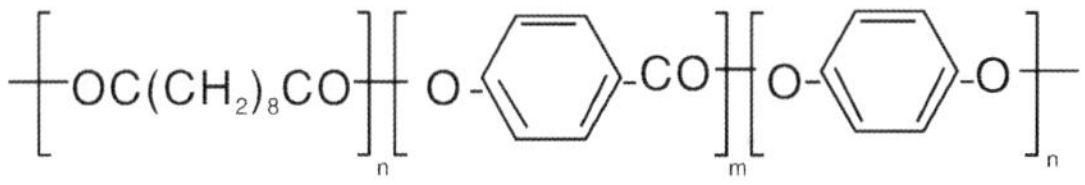

图6－27 HBS的化学结构

将上述缩合聚合反应得到三元共聚产物HBS与聚L－乳酸（PLLA）以不同的摩尔比在氯仿—三氟乙酸混合溶液中共混，并在冷的甲醇溶液中沉降。共混产物的热稳定性与PLLA相比显著提高。当PLLA摩尔含量小于50%，共混物在蛋白酶α－chymotrypsin和Proteinaze－K存在下的磷酸缓冲溶液中均能够显示出良好的降解性能，PLLA/HBS（90/10）和PLL/HBS（80/20）的降解速率均超过PLLA。

亦有研究者设计构建生物降解性脂肪族—液晶共聚物，但其在结构上需要满足一定的要求，即聚合物主链中应该包含一定的可降解脂肪族聚酯链段，以及一部分能够增强聚合物热性能及力学性能的液晶聚酯链段。这种共聚结构能够使脂肪族链段被降解的同时，聚合物主链的规整性被破坏，从而使得液晶聚酯受到微生物的侵蚀。然而，作为环境友好材料和生物医用材料，不仅要求共聚物能够被微生物降解，而且要求其降解产物对环境及人体系统无毒副作用。因此，寻找一种天然的、生物适应性好的液晶组分就成为迫切需要解决的问题。

植物的天然成分亦可选择作为共聚组分单体，如对羟基苯丙酸（HPPA）、羟基苯甲酸（HBA）、对羟基肉桂酸（HCA）、对羟基苯乙酸（HPAA）、丁香酸（SGA）、香草酸（VA）等，它们都是合成液晶高分子的单体，也称为生物液晶单体（Biomesogenic Monomer）。这些植物天然成分有些是人体正常代谢产物，已被证明对人体无毒副作用。常见的生物液晶单体如图6－28所示。若将上述HPPA与HBA、VA或SGA进行熔融缩聚反应，结果随着苯环上甲氧基数量增多，共聚产物的溶解性显著增强，玻璃化转变温度提高，结晶度、热稳定性以及降解速率则有所降低。此外，HPPA分子的亚甲基链段有益于提高共聚产物的降解性能。

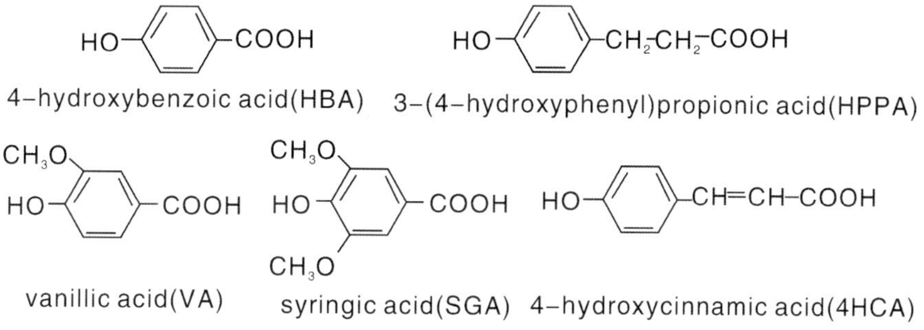

图6－28　生物液晶单体

为了提高脂肪族单体与芳香族单体的羟基与羧基的反应活性，可考虑设计将HPAA与HBA的乙酰氧基衍生物在四水合醋酸镁的催化作用下进行脱乙酸的熔融缩聚反应[47]，反应示意图如图6－29所示。共聚酯HPAA/HBA（60/40）在175℃显示出粒状液晶织构（Gainy-texture）。将乙醇酸（GA）作为柔性链段加入芳香族聚酯主链中，可合成生物液晶单体的均聚物，加入柔性链段的目的是降低聚合物链段的刚性，有效降低清亮点，提高聚合物的降解性能。然后选择对羟基苯甲酸及其衍生物作为生物液晶单体，考察不同官能团参与共聚反应的活性，如图6－30所示。研究结果表明，PABA具有较高的反应活性，芳香族组分的摩尔含量在60%～70%范围内时，共聚物可以显示出向列型液晶性。

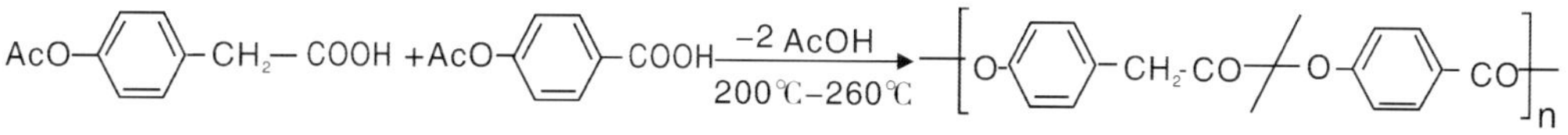

图6－29　HPAA/HBA缩聚反应

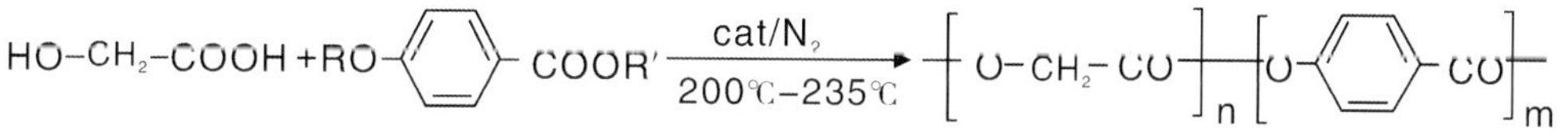

PHB：R＝H；R′＝H

PABA：R＝CH_3CO；R′＝H

PHBE：R＝H；R′＝CH_2CH_3

图6－30　GA/PHBA共聚物的合成反应

6.4.3　聚合物/液晶复合膜的设计与制备

天然血管以及与血液接触的组织、器官不会发生自体性凝血，主要是由于膜表面的液晶结构。因此，将液晶与其他基质材料复合，构建表面具有有序流动液晶态的复合材料，可以降低材料表面与血液之间的界面张力，有效改善材料的血液相容性，以期获得具有抗凝血活性的先进生物材料。

6.4.3.1 聚合物/液晶复合体系的构建

聚合物/液晶共混复合体系作为血液相容性生物材料的构建思路是基于仿生设计，考虑到与血液长期接触的血管内膜表面处于流动的液晶态，提出在生物材料表面构建液晶态结构改善材料血液相容性的理论设想。周长忍等[45]模仿血管内膜表面结构特征研制成功一系列生物相容性良好的体温小分子液晶相的类生物液晶化合物，然后将上述小分子液晶引入聚合物基材中，制备一系列聚合物/液晶复合膜作为血液相容性生物材料，结果表明：材料表面呈现出的液晶态结构改善了纯基材的血液相容性；胆甾型液晶比向列型液晶更有利于改善复合膜的抗凝血性能。此外，复合材料表面微区的尺寸、液晶畴与聚合物之间的相分离程度等均会影响复合膜的表面拓扑形貌，从而影响膜表面蛋白吸附，最终影响膜材料的血液相容性。

该研究小组于1996年[46]首次制备了三种聚氨酯/液晶复合膜，即聚氨酯分别与N－（4－甲氧基苯亚甲基）－4’－庚基苯胺（向列型液晶），4－戊基－4’－腈基联苯（向列型液晶）及胆甾醇油烯基碳酸酯（COC，胆甾型液晶）三种液晶化合物共混形成复合膜。研究结果揭示，将液晶化合物引入聚合物中进行表面改性，改善材料的血液相容性是一种合理的设计。复合膜表面形态结构、液晶含量、液晶微区分布及尺寸等对复合膜血液相容性都产生影响。胆甾型液晶复合材料的血液相容性优于向列型的；复合材料表面微区的尺寸、液晶畴与聚合物之间的相分离程度等均会影响复合材料表面拓扑形貌，从而影响材料表面蛋白吸附，最终影响膜材料的抗凝血性能。当复合材料中的液晶质量分数大于30%才能在其表面形成一定尺寸的液晶畴（如图6－31），并呈现出流动的液晶相的结构特征；血液相容性试验结果显示，液晶质量分数大于30%的复合材料表面粘附的血小板数量大大少于纯PU膜表面的；动态凝血和溶血试验亦显示当液晶质量分数大于30%，聚合物/液晶复合材料表现出良好的抗凝血性能。

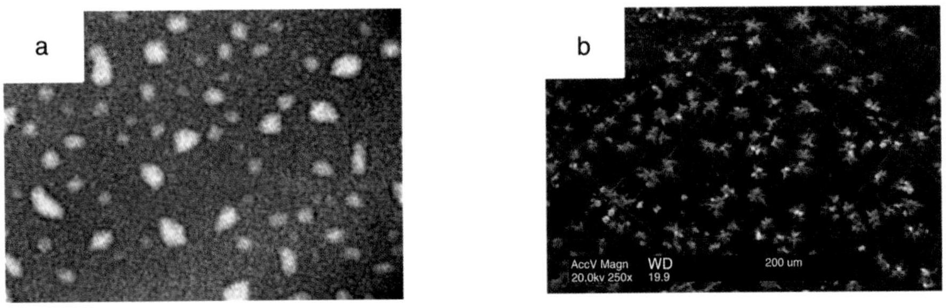

图6－31 PU/COC－40复合膜表面形貌（液晶质量分数：40％）
a. POM照片（×100）；b. SEM照片

将含氢有机硅氧烷和乙烯基有机硅氧烷作为基质材料，可构建表面呈现液晶态的聚硅氧烷/液晶复合膜作为血液相容性生物材料。其中当液晶质量分数大于20%，液晶分子在基质材料表面形成一定尺寸的液晶畴并以球形状态分布于复合膜表面，随着液晶含量增加，液晶畴尺寸增大，逐渐形成连续相，如图6－32所示。可能由于形成了这种类似双层脂质体的可流动液晶态结构，使液晶复合膜具有良好的抗凝血能力。此外，在复合膜形成的过程中施加电场作用，使其中液晶分子发生一定程度的取向固定于高分子聚合物的网络中，可提高复合膜中小分子液晶的稳定性，进一步改善聚合物/液晶复合材料的抗凝血性能[47-50]。研究结果表明，以 PU 和 PVC 为基质材料，与小分子液晶胆甾醇三缩四乙二醇（CTeGC）共混后，在聚合物-CTeGC 形成复合膜的过程中施加不同电场强度可以调控液晶畴的体积、液晶分子和基材分子的取向性，从而控制复合膜表面的相分离结构和液晶畴的取向排列。通过调节液晶含量及场强可以构造适宜程度的有序—无序相分离，使其类似血管内膜的相分离特征，从而达到改善复合材料的血液相容性的目的。图 6-33 为 PVC 与液晶化合物共混后在非电场及电场强度为 200 V/cm 条件下形成的复合膜表面液晶畴的形貌织构，其中液晶质量分数为 40%。图中照片显示，与常规条件下制备的复合膜相比，成膜过程中外加电场制得的取向复合膜其表面液晶微区织构及微观结构发生较大的改变，PVC/液晶复合膜表面液晶分子在成膜过程中产生明显的有序排列。

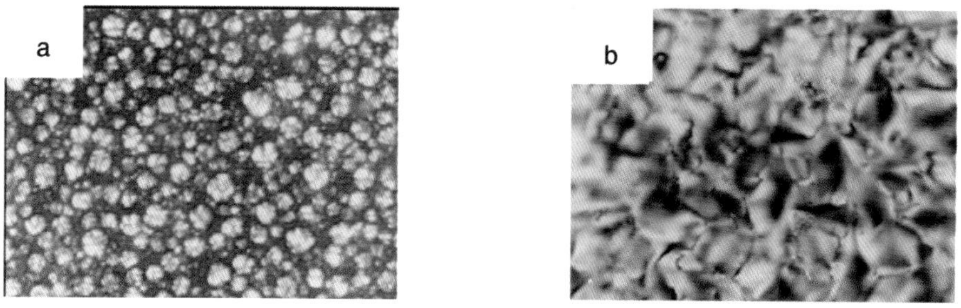

图 6-32　聚硅氧烷/液晶复合膜偏光显微镜照片

前述构建的液晶态仿生表面主要以中小分子量液晶作为流动相嵌入高聚物材料中，赋予复合材料液晶态结构。为了进一步提高聚合物/液晶复合材料的稳定性，周长忍课题组[46]又开发出系列高分子液晶化合物作为分散相修饰高聚物材料，构建流动性及取向性并存的液晶态复合材料，以期达到良好的血液相容性。例如将合成的系列新型高分子液晶（PLC）化合物——羟丙基纤维素酯类液晶化合物：羟丙基纤维素丙酯（PPC）、羟丙基纤维素丁酯（BPC）和羟丙基纤维素辛酯（OPC）[51]与医用高分子材料 PU/PVC 复合，以期改变基质材料的形态结构。结果显示，不同配伍的聚合物/PLC 复合材料其表面液晶态织构及相分离程度均有很大差异，因此使复合材料的相关性能发生改变。接触角测试结果表明，液晶化合物的加入改变了基质材料的亲疏水性，同一种基质材料中加入不同液晶化合物（PU/OPC 和 PU/PPC），复合膜表面的水接触角随着液晶含量的增加产生相反的变化趋势。由于液晶分子在基质材料中形成液晶相聚集体，破坏了基质材料成膜过程中的结晶行为。蛋白吸附试验结果表明：液晶材料对蛋白质在聚氨酯材料表面的吸附具有抑制作用，亲水性的提高有利于减少材料表面对蛋白的吸附。血液相容性实验结果表明 PLC 的加入能减少血栓形成的数量，延长材料表面形成血栓的时间；材料表面血小板粘附数量明显减少且基本无尾足伸出。复合材料表面所形成的液晶态结构对基质材料的抗凝血性能起到有效的改善作用。

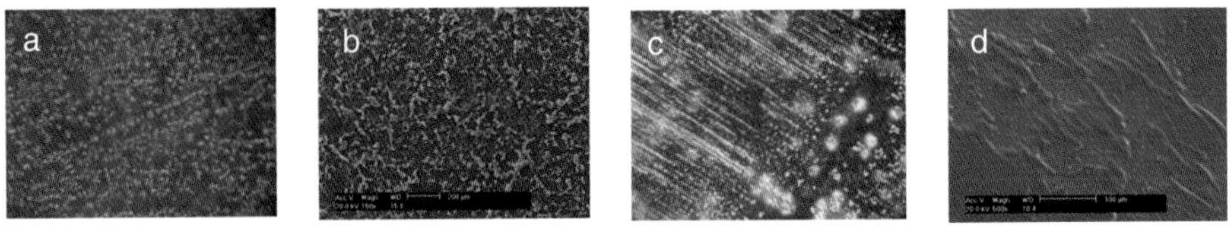

图 6-33　PVC/LC 复合膜表面形态织构

a，c 为 POM 照片（×100）；b，d 为 SEM 照片

a，b PVC/LC 复合膜；c，d 取向 PVC/LC 复合膜

上述研究结果证实，将高分子液晶化合物引入聚合物基质材料中可形成自聚体液晶态仿生表面，从而模拟血管内膜表面液晶态结构，实现聚合物/液晶仿生工程化复合材料的构建，开发出新型血液相容性生物材料。当液晶质量分数达到 30% 时，高分子液晶在基质材料中趋于自聚集成液晶微区，形成微观取向结构，大大改善了复合膜的抗凝血性能。

6.4.3.2　胆甾型肝素化液晶的构建

侧链型液晶高分子，一般由柔性主链、刚性侧链和间隔基团等三部分组成。侧链型液晶高分子的主链，可以是碳链，也可以是杂链（如 Si-O 链），这些主链本质上都是柔性链。胆甾型肝素化高分子液晶的合成可以设计将聚丙烯酰胺作为柔性主链，即碳链为液晶的主要柔性主链，采用肝素作为液晶高分子侧链的液晶基元，直接与高分子主链反应相连接，同时利用胆甾型液晶的生物结构保持着肝素的天然构象。反应示意图如图 6-34。

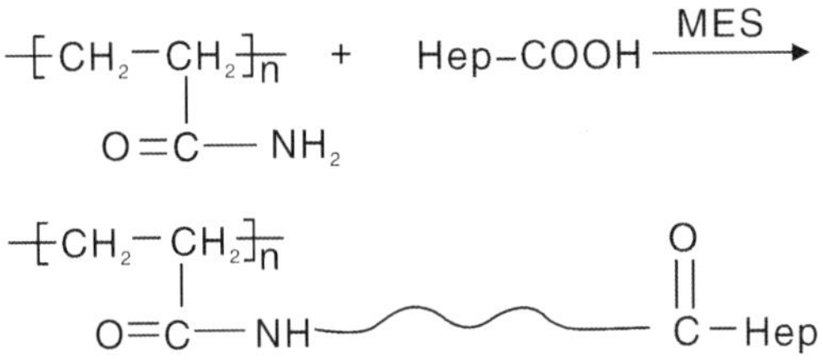

图 6-34　高分子液晶反应

对于侧链高分子液晶，都是以较柔性的分子链作为主链，而液晶基元则是刚棒性的。在这样的体系中，分子主链倾向于采取无规构象，液晶基元则要求采取取向有序的液晶态聚集结构。如果主链和液晶基元不能分别形成各自的相区，则视这两种力量的相对强弱，要么主链屈服于液晶基元的作用而牺牲部分构象熵并生成液晶相，要么液晶基元屈服于主链的运动而采取无序构象。因此，在构建侧链肝素化液晶高分子时，肝素侧链液晶基元的数量会直接影响着液晶高分子的相态行为以及晶型。

偏光显微镜观察显示，当聚丙烯酰胺与肝素质量为 200：1，此时合成的肝素化液晶高分子中液晶基元的量不足，不足以影响柔性主链聚丙烯酰胺的无序构象，无法构成液晶相态；当聚丙烯酰胺与肝素质量分别为 80：1（PAA-80）和 50：1（PAA-50），此时液晶基元肝素侧链具有足够的扭曲力带动柔性主链聚丙烯酰胺向有序状态靠近，并形成侧链型液晶高分子。其中 PAA-80 肝素化液晶高分子形成条纹状的分子序，在液晶相中表现为胆甾相；而 PAA-50 肝素化液晶高分子除了表现出条纹状分子聚集态外还表现出树枝状的织态结构，同时有向向列型液晶转变的趋势。液晶相温度区间为 25 ℃～121 ℃。

此外，侧链肝素基元的多少亦会直接影响着聚合物的分子链形状。不加肝素的聚丙烯酰胺溶液体系烘干后的分子聚集状态，没有特定的分子链形状（图6－35a）[52]；加入少量侧链肝素基元反应后的分子链由于肝素量不足，只有部分分子链呈现出梳状（图6－35b），大多呈现棒状，可能由于反应连接上肝素侧链的高分子影响，使未反应的聚丙烯酰胺分子链亦呈现出一定的取向性；图6－35c和图6－35d显示聚合物分子链的主链呈平行分布，主链上的所有的肝素基元侧链垂直于主链，呈现侧链型液晶高分子典型的梳状。

所以，在设计溶致型肝素化高分子液晶过程中，需考虑的一点是：接枝在柔性聚丙烯酰胺主链上的肝素加入量只有达到一定程度时才能制备出具有胆甾型织态结构的肝素化高分子液晶。

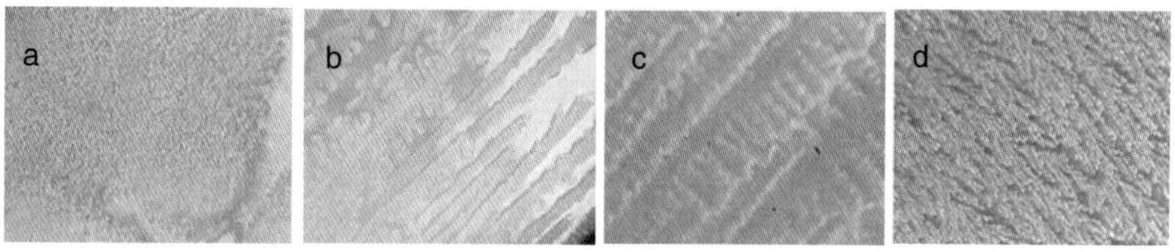

图6－35　肝素化液晶聚合物分子链（×1 000）

a. 1:0；b. 200:1；c. 80:1；d. 50:1

6.4.3.3 胆甾醇类液晶态复合材料

从前述内容已经了解到，介晶相化合物作为胆甾相衍生物在体内大量沉积，各种多肽在溶液中形成胆甾相液晶；核酸在浓溶液中是介晶相，脱氧核糖核酸（DNA）具有胆甾相的结构。尤其是胆甾醇及其衍生物，是一种遍布于人体各个组织和器官中的物质，体内胆甾醇及其衍生物的生物合成途径极为活跃（主要是甾醇性激素），在空间结构上胆甾型液晶表现为螺旋结构，与人体内蛋白和核酸的空间结构一致。因此，无论在化学结构还是空间结构上胆甾型液晶都与人体内一些成分结构形态相似。通过接枝共聚将胆甾醇引入聚合物中构建液晶态仿生材料又是一种合理的策略和构思。

一种侧链接枝胆甾醇制备热致液晶态共聚物的设计途径是：利用10－胆甾醇基氧基癸醇上的羟基和硅氢键之间的反应将胆甾醇连接到聚甲基氢硅氧烷分子链上[53]。这种特殊设计旨在将胆甾醇本身特有的介晶特性引入聚甲基氢硅氧烷中以期获得热致液晶态共聚物。选用10－胆甾醇基氧基癸醇主要考虑到癸基作为柔性间隔臂可提供形成液晶相的流动性和构型。合成路线如图6－36所示[53]。将上述合成的液晶共聚物进行退火—淬火处理，即在真空条件下，140 ℃保持9小时（退火），然后快速冷却至室温（淬火）。合成的液晶共聚物中，当10－胆甾醇基氧基癸醇含量为15%时（SC15）液晶相转变温度为122℃；45%时（SC45）为124.9 ℃。将热致液晶共聚合物进行退火—淬火处理，目的是使共聚物从液晶相状态快速淬火至室温时可维持其液晶玻璃态。此性能对于热致液晶聚合物应用于生物材料尤为关键，因为所有细胞生物材料是在人体温度下使用。上述液晶共聚物偏光显微镜观察结果表明，未经退火—淬火处理的共聚物在偏光显微镜视野下均未呈现液晶相特征；而经退火—淬火处理的材料当10－胆甾醇基氧基癸醇含量为15%时可观察到离散的类似岛屿状的液晶微区分布于共聚物中，当10－胆甾醇基氧基癸醇含量达到45%，共聚物材料表面则呈现连续的液晶相区。

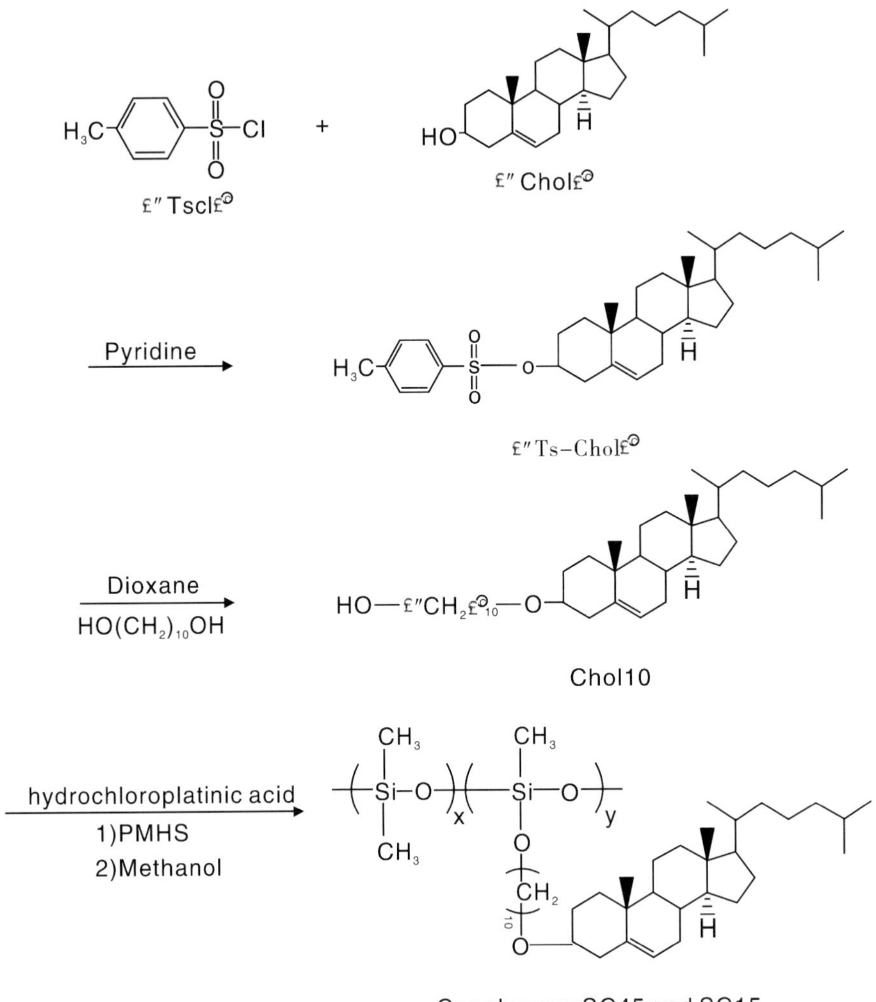

图 6-36　聚硅氧烷液晶共聚物合成路线

血液相容性试验结果显示，10-胆甾醇基氧基癸醇含量为45%的胆甾醇液晶改性聚甲基氢硅氧烷共聚物由于在退火—淬火过程中形成连续的胆甾型液晶相结构，因此共聚物材料可显著延长血浆的钙化时间，与未经退火—淬火处理的共聚物材料相比，其表面的血小板粘附和激活量大大减少，从而有效改善了基体材料的抗凝血性能。此外，亦可设计将小分子液晶化合物胆甾醇三缩四乙二醇碳酸酯（CTeGC）引入低分子量的聚合物主链中，制备新的液晶低聚物，此种液晶化合物的设计思路旨在通过调节液晶化合物的分子链结构及分子量，调控液晶复合材料中液晶态微区的形态结构。此处选择聚含氢硅氧烷（PMHS）（分子量20 000～50 000）作为CTeGC的偶联材料。聚含氢硅氧烷上的活泼Si-H容易在适当条件下断裂，从而在该位置发生取代等反应。将胆甾型液晶化合物CTeGC偶联至聚含氢硅氧烷分子链上，获得低分子量高分子胆甾型液晶材料（PMHS-CTeGC）构建液晶低聚物。

PMHS-CTeGC偶联反应式示意图如图6-37所示：

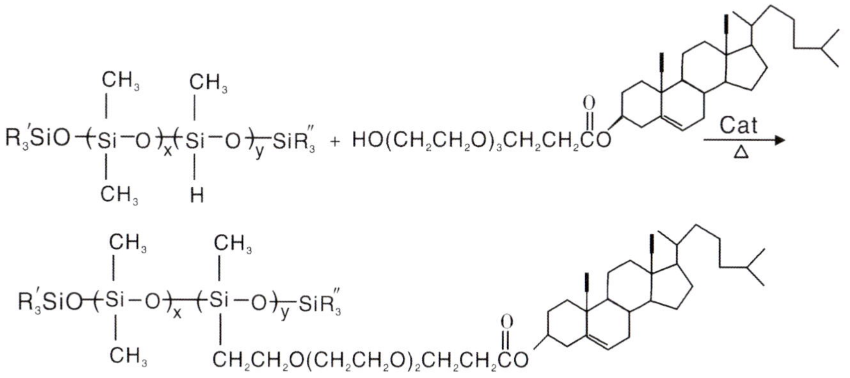

图 6 – 37　CTeGC 与 PMHS 偶联反应

ЪъʃPMHS – CTeGC 室温下的偏光显微镜观察呈现胆甾型液晶特有的彩色油状纹理织构，如图 6 – 38 所示，这是因为液晶化合物 CTeGC 偶联至 PMHS 链上之后液晶的螺距仍位于可见光波长范围内，样品对入射光发生选择反射，呈现出生动的彩虹颜色。经剪切力作用之后仍见到彩色条纹织构，且这些条带明暗相间，走向平行。高分子液晶由许多取向有序的微区组成，在剪切应力作用下原本各自取向的微区沿着力的方向定向排列形成均一的取向结构；剪切力停止后，在应力弛豫过程中取向结构有恢复形成微区结构的倾向。而在旋转载物台时，由于相邻两条带中分子链的取向方向具有明显差异，并且与剪切方向成一个固定夹角 θ，折射光发生改变而引起条带的明暗交替变化。这些现象说明偶联反应后与产物主链相连的液晶在一定温度范围内仍为胆甾相液晶，在剪切力下较易发生取向。PMHS – CTeGC 的生物相容性评价结果表明，制备的产物对细胞不产生毒性；血液相容性试验数据显示，所合成的 PMHS – CTeGC 的溶血率值明显 <5%，符合生物材料溶血试验要求，无明显溶血现象；血小板在 PMHS – CTeGC 材料表面粘附数量少，呈单个粘附状态，无聚集发生，且基本无变形，表明此液晶材料有利于防止血小板形变和聚集，体现出良好的血液相容性。

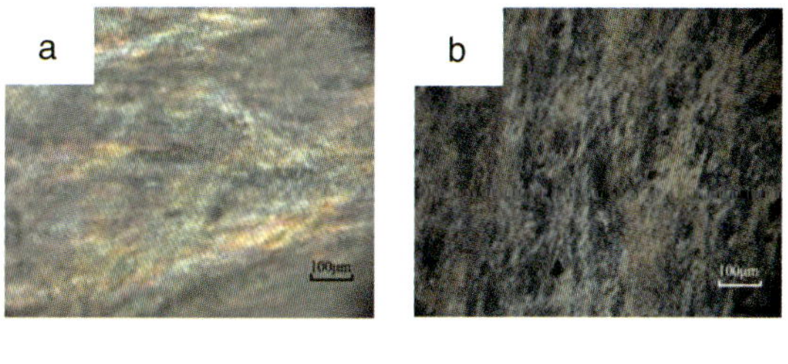

图 6 – 38　PMHS – CTeGC POM 观察（37℃）
a. 剪切前；b. 剪切后

6.5　液晶态生物材料在医学领域中的应用

液晶是一种各向异性的粘弹性物质，液晶材料由于其分子排列可通过改变温度、浓度、电场、磁场及其他因素被调节，已应用于各个领域中。在生物医学领域应用中，可变形的液晶—柔软—坚固界面起到一个重要的作用。如利用液晶图像可检测附于液晶和变形的生物层界面上的蛋白吸附和生物分子的相互作用等[24]。

目前，利用液晶理论研究生物现象的内容更加深入广泛，液晶相的拓扑缺陷和相变理论已应用于研究生物膜融合的机制中。人们认为，层状液晶提供了可以研究膜相互作用、局部缺陷和相变的有用的膜模型系统，它们类似于一叠完整的膜，中间被极薄的水层隔开，根据相变的现代物理理论，膜上分子的迁移率也会像液晶相变那样发生改变。液晶显示技术原理也用来试图解释生物体内信息的传递。如外加电场促使会引起液晶分子的重新排列与堆积，而基因和药物用生物膜泡包裹在体内传递相当于外加电场促使蛋白质或药物诱发膜融合，并推动蛋白质移动。这些都是液晶生物膜动力学理论大有可为的课题[54]，可为液晶态生物材料在医学领域中的应用拓展新的途径。

6.5.1 医用传感器

液晶分子作为一种良好的敏感材料，是基于它对外界刺激物（如电场或磁场）的快速反应。而且，由于各向异性，有序排列的液晶会被引入的抗体分子或细胞打乱。而这种排列上的变化可通过光学信号传达，初始状态的任何变化与引入物的性质和浓度有关，液晶生物传感器原理正是基于上述液晶分子的特性，通过处理基底诱导液晶发生取向排列变化，调变偏光图像亮暗强度[58]。大量的研究团队通过对液晶的新的理解开发新型的生物传感器。利用液晶材料具有的双折射性能和对其表面所发生反应的异常灵敏性，制作光学传感器。在这些系统中，“敏感的”液晶成为生物材料的活性基质。

利用磷脂分子对环境的刺激响应性和分子识别功能，可以制成多种传感器，如湿度传感器、pH 传感器、气体传感器、生物传感器等。如将磷脂引入液晶/水界面可引起液晶材料排列的变化[56,57]。在单纯的液晶/水界面，液晶分子相在表面趋于平行排列。磷脂的介入诱导液晶材料的取向转变为垂直排列。图 6－39[58]展示了对酶反应的探测过程，当引入含脂质的水溶液后装载酶的液晶层生物传感器探测酶的活性。未发生任何反应前液晶分子垂直排列于水界面（图 6－39a），随着反应发生，界面区磷脂耗尽，液晶分子诱导取向变化为平面排列（图 6－39b）。在这种转变期间，可观察到生物传感器两个交叉偏振器之间的光学表象发生变化（图 6－39c）。

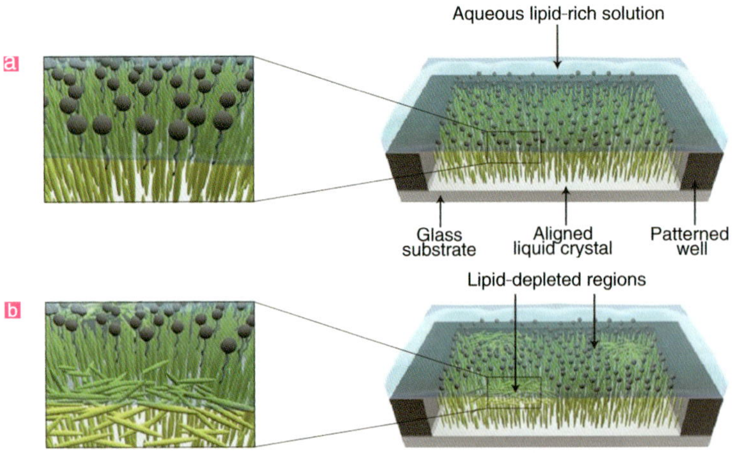

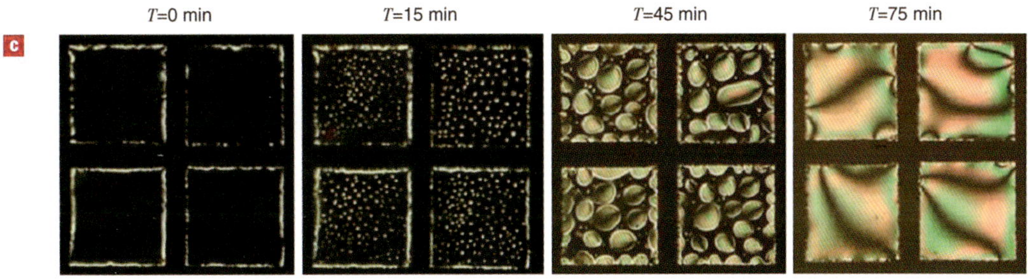

图 6－39　a，b 为液晶生物传感器。其中 a. 规整排列的液晶光学生物传感器；b. 酶反应过程消除垂直排列的脂材料后经历光图像的变化；c. 光学显微成像，显示生物传感器经历酶反应后光学织构的变化；黑暗区表示垂直排列，明亮区表示倾斜或平行排列，各腔宽度约 283 μm，深度约 20 μm

在上述生物传感器观察过程中，无标记的酶反应和分子组装的观察可通过液晶材料传输的光学信号变化检测到。基于液晶材料粘弹性的分子模拟验证光学上观察到的相互作用[59]。在液晶界面活性剂和磷脂的自组装主要依赖于表面活性剂端基的长度和分子支化度[60,61]。这对发展更先进的液晶材料和不同生物分子之间相互作用的光学研究和分子模拟具有广阔的空间。明晰这些相互作用产生的光学图像可开发出有用的诊断工具。

液晶生物传感器在生命科学中的应用还包括免疫分析、蛋白分析及核酸分析等。传统的蛋白质分析主要依靠于紫外和可见吸收光谱分析。近期开发出的一种准确、可靠的液晶蛋白分析法[62]，可用于检测浓度非常低的 IgG，BSA，抗 IgG 的 FITC 和抗生物素的 FITC（5.0 μg/mL，6.0 μg/mL，0.40 μg/mL 和 0.37 μg/mL）。Abbott 小组[63]研究了金—硫醇自组装膜对液晶生物研究领域中最常使用的热致液晶 5CB 的锚定作用，确定能否通过液晶排列的扰乱程度来定量结合的 IgG。首先将 IgG 结合在自组装膜上，两片修饰有自组装膜的基底玻片面对面地组成液晶盒。5CB 在 24℃ ~35℃范围内表现出液晶特性，将其加热到液态后注射到液晶盒中，冷却后成液晶相。偏光显微镜观察显示，自组装膜上结合的蛋白质与产生的液晶偏光信号密切相关，此结果为后来的液晶传感器用于定量检测生物分子奠定了基础。Luk 等[64,65]精心设计了优良的组氨酸激酶液晶传感器。在三（乙二醇）烷基硫醇修饰的基底上固定 His－tag MEK 酶，捕获抗－MEK IgG 与之结合，免疫蛋白复合物修饰的基底改变液晶排列状态，实现对 His－tag MEK 酶的检测。Lai 等[66]通过在 TEA/DMOAP 修饰的基底表面制作 DNA 芯片进行 DNA 无损检测研究。由于 DNA 可诱导液晶 5CB 发生向列变化，因此偏光图像由黑暗转为明亮，且 DNA 固定区和无 DNA 区现象差别显著。该方法不会破坏固定上的核酸链，将液晶溶液清洗掉，DNA 单链仍可与目标链杂交，通过荧光信号可证明。此外，Andrew 和 Daniel[67]通过结合阳离子表面活性剂（OTAB），构建 DNA 液晶传感器。通过二次诱导实现对 DNA 的低浓度检测，检测下限可达 50 fmol，且能很好地区别一个碱基错配的 DNA。

除了采用热致液晶制作液晶传感器，研究者们还发现了一种溶致型液晶相[68]色甘酸磷酸钠盐－DSCG，当溶于不同的多羟基水化物中被水乳胶包裹而呈现表面活性剂性质，其双折射性与同浓度的热致型液晶相比更强，这种聚合物液晶可用于药物传递检测。

由于溶致型液晶可先让配体与液晶相达到平衡，加入受体后液晶向列变化。这样便可在生理条件实施（如体液或细胞液中）检测。2002 年 Abbott 研究小组[72]采用月桂酸钾酯/正癸醇和水的混合物制得溶致型液晶检测 IgG。2006 年该小组[73]发现一种能在水中构成溶致型液晶的β－氨基酸的螺旋低聚体新液晶，大大扩展了液晶生物传感技术的应用领域。Woolverton

研究小组[71]也提出一种用于检测微生物的简单而有效的溶致型液晶传感器。即在病原体存在下，加入免疫复合物打乱 DSCG 的有序性。此种快速的变化有望实现液晶生物传感技术的在线实时监测。

尽管液晶生物传感器的研究还处于初级阶段，但呈现出良好的发展势态。液晶生物传感器目前已被用于病原体检测、基因组学分析、重大疾病诊断等。随着交叉学科与技术之间的相互结合渗透，将液晶生物传感技术与 SPR、酶联免疫法、荧光分析等方法相结合，可以开发出更加灵敏快速的传感器，将来有望实现液晶传感器的微型化和自动化。

6.5.2 组织工程及组织修复材料

细胞在生物系统中的功能是通过一定范围的化学和机械途径在空间和时间上的传输。目前已对大量的工程材料进行研究，如细胞和固体表面的相互作用通过控制表面化学、拓扑形貌特征、基质材料的顺从性及这些参数的整合而被工程化，其目的是控制细胞行为，如细胞在材料表面的粘附、增殖和分化。

液晶态广泛存在于生物系统，且是具有各向异性的弹性流体，这种材料能够在与细胞从自身到它们的环境传输过程所需应力大小可比较的应力感应下重组。液晶具有的许多性能使它们益于作为活细胞的工程化界面。

Nathan 研究小组[22]选择人胚胎干细胞（hESCs）作为研究对象，探索在合成液晶表面是否有可能培养细胞，并且确立液晶取向程度与其表面细胞和细胞外基质的相关性。该小组具体采用细胞外基质 Matrigel 修饰的热致液晶 TL205 为基质材料研究人胚胎干细胞的培养状况。与用 Matrigel 修饰的玻璃对照组比较，干细胞在液晶基质材料上呈现分化级别，偏光显微镜观察揭示了液晶的取向有序和 Matrigel 的存在和重组有关，液晶 TL205 的有序性反映出 Matrigel（一种细胞外基质）在更长尺度上的重组。Nathan 研究小组的结果表明：用细胞外基质 Matrigel 薄膜修饰的热致液晶界面培养人胚胎干细胞是可能实现的。细胞在液晶基质上存活了 12 天，与涂覆了 Matrigel 的玻璃对照组比较，细胞在液晶基质表面显示出增殖，而且发现液晶的取向有序与 Matrigel 的存在相关，其能通过液晶图像的改变直接反映细胞附近 Matrigel 的再组构。Matrigel 和 TL205 的耦合为监测 Matrigel 随时间推移的再组构提供了一种简单的工具。这些结果提出了一种新的方法用于细胞培养和检测细胞—细胞外基质之间的相互作用。图 6 – 40[72]所示的是 hESCs 在 Matrigel 修饰的液晶界面上附着和生长。

Nagahama 等[24]设计一种新型的侧链胆固醇液晶功能化的缩酚酞酸复合 – DL – 乳酸复合材料，制造一种能展示柔软和坚韧特性的可植入的生物材料。利用侧基胆固醇液晶片段对细胞膜具有高的热动力学亲和力及其有能力改变细胞膜渗透性和流动性的特点，提供一种驱动力促成分子内的自组装，基于胆固醇液晶相所具有的柔软和坚韧特性的生物材料是一种用于组织工程细胞支架的有前景的新型材料。同样，Julia[25]等采用含有胆固醇基的 L – 聚乳酸作为基质材料，利用胆固醇可通过自身排列形成液晶态物质的能力及其所具有的介晶特性，探索研究此类液晶态基质表面对附着、增殖、分化等细胞行为产生的影响。由于此种液晶态自组装体系可使材料表面形成多层有序化结构，其性能大大优于仅经历化学改性的单一的外层表面，而且，与细胞产生相互作用的界面存在液晶相将具有更好的分子流动性。细胞相容性试验结果表明含有胆固醇基的 L – 聚乳酸形成的自组装层状结构不仅促进初始细胞粘附，而且以一种一致的空间取向在材料—细胞界面不断释放细胞所必需的生物分子，从而更有利于促进成纤维细胞的粘附和分散。

周长忍课题组[73]利用液晶基元物质——胆固醇对壳聚糖进行改性，构建壳聚糖基液晶态材料作为骨修复材料。结果表明，改性后的壳聚糖具有比纯壳聚糖更好的生物相容性，特别是在作为骨修复材料使用时，能更好地促进成骨细胞的粘附与分化，促进钙磷盐的沉积。图6-41为壳聚糖（CS）膜（A_1-A_3）与经胆固醇改性后的壳聚糖（CHCS）膜（B_1-B_3）分别在1.5倍模拟SBF溶液中仿生矿化1d（A_1，B_1）、3d（A_2，B_2）、7d（A_3，B_3）后的SEM照片。图中显示，仿生矿化1d后，CS膜上沉积了一薄层钙磷盐，而在CHCS膜上却只有少量的钙磷盐沉积，且沉积的钙磷盐呈聚集成球状颗粒的趋势；仿生矿化3d甚至7d后，CS膜上所沉积的钙磷盐并无明显增加，而CHCS膜仿生矿化3d后，钙磷盐的沉积明显增多，矿化7d后，CHCS膜上沉积了一厚层钙磷盐。这说明经液晶基元——胆固醇改性后的壳聚糖膜在长时间的仿生矿化中有促进钙磷盐沉积及稳固的能力。

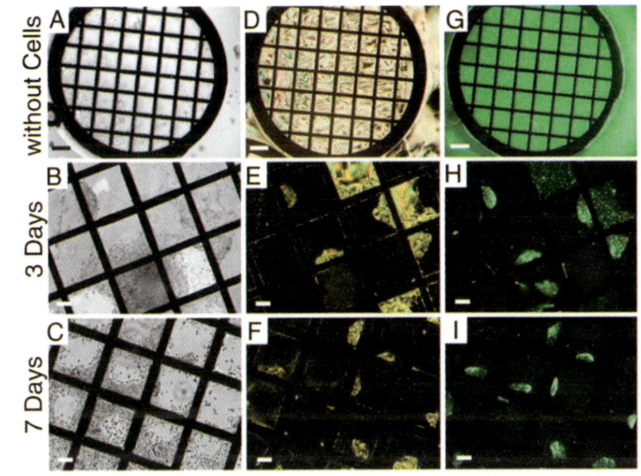

图6-40 hESCs接种于涂覆Matrigel的TL205基质上的图像，Matrigel用Alexa Fluor 430标记；A-C为相衬照片，D-F为偏光照片，G-I为荧光照片；A，D，G标尺为300 μm，其余图片标尺为100 μm

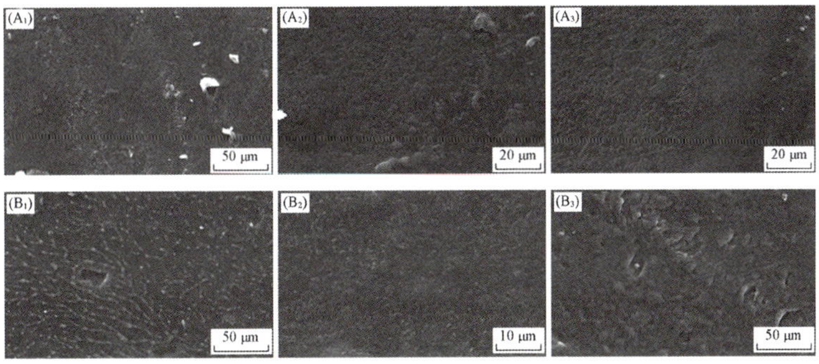

图6-41 壳聚糖膜（A_1-A_3）与经胆固醇改性后的壳聚糖膜（B_1-B_3）分别在1.5倍模拟SBF溶液中仿生矿化1d（A_1，B_1）、3d（A_2，B_2）、7d（A_3，B_3）后的SEM照片

上述两种膜材料与成纤维3T3细胞的相互作用也表明，经胆固醇改性后的壳聚糖膜具有促进细胞粘附与增殖的效果（如图6-42所示）。在CS膜上，3T3细胞平铺、伸展较充分，部分细胞伪足已相互接触；而在CHCS膜上，3T3细胞形态较饱满，伪足也充分伸展，大部

分细胞伪足已经相互接触，且细胞增殖明显好于 CS 膜。CHCS 膜上细胞的形态表明，细胞更具有生理活性。说明 3T3 细胞在 CHCS 膜上的增殖能力强于在 CS 膜上，可以推测经胆固醇改性后的壳聚糖给细胞提供了类似生理的环境，有助于细胞的生长与增殖，具有更好的细胞相容性。通过激光共聚焦观察也可以得到同样的结果，CHCS 膜具有促进细胞粘附与伸展的功能（如图 6－43 所示）。研究结果证明，液晶基元可以改善壳聚糖作为生物材料的使用性能。

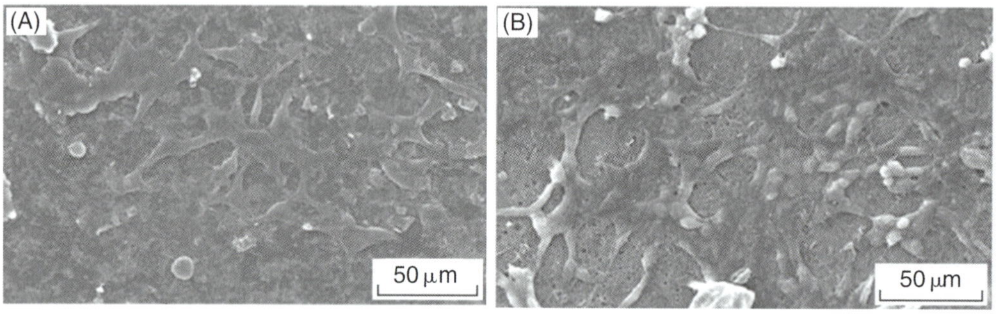

图 6－42　3T3 细胞在 CS（A）及 CHCS（B）膜上培养 3 天后的 SEM 图

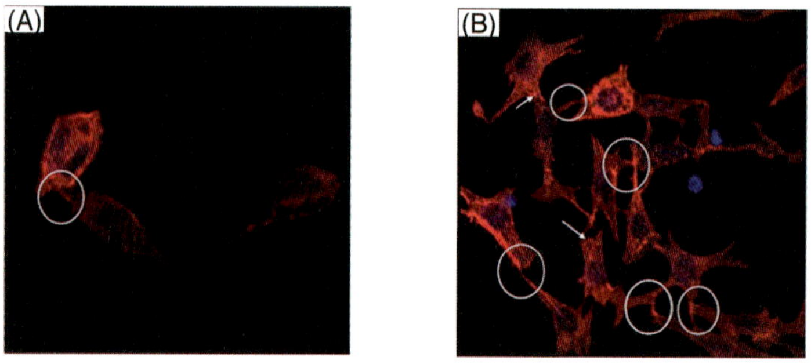

图 6－43　3T3 细胞在 CS（A）及 CHCS（B）膜上培养 24 小时后的细胞骨架观察 CLSM 照片

6.5.3　细胞模型和药物释放载体材料

溶致液晶由于其自身结构的特点，在医学领域吸引了众多科学家的注意，被用作多种药物的载体体系[74,75]。X 射线散射和冷冻蚀刻电镜的结果已证实细胞中提取的生物膜具有螺旋形晶格、双菱形晶格、体心立方晶格等液晶构型。说明立方液晶具有类似生物膜传送物质、保持体系内部环境稳定的作用，因此立方液晶作为药物载体的研究更为广泛。文献报道最多的用于构建立方液晶的脂类是甘油单酸酯（Monoglyceride），这一系列脂类体系被称为类脂立方液晶，而其中又以甘油单油酸酯（GMO）体系最为常见，其结构示意图如图 6－44。

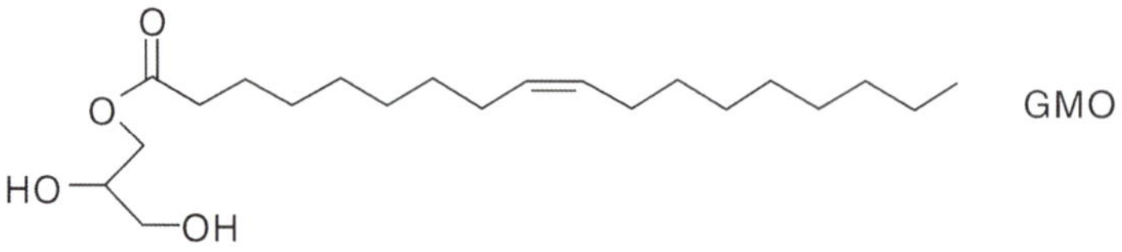

图 6－44　GMO 结构

根据类脂立方液晶粘度大、生物可降解等特点，Engström[76]在1990年提出以类脂立方液晶构建药物载体的设想。他的研究组把促生长激素抑制素包载于GMO/水立方液晶中，注入兔子体内后发现药物能够从立方液晶中连续缓慢地释放；随后将维生素E、二氯苯胺苯乙酸钠和阿司匹林包载于GMO/水立方液晶中并研究了其释放行为，结果发现药物的释放行为不受药物极性和分子量大小的限制。2000年Kim等[80]研究了利福平和溴甲酚绿在脂质立方液晶中的释放行为，揭示了药物在立方液晶中的释放速度与在水相中的释放相比明显减慢。GMO/水立方液晶可以包载包括水溶性和油溶性等多种类药物，水溶性药物如：头孢唑啉、马来酸噻吗洛尔、四环素、利多卡因和盐酸普萘洛尔等；油溶性药物如：溴丙胺太林、维生素E、甲硝唑、阿司匹林和马来酸氯苯那敏等。

纳米结构的脂质自组装溶致液晶体系由于可以复合具有不同物理化学性能的化合物而提供恒定的释放机制，在药物领域应用于蛋白和疫苗等的释放，目前引起人们极大的兴趣。亲水性的药物可复合入亲水性微区，而亲脂性药物可以溶于油脂区域结构中。有关非分散液晶作为药物释放体系是由于体相液晶结构可以被分散形成亚微米粒子，但又能保持非分散液晶体相的内部结构。当处于层状、六角和立方结构时，这些粒子被称作脂质体、六方相体和立方相体。Dong等[78]选择甘油酯磷脂制备液晶体系，如选用3，7，11，15－四甲基十六烷－1，2，3－三元醇（PHYT）。这种脂质由高分枝的带有三个端羟基的植烷醇组成，重要的是，它的结构不包含酯官能团（如图6－45所示）。PHYT大量来自商业，纯度95%，这样便提供相对明确的脂质制备各种液晶体系。且PHYT展示的热致相行为非常类似于甘油单油酸酯（GMO），尤其是室温下在过量的水中可形成双连续立方相，而高温下在过量的水中则形成反相六角相。尤为感兴趣的是可利用PHYT作为两亲体制备立方相体和六角相体。相对于GMO，PHYT因其所具有的较好的稳定性和纯度被认为是用于药物释放体系更好的选择。

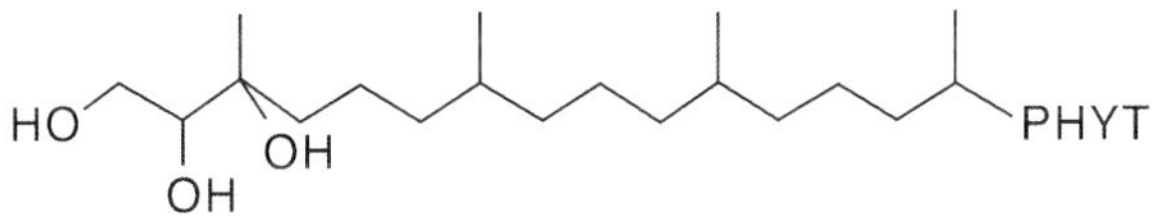

图6－45 PHYT的化学结构式

由于溶致液晶的立方相和六角相其粒子尺寸在亚微米范围，此类体系在药物科学领域获得广阔的应用前景。这些软物质纳米粒子通常由超声法制备得到，直径在100 nm范围，形成的立方相体和六角相体能高负载药物用于口服给药。

虽然脂质液晶体系的研究成果令人振奋且颇具前景，但亦存在一些关键性的挑战。如胶体粒子强度和储存稳定性以及可伸缩性等。当制成商品时，实验室使用的方法通常情况下不可采用。此外，价格又是一个要考虑的重要因素，将药物包裹在液晶粒子中需要很大的投资，必须获得高效益才能降低成本。也许最大的挑战是人体的高度复杂性。许多生物、物理、化学参数必须平行优化，从口服到体内靶向点的过程如此复杂，包含许多突变的环境，目前还未真正设计出能够承受这个过程的药物释放装置，而且在技术上也还未找到先进的方法用于制备液晶药物释放体系。液晶模型为药物包载和靶向设计发展了一种新的思路，但必须考虑清楚大量不期望的副反应[79]。

6.5.4 其他应用

天然糖脂类的生物重要性众所周知。然而，人工的和合成的糖脂类在技术领域展示出的多种有用的性能却鲜为人知。如基于糖脂液晶特性的应用有：用于药物涂覆以保护早期受损；稳定化处理碳氢化合物泡沫材料，用作肥皂；作为局部药物治疗的主要溶剂等。糖脂在细胞生物学和宿主微生物反应中亦起到重要作用，糖脂被认为是大量致病生物体和细菌毒素的宿主细胞附着点，糖脂还被作为靶向药物释放体系的免疫调节器及识别标记，以及作为抗病毒剂。

Cheng[80]等研究报道了带有病毒和可进行病毒复制的哺乳动物细胞的溶致液晶材料的生物相容性。研究侧重于可形成光学双折射液晶相的十四烷基二甲基氨基氧化物［Tetradecyldimethyl - amineoxide］（$C_{14}AO$）和正葵醇（D），或色甘酸钠（DSCG；$C_{23}H_{14}O_{11}Na_2$）水溶液，检测这些材料对于水泡性口炎病毒（VSV）对人宫颈癌上皮样细胞（HeLa 细胞）感染能力的影响。结果表明含有 $C_{14}AO + D$ 的液晶使病毒失活，且使细胞死亡。相反，VSV 在水性的 DSCG 中保持其传染性，与水性的 DSCG 接触时（依赖于 DSCG 的浓度），高于 74% 的 HeLa 细胞存活。这是由于 VSV 在 DSCG 形成的液晶中能保持其功能。尽管 DSCG 形成的液晶均一排列于无 VSV 的倾斜排列的金沉积膜组成的 $HS(CH_2)_{11}(OCH_2CH_2)_4OH$ 自组装单层（SAMs）表面，但引入 $10^7 \sim 10^8$/mL 传染病毒粒子形成的液晶呈现非均一取向和彩色外观，很容易与均一排列的液晶加以区分。因此可以利用 DSCG 形成的液晶进行病毒复制。

【参考文献】

1. 周其凤，王新久. 液晶高分子. 北京：科学出版社，1994.
2. 傅中朝．“磁场—液晶—生命体”生命模式的时空概念．学术研究，2001（2）.
3. 欧阳钟灿．从液晶显示到液晶生物膜理论：软凝聚态物理在交叉学科发展中的创新机遇．物理，1999（28）:；pp. 15～21.
4. http：//image. baidu. com/i? tn = baiduimage&ct = 201326592&lm = －1&cl = 2&nc = 1&ie = utf－8&word = %E6%B5%81%E4%BD%93%E9%95%B6%E5%B5%8C%E6%A8%A1%E5%9E%8B.
5. Saier M. H. , et al. . Molecular Dynamics in Biological Membranes. *Springer Verlag*, *N. Y.* , 1975.
6. 蔡浩然．液晶与光感受器的结构和功能．生物化学与生物物理进展．1976（3）：pp. 87～91.
7. Stewart G. T. . Proc. 2nd Int. Nat. Liq. *Crystt. Conf.* , *Part. I*, 1968（75）.
8. Hulmes D. J. S. Building Collagen Molecules, Fibrils, and Suprafibrillar Structures. *Journal of Structural Biology*, 2002（137）：pp. 2－10.
9. Livolant F. , Leforestier A. . Chiral Discotic Columnar Germs of Nucleosome Core Particles. *Biophysical Journal*, 2000（78）：pp. 2716－2729.
10. Vidal B. , Mello M. . Supramolecular Order Following Binding of the Dichroic Birefringent Sulfonic Dye Ponceau SS to Collagen Fibers. *Biopolymers*, 2005（78）：pp. 121－128.
11. Laurence B. , Giraud－Guille, Marie－Madeleine. Stabilization of Fluid Cholesteric Phases of Collagen to Ordered Gelated Matrices. *Journal of Molecular Biology*, 1995（251）：pp. 197－202.
12. Helary C. , Foucault－Bertaud A. , Godeau G. , Coulomb B. , Giraud Guille MM. . Fibroblast Populated Dense Collagen Matrices：Cell Migration, Cell Density and Metalloproteinases Expression. *Biomaterials*, 2005（26）：pp. 1533－1543.
13. Kirkwood J. E. , Fuller G. G. . Liquid Crystalline Collagen：A Self－assembled Morphology for the Orientation of Mammalian Cells. *Langmuir*, 2009（25）：pp. 3200－3206.
14. Goffin AJJ. , Rajadas J. , Fuller G. G. . Interfacial Flow Processing of Collagen. *Langmuir*, 2010（26）：pp. 3514－3521.
15. Kenworthy AK. , Hristova K. , Needham D. , Mc Intosh TJ. . Range and Magnitude of the Steric Pressure Between Bilayers Containing Phospholipids with Covalently Attached Poly（ethylene glycol）. *Biophysical Journal*, 1995（68）：pp. 1921－1936.
16. Yi Chang Chung, Yi Hong Chiu, Yin Wei Wu, Yu Tai Tao. Self－assembled Biomimetic Monolayers Using Phospholipid－containing Disulfides. *Biomaterials*, 2005（26）：pp. 2313－2324.
17. L. B. , R. G. , Y. L. Q. , J. B. R. , D. E. S. . A Biomimetic Membrane Consisting of a Polyethyleneoxythiol Monolayer Anchored to Mercury with a Phospholipid Bilayer on Top. *J. Phys Chem B*, 2002：pp. 10410－10416.
18. T. B. , J. H. , V. R. G. , K. I. L. , S. L. R. , L. W. T. , et al. . Biomimetic Molecular Assemblies on Glass and Mesoporous Silica Microbeads for Biotechnology. *Langmuir*, 2003：pp. 1654－1663.
19. Aniaa F. , Flores A. , Kricheldorf H. R. , Baltá－Calleja F. J. . Real－time WAXS Study of Induced Orientation in a Liquid Crystalline Polyester under the Influence of a Magneticfield. *Polymer*, 2003（44）：pp. 5909－5913.
20. Kratky, O. , Laggner, P. . *Encyclopedia of Physical Science and Technology.* 3rd ed. New York：Academic Press, 2002. p. 939.
21. Rodríguez－Abreu C. , Esquena J. , Aramaki K. , López－Quintela MA. . Mesoporous Silica from Reverse Lyotropic Liquid Crystals：A Novel Approach. *Microporous and Mesoporous Materials*, 2009（119）：pp. 338－343.
22. Lockwood NA. , Mohr JC. , Ji L. , Murphy CJ. , Palecek SP. , de Pablo JJ. , Abbott Nicholas L. . Thermotropic Liquid Crystals as Substrates for Imaging the Reorganization of Matrigel by Human Embryonic Stem Cells. *Adv. Funct. Mater.* , 2006（16）：pp. 618－624.
23. Gould P. . Liquid Crystals Track Stem Cells. *Materials Today*, 2006（9）：p. 19.

24. Nagahama K. , Ueda Y. , Ouchi T. , Ohya Y. . Exhibition of Soft and Tenacious Characteristics Based on Liquid Crystal Formation by Introduction of Cholesterol Groups on Biodegradable Lactide Copolymer. *Biomacromolecules*, 2007 (8): pp. 3938 – 3943.

25. Hwang JJ. , Iyer SN. , Li LS. , Claussen R. , Harrington DA. , Stupp SI. . Self – assembling Biomaterials: Liquid Crystal Phases of Cholesteryl Oligo (L – lactic acid) and Their Interactions with Cells. *PNAS*, 2002 (99): pp. 9662 – 9667.

26. Zeng XW. , Li SF. . Multiscale Modeling and Simulation of Soft Adhesion and Contact of Stem Cells. *Journal of the Mechanical Behavior of Biomedical Materials*, 2011 (4): pp. 180 – 189.

27. Vill V. , Hashim R. . Carbohydrate Liquid Crystals: Structure – property Relationship of Thermotropic and Lyotropic Glycolipids. *Current Opinion on Colloid & Interface Science*, 2002 (7): pp. 395 – 400.

28. Kirkwood JE. , Fuller GG. Liquid Crystalline Collagen: A Self – Assembled Morphology for the Orientation of Mammalian Cells. *Langmuir*, 2009 (25): pp. 3200 – 3206.

29. Kirkwood JE. , Fuller GG. . Liquid Crystalline Collagen: A Self – Assembled Morphology for the Orientation of Mammalian Cells. *Langmuir*, 2009 (25): pp. 3200 – 3206.

30. 李兰英，武长城，姚康德. 生物液晶. 化学通报，2005 (10): 745 ~ 750.

31. 唐敏健，丁珊，周长忍，李立华. 液晶态生物材料. 化学世界，2010 (12): 756 ~ 760.

32. Vill V. , Hashim R. . Carbohydrate Liquid Crystals: Structure – property Relationship of Thermotropic and Lyotropic Glycolipids. *Current Opinion in Colloid and Interface Science*, 2002 (7): pp. 395 – 409.

33. Lang S. . Biological Amphiphiles (Microbial Biosurfactants). *Curr. Opin. Colloid Interface Sci.*, 2002 (7): pp. 12 – 20.

34. Vill V. , Minden HM. , Koch MHJ. , Seydel U. , Brandenburg K. . Thermotropic and Lyotropic Properties of Long Chain Alkyl Glycopyranosides. *Part 1: Monosaccharides Headgroups*, *ChemPhys. Lipids*, 2000 (104): pp. 75 – 91.

35. Dong YM. , Wu YS. , Zhao YQ. . Change of Handedness in Cholesteric Liquid Crystalline Phase for N – phthaloychitosan Solutions in Organic Solvents. *Carbohydrate Research*, 2003 (338): pp. 1699 – 1705.

36. Dong, Y. , Wu YS. , Wang JW. . Influence of Degree of Molar Etherification on Critical Liquid Crystal Behavior of Hydroxypropyl Chitosan. *European Polymer Journals*, 2001 (37): pp. 1713 – 1720.

37. Dong YM. , Wang HW. , Zheng WY. . Liquid Crystalline Behaviour of Chitooligosaccharides. *Carbohydrate Polymers*, 2004 (57): pp. 235 – 240.

38. Chung H. , Kim JJ. . Um Y. , Kwon C. , Jeong SY. . Self – assembled' Nanocubicle' as a Carrier for Peroral Insulin Delivery. *Diabetologia*, 2002 (45): pp. 448 – 451.

39. Jinbao Guo, Jie Sun, Hui Cao, Dongyu Zhao, Huai Yang. Synthesis and Characterization of Functionalized Triblock Polymer: The Prepared Polymer is Cholesteryl Terminated and Chain – Extended PCL. *Journal of Applied Polymer Science*, 2007 (105): pp. 3505 – 3512.

40. Hwang J. J. , Iyer S. N. , Li . S. , Claussen R. , Harrington D. A. , Stupp S. I. . Self – assembling Biomaterials: Liquid Crystal Phases of Cholesteryl Oligo (L – lactic acid) and Their Interactions with Cells. *PNAS*, 2002 (15): pp. 3505 – 3512.

41. de Oca H. M. , Wilson J. E. , Penrose A. , Langton D. M. , Dagger A. C. , Melissa A. , Farrar D. F. , Lovell C. S. , Ries M. E. , Ward I. M. , Wilson A. D. , Cowling S. J. , Saez I. M. , Goodby J. W. . Liquid – crystalline Aromatic – ealiphatic Copolyester Bioresorbable Polymers. *Biomaterials*, 2010 (31): pp. 7599 – 7605.

42. ClapperJ. D. , Guymon C. A. . Nanostructured Biodegradable Polymer Composites Generated Using Lyotropic Liquid Crystalline Media. *Macromolecules*, 2007 (40): pp. 7951 – 7959.

43. Nagata M. . Synthesis and Properties of Copolyesters Based on Hydroquinone, Sebacic Acid and ρ – Hydroxybenzoic Acid. *High Perform Polym.*, 2001 (13): pp. 265 – 274.

44. Prasad VS. , Pillai CKS. . Copolyesters of Hydroxyphenyl Alkanoic Acids: Synthesis, Properties, and Invitro Degradation of Poly (4 – oxybenzoate – co – 4 – oxyphenylacetate) . *J. Polym.* , *Sci.* , *Part A*: *Polym Chem*, 2001 (39): pp. 693 – 705.

45. Zhou CR. , Yi ZJ. . Blood – compatibility of Polyurethane/Liquid Crystal Composite Membranes. *Biomaterials*, 1999 (20): pp. 2093 – 2099.

46. Li LH. , Tu M. , Mou SS. , Zhou CR. . Preparation and Blood Compatibility of Polysiloxane/Liquid – crystal Composite Membranes. *Biomaterials*, 2001 (22): pp. 2595 – 2599.

47. Tu M. , Cha ZG. , Zhao JH. , Feng BH. , Zhou CR. . Effects of Substrate and Orientational Property of Liquid Crystal Domains on the Blood Compatibility of Polymer/Liquid Crystal Composite Membranes. *IET Nanobiotechnol*, 2007 (1): pp. 87 – 93.

48. Tu M. , Cha ZG. , Feng BH. , Zhou CR. . Synthesis of Novel Liquid Crystal Compounds and Their Blood Compatibility as Anticoagulative Materials. *Biomedical Materials*, 2006 (1): pp. 202 – 205.

49. 冯博华，张子勇，周长忍，屠美．取向聚氨酯/液晶复合膜血液相容性材料的表面形态表征．膜科学与技术，2008 (28): 52 ~ 56.

50. 冯博华，周长忍，屠美．取向聚氯乙烯/液晶复合膜表面形态特征研究．功能材料，2008 (39): 320 ~ 323.

51. 龚磊，曾戎，叶菁芸，屠美，赵剑豪，周长忍．PPC 液晶合成、表征及 PPC/PVC 复合膜蛋白吸附研究．功能材料，2010 (8): 1398 ~ 1401.

52. 董亮．肝素化高分子液晶的制备及其表征．重庆大学硕士学位论文，2007.

53. Xu JP. , Ji J. , Li XW. , Sen JC. . The Effect of Formation of the Liquid Crystalline Phase on the Blood Compatibility of a Cholesterol Modified Silicone. *J. Mater. Sci.* : *Mater. in Medine*, 2005 (16): pp. 277 – 282.

54. 孙振文，陈晓，王庐岩，邱化玉．仿生溶致液晶体系的构建与掺杂．化学进展，2006 (18): 1584 ~ 1591.

55. 周瑾艳，谭慧，杨胜园，吴朝阳．液晶材料在化学与生物传感器中的应用．化学传感器，2010 (30): 1 ~ 9.

56. Brake JM. , Abbott NL. . An Experimental System for Imaging the Reversible Adsorption of Amphiphiles at Aqueous – Liquid Crystal Interfaces. *Langmuir*, 2002 (18): pp. 6101 – 6109.

57. Brake JM. , Daschner MK. , Luk YY. , Abbott NL. . Biomolecular Interactions at Phospholipid – decorated Surfaces of Liquid Crystals. *Science*, 2003 (302): pp. 2094 – 2097.

58. Woltman S. J. , Jay G. G. D. , Crawford G. G. P. Liquid – crystal Materials Find a New Order in Biomedical Applications. *Nature Materials*, 2007 (6): pp. 929 – 938.

59. Kim EB. . Interactions of Liquid Crystal – Forming Molecules with Phospholipid Bilayers Studied by Molecular Dynamics Simulations. *Biophys. J.* , 2005 (89): pp. 3141 – 3158.

60. Brake JM. , Mezera AD. , Abbott NL. . Effect of Surfactant Structure on the Orientation of Liquid Crystals at Aqueous – Liquid Crystal Interfaces. *Langmuir*, 2003 (19): pp. 6436 – 6442.

61. Lockwood NA. , de Pablo JJ. , Abbott NL. . Influence of Surfactant Tail Branching and Organization on the Orientation of Liquid Crystals at Aqueous – liquid Crystal Interfaces. *Langmuir*, 2005 (21): pp. 6805 – 6014.

62. Xue CY. , Yang KL. . Dark – to – bright Optical Responses of Liquid Crystals Supported on Solid Surfaces Decorated with Proteins. *Langmuir*, 2008 (24): pp. 563 – 567.

63. Skaife JJ. , Abbott NL. . Quantitative Interpretation of the Optical Textures of Liquid Crystals Caused by Specific Binding of Immunoglobulins to Surface – bound Antigens. *Langmuir*, 2000 (16): pp. 3529 – 3536.

64. Luk YY. , Tingey ML. , Dickson KA. . Imaging the Binding Ability of Proteins Immobilized on Surfaces with Different Orientations by Using Liquid Crystals. *J. Am. Chem. Soc.* , 2004 (126): pp. 9024 – 9032.

65. Luk YY. , Tingey ML. , Hall DJ. . Using Liquid Crystals to Amplify Protein – Receptor Interactions: Design of Surfaces with Nanometer – scale Topography that Present Histidine – tagged Protein Receptors. *Langmuir*, 2003 (19): pp. 1671 – 1680.

66. Lai SL. , Huang SS. , Bi XY. . Optical Imaging of Surface - immobilized Oligonucleotide Probes on DNA Microarrays using Liquid Crystals. *Langmuir*, 2009 (25): pp. 311 - 316.

67. Andrew DP. , Daniel KS. . DNA Hybridization - induced Reorientation of Liquid Crystal Anchoring at the Nematic Liquid Crystal/Aqueous Interface. *J. Am. Chem. Soc.* , 2008 (130): pp. 8188 - 8194.

68. Simon KA. , Sejwal P. , Gerecht RB. . Water - in - water Emulsions Stabilized by Non - amphiphilic Interactions: Polymer - Dispersed Lyotropic Liquid Crystals. *Langmuir*, 2007 (23): pp. 1453 - 1458.

69. Kim SR. , Abbott NL. . Manipulation of the Orientational Response of Liquid Crystals to Proteins Specifically Bound to Covalently Immobilized and Mechanically Sheared Films of Functionalized Bovine Serum Albumin. *Langmuir*, 2002 (18): pp. 5269 - 5276.

70. Pomerantz WC. , Abbott NL. , Gellman SH. . Lyotropic Liquid Crystals from Designed Helical Beta - peptides. *J. Am. Chem. Soc.* , 2006 (128): pp. 8730 - 8731.

71. Woolverton CJ. , Gustely E. , Lanfang L. . Liquid Crystals Effects on Bacterial Viability. *Liq Cryst*, 2005 (32): pp. 417 - 423.

72. Lockwood N. A. , Mohr J. C. , Ji L. , Murphy C. J. , Palecek S. P. , de Pablo J. J. , Abbott N. L. . Thermotropic Liquid Crystals as Substrates for Imaging the Reorganization of Matrigel by Human Embryonic Stem Cells. *Adv. Funct. Mater.* , 2006 (16): pp. 618 - 624.

73. 丁珊，唐敏健，周长忍，闵翔，田金环，李立华．胆固醇接枝壳聚糖及其性能．高等学校化学学报，2012 (33): 1110 ~ 1115.

74. Stevenson CL. , Bennett DB. , Leehuga - Ballesteros D. . Pharmaceutical Liquid Crystals: The Relevance of Partially Ordered Systems. *J. Phanll Sci.* , 2005 (94): pp. 1861 - 1880.

75. Larsson K. . Aqueous Dispersion of Cubic Lipid - water Phases. *Curr. Opin. Colloid Interface Sci.* , 2000 (5): pp. 64 - 69.

76. Engström S. . Cubic Phases as Drug Delivery Systems. *Polym. PreP.* (*Am. Chem. Soc. Div. Polym. Chem.*), 1990 (31): pp. 57 - 115.

77. Kim JS. , Kim HK. , Chung H. , Sohn YT. , Kwon IC. , Jeong SY. . Drug Formulation that Form a Dispersed Cubic Phased When Mixed with Water. *Proc. Int. Symp. Control Rel. Bioact. Mater.* , 2000 (27): pp. 8123 - 8127.

78. Dong YD. , Larson I. , Hanley T. , Boyd BJ. . Bulk and Dispersed Aqueous Phase Behavior of Phytantriol: Effect of Vitamin E Acetate and F127 Polymer on Liquid Crystal Nanostructure. *Langmuir*, 2006 (22): pp. 9512 - 9518.

79. Lagerwall JPF. , Scalia G. . A New Era for Liquid Crystal Research: Applications of Liquid Crystals in Soft Matter Nano - , Bio - and Microtechnology. *Current Applied Physics*, 2012 (6): pp. 1387 - 1412.

80. Cheng LL. , Luk YY. , Murphy CJ. , Israel BA. , Abbott NL. . Compatibility of Lyotropic Liquid Crystals with Viruses and Mammalian Cells that Support the Replication of Viruses. *Biomaterials*, 2005 (26): pp. 7173 - 7182.

7 凝胶态生物材料

7.1 引言

凝胶（gel）是由无限大的三维网络与液体共同构成的物质，在众多的领域里有着广泛的应用。从几千年前的古代起，人们在生产和生活中就已经开始使用凝胶，但是对凝胶的结构、功能、应用的深入系统研究却是近三十年的事。特别是自 20 世纪 70 年代末，美国麻省理工学院（MIT）的 Tanaka 教授发现了在电场、温度、溶液组成、pH 值、光强度等外界条件变化的刺激下，高分子凝胶发生不连续的、很大的体积变化的现象，称为凝胶的体积相变现象[1]。这一发现立即引起世界各国学术界的高度重视。人们看到了凝胶巨大的应用前景，纷纷加强对凝胶的理论和应用的研究。

水凝胶具有和天然细胞外基质类似的物理和化学环境，可与体液进行交换，为细胞和组织的生长提供营养物质和空间，因此具有良好的生物安全性和组织相容性。水凝胶中易于添加药物和生物活性粒子，制备出具有特殊功能的支架材料。另外该类材料在特定环境和条件下能够发生溶液—凝胶转变，可直接通过注射器将溶液注射到所需部位原位成型，因此避免了创伤性的外科手术。可注射型支架的溶液流动性和原位成型性还可以满足不同创伤的复杂形状。本章将重点讨论水凝胶在组织工程和再生医学中的应用以及现有水凝胶生物材料设计的局限性和面临的挑战。

7.2 凝胶简介

7.2.1 凝胶的定义

凝胶自古有之，但是迄今关于凝胶的定义还有很多争议，正如一些学者指出的那样，凝胶是一种很容易辨认但又很难定义的物质。不少研究者从不同的认识程度、不同的观点、不同的角度对“什么是凝胶”作出了许多相近而又各有侧重的阐述。1949 年 Hermans[2] 将凝胶定义为至少由两部分组成的连贯体系，该体系的分散体和分散介质都在整个体系内连续扩散，显示出固体力学特性的物质。Ferry[3] 在他的 *Viscoelastic Properties of Polymers* 一书中将凝胶定义为极稀但不表现稳态流动的体系。1993 年 Kramer 等[4] 从现象上将凝胶定义为：①一种由两个或两个以上的成分组成的柔软的、固态的近似于液体的材料，其中有一种成分是大量存在的液体；②固态凝胶的特点是储存模量至少在以秒计的时间内呈现出明显的平台区，而且在此平台区的损耗模量远小于储存模量。目前对于凝胶比较公认的定义是无限大的三维网络与液体共同构成的物质。无论在哪种定义中，凝胶是具有三维网络结构的物质，而且是占据了被给予的整个空间的无限的网络结构物，这一点是相同的。

7.2.2 凝胶的分类

凝胶种类繁多，可以按照凝胶的来源、形态和尺寸、溶剂类型、构成凝胶的高分子网络的交联方式等多种方法来分类[5]。按照来源可将凝胶分为天然凝胶和合成凝胶。天然凝胶来源于天然生物体，例如琼脂、魔芋、肌肉、蛋白质、角膜、晶状体、玻璃体等。合成凝胶是通过人工合成出交联高分子，同时或再令其吸收溶剂而成的凝胶，例如隐形眼镜、高吸水树脂等。交联的高分子因与不同溶剂的相互作用不同，成凝胶时，高分子链段能以比较舒展的状态存在，也可以卷曲成线圈状，甚至球状存在。依据交联点的分布情况可将凝胶分为交联点均匀分布的均质凝胶和交联点疏密不均匀的非均质凝胶。另外按照凝胶的尺寸可分为微凝胶和宏观凝胶；按照介质的性质可分为水凝胶和有机凝胶；按照构成凝胶骨架的物质可分为无机物凝胶和有机物凝胶等。

依据构成凝胶的高分子网络的交联方法可将凝胶分为化学凝胶和物理凝胶两大类。化学凝胶是指大分子链之间通过共价键结合形成三维网络结构，大多数合成凝胶属于这一类型。通常在合成高分子时加入交联剂进行共聚合，或者通过线型或支化高分子链中官能团相互反应来形成这种共价交联。这种交联键很牢固，凝胶化的过程是不可逆的。物理凝胶是指大分子链通过氢键、库仑力、配位键及物理缠结等相互作用交联形成三维网络结构。准确地说，物理缠结不能称为交联，但是它能构成凝胶。由于物理交联的结合力较弱，它的交联点具有不确定性，交联点会因外界条件（如温度、pH 值、离子强度等）变化或随着时间的推延而受到破坏，凝胶化的过程通常是可逆的。

从凝胶所带的离子电荷分类，水凝胶可以分为电中性型、阳离子型、阴离子型或是两性型，这些电荷类型是由凝胶骨架分子链上的悬垂基团决定的。对用于细胞培养的水凝胶而言，合成的带电凝胶支架比不带电的更有利于细胞粘附[6]。哺乳动物细胞膜表面带负电荷，通常带正电荷的材料表面与带负电荷的细胞由于静电相互作用而利于细胞粘附。在生物材料中，越来越多的水凝胶是通过天然大分子合成的，而这些大分子本身就是带有离子基团或是可离子化的基团。因此在水凝胶的设计中必须考虑电荷对溶质运输以及细胞和蛋白粘附带来的影响。

7.2.3 凝胶点及其测定

7.2.3.1 溶液—凝胶转变

凝胶化（Gelation）是体系从分子分散的溶液状态转变成贯穿整个体系的无限大的三维网络凝胶的过程，这种从溶液向凝胶的转变称为溶液—凝胶转变（Sol - Gel Transition），凝胶化点（Gel Point）是开始出现贯穿整个体系的三维网络交联状态的临界点。

因为溶液—凝胶转变是相变，自由能函数在相变点不连续，涨落无穷大又没有特征的长度和时间，所以凝胶化不能用经典的热力学方法来描述。由溶液转变成凝胶的凝胶化理论是 Carothers 第一个提出的[7]，他指出：高分子凝胶就是分子量无限大的分子。这里的分子量是指“数均分子量”。Flory[8] 于 1941 年提出，凝胶化点是重均聚合度达到无限大的点。Stockmayer 用数学的方法做了更加精确的推算[9,10]，证明 Carothers 的说法是错误的，而 Flory 的提法是正确的，建立起为大家所接受的 Flory - Stockmayer 模型。此模型确立后，人们又相继提出了各种凝胶化理论。首先是建立在 Flory 树枝状模型基础上的经典理论（Classical Theory）[11]；其次是基于描述各种聚合度的高分子增长过程的动力学理论（Kinetic Theory）[12,13]；

20 世纪 70 年代后半期，de Gennes 和 Stauffer 等推导出高分子溶液的凝胶化转变与逾渗理论（Percolation Theory）相对应的关系，建立了凝胶化的逾渗模型[14,15]等。这些理论模型描述了凝胶化转变的最基本特征，能够定量地研究体系处于凝胶化点附近时的临界行为，进而将这种临界行作为推测凝胶结构的依据。但是，这些理论都是建立在一定的假设条件之下的，都具有一定的局限性。

凝胶化点（Gel Point）是开始出现贯穿整个体系的无限大的三维网络结构的临界点。在凝胶化点体系的力学特性发生突变，如图 7－1 所示。在凝胶化点附近体系的粘度 η 趋向无限大并开始出现平衡模量 G_e。无论从制备凝胶的工艺，还是从加工和应用高分子凝胶的角度，确定凝胶化点都是十分重要的。

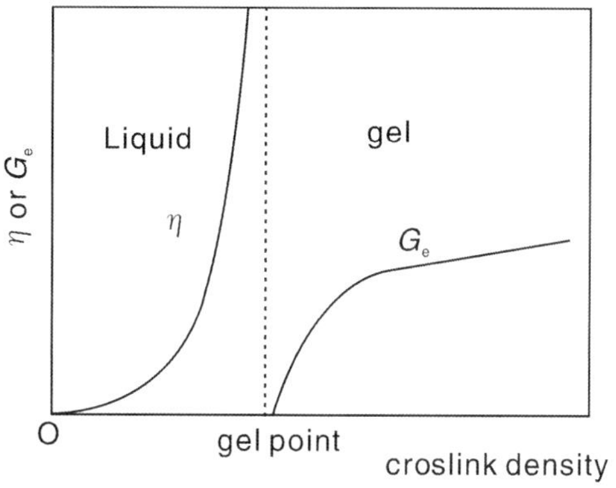

图 7－1　凝胶化点附近体系粘度和平衡模量变化趋势

7.2.3.2 凝胶化点的测定方法

1. 试管倾倒法和落球法

试管倾倒法和落球法是两种最简单的方法。前者是在凝胶化的过程中，倾斜或倒转盛有样品的试管，将凝胶化点定义为体系停止流动或开始流动的那一点。但是对于浓度比较高的体系，很难确定其粘度究竟是“无限大”还是“很大”。后者是将一个小球放在凝胶表面，在从凝胶到溶液的转变过程中，当体系达到凝胶化点，小球开始在体系中下落。但对于不能承受较大应力的凝胶体系来说，落球法可能会破坏凝胶。对于物理凝胶化体系，交联点具有时间依赖性，用这两种方法测定的凝胶化点都与观察时间的长短有关。

2. 溶解度法

在凝胶化点，至少有一个分子量无限大的分子存在，使体系不再完全溶解。因此，可以用抽提的方法来确定凝胶化点。由于物理凝胶体系的交联点具有可逆性，抽提可能会破坏物理凝胶的交联点。因此这种方法并非对所有的凝胶化体系都适用，尤其不能用于物理交联体系。

3. 力学性能检测法

通过测试体系的力学性能也可以确定凝胶化点。用粘度或平衡模量外推来确定凝胶化点，因实验区域距凝胶化点较远，会导致很大的误差。也有人通过测定凝胶化过程中的体系的储存模量和损耗模量，将储存模量的突变点[16]或储存模量和损耗模量的交点[17]作为凝胶化点。但是，储存模量的突变点或者储存模量和损耗模量的交点均受到动态实验中角频率大小的影响，并且无法证明在这点体系粘度无限大并开始出现平衡模量。因此只能说这些点接近凝胶化点，但不是准确的凝胶化点。

4. Winter－Chambon 方法

Winter 和 Chambon[18]在实验中发现，化学交联的体系在凝胶化点附近，储存模量 G' 和损耗模量 G'' 与角频率 ω 有式（7－1）所示的关系成立，体系表现出有规律的松弛行为。

$$G' \sim G'' \sim \omega^n \tag{7-1}$$

$$G(t) = St^{-n} \tag{7-2}$$

临界凝胶以凝胶强度 S 和松弛临界指数 n 为特征。

根据线性粘弹性理论，动态储存模量 G' 和损耗模量 G''

$$G'(\omega) = \omega\int_0^{\infty} G(t)\sin(\omega t)\,dt \tag{7-3}$$

$$G'(\omega) = \omega\int_0^{\infty} G(t)\cos(\omega t)\,dt \tag{7-4}$$

将式（7－2）代入式（7－3）、（7－4）得到：

$$G'(\omega) = \frac{S\pi\omega^n}{2\Gamma(n)\sin(\frac{1}{2}n\pi)} \tag{7-5}$$

$$G'(\omega) = \frac{S\pi\omega^n}{2\Gamma(n)\cos(\frac{1}{2}n\pi)} \tag{7-6}$$

$$\tan\delta = \frac{G''}{G'} = \tan\left(\frac{1}{2}n\pi\right) \tag{7-7}$$

$$n = \frac{2}{\pi}\arctan\delta \tag{7-8}$$

由式（7－7）可知凝胶化点的损耗角正切值 $\tan\delta$ 与 ω 无关，据此建立了能够方便、准确地决定凝胶化点和松弛临界指数 n 的内插方法。

尽管这种方法最初是用来考察共价键交联的化学凝胶体系，*Te Nijenhuis* 和 *Winter* 把它成功地扩展到了物理凝胶体系[19]，并用此方法研究不同体系分别通过化学交联、结晶作用、相分离、构象转变等交联原理形成凝胶的过程，得到了明确的凝胶化点和松弛临界指数 n。

7.2.4 水凝胶的溶胀行为与溶质运移

7.2.4.1 溶胀行为

凝胶的溶胀是一个平衡过程，一方面溶剂渗入凝胶使其体积膨胀，另一方面凝胶网络因膨胀，分子链拉长，导致构象熵减小，因而产生弹性应力使凝胶收缩，这两种相反的倾向相互抗衡，当它们达到平衡时，凝胶就达到溶胀平衡。现在一般认为，凝胶之所以溶胀或收缩，是由于凝胶内外渗透压平衡的结果。

Flory－Rehner 理论是描述凝胶溶胀行为的经典理论[20]，它可以定性地描述凝胶的溶胀平衡行为。许多现有的关于智能凝胶溶胀行为的理论模型都是建立在这一理论的基础上的。*Flory－Rehner* 理论对于电中性水凝胶的分析很有用。交联高聚物在溶剂中溶胀，体积膨胀，同时聚合物链自身收缩产生的弹性应力使得其熵减小，从而在流体力学环境中达到平衡。用吉布斯自由能分析如下：

$$\Delta G_{total} = \Delta G_{elastic} + \Delta G_{mixing} \tag{7-9}$$

Flory - Rehner 理论的最大弱点是未考虑聚电解质凝胶中的静电相互作用，因此将其应用于聚电解质凝胶，计算结果与实验结果会产生较大偏差，这一缺陷也被引入其他以 *Flory - Rehner* 理论为基础的理论模型中。针对这一缺陷，一些研究者将静电相互作用引入理论模型来描述聚电解质凝胶的溶胀行为。对于离子型凝胶，因其网络结构的离子性，总自由能会多一个参数，修正方程如下：

$$\Delta G_{total} = \Delta G_{elastic} + \Delta G_{mixing} + \Delta G_{ionic} \tag{7-10}$$

在这些方程中，ΔG_{mixing}是在溶胀水凝胶中聚合物与溶剂相容性的量化描述，常用聚合物—溶剂相互作用的参数 χ_1 来表示。恒温恒压下，溶剂分子的分子数不同，导致化学位不同，从而方程 7 - 9 和 7 - 10 的表述也不同。在平衡状态下，凝胶网络内外溶剂的化学位为零，弹性能和混合能相等。Flory - Rehner 理论导出了无溶剂条件下交联点间的平均分子量$\overline{M_c}$，如方程 7 - 11 所示。

$$\frac{1}{\overline{M_c}} = \frac{2}{\overline{M_n}} - \frac{(\bar{v}/V_1)\left[\ln(1-v_{2,s}) + v_{2,s} + \chi_1 v_{2,s}^{\ 2}\right]}{v_{2,s}^{\ 1/3} - \dfrac{v_{2,s}}{2}} \tag{7-11}$$

Peppas 和 Merrill[21] 考虑到无溶剂条件下制备的水凝胶与有溶剂条件下制备的水凝胶弹性能不同，对这个理论作了适当修正，如方程 7 - 12 所示。

$$\frac{1}{\overline{M_c}} = \frac{2}{\overline{M_n}} - \frac{(\bar{v}/V_1)\left[\ln(1-v_{2,s}) + v_{2,s} + \chi_1 v_{2,s}^{\ 2}\right]}{v_{2,r}\left[\left(\dfrac{v_{2,s}}{v_{2,r}}\right)^{1/3} - \dfrac{v_{2,s}}{2v_{2,r}}\right]} \tag{7-12}$$

$\overline{M_n}$：没有交联情况下聚合物链的平均分子质量，

V_1：水的摩尔体积，

v：水的具体体积，

$v_{2,r}$和 $v_{2,s}$分别是自由状态和完全膨胀状态下聚合物体积分数。

值得注意的是，如果水凝胶在无溶剂条件下制备，自由状态下的聚合物体积分数为 $v_{2,r} = 1$，这样方程 7 - 12 就被简化成方程 7 - 11。

对于离子型凝胶，Brannon - Peppas 和 Peppas[22] 提出了一个更复杂的方程，阴离子和阳离子凝胶分别用方程 7 - 13 和 7 - 14 表示，利用这些方程来计算交联点间的平均分子量还需要离子强度 I 和离解常数 K_a和 K_b。

$$\frac{V_1}{4I}\left(\frac{V_{2,s}^{\ 2}}{\bar{v}}\right)\left(\frac{K_a}{10^{-pH} - K_a}\right)^2 = \left[\ln(l - v_{2,s}) + v_{2,s} + \chi_1 v_{2,s}^{\ 2}\right]$$
$$+ \left(\frac{V_1}{\bar{v}\overline{M_c}}\right)\left(1 - \frac{2\overline{M_c}}{\overline{M_n}}\right)v_{2,r}\left[\left(\frac{v_{2,s}}{v_{2,r}}\right)^{1/3} - \left(\frac{v_{2,s}}{2v_{2,r}}\right)\right] \tag{7-13}$$

$$\frac{V_1}{4I}\left(\frac{v_{2,s}^{\ 2}}{\bar{v}}\right)\left(\frac{K_b}{10^{pH-14} - K_a}\right)^2 = \left[\ln(1 - v_{2,s}) + v_{2,s} + \chi_1 v_{2,s}^{\ 2}\right]$$
$$+ \left(\frac{V_1}{\bar{v}\overline{M_c}}\right)\left(1 - \frac{2\overline{M_c}}{\overline{M_n}}\right)v_{2,r}\left[\left(\frac{v_{2,s}}{v_{2,r}}\right)^{1/3} - \left(\frac{v_{2,s}}{2v_{2,r}}\right)\right] \tag{7-14}$$

由于凝胶内静电相互作用的复杂性，这些模型也未能解决如何合理评价静电相互作用对凝胶溶胀行为的影响这一关键性问题。所以现在还没有哪一种理论模型能够准确定量地描述聚电解质凝胶的溶胀平衡行为。

7.2.4.2 *溶质的迁移和运输*

溶质的迁移和运输是凝胶态生物材料最重要的设计参数之一。溶质运移的参数决定了营养物质、气体、废物和生物活性物质如生长因子等在支架材料中的交换和释放[23]。除了有很大微孔或是处于强迫流动状态的水凝胶，在水凝胶基体的溶质运移中的主导因素是扩散作用[24]。

水凝胶中溶质的运移主要依赖于基质中交联网络孔隙的大小，交联网络的孔隙尺寸是决定溶质在凝胶中分散和运移的最重要因素，交联网络的孔隙尺寸可以用相关长度ξ或交联点间的平均距离来表示。如果已知交联点间聚合物链的均方末端距$[(\overline{r_0^2})^{1/2}]$（即无扰尺寸），可利用方程 7 – 15 来计算ξ，无扰尺寸是网络尺寸与膨胀系数的比值。膨胀系数可通过溶胀聚合物体积分数来确定，如方程 7 – 16 所示。如果无扰尺寸未知，可以利用方程 7 – 17 预测交联网络的尺寸，但是需要确定以下参数：聚合物骨架键长 l，通常是 1.54Å；特征比值 C_n（无扰链与自由连接链均方末端距的比值）；交联点间平均分子质量$\overline{M_c}$；聚合物体积膨胀系数 $v_{2,s}$；重复单元分子量 M_r。

$$\xi = \alpha[(\overline{r_0^2})^{1/2}] \tag{7-15}$$

$$\alpha = v_{2,s}^{-1/3} \tag{7-16}$$

$$\xi = v_{2,s}^{-1/3}\left(\frac{2C_n\overline{M_c}}{M_r}\right)^{1/2} l \tag{7-17}$$

用于生物材料的水凝胶，交联网络的孔隙尺寸需要在真实的生物环境中确定，比如溶液中所含盐、离子、营养物等等。因此，当要确定真实环境中交联网络的尺寸时，方程 7 – 16 中的膨胀系数必须是在生理液中的，而不是在纯水中。

除了交联网络的孔隙尺寸，水凝胶中溶质的运移还受到其他参数的影响，主要包括交联度、组成单体的化学结构，在应用时还依赖于外界刺激的类型和强度。Ende 等[25]对离子型凝胶中药物和蛋白的扩散分析表明交联网络的尺寸和体系所处的环境，如 pH 值、温度对溶质的扩散都是十分重要的影响因素。Brannon – Peppas 和 Peppas[26]的一些相关研究表明 pH 敏感的离子型水凝胶可以实现零级释药或是接近零级释药，这对于很多药物释放系统是很重要的。

在生物系统中聚合物和溶质常常是离子化的，聚合物和溶质本身的相互作用会成为决定运输行为的一个重要因素。Collins 和 Ramirez[27]对这两者的相互作用进行了探讨，研究结果表明聚合物—溶质间的相互作用会减少溶质分子的迁移。Gudeman 和 Peppas[28]更进一步测试了聚合物—溶质间的相互作用，在 PVA 和 PAA 聚合物互穿网状凝胶膜中，通过改变 PAA 含量改变凝胶中的离子含量，然后测试了高于和低于离子组分 pKa 的 pH 条件下溶质的迁移情况。这项工作更进一步证实了聚合物—溶质相互作用的影响，并表明渗透性是由交联网络的无扰尺寸控制的。

实际上所有包含水凝胶的溶质运输模型都是以扩散为基础的，运用 Fick 法则对其分析的大体向量形式如下[29,30]。在方程 7 – 18 里，C_i和 D_{ig}分别是组分 i 的浓度及相应的扩散系数。

$$\frac{\partial c_i}{\partial t} = \nabla \cdot [D_{ig}(c_i)\nabla c_i] \tag{7-18}$$

吸水膨胀型水凝胶玻璃化温度下降而处于高弹态，假设凝胶是非晶态的，那 Fickan 扩散可以应用于组织工程的大部分领域。然而当凝胶有不连续结构（如部分结晶或是相分离）、非膨胀玻璃区、互渗结构或是复合构象（例如内含纤维的结构），这样分析就不合理。

Renkin 最早对水凝胶中溶质运输的实验结果和理论预测作了对比[31]，并研究了基于 Fickan 法则的多孔细胞膜中的溶质迁移在一维空间的扩散速率，如方程 7－19 所示。

$$\frac{\partial N_i}{\partial t} = DA\frac{\partial c_i}{\partial x} \tag{7-19}$$

这里$\frac{\partial N_i}{\partial t}$是组分 i 的溶质扩散速率，D 是扩散系数，A 是表面扩散区域面积，$\frac{\partial c_i}{\partial x}$是贯穿膜的浓度梯度。Renkin 的实验结果与 Pappenheimer[32]提出的理论预测相符。

最早的组织工程支架设计模型都是建立在微孔系统运输模型（孔半径 $r \leqslant 1\ \mu m$）的基础上的。Anderson 和 Quinn[33]研究了支配运输的流体力学方程，以证明布朗运动和空间位阻。结果显示一维扩散—对流分析可用于这样的系统，并且还提出了一系列方程来说明孔壁在溶质—溶剂阻力中的影响。

Peppas 和 Reinhart[34]提出了一个基于水、溶质、聚合物三组分自由体积理论的模型。这个模型预测了溶质扩散系数与溶质尺寸、网孔尺寸、膨胀度和其他结构特征参数的关系。

$$\frac{D_{SM}}{D_{SW}} = k_1\left(\frac{\overline{M_C} - \overline{M_C}^*}{\overline{M_N} - \overline{M_C}^*}\right)\exp\left(-\frac{k_2 r_s^2}{Q_M - 1}\right) \tag{7-20}$$

D_{SM}和 D_{SW}分别是溶质在膜和水中的扩散系数，二者之比是标准扩散系数。k_1和 k_2是聚合物—水复合物的结构参数，$\overline{M_C}^*$是排除扩散情况下交联点间的平均分子量；r_s是溶质的 Stokes 流体力学半径，Q_M是膜的溶胀度。这个理论是从高膨胀膜的扩散中提出的。随后 PVA 膜的实验数据与这一理论相符[35]。

Prausnitz 等[36]基于网络中链的统计分布，利用 Monte Carlo 模拟提出了一个修正的排除体积理论。这个理论没有考虑离子相互作用及链上侧基的影响，而是将注意力集中于占有大部分自由体积的分子链。这个理论的目的是提出一个对部分离子化聚电解质的初步解释，从而建立更进一步的理论模型。

此外 Reinhart 和 Peppas[35]研究了 PVA 水凝胶的结构、特性和溶质扩散行为；Ende 等[37]研究了 PAA 的特征，并提出了基于 pH 敏感凝胶的溶质扩散规律；Gudeman[28]通过 PAA/PVA 复合膜的研究提出了离子强度和 pH 在溶质扩散中的作用。Amsden[38]，Muhr 和 Blanshard[39]，Meadows 和 Peppas[40]分别综述了从不同凝胶种类的扩散系数中发展起来的多种理论模型。

7.3 天然水凝胶

7.3.1 海藻酸凝胶

海藻酸（Alginate）是从褐藻中提取的一种天然多糖，结构为直链型（1→4）键合的β－D－甘露糖醛酸（M）和α－L－古洛糖醛酸（G）的无规嵌段共聚物，其中 G 单元是 M 单元在 C－5 位的立体异构体，G 和 M 的结构式及其连接方式如图 7－2 所示[41]。海藻酸由一定长度的 G 嵌段、M 嵌段和 GM 交替嵌段组成，相同单元数的 GG 均聚段的均方末端距是 MM 段的 2.2 倍[42]，海藻酸中各组分单元的比例和序列长度，与海藻的生长地点、季节和采集部位有很大关系。海藻酸水凝胶的生物相容性与其分子参数相关，如分子量，M/G 比，水凝胶的粘度等。海藻酸具有良好的生物相容性和生物安全性，由于其温和的凝胶化过程和降解特性，已被广泛用于医学领域的各种应用。海藻酸盐水凝胶可用作基因及抗炎和抗癌药物载体材料，还可作为生物活性肽和蛋白质载体材料，以及不同种类的活细胞微胶囊，如：血管化结构的成纤维细胞载体，小鼠胚胎干细胞用于骨工程，人类的骨髓间充质干细胞用于心肌梗死修复，人类胚胎肾细胞与神经胶质细胞源性神经营养因子一起用于神经再生等。

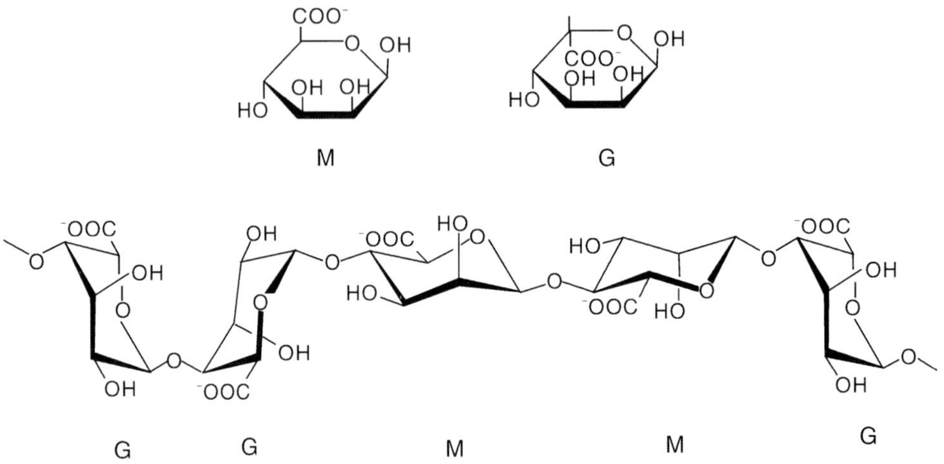

图 7－2　海藻酸盐结构式及其连接方式

7.3.1.1　离子交联海藻酸盐水凝胶

海藻酸盐水溶液在遇到钙、铜、锌等二价金属阳离子（镁除外）时，能够在温和的条件下迅速形成凝胶，其中钙离子与海藻酸形成的水凝胶研究最多。Ca^{2+} 与 G 嵌段上的多个氧原子发生螯合作用，与 G 嵌段形成“蛋盒”结构。G 嵌段含量高的海藻酸容易与钙离子形成凝胶，而且凝胶强度较高。当连续的 G 单元数为 3 ~ 8 时，该嵌段形成的交联点强度最大[43]。在相同 M/G 值条件下，钙—海藻酸凝胶的强度随分子量的增大而增大[44]。

海藻酸盐水凝胶具有 pH 敏感性，在酸性溶液中不易溶胀，而在中性和碱性溶液中能够快速溶胀并崩解分散，因此海藻酸钙凝胶微球能够在胃液中保持原状而在肠液中溶胀，可作为酸敏感性药物的载体。Hwang 等[45]将酸敏感性非甾体抗炎药物布洛芬与海藻酸钠溶液混合，滴入氯化钙水溶液中制成海藻酸钙凝胶微球制剂，能减少药物对胃的刺激，通过海藻酸用量能够调控布洛芬的释放速率。Tateshita 等[46]制备了硝苯地平海藻酸钙凝胶微球，并以市售的硝苯地平缓释片为对照，进行了动物体内药代动力学研究。结果表明海藻酸钙凝胶微球缓释可达 24 h，有效血药浓度可维持 10 h。而市售硝苯地平缓释片在口服 1 h 后就达到了最高血药浓度，24 h 后已检测不到药物。Shiraishi 等[47]制备了吲哚美辛的海藻酸钙凝胶微球，药物在凝胶微球中的释放量随海藻酸试样中 M/G 比的减小和分子量的增大而降低。在狗和健康志愿者中考察了其生物利用度，结果显示给药 2 ~ 6 h 达最大血药浓度，有效血药浓度可维持 12 h，说明海藻酸钙凝胶可作为疏水性药物载体。

微/纳米粒子可以被纳入海藻酸钙凝胶得到杂化凝胶，以改善海藻酸钠的药物释放性能。将锂藻土加入海藻酸钠中，可以大大提高阳离子模型药物亚甲蓝的封装效率，并且与纯海藻酸钠凝胶相比，杂化凝胶在药物释放时的 pH 敏感性有所增强。通过在聚（乳酸—乙醇酸）共聚物（PLGA）微球（PLGA － MP）中负载海藻酸钠裂解酶，并将微球引入海藻酸钠水凝胶中，可调控海藻酸盐水凝胶的降解速率[48]。将聚乳酸微球引入海藻酸钙水凝胶，能够提高水凝胶的力学强度，同时可得到具有双控释功能的药物和细胞载体材料[49]。

海藻酸钙水凝胶作为可注射支架材料，能够为软骨细胞和骨髓基质细胞提供良好的三维生长环境，细胞增殖分化、分泌细胞外基质、形成新的软骨组织。海藻酸钠水溶液和含有钙离子的水溶液两个组分通过“Y”形注射器同时注射到所需部位凝胶化，可作为软骨组织工程支架材料，与骨膜复合，体内试验表明6周凝胶材料形成透明状软骨组织，有软骨特异性蛋白聚糖和Ⅱ型胶原表达[50]。将海藻酸钠、纳米羟基磷灰石与骨形态发生蛋白（BMP）复合，采用原位释放法能够制备结构均匀的可注射水凝胶，鼠皮下注射4周可见新生软骨组织生成[51]。离子交联的海藻酸水凝胶在体内降解难以控制，为改善其降解性能，Mooney等采用高碘酸钠对海藻酸钠进行部分氧化[52]，糖醛酸顺二醇的碳—碳键断裂形成双醛结构，促进了海藻酸钠在水溶液中水解。部分氧化的海藻酸钠仍能够与多价离子交联形成水凝胶，体内试验表明部分氧化的海藻酸钙水凝胶能够促进软骨细胞的生长。

利用海藻酸与多价离子的成凝胶特性，近年来人们构建了多种具有特殊结构的海藻酸盐水凝胶。将多层负载牛软骨细胞的水凝胶叠合浸入$CaCl_2$水溶液中，制备层状结构的海藻酸钙水凝胶；与非层状结构的海藻酸钙水凝胶相比，在细胞培养过程中层状结构提高了水凝胶的力学性能，剪切模量提高了6倍，刚度和剪切强度提高了2倍，同时在多层凝胶的界面上有组织生长，且羟基脯氨酸表达增加[53]。海藻酸离子交联水凝胶会自发形成各向异性的毛细管结构，当海藻酸钠水溶液遇到含有二价或多价离子水溶液，在两种溶液界面上形成离子交联的海藻酸凝胶膜，离子通过凝胶膜扩散进入海藻酸钠溶液，反向扩散梯度和聚电解质分子链间的摩擦引起耗散对流，从而形成了规整的毛细管结构[54]。这种具有毛细管结构的水凝胶能够为细胞培养提供充足的营养物质，引导细胞定向生长[55]。美国康奈尔大学的Stroock等模拟活组织中的微脉管结构，采用接触光刻蚀的方法构建了具有封闭微流道结构的海藻酸钙凝胶，可控制溶液在微流道中流动，从而实现调控可溶物（如代谢产物、药物等）浓度的目的[56]。该微流道水凝胶能够在微米级尺度调控支架材料的化学微环境，用于三维软骨细胞培养，有助于构建宽截面组织工程化软骨组织，避免了水凝胶材料厚度过大引起的细胞坏死，并有引导细胞定向生长的作用[57]。最近Ladet等提出了“多层膜水凝胶（Multi - membrane hydrogels）”的概念[58]，并利用天然聚电解质制备了具有类似洋葱结构的多层膜水凝胶，可在多层凝胶膜间保留一定的溶液空间，便于细胞和药物的装载。Dai等利用海藻酸与钙离子交联制备了多层膜水凝胶，随着多层膜水凝胶的逐层溶解，实现了装载大分子的脉冲式释放[59]。

7.3.1.2 其他交联方式

离子交联的海藻酸盐水凝胶植入体内，组织液中大量的Na^+、K^+等离子能逐渐与高价离子发生置换，导致力学强度降低，较高的离子浓度也会影响细胞的生长。近年来开发出多种其他交联方式的海藻酸水凝胶。

海藻酸钠在pH值低于3的酸溶液中，能够通过超分子组装形成凝胶[60]。Balakrishnan等采用高碘酸钠使海藻酸钠部分氧化得到含醛基的海藻酸钠，利用Schiff碱反应，醛基与氨基缩合形成酰胺键，与含有大量氨基的明胶混合交联形成可原位自交联的凝胶体系；为促进Schiff碱反应的进行，加入极少量的硼酸钠以加快凝胶化[61]。Park等用壳聚糖—海藻酸复合凝胶作为间充质干细胞（MSCs）和重组人骨形态发生蛋白2（BMP - 2）的载体，结果表明可注射复合材料在小鼠体内能刺激新骨的形成[62]。海藻酸钠与甲基丙烯酸酐反应可制备光交联海藻酸盐水凝胶，在其中包埋髓核细胞用于治疗椎间盘突出，体内植入8周，Ⅱ型胶原和蛋白多糖表达增加，凝胶保持形状良好，杨氏模量增加，形成了具有一定髓核组织功能的支架[63]。通过调节海藻酸盐中甲基丙烯酸酯含量，控制溶胀率、弹性模量和降解速率[64]。与原代牛软骨细胞的共培养发现，光交联海藻酸盐水凝胶具有较低的细胞毒性；对活/死细胞染色和MTT实验证明，被水凝胶包裹的软骨细胞能够存活并保持其代谢活性。利用碳二亚胺将细胞粘附配体RGD序列接枝到海藻酸钠分子链上，由于RGD能够与细胞膜上的受体特异性结合，当接枝RGD的海藻酸钠与细胞混合时，细胞就成为聚合物网络的交联点，形成可注射型水凝胶[65]。该方法有利于细胞在凝胶内部粘附，生物相容性好，同时RGD的引入解决了海藻酸钠分子链缺少细胞识别位点的缺陷。进一步将细胞交联与离子交联结合，在细胞交联的基础上添加钙离子，可得到剪切可逆的可注射水凝胶[66]，混合软骨细胞注射入鼠背部，6周后凝胶体积增大20%，无明显炎症反应，并有大量糖胺多糖（GAG）分泌，有软骨样组织生成，避免了软骨细胞直接注入鼠背部的细胞坏死和组织纤维化反应。

7.3.2 壳聚糖

壳聚糖（CTS）是由甲壳素脱乙酰后产生的一种可体内降解吸收的天然生物多糖，结构如图7-3所示，是线形β-（1，4）-D-氨基葡萄糖和N-乙酰-D-氨基葡萄糖单元的无规嵌段共聚物。壳聚糖是自然界唯一的带正电的多糖类高分子材料，结构类似于糖胺，具有良好的生物相容性、低毒性和免疫刺激性，并且在溶菌酶和壳聚糖酶的作用下能够在体内降解。壳聚糖能够形成温度敏感和pH敏感水凝胶，因此可用于微创治疗。壳聚糖基水凝胶已应用在药物载体、骨、软骨、神经组织工程以及脑癌治疗等领域。

国内外的研究已经表明壳聚糖具有生物活性，作为人工皮肤具有促进创伤上皮化，形成肉芽组织，加速伤口愈合的功能；作为眼科材料，壳聚糖抑制纤维结缔组织，具有减少疤痕组织形成和促进血管内皮细胞生长的作用，可以用作角膜接触镜、粘弹剂、人工泪液、结膜缓释药膜等；作为神经导管材料，壳聚糖可以有选择地抑制成纤维细胞的生长和促进神经膜细胞生长的功能；作为骨科修复材料，壳聚糖具有防止组织粘连，预防关节软骨退变，并有促进伤口愈合、控制伤口水分损失、抑制外源微生物感染等作用。有文献还报道壳聚糖的降解产物具有促进血管化的功能，如果此结论得到进一步验证，壳聚糖在骨组织修复中的应用将会发生翻天覆地的变化；有研究报道壳聚糖降解生成的单糖被体液磷酸化后，可以转变为细胞外基质的一部分，参与损伤组织的修复。

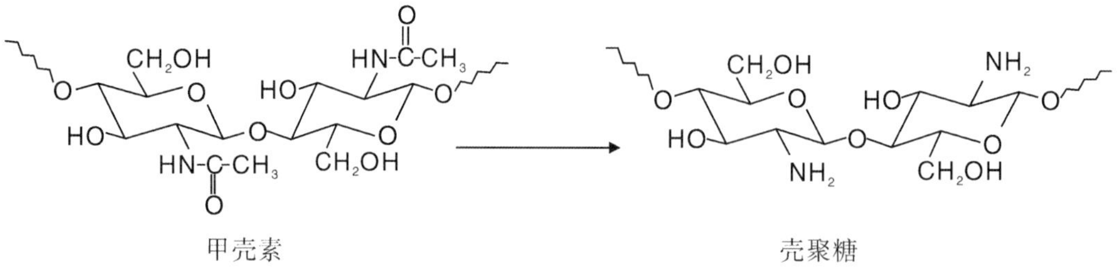

图7-3 甲壳素与壳聚糖的结构示意图

7.3.2.1 智能型壳聚糖凝胶

智能型水凝胶是一类遇到外界环境微小的物理和化学刺激，如温度、pH、离子浓度、紫外光、应力、电场、磁场等，其自身性质会发生明显变化的水凝胶。壳聚糖智能型水凝胶主要是具有温度敏感性和 pH 敏感性，壳聚糖基智能型凝胶的制备条件简便温和，可避免有机化学试剂及其他有害物质，因此被广泛应用于药物释放和组织工程领域。

一般情况下，壳聚糖只溶于酸性水溶液，壳聚糖的酸性溶液被中和到一定 pH 值后，可形成水凝胶。Ladet 等[58]利用壳聚糖的 pH 敏感性制备了具有类似洋葱结构的多层膜水凝胶，细胞培养结果表明该结构能够成为有效的细胞培养载体，为多层细胞的共培养和多层细胞组织工程支架的构建奠定了一定的基础。

二元磷酸盐，如磷酸氢二钾溶液（DHO）能中和酸性的壳聚糖溶液并诱导其在体温下形成凝胶（CTS/DHO），一元和三元磷酸盐在壳聚糖溶液中不能有效地诱导凝胶化反应。凝胶化时间与壳聚糖和 DHO 的浓度相关，形成的凝胶具有药物缓释作用，对 B－乳球蛋白的体外控释试验表明缓释作用可持续 10 天，且对 SaOS－2 细胞无毒性[67]。当 CTS/DHO 凝胶含有溶菌酶（8 微克/毫升）时，在 37°C 的 PBS（pH＝7.2）中表现出对阿霉素的缓释作用（至 20 天），并降低了阿霉素对小鼠心脏和皮肤的毒性[68]。CTS/DHO 持续释放潜在的抗癌基因（色素上皮衍生因子）到肿瘤部位长达 9 天，该控释体系与质粒治疗和化疗相结合，能够有效地抑制肿瘤生长而无毒副作用[69]。

壳聚糖及其衍生物与甘油磷酸钠能够形成温敏性水凝胶。壳聚糖与β－甘油磷酸钠（GP）当 pH 值在 6.5 至 6.9 之间时，通过疏水相互作用、氢键和静电相互作用的变化，显示出完整的温度可逆性[70]。壳聚糖的脱乙酰度对这类凝胶的凝胶化温度影响较大[71]，脱乙酰度降低使凝胶温度升高，凝胶化速度减慢，其中脱乙酰度为 70% 的壳聚糖凝胶化温度为 66°C，脱乙酰度为 81% 的壳聚糖凝胶化温度为 57°C，脱乙酰度为 91% 的壳聚糖凝胶化温度为 37°C，脱乙酰度为 95% 的壳聚糖凝胶化温度为 34°C。脱乙酰度为 84% 的壳聚糖凝胶在 4°C 下可保持液态至少 3 个月，在室温下保持 2 个月，37°C 时凝胶化时间为 14 分钟；而脱乙酰度 95% 的壳聚糖水凝胶在 4°C 下 8～10 小时即发生凝胶化；当以上两种脱乙酰度壳聚糖 1∶1 混合后，在 4°C 下可保持液态 3 天，在室温下保持液态 24 小时，37°C 凝胶化时间为 5 分钟。壳聚糖的分子量对该类凝胶的凝胶化温度影响不大。当壳聚糖的脱乙酰度和浓度一定时，GP 浓度决定的体系 pH 值，是影响凝胶化温度的主要因素，pH 升高则凝胶化温度呈线性降低趋势。外界温度对凝胶速度也有明显影响，随着温度升高凝胶化速度增加。GP 添加到人骨髓间充质干细胞培养时显示出成骨作用。将软骨细胞和β－转化生长因子（β－TGF）共同包裹在 CTS/GP 凝胶中，体外培养 3 周实现了软骨的再生[72]。加拿大的 BioSyntech 公司开发了一种温敏型的 CTS/GP 混合凝胶（BST－Gels®）目前在临床试验中用于软骨的修复。复合了间充质干细胞（MSCs）的 CTS/GP 水凝胶支架也在临床上用于椎间盘再生修复[73]。

CTS/GP 温敏凝胶作为鞣花酸（EA）载体用于治疗癌症，与纯壳聚糖凝胶相比，U87 细胞和 C6 细胞生存能力显著降低，溶菌酶存在时，EA 的释放速率明显提高，是没有溶菌酶时的 2.5 倍[74]。

在 CTS/GP 水凝胶中增加第三组分时，能够改善和提高水凝胶的性能。淀粉/CTS/GP 混合在 37±2°C 形成可注射水凝胶，具有相互联通的孔隙结构并且在含有 0.02 毫克/毫升的溶菌酶磷酸盐缓冲盐水（PBS）中浸泡 56 天，逐渐降解到 67%，并且这种凝胶显示出维持软骨细胞表型的能力[75]。加入胶原蛋白（COL）的 COL /CTS/GP 温敏凝胶的力学强度更好，相比于 CTS/GP 体系，COL/ CTS / GP 水凝胶在体内/体外诱导大鼠骨髓间充质干细胞时具有更好的骨分化性能[76]。将具有生物活性的玻璃纳米粒子引入 CTS / GP 体系，当浸泡在模拟体液中时，可在水凝胶中形成类骨磷灰石结构[77]。

壳聚糖的季铵化衍生物（HTCC）与 GP 共混，同样具有类似的温敏特性，与 CTS / GP 相比，HTCC/ GP 凝胶呈透明状态并具有更强的 pH 敏感性[78]。

通过在壳聚糖分子链上接枝共聚各种温敏性功能基团可得到温敏智能型水凝胶。聚乙二醇接枝壳聚糖（PEG－g－CTS），其溶液在低温下为液体，体温下可形成水凝胶，具有温敏特性，PEG 的接枝率对凝胶形成有较大影响[79]。壳聚糖与聚异丙基丙烯酰胺（PNIPAM）接枝共聚或形成互穿网络水凝胶，能够增强水凝胶的力学强度，提高凝胶的响应性[80]，该类水凝胶有望作为有效的眼部给药系统[81]。在壳聚糖上接枝 Pluronics®（PEO－PPO－PEO 嵌段共聚物）可形成温敏凝胶（CTS / PEO－PPO－PEO），其凝胶化温度约 25℃，储存模量约 10kPa，并可作为可注射细胞载体材料用于软骨再生。细胞培养 28 天的结果显示，牛软骨细胞增殖，合成粘多糖的数量增加[82]。

7.3.2.2 原位化学交联壳聚糖水凝胶

酶催化交联反应是原位形成水凝胶的一种温和的方法。壳聚糖接枝乙醇酸可得到在 pH 为 7.4 时也可溶的接枝聚合物，聚合物浓度为 3% 时，与根皮酸相互作用可在 10s 内通过辣根过氧化物酶（HRP，是一种单链 B 型血红素蛋白）和 H_2O_2 的交联作用形成可注射水凝胶。在该水凝胶上体外培养软骨细胞的结果显示 2 周后细胞仍可存活，并保留其三维生长的圆形形态[83]。类似的，α－环糊精（α－CDs）和聚乙二醇（PEG）可以通过 α－CDS 缠绕在 PEG 链上形成复合物，酪胺共轭 α－CDs－PEG 和酪胺偶联壳聚糖（CTS－TA）可在 5 秒到 10 分钟的时间内通过与 HRP 和 H_2O_2 反应在原位形成超分子水凝胶，这种水凝胶在 30 天内降解，使用 NIH/3T3 细胞株进行细胞体外培养证明该体系具有良好的生物相容性[84]。在壳聚糖中添加芦丁（水难溶的抗氧化药物）和酪胺，在 HRP 和 H_2O_2 的交联作用下形成水凝胶，该凝胶实现了对芦丁的控释作用，体内试验表明凝胶具有良好的伤口愈合作用，目前该体系已开发出相应的伤口敷料产品（DuoDERM®）[85]。

N－琥珀酰壳聚糖与含有醛基的透明质酸（S－CTS/Ald－HA）通过希夫碱交联反应在生理 pH 值下 1～4 分钟内可形成能够生物降解的水凝胶。凝胶压缩模量为 10～30kPa，水凝胶的稳定性与交联密度密切相关，该体系能够作为有效的软骨细胞支架并能够保持软骨细胞的形态[80]。同样利用希夫碱交联反应，部分氧化的葡聚糖（O－DX），teleostean 和 N－羧乙基壳聚糖联合制备了可注射和生物降解的三重互穿网络水凝胶，teleostean 在体系中提高了材料的细胞亲和力并能够促进成纤维细胞生长，成纤维细胞在凝胶中成功培养 28 天。体外控释试验结果表明该水凝胶能够持续释放罗格列酮（噻唑烷类药物的降糖药物）达 2 周，体内试验证明该水凝胶能够抑制炎症反应并在可调控模式下完成组织修复[87]。乙二醇壳聚糖和含有醛基的环氧乙烷和环氧丙烷嵌段共聚物，通过苯甲酸亚胺键形成共价交联形成 pH（6.0～8.5）和温度双重敏感的水凝胶，可作为药物释放载体，通过降低介质的 pH 值或提高体系的低临界共溶温度（LCST），可加速对阿霉素的持续释放（6 天）。这种水凝胶能够通过皮下注射进入大鼠体内，4 周后可在体内被吸收[88]。

迈克尔加成反应由于其反应时间可控、能够形成不同类型的化学键，以及具有相对温和的反应条件等，因此广泛应用在生物医用水凝胶的制备中。巯基化壳聚糖和聚乙二醇二丙烯酸酯（PEG－DAC）混合可原位在生理条件下形成水凝胶。将巯基与丙烯酸酯摩尔比从 1:1 降低到 1:5，凝胶时间从 45 分钟减少到 25 分钟。体外细胞实验研究表明，该水凝胶对人二倍体成纤维细胞和 A549 细胞具有良好的生物相容性[89]。

7.3.3 透明质酸

透明质酸（HA）是由β－（1，4）－D－葡萄糖醛酸和β－（1，3）－N－乙酰基－D－葡糖胺组成的不含硫的粘多糖，结构如图7－4所示[90]。透明质酸广泛分布在结缔组织、上皮细胞和神经组织，如皮肤、软骨、玻璃体中。由于该重复二糖单元在所有物种和组织中都是一致的，而且HA在体内有效的代谢途径，不会导致自身的免疫排斥反应，因此它具有良好的生物相容性，无免疫原性，不引起炎性反应[91]。

透明质酸在体内具有多种生物活性，其中包括胚胎发育、润滑和促进创伤愈合及组织纤维化；参与组织构建，调节特定细胞功能；调节炎症；促进血管生成；抑制瘢痕组织的形成和作为选择性和保护性的细胞膜包被等。它主要通过与细胞表面受体相互作用，促进细胞迁移，促进细胞外基质重塑和刺激产生Ⅱ型胶原和蛋白多糖以及细胞增殖，从而直接影响组织结构。因此它已被广泛应用在生物医学领域。作为药物载体，可成功负载地塞米松（DEX）治疗类风湿关节炎；负载重组人骨形态发生蛋白－2促进骨的增强；负载β－转化生长因子（β－TGF）诱导人脂肪干细胞分化；负载脑源性神经生长因子以提高移植的神经细胞的生存能力。它还可以作为细胞载体，用于提高干细胞分化，促进椎间盘再生。透明质酸临床上用于关节和软骨类疾病的治疗，如骨关节炎等，也用于组织工程血管的构建。

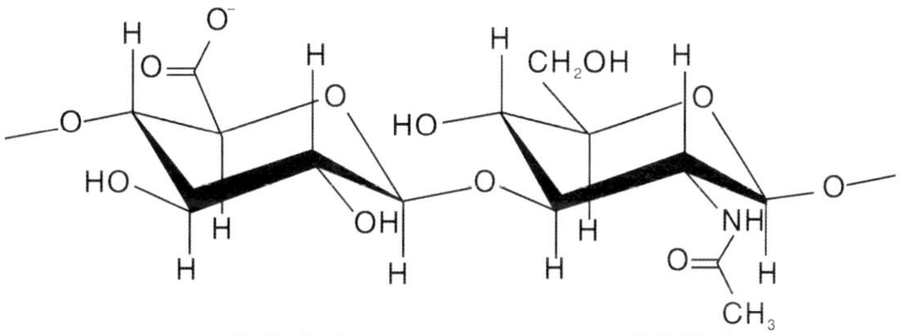

图7－4 透明质酸结构示意图

7.3.3.1 酶催化交联透明质酸凝胶

在透明质酸上嫁接酪胺（Tyramine）或多巴胺（Dopamine）能制备多种生物材料。在HRP和H_2O_2存在的条件下，通过透明质酸酪胺氧化偶联产物（HA－TA）的催化作用形成透明质酸凝胶[92]。通过改变H_2O_2浓度能够调节水凝胶的弹性模量（1～3kPa），通过控制水凝胶的交联程度可控制释放速率，低交联的水凝胶能够在1天之内完全释放所有负载的溶菌酶，而中度及高度交联的水凝胶在透明质酸酶的存在下，则在2天内完全释放。该体系能够在注射部位快速形成水凝胶（凝胶化时间1分钟），避免了注射药物如蛋白在注射后泄漏到周围组织。

在HRP和H_2O_2存在的条件下，透明质酸接枝葡聚糖也能形成类似的水凝胶结构（HA－DX－TA）。凝胶时间（10秒至2分钟）和弹性模量（0.37～18kPa）可调，并且可以通过透明质酸酶的含量调节降解速率（4至21天）。相比DX－TA凝胶，加入透明质酸的水凝胶具有更好的生物相容性，在水凝胶中封装牛软骨细胞，经过21天培养后，增强了软骨细胞增殖和细胞外基质的产生。这些结果表明，HA－DX－TA的水凝胶在作为软骨组织工程支架方面具有良好的发展前景[93]。

一种由纳米磷灰石和 HA－TA 组成的可注射骨水泥同样是通过 HRP 和 H_2O_2 催化的氧化偶联酪基制备的。加入 HRP 和 H_2O_2 后 1 分钟内骨水泥固化。体系的力学强度可以通过改变羟基磷灰石含量和 H_2O_2 浓度进行调整，当骨水泥中含有 0.5 克/毫升羟基磷灰石时，达到最高弹性模量 46.5 千帕。这种骨水泥注射到小鼠体内的骨和关节缺损处，8 个星期内能够完全修复[94]。

7.3.3.2 点击化学交联透明质酸凝胶

点击化学（Click Chemistry）具有高效、副产物少、选择性高等特点。Vittorio 等分别在透明质酸上接枝丙炔胺和叠氮化的聚乙二醇（PEG），这两种透明质酸衍生物在氯化亚铜的作用下，几分钟内即形成水凝胶[95]。

带有末端叠氮基的透明质酸（HA－Az），能够与二烯烃衍生物（DAd），在 Cu（I）存在条件下发生点击化学反应形成水凝胶（HA－Az/Dad），凝胶化时间在室温下约 1 分钟，所形成的凝胶能够在原位封装阿霉素并在 150 小时内持续释放，释放时间依赖于体系的化学交联程度和拓扑结构[96]。

7.3.3.3 其他化学交联的透明质酸水凝胶

迈克尔加成反应是最合适制备 HA 凝胶的反应之一。四丙烯酸酯聚乙二醇（PEG－TAC）可用来交联含有巯基的透明质酸（HA－SH）和含有巯基的明胶（GEL－SH），形成 HA－SH/GEL－SH/PEG－TAc 水凝胶。与丙烯酸酯交联的聚乙二醇体系相比，该凝胶具有较高剪切储存模量，可利用三维打印技术将其制备成组织工程支架材料。在凝胶中包裹 3T3 细胞，细胞的存活时间长达 4 周，证明了该体系良好的生物相容性和使用这种方法构建人工肝的可行性[97]。HA－SH 和聚（乙二醇）乙烯砜（PEG－VS）通过迈克尔加成反应在生理条件下交联形成的三维网络。通过控制 HA－SH 和 PEG－VS 的分子量，HA－SH 的取代度和聚合物的总浓度，可将凝胶化时间控制在 1～14 分钟。凝胶细胞基体在约 3 个星期降解，这种水凝胶具有良好的生物相容性，可用于包裹软骨细胞，培养 21 天时发现糖胺聚糖和Ⅱ型胶原在凝胶内积累，证明了该体系用于软骨组织工程的巨大潜力[98]。含有丙烯酸酯的透明质酸（AC－HA）以多肽（MMP－PEP－SH）为交联剂，通过迈克尔加成反应，可制备 Ac－HA/MMP－PEPSH 凝胶。该凝胶能被透明质酸酶单独降解，或由透明质酸酶和纤维蛋白溶酶联合降解，或由透明质酸酶和基质金属蛋白酶联合降解[96]。

带有醛基的透明质酸与透明质酸接枝肼和地塞米松的大分子发生希夫碱交联反应，能够在 1 分钟之内形成水凝胶（Ald－HA/HA－DEX）。从 Ald－HA/HA－DE 凝胶中释放出的地塞米松量，在前 3 天内维持在一个相对恒定的速率，该水凝胶具有良好的生物相容性，与未改性的交联透明质酸相比造成的炎症反应较少[99]。分别含有醛基和肼基的透明质酸分子能在 30 秒内产生腙交联的水凝胶，在体外表现出对骨形态发生蛋白－2（BMP－2）长达 28 天的控释，体内注射进入大鼠颅骨后，8 周内有新骨形成[100]。分别带有酰肼和醛基的改性透明质酸交联制备的水凝胶可作为局部麻醉药物布比卡因（BP）的载体，与 BP 水溶液体系相比，能使感觉神经阻滞的持续时间加倍，而肌肉毒性未明显增加[101]。

7.3.3.4 温敏型透明质酸水凝胶

在温敏型水凝胶（如环氧乙烷和环氧丙烷嵌段共聚物）中加入透明质酸，不会破坏凝胶原有的自组装功能，同时能增强凝胶强度和粘附力，并将胶凝化温度降低了几摄氏度[102]。将接枝肝素的 Pluronic F127（聚丙二醇与环氧乙烷的共聚物）与透明质酸混合，加入软骨细胞生长因子，β－转化生长因子（β－TGF），能够在37℃形成温敏型水凝胶，凝胶化时间10分钟。该水凝胶在20天内连续释放出β－TGF，能够在兔膝关节软骨全层缺损处形成一层软骨基质[103]。

在透明质酸分子链上接枝PNIPAM，随着透明质酸骨架上接枝PNIPAM含量的增加，体系对核黄素和异硫氰酸荧光素（FITC）标记的牛血清白蛋白具有较好的缓释作用。核黄素的体外释放时间达12小时，牛血清白蛋白在兔皮下注射后释放时间达60小时[104]。

利用共价键将透明质酸和羧酸封端的PNIPAM同时接枝到壳聚糖骨架上能够形成一种热可逆的可注射水凝胶［HA－（CTS－PNIPAM）］。骨髓间充质干细胞在此凝胶上增殖情况良好，7天后能够诱导分化为成骨细胞，证明该凝胶适合于骨髓间充质干细胞的成骨分化以及骨再生[105]。

利用胺基透明质酸偶合PNIPAM－COOH，通过酰胺键形成HA－PNIPAM，能够制备一系列温敏型共聚物水凝胶。在水凝胶内封装人类脂肪干细胞，能促进细胞的存活和维持人体脂肪源性干细胞的球形形态。体内实验初步证明了HA－PNIPAM作为可注射水凝胶在脂肪组织工程中的应用潜力[106]。

7.3.4 明胶

明胶是胶原蛋白的衍生物，通过破坏胶原蛋白的三级结构而形成的单链分子，与胶原一样由氨基酸组成，但是已经失去了其生物活性，三股螺旋结构已经部分瓦解。明胶水溶液在37℃时为液体，当温度下降到30℃以下时便形成水凝胶。明胶来源丰富，具有良好的生物降解性和生物相容性，明胶在生物医学方面具有广泛的应用。明胶水凝胶可作为生长因子的运输载体，在治疗缺血性疾病中作为bFGF载体，在骨骼缺血性疾病的治疗中作为β－TGF和BMP－2的载体，还可作为VEGF的载体促进淋巴管的生成。

7.3.4.1 酶法交联明胶水凝胶

过氧化物酶催化明胶与苯酚偶联凝胶化形成可注射的水凝胶（GEL－Ph），凝胶化时间在10秒左右。包封在GEL－Ph凝胶中的L929细胞95%可以成活。该水凝胶注射到老鼠皮下原位形成水凝胶，一周内注射部位周围组织未出现坏死等不良反应[107]。在明胶分子链上接枝带有酪氨的聚乙二醇（Gelatin－PEG－tyramine），在HRP和H_2O_2的催化作用下，Gelatin－PEG－tyramine可迅速形成一种可注射水凝胶，无论是体外3D培养，还是通过皮下注射到老鼠的背部，均具有良好的生物相容性[108]。在明胶分子链上接枝羟基苯基丙酸（GEL－HPA），通过酶法交联，GEL－HPA ＋ HRP ＋ 细胞在H_2O_2溶液作用下在毛细管内可制备实心和中空的凝胶纤维[109]。这个体系能够高度保持细胞活性并且有望作为细胞载体应用于组织工程。GEL－HPA水凝胶的机械强度可控，也用于人类骨髓间充质干细胞（MSC）的三维培养和诱导神经形成，结果显示3周内处于低强度凝胶中的细胞比在高强度凝胶中的细胞表达出更多的神经蛋白标志物[110]。MSC细胞在较高强度的水凝胶（12kPa）上则产生更多的肌蛋白标志物[111]。

7.3.4.2 化学交联的明胶水凝胶

明胶形成的水凝胶不太稳定，这是因为交联的明胶网络结构会在蛋白酶K的作用下迅速水解[112]。使用不同的化学交联剂可以加快或者调整凝胶的降解速率。

明胶上的羟基或赖氨酸上的氨基能够与氧化硫酸软骨素的醛基通过席夫碱反应生成具有内部连通微孔的水凝胶，孔径尺寸50到200微米，该水凝胶具有良好的细胞相容性和血液相容性，可作为伤口包扎材料[113]。明胶与带有甲基丙烯酸酯基团和醛基的双功能化葡聚糖（DX－MA－Ald）通过紫外光作用发生席夫碱反应形成一种新型水凝胶（GEL/DX－MA－Ald）。这种水凝胶具有较高的力学强度，动态储存模量约10kPa，可作为细胞载体，能够支持内皮细胞在表面粘附和扩散，也可以包裹平滑肌细胞，实现3D培养和增殖[114]。

聚（乙二醇）—双—马来酰亚胺（PEG－BM）可以用来交联硫醇改性的明胶和硫醇改性的透明质酸制备可注射的水凝胶（GEL－SH/HA－SH/PEG－BM），凝胶化时间在1分钟内。这种水凝胶具有良好的生物相容性，能够支持成纤维细胞和肝细胞的粘附和增殖[115]。含有二硫键的聚（乙二醇）二丙烯酸酯可用来交联硫醇改性的明胶和硫醇改性的透明质酸，凝胶化时间3～5分钟，该体系能够在细胞存在的条件下实现交联，鼠NIH 3T3细胞、人HepG2/C3A肝细胞、人骨髓间充质干细胞MSCs和HUVECs细胞在水凝胶中3D培养，均具有较高的细胞存活率且生长良好[116]。

7.3.5 肝素

肝素是由D－葡糖胺、L－艾杜糖醛酸、N－乙酰葡糖胺及葡糖醛酸交替组成的粘多糖硫酸酯，在肝脏中含量丰富，结构如图7－5所示[117]。肝素能与生长因子、细胞外基质成分、粘附分子等多种功能蛋白相互作用，这种相互作用主要是通过肝素上的N和O型硫酸残基和生长因子上赖氨酸和精氨酸残基之间的静电相互作用产生的[118]。肝素和硫酸乙酰肝素共同作用，能够促进碱性成纤维细胞生长因子（bFGF）与高亲和力受体结合，提高其生物活性[119]。肝素可以抑制平滑肌细胞增殖，并提高包括平滑肌α－肌动蛋白、调宁蛋白、平滑肌22α等收缩平滑肌细胞表型的表达[120]。肝素水凝胶已被应用在体外和体内作为bFGF，VEGF（血管内皮生长因子）和/或PDGF生长因子载体，用于促进血管再生[121]；作为BMP－2载体促进骨再生[122]。

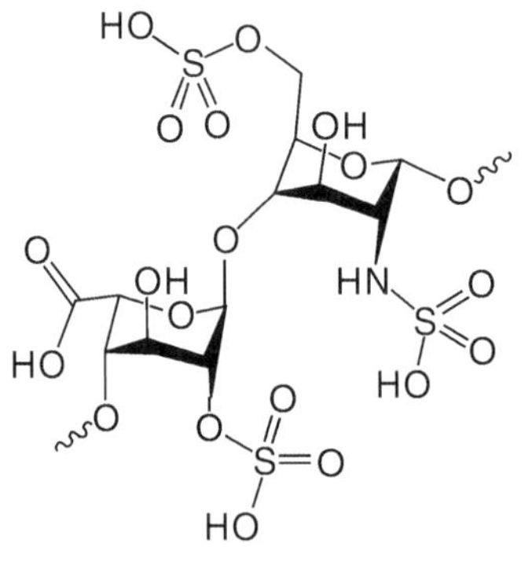

图7－5　肝素结构示意图

7.3.5.1 物理交联的肝素水凝胶

肝素—海藻酸复合水凝胶已被用于负载碱性成纤维细胞生长因子促进大鼠坐骨神经的神经再生[123]。肝素与壳聚糖/海藻酸交联形成凝胶（HEP/ CTS/ ALG），与壳聚糖/海藻酸凝胶相比，碱性成纤维细胞生长因子的结合效率提高15倍，且对生长因子的释放更长效，更易调控，有助于生长因子活性的保持[124]。通过特定的分子识别的非共价相互作用，可制备可注射型肝素水凝胶。将肝素官能化的星型聚乙二醇聚合物（PEG－HEP）和肝素结合蛋白VEGF

（血管内皮生长因子）混合，通过分子识别的非共价相互作用原位形成水凝胶（PEG－HEP/VEGF）。在VEGF受体存在的条件下，能够控制凝胶中VEGF与肝素交联点的降解，从而控制血管内皮细胞的增殖和迁移。凝胶表现出受体介导的VEGF持续释放，在含有VEGF受体VEGFR－2的介质中，水凝胶在10天的时间内释放出80%VEGF，而不含VEGFR－2的对照组只有30%释放出来。同时PEG－HEP/VEGF水凝胶还有利于VEGF受体的增殖和VEGFR－2的磷酸化反应[125,126]。

7.3.5.2 化学交联的肝素水凝胶

通过HRP/H_2O_2酶交联，肝素—酪胺（HEP－TA）和葡聚糖—酪胺（DX－TA）混合物在原位形成凝胶（HEP－TA/DX－TA），凝胶化时间0.56至6分钟，储存模量3.6～48kPa可调。与葡聚糖—酪胺水凝胶相比，HEP－TA/DX－TA凝胶表现出更高的牛软骨细胞存活和增殖能力，同时能够促进细胞基质的生产，表明其具有较高的软骨再生潜力[127]。

用壳聚糖酶处理壳聚糖并使其结合bFGF（碱性成纤维细胞生长因子），与高碘酸氧化的肝素通过希夫碱反应原位形成水凝胶。注射到小鼠背部后，通过生物降解（20天左右），能够在体外和体内实现bFGF的控制释放。凝胶随后诱导出显著的新生血管，5至9天达最大值，随后略有下降；单独注射bFGF时没有观察到有血管生成。此外该水凝胶在小鼠和大鼠背部注射部位附近均有纤维组织形成[121]。通过希夫碱反应交联胺基封端的星型聚乙二醇（PEG－NH_2）和EDC/NHS活化的肝素（HEP/PEG－NH_2）形成三维网络。EDC/NHS活化的肝素上的羧基和RGD序列能够通过共价连接，同时负载bFGF，形成的水凝胶有效地引发了神经干细胞的增殖、分化和AXO树突的生长。该体系具有优良的形态稳定性和组织相容性，有望用于脑部疾病的细胞替代疗法，像帕金森氏或亨廷顿氏病[128]。这类水凝胶还可以作为各种肝素结合生长因子的高效控释载体，可以独立诱发细胞生长、增殖和分化。人脐静脉内皮细胞通过这些组织工程化的凝胶基质对碱性成纤维细胞生长因子和血管内皮生长因子发生作用，这一作用的强弱还与水凝胶的弹性和粘性有关。在这一体系中星型PEG与肝素的比例对凝胶结构和功能有较大影响，当星型PEG含量较低时，能产生更加柔软和松散的网络，并连同粘附配体和碱性成纤维细胞生长因子，对内皮细胞增殖和生存具有最佳效果；当星型PEG与肝素比例居中时，并利用RGD和血管内皮生长因子改性水凝胶，结果显示水凝胶能够促进血管内皮细胞分化成筒状结构[129]。

bFGF具有广泛诱导细胞增殖的作用，包括内皮细胞、成纤维细胞、平滑肌细胞、软骨细胞等[130]。通过巯基肝素（Heparin－SH）和聚乙二醇二丙烯酸酯之间的迈克尔加成反应制备肝素基凝胶（HEP－SH/PEGDAc），它能促进封装入凝胶中的去分化软骨细胞在体外再分化。在植入小鼠背部皮下后，这些凝胶能有效地促进软骨细胞再分化，并在不使用任何外源诱发因素的条件下诱导软骨再生[131]。酰亚胺功能化的高分子量肝素与巯基封端聚醚F127的共聚物（PLU－SH）通过迈克尔加成反应交联形成水凝胶，通过控制肝素功能基团含量、高分子浓度、交联剂用量等能够控制水凝胶的凝胶化时间（从快速到1小时）和弹性模量（0.8～3.7kPa）。水凝胶对碱性成纤维细胞生长因子控释长达7天，适用于不同类型的伤口愈合及血管治疗[132]。巯基修饰的肝素与巯基改性的透明质酸，或硫酸软骨素与聚（乙二醇）二丙烯酸酯也能够通过迈克尔加成反应交联形成水凝胶。凝胶化时间在10分钟内，该体系能够控制释放bFGF。在28天的释放过程中，bFGF保留其生物活性达55%。当注射到BALB/c小鼠皮下时，这类水凝胶大幅度提高了新生血管的生成[133]。巯基修饰的透明质酸、明胶、肝素与聚（乙二醇）二丙烯酸酯通过迈克尔加成反应在10～15分钟内，即使在室温下也能迅速交联形成凝胶（HEP－SH/HA－SH/GEL－SH/PEG－DAc）。该凝胶负载 VEGF，并同时复合角质细胞生长因子，血管生成素 1 或 PDGF 生长因子，注射到小鼠耳羽片，结果显示该水凝胶对生长因子有良好的控释作用，组织局部的血管化可控，同时具有良好的生物相容性，组织坏死、中性粒细胞和炎症较少出现[134]。

肝素功能化的 PLGA 纳米粒子与 BMP－2 结合，在两个星期内可以实现对 BMP－2 的接近零级释放[135]。一种含有 BMP－2 的可注射肝素水凝胶［硫醇肝素和聚乙二醇（PEG）丙烯酸酯反应得到］，注入水合聚（L－乳酸－CO－ε－己内酯）（PLCL）支架内。含有 PLCL 支架的水凝胶表现出对加载的 BMP－2 零级释放至 60 天，而没有初期突释。BMP－2 与纤维软骨细胞一起输送到软骨区域，能够加快形成钙化的纤维软骨过渡区，以确保与骨的粘附，增加对剪切和外力的抵抗能力[136]。

7.3.6 纤维蛋白水凝胶

纤维蛋白是伤口愈合过程中重要的临时细胞外基质，纤维蛋白原经凝血酶水解后转化为纤维蛋白，导致血液凝固。纤维蛋白原含有 α、β、γ 三条肽链。纤维蛋白原转化成纤维蛋白凝胶需经历三个阶段，即纤维蛋白原水解、单体转化多聚体、在 XⅢ 因子参与下形成稳定的网络结构，水凝胶的机械性能由纤维蛋白原、凝血酶或使用的其他生物酶的原始浓度所控制。纤维蛋白凝胶的凝胶化时间较短，为 5～10 秒，作为细胞载体会对包封细胞产生机械应力。凝血酶含有 Na^+ 结合位点，参与调节反应动力学。在纤维蛋白中加入 NaCl 能够增加凝胶化时间，NaCl 加入量 1.25%（w/v），凝胶时间可延长至几分钟。NaCl 的加入还能够提高纤维蛋白凝胶的力学性能（杨氏模量从 5 kPa 提高到 15kPa）。包封在纤维蛋白水凝胶中的 MSCs 细胞能够维持较高的细胞存活率，该细胞载体还提高了 MSCs 细胞向成骨细胞分化。

纤维蛋白具有良好的生物相容性、细胞粘附性和生物可降解性。如果没有使用额外的纤溶抑制剂如抑肽酶，纤维素凝胶会在活性纤溶酶的作用下在两周内降解。纤维蛋白通过与整合素受体作用提高多种细胞的粘附力和迁移率，如血管内皮细胞、成纤维细胞、表皮细胞、肌成纤维细胞和 MSCs 等。纤维蛋白原和纤维蛋白对 bFGF，VEGF 和 β－TGF 等生长因子具有较高的物理亲和力。纤维蛋白凝胶可作为药物、蛋白质和基因载体，也可用于组织再生支架材料，如神经、血管、骨、皮肤、肌腱和韧带、肝、眼等组织再生。

7.3.6.1 纤维蛋白凝胶在药物释放领域的应用

可注射聚乙二醇化纤维蛋白凝胶（FBN－PEG），可实现多种生长因子的双重控释，对复合在水凝胶中的血小板衍生生长因子 PDGF 的 BB 亚型（PDGF－BB）通过扩散控制释放，释放时间超过 2 天，而对于转化生长因子 β－TGF－1，由于其与聚乙二醇（PEG）链段间的相互作用和与纤维蛋白间强大的物理亲和力，释放时间长达 10 天。FBN－PEG 凝胶可负载多种生长因子，该凝胶可由纤维蛋白酶降解，在骨、软骨、神经等组织修复再生方面具有良好的应用前景[137]。在凝血酶交联的纤维蛋白凝胶中加入功能化的纳米粒子（PLGA－HEP－NP，以 PLGA 为核，表面是含有肝素的凝胶层），室温下凝胶化时间 30 分钟，在兔后肢缺血模型动物实验中 FBN/PLGA－HEP－NP 凝胶显著提高了生长因子的作用效果，促进了血管生成[138]。

纤维蛋白凝胶常被用作神经组织工程支架材料。将神经营养因子－3（NT－3）和含有肝素的载体（HBDS）通过非共价相互作用固定在纤维蛋白凝胶中，体系通过细胞激活纤维蛋白凝胶降解来控制释放，可实现对 NT－3 的控释。含有 HBDS 和 NT－3 的纤维蛋白凝胶与单纯的纤维蛋白凝胶相比，刺激鸡背根神经节神经生长高达 54%[139]。凝血酶交联的纤维蛋白/

纤维连接蛋白凝胶（FBN/FIB）凝胶化时间 5 ~ 10 分钟，具有良好的可操作性和与宿主脊髓组织的整合性，注射到实验大鼠的脊髓腔中，与单独使用胶原蛋白、纤维蛋白或纤维连接蛋白相比，在手术后 1 周和 4 周后进行评价，能够明显促进轴突的增长[140]。

7.3.6.2 纤维蛋白凝胶在基因转染中的应用

纤维蛋白凝胶作为基因载体也有良好的应用前景。细胞转染被与局部细胞质粒 DNA（pDNA）微环境、靶细胞类型和密度，以及纤维蛋白原和质粒 DNA 浓度密切相关。当含有 DNA 的纤维蛋白凝胶呈一定点阵结构时，基因转染被严格限制在含有质粒 DNA 的纤维蛋白处，表明纤维蛋白介导的基因转染具有可控的空间位置[139]。三维凝胶与二维凝胶相比，能够封装更多的质粒 DNA，并有助于提高基因转染的时间。表面涂有多聚乙烯亚胺 - DNA 复合物（PEI - DNA）的纤维蛋白凝胶珠，在第 5 天时转染达到高峰，随后的 15 天中蛋白表达呈线性。如果 PEI - DNA 嵌入的纤维蛋白凝胶珠中，蛋白的表达高峰出现在 7 ~ 9 天，之后为 21 ~ 29 天的线性表达[141]。纤维蛋白胶（Tisseel™ 公司的纤维蛋白胶产品）可以诱导负载细胞的转基因表达。纤维蛋白原和凝血酶溶液混合，37℃ 下 60 分钟内形成凝胶。质粒和 DNA 可以有效地包埋在水凝胶中，1 天之后仍有超过 70% DNA 保留在凝胶内，并可持续释放 19 天，水凝胶中包裹的细胞基因表达在第 1 天时达最高水平，之后持续释放达 10 天[142]。

7.4 合成水凝胶

与天然材料基水凝胶相比，合成水凝胶材料不引起免疫反应，分子结构、组成、降解速率等便于控制，因此在生物材料中也有着广泛的应用。本节着重介绍近年来引起广泛关注的具有良好生物相容性的合成多肽水凝胶，可生物降解嵌段共聚物水凝胶和具有特殊性能水凝胶的新发展等。

7.4.1 自组装多肽水凝胶

肽链（PEPS）上拥有多种结构序列，多肽序列通过静电相互作用、氢键、疏水相互作用、π 键等相互作用，或与特定的氨基酸自组装可形成多种自组装结构（例如：盘绕线圈结构、拉链结构、两亲性序列、β - 发夹结构等）并进一步交联形成水凝胶。短肽类化合物具有容易合成，成分明确，能大量制备且成本较低，易与各类生物活性分子化学结合，体内容易降解，降解产物只形成氨基酸，对机体不会产生不良影响，不引起免疫反应和组织炎症，良好的生物相容性等优点。多肽自组装水凝胶具有智能性，能够在温和的条件下响应外界刺激，如温度、pH 值、离子强度等，能够在注射部位原位成型，力学性能类似于天然组织细胞外基质（ECM）。因此，自组装多肽水凝胶在药物载体、细胞治疗和组织工程支架方面具有良好的应用前景。

美国麻省理工学院的华裔科学家张曙光教授[143]于 20 世纪 90 年代最早尝试利用自组装的多肽片段设计出三维网络支架用于药物筛选和细胞培养，该研究组制备的多肽类水凝胶中，Beaver Nano 3D 细胞培养水凝胶已经实现了商业化生产，它是由天然氨基酸合成的多肽经自组装形成的三维细胞生长支架，含有 1wt. % 的多肽成分和 99% 的水分。其中多肽在一定的盐离子浓度下可自组装成纳米纤维，并可进一步交联形成水凝胶，该类水凝胶对贴壁细胞，特别是一些对生长条件要求较高的原代细胞（如神经细胞、乳腺癌细胞、软骨细胞等）具有促进细胞粘附生长和分化的作用。

7.4.1.1 温敏型多肽水凝胶

弹性蛋白原从细胞中分泌通过酶交联形成的原纤维[144]。弹性蛋白是一种不可溶的蛋白质，它是由可溶性前体蛋白原合成的，前体蛋白原由疏水和亲水片段交替组成，并含有赖氨酸交联点。类弹性蛋白多肽（EL – PPEPs）主要由五肽重复序列单元构成，源自于弹性蛋白的疏水区域，是一种具有弹性功能且对环境温度非常敏感的合成蛋白质聚合物[145]。EL – PPEPs 存在可逆相变过程，若环境温度低于相变温度，多肽在水溶液中溶解；相反，当温度高于相变温度时，多肽链在疏水相互作用下聚集，形成交联点，体系发生凝胶化，该相变温度称为最低临界共溶温度。EL – PPEPs 中的 Val – Pro – X – Val – Gly 片段和胶原中的 Pro – Hyp – Gly片段可用于调节 EL – PPEPs 水凝胶的温敏特性和物理化学性能[146]。通常由五肽重复序列单元［（Val/Ile）– Pro – Xaa – Yaa – Gly］构成水凝胶中，凝胶化由疏水相互作用控制，第四个氨基酸残基（Yaa）的电荷数能够调整体系的最低临界共溶温度；在重复序列的第三氨基酸残基（Xaa）位上，用 Ala 代替 Gly 能够改善体系的力学性能。嵌段共聚物中的弹性蛋白拟肽（EL – MD）与材料的相分离密切相关[147]，一些类弹性蛋白多肽以及由类弹性蛋白多肽的嵌段共聚物制备的水凝胶已用于癌症治疗研究[148]。

一系列 β – 发夹肽能够自组装形成温敏型水凝胶。β – 发夹是多肽二级结构 β – turn（β – 转角）的衍变，类似于 β – 折叠结构，是由 Schneider 等[149]提出的一种多肽结构模型，空间结构表现为多肽链段上氨基酸残基通过氢键作用形成的 U 形弯曲，构建 β – 发夹结构要求多肽链段中必须含有能够发生弯曲的氨基酸序列，常见的是脯氨酸—甘氨酸（Pro – Gly）或者脯氨酸—苏氨酸（Pro – Thr）序列。聚丙氨酸—泊洛沙姆—聚丙氨酸形成的嵌段共聚物（PA – PLX – PA）通过丙氨酸的 β – 折叠结构能够自组装形成温敏凝胶，L – 丙氨酸、D，L – 丙氨酸和二者的混合物（L/DL）– 丙氨酸的二级结构可以调控多肽体系的纳米纤维结构，随着温度升高，β – 折叠结构形成和泊洛沙姆嵌段的疏水相互作用，体系发生溶液—凝胶转变，在 37°C 能够原位形成水凝胶。三维细胞培养的结果显示该凝胶体系具有促进软骨细胞增殖、分化的功能[150]。MAX3（VKVKVKVKV^{D}PPTKVKXKVKV – NH_2）可以通过 β – 发夹结构自组装形成水凝胶，随着温度升高，伸展的非极性残基通过疏水相互作用形成 β – 折叠结构，发生溶液—凝胶转变[151]。

以纤维蛋白封端的四臂聚乙二醇（PEG – PEP）通过谷氨酰残基上的 γ – 羰基和赖氨酸残基上的 ε – 氨基形成异肽键形成水凝胶[152]，凝胶化时间 9 ~ 30 分钟，体系在转谷氨酰胺酶的激活作用下能够实现对脂质体中钙离子的控制释放。

7.4.1.2 离子诱导和 pH 响应的多肽水凝胶

利用多肽的 β – 发夹结构能够构建离子强度和 pH 双重响应型智能水凝胶。Schneider 等[149]利用多肽固相合成技术先后制备了 MAX1 ~ 7 七种可以形成 β – 发夹结构的多肽，在这些多肽分子结构中亲水性的赖氨酸残基和疏水性的缬氨酸氨基交替排列。在酸性条件下，质子化的赖氨酸残基之间的静电排斥作用使多肽分子无法形成 β – 发夹结构；升高溶液的 pH 值或增加溶液的离子强度屏蔽静电排斥作用后，多肽则可以形成以赖氨酸残基为内面、缬氨酸残基为外面的 β – 发夹结构，并进一步利用其缬氨酸残基外面的疏水相互作用自组装形成纳米纤维[153]。由于 MAX 系列肽可以在细胞培养液 DMEM 中自组装形成多肽凝胶，因而可以作为细胞生长支架材料[154]以及药物控释载体[155]。同时由于 MAX 系列肽中存在可电离的赖氨酸残基，由 MAX 系列肽构成的多肽水凝胶还具有一定的抗菌功能[156]。

多种肽链结构相结合能够实现多肽水凝胶的多功能化，肽 Q11（QQKFQFQFEQQ）与

RGD 偶联通过 β 折叠结构形成多重肽水凝胶，RGD 的引入能够提高人脐静脉内皮细胞（HU-VECs）的粘附、增殖和生长[157]。MDG1 与能够引导物质矿化过程的七肽 MLPHHGA 能够折叠形成不对称 β－发夹结构，随着溶液中离子强度的增加能够在几分钟内形成水凝胶，凝胶强度可达 2.5kPa，水凝胶不影响牙骨质产生碱性磷酸酶的能力，并能够引导矿化过程[158]。

两亲性肽有规则的重复单位，带正电的氨基酸残基（赖氨酸或精氨酸）和带负电的氨基酸残基（天冬氨酸或谷氨酸）被亲水性残基（丙氨酸或亮氨酸）分开。自我互补的两亲性寡肽包含 50% 的带电残基，并且以交替的离子亲水性和不带电的憎水性氨基酸的周期重复为特征。例如 RAD16 包括 RAD16－I（其序列为 AcN－RADARADARADARADA－CNH2）和 RAD16－II（其序列为 AcN－RARADADARARADADA－CNH2）。尽管 RAD16－I 和 RAD16－II 长度相同，氨基酸数目相同，但是 RAD16－I 有（RADA）n 的空间模式（其中 n 代表重复数），而 RAD16－II 只有两个（RARADADA）n 的空间模式。这类两亲性肽在体液或盐溶液中，由于离子强度引起分子内和分子间静电相互作用的破坏，能够原位形成水凝胶。RAD16 水凝胶已用于三维细胞培养，包括骨髓间充质干细胞、神经细胞、静脉血管内皮细胞和软骨细胞等[159]。RAD16－II 被用作可注射的细胞微载体，负载乳鼠心肌细胞，当注射进入心肌后，这些细胞仍能保持活性并能将周围的内源细胞引入凝胶[160]。

7.4.1.3 其他多肽水凝胶

在马来酰亚胺封端的四臂聚乙二醇尾端连接能识别 PDZ 结构的肽（PDZ－PEP－PEG），将 TIP1 蛋白连接到 CutA 蛋白每个单体的 C－末端位（*Pyrococcus Horikoshii* CutA 蛋白，一种稳定的三角形三聚体蛋白，C－末端位于三角形的顶点），然后引入 RGD 序列得到 CutA－TIP1，两个组分在 PBS 中能够通过蛋白—多肽间的特殊相互作用自组装形成水凝胶，包埋在其中的软骨细胞具有较高的生存活性[161]。聚乙二醇四丙烯酸酯与含有 GFOGER 序列的胶原蛋白模拟肽（COL－MPEP）结合得到 COL－MPEP－PEG，COL－MPEP－PEG 与巯基聚乙二醇混合，在 pH = 7.4、温度为 37℃时，通过迈克尔加成反应形成水凝胶，凝胶化时间约 30 分钟。与不含有多肽的 PEG 水凝胶相比，在该体系中培养的人类骨髓间充质干细胞表现出较好的软骨特异性，细胞外基质的分泌增强[162]。在再生医学中利用基因传递可开发新型的凝胶，并能够最大限度地提高基因转染的效率。利用巯基蛋白酶敏感的肽（MMP－PEPS－SH）和用 RGD 修饰的四臂聚乙二醇乙烯砜之间的迈克尔加成反应形成 MMP－PEPs－SH/PEG－VS 凝胶，其中装载 DNA / PEI 复合物。该体系中包裹的细胞能够在基质蛋白酶降解支架中迁移，因此能够促进包裹细胞的转染。细胞簇的累积转基因表达在 21 天的培养时间内不断增加，而均匀分布细胞的累积转基因表达在 7 天时达到最高[163]。用 β－［三（羟甲基）膦基］丙酸（甜菜碱）化学交联含赖氨酸的弹性体样多肽，得到水凝胶的力学强度比未交联的弹性体样多肽水凝胶高三个数量级，凝胶化时间仅 5 分钟[164,165]。该体系在多种酶溶液（胰蛋白酶，胶原酶，弹性蛋白酶，或 PBS）中，凝胶均具有可控制的降解速率，在体外和体内可作为可注射的生物材料用于软骨再生[166]。

7.4.2 聚乙二醇（PEG）及其嵌段共聚物水凝胶

亲水性高分子聚乙二醇［PEG：poly（ethyleneglyeol）］是目前组织工程领域最为成功的合成水凝胶支架材料，PEG 已经获得 FDA 批准用于植入材料的应用，PEG 类的水凝胶作为医用材料拥有广泛而深入的研究基础。严格地说，PEG 在体内基本不能降解，但是 PEG 本身的细胞毒性极低，属于生物惰性材料，而且低分子量的 PEG（分子量 < 20 000）能够通过体液

循环，经肾脏排出体外，因此一些不可降解 PEG 与可降解的 PLA、PGA 以及多肽等链段组成的嵌段聚合物可以作为可降解的生物材料用于组织修复和药物控释。

7.4.2.1 PEG－PLA 水凝胶

两亲性聚合物在生物材料的应用中占有重要地位[167]，1997 年 Kim 等首次报道了温敏型的 PEG － PLLA 嵌段共聚物物理水凝胶[168]。这类共聚物的水溶液在低浓度时形成胶束，而在高浓度和高温度时由于胶束的聚集形成凝胶。随后许多可生物降解的聚乙二醇聚酯嵌段共聚物被用于可注射水凝胶，PEG－PLLA－PEG 凝胶（35wt.%）能够实现对葡聚糖－FITC 长达 12 天的零级释放并且没有最初的突释[168]。

由这些嵌段共聚物溶液制备的水凝胶机械强度不足以作为植入材料应用到临床，因此研究者进行了多种尝试以提高体系的力学强度。明胶与 30wt.% 甲氧基聚乙二醇（MPEG）－PDLLA（1:4）混合，在 37℃能迅速凝胶化（少于 15 分钟），该凝胶体系对硫酸庆大霉素缓释长达 40 天[169]。PEG 与 PLLA 的交替嵌段共聚物（MB－PEG－PLLA）的溶液—凝胶转变，既依赖于总分子量，也依赖于每个嵌段的分子量，该体系的模量较高，凝胶化转变温度 37℃，使得其在生物医学方面有着潜在的应用价值[170]。通常聚酯段的疏水性越强或结晶度越高，临界凝胶浓度（CGC）越低，凝胶化温度越高。在 PEG 嵌段含量相同的情况下，八臂 PEG－PLA 星型嵌段共聚物［PEG－（PLA）$_8$］的 CGC 比线形 PEG－PLLA－PEG 的低得多，主要是由于 PEG－（PLA）$_8$ 增加了疏水嵌段间的相互作用。

PEG 嵌段和 PLA 嵌段之间的链接也对形成的水凝胶性质有较大的影响。在组成相似的情况下，酰胺键连接的 PEG－（NHCO）－（PLA）$_8$ 水凝胶相比于酯键连接的 PEG－（OCO）－（PLA）$_8$ 水凝胶，具有较高的储存模量和较低的 CGC，主要是因为酯键更容易水解，形成的温敏水凝胶在体外具有可控降的解速率[171]，另外 PEG－（NHCO）－（PLA）$_8$ 具有较高的力学性能与酰胺官能团在体系中形成的氢键有关。

嵌段共聚物的端基也对水凝胶的性能有很大的影响。部分胆固醇取代的 PEG－（PLA）$_8$［PEG－（PLA）$_8$－Ch］的临界凝胶浓度 3wt.%，在 34℃形成的水凝胶具有高的力学强度[172]。在 PEG 上接枝聚（缩酚酸肽－D，L－乳酸）形成的梳状聚合物，通过控制 PEG 长度和分子组成能够使水凝胶的凝胶化温度在 33℃至 51℃范围内可控，高分子浓度为 20wt.% 的水凝胶在 PBS 中于 37℃可维持时间长达 60 天。

7.4.2.2 PEG－PLGA 水凝胶

PEG－PLGA 与 PEG－PLA 相比，具有可调控的生物降解性和良好的力学性能。该水凝胶体系的性能取决于亲疏水段的比例、端基的结晶性能、分子量以及共聚物的比例等。PEG－PLGA－PEG（550－2810－550）嵌段共聚物水溶液经皮下注射入大鼠体内，原位形成具有良好机械强度的透明水凝胶，降解过程约一个月。PEG－PLGA－PEG 凝胶对亲水性药物和疏水性药物具有不同的释放行为。例如，控制释放亲水性的酮洛芬，主要由扩散控制，释放时间约 2 周；但释放疏水性的螺内酯，初始阶段通过扩散机制控制，而后是降解过程占主导地位，释放时间超过 2 个月[173]。PEG－PLGA－PEG 水凝胶有着广泛的应用前景，可用作基因、药物等的载体，如可用于 β－转化生长因子、环磷酰胺、辛伐他汀等的运输和释放；还可用于封装细胞，如用于封装肌源性干细胞用作伤口敷料，用于治疗膀胱疾病和椎间盘再生等。

PLGA－PEG－PLGA 水凝胶可极大地改善一些溶解性较差的敏感性药物的溶解性和稳定性，如紫杉醇及多西他赛（抗肿瘤药物）、胰岛素、肠降血糖素激素、睾丸素等，以抑制肿瘤生长，治疗糖尿病或更年期综合征等。PLGA－PEG－PLGA 在体内可起到类似绷带的作用，用于角膜损伤的修复。它在新西兰大白兔体内不显示细胞毒性，同时，这种水凝胶与细胞粘附多肽的结合能够促进上皮细胞的粘附和迁移[174]。将喜树碱（一种抗肿瘤中药）接枝在PLGA－PEG－PLGA上，可改善这种疏水性药物的溶解性，这种聚合物可形成温敏水凝胶，并在1个月内实现药物的稳定释放[175]。

PEG/PLGA的本体共聚物的热可逆转变温度范围较窄，近年来研究者已通过多种不同的改性途径来扩大这一温度范围。PLGA－PEG－PLGA的端基对体系热可逆转变的影响较大。具有烷端基如羟甲基或羟乙基的PLGA－PEG－PLGA可在其他的胶体悬液中通过影响宏观的自组装行为而诱导热体系发生可逆的溶液—凝胶转变[176]。羧基封端的PLGA－PEG－PLGA随着温度升高，发生溶胶—凝胶—浑浊溶胶—沉淀的转化，同时体系表现出pH敏感性[177]。

7.4.2.3 PEG－PCL水凝胶

PCL与PLA或PLGA相比具有更慢的降解速率，做形成的水凝胶不会在降解过程中形成酸性环境。用PEG－PCL对Sprague－Dawley鼠进行皮下注射，原位生成水凝胶，能够实现BSA－FITC超过30天的体内释放[178]。PEG－PCL可作为地塞米松的载体在体内释放并能促进骨髓间充质细胞的成骨分化，具有用于骨组织修复的潜力[179]。

PEG－PCL－PEG水凝胶在胸膜内、腹膜内和皮下埋植14天的实验结果显示体系具有良好的生物相容性[180]。将纳米羟基磷灰石引入PEG－PCL－PEG中制备可注射水凝胶，凝胶化温度36℃左右，体系具有良好的机械性能和生物活性，可用于骨组织工程[181]。α－CD/PEG－PCL－PEG通过超分子相互作用，能够在几分钟内原位形成水凝胶，体系对右旋糖酐－FITC的持续稳定释放超过1个月，并且在对ECV304细胞和MSCs细胞的体外实验和对小鼠肌肉注射的体内实验中均表现出良好的生物相容性[182]。

与PEG－PCL－PEG相比，PCL－PEG－PCL具有更宽的凝胶范围和更长的体内代谢时间（约3周）。PCL－PEG－PCL水凝胶表现出对药物的持续稳定释放，如对亲水性小分子VB_{12}，24小时内释放量超过70%；对疏水性和厚朴酚，14天内释放51.7%；对大分子亲水性牛血清白蛋白，14天内释放69.1%[183]。皮下植入PEG－PCL－PEG水凝胶（20wt.%）的最大耐受剂量大于25g/kg b.w.[184]。但是，PEG－PCL－PEG水溶液（20wt.%）并不稳定，由于共聚物的结晶性，室温下在1小时内会变成不透明的凝胶。PCLA－PEG－PCLA三嵌段共聚物在肠磨损的兔子体内形成凝胶，能在超过6周时间内保持其完整性，并能大大防止术后腹膜粘连[185]。PCL－PEG－PCL－聚（β－氨基酯）其中心具有一个二硫键，通过DTT处理可形成温敏型氧化还原可降解水凝胶[186]。聚（β－氨基酯）端基化的PCL－PEG－PCL五嵌段共聚物PAE－PCL－PEG－PCL－PAG水溶液（20～30wt.%）在温度及pH变化时均可发生溶液—凝胶转变，并且扩宽了形成凝胶的pH范围，小鼠皮下注射这些共聚物溶液可在较短时间内形成水凝胶且不会引起炎症反应[187]。

7.5 功能化水凝胶

7.5.1 高力学性能水凝胶

生物水凝胶的力学性能比同样含水率的合成水凝胶优异得多，如何使合成高分子水凝胶具有类似生物水凝胶的力学性能是水凝胶的研究难点之一。近年来高力学性能水凝胶的制备取得了巨大的发展，目前文献报道的高力学性能水凝胶主要包括：滑动环凝胶（Slide－ring gel，SR 凝胶）、双网络凝胶（Double Network Gel，DN 凝胶）、纳米复合凝胶（Nanocomposite gel，NC 凝胶）、大分子微球复合水凝胶（Macromolecular Microsphere Composite Hydrogel，MMC 凝胶）以及 tetra - PEG 凝胶，如图 7 - 6 所示。

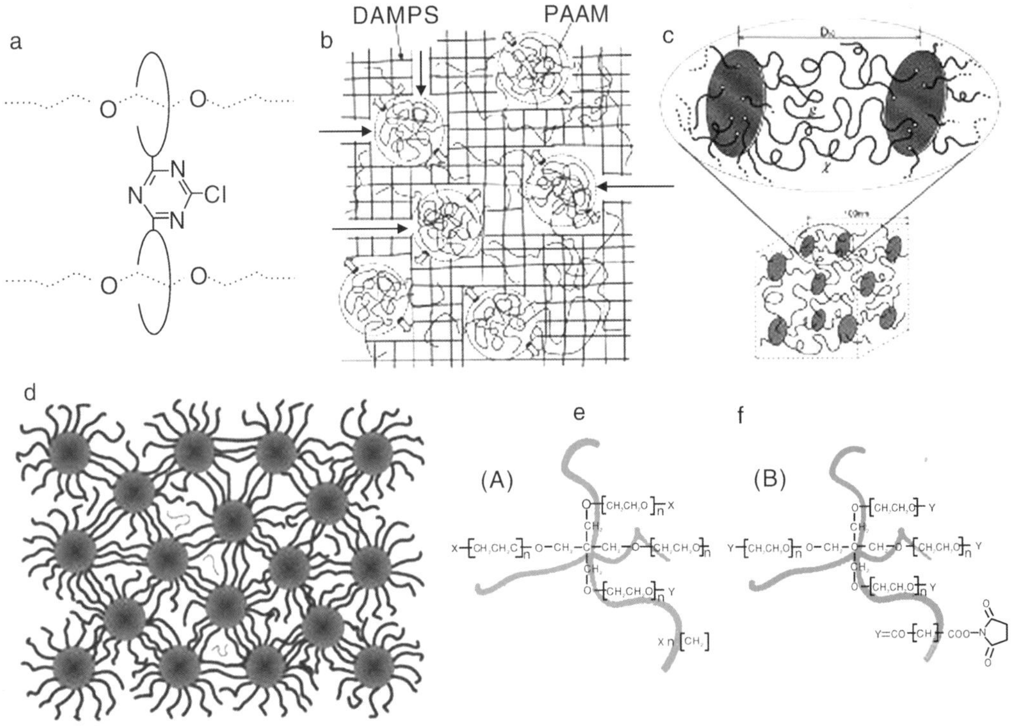

图 7 - 6　高力学性能水凝胶结构示意图

a. 滑动环凝胶；b. 双网络凝胶；c. 纳米复合凝胶；d. 大分子微球复合水凝胶；e. 四胺端基；f. 四NHS 端基 PEG 制备的 tetra - PEG 凝胶

2001 年，Okumura 和 Ito 合成了一种具有拓扑结构的高力学性能水凝胶，并称之为滑动环凝胶（SR 凝胶）[188]。首先在水溶液中将少量 α - 环糊精（CD）穿入端基为胺基的聚乙二醇（PEG）链上形成复合物，随后进行封端形成聚轮烷型拓扑结构。最后将 CD 通过化学交联连接起来形成三维网络结构，其交联点为八字形（Figure - of - eight Cross - linker），能沿着分子链滑动，如图 7 - 6a 所示。正是由于这种特殊的交联结构，使得凝胶在受到拉伸时，网链能相对滑移，使应力平均分布在所有网链上，所以 SR 凝胶能经受高拉伸而不断裂（伸长 20 倍不断裂）。而普通化学交联的水凝胶由于交联点是固定的，不能够滑移，因此断裂伸长率较低。

双网络凝胶（DN 凝胶）一般是采用较高交联密度的刚性网络作为第一网络，交联密度低的柔性网络作为第二网络。通常由两步法合成：首先是先合成高交联密度的刚性网络凝胶，然后在所形成的刚性凝胶网络内引入低交联密度的柔性网络凝胶。DN 凝胶典型的例子是以聚 2 - 丙烯酰胺 - 2 - 甲基丙磺酸（PAMPS）为第一网络凝胶，聚丙烯酰胺（PAAM）为第二网络凝胶，两个网络都采用 BIS 作交联剂，如图 7 - 6b 所示[189]。单轴压缩实验测得 PAMPS/PAAM DN 凝胶在压缩应变为 92% 时被破坏，对应的压缩强度高达 17 MPa 左右，而 PAMPS 凝胶和 PAAm 凝胶分别在应变为 41% 和 84% 时就被破坏，对应的强度分别为 0.4 MPa 和

0.8 MPa。由此可见，DN 凝胶的力学性能明显优于其单组分网络凝胶的力学性能，既具有高强度，同时也具有良好的韧性。值得注意的是，当第二网络的交联密度较小，甚至不交联时 DN 凝胶才具有高强度。在 PAMPS/PAAM DN 凝胶中 PAMPS 网络是刚性、不均匀的，内部存在很大的孔隙，当轻度交联的 PAAM 网络或未交联的 PAAM 分子链在其内部形成时，与 PAMPS 网络形成互穿结构或填补了 PAAM 网络中的孔隙，并与 PAMPS 网络形成了部分缠结。孔隙中松散交联的 PAAM 能够通过粘性扩散，或通过 PAAM 分子链变形有效地吸收微裂纹附近的弹性能量，阻止微裂纹扩大到宏观水平。

最近 Sun 等利用海藻酸和聚丙烯酰胺构建了具有高拉伸和高韧性的双网络水凝胶，结构如图 7-7 所示[190]，利用钙离子交联海藻酸，在聚丙烯酰胺网络中采用 N，N-亚甲基双丙烯酰胺作交联剂，两个网络通过缠结以及聚丙烯酰胺中的胺基与海藻酸中羧基的共价键相互作用。这种通过离子键和共价键共同形成的交联网络拉伸长度可达原始长度的 20 倍，断裂能达 9 000 J m^{-2}；即使含有缺口的样品，拉伸率可达 17 倍。这种高韧性是通过两种机制的协同作用实现的，在外力作用下共价交联网络中形成微裂纹，钙离子与海藻酸分子链交联的部分破坏能够吸收大量能量，阻止了微裂纹的发展，离子交联网络是可逆的，当外力撤销的时候，离子交联的部分又可以恢复，因而使材料具有初始形状记忆性，在大形变后尺寸仍能够恢复初始状态。

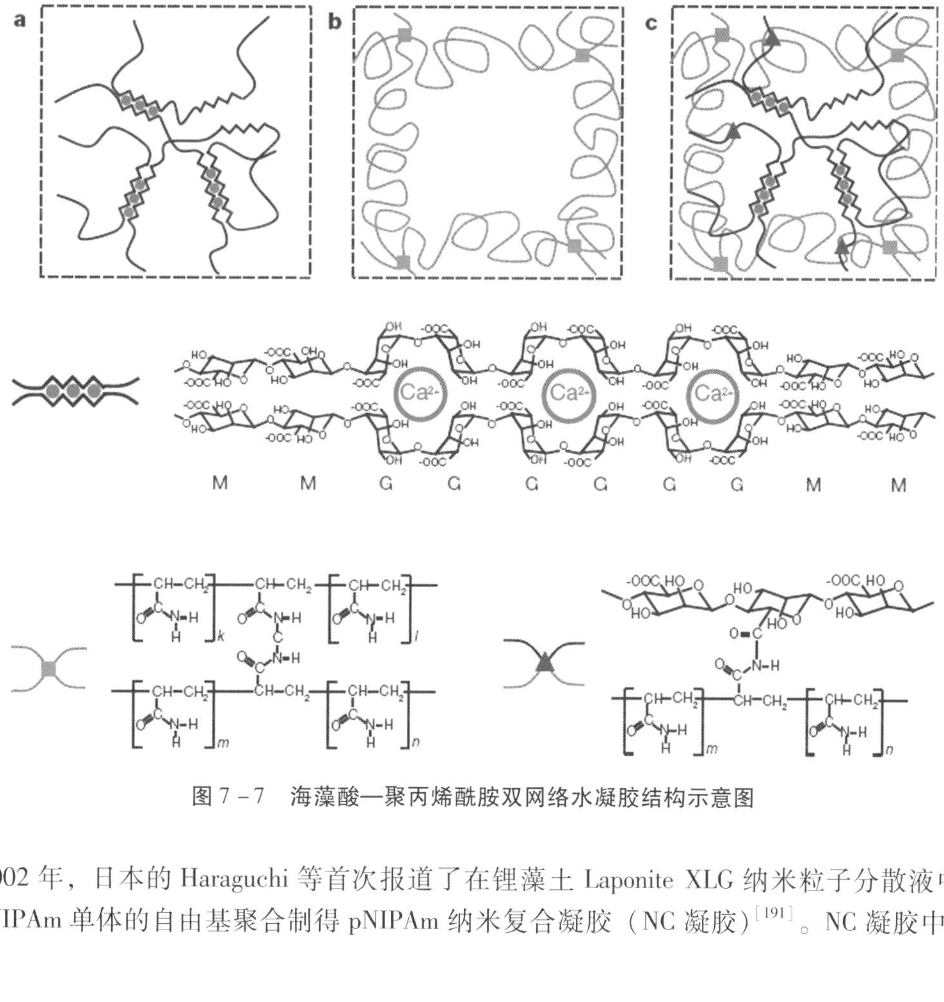

图 7-7　海藻酸—聚丙烯酰胺双网络水凝胶结构示意图

2002 年，日本的 Haraguchi 等首次报道了在锂藻土 Laponite XLG 纳米粒子分散液中原位引发 NIPAm 单体的自由基聚合制得 pNIPAm 纳米复合凝胶（NC 凝胶）[191]。NC 凝胶中的 Laponite 纳米片层起多官能度交联剂作用，使 N－异丙基丙烯酰胺（pNIPAm）高分子链形成交联网络（如图 7－6c 所示）。该 NC 凝胶具有优异的拉伸性能、透明性以及快速去溶胀能力。首次报道的 pNIPAm/Laponite XLG NC 凝胶的拉伸强度在 70 kPa 左右，约为常规 BIS 交联水凝胶的 10 倍；断裂伸长率则可高达 1 300%，约为常规水凝胶的 50 倍；打结后拉伸也不易断裂。反应开始前分散体系中的单体通过亲核的酰胺基团与锂藻土片中的 Si 配位，引发剂过硫酸钾中的硫酸根与锂藻土片表面电荷相互作用吸附在锂藻土片表面，另一端的活性中心维持链增长，链终止有多种方式，链末端的活性中心与其他活性中心碰撞而发生双基终止或与终止剂（例如氧）反应终止。

大分子微球复合水凝胶（MMC 凝胶）采用大分子微球（如苯乙烯、丙烯酸丁酯以及丙烯酸乳液聚合的 100 nm 左右的大分子微球）作为交联剂。首先用 Co^{60} γ 射线辐照大分子微球分散液，在微球表面生成过氧化物，然后加热使过氧化物分解产生自由基，从而引发丙烯酸（AAc）单体在微球表面接枝聚合，大分子链自由基通过双基偶合终止或形成的大分子间通过链缠结、氢键等相互作用形成大分子微球连接的 MMC 水凝胶（如图 7－6d 所示）[192]。MMC 水凝胶虽不透明，但仍具有很好的力学性能。单轴压缩实验测得 MMC 水凝胶在 96% 压缩应变下的压缩强度可高达 35 MPa。

Sakai 等则首先利用阴离子聚合反应合成了具有对称四面体结构的 PEG 大分子单体，大分子单体的四臂端基经改性后带上伯胺或者琥珀酰亚胺酯基（NHS）（如图 7－6e 和 f 所示）[193]。将以上两种大分子单体按 1∶1 摩尔比混合，伯胺与 NHS 基团反应形成共价键引起凝胶化，得到 tetra－PEG 凝胶。单轴压缩测得 tetra－PEG 凝胶压缩应变为 90% 时压缩强度为可高达 4.5 MPa。

7.5.2 微凝胶

根据凝胶尺寸大小可将凝胶分为宏观凝胶及微凝胶两类，宏观凝胶是指凝胶尺寸在毫米以上的大块凝胶，而微凝胶通常指大小在几十纳米到几微米的凝胶粒子[194]。宏观凝胶的特点在于其具有一定的力学强度，便于操作，形状可根据需要改变。然而宏观凝胶的溶胀和去溶胀速率普遍较慢。微凝胶由于尺寸小，具有很快的溶胀与去溶胀速率，对外界环境的变化具有灵敏的刺激响应性；微凝胶通常都是分散在溶剂中的，形成的“溶液”粘度低，便于注射与涂布；纳米微凝胶还具有独特的纳米结构特性如界面效应、表面效应、体积效应等。此外微凝胶具有优异的药物负载能力，较高的化学结构稳定性等，使得它在药物载体等生物医药领域的研究越来越受到关注。

微凝胶能通过离子键、氢键及疏水相互作用等将生物活性分子嵌合到交联的网络结构中。聚电解质微凝胶更能结合带有相反电荷的小分子药物、核酸类药物（siRNA，DNA 等）及蛋白质。各种经过化学修饰而具有特殊功能的微凝胶更能实现多种用途，例如通过修饰靶向分子使其具有靶向输送药物的能力；将可以酶促降解或刺激断裂的交联剂引入微凝胶体系，能实现细胞内的药物释放等。

Murthy 等制备了粒径在 200～500 nm、包裹有卵清蛋白的 pAAm 微凝胶，该微凝胶在 pH 7.4 溶液中没有出现明显的蛋白释放，而在 pH 5.0 溶液中，由于交联剂的降解，80% 的卵清蛋白得以释放[195]。Kim 等利用甲基丙烯酸缩水甘油酯右旋糖苷（Glycidyl Methacrylate Dextran）为主单体、聚乙二醇二甲基丙烯酸酯［Dimethacrylate Poly（Ethylene Glycol），pEGDMA］为交联剂制备了装载有疏水药物 Clonazepam 的凝胶纳米粒子，发现药物的释放与所处环境的 pH 以及可降解右旋糖苷的葡聚糖酶浓度有关[196]。凝胶作为药物的载体，除通常要求其可降解之外，还希望能有较高的药物装载量，且要求微凝胶能够将药物在指定区域释放，即实现靶向给药。为实现这些目的逐渐开发出核壳结构微凝胶、中空微胶囊等具有复杂结构的微凝胶。

7.5.2.1 微凝胶的制备

制备微凝胶常用的方法主要有沉淀聚合和乳液聚合。1986 年，Pelton 等首次采用沉淀聚合法合成了 pNIPAm 微凝胶。具体方法是将 NIPAm 单体以及交联剂 BIS 溶解在水中后，通入 N_2除氧并加热到 pNIPAm 的 LCST 以上（通常为 60℃ ~70℃），最后加入过硫酸铵（APS）等引发剂进行引发。

乳液聚合反应可以在正相或反相的微乳液中进行，这种方法最大的优势在于容易实现对微凝胶结构的控制，并且适用的单体及交联剂的类型非常广泛。采用乳液聚合法可以制备聚氧化乙烯与聚乙烯亚胺共聚物水凝胶纳米粒，它是一种由阳离子链聚乙烯亚胺与亲水性非离子链聚氧化乙烯组成的典型的分散共聚网络。聚氧化乙烯/聚乙烯亚胺水凝胶纳米粒具有溶胀的聚电解质网络和亲水性非离子网络的复合特性，即聚电解质能吸附反离子或大分子，使凝胶收缩，同时，非离子亲水性链能抑制凝胶收缩，并使颗粒稳定分散于连续相中。聚氧化乙烯/聚乙烯亚胺水凝胶纳米粒可与许多物质反应（包括阴离子乳化剂、聚核苷酸等），并能固定负电荷生物活性组分，如类维生素 A 酸、消炎痛、寡核苷酸或疏水性分子等。无皂乳液聚合是指完全不含乳化剂或只含微量乳化剂的乳液聚合，其中乳化剂所起的作用与传统的乳液聚合不同，其粒子的形成机理和粒子的稳定条件不同于传统的乳液聚合，纳米粒主要是通过结合在聚合物上的离子基团、亲水基团和分子间的范德华力稳定。引入这些基团的途径有三种：一是引发剂分解产生的碎片，二是聚合体系中加入离子型的共聚单体，三是体系中的亲水性单体的存在。这些基团在微凝胶粒子的表面形成一层保护层，它们之间的位阻效应是稳定粒子的根本所在。无皂乳液聚合实验中所加入的乳化剂的量一般小于乳化剂的临界胶束浓度，其作用是在反应过程中阻止粒子由于热运动和搅拌而产生的相互凝集，其本质是增加微凝胶表面的双电层的电量和空间位阻。

核壳结构微凝胶通常分为两类：①由凝胶类壳包裹非凝胶类核组成的复合粒子；②核与壳都由凝胶结构组成的核壳粒子。对于第一类核壳微凝胶，核通常由聚苯乙烯（Polystyrene, PS）、二氧化硅（Silica）以及纳米金等“硬材料”组成，壳层则通常采用具有响应性的高分子凝胶材料[197]。这种方法可以将响应性引入非响应性粒子并同时调节粒子的物理性能及稳定性，还可以提高粒子的化学反应活性。核壳微凝胶中，如果将微凝胶核溶解则可得到中空微胶囊。如 Zha 等合成了 pNIPAm 包裹二氧化硅的核壳微凝胶，该核壳微凝胶经氢氟酸处理后得到 pNIPAm 中空微胶囊[197]。Nayak 等尝试利用 DHEA 交联的 pNIPAm 为核制得了 pNIPAm－DHEA/pNIPAm－BIS 核壳微凝胶，然后通过加入 $NaIO_4$ 降解 DHEA 从而达到形成中空微胶囊的目的[198]。

7.5.2.2 微凝胶在生物材料中的应用

带有新官能团的纳米凝胶，有利于特定配体在纳米凝胶表面进行生物结合。这些配体能够识别坏死细胞上的受体，肿瘤细胞的有效配体包括叶酸衍生物、多肽等。在抗癌药物甲氨蝶呤存在的条件下，经改性的壳聚糖和三聚磷酸钠（TPP）发生交联生成壳聚糖基纳米凝胶。该凝胶随 pH 值的变化发生体积变化，粒径从 pH7.4 时的 180 nm 变化到 pH5.0 时的 450 nm。在生理环境 pH7.4 时甲氨蝶呤被包埋在纳米凝胶中，而在酸性条件下能从纳米凝胶中释放出来进入肿瘤细胞。此外，这种纳米凝胶和转铁蛋白（一种细胞靶向蛋白）生物结合，在水介质中有利于药物受体的内吞作用。由此得到的负载甲氨蝶呤的壳聚糖基纳米凝胶可用于细胞内 pH 控释的靶向癌症治疗。

纳米凝胶包裹口服药物不仅可降低胃酸、胃蛋白酶对药物的分解，而且能够促进那些口服吸收特异性很差的药物在肠道中的传递，延长药物作用时间。环孢素是临床上常用的一种抗器官移植排斥反应的药物，水溶性差，体内吸收缓慢不规则，其油性口服液及油溶液胶囊的口服生物利用度约为 30%。瑞士 Sandoz 公司通过微乳化制备的环孢素纳米凝胶软胶囊将其生物利用度提高了 1 倍。胰岛素的降糖疗效明显，因此被用于糖尿病治疗。但普通制剂的胰岛素直接使用后吸收率只有 1%，因此给药的关键是提高生物利用度。大量的研究证实，口服纳米囊可以保护胰岛素不被酶破坏，提高胰岛素的生物利用度，从而可以减少用药次数。用聚氰基丙烯酸异己酯纳米凝胶包裹胰岛素，给禁食的患有糖尿病大鼠单次灌胃，2 天后可起效，大鼠的血糖水平降低了 50% ~60%。用生物高分子和合成高分子复配制得的纳米凝胶包裹胰岛素，包封率可达约 100%，实验证明其缓释效果良好。这都是由于纳米凝胶的包裹使胰岛素免受分解蛋白酶的作用。

基因治疗是指用正常的基因整合入特定的细胞中，以校正或置换致病基因从而治疗人类疾病的一种治疗方法。基因治疗已被用于治疗多种疾病，如癌症、艾滋病和心血管疾病。在基因治疗中，DNA 必须被整合入靶细胞中，经过转录，基因所编码的信息必须最终被翻译成相应的蛋白。在此过程中，基因必须克服一系列障碍：①与血液成分和血管内皮细胞的相互作用；②被网状内皮组织系统的吸收；③被血清核酸酶的降解。游离态的基因很难克服这些障碍到达靶细胞。因此，基因需要载体来输送。此外，基因载体还要满足：①能够靶向特定的细胞；②穿越细胞膜；③逃避溶酶体的吸收和降解；④在细胞内，将 DNA 输送到细胞核。

目前，基因治疗使用最多的病毒性载体是腺病毒和逆转录病毒。病毒性载体的优势在于：它们天然具备穿越细胞并表达自身蛋白的能力。因此，病毒性载体能够保证高的转染效率和目的基因的迅速转录。然而，病毒性载体的应用也受到很多限制：首先是安全性问题；其次，只有较短的 DNA 片段能够插入病毒基因组中；再者，病毒在病人身上引起毒性、炎症反应和免疫反应；最后，体内使用时发生的插入突变和致癌性反应。病毒性载体的不足，特别是基于安全性的考虑，使非病毒性载体的研究越来越重要。

阳离子脂质体和阳离子聚合物是目前备受瞩目的两类非病毒载体。由于它们的阳离子性质，都能够与负电荷的 DNA 发生静电相互作用，形成复合物。在这些复合物中，DNA 能够受到很好的保护而免受核酸酶的降解，从而保证较高的转染效率。与病毒性载体相比，由阳离子磷脂所形成的脂质体具有低的免疫原性和制备简单的优势；然而，阳离子磷脂的毒性和较低的转染效率限制了脂质体作为基因载体的使用。另一方面，DNA 与阳离子聚合物所形成的聚电解质复合物比阳离子脂质体更加稳定，而阳离子聚合物的不足仍然是转染效率太低的问题。目前，用作基因载体的阳离子聚合物有明胶、聚乙烯亚胺、聚赖氨酸、聚凝胺、四氨基富勒烯、聚组氨酸接枝的聚赖氨酸共聚物和壳聚糖等。

7.5.3 自愈合水凝胶

自修复是活体组织最基本的性能之一，生物组织受损之后会发生高效而复杂的自修复过程，并可允许其承受反复的伤害，把生物学的概念引入高分子材料，形成具有自修复功能的智能型材料，称为自愈性材料。早在 20 世纪 80 年代中期，为了修复不可见的微缝隙，确保高分子材料的安全性，延长使用寿命，美国军方提出了自愈合材料的概念，它包括两个方面的意义：第一，具有自诊断能力，即体系在受到外界作用产生裂纹或损伤时能作出某种响应，感知这种裂纹或损伤；第二，具有自修复功能，感受到损伤后，愈合剂开始进行修复，完成材料性能和结构的恢复，自修复的核心是能量补给和物质补给。在近10年来的研究中自愈性水凝胶受到了越来越多的关注，已成为各国研究的热点和焦点问题。

早期的自愈性高分子材料主要集中于微胶囊、微管破裂引发再聚合实现自修复功能，目前的研究更多集中在通过对材料本身的结构设计实现对材料损伤的自修复。早期材料的自愈性可以算是修补过程，由于再聚合时需要引发相应的交联反应实现损伤部位的修补，因此这种自愈性通常只能实现一两次，无法重复修复损伤。目前的研究则倾向于利用材料本身的物理、化学结构特点，在一定刺激因子和外界能量输入下，启动自身结构变化达到自愈的效果。这类自愈性水凝胶由具有动态特性的交联网络构建形成，交联作用为动态化学键，即非共价键，如弱相互作用的氢键、分子间作用力（范德华力）、配位作用、亲疏水作用等，或可逆共价键，如温和条件下可逆的亚胺键、双硫键、酰腙键等。

将自愈性这一特点引入生物医用水凝胶，进一步增加了水凝胶的功能，拓展了它在生物领域的应用，并且具有重要的仿生意义。自愈性水凝胶能够更好地满足可注射水凝胶的要求，在注射过程中被破坏的结构可在生物体内实现自愈合。另外，自愈合性水凝胶作为三维细胞培养载体有着独特的优势，能够更好地模拟细胞生存环境，使得水凝胶内的细胞处于一种动态的环境之中，有助于细胞间的接触信息传递以及与环境的互动等。目前研究的自愈性水凝胶有相当一部分是在外界条件的刺激（如热、光）作用下实现修复过程的，而外界刺激在生物体内的使用有极大的限制，如微小的温度变化即有可能对生物组织产生不可逆危害。因此将自愈性水凝胶应用于生物医药领域，较理想的情况是采用无须借助外界能量输入的自发愈合体系，即基于动态建构化学设计具有动态交联网络结构的自愈性水凝胶。“动态建构化学”是由超分子化学之父 Lehn 提出的[199]，这一概念包括了动态共价化学和超分子化学，其中很多化学键都具有条件可逆平衡和对环境响应的特性，动态建构化学在水凝胶制备中的应用包括多种体系，包括基于超分子化学中弱相互作用力的物理型自愈性水凝胶和基于动态共价化学的化学型自愈性水凝胶。

7.5.3.1 物理交联的自愈性水凝胶

Tuncaboylu 等[200]在十二烷基磺酸钠（SDS）胶束中加入盐（NaCl），使长链的疏水单体如 C18 和 C22 等能够更多地进入胶束中，在胶束中引发亲水性单体丙烯酰胺和疏水性单体共聚制备了亲疏水嵌段的高分子，借助疏水相互作用能够形成具有超拉伸性能的 PAAM 自愈性水凝胶。由于该水凝胶交联点主要是物理交联的疏水相互作用，具有动态特性，因此该水凝胶有较好的拉伸性能（拉伸率达 3 600%），当受到外力发生断裂后，断面相互接触即可自愈，且自愈后的材料拉伸性能没有受到影响[201]。在这个体系中亲疏水性单体的比例可调，因此材料的自愈性与拉伸性在一定范围内可调。胶束在这个体系中对材料的力学性能和自愈性起着重要作用，只有在胶束存在的情况下，材料才具有灵活可动的交联点并具有超拉伸性和自愈性，当体系中的胶束被除掉，链段之间的疏水作用变强，拉伸性能和自愈性都受到影响。

利用多重氢键的作用也可以构建自愈性水凝胶。由 2－脲基－4－嘧啶酮（UPy）与水溶性高分子单体如 2－二甲氨基丙烯酸乙酯（DMAEMA）共聚，得到侧链带有 UPy 基团的高分子，通过 UPy 基团间的多重氢键作用，当体系 pH 值由酸性调为碱性（$pH > 8$）时，高分子交联形成水凝胶[202]，在较低温度下，水凝胶破坏后自愈可快速实现，当温度高于聚 DMAE-

MA 链的临界转变温度（LCST≈50℃）时，高分子链舒展，链间距离变大，UPy 基团间的氢键相互作用变弱，使得水凝胶无法自愈合。Tee 等[203]利用多重氢键的相互作用制备了在室温下能够快速愈合的水凝胶，并在高分子网络中加入表面具有特殊纳米结构的镍颗粒赋予材料压电响应性，自愈后的材料除了力学性能，导电能力也能得到恢复，这种多功能的自愈合材料是自愈合领域的新方向，体现了自愈合不仅仅局限于物理伤口或力学性能的愈合，而是一种多功能相互作用的平衡。

利用无机粘土原位聚合的高分子水凝胶也具有自愈性，粘土片层与高分子链间的氢键以及高分子链间的缠结等相互作用使得水凝胶网络具有流动性，实验结果表明不论水凝胶断面是否新鲜，只要提高温度（50°C），体系就具有良好的自愈性[204]。

多巴胺是一种生物配体，多巴胺的儿茶酚基团与金属离子存在着可以通过酸碱变化调控的配位作用，这一作用也被应用于动态自愈性水凝胶的研究中[205]。Holten - Andersen 等[206]利用多巴胺与三价铁离子（Fe^{3+}）在不同 pH 值环境下配位强弱的不同，制备了 pH 诱导的金属配位型自愈性水凝胶，随着 pH 值增大，多巴胺与 Fe^{3+} 发生一配位到稳定三配位的转变，引起凝胶形态的变化，同时伴随着凝胶颜色由深绿色向深红色的逐渐转变。

7.5.3.2 化学交联的自愈性水凝胶

比较常见动态共价键如图 7 - 8 所示，主要有：Diels - Alder 双烯加成反应、光照［2 + 2］环加成反应、酯交换反应、醚交换反应、可逆亚胺键（ - C = N - ）、可逆酰腙键（ - HC = N - NH - CO - ）、双硫键（ - S - S - ）、烷氧胺键、三硫酯等[207]。

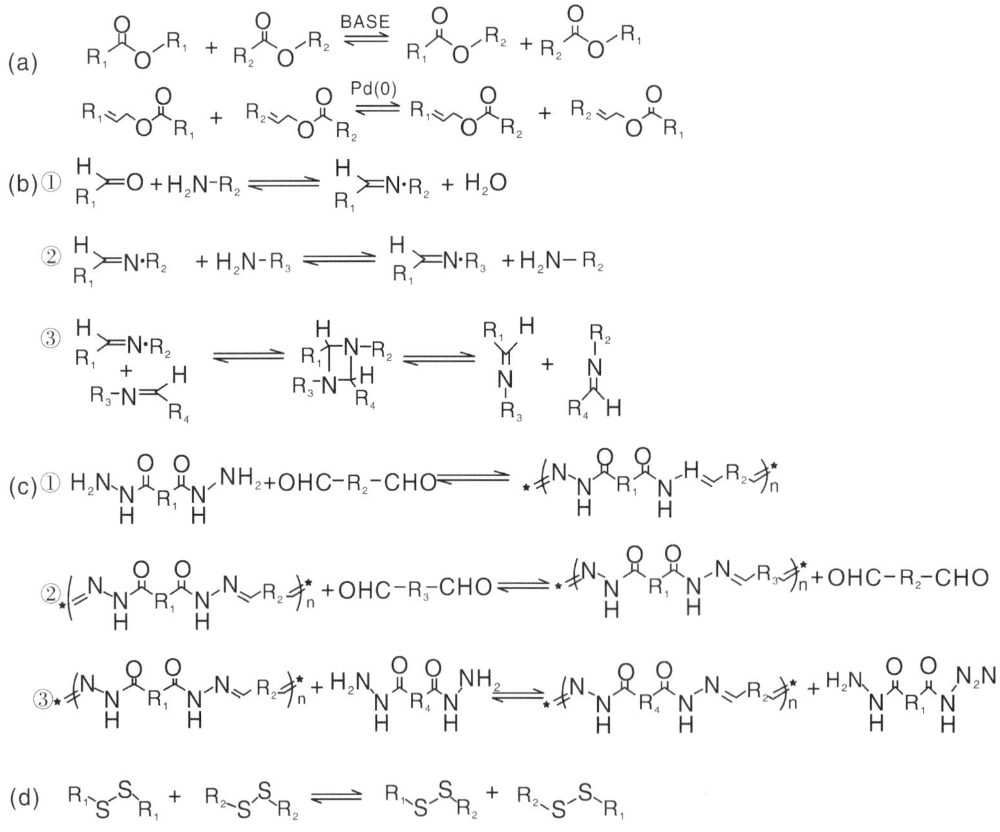

图 7 - 8　可逆共价键的主要反应类型

酰肼和醛或者酮反应生成的酰腙键在动态共价键中属于结合较稳定的一类，酰腙键形成简单、产物结构灵活多变、交换反应不需要苛刻的条件，在生物医学领域具有潜在的应用价值。Deng 等[208]利用酰腙键的动态平衡和小分子交联剂在界面间的扩散，采用两端酰肼封端的聚乙二醇（PEG）与三端修饰苯甲醛基的小分子交联剂在酸催化作用下形成了具有酸碱响应特性的水凝胶，该水凝胶的断面在室温下相互接触一段时间即可实现自愈。该研究组在此基础上合成了三端修饰苯甲醛基的三臂聚乙二醇，与中间为双硫键连接的两端酰肼的小分子交联剂在室温下形成水凝胶[209]，由于酰腙键和双硫键分别具有酸碱响应性和氧化还原响应性，使得水凝胶在加入酸、碱、氧化还原物质时表现出了溶胶—凝胶转变，这种结合了两个动态可逆键构筑的自愈性多响应性水凝胶为自愈性水凝胶的发展提供了新的思路。

亚胺键在动态化学中也扮演了重要的角色，亚胺键对于不同反应底物的平衡常数范围很广，如不同的氨基和醛基在不同环境条件（如不同 pH 值、不同溶剂体系等）下存在丰富的变化情况，为材料提供了更多的可调控性。目前广泛应用于生物医用材料中的高分子如壳聚糖、聚赖氨酸、聚乙烯亚胺、葡聚糖、蛋白质及多肽等物质含有丰富的氨基，因此亚胺键在自愈性水凝胶中具有良好的应用前景。

Zhang 等[210]利用天然高分子壳聚糖上丰富的氨基与两端被苯甲醛基修饰的聚乙二醇，在室温下快速形成自愈性水凝胶。该水凝胶的网络交联点为亚胺键，由于水凝胶中大量存在的水分和壳聚糖溶解时的酸性环境，使得体系中亚胺键的平衡常数较低，因此存在大量的分子间和分子内的相互交换而使得整个水凝胶具有动态网络结构，可以在不借助外力的条件下实现快速愈合。在水凝胶被打孔后界面提供的微小能量即使水凝胶产生流动相，一段时间后孔洞消失，材料完成自愈合。该课题组又将磁性纳米四氧化三铁加入水凝胶体系[211]，制备了磁性可变形的自愈性水凝胶，在磁铁的引导下水凝胶能够通过变形或自身分裂通过比自身尺寸狭窄的通道。

7.5.4 分子印迹水凝胶

分子印迹技术是近几十年来迅猛发展的一种新兴技术，是指为获得具有在空间结构和结合位点上与模板分子完全匹配的三维空穴的聚合物的实验制备技术。分子印迹技术模拟生物界的抗体—抗原作用原理，当体系中存在着模板分子时，将具有结构上互补的功能单体通过共价键或非共价键（主要作用力为氢键、离子键、偶极、金属螯合、疏水作用、范德华力）与模板分子结合，功能单体通过聚合使这些模板分子以互补的形式固定下来。聚合后，除去模板分子，从而使获得的聚合物能专一性地结合模板分子或类似物。这种聚合物被称为分子印迹聚合物（Molecularly Lmprinted Polymers，MIPs）。将分子印迹技术与智能水凝胶相结合，不仅可以提高水凝胶分子网络对特定分子的结合力，而且能够根据外界环境变化控制水凝胶对特定分子记忆功能的开关，实现自动识别并结合或释放特定分子；同时外界特定分子浓度的变化也能刺激水凝胶溶胀或收缩，从而控制水凝胶中包埋物质的释放。尽管分子印迹智能水凝胶目前还处于初级研究阶段，制备技术还有待进一步完善，但其显著的优越性能已引起了越来越多的关注，可以推测智能分子印迹水凝胶在免疫诊断、药物控制释放、生物传感器等领域中有着巨大的发展潜力[212]。

Tanaka 等[213]以钙离子为模板，异丙基丙烯酰胺和丙烯酸为功能单体，BIS 为交联剂，制备了 Ca^{2+} 印迹水凝胶。室温下水凝胶在水中溶胀，其中的结合位点相互远离而无法结合

Ca^{2+}；而当温度高于临界共溶温度时，水凝胶体积收缩，结合位点相互靠近，吸附溶液中的Ca^{2+}，钙离子印迹水凝胶对Ca^{2+}的吸附容量和选择性远远大于非印迹水凝胶。Demirel 等[214]以N，N－亚甲基双丙烯酰胺（BIS）为交联剂，以过硫酸铵（APS）和N，N，N，N－四甲基乙二胺（TEMED）引发N－叔丁基丙烯酰胺（TBA）、丙烯酰胺（AAm）和顺丁烯二酸（MA）进行交联共聚，对牛血清蛋白（BSA）进行印迹，制备了可识别BSA的pH、温度双敏感BSA分子印迹P（TBA－co－AAm/MA）智能水凝胶。它在pH＝5左右时对BSA的吸附容量最大，随温度升高其吸附容量降低，并在各种条件下对BSA的吸附容量均比非印迹水凝胶高得多。Oral 等[215]以D－葡萄糖为模板，利用聚乙二醇－600双甲基丙烯酸酯与甲基丙烯酸共聚制备了具有pH敏感性的分子印迹智能水凝胶，pH＝4.5时发生体积相变，凝胶在收缩状态时能够识别葡萄糖分子。

智能水凝胶可以响应温度、pH、电场、磁场、光和压力等多重刺激，因此有望制备电敏分子印迹智能水凝胶、光敏分子印迹智能水凝胶和多重响应的分子印迹智能水凝胶。分子印迹智能水凝胶结合了分子识别和感应—响应两大功能，在药物控制释放、生物传感和免疫分析等领域有着广阔的应用前景，目前对分子印迹智能水凝胶的可控识别机理的研究仍停留在定性水平，有关其热力学和动力学的研究，如何从分子水平上更好地理解其响应过程和识别过程等都是亟待解决的问题。

7.6 凝胶态的应用

7.6.1 组织工程支架材料

组织工程三维支架主要分为预成型支架和可注射支架。预成型支架是在体外制备的具有固定形状的三维支架，材料具有特定微观结构，细胞可深入支架内部生长，同时营养物质和代谢产物可渗入支架内与细胞进行交换，从而实现立体培养。该类支架的微观结构如孔径和孔隙率易于调控，易保持宏观形状，并可进行二次加工，但必须通过外科手术植入。

水凝胶的力学性能与天然生物组织类似，作为组织工程支架材料，可以为组织的修复和构建提供空间和力学支撑，细胞能够在水凝胶的三维网络结构中粘附和增殖。在水凝胶结构中引入含肽区域能够显著提高细胞粘附，多项研究表明RGD能够显著促进细胞粘附，多种细胞倾向于与RGD结合，包括成纤维细胞、内皮细胞（ECS）、平滑肌肉细胞（SMCs）、成骨细胞等。RGD可以修饰在水凝胶表面或整个水凝胶体系中，能够提高组织再生过程中细胞的迁移、增殖和生长。

组织工程支架的基本作用是维持细胞增殖和分布，支架材料在降解前都具有完整的结构，因此在水凝胶的设计中，支架的降解和组织再生的空间替换是其中的关键因素之一。组织工程支架材料的降解在组织修复中扮演着重要的角色，相关研究证明，在光引发交联的PEG水凝胶中负载软骨细胞用于软骨再生，凝胶形成后，细胞在水凝胶中存活且分散均匀，但由于支架材料不降解，随着时间推移细胞数量呈下降趋势。而在可降解的PEG光聚合水凝胶中培养的血管内皮细胞能够均匀分布且增殖活跃。Mann 等[216]利用接枝RGD多肽的PEG水凝胶，通过光聚合交联形成平滑肌细胞支架，细胞在支架上能够正常生存、增殖并产生基质蛋白。细胞在蛋白降解的支架上扩散并迁移，但是在不降解的水凝胶支架上呈球形堆积状态，研究表明在可降解水凝胶上的细胞比不可降解水凝胶上生长的细胞具有更快的增殖速度并产生更多的细胞外基质。

开发可注射的水凝胶材料是水凝胶在生物材料领域的重点之一，水相的凝胶网络前驱体和生物反应剂使用注射器进行控制，一旦进入体内后便发生凝胶化反应。凝胶化反应能够在温和的条件下进行，由于物理变化如 pH 值、温度、离子浓度，化学反应如迈克尔加成反应、Schiff 碱反应、二硫键形成等。可注射型组织工程支架能够适应微创外科技术发展的要求，最大限度地减小植入对肌体组织的损伤，并且更适合治疗形状不规则的组织缺损。同时能够简单而有效地封装细胞和活性药物，在进入体内后可注射水凝胶在原位形成组织结构，提供局部生物和机械的诱因，可增强组织的再生。因此，可注射水凝胶在生物医学和制药领域有着广阔的应用前景，如药物/基因/细胞传输的载体和组织工程支架材料等。

作为创造体内三维微环境的基础，可注射水凝胶需要满足几个要求：①应由具有生物相容性的材料制成，并且降解产物也应该具有生物相容性；②凝胶前应具有合适的粘度，能够使负载的药物或细胞均匀分散；③在体外或体内注射后，应具有温和的凝胶化条件和适当的凝胶程度，以避免毒性，剧烈反应造成的过热，迅速外渗到周围组织等不良影响；④水凝胶应该具有足够的稳定性和韧性，在控释中能够避免突释，能够承受一定的压力等外力作用并与周围组织的力学强度相匹配，以抵抗邻近软组织的入侵和运动，保持一个相对稳定的环境并维持细胞的活性；⑤应具有足够的孔隙率，孔径连通，为氧气和营养物质的自由交换提供足够的空间；⑥构成水凝胶的材料应该可生物降解，为细胞的生长和重排以及新组织的构建提供空间。

7.6.2 阻隔膜

为了提高受损组织的愈合效果，水凝胶可以作为阻隔膜，阻止手术后由组织粘连引起的再狭窄或血栓。研究表明通过界面聚合的方法合成的薄水凝胶层可以减少手术部位内膜增厚及血栓形成，主要是因为薄层水凝胶的存在可以作为栅栏阻隔血小板、凝血因子及血浆蛋白与血管壁的接触。这些物质与血管壁细胞的接触会刺激平滑肌细胞增殖、迁移、分化和细胞外基质合成，从而导致血栓的形成。同时水凝胶阻隔膜可以防止手术后的组织粘连，光交联的 PEG 水凝胶通过本体聚合在腹腔内表面原位形成水凝胶，可以防止组织表面纤维蛋白沉积和成纤维细胞附着，从而减少蛋白吸附和扩散，因而可以将细胞粘附的程度降到最低。

7.6.3 细胞微载体

免疫隔离技术（Immunoisolation）是将待移植的同种或异种细胞或细胞群用具有选择性的半透膜包裹或隔离开来，使其免遭宿主免疫系统的攻击排斥而长期存活。半透膜可选择性渗透移植细胞生存所需的营养物质和氧气、被隔离细胞的分泌和代谢产物，而宿主免疫细胞（如淋巴细胞、巨噬细胞）和免疫分子（如免疫球蛋白、补体、细胞因子等）不能通过半透膜进入其中。因此，在不需使用抗免疫排斥药物的情况下，被植入的隔离细胞可以不受宿主的免疫排斥而长期存活，发挥其生物学功能，用于治疗疾病。水凝胶可以提供细胞免疫隔离，同时允许氧、氮和新陈代谢产物扩散到水凝胶中进行交换，因此可作为细胞微载体用于免疫隔离和细胞移植。

1980 年 Lim 和 Sun 首创用海藻酸钠—聚赖氨酸—海藻酸钠［Alginate－Poly（L）lysine－Alginat，APA］制成的微囊包裹胰岛进行同种鼠胰岛移植获得成功[217]。APA 微囊作为一种免疫隔离技术，具有体积微小、生物相容性好、面积体积比高和便于移植等优点。目前，这种技术已成为研究最多、应用最广泛、前景最佳的免疫隔离技术，且其可行性已被证实。光聚合的

PEG 水凝胶微球也被用来移植胰岛细胞[218]，封装的胰岛细胞可以长时间保持活性，并且水凝胶可以维持其免疫隔离功能。

7.6.4 药物载体

水凝胶的交联网络是不溶于但可以吸收大量的水的高分子材料，柔软、有弹性，其物理化学性质类似活体组织，具有良好的生物相容性和无毒性，因此水凝胶在药物输送中的应用引起了研究者的广泛关注。水凝胶很容易进行调节而变成高度多孔的结构，这些结构可以通过控制凝胶基质的交联密度和水凝胶在水环境中的溶胀亲和力来进行调控。它们的孔隙结构也允许药物分子负载到凝胶基质中，随后以一定的速度进行药物释放，释放速度依赖于小分子或大分子在凝胶网络中的扩散系数。事实上，药物输送水凝胶的优势很大程度上是其药代动力学，主要是制备一个药库，然后药物缓慢洗脱，虽然它们也可以用于全身药物递送，但主要是在较长时间内保持对周围组织较高的局部药物浓度。

用于控释给药体系的水凝胶具有以下特性：①亲水性，水凝胶中亲水基（－OH、－COOH、－CONH－、－$CONH_2$等）的存在，使其在生理温度、pH 及离子强度等条件下可吸水膨胀，这一性质可有效促进疏水性药物的溶解，并确保水凝胶其他特殊性质的发挥。②生物相容性，水凝胶具有良好的生物相容性，聚合物网络中吸收了大量的水分子，较大程度上伸展了被交联的大分子链，使整个材料具备一种流体的性质，这与肌体组织很相似，柔软、润滑的表面提供了与组织表面亲和的环境。另一个原因是凝胶具有多孔、大孔网络，水或其他溶剂易于通过，制备凝胶过程中残留的单体、引发剂及副产物等杂质在纯化过程中易被清除，因此，导致生物相容性差的杂质不易被包埋其中。③多效性，水凝胶具有优良的理化性能和生物学特性，可控制药物释放，并具有生物降解性、生物粘附作用。有些水凝胶材料还具有 pH 敏感性、温度敏感性等性能。④多用途，水凝胶优良的理化性质，使其不仅可被制成传统剂型，如片剂、胶囊剂、软膏，还可被广泛用于多种新型给药系统，如脉冲给药制剂、药物自调给药体系等。而且水凝胶给药体系可通过多种方式和途径给药，如通过口腔黏膜、消化道、直肠给药，还可通过鼻腔、眼部、皮肤给药，使用灵活、方便。

水凝胶制剂具有良好的缓、控释效果，可有效延长药物在体内的吸收，提高生物利用度。某些水凝胶制剂还可以根据生命节律调节药物释放，以最大限度地发挥药物效能及降低副作用。由于人体的胃肠液的 pH 值存在差异，故可考虑采用 pH 敏感水凝胶制剂进行定位释药。在消化道口服给药时，根据治疗的需要并结合药物的特性，药物能在不同部位如胃、小肠、大肠或结肠处定位给药。近年来，pH 敏感性水凝胶作为药物释放体系的应用愈来愈受到人们的关注。

水凝胶常常用来作为局部药物仓库，是因为它们的亲水性和良好的生物相容性，从而控制药物释放的速率并可以从生物刺激的作用下智能释放。大分子药物，比如蛋白质或者寡核苷酸都是亲水的，与水凝胶有着天然的相容性。通过控制膨胀度、交联密度、降解速率，释放动力学可以根据所需的药物释放时间来设计。此外，光聚合水凝胶尤其适合局部药物释放，因为当它们合成的时候可以自行粘附到目标组织。载药的可生物降解的光聚合水凝胶能够在腹腔组织原位形成，并局部释放组织型纤溶酶原激活剂、尿激酶型纤溶酶原激活剂与降纤酶[219,220]。这些系统与单独使用腹腔注射或是水凝胶阻隔膜相比，可以更好地减少组织粘附。通过界面聚合在血管内表面形成的水凝胶已经被用于血管内药物释放。这些凝胶可以是双层的，远离血管壁层（内层）比靠近血管壁层（外层）有更低的渗透性。较低的分子量聚合物前体用来形成内层管腔，从而使其渗透性低。这个双层水凝胶结构的作用是加快释放蛋白到动脉媒介。这个多层结构在非均匀浓度溶液的药物释放也很有用，改变每层的厚度让溶质在每一层的扩散系数都不同，从而可以使其在非均一体系进行治疗释放。此外，在多层结构的合成过程中，可以将不同药物浓度包埋到每一层中，从而得到最佳的释放过程。Ladet 等[58]的最近研究工作表明这种多层水凝胶可以通过大分子聚电解质的自组装制备。这些类洋葱结构在组织工程中有潜在的应用，因为不同药物浓度、细胞封装、生物粘合剂和阻隔膜等可以按一定顺序插入不同层。

7.7 展望

水凝胶具有良好的生物相容性，高度可控的三维结构，并且有效成分、合成技术、制造方法的选择余地较大，因此在组织工程、药物释放等生物材料领域有着良好的应用前景。

如何巧妙地整合各种材料的优点，重塑天然组织的微结构将成为发展生物医用水凝胶的关键因素。体内细胞外基质的外源性信号，在细胞的行为和命运中发挥着重要作用，因此如何通过调节具体的相互作用，设计具有生物活性功能的仿生水凝胶是一个巨大的挑战。例如如何提供生物活性的配体、如何能够对细胞分泌的信号作出反应、如何引导蛋白重塑、如何在局部聚集特定细胞等。水凝胶中多种生物元素的组合，可以产生协同效应和良好的水凝胶/细胞相互作用。目前的水凝胶能够模仿天然细胞外基质的化学组成和浓度等方面的特点，但是很难使用人工的 ECM 网络构建具有恰当的时间和空间复杂性的结构，这也是控制细胞行为，如粘附、生存、迁移、增殖和分化以及接下来具体组织和器官分化的关键因素。纳米或微颗粒也可以纳入凝胶以暂时控制药物或生物活性因子的释放用于细胞转染或分化。生物活性因子在聚合物上的分布以及它们之间的距离可通过调整细胞的应激反应优化细胞在二维和三维凝胶上的粘附和增殖。

近年来微技术的应用为构建类组织结构和功能的水凝胶提供了一些有效的方法[221]，根据交联方式来分类主要包括乳化法、微模具法、光刻蚀法和微流体技术。例如，在肺组织中，肺脏功能是由结构上的重复单元——肺叶来完成的。采用微技术构建六边形结构的肺叶，就有可能复制肺的部分功能，这些结构单元可以在填充床进行组装，从而制备模仿天然组织的结构和功能的器官[222]。微流体技术可用于构建具有复杂三维结构的水凝胶，例如水凝胶中所含的活性因子具有浓度梯度[223]或水凝胶材料具有弹性梯度[224]，并且可以负载多种类型细胞[225]。微流体技术和平版印刷技术相结合，可以制备负载细胞且形态可控的水凝胶[226]。

生物材料和组织工程领域的研究目标在于实现产品在临床中的实际应用，应该广泛关注材料科学、干细胞科学、血管生成、分子生物学等能够为再生医学和组织工程技术带来飞跃的领域。理想的生物材料应该具有智能的自诱导特征，能够灵活提供生物体所需的相关功能。此外，还应该继续关注微加工等加工工艺和方法，以使工程组织中的复杂器官的构建变成现实。

【参考文献】

1. Tanaka T. , Fillmore D. , Sun S – T. , Nishio I. , Swislow G. , Shah A. . Phase Transitions in Ionic Gels. *Physical Review Letters*, 1980 (45): pp. 1636 – 1639.
2. Hermans J. J. , Hermans P. H. . *Colloid Science II. Kruyt H. R. Ed.* , New York: Elsevier, 1949. p. 131.
3. Ferry J. D. . *Viscoelastic Properties of Polymers.* 3rd. New York: John Wiley, 1980. p. 529.
4. Almdal K. , Dyre J. , Hvidt S. , Kramer O. . Towards a Phenomenological Definition of the Term "Gel" . *Polymer Network*, 1993 (1): pp. 5 – 7.
5. 顾雪蓉, 朱育平 . 凝胶化学（第一版）. 北京: 化学工业出版社, 2005. 1 ~ 12.
6. Shelton R. , Rasmussen A. , Davies J. . Protein Adsorption at the Interface Between Charged Polymer Substrata and Migrating Osteoblasts. *Biomaterials*, 1988 (9): pp. 24 – 29.
7. Carothers WH. . Polymers and Polyfunctionality. *Transactions of the Faraday Society*, 1936 (32): pp. 39 – 53.
8. Flory PJ. . Molecular Size Distribution in Three Dimensional Polymers I. Gelation 1. *Journal of the American Chemical Society*, 1941 (63): pp. 3083 – 3090.
9. Stockmayer WH. . Theory of Molecular Size Distribution and Gel Formation in Branched – chain Polymers. *The Journal of Chemical Physics*, 1943 (11): p. 45.
10. Stockmayer WH. . Theory of Molecular Size Distribution and Gel Formation in Branched Polymers II. General Cross Linking. *The Journal of Chemical Physics*, 1944 (12): p. 125.
11. Flory P. J. . *Principles of Polymer Chemistry.* New York: Cornell University Press, 1953.
12. Ziff R. , Stell G. . Kinetics of Polymer Gelation. *The Journal of Chemical Physics*, 1980 (73): p. 3492.
13. Fukutomi T. . A Method to Determine the Most Suitable Model of Coagulation Regarded as a Gelation Process. *Macromolecules*, 1991 (24): pp. 616 – 617.
14. Stauffer D. , Coniglio A. , Adam M. . Gelation and Critical Phenomena. *Polymer Networks*: *Springer*, 1982. pp. 103 – 158.
15. de Gennes P. G. . *Scaling Concept in Polymer Physics.* Ithaca, N. Y. : Cornell University, 1979.
16. Te Nijenhuis K. . Investigation into the Ageing Process in Gels of Gelatin/Water Systems by the Measurement of Their Dynamic Moduli. *Colloid and Polymer Science*, 1981 (259): pp. 522 – 535.
17. Ross – Murphy SB. . Structure and Rheology of Gelatin Gels: Recent Progress. *Polymer*, 1992 (33): pp. 2622 – 2627.
18. Winter HH. , Morganelli P. , Chambon F. . Stoichiometry Effects on Rheology of Model Polyurethanes at the Gel Point. *Macromolecules*, 1988 (21): pp. 532 – 535.
19. Te Nijenhuis K. , Winter HH. . Mechanical Properties at the Gel Point of a Crystallizing Poly (Vinyl Chloride) Solution. *Macromolecules*, 1989 (22): pp. 411 – 414.
20. Flory PJ. , Rehner Jr. J. . Statistical Mechanics of Cross – Linked Polymer Networks II. Swelling. *The Journal of Chemical Physics*, 1943 (11): p. 521.
21. Peppas NA. , Merrill EW. . Crosslinked Poly (Vinyl Alcohol) Hydrogels as Swollen Elastic Networks. *Journal of Applied Polymer Science*, 1977 (21): pp. 1763 – 1770.
22. Brannon – Peppas L. , Peppas NA. . Equilibrium Swelling Behavior of pH – sensitive Hydrogels. *Chemical Engineering Science*, 1991 (46): pp. 715 – 722.
23. Chen RR, , Mooney DJ. . Polymeric Growth Factor Delivery Strategies for Tissue Engineering. *Pharmaceutical Research*, 2003 (20): pp. 1103 – 1112.
24. Slaughter BV. , Khurshid SS. , Fisher OZ. , Khademhosseini A. , Peppas NA. . Hydrogels in Regenerative Medicine. *Advanced Materials*, 2009 (21): pp. 3307 – 3329.
25. Am Ende M. , Hariharan D. , Peppas N. . Factors Influencing Drug and Protein Transport and Release from Ionic Hydrogels. *Reactive Polymers*, 1995 (25): pp. 127 – 137.

26. Brannon – Peppas L. , Peppas NA. . Solute and Penetrant Diffusion in Swellable Polymers. Ⅸ. The Mechanisms of Drug Release from pH – sensitive Swelling – controlled Systems. *Journal of Controlled Release*, 1989 (8): pp. 267 – 274.
27. Collins MC. , Ramirez WF. . Transport Through Polymeric Membranes. *Journal of Physical Chemistry*, 1979 (83): pp. 2294 – 2301.
28. Gudeman LF. , Peppas NA. . pH – sensitive Membranes from Poly (Vinyl Alcohol) /Poly (Acrylic acid) Interpenetrating Networks. *Journal of Membrane Science*, 1995 (107): pp. 239 – 248.
29. Crank J. . *The Mathematics of Diffusion*. 2nd ed. Oxford: Oxford Science Publications, 1975.
30. G. S. Crank JP. . *Diffusion in Polymers*. New York: Academic, 1968. p. 452.
31. Renkin EM. . Filtration, Diffusion, and Molecular Sieving Through Porous Cellulose Membranes. *The Journal of General Physiology*. 1954 (38): pp. 225 – 243.
32. Pappenheimer JR. . Passage of Molecules Through Capillary Walls. *Physiological Reviews*, 1953 (33): pp. 387 – 423.
33. Anderson JL. , Quinn JA. . Restricted Transport in Small Pores: A Model for Steric Exclusion and Hindered Particle Motion. *Biophysical Journal*, 1974 (14): pp. 50 – 130.
34. Peppas NA. , Reinhart CT. . Solute Diffusion in Swollen Membranes. Part I. A New Theory. *Journal of Membrane Science*, 1983 (15): pp. 275 – 287.
35. Reinhart CT. , Peppas NA. . Solute Diffusion in Swollen Membranes. Part Ⅱ. Influence of Crosslinking on Diffusive Properties. *Journal of Membrane Science*, 1984 (18): pp. 227 – 239.
36. Sassi AP. , Blanch HW. , Prausnitz JM. . Characterization of Size – exclusion Effects in Highly Swollen Hydrogels: Correlation and Prediction. *Journal of Applied Polymer Science*, 1996 (59): pp. 1337 – 1346.
37. Am Ende MT. , Peppas NA. . Transport of Ionizable Drugs and Proteins in Crosslinked Poly (Acrylic Acid) and Poly (Acrylic Acid – co – 2 – hydroxyethyl Methacrylate) Hydrogels. I. Polymer Characterization. *Journal of Applied Polymer Science*, 1996 (59): pp. 673 – 685.
38. Amsden B. . Solute Diffusion Within Hydrogels. *Mechanisms and Models. Macromolecules*, 1998 (31): pp. 8382 – 8395.
39. Muhr AH. , Blanshard J. . Diffusion in Gels. *Polymer*, 1982 (23): pp. 1012 – 1026.
40. Peppas NA. , Meadows DL. . Macromolecular Structure and Solute Diffusion in Membranes: An Overview of Recent Theories. *Journal of Membrane Science*, 1983 (16): pp. 361 – 377.
41. 纪明侯. 海藻化学（第一版）. 北京：科学出版社, 1997. 263.
42. Matsumoto T. , Kawai M. , Masuda T. . Influence of Concentration and Mannuronate/Guluronate [Correction of Cluconate] Ratio on Steady Flow Properties of Alginate Aqueous Systems. *Biorheology*, 1992 (29): p. 411.
43. Stokke BT. , Smidsrød O. , Zanetti F. , Strand W. , Skjåk – Bræk G. . Distribution of Uronate Residues in Alginate Chains in Relation to Alginate Gelling Properties—2: Enrichment of β – d – mannuronic Acid and Depletion of α – l – guluronic Acid in Sol Fraction. *Carbohydrate Polymers*, 1993 (21): pp. 39 – 46.
44. Draget K. , Skjåk Bræk G, Smidsrød O. . Alginic Acid Gels: the Effect of Alginate Chemical Composition and Molecular Weight. *Carbohydrate Polymers*, 1994 (25): pp. 31 – 38.
45. Hwang S – J. , Rhee GJ. , Lee KM. , Oh K – H. , Kim C – K. . Release Characteristics of Ibuprofen from Excipient – loaded Alginate Gel Beads. *International Journal of Pharmaceutics*, 1995 (116): pp. 125 – 128.
46. Tateshita K. , Sugawara S. , Imai T. , Otagiri M. . Preparation and Evaluation of a Controlled – release Formulation of Nifedipine Using Alginate Gel Beads. *Biological & Pharmaceutical Bulletin*, 1993 (16): p. 420.
47. Shiraishi S. , Imai T. , Otagiri M. . Controlled – release Preparation of Indomethacin Using Calcium Alginate Gel. *Biol. Pharm. Bull.* , 1993 (16): pp. 1164 – 1168.
48. Cao L. , Arany PR. , Wang Y – S. , Mooney DJ. . Promoting Angiogenesis Via Manipulation of VEGF Responsive-

ness with Notch Signaling. *Biomaterials*, 2009 (30): pp. 4085 – 4093.

49. Choi DH., Park CH., Kim IH., Chun HJ., Park K., Han DK.. Fabrication of Core – shell Microcapsules Using PLGA and Alginate for Dual Growth Factor Delivery System. *Journal of Controlled Release*, 2010 (147): pp. 193 – 201.
50. Stevens MM., Qanadilo HF., Langer R., Prasad Shastri V.. A Rapid – curing Alginate Gel System: Utility in Periosteum – derived Cartilage Tissue Engineering. *Biomaterials*, 2004 (25): pp. 887 – 894.
51. Lu L., Qi Y., Zhou C., Jiao Y.. Rapidly in Situ Forming Biodegradable Hydrogels by Combining Alginate and Hydroxyapatite Nanocrystal. *Science in China Series E: Technological Sciences*, 2010 (53): pp. 272 – 277.
52. Bouhadir KH., Lee KY., Alsberg E., Damm KL., Anderson KW., Mooney DJ.. Degradation of Partially Oxidized Alginate and Its Potential Application for Tissue Engineering. *Biotechnology Progress*, 2001 (17): pp. 945 – 950.
53. Lee CS., Gleghorn JP., Won Choi N., Cabodi M., Stroock AD., Bonassar LJ.. Integration of Layered Chondrocyte – seeded Alginate Hydrogel Scaffolds. *Biomaterials*, 2007 (28): pp. 2987 – 2993.
54. Thumbs J., Kohler H – H.. Capillaries in Alginate Gel as an Example of Dissipative Structure Formation. *Chemical Physics*, 1996 (208): pp. 9 – 24.
55. Prang P., Müller R., Eljaouhari A., Heckmann K., Kunz W., Weber T., et al.. The Promotion of Oriented Axonal Regrowth in the Injured Spinal Cord by Alginate – based Anisotropic Capillary Hydrogels. *Biomaterials*, 2006 (27): pp. 3560 – 3569.
56. Cabodi M., Choi NW., Gleghorn JP., Lee CS., Bonassar LJ., Stroock AD.. A Microfluidic Biomaterial. *Journal of the American Chemical Society*, 2005 (127): pp. 13788 – 13789.
57. Choi NW., Cabodi M., Held B., Gleghorn JP., Bonassar LJ., Stroock AD.. Microfluidic Scaffolds for Tissue Engineering. *Nature Materials*, 2007 (6): pp. 908 – 915.
58. Ladet S., David L., Domard A.. Multi – membrane Hydrogels. *Nature*, 2008 (452): pp. 76 – 79.
59. Dai H., Li X., Long Y., Wu J., Liang S., Zhang X., et al.. Multi – membrane Hydrogel Fabricated by Facile Dynamic Self – assembly. *Soft Matter*, 2009 (5): pp. 1987 – 1989.
60. Draget KI., Stokke BT., Yuguchi Y., Urakawa H., Kajiwara K.. Small – angle X – ray Scattering and Rheological Characterization of Alginate Gels. 3. Alginic Acid Gels. *Biomacromolecules*, 2003 (4): pp. 1661 – 1668.
61. Balakrishnan B., Jayakrishnan A.. Self – cross – linking Biopolymers as Injectable in Situ Forming Biodegradable Scaffolds. *Biomaterials*, 2005 (26): pp. 3941 – 3951.
62. Park D – J., Choi B – H., Zhu S – J., Huh J – Y., Kim B – Y., Lee S – H.. Injectable Bone Using Chitosan – alginate Gel/Mesenchymal Stem Cells/BMP – 2 Composites. *Journal of Cranio – Maxillofacial Surgery*, 2005 (33): pp. 50 – 54.
63. Chou AI., Akintoye SO., Nicoll SB.. Photo – crosslinked Alginate Hydrogels Support Enhanced Matrix Accumulation by Nucleus Pulposus Cells in Vivo. *Osteoarthritis and Cartilage*, 2009 (17): pp. 1377 – 1384.
64. Jeon O., Bouhadir KH., Mansour JM., Alsberg E.. Photocrosslinked Alginate Hydrogels with Tunable Biodegradation Rates and Mechanical Properties. *Biomaterials*, 2009 (30): pp. 2724 – 2734.
65. Lee KY., Kong HJ., Larson RG., Mooney DJ.. Hydrogel Formation Via Cell Crosslinking. *Advanced Materials*, 2003 (15): pp. 1828 – 1832.
66. Park H., Kang SW., Kim BS., Mooney DJ., Lee KY.. Shear – reversibly Crosslinked Alginate Hydrogels for Tissue Engineering. *Macromolecular Bioscience*, 2009 (9): pp. 895 – 901.
67. Ta HT., Han H., Larson I., Dass CR., Dunstan DE.. Chitosan – dibasic Orthophosphate Hydrogel: A Potential Drug Delivery System. *International Journal of Pharmaceutics*, 2009 (371): pp. 134 – 141.
68. Ta HT., Dass CR., Larson I., Choong PF., Dunstan DE.. A Chitosan – dipotassium Orthophosphate Hydrogel for the Delivery of Doxorubicin in the Treatment of Osteosarcoma. *Biomaterials*, 2009 (30): pp. 3605 – 3613.
69. Ta HT., Dass CR., Larson I., Choong PF., Dunstan DE.. A Chitosan Hydrogel Delivery System for Osteosarco-

ma Gene Therapy with Pigment Epithelium – derived Factor Combined with Chemotherapy. *Biomaterials*, 2009 (30): pp. 4815 – 4823.

70. Cho J., Heuzey M – C., Bégin A., Carreau PJ.. Physical Gelation of Chitosan in the Presence of β – glycerophosphate: The Effect of Temperature. *Biomacromolecules*, 2005 (6): pp. 3267 – 3275.
71. Chenite A., Buschmann M., Wang D., Chaput C., Kandani N.. Rheological Characterisation of Thermogelling Chitosan/Glycerol – phosphate Solutions. *Carbohydrate Polymers*, 2001 (46): pp. 39 – 47.
72. Chenite A., Chaput C., Wang D., Combes C., Buschmann M., Hoemann C., et al.. Novel Injectable Neutral Solutions of Chitosan Form Biodegradable Gels in Situ. *Biomaterials*, 2000 (21): pp. 2155 – 2161.
73. Richardson SM., Hughes N., Hunt JA., Freemont AJ., Hoyland JA.. Human Mesenchymal Stem Cell Differentiation to NP – like Cells in Chitosan – glycerophosphate Hydrogels. *Biomaterials*, 2008 (29): pp. 85 – 93.
74. Kim S., Nishimoto SK., Bumgardner JD., Haggard WO., Gaber MW., Yang Y.. A Chitosan/Beta – glycerophosphate Thermo – sensitive Gel for the Delivery of Ellagic Acid for the Treatment of Brain Cancer. *Biomaterials*, 2010 (31): p. 4157.
75. Ngoenkam J., Faikrua A., Yasothornsrikul S., Viyoch J.. Potential of an Injectable Chitosan/Starch/β – glycerol Phosphate Hydrogel for Sustaining Normal Chondrocyte Function. *International Journal of Pharmaceutics*, 2010 (391): pp. 115 – 124.
76. Sun B., Ma W., Su F., Wang Y., Liu J., Wang D., et al.. The Osteogenic Differentiation of Dog Bone Marrow Mesenchymal Stem Cells in a Thermo – sensitive Injectable Chitosan/Collagen/β – glycerophosphate Hydrogel: in Vitro and in Vivo. *Journal of Materials Science: Materials in Medicine*, 2011 (22): pp. 2111 – 2118.
77. Couto DS., Hong Z., Mano JF.. Development of Bioactive and Biodegradable Chitosan – based Injectable Systems Containing Bioactive Glass Nanoparticles. *Acta Biomaterialia*, 2009 (5): pp. 115 – 123.
78. Wu J., Su Z – G., Ma G – H.. A Thermo – and pH – sensitive Hydrogel Composed of Quaternized Chitosan/Glycerophosphate. *International Journal of Pharmaceutics*, 2006 (315): pp. 1 – 11.
79. Bhattarai N., Matsen FA., Zhang M.. PEG - Grafted Chitosan as an Injectable Thermoreversible Hydrogel. *Macromolecular Bioscience*, 2005 (5): pp. 107 – 111.
80. Lee SB., Ha DI., Cho SK., Kim SJ., Lee YM.. Temperature/pH – sensitive comb – type Graft Hydrogels Composed of Chitosan and Poly (N – isopropylacrylamide). *Journal of Applied Polymer Science*, 2004 (92): pp. 2612 – 2620.
81. Cao Y., Zhang C., Shen W., Cheng Z., Yu LL., Ping Q.. Poly (N – isopropylacrylamide) – chitosan as Thermosensitive in Situ Gel – forming System for Ocular Drug Delivery. *Journal of Controlled Release*, 2007 (120): pp. 186 – 194.
82. Park KM., Lee SY., Joung YK., Na JS., Lee MC., Park KD.. Thermosensitive Chitosan - Pluronic Hydrogel as an Injectable Cell Delivery Carrier for Cartilage Regeneration. *Acta Biomaterialia*, 2009 (5): pp. 1956 – 1965.
83. Jin R., Moreira Teixeira L., Dijkstra PJ., Karperien M., Van Blitterswijk C., Zhong Z., et al.. Injectable Chitosan – based Hydrogels for Cartilage Tissue Engineering. *Biomaterials*, 2009 (30): pp. 2544 – 2551.
84. Tran NQ., Joung YK., Lih E., Park KM., Park KD.. Supramolecular Hydrogels Exhibiting Fast in Situ Gel Forming and Adjustable Degradation Properties. *Biomacromolecules*, 2010 (11): pp. 617 – 625.
85. Tran NQ., Joung YK., Lih E., Park KD.. In Situ Forming and Rutin – releasing Chitosan Hydrogels as Injectable Dressings for Dermal Wound Healing. *Biomacromolecules*, 2011 (12): pp. 2872 – 2880.
86. Tan H., Chu CR., Payne KA., Marra KG.. Injectable in Situ Forming Biodegradable Chitosan – hyaluronic Acid Based Hydrogels for Cartilage Tissue Engineering. *Biomaterials*, 2009 (30): pp. 2499 – 2506.
87. Zhang H., Qadeer A., Mynarcik D., Chen W.. Delivery of Rosiglitazone from an Injectable Triple Interpenetrating Network Hydrogel Composed of Naturally Derived Materials. *Biomaterials*, 2011 (32): pp. 890 – 898.
88. Ding C., Zhao L., Liu F., Cheng J., Gu J., Dan S –., et al.. Dually Responsive Injectable Hydrogel Prepared

by in Situ Cross – linking of Glycol Chitosan and Benzaldehyde – capped PEO – PPO – PEO. *Biomacromolecules*, 2010 (11): pp. 1043 – 1051.

89. Teng D – Y., Wu Z – M., Zhang X – G., Wang Y – X., Zheng C., Wang Z., et al.. Synthesis and Characterization of in Situ Cross – linked Hydrogel Based on Self – assembly of Thiol – modified Chitosan with PEG Diacrylate Using Michael Type Addition. *Polymer*, 2010 (51): pp. 639 – 646.
90. Laurent TC., Laurent UB., Fraser JRE.. The Structure and Function of Hyaluronan: An Overview. *Immunology and Cell Biology*, 1996 (74): pp. 1 – 7.
91. Oh EJ., Park K., Kim KS., Kim J., Yang J – A., Kong J – H., et al.. Target Specific and Long – acting Delivery of Protein, Peptide, and Nucleotide Therapeutics Using Hyaluronic Acid Derivatives. *Journal of Controlled Release*, 2010 (141): pp. 2 – 12.
92. Lee F., Chung JE., Kurisawa M.. An Injectable Hyaluronic Acid – tyramine Hydrogel System for Protein Delivery. *Journal of Controlled Release*, 2009 (134): pp. 186 – 193.
93. Jin R., Moreira Teixeira L., Dijkstra P., van Blitterswijk C., Karperien M., Feijen J.. Enzymatically – crosslinked Injectable Hydrogels Based on Biomimetic Dextran – hyaluronic Acid Conjugates for Cartilage Tissue Engineering. *Biomaterials*, 2010 (31): pp. 3103 – 3113.
94. Shona Pek Y., Kurisawa M., Gao S., Chung JE., Ying JY.. The Development of a Nanocrystalline Apatite Reinforced Crosslinked Hyaluronic Acid – tyramine Composite as an Injectable Bone Cement. *Biomaterials*, 2009 (30): pp. 822 – 828.
95. Crescenzi V., Cornelio L., Di Meo C., Nardecchia S., Lamanna R.. Novel Hydrogels Via Click Chemistry: Synthesis and Potential Biomedical Applications. *Biomacromolecules*, 2007 (8): pp. 1844 – 1850.
96. Lei Y., Gojgini S., Lam J., Segura T.. The Spreading, Migration and Proliferation of Mouse Mesenchymal Stem Cells Cultured Inside Hyaluronic Acid Hydrogels. *Biomaterials*, 2011 (32): pp. 39 – 47.
97. Skardal A., Zhang J., Prestwich GD.. Bioprinting Vessel – like Constructs Using Hyaluronan Hydrogels Crosslinked with Tetrahedral Polyethylene Glycol Tetracrylates. *Biomaterials*, 2010 (31): pp. 6173 – 6181.
98. Jin R., Moreira Teixeira L., Krouwels A., Dijkstra P., Van Blitterswijk C., Karperien M., et al.. Synthesis and Characterization of Hyaluronic Acid-poly (Ethylene Glycol) Hydrogels via Michael Addition: An Injectable Biomaterial for Cartilage Repair. *Acta Biomaterialia*, 2010 (6): pp. 1968 – 1977.
99. Ito T., Fraser IP., Yeo Y., Highley CB., Bellas E., Kohane DS.. Anti – inflammatory Function of an in Situ Cross – linkable Conjugate Hydrogel of Hyaluronic Acid and Dexamethasone. *Biomaterials*, 2007 (28): pp. 1778 – 1786.
100. Martínez – Sanz E., Ossipov DA., Hilborn J., Larsson S., Jonsson KB., Varghese OP.. Bone Reservoir: Injectable Hyaluronic Acid Hydrogel for Minimal Invasive Bone Augmentation. *Journal of Controlled Release*, 2011 (152): pp. 232 – 240.
101. Jia X., Colombo G., Padera R., Langer R., Kohane DS.. Prolongation of Sciatic Nerve Blockade by in Situ Cross – linked Hyaluronic Acid. *Biomaterials*, 2004 (25): pp. 4797 – 4804.
102. Mayol L., Quaglia F., Borzacchiello A., Ambrosio L., Rotonda MIL.. A Novel Poloxamers/Hyaluronic Acid in Situ Forming Hydrogel for Drug Delivery: Rheological, Mucoadhesive and in Vitro Release Properties. *European Journal of Pharmaceutics and Biopharmaceutics*, 2008 (70): pp. 199 – 206.
103. Jung HH., Park K., Han DK.. Preparation of TGF – β1 – conjugated Biodegradable Pluronic F127 Hydrogel and Its Application with Adipose – derived Stem Cells. *Journal of Controlled Release*, 2010 (147): pp. 84 – 91.
104. Ha DI., Lee SB., Chong MS., Lee YM., Kim SY., Park YH.. Preparation of Thermo – responsive and Injectable Hydrogels Based on Hyaluronic Acid and Poly (N – isopropylacrylamide) and Their Drug Release Behaviors. *Macromolecular Research*, 2006 (14): pp. 87 – 93.
105. Chen J – P., Cheng T – H.. Bone Regeneration Using 3D Hyaluronic Acid and Chitosan – containing Thermo –

reversible Hydrogel and Canine Mesenchymal Stem Cells. *Journal of Biotechnology*, 2008 (136): pp. 128 – 129.

106. Tan H., Ramirez CM., Miljkovic N., Li H., Rubin JP., Marra KG.. Thermosensitive Injectable Hyaluronic Acid Hydrogel for Adipose Tissue Engineering. *Biomaterials*, 2009 (30): pp. 6844 – 6853.

107. Sakai S., Hirose K., Taguchi K., Ogushi Y., Kawakami K.. An Injectable, in Situ Enzymatically Gellable, Gelatin Derivative for Drug Delivery and Tissue Engineering. *Biomaterials*, 2009 (30): pp. 3371 – 3377.

108. Park KM., Ko KS., Joung YK., Shin H., Park KD.. In Situ Cross – linkable Gelatin – poly (Ethylene Glycol) – Tyramine Hydrogel via Enzyme – mediated Reaction for Tissue Regenerative Medicine. *Journal of Materials Chemistry*, 2011 (21): pp. 13180 – 13187.

109. Hu M., Kurisawa M., Deng R., Teo C – M., Schumacher A., Thong Y – X., et al.. Cell Immobilization in Gelatin – hydroxyphenylpropionic Acid Hydrogel Fibers. *Biomaterials*, 2009 (30): pp. 3523 – 3531.

110. Wang L – S., Chung JE., Pui – Yik Chan P., Kurisawa M.. Injectable Biodegradable Hydrogels with Tunable Mechanical Properties for the Stimulation of Neurogenesis Differentiation of Human Mesenchymal Stem Cells in 3D Culture. *Biomaterials*, 2010 (31): pp. 1148 – 1157.

111. Wang L – S., Boulaire J., Chan PP., Chung JE., Kurisawa M.. The Role of Stiffness of Gelatin – hydroxyphenylpropionic Acid Hydrogels Formed by Enzyme – mediated Crosslinking on the Differentiation of Human Mesenchymal Stem Cell. *Biomaterials*, 2010 (31): pp. 8608 – 8616.

112. Chen T., Small DA., McDermott MK., Bentley WE., Payne GF.. Enzymatic Methods for in Situ Cell Entrapment and Cell Release. *Biomacromolecules*, 2003 (4): pp. 1558 – 1563.

113. Dawlee S., Sugandhi A., Balakrishnan B., Labarre D., Jayakrishnan A.. Oxidized Chondroitin Sulfate – cross – linked Gelatin Matrixes: A New Class of Hydrogels. *Biomacromolecules*, 2005 (6): pp. 2040 – 2048.

114. Liu Y., Chan – Park MB.. Hydrogel Based on Interpenetrating Polymer Networks of Dextran and Gelatin for Vascular Tissue Engineering. *Biomaterials*, 2009 (30): pp. 196 – 207.

115. Vanderhooft JL., Mann BK., Prestwich GD.. Synthesis and Characterization of Novel Thiol – reactive Poly (Ethylene Glycol) Cross – linkers for Extracellular – matrix – mimetic Biomaterials. *Biomacromolecules*, 2007 (8): pp. 2883 – 2889.

116. Zhang J., Skardal A., Prestwich GD.. Engineered Extracellular Matrices with Cleavable Crosslinkers for Cell Expansion and Easy Cell Recovery. *Biomaterials*, 2008 (29): pp. 4521 – 4531.

117. Michalopoulos GK., DeFrances MC.. Liver Regeneration. *Science*, 1997 (276): pp. 60 – 66.

118. Pike DB., Cai S., Pomraning KR., Firpo MA., Fisher RJ., Shu XZ., et al.. Heparin – regulated Release of Growth Factors in Vitro and Angiogenic Response in Vivo to Implanted Hyaluronan Hydrogels Containing VEGF and bFGF. *Biomaterials*, 2006 (27): pp. 5242 – 5251.

119. Rapraeger AC., Krufka A., Olwin BB.. Requirement of Heparan Sulfate for bFGF – mediated Fibroblast Growth and Myoblast Differentiation. *Science*, 1991 (252): pp. 1705 – 1708.

120. Beamish JA., Geyer LC., Haq – Siddiqi NA., Kottke – Marchant K., Marchant RE.. The Effects of Heparin Releasing Hydrogels on Vascular Smooth Muscle Cell Phenotype. *Biomaterials*, 2009 (30): pp. 6286 – 6294.

121. Fujita M., Ishihara M., Simizu M., Obara K., Ishizuka T., Saito Y., et al.. Vascularization in Vivo Caused by the Controlled Release of Fibroblast Growth Factor – 2 from an Injectable Chitosan/Non – anticoagulant Heparin Hydrogel. *Biomaterials*, 2004 (25): pp. 699 – 706.

122. Jeon O., Powell C., Solorio LD., Krebs MD., Alsberg E.. Affinity – based Growth Factor Delivery Using Biodegradable, Photocrosslinked Heparin – alginate Hydrogels. *Journal of Controlled Release*, 2011 (154): pp. 258 – 266.

123. Ohta M., Suzuki Y., Chou H., Ishikawa N., Suzuki S., Tanihara M., et al.. Novel Heparin/Alginate Gel Combined with Basic Fibroblast Growth Factor Promotes Nerve Regeneration in Rat Sciatic Nerve. *Journal of Biomedical Materials Research Part A*, 2004 (71): pp. 661 – 668.

124. Ho Y－C.，Mi F－L.，Sung H－W.，Kuo P－L.. Heparin－functionalized Chitosan － alginate Scaffolds for Controlled Release of Growth Factor. *International Journal of Pharmaceutics*, 2009（376）: pp. 69－75.
125. Yamaguchi N.，Zhang L.，Chae B－S.，Palla CS.，Furst EM.，Kiick KL.. Growth Factor Mediated Assembly of Cell Receptor－responsive Hydrogels. *Journal of the American Chemical Society*, 2007（129）: pp. 3040－3041.
126. Kim SH.，Kiick KL.. Cell－mediated Delivery and Targeted Erosion of Vascular Endothelial Growth Factor－crosslinked Hydrogels. *Macromolecular Rapid Communications*, 2010（31）: pp. 1231－1240.
127. Jin R.，Moreira Teixeira LS.，Dijkstra PJ.，van Blitterswijk CA.，Karperien M.，Feijen J.. Chondrogenesis in Injectable Enzymatically Crosslinked Heparin/Dextran Hydrogels. *Journal of Controlled Release*, 2011（152）: pp. 186－195.
128. Freudenberg U.，Hermann A.，Welzel PB.，Stirl K.，Schwarz SC.，Grimmer M.，et al.. A Star－PEG－Heparin Hydrogel Platform to Aid Cell Replacement Therapies for Neurodegenerative Diseases. *Biomaterials*, 2009（30）: pp. 5049－5060.
129. Zieris A.，Prokoph S.，Levental KR.，Welzel PB.，Grimmer M.，Freudenberg U.，et al.. FGF－2 and VEGF Functionalization of StarPEG-heparin Hydrogels to Modulate Biomolecular and Physical Cues of Angiogenesis. *Biomaterials*, 2010（31）: pp. 7985－7994.
130. Wissink M.，Beernink R.，Poot A.，Engbers G.，Beugeling T.，Van Aken W.，et al.. Improved Endothelia lization of Vascular Grafts by Local Release of Growth Factor from Heparinized Collagen Matrices. *Journal of Controlled Release*, 2000（64）: pp. 103－114.
131. Kim M.，Kim SE.，Kang SS.，Kim YH.，Tae G.. The Use of De－differentiated Chondrocytes Delivered by a Heparin－based Hydrogel to Regenerate Cartilage in Partial－thickness Defects. *Biomaterials*, 2011（32）: pp. 7883－7896.
132. Nie T.，Baldwin A.，Yamaguchi N.，Kiick KL.. Production of Heparin－functionalized Hydrogels for the Development of Responsive and Controlled Growth Factor Delivery Systems. *Journal of Controlled Release*, 2007（122）: pp. 287－296.
133. Cai S.，Liu Y.，Zheng Shu X.，Prestwich GD.. Injectable Glycosaminoglycan Hydrogels for Controlled Release of Human Basic Fibroblast Growth Factor. *Biomaterials*, 2005（26）: pp. 6054－6067.
134. Elia R.，Fuegy PW.，Van Delden A.，Firpo MA.，Prestwich GD.，Peattie RA.. Stimulation of in Vivo Angiogenesis by in Situ Crosslinked, Dual Growth Factor－loaded, Glycosaminoglycan Hydrogels. *Biomaterials*, 2010（31）: pp. 4630－4638.
135. Chung Y－I.，Ahn K－M.，Jeon S－H.，Lee S－Y.，Lee J－H.，Tae G.. Enhanced Bone Regeneration with BMP－2 Loaded Functional Nanoparticle-hydrogel Complex. *Journal of Controlled Release*, 2007（121）: pp. 91－99.
136. Lee J.，Choi WI.，Tae G.，Kim YH.，Kang SS.，Kim SE.，et al.. Enhanced Regeneration of the Ligament－bone Interface Using a Poly（l－lactide－co－ε－caprolactone）Scaffold with Local Delivery of Cells/BMP－2 Using a Heparin－based Hydrogel. *Acta Biomaterialia*, 2011（7）: pp. 244－257.
137. Drinnan CT.，Zhang G.，Alexander MA.，Pulido AS.，Suggs LJ.. Multimodal Release of Transforming Growth Factor－β1 and the BB Isoform of Platelet Derived Growth Factor from PEGylated Fibrin Gels. *Journal of Controlled Release*, 2010（147）: pp. 180－186.
138. Chung Y－I.，Kim S－K.，Lee Y－K.，Park S－J.，Cho K－O.，Yuk SH.，et al.. Efficient Revascularization by VEGF Administration via Heparin－functionalized Nanoparticle－fibrin Complex. *Journal of Controlled Release*, 2010（143）: pp. 282－289.
139. Taylor SJ.，McDonald III JW.，Sakiyama－Elbert SE.. Controlled Release of Neurotrophin－3 from Fibrin Gels for Spinal Cord Injury. *Journal of Controlled Release*, 2004（98）: pp. 281－294.
140. King VR.，Alovskaya A.，Wei DY.，Brown RA.，Priestley JV.. The Use of Injectable Forms of Fibrin and Fi-

bronectin to Support Axonal Ingrowth after Spinal Cord Injury. *Biomaterials*, 2010 (31): pp. 4447 - 4456.

141. Saul JM., Linnes MP., Ratner BD., Giachelli CM., Pun SH.. Delivery of Non - viral Gene Carriers from Sphere - templated Fibrin Scaffolds for Sustained Transgene Expression. *Biomaterials*, 2007 (28): pp. 4705 - 4716.
142. des Rieux A., Shikanov A., Shea LD.. Fibrin Hydrogels for Non - viral Vector Delivery in Vitro. *Journal of Controlled Release*, 2009 (136): pp. 148 - 154.
143. Schwartz J. G., Zhang S. G.. Peptide - mediated Cellular Delivery. *Current Opinion in Molecular Therapeutics*, 2000 (2): pp. 162 - 167.
144. Vrhovski B., Weiss AS.. Biochemistry of Tropoelastin. *European Journal of Biochemistry*, 1998 (258): pp. 1 - 18.
145. Urry DW.. Physical Chemistry of Biological Free Energy Transduction as Demonstrated by Elastic Protein - based Polymers. *The Journal of Physical Chemistry B*, 1997 (101): pp. 11007 - 11028.
146. Lao UL., Sun M., Matsumoto M., Mulchandani A., Chen W.. Genetic Engineering of Self - assembled Protein Hydrogel Based on Elastin - like Sequences with Metal Binding Functionality. *Biomacromolecules*, 2007 (8): pp. 3736 - 3739.
147. Wright ER., Conticello VP.. Self - assembly of Block Copolymers Derived from Elastin - mimetic Polypeptide Sequences. *Advanced Drug Delivery Reviews*, 2002 (54): pp. 1057 - 1073.
148. Dreher MR., Raucher D., Balu N., Michael Colvin O., Ludeman SM., Chilkoti A.. Evaluation of an Elastin - like Polypeptide - doxorubicin Conjugate for Cancer Therapy. *Journal of Controlled Release*, 2003 (91): pp. 31 - 43.
149. Schneider JP., Pochan DJ., Ozbas B., Rajagopal K., Pakstis L., Kretsinger J.. Responsive Hydrogels from the Intramolecular Folding and Self - assembly of a Designed Peptide. *Journal of the American Chemical Society*, 2002 (124): pp. 15030 - 15037.
150. Choi BG., Park MH., Cho S - H., Joo MK., Oh HJ., Kim EH., et al.. In Situ Thermal Gelling Polypeptide for Chondrocytes 3D Culture. *Biomaterials*, 2010 (31): pp. 9266 - 9272.
151. Pochan DJ., Schneider JP., Kretsinger J., Ozbas B., Rajagopal K., Haines L.. Thermally Reversible Hydrogels via Intramolecular Folding and Consequent Self - assembly of a De Novo Designed Peptide. *Journal of the American Chemical Society*, 2003 (125): pp. 11802 - 11803.
152. Sanborn TJ., Messersmith PB., Barron AE.. In Situ Crosslinking of a Biomimetic Peptide - PEG Hydrogel via Thermally Triggered Activation of Factor XIII. *Biomaterials*, 2002 (23): pp. 2703 - 2710.
153. Lamm MS., Rajagopal K., Schneider JP., Pochan DJ.. Laminated Morphology of Nontwisting β - sheet Fibrils Constructed via Peptide Self - assembly. *Journal of the American Chemical Society*, 2005 (127): pp. 16692 - 16700.
154. Ramachandran S., Tseng Y., Yu YB.. Repeated Rapid Shear - responsiveness of Peptide Hydrogels with Tunable Shear Modulus. *Biomacromolecules*, 2005 (6): pp. 1316 - 1321.
155. Branco MC., Pochan DJ., Wagner NJ., Schneider JP.. Macromolecular Diffusion and Release from Self - assembled β - hairpin Peptide Hydrogels. *Biomaterials*, 2009 (30): pp. 1339 - 1347.
156. Salick DA., Kretsinger JK., Pochan DJ., Schneider JP.. Inherent Antibacterial Activity of a Peptide - based β - hairpin Hydrogel. *Journal of the American Chemical Society*, 2007 (129): pp. 14793 - 14799.
157. Jung JP., Nagaraj AK., Fox EK., Rudra JS., Devgun JM., Collier JH.. Co - assembling Peptides as Defined Matrices for Endothelial Cells. *Biomaterials*, 2009 (30): pp. 2400 - 2410.
158. Gungormus M., Branco M., Fong H., Schneider JP., Tamerler C., Sarikaya M.. Self Assembled Bi - functional Peptide Hydrogels with Biomineralization - directing Peptides. *Biomaterials*, 2010 (31): pp. 7266 - 7274.
159. Hamada K., Hirose M., Yamashita T., Ohgushi H.. Spatial Distribution of Mineralized Bone Matrix Produced by Marrow Mesenchymal Stem Cells in Self - assembling Peptide Hydrogel Scaffold. *Journal of Biomedical Materials*

Research Part A, 2008 (84): pp. 128 – 136.

160. Branco MC., Schneider JP.. Self – assembling Materials for Therapeutic Delivery. *Acta Biomaterialia*, 2009 (5): pp. 817 – 831.

161. Ito F., Usui K., Kawahara D., Suenaga A., Maki T., Kidoaki S., et al.. Reversible Hydrogel Formation Driven By Protein – peptide – specific Interaction and Chondrocyte Entrapment. *Biomaterials*, 2010 (31): pp. 58 – 66.

162. Liu SQ., Tian Q., Hedrick JL., Po Hui JH., Rachel Ee PL., Yang YY.. Biomimetic Hydrogels for Chondrogenic Differentiation of Human Mesenchymal Stem Cells to Neocartilage. *Biomaterials*, 2010 (31): pp. 7298 – 7307.

163. Lei Y., Segura T.. DNA Delivery from Matrix Metalloproteinase Degradable Poly (Ethylene Glycol) Hydrogels to Mouse Cloned Mesenchymal Stem Cells. *Biomaterials*, 2009 (30): pp. 254 – 265.

164. Lim DW., Nettles DL., Setton LA., Chilkoti A.. Rapid Cross – linking of Elastin – like Polypeptides with (Hydroxymethyl) Phosphines in Aqueous Solution. *Biomacromolecules*, 2007 (8): pp. 1463 – 1470.

165. Lim DW., Nettles DL., Setton LA., Chilkoti A.. In Situ Cross – linking of Elastin – like Polypeptide Block Copolymers for Tissue Repair. *Biomacromolecules*, 2007 (9): pp. 222 – 230.

166. Ong SR., Trabbic – Carlson KA., Nettles DL., Lim DW., Chilkoti A., Setton LA.. Epitope Tagging for Tracking Elastin – like Polypeptides. *Biomaterials*, 2006 (27): pp. 1930 – 1935.

167. Peppas NA., Langer R.. New Challenges in Biomaterials. *Science*, 1994 (263): pp. 1715 – 1720.

168. Jeong B., Bae YH., Lee DS., Kim SW.. Biodegradable Block Copolymers as Injectable Drug – delivery Systems. *Nature*, 1997 (388): pp. 860 – 862.

169. Yang H., Kao WJ.. Thermoresponsive Gelatin/Monomethoxy Poly (Ethylene Glycol) – Poly (D, L – lactide) Hydrogels: Formulation, Characterization, and Antibacterial Drug Delivery. *Pharmaceutical Research*, 2006 (23): pp. 205 – 214.

170. Lee J., Bae YH., Sohn YS., Jeong B.. Thermogelling Aqueous Solutions of Alternating Multiblock Copolymers of Poly (L – lactic Acid) and Poly (Ethylene Glycol). *Biomacromolecules*, 2006 (7): pp. 1729 – 1734.

171. Buwalda SJ., Dijkstra PJ., Calucci L., Forte C., Feijen J.. Influence of Amide Versus Ester Linkages on the Properties of Eight – armed PEG – PLA Star Block Copolymer Hydrogels. *Biomacromolecules*, 2009 (11): pp. 224 – 232.

172. Nagahama K., Ouchi T., Ohya Y.. Temperature – Induced Hydrogels Through Self – assembly of Cholesterol – Substituted Star PEG – b – PLLA Copolymers: An Injectable Scaffold for Tissue Engineering. *Advanced Functional Materials*, 2008 (18): pp. 1220 – 1231.

173. Jeong B., Bae YH., Kim SW.. Drug Release from Biodegradable Injectable Thermosensitive Hydrogel of PEG – PLGA – PEG Triblock Copolymers. *Journal of Controlled Release*, 2000 (63): pp. 155 – 163.

174. Pratoomsoot C., Tanioka H., Hori K., Kawasaki S., Kinoshita S., Tighe PJ., et al.. A Thermoreversible Hydrogel as a Biosynthetic Bandage for Corneal Wound Repair. *Biomaterials*, 2008 (29): pp. 272 – 281.

175. Yu L., Chang GT., Zhang H., Ding JD.. Injectable Block Copolymer Hydrogels for Sustained Release of a PEGylated Drug. *International Journal of Pharmaceutics*, 2008 (348): pp. 95 – 106.

176. Yu L., Zhang H., Ding J.. A Subtle End – group Effect on Macroscopic Physical Gelation of Triblock Copolymer Aqueous Solutions. *Angewandte Chemie International Edition*, 2006 (45): pp. 2232 – 2235.

177. Chang G., Yu L., Yang Z., Ding J.. A Delicate Ionizable – group Effect on Self – assembly and Thermogelling of Amphiphilic Block Copolymers in Water. *Polymer*, 2009 (50): pp. 6111 – 6120.

178. Hyun H., Kim YH., Song IB., Lee JW., Kim MS., Khang G., et al.. In Vitro and in Vivo Release of Albumin Using a Biodegradable MPEG – PCL Diblock Copolymer as an in Situ Gel – forming Carrier. *Biomacromolecules*, 2007 (8): pp. 1093 – 1100.

179. Kim M., Kim SK., Kim SH., Hyun H., Khang G., Lee HB.. In Vivo Osteogenic Differentiation of Rat Bone

Marrow Stromal Cells in Thermosensitive MPEG - PCL Diblock Copolymer Gels. *Tissue Engineering*, 2006 (12): pp. 2863 - 2873.

180. Gong CY., Wu QJ., Dong PW., Shi S., Fu SZ., Guo G., et al.. Acute Toxicity Evaluation of Biodegradable in Situ Gel - forming Controlled Drug Delivery System Based on Thermosensitive PEG - PCL - PEG Hydrogel. *Journal of Biomedical Materials Research Part B: Applied Biomaterials*, 2009 (91): pp. 26 - 36.

181. Fu S., Guo G., Gong C., Zeng S., Liang H., Luo F., et al.. Injectable Biodegradable Thermosensitive Hydrogel Composite for Orthopedic Tissue Engineering. 1. Preparation and Characterization of Nanohydroxyapatite/Poly (ethylene glycol) - Poly (ε - caprolactone) - Poly (ethylene glycol) Hydrogel Nanocomposites. *The Journal of Physical Chemistry B*, 2009 (113): pp. 16518 - 16525.

182. Wu D - Q., Wang T., Lu B., Xu X - D., Cheng S - X., Jiang X - J., et al.. Fabrication of Supramolecular Hydrogels for Drug Delivery and Stem Cell Encapsulation. *Langmuir*, 2008 (24): pp. 10306 - 10312.

183. Gong C., Shi S., Wu L., Gou M., Yin Q., Guo Q., et al.. Biodegradable in Situ Gel - forming Controlled Drug Delivery System Based on Thermosensitive PCL - PEG - PCL Hydrogel. Part 2: Sol - gel - sol Transition and Drug Delivery Behavior. *Acta Biomaterialia*, 2009 (5): pp. 3358 - 3370.

184. Gong CY., Shi S., Dong PW., Yang B., Qi XR., Guo G., et al.. Biodegradable in Situ Gel - forming Controlled Drug Delivery System Based on Thermosensitive PCL - PEG - PCL Hydrogel: Part 1: Synthesis, Characterization, and Acute Toxicity Evaluation. *Journal of Pharmaceutical Sciences*, 2009 (98): pp. 4684 - 4694.

185. Zhang Z., Ni J., Chen L., Yu L., Xu J., Ding J.. Biodegradable and Thermoreversible PCLA - PEG - PCLA Hydrogel as a Barrier for Prevention of Post - operative Adhesion. *Biomaterials*, 2011 (32): pp. 4725 - 4736.

186. Kalarickal NC., Rimmer S., Sarker P., Leroux J - C.. Thiol - functionalized Poly (Ethylene Glycol) - b - polyesters: Synthesis and Characterization. *Macromolecules*, 2007 (40): pp. 1874 - 1880.

187. Huynh DP., Nguyen MK., Kim BS., Lee DS.. Molecular Design of Novel pH/Temperature - sensitive Hydrogels. *Polymer*, 2009 (50): pp. 2565 - 2571.

188. Okumura Y., Ito K.. The Polyrotaxane Gel: A Topological Gel by Figure - of - eight Cross - links. *Advanced Materials*, 2001 (13): pp. 485 - 487.

189. Tanaka Y., Gong JP., Osada Y.. Novel Hydrogels with Excellent Mechanical Performance. *Progress in Polymer Science*, 2005 (30): pp. 1 - 9.

190. Sun J - Y., Zhao X., Illeperuma WR., Chaudhuri O., Oh KH., Mooney DJ., et al.. Highly Stretchable and Tough Hydrogels. *Nature*, 2012 (489): pp. 133 - 136.

191. Haraguchi K., Takehisa T.. Nanocomposite Hydrogels: A Unique Organic - inorganic Network Structure with Extraordinary Mechanical, Optical, and Swelling/De-swelling Properties. *Advanced Materials*, 2002 (14): p. 1120.

192. Huang T., Xu H., Jiao K., Zhu L., Brown HR., Wang H.. A Novel Hydrogel with High Mechanical Strength: A Macromolecular Microsphere Composite Hydrogel. *Advanced Materials*, 2007 (19): pp. 1622 - 1626.

193. Sakai T., Matsunaga T., Yamamoto Y., Ito C., Yoshida R., Suzuki S., et al.. Design and Fabrication of a High - strength Hydrogel with Ideally Homogeneous Network Structure from Tetrahedron - like Macromonomers. *Macromolecules*, 2008 (41): pp. 5379 - 5384.

194. Nayak S., Lyon LA.. Soft Nanotechnology with Soft Nanoparticles. *Angewandte Chemie International Edition*, 2005 (44): pp. 7686 - 7708.

195. Murthy N., Xu M., Schuck S., Kunisawa J., Shastri N., Fréchet JM.. A Macromolecular Delivery Vehicle for Protein - based Vaccines: Acid - degradable Protein - loaded Microgels. *Proceedings of the National Academy of Sciences*, 2003 (100): pp. 4995 - 5000.

196. Kim I - S., Jeong Y - I., Kim S - H.. Self - assembled Hydrogel Nanoparticles Composed of Dextran and Poly (Ethylene Glycol) Macromer. *International Journal of Pharmaceutics*, 2000 (205): pp. 109 - 116.

197. Zha L. , Zhang Y. , Yang W. , Fu S. . Monodisperse Temperature – Sensitive Microcontainers. *Advanced Materials*, 2002 (14): pp. 1090 – 1092.

198. Nayak S. , Gan D. , Serpe MJ. , Lyon LA. . Hollow Thermoresponsive Microgels. *Small*, 2005 (1): pp. 416 – 421.

199. Lehn J – M. . From Supramolecular Chemistry Towards Constitutional Dynamic Chemistry and Adaptive Chemistry. *Chem. Soc. Rev.* , 2007 (36): pp. 151 – 160.

200. Tuncaboylu DC. , Sari M. , Oppermann W. , Okay O. . Tough and Self – healing Hydrogels Formed via Hydrophobic Interactions. *Macromolecules*, 2011 (44): pp. 4997 – 5005.

201. Tuncaboylu DC. , Sahin M. , Argun A. , Oppermann W. , Okay O. . Dynamics and Large Strain Behavior of Self – healing Hydrogels with and without Surfactants. *Macromolecules*, 2012 (45): pp. 1991 – 2000.

202. Cui J. , del Campo A. . Multivalent H – bonds for Self – healing Hydrogels. *Chemical Communications*, 2012 (48): pp. 9302 – 9304.

203. Tee BC. , Wang C. , Allen R. , Bao Z. . An Electrically and Mechanically Self – healing Composite with Pressure – and Flexion – sensitive Properties for Electronic Skin Applications. *Nature Nanotechnology*, 2012.

204. Haraguchi K. , Uyama K. , Tanimoto H. . Self – healing in Nanocomposite Hydrogels. *Macromolecular Rapid Communications*, 2011 (32): pp. 1253 – 1258.

205. Ceylan H. , Urel M. , Erkal TS. , Tekinay AB. , Dana A. , Guler MO. . Mussel Inspired Dynamic Cross – lin king of Self – healing Peptide Nanofiber Network. *Advanced Functional Materials*, 2012.

206. Holten – Andersen N. , Harrington MJ. , Birkedal H. , Lee BP. , Messersmith PB. , Lee KYC. , et al. . pH – induced Metal – ligand Cross – links Inspired by Mussel Yield Self – healing Polymer Networks with Near – covalent Elastic Moduli. *Proceedings of the National Academy of Sciences*, 2011 (108): pp. 2651 – 2655.

207. Lehn J – M. . Dynamers: Dynamic Molecular and Supramolecular Polymers. *Progress in Polymer Science*, 2005 (30): pp. 814 – 831.

208. Deng G. , Tang C. , Li F. , Jiang H. , Chen Y. . Covalent Cross – linked Polymer Gels with Reversible Sol – gel Transition and Self – healing Properties. *Macromolecules*, 2010 (43): p. 1191.

209. Deng G. , Li F. , Yu H. , Liu F. , Liu C. , Sun W. , et al. . Dynamic Hydrogels with an Environmental Adaptive Self – healing Ability and Dual Responsive Sol – gel Transitions. *ACS Macro Letters*, 2012 (1): pp. 275 – 279.

210. Zhang Y. , Tao L. , Li S. , Wei Y. . Synthesis of Multiresponsive and Dynamic Chitosan – based Hydrogels for Controlled Release of Bioactive Molecules. *Biomacromolecules*, 2011 (12): pp. 2894 – 2901.

211. Zhang Y. , Yang B. , Zhang X. , Xu L. , Tao L. , Li S. , et al. . A Magnetic Self – healing Hydrogel. *Chemical Communications*, 2012 (48): pp. 9305 – 9307.

212. 李祖彬，霍东霞，王红英．分子印迹智能水凝胶的研究进展．高分子通报，2007 (12): 5.

213. Oya T. , Enoki T. , Grosberg AY. , Masamune S. , Sakiyama T. , Takeoka Y. , et al. . Reversible Molecular Adsorption Based on Multiple – point Interaction by Shrinkable Gels. *Science*, 1999 (286): pp. 1543 – 1545.

214. Demirel G. , Özçetin G. , Turan E. , Çaykara T. . pH/Temperature – sensitive Imprinted Ionic Poly (N – tert – butylacrylamide – co – acrylamide/maleic acid) Hydrogels for Bovine Serum Albumin. *Macromolecular Bioscience*, 2005 (5): pp. 1032 – 1037.

215. Oral E. , Peppas NA. . Responsive and Recognitive Hydrogels Using Star Polymers. *Journal of Biomedical Materials Research Part A*, 2004 (68): pp. 439 – 447.

216. Mann BK. , Gobin AS. , Tsai AT. , Schmedlen RH. , West JL. . Smooth Muscle Cell Growth in Photopolymerized Hydrogels with Cell Adhesive and Proteolytically Degradable Domains: Synthetic ECM Analogs for Tissue Engineering. *Biomaterials*, 2001 (22): pp. 3045 – 3051.

217. Lim F. , Sun AM. . Microencapsulated Islets as Bioartificial Endocrine Pancreas. *Science*, 1980 (210): pp. 908 – 910.

218. Cruise GM. , Hegre OD. , Lamberti FV. , Hager SR. , Hill R. , Scharp DS. , et al. . In Vitro and in Vivo Performance of Porcine Islets Encapsulated in Interfacially Photopolymerized Poly (Ethylene Glycol) Diacrylate Membranes. *Cell Transplantation*, 1999 (8): p. 293.
219. Hill – West JL. , Dunn RC. , Hubbell JA. . Local Release of Fibrinolytic Agents for Adhesion Prevention. *Journal of Surgical Research*, 1995 (59): pp. 759 – 763.
220. Nguyen KT. , West JL. . Photopolymerizable Hydrogels for Tissue Engineering Applications. *Biomaterials*, 2002 (23): pp. 4307 – 4314.
221. Peppas NA. , Hilt JZ. , Khademhosseini A. , Langer R. . Hydrogels in Biology and Medicine: From Molecular Principles to Bionanotechnology. *Advanced Materials*, 2006 (18): pp. 1345 – 1360.
222. Khademhosseini A. , Langer R. . Microengineered Hydrogels for Tissue Engineering. *Biomaterials*, 2007 (28): pp. 5087 – 5092.
223. Burdick JA. , Khademhosseini A. , Langer R. . Fabrication of Gradient Hydrogels Using a Microfluidics/Photopolymerization Process. *Langmuir*, 2004 (20): pp. 5153 – 5156.
224. Zaari N. , Rajagopalan P. , Kim SK. , Engler AJ. , Wong JY. . Photopolymerization in Microfluidic Gradient Generators: Microscale Control of Substrate Compliance to Manipulate Cell Response. *Advanced Materials*, 2004 (16): pp. 2133 – 2137.
225. Tan W. , Desai TA. . Layer – by – layer Microfluidics for Biomimetic Three – dimensional Structures. *Biomaterials*, 2004 (25): pp. 1355 – 1364.
226. Dendukuri D. , Pregibon DC. , Collins J. , Hatton TA. , Doyle PS. . Continuous – flow Lithography for High – throughput Microparticle Synthesis. *Nature Materials*, 2006 (5): pp. 365 – 369.

8 生物复合材料

8.1 引言

复合材料是由两种或两种以上物理和化学性质不同的物质组合而成的一种多相固体材料，具有明显的界面。它既保持原组分的某些特点，又能发挥组合后的新特征。复合材料中有一相是连续的主体相，称为基体；另一相是不连续的分散相，称作增强相，可以增强基体的机械或热学性能。两相之间可以是简单的面，叫作界面，也可以是第三相，称作界面相。比如将偶联剂涂敷在玻璃纤维表面可以促进玻璃纤维在聚合物基体上的粘附。

复合材料的本质是：基体将在表面受到的应力载荷传递给增强相，从而改变复合材料的机械性能，如强度、硬度、韧性和抗疲劳性等。在结构聚合物复合材料中，增强相比基体要硬得多，可以使复合材料的硬度比基体高好几倍，从而可以减少基体在受力变形时的应变程度。将不同的基体材料和不同类型的增强材料通过多种不同的方法复合可达到实际需要的性能，如图 8 - 1 所示。

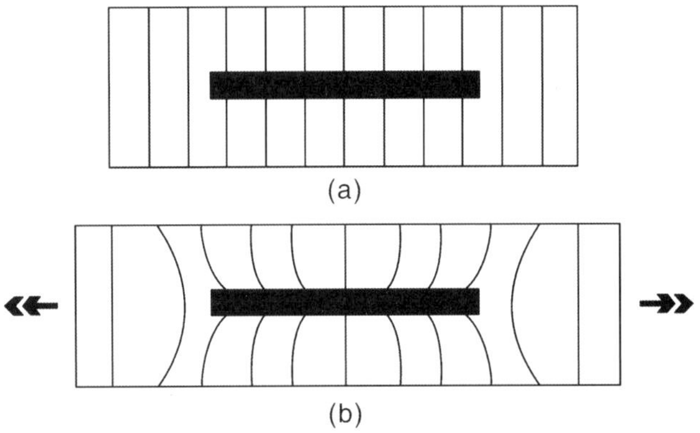

图 8 - 1 High - modulus fiber opposes strain around it in a low - modulus matrix，(a) Before deformation; (b) After deformation. Arrows indicate force direction

复合材料的概念可以追溯到古代，如古人将稻草掺入泥浆中使土墙变得更加坚固。在工程复合材料占主要地位以前，将钢材掺入混凝土，水泥、沥青和砂子混合，玻璃纤维和树脂混合等也是制造复合材料的例子。自然界中也存在大量的复合材料例子，如木质素基体中有纤维素（木材）、磷灰石基体中有胶原纤维（骨）等。从 20 世纪 60 年代中期开始，人们已经对工程复合材料进行了大量研究。当今，只要能给出宇宙飞船、船只、汽车等的结构设计，我们就能制备出满足甚至超过设计要求的复合材料。比强度（强度与密度之比）与比模量（模量与密度之比）是衡量复合材料性能的重要指标。生物医用复合材料的先进性已在牙科和整形外科植入体的设计中得到体现，主要是体现在结构复合材料的应用上。但是，在生物医用复合材料设计中，我们不总是追求很高的硬度和强度，有时也会为了减轻重量而降低性能要求。出于其他方面的考虑，如尤为重要的生物相容性、性能精确匹配、模仿天然结构等，在器件设计中复合材料也为这些性能的改善提供良好的前景。在设计复合材料时，必须考虑三种因素：基体相和增强相材料的选择、器件的内部和外部结构、合适的加工方法[1]。

影响复合材料性能的最主要因素包括：①组成材料的各种组分；②组分的含量、形态和排列方式；③组分之间的相互作用。复合材料的增强系统决定了复合材料的最终性能，所以通常根据增强相的特征来对复合材料进行分类，其中包括增强相的形状、大小、取向、组成、分布和结合方式，如纤维增强和颗粒增强复合材料（图 8 -2）。

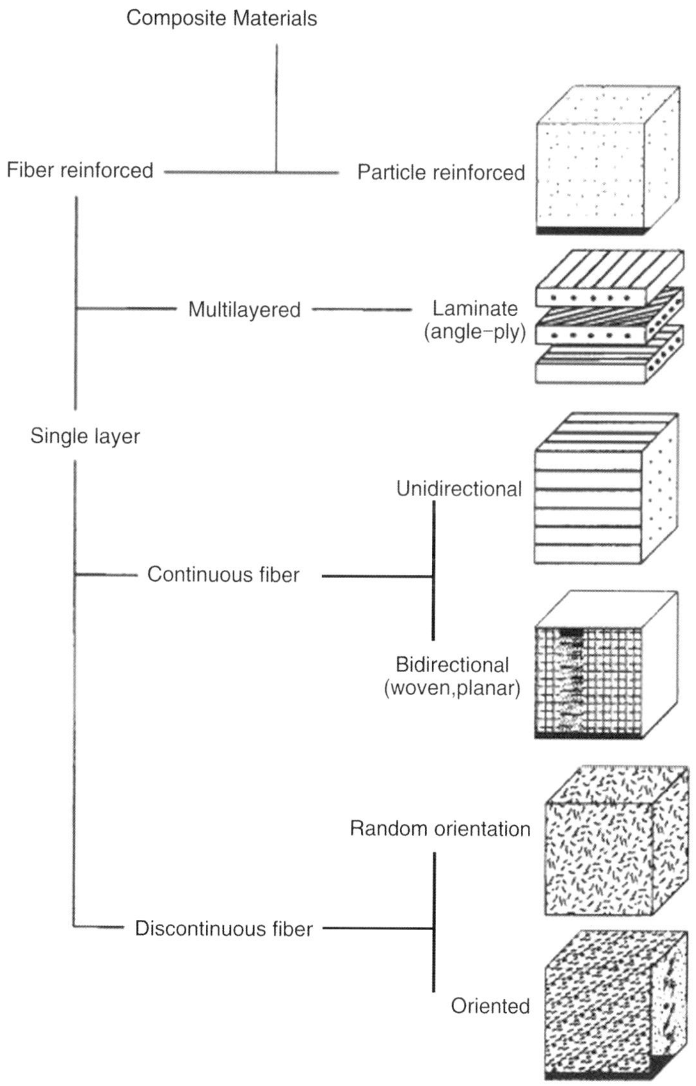

图 8 - 2　Classification of composite materials

复合材料也可以简单地根据所使用的基体材料进行分类，这种分类更多的是用于加工，而不是强调性能。根据该分类方法，复合材料可分为聚合物基复合材料（PMCs）、陶瓷基复合材料（CMCs）和金属基复合材料（MMCs）。作为先进复合材料，MMCs在生物医用中并不常用，主要用于高温环境。

8.2 复合材料的结构与性能

8.2.1 基体

复合材料中的基体是连续相，完全或部分包裹着增强相，具有多种重要功能[1]。它将纤维或颗粒固定在适当的位置，在取向型复合材料中保持纤维的最优取向。基体将外加荷载转移至增强相并重新分配应力。在使用易碎的纤维增强时，基体有助于提高材料的断裂韧性，因为基体的硬度比增强相要低，具有更大的抗拉伸性能和抗剪切性能。基体也可以通过其抗化学腐蚀性、抗吸湿性、抗热应力和保护增强相免受热应力破坏等性能来评价复合材料对环境的承受能力。基体对复合材料的加工性能也有很大影响。表8-1中列出了生物医用复合材料中的常用基体材料。

表8-1 Constituents of Biomedical Composites

Matrix	Fibers	Particles
Thermosets	Polymers	Inorganic
Epoxy	Aromatic polyamides (aramids)	Glass
Polyacrylates	UHMWPE	Alumina
Polymethacrylates	Polyesters	Organic
Polyesters	Polyolefins	Polyacrylate
Silicons	PTFE	Polymethacrylate
Thermoplastics	Resorbable polymers	
Polyolefins (PP, PE)	Polylactide, and its copolymers with polyglycolide	
UHMWPE	Collagen	
Polycarbonate	Silk	
Polysulfones		
Poly (ether ketones)		
Polyesters		
Inorganic	Inorganic	
Hydroxyapatite	Carbon	
Glass ceramics	Glass	
Calcium carbonate ceramics	Hydroxyapatite	
Calcium phosphate ceramics	Tricalcium phosphate	
Carbon		
Steel		
Titanium		

（续上表）

Matrix	Fibers	Particles
Resorbable polymers		
Polylactide，polyglycocolide and their copolymers		
Polydioxanone		
Poly（hydroxy butyrate）		
Alginate		
Chitosan		
Collagen		

在非医学应用中，热固性材料是主要的基体材料，特别是在建筑和航天应用中，基体材料的高硬度和高耐热性是非常重要的。在大多数的医学应用中，热塑性塑料因其反应惰性、加工灵活性和较大的韧性常被用作基体材料。另外，热固性材料不可降解，而部分热塑性材料可以设计为可生物降解材料。为了替代现成的材料，具有设计反应性、柔韧性和强度的新型生物医用基体材料已经不断发展。当不要求复合材料植入体永久存在于体内时，可以使用可吸收性的基体，但设计一种和基体材料有相似降解速率的增强材料很困难。陶瓷材料因其具有良好的抗压缩性和生物活性而受到青睐，但其缺点是断裂韧性差。

8.2.2 增强体

许多材料在纤维状态时的强度和硬度比在其他状态时要高，这就是在设计复合材料时使用纤维的原因，特别是在结构材料应用中，它们是承受荷载的主要成分。与颗粒或晶须相比，纤维有非常高的长径比，纤维直径越小，其表面裂纹就越少，纤维的强度就越大。复合材料的许多性能都跟纤维的长度、取向和体积分数有关。纤维通常先被制成连续的长丝，直径为 5 ~50 μm，然后再被组装成丝束、纱线、丝线、粗纱等作为增强相构建连续纤维复合材料，常用于大型构件。也可以将细丝剪断成长度为 3 ~5 mm 的短纤维，用于制作非连续或短纤维复合材料，普遍用于低廉的构件或较简单的部件。晶须是由直径大约为 10 μm 的单晶组成的纤维，长径比高（ >100）。晶须强度非常高，但同时制作费用也较高[2]。与连续纤维复合材料相比，短纤维复合材料的纤维使用和取向效率较低，但在设计和加工时限制较少，并且成品很容易接近它们的理论计算强度[3]。连续纤维和短纤维均可以在一维、二维或三维方向上取向，形成单向的、二维的或随机的强化系统。在某一方向上取向的纤维的体积分数在很大程度上影响复合材料在该方向上的物理性质。单向和二维增强的复合材料存在各向异性：也就是说，它们的性能取决于测量轴的位置。三维增强的复合材料是各向同性的，在各个取向上具有相同的性质。如前文所述，短纤维很难取向，特别是在注模过程中，因此形成的复合材料趋向于各向同性。层板复合材料是由各向异性层板和层压板结合在一起的纤维增强复合材料，这些层板可以因为相对纤维取向和体积分数不同而不同。这样就可以得到在各向同性短纤维复合材料中不可得到的高纤维体积分数和三维取向。

表 8 –1 列出了在生物医用复合材料中较常用的纤维。其中包括许多天然纤维，如棉、亚麻、胶原、黄麻、木材、大麻、毛发、羊毛、丝绸等，但它们的性能大相径庭，在加工方面也碰到很大困难。在这些纤维当中，胶原纤维已被成功用于皮肤和韧带组织工程。硼硅酸盐

玻璃纤维在复合材料工业普遍使用，但在生物医用复合材料方面用得不多。相反，由磷酸钙制备的可吸收生物玻璃纤维却常用于生物医用复合材料。碳纤维的强度与玻璃纤维相当，但硬度是玻璃纤维的好几倍，原因是其具有轴向排列石墨晶体的精细结构。同时碳纤维也比玻璃纤维要轻，因此，碳纤维被广泛用于制作假体的高强轻质复合材料，碳纤维复合材料的抗疲劳性也是一大优点[4]。碳纤维呈脆性和各向异性（尤其是热性能），也能赋予复合材料导电性，从而会腐蚀近邻的金属植入体。在聚合物中，高度取向的芳香族聚酰胺纤维（如Kevlar），因为其具有较高的抗冲击性而被用于整形外科。然而，Kevlar纤维的抗压缩性能很差，从而使其不能用于弯曲设备，也因其较强的抗剪切性而难以加工。Teflon和Dacron纤维柔韧性好，则常用于血管假体材料。由聚丙交酯、聚乙交酯以及它们的共聚物制得的纤维复合材料，其可吸收性能比力学性能更加重要。

在基体中掺入颗粒增强物可以提高其机械性能，比如韧性和硬度。而其他性质，如尺寸稳定性、电绝缘性、导热性也可以通过颗粒物来有效控制，特别是聚合物基体。微粒增强在基体中随意分布，从而导致了复合材料的各向同性。颗粒物在基体中起增强还是减弱作用取决于颗粒物的大小、硬度及其与基体的结合强度。在增加硬度方面，球形颗粒不如板状或片状颗粒有效。硬颗粒可以使低模量聚合物的硬度提高，而当像硅橡胶这样较软的颗粒加入到较硬的聚合物基体中时，可使复合材料变软。像炭黑和玻璃微球这类非增强性的填充物，使用它们的目的更多的是降低成本而不是改善性能。

在生物医用复合材料中，颗粒增强陶瓷基体广泛用于制作牙齿和骨的替代品。其中，最常见的是羟基磷灰石——骨的一种天然成分，它和胶原一起存在于骨复合结构中。羟基磷灰石的机械性能较差，所以它更多的是用来提高生物活性。

8.2.3 界面

基体与纤维或颗粒之间的应力传递与分布是在它们之间的界面发生的。界面面积和界面的结合强度在很大程度上会影响复合材料的性能及其长久稳定性[3]。界面面积越小，表示纤维与基体材料的润湿性越差。通过使用高压（金属基体）或低粘度流体（聚合物基体）可以提高润湿性。当机械铰合不足时，常用偶联剂涂覆纤维来提高纤维与基体的化学相容性。

界面剪切强度可用来测定纤维与基体间的脱粘性能，以解释复合材料中不同的断裂顺序和相对幅度。在聚合物基复合材料中，强界面通常会使韧性基体变得很硬，但也会降低其断裂韧性。在陶瓷基复合材料中，弱界面可以通过促进微裂纹的形成而使脆性基体变韧，但同时也会降低其强度和硬度[5]。

8.2.4 复合材料加工

连续纤维复合材料的制作方法有很多种，如手糊成型法、连续缠绕成型法、拉挤成型法、树脂传递模压成型法等。手糊成型法是先将预浸渍带子或片材（预浸料）堆积排列，这些预浸料是通过热塑性树脂或者部分热固化树脂将平行纤维束粘结在一起的，然后再在高温下成型。这种方法虽然比较廉价，但并不适用于制作小型的医用植入体。与手糊成型法一样，连续缠绕成型法也可以获得高的纤维体积分数及能够调控其性能，但不能用于管状材料的制作，而且纤维排列也不能沿轴向取向。拉挤成型法是制备棒状和束状硬复合材料的理想方法，因而可以用来制作牙科整形的矫正弓丝。树脂传递模压成型法可以制备形状复杂的构件，并且工艺循环次数少，但需要专门设计预成型品和模具。压缩成型法是另外一种适用于热固性和热塑性材料的加工方法。注塑成型法特别适合于制备短纤维热塑性复合材料，该方法快速、可批量生产、成本低，但需要昂贵的工艺设备，同时纤维的长度和体积分数会受到限制，纤维的取向和分布也很难控制。

陶瓷基复合材料通常是用压制方法或渗透方法来制作的。在压制方法中，增强相和基体粉末混合后通过热压或热等静压（HIP）的方法成型，该方法可以获得几乎为零的孔隙率，但同时高温高压也可能会使纤维降解，或导致强界面结合形成，降低断裂韧性。在渗透方法中，通过化学气相沉积、玻璃熔融渗透、陶瓷先驱聚合物或溶胶渗透等方法将基体填充到经烧结的纤维或颗粒预制品中成型。氧化铝—玻璃牙齿复合材料就是用这种方法制作的。这种方法具有可制作复杂形状制品、低压和纤维排布结构灵活等优点，缺点是基体孔隙率较高（大于10%）以及循环制作次数较多。颗粒增强复合材料也可以通过初始预制品的流延工艺和注浆工艺来制作。

8.2.5 物理性能

纤维增强的复合材料失效是由内部不同类型的损伤缓慢积聚或突然爆发导致复合材料的结构损坏引起的。这些损伤可能是在加工过程中形成的，比如牙科树脂的不均匀固化，或者可能是在使用过程中产生的，比如不希望出现的吸水。纤维断裂、纤维桥连、纤维拔出、基体破裂和界面脱粘是复合材料常见的破坏机制，它们发生的顺序以及相互影响取决于荷载类型、组分性能和界面剪切强度（图8-3）。

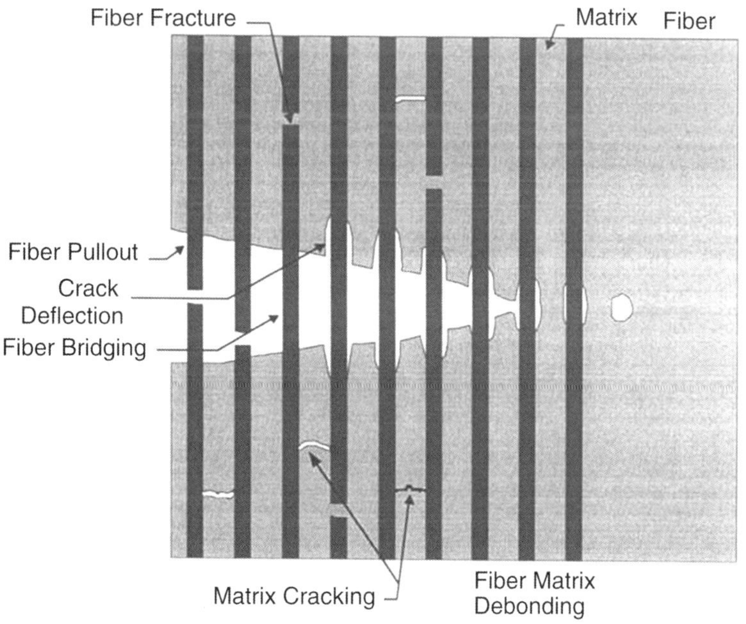

图8-3 Failure mechanisms in a unidirectional fiber composite (Adapted from Ref.[3])

有多种断裂力学理论可对复合材料进行失效分析，其中最大应力理论和最大应变理论在参考文献中有详细介绍[5]。

在断裂过程中的能量吸收和裂纹偏转会导致材料韧性增加。纤维增强复合材料中的两个最重要的能量吸收破坏机制是在纤维基体界面的脱粘和纤维拔出。如果界面结合相对较弱，裂纹扩展会在脱粘过程中中断，而不会穿过纤维，裂纹沿纤维表面偏转，从而使纤维能够承受更高的载荷。因为纤维在裂纹面没有发生全部断裂，而在任意方向远离裂纹面，所以最终发生纤维拔出。如果因为界面摩擦力或剪切应力较大而引起纤维拔出，就可能会引起断裂韧性的大大提高[2]。颗粒增强复合材料也是一样，因增强相长径比较小而使裂纹偏转比桥连和拔出更容易发生。如图 8 - 4 所示。

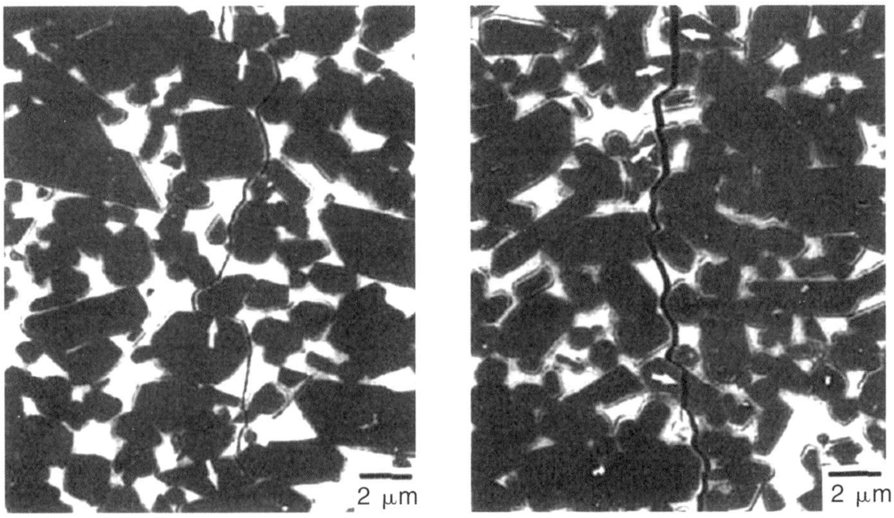

(a)　　　　　　　　(b)

图 8 - 4　Surface traces of indentation cracks in alumina - glass dental composite by backscattered scanning electron microscopy (SEM). Grain bridging sites are near the arrows in (a) and transgranular fracture sites in (b) (Adapted from Ref. [6])

在氧化铝—玻璃复合材料中，玻璃基体的挤压裂纹会沿着氧化铝颗粒偏转［如图（a）］，而图（b）显示的是裂纹更多地穿过颗粒扩展，由此说明此时的界面结合强度较大，但很可能韧性较低。在层板复合材料中，由于面内剪切应力而引起层板之间的剪切应力是常见的破坏机理，这种应力起源于板层的自由边或孔洞，例如碳增强骨板的螺丝固定。

复合材料的长久性是目前尚在研究的一大难题。与金属生物材料不一样，大多数载荷复合材料的静态强度会随着时间的延长发生改变，特别是在循环应力作用下。原因包括疲劳损伤、基体蠕变、应力松弛，以及环境对植入部位的影响[1]。疲劳损伤和植入体的寿命很难预测，与金属不同，金属有明确的受力极限，只要不超过极限，金属材料就可以无限使用。许多复合材料都不存在受力极限。另外，植入体的载荷在方向大小以及病人之间均极易改变，最常见的破坏应力来自于偶然事故。聚合物基体的吸水性会引起膨胀和塑化，尽管过程非常缓慢，但在牙科复合材料和骨水泥的使用中是一大问题。粘弹性影响（如硬度随应变率变化和长期蠕变）与基体的体积分数成正比，高强度连续纤维复合材料比短纤维复合材料更不易变形。

8.2.6 生物学反应

在设计生物医用复合材料与预测其性能时，必须考虑生物学反应。复合材料中组分数量的增加，也会引起宿主反应的变化。必须通过实验确定在各种材料本身具有生物相容性的同时，它们的复合、重组和相互作用也具有生物相容性。这涉及设计的灵活性和规范的管理方法。复合材料的设计受到材料种类和数量的限制，即使所有材料都获得 FDA 认可，它们的复合材料仍需要附加认可。

整体材料比纤维或颗粒状材料更容易引起不同的宿主反应。例如，UHMWPE，人工髋关节中的一个髋臼杯，本身是有生物相容性的，但当它以极细小的纤维织物状态存在时，会引起极大的不良反应。并且，当非连续相呈细胞大小的颗粒、晶须、片晶或微粒时，炎症反应会破坏免疫细胞，并且会转移到其他部位。这个过程往往伴随着酶的释放，从而对复合材料的性能造成不良影响，比如会改变生物可降解复合材料的降解动力学[7]。复合材料可以设计成纤维或颗粒，不暴露于宿主，但是这非常困难，因为要在加工过程中去除纤维基体或颗粒基体界面的所有空隙。另外，活动部位产生的摩擦力，比如牙科或整形材料，会导致基体磨损，在界面处产生新的空隙，从而将增强材料暴露在宿主中。

复合材料在界面处的相互作用是影响材料性能的重要部分，它受到组织反应的多方面影响，例如界面空隙被体液或纤维组织填充后膨胀，从而改变基体和增强相之间的粘结强度以及层状复合材料的脱层等。这些都会导致复合材料失效，特别是在结构材料的应用中。

热固性聚合物尽管在生物医用植入体中应用不多，但可能会含有未反应完全的单体和交联剂，特别是在由预浸料半固化层制备的层板复合材料中。在热固性和热塑性聚合物复合材料中，应用在玻璃和碳纤维中的胶料是另外一种可能存在的成分，还有一些残留溶剂，如果在加工过程中未被完全去除，也会从基体中渗透出来。如果在体外应用（如假肢），痕量的残留物质也许就影响不大。

8.3 复合材料在生物医学中的应用

8.3.1 整形外科

复合材料在整形外科中的应用非常广泛[2]，特别是用作骨固定板、髋关节置换物、骨水泥和骨移植物。在所有的关节移植物中，常见的股骨柄组成材料，例如 316 L 不锈钢、Co－Cr－Al 和 Ti－6Al－4V 钛合金等比自然骨的硬度更大。致密骨硬度为 15 GPa，抗拉强度达到 90 MPa[8]，钛的对应值分别为 110 GPa 和 800 MPa。这对骨重塑和应力遮挡非常不利，时间长的话，特别是在近侧区会导致骨质量下降和移植物疏松。纤维复合材料可以通过改性达到临近骨的特殊力学性能要求。PEEK 或聚砜基体的石墨—纤维复合材料的硬度可以控制在 1～170 GPa，抗拉强度控制在 70～900 MPa[9]。研究人员已成功制作出层板式单向碳纤维与 PEEK、聚砜、液晶高分子[10]和聚醚酰亚胺（PEI）[7]复合而成的股骨柄。这些复合材料很难制作，其持久性也不令人满意，但其因固有的可修饰性、灵活性、无腐蚀性和射线可透性等优点而不断地被人们所研究。此类复合材料中残余碳引起的生物相容性问题，已经通过磨光并涂覆羟基磷灰石和碳化钛合金得到了解决[11]。

在骨折固定手术中，完全可吸收骨板因可以避免二次手术而受到青睐。使用这种可修饰的低硬度复合材料，也避免了上面提到的应力遮挡问题。降解速率必须控制植入体的力学性能消失与新组织的生长相适应。另外，降解副产物必须无毒。Pietrzak[12]总结了可吸收固定设备的设计问题。以骨板复合材料为例，其中包括了可部分吸收的连续碳纤维增强聚乳酸复合材料，以及可完全吸收的碳—磷酸盐玻璃纤维增强聚乳酸复合材料[13]。以聚乳酸为基体的聚丙交酯纤维也是一种可完全吸收的复合材料[14]。但是，这些复合材料的力学性能并不理想，降解速率也非常快。由 Orthodesign 公司制造的不可吸收碳—环氧树脂骨板的强度和疲劳性却非常合适。

骨水泥可以用来填充空隙、提高植入体和宿主之间的粘附，现在也通过加入纤维等方式来改善其性能以防止疏松并增加剪切强度，比如在固定过程中往 PMMA 粉末中掺入甲基丙烯酸酯单体。在 PMMA 中加入少量的石墨、碳和 Kevlar 纤维可以提高疲劳寿命，减少蠕变的形成[15]。

8.3.2 牙科

复合材料是目前在牙科应用中最成功的材料，因为其能满足陶瓷和金属合金等均质材料难以实现的严格设计要求。无论是牙冠的制作、蛀牙修复或是整个牙齿的替换，为了美观，都要求产品在颜色和透明度上和其他的牙齿相匹配，并且要有光泽度；也必须保持和其他牙齿相同的硬度，并且能够抵抗磨损和疲劳断裂；在口腔环境中还要保持尺寸稳定，承受不同的热应力变化；另外必须有较短的加工时间和较完善的近净形状。用于蛀牙修复的颗粒复合材料是以聚合物树脂作为基体，然后填充较硬的无机物或有机物制成的。较典型的树脂单体有甲基丙烯酸酯或尿烷二甲基丙烯酸酯衍生物，如经 UV 或发光二极管处理的交联双 GMA。提高强度和耐磨性的填充颗粒有玻璃陶瓷、硅酸钙、氟化钙、晶状石英和氮化硅晶须。一般通过硅烷处理或熔合硅石颗粒来延长增强颗粒在基体中的滞留时间，特别是增强受力修复能力和减少水分吸收。纤维在复合材料中的体积分数可以达到 50% ~80%，尺寸在 20 ~50 nm。在微填充的牙科树脂中，尺寸为 20 ~40 nm 的石英玻璃颗粒可以掺入的体积分数高达 40%，这样的复合材料透明度和光泽度很好，但机械强度不够，不能用作后面的大牙，也因为其粘度较低而不好操作。混合的牙齿树脂粒径范围为 0.1 ~10 μm，填充体积可以达到 80%，而且粘度较高，更利于操作，与微填充树脂相比吸水性也更低。商业化牙科复合材料树脂的聚合收缩率为 1.6% ~2.5%[16]，吸水率达到 1.5%[17]，这些都会引起尺寸变化。这些材料与牙质的粘附力也很差[18]，所以为了防止移位和泄露，就必须使用粘合剂。

全陶瓷的牙齿复合材料用于牙冠和牙桥的受力修复。断裂韧性是一个非常重要的因素，所以会将裂纹偏转和桥连机理应用到复合材料中。常见的是氧化铝—玻璃复合材料，也就是所谓的 In－Ceram，其制作时将氧化铝颗粒骨架在滑动状态下进行浇注和烧结，然后将玻璃熔融渗透到孔隙中。比如平均尺寸为 3 μm 的氧化铝颗粒体积分数为 75%，玻璃占 25%[6]。研究显示，氧化铝和玻璃之间热膨胀的不匹配不会严重影响其断裂韧性。最近的研究表明，采用氧化铝流延成型的方法可以简单地将复合物制作成牙齿模型[19]。这种复合材料比牙齿的牙釉质硬好多倍，所以对其损害较大。将碱性铝硅酸盐或磷酸钙涂覆在表面可以降低其表面硬度[20]。

牙科复合材料的另一个应用是牙齿正畸弓丝[21]，如单向拉伸 S2－玻璃强化型二甲基丙烯酸热固性树脂[22]。根据所使用的玻璃纤维丝的不同，纤维的体积分数可以是 32% ~74%。其强度和模量可以比得上钛丝。下颌正畸托架也是用陶瓷羟基磷灰石颗粒增强聚乙烯复合材料做成的[23]，且各向同性，与牙釉质的粘附也较好。

8.3.3 外科修复与矫正

传统的假肢和矫正材料，如木材、铝合金、皮革等，绝大多数已经被高性能的复合材料和热塑性塑料代替[24]。轻质、持久、减缩尺寸、安全和节约能源等要求，使纤维增强塑料在该领域备受关注。传统复合材料的设计和加工最为常见，特别是热固性材料，因为这些材料是在体外构建的。在经胫骨假肢中，复合材料用在接口处能与残肢良好结合，转移荷载，从而使小腿从地面获得支撑。经胫骨修复材料的目标重量限制在 1 ~ 2 kg，使用碳纤维增强（CFR）复合材料非常合适。ISNY 系统中的插口由碳纤维带和丙烯酸树脂经层压结合制成。所使用的基体是软硬两种甲基丙烯酸甲酯的混合物，这样可以改变插口的硬度。CFR 环氧基树脂可取代不锈钢用来制作人工手臂。丝绸碳纤维布料注入环氧树脂预浸料可用来制作 Endolite 经胫骨假肢的柄。在高分子聚酯中加入碳纤维和尼龙纤维制作而成的混杂复合材料柄比简单的碳纤维或尼龙纤维增强复合材料具有更好的抗冲击性能。使用热塑性塑料 CFR 尼龙 66，采用简单的注压成型法制作成的制品有很好的振动—阻尼特性，这一点对减震非常重要。但是，这部分需要设计得更重一些，因为简单的分析表明，30% 非连续 CFR 增强尼龙 66 复合材料的管壁厚度是 60% 连续 CFR 增强环氧树脂复合材料的 7 倍。这可以通过在注模工艺中使用更先进的热塑性树脂（如 PEEK）来解决。在假足的制作方面，很多复合材料已被用来储存能量并在运动时释放能量。Flex - Foot 采用长的 CFR 环氧树脂复合梁，可以在整个假肢部分储存弯曲能而不局限于脚部，也可以根据不同病人的特点和不同的活动量进行调整。Carbon Copy 2 Foot 的龙骨部分是由 Kevlar 增强尼龙块和 CFR 塑料弹簧片组成的，提供了双重抗弯曲性能。最后，在包裹假肢的柔性泡沫塑料表面，可用尼龙增强硅橡胶来作为保护层。对受伤部位进行矫正时，复合材料可用作新型的绷带性夹板材料，代替旧方法中的棉纤维和熟石膏。常用于此处的复合材料有层板纤维玻璃或聚酯针织布增强部分固化的聚氨酯基体。除强度之外，它们具有良好的 X 射线透过性和较低的吸水率。但是，这些材料在锯切过程中会产生更多的难以去除的粉尘。

8.3.4 软组织工程

交联水凝胶网络因具有高保水性和阻隔性，非常适用于用作皮肤修复的支架材料，但是其机械性能较差。水凝胶 PHEMA 经 Spandex 和纱布纤维增强后，抗拉强度和断裂强度明显增强，从而使水凝胶在撕裂前可承受较大的应力。软骨修复要求材料有较好的压缩性能和剪切性能，将低密度线性聚乙烯熔化后涂覆在超高分子量聚乙烯纤维织物上所形成的复合材料，其压缩性能和自然软骨非常接近[25]。纤维状的 PGA 毛毡和 PLGA 纤维用来制作软骨细胞生长的支架，当植入到软骨受损部位后，细胞可以在其上产生大量的细胞基质。纤维直径、纤维之间的距离和生物降解速率都是影响新软骨形成的重要因素。在人造血管领域，由聚酯制作成的纤维织物血管渗透性太高，会导致血液严重渗漏。为了克服渗漏问题，在这种人工血管上涂覆不可渗透的材料形成复合物，使基体更多的是作为密封剂而非荷载承受者。例如，使用海藻酸盐和明胶将 Dacron 纤维彻底浸湿插入人造血管中，经过一段时间后可生物降解。在血液透析人造血管的使用中，支架必须有弹性，可以经受频繁的刺穿，DIASTAT 移植物采用的技术是将 PTFE 纤维夹在多孔扩展的 PTFE 层板中，当针头插入时，纤维就被推向一边，针头撤回后，纤维作为一个挡板可以减少血液渗透并提高密封效果[26]。

8.4 人体组织的复合结构特点

生物复合材料是由两种或两种以上的不同材料复合而成的生物材料，它主要用于人体组织的修复、替换和人工器官的制造。长期临床应用发现，传统医用金属材料和高分子材料不具有生物活性，与组织不易牢固结合，在生理环境中或植入体内后受生理环境的影响，会导致金属离子或单体释放，对机体造成不良影响。而生物陶瓷材料虽然具有良好的化学稳定性和相容性以及高的强度和耐磨、耐蚀性，但材料的抗弯强度低、脆性大，在生理环境中的疲劳与破坏强度不高，在没有补强措施的条件下，它只能应用于不承受负荷或仅承受纯压应力负荷的情况。因此，单一材料不能很好地满足临床应用的要求。利用不同性质的材料复合而成的生物医用复合材料，不仅兼具组分材料的性质，而且可以得到单组分材料不具备的新性能，为获得结构和性质类似于人体组织的生物医学材料开辟了一条广阔的途径，生物复合材料研究必将成为生物医用材料研究和发展中最为活跃的领域。

生物复合材料根据应用需求进行设计，由基体材料与增强材料或功能材料组成，复合材料的性质将取决于组分材料的性质、含量和它们之间的界面。常用的基体材料有医用高分子、医用碳素材料、生物玻璃、玻璃陶瓷、磷酸钙基或其他生物陶瓷、不锈钢、钴基合金等医用金属材料；增强体材料有碳纤维、不锈钢和钛基合金纤维、生物玻璃陶瓷纤维、陶瓷纤维等纤维增强体，另外还有氧化锆、磷酸钙基生物陶瓷、生物玻璃陶瓷等颗粒增强体。植入体内的材料在人体复杂的生理环境中，长期受物理、化学、生物电等因素的影响，同时各组织以及器官间普遍存在着许多动态的相互作用。因此生物医用组分材料必须满足下面几项要求：①具有良好的生物相容性和物理相容性，保证材料复合后不出现有损生物学性能的现象；②具有良好的生物稳定性，材料的结构不因体液作用而有变化，同时材料组成不引起生物体的生物反应；③具有足够的强度和韧性，能够承受人体的机械作用力，所用材料与组织的弹性模量、硬度、耐磨性能相适应，增强体材料还必须具有高的刚度、弹性模量和抗冲击性能；④具有良好的灭菌性能，保证生物材料在临床上的顺利应用。此外，生物材料要有良好的成型、加工性能，不因成型加工困难而使其应用受到限制。

人体很多组织器官，例如骨头、软骨、肌腱、韧带、皮肤、肌肉、血管、椎间盘、眼睛等都是天然的有机复合体。了解这些天然组织的结构以及结构与性能的关系是设计与开发生物医用复合材料的前提。下面将针对骨头、软骨、肌腱和韧带等几种代表性器官的特点进行描述。

8.4.1 骨组织

8.4.1.1 骨组织的结构、组成与性质

骨是由板状羟基磷灰石分散在拉伸的胶原蛋白基体中所形成的一种天然纳米复合材料，具有良好的硬度、韧性和振动—阻尼性能[27]。在体内，骨只需要稍微改变结构便能调节其性能以适应各种各样的外力作用。关于骨组织的结构与性能的关系已有广泛研究，下面将从结构与组成两方面对骨性能的影响进行讨论。

1. 有机基体

骨的聚合物相是由蛋白胶原组成的。胶原大分子链呈原胶原的三螺旋结构，由氨基与骨水间形成的氢键起稳定化作用。原胶原螺旋间距约 10 nm，直径约 13 nm。这种三螺旋结构防止聚酰胺链塌陷成无规线团结构，从而有利于胶原在骨头、韧带以及肌腱等组织中的拉伸[28]。

2. 矿物组分

骨的矿物组分是羟基磷灰石（HAP），分子式为 $Ca_{10}(PO_4)_6(OH)_2$。然而，骨的实际钙磷摩尔比是 1.3∶1 ~ 1.9∶1，原因是考虑了骨基质中有机磷酸盐作为骨矿物成分的贡献。

3. 多级结构

天然骨组织是一种多层次复合物，其性能随尺寸层次而变（图 8-5）。因此，对骨组织的各层次结构（包括纳米级、微米级以及宏观结构）进行研究有助于我们全面了解骨组织的性能。同时，对利用合成加工或组织工程方法构建骨组织复合材料替代物，制定合适的工艺参数也是必不可少的。在纳米层次上，羟基磷灰石组分与胶原纤维交错结合，然后这些纳米复合物排列组织成微米级别复合物，从而可以支撑外力载荷，这也是骨组织基本的功能之一。为了实现骨组织的宏观功能与行为，由胶原和磷灰石复合而成的微纳米结构必须组合成宏观的各向异性，股骨皮质骨就是这样的例子。其形成过程是：首先，胶原和磷灰石组织成纳米级的分子结构；然后，这些纳米复合物组合形成纤维状的复合材料，这种纤维状复合材料对于具有合适强度和硬度的骨组织微观结构的形成至关重要。骨组织的许多生理功能和力学特征都取决于磷灰石的尺寸及其在有机基体中与胶原分子的三维空间关系。研究表明，磷灰石晶体相间交错地在胶原纤维丝中的通道与孔洞里生长，从而构建出骨组织的基本结构，即矿物纤维丝。磷灰石晶体相的量以及分布对骨组织的结构与功能有重要作用，同时，对胶原分子的构象和胶原纤维丝的超分子结构也有重要影响。这些纤维丝并不是独立存在的，而是在横向与纵向上相互融合，这些不同的空间排列结构最终控制了骨组织复杂的力学响应。研究发现[29]，这些空间排列包括平行结构、纺织结构、辐射状结构以及夹板状结构。平行排列结构的纤维丝通常会在靠近腱骨止点的肌腱中出现；纺织纤维结构是未成熟骨组织的特征，但很快就发展成承重骨组织[30]；牙本质中的纤维丝通常是辐射状的，胶原纤维大多数分布在跟外表面平行的平面上[31]；而纤维丝的夹板状排列则是板层骨的基本结构，这也是人体最常见的骨组织结构。在所有骨组织结构中，板层骨可能具有最复杂的复合结构，也因此赋予骨组织独特的各向异性力学性能。据报道[32]，板层骨主要由五个平行排列的纤维亚层依次按照同一方向排列组成，相邻两层之间的夹角为 30°，因此，板层骨结构是不平衡对称的。但奇妙的是，这种不平衡对称结构并不会因为受力不稳定而导致板层骨塌陷，原因是在骨单位同心圆筒中，这些纤维亚层被破坏并且以相反的方向拉伸，从而重新恢复了板层骨的平衡性和对称性[33]。

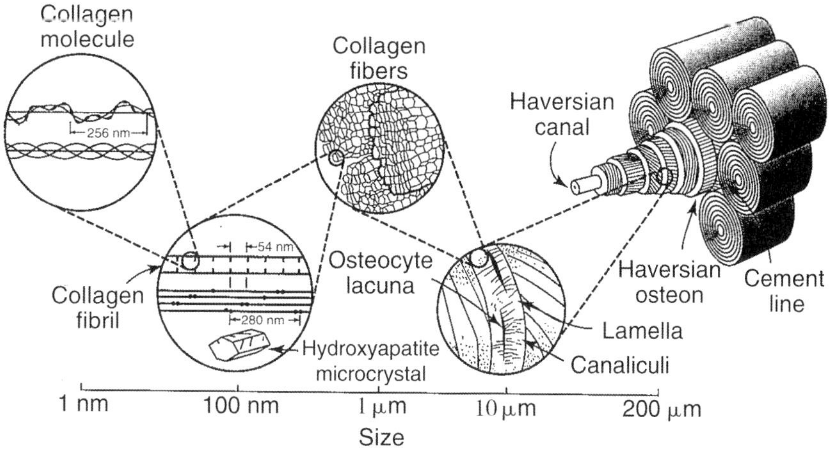

图 8-5 Hierarchical structure of human bone[34]

8.4.1.2 骨组织的结构与性能

在骨组织中，单一结构层次的力学性能与整个骨组织的力学响应是明显不同的。在宏观层次上，骨组织由皮质骨或者松质骨组成。通常来说，骨外层是致密的（皮质骨），主要负责骨的支撑功能。而骨骺（长骨关节端的扩大部分）、干骺端（长骨干端的增宽部，靠近骺盘）和不规则骨（例如椎骨）的主体是由海绵状物质（松质骨）组成的。松质骨与皮质骨的相对量是位点专一分布的[35]。皮质骨和松质骨都表现出各向异性的应力响应性，这主要跟其空间排列结构以及微组分间的相互作用有关。

有许多方法可以用来评价皮质骨的力学性能，最常用的方法包括拉伸、压缩、弯曲和扭曲。极限强度和弹性模量是表征皮质骨宏观力学响应最重要的两个参数，这些参数值的变化范围很大，跟所用的测试类型密切相关。在测试中，常常使用整个骨干骨或者有特殊形状的样品来收集皮质骨的力学性能数据。皮质骨拉伸测试的极限强度和弹性模量值往往比压缩测试时要低。例如，在压缩测试中，人体长骨（股骨和胫骨）的平均拉伸强度和弹性模量分别是~200 MPa和~23 GPa，而在拉伸测试时分别为~144 MPa 和~18 GPa。弯曲测试（三点弯曲或四点弯曲）可以对皮质骨特别是梁式样品的极限拉伸强度和弹性模量提供可靠评价。在测试小动物整个骨组织的性能时可以考虑选择弯曲测试，因为要将样品裁成合适的尺寸形状是不现实的。拉伸强度和模量值在很大程度上受样品的几何形状影响。并且，在测试过程中或者结果分析过程中都存在缺点。材料的不均匀性、各向异性以及断面的不规则和多变形状导致了在推断相关力学性能数据的可靠性时存在很多问题。因此，骨样品通常制成棒状或梁状，目的是减少以上因素对力学性能的影响。骨组织中，人长骨样品的强度和模量分别是~184 MPa和~9.2 GPa[36]。松质骨力学性能的测试方法主要有拉伸、压缩和弯曲测试。相比之下，松质骨的拉伸强度和弹性模量要比皮质骨低得多。例如，人股骨远端的拉伸强度和弹性模量分别是~6 MPa 和~400 MPa[37]。其中，骨组织的矿物密度和表观密度对皮质骨和松质骨的力学性能都有重要影响。材料密度的测定方法多种多样[38]，包括放射照相法、X-射线吸光测定法、计算机辅助 X-射线断层照相法、核磁共振显像法等。骨组织，包括皮质骨和松质骨，均表现出各向异性和不均匀（位点专一性）的机械性能。这些性质主要来源于微组分矿物晶体和胶原纤维的空间排列以及分布。皮质骨样品在纵向（平行于受力方向）的硬度较高，而在横向的硬度较低，在纵向的弹性模量大约比横向高出50%（表8-2）。

表8-2 Bone tissue elastic constants for bone tissue in various organs and sites

Year	1975		1984	1996				2003		
Organ	Fm		Fm	Tb				Mn		
Site				A	L	P	Md	Al	I	S
Method	M		U	U				U		
Mode	C	T								
E_1	18.2	17.7	20.0	20.9	20.6	21.1	21.2	25.2	23.0	21.1
E_2	11.7	12.8	13.4	11.5	11.9	12.3	12.9	12.7	16.0	16.8
G_{12}	3.3	3.3	6.23	5.5	5.7	5.8	6.1	6.8	7.2	7.4
V_{12}	0.63	0.53	0.35	0.40	0.40	0.40	0.38	0.41	0.34	0.41
V_{21}	0.38	0.41	0.23	0.22	0.23	0.24	0.24	0.20	0.24	0.32

此外，还有研究发现牛皮质骨的弹性模量随着测试方向（从纵向到横向）呈非均一性变

化趋势，这结果不能简单地用纤维增强复合物的传统模型来进行解释。皮质骨的强度随受力方向的变化跟弹性模量的情况相似。例如，样品在纵向受力方向上的拉伸强度和压缩强度分别是横向受力方向上的 ~2.5 和 ~1.5 倍[39]。相比之下，具有多孔结构松质骨机械性能的各向异性主要来源于其个别微结构组分（如小梁柱和小梁板）的空间排列，且矿物质在胶原纤维中分散的非均一性及其复杂的空间分布，以及孔洞、通道和无数界面的存在，所有这些因素都会导致骨组织的机械性能呈现高的不均匀性。并且，由于骨组织的多级结构，其在不同尺寸规模上的力学不均一性同样可见。在宏观层次上，骨组织的力学性能随着不同的解剖位置和不同的负载条件而改变。AFM 辅助纳米印压技术可以研究材料和力学的不均一性，该技术具有数十纳米的分辨率，相当于骨组织结构单元的特征尺寸大小。利用这种技术，可以在纵向和横向上对骨样品的弹性图案进行纳米级说明[40]。尽管印压模量与宏观数据有关，但是纳米力学不均一性不与相应的局部解剖特征直接相关。纳米不均一性可能来源于延性增加和韧化的优化过程。而且，这些结果暗示纳米级不均一性可能是放大在局部损伤重建或修复中影响细胞行为的力学信号的有效手段。

8.4.2 软骨组织

人体内主要有三种软骨：弹性软骨、纤维软骨和透明软骨。弹性软骨主要存在于会厌和咽鼓管中；纤维软骨在断裂部位会短暂存在，但也会长久存在于体内椎间盘、颞下颌关节中的颚骨骨节面层和膝盖半月板等三个主要位置。本节将重点阐述透明软骨。透明软骨最突出的作用是作为人体所有动关节的表面覆盖层。因此，透明软骨通常也叫作关节软骨。透明软骨会形成生长面，有助于长骨早期的生长发育。软骨组织在微结构和超结构水平上的重要特征是关节基体中的蛋白多糖和胶原分子周围存在水和电解质。这种液体—固体的相互作用对关节软骨的力学行为有重要影响[41-43]。

关节软骨是非均一性和力学各向异性的组织。除了复杂的力学特性外，关节软骨也表现出依时性（粘弹性）行为和电化学现象。依时性来源于液体在胶原网络中的运动以及胶原纤维固有的粘弹性。电化学现象来源于胶原网络周围的负电性蛋白多糖和溶解在间质水中的抗衡离子的相互作用。下面将讨论在载荷条件下关节软骨微结构与宏观力学性能的关系。在生理环境中，关节软骨必须维持相邻节点表面间传递的应力。由于其独特的形状和微结构，它必须经受局部复杂的应力状态，如压缩、剪切、拉伸[43]。压缩应力会引起液体相（胶原）和固体相（蛋白多糖网络）的相对移动，从而导致依时现象发生，并且由于存在高摩擦应力而消耗大量能量。有多种因素影响液体流动，其中蛋白网络的孔径影响力是很大的。在关节软骨中，固体相是致密的，因而液体流动必然会受到密集堆砌的胶原纤维的阻碍。也就是说，在压缩过程中会产生内部高液压，孔径因此会发生变化。当在压缩应力下固体相发生塌陷时，液体将会流入固体网络内部，能量消耗相应增加，同时可渗透性降低。同时，电负性蛋白多糖产生的渗透压也会对液体流动有阻碍作用。高压下蛋白网络的变形会使电荷密度局部增加，从而导致渗透压升高和液流受阻。当液压与基体受力相平衡时，液体不再流动，此时全部应力由固体基体来承担。因此，为了得到纤维网络力学行为的可靠数据，实验测试（侧限压缩或无压缩）必须进行到平衡为止。关节软骨的压缩测试表明，在形变低于 15% 时，应力和应变呈线性关系[44]。在线性范围内，当去除压应力后样品又恢复到初始的溶胀状态。发生溶胀是因为体系要趋于保持电负性蛋白多糖和在间质液体中抗衡离子之间的平衡状态。因此，基体的溶胀行为可以通过改变抗衡离子的浓度[45]或者蛋白多糖的密度来进行调控（图8-6）。

这两种影响因素可以单独调节，也可以同时进行。在平衡状态下，不管负载或不负载外应力，溶胀和固体基体响应之间的平衡导致了预应力的产生。

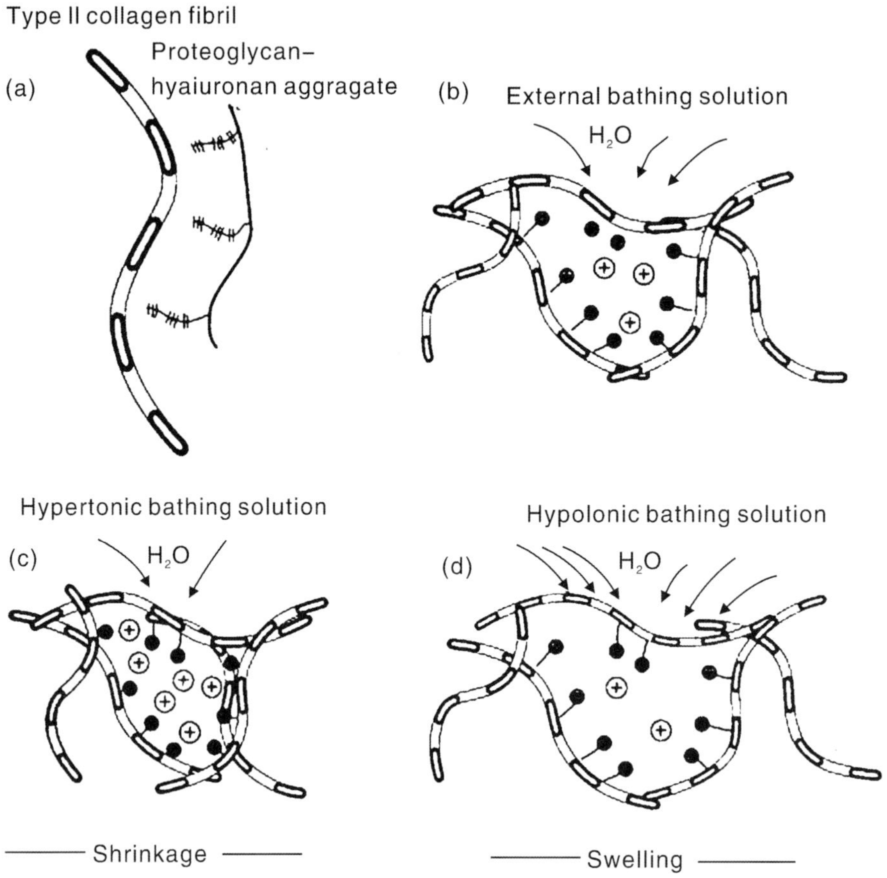

图 8－6　Swelling behaviour of articular cartilage. (a) Collagen (typeⅡ) fibrils interact non－covalently with matrix negatively charged proteoglycans to give an anionic nature to the collagen network. (b) Negative charge is balanced by counter ions. Water inflow and network swelling equilibrates the ion concentration gradient between interstitial and external solutions. (c) At equilibrium, osmotic pressure is balanced by matrix tension. For high cation concentration in the external solution, shown here, a modest water inflow is required, causing network shrinkage. (d) In contrast to (c), a hypotonic external solution may cause extensive network swelling

在拉伸状态下控制关节软骨力学行为的微结构机制与在压缩状态下截然不同。当关节软骨被单轴拉伸时，表现出特征的非线性应力应变曲线存在一个初始的低模量区，说明胶原纤维在初始形变时通过液体粘性阶段进行重排。随着形变的增加，胶原纤维在应力方向上进行排列取向，从而对胶原网络的硬度产生影响，这种影响取决于纤维本身的物理性质以及纤维与蛋白多糖网络的相互作用。总而言之，在拉伸或压缩状态下，固体基体在平衡时抵抗外力的机制是完全不同的。研究已证明，在拉伸状态下胶原纤维被取向，在压缩状态下胶原网络塌陷。关节软骨在单轴拉伸或侧限压缩测试中的应力应变曲线很好地说明了这种现象（图 8－7）。

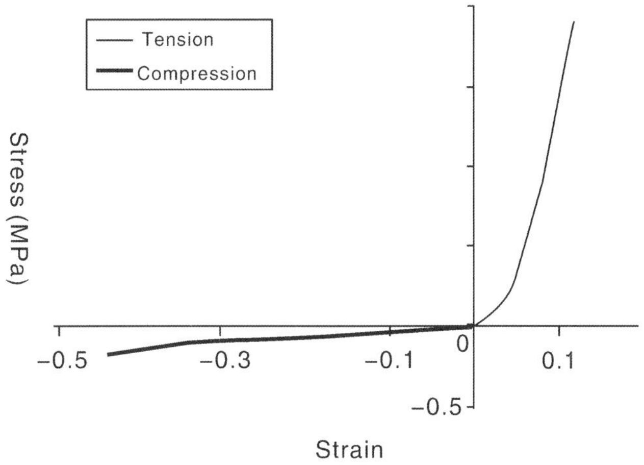

图 8－7　Tensile－compressive properties of human glenohumeral cartilage samples. The response in confined compression is in bold; unconfined tensile response is light[46]

显然，这种行为是双模型的，除了零应变以外，在两种情况下得到的拉伸模量和压缩模量差别很大。

8.4.3　肌腱和韧带

肌腱和韧带是致密结缔组织，它们的主要功能是传递应力和位移。两种组织具有相似的微结构和力学行为，因此常常被一起讨论。正常健康的肌腱由平行排列的胶原纤维紧密堆砌而成，纤维大多数是 I 型胶原（占总干重的 70%），尽管也有 III 型和 V 型胶原。在组织的发育过程中，胶原纤维的相对含量是不断变化的，特别是大量的 III 型和 V 型胶原会在胎儿期形成。研究表明，这些胶原对成熟组织（富含 I 型胶原）的形成起到了模板作用。胶原纤维与其他大分子（特别是蛋白多糖、饰胶蛋白聚糖、聚集蛋白聚糖）在肌腱的受压区域发生作用，其原因尚不清楚。越来越多的研究发现某些非胶原分子可能对调节纤维丝直径有作用[47]，可能是因为在肌腱的形态发生过程中，成纤维细胞在细胞内产生纤维丝前体细胞。在细胞周围由于胞外胶原的堆积而使纤维丝的直径增长[48]。

纤维丝束组合成为纤维，而细长的肌腱细胞在纤维间紧密堆砌。胶原纤维结合成大聚集体，而成群的大聚集体通过结缔组织（内肌腱）形成肌束。最终，在最大规模水平上，成群的肌束通过腱外膜和腱包膜形成肌腱器官。肌腱的多级结构如图 8－8 所示。

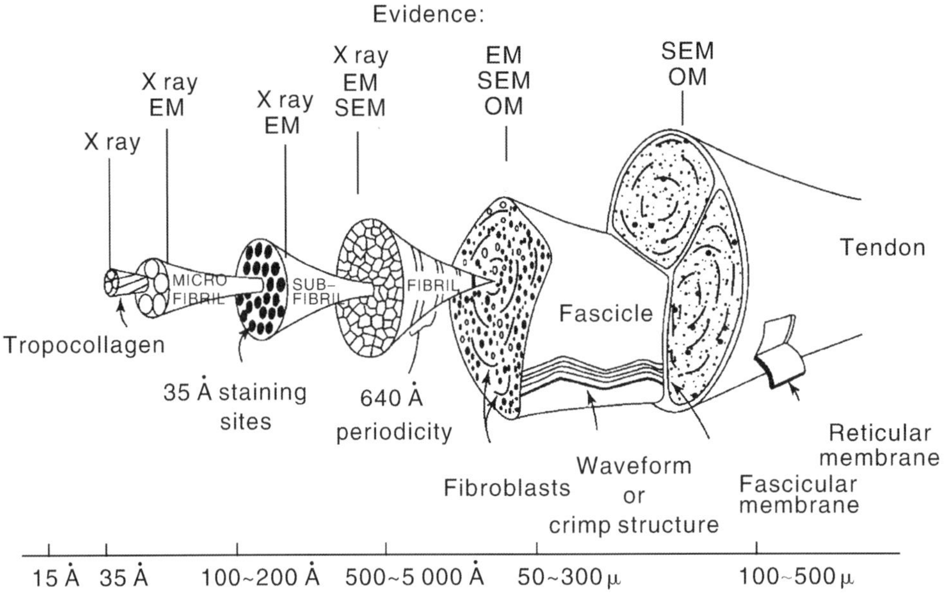

图 8－8 Hierarchical spatial arrangement of collagen in tendon

血管可以在内肌腱进行血管化，与胶原纤维平行排布，偶尔也会纵横交错。一般认为肌腱基体的内部不含有神经纤维，但是腱外膜和腱包膜含有神经末梢，而高尔基肌腱器官则存在于肌腱和肌肉的结合处。

值得注意的是，韧带中的胶原纤维束呈螺旋缠绕状。前十字韧带中的纤维束一般分为两类：前内侧的和后外侧的。这些胶原纤维束对韧带功能的正常发挥有重要作用，它们的合作可以使关节在整个移动范围内发挥功能以及抵抗不同方向的受力。韧带与肌腱的不同形态也会影响其拉伸性能，如图 8－8 所示。这些方面都强烈表明韧带结构是不可以被肌腱类组织所取代的。

肌腱和韧带在维持关节的移动与稳定方面发挥非常重要的生物医学作用，了解它们的力学性质对于整形外科、移植和组织工程至关重要。评价肌腱和韧带力学性质的方法可以是体内测试法，也可以是体外测试法。理论上，体内测试的优点是考虑了在身体活动中的受力情况。然而，测定组织上的受力和变形需要将器材插入体内，而且还不能直接测量。相比之下，体外测试更容易控制和监控。肌腱和韧带一般被认为是抗拉组织，因此，单轴拉伸（体外）是一种有效的测试方法，可以提供力学响应的基本信息。然而，这种方法不足以收集肌腱和韧带的整个各向异性行为，这几乎是所有软结缔组织的共同特征。此外，如果需要获得更详细的力学响应信息，就必须考虑在生理环境中可能经受的更复杂的应力状态，比如压缩应力和剪切应力。单轴测试可以在分离的单个器官或者骨—韧带—骨/骨—肌腱—肌肉复合物上进行。关于跟腱和前十字韧带的力学性质和表征方法，在过去的十年里已有大量的文献报道。跟腱由于具有非常规整的结构，常被选作含胶原组织的代表模型。前十字韧带的力学性质已被广泛记载，因为它是人体中最常受伤的韧带之一。前十字韧带和跟腱的应力—应变曲线如图 8－9 所示。

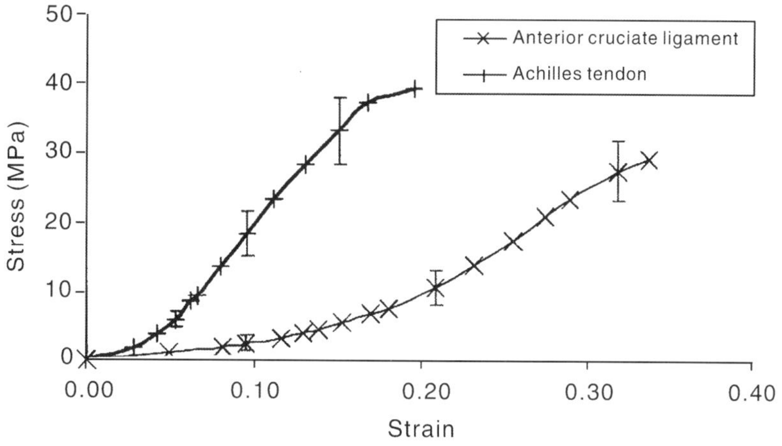

图 8－9 Uniaxial tension stress－strain diagram for anterior cruciate ligament and achilles tendon

这两个组织的应力—应变关系都不是线性的，曲线呈现出大多数胶原软组织的特征"J"形态。根据曲线可以得到前十字韧带和跟腱的一些特征。曲线的第一部分通常是指来自低应力的脚趾区。学界普遍认为在脚趾区胶原纤维的卷曲形态会逐渐变直。一旦变直，胶原纤维丝就开始被拉伸，需要更大的应力才能使其变得更长。当然，不是所有纤维的卷曲程度都是一样的。在不同的伸长率下，有不同的纤维变直，也就是说，伸长率越高，越多的纤维变直，从而抵抗更多的外力。这个过程也叫作纤维招募，可以解释应力—应变曲线的向上凹面。但由于在测量肌腱和韧带的力学性质时存在很多不确定因素，通过简单比较其力学响应性很难说明肌腱和韧带的本质区别。而由前十字韧带更宽的脚趾区可以揭示其微观结构。一般来说，前十字韧带拥有更高含量的弹性组织，从而使胶原纤维具有更明显的卷曲形态。而韧带的胶原纤维排列有序度比肌腱要低[49]，从而可能使大多数韧带比肌腱更能承受负责的应力状态[50]。胶原纤维的伸展会引起几乎线性的应力—应变响应。在足够高的应力下，胶原网络在线性区出现的微裂痕会最终导致其发生断裂。

肌腱和韧带跟其他大多数的组织一样表现出依时性的力学性质，但肌腱和韧带在分子水平上的粘弹性尚不清楚。当然，高含量蛋白多糖水合基体的存在可以使这些组织更容易显示出粘弹性效果，因为粘性剪切力可能来源于胶原纤维的相对滑动。在低应变速率实验中，当基体充当弹性材料支撑肌腱和韧带的胶原纤维时就会发生粘弹性[51]。在针对牛颈韧带的实验中，去除胶原组分后应力松弛几乎消失[52]，结果表明粘弹性主要来源于胶原束本身，或者胶原与粘性基体的相互作用，又或者所有这些影响因素。

8.4.4 组织再生与组织修复应用

天然组织复合体系的结构及结构与性能间的关系是设计和实现有效的生物材料和组织工程修复材料的基础。根据这种思路，我们依次讨论了骨、软骨、肌腱、韧带等组织的结构与性能间的关系。下面我们将讨论已有研究工作在整形外科医学中的组织工程应用以及将来的研究方向。

组织工程的目标是在体内再生生物组织，其原理是将细胞与支架材料复合，放在生物反应器中进行培养，生物反应器可以给细胞构造物提供适当的营养和物理刺激。这三要素的平衡和相互作用最终控制新生组织的功能。当应用于整形外科医学时，组织工程特别注重是否达到特殊的力学性能，如骨强度或硬度。骨骼最终的功能来源于优化的过程，优化的结果是形成一种复杂的组分结构，可以有效承载和转移应力。在这个优化过程中，重建组织的平衡是关键因素，任何偏差，不管是病理上的还是外伤，都会导致失败。因此，对组织结构、组成和宏观行为的控制需要对组织的形态发育和生物力学有深入的了解。

尽管组织工程已取得前景良好的研究成果，但到目前为止组织工程构造物在临床上的应用很少，应用受到限制的主要原因是种植细胞的组织工程构造物的微结构特征（组织学特征）和宏观性质跟天然组织不匹配。目前使用的很多支架都是按传统的方式进行设计构建的。它们的主要目标是复制目标组织的宏观性质，如形状、尺寸、力学响应，但它们很少被考虑引入天然组织的纳米级特征和多级组装结构。毫无疑问，如果想在体外再生功能组织，我们必须创建正确的环境来使细胞产生形态改变，就像组织在体内发育再生一样。当然还需要在正确的时间、地点从生物医学、力学和形态学等多种路线进行设计。目标的实现提出了新的技术挑战，如发展加工技术制备具有纳米特征的材料。在少数技术中，纤维电纺丝和混合光刻技术可以制备具有亚微米结构特征的支架材料。

除了技术方面的问题，还需要发展新型的生物力学模型，目的是评价组织工程应用的潜在可能性。就整形外科来看，定量分析组织工程构造物性能的最好方法是直接的力学测试。同时，组织工程构造物的图像分析必须与实际的力学测试结构相关。使用高分辨成像技术，如多光子激发显微镜[53]、荧光共振能量转移[54]和原子力显微镜[55]将在细胞与受体间的相互作用、新组织生成及其微结构组装和力学性质的开展等方面有重大用途。

8.5 生物复合材料的设计和制造

8.5.1 生物复合材料简介

生物复合材料的结构可以是生物材料组成的填料元素分散于基体材料中，也可以是由不同材料交替组成（图 8－10）。为方便起见，我们把前者称为复合物，后者称为多种材料复合物。然而，这两类生物材料所用的成型技术相似。生产技术可以根据所使用材料的形态来粗略划分。第一类是溶解法，把生物材料制成溶液以便于加工，如溶剂浇注法、颗粒沥滤法、电纺丝法。第二类是非溶液法，以纯的生物材料来进行加工，如烧结成型、绘图成型和缠绕成型。复合材料如何成型很大程度上取决于它们的加工温度和可塑性。

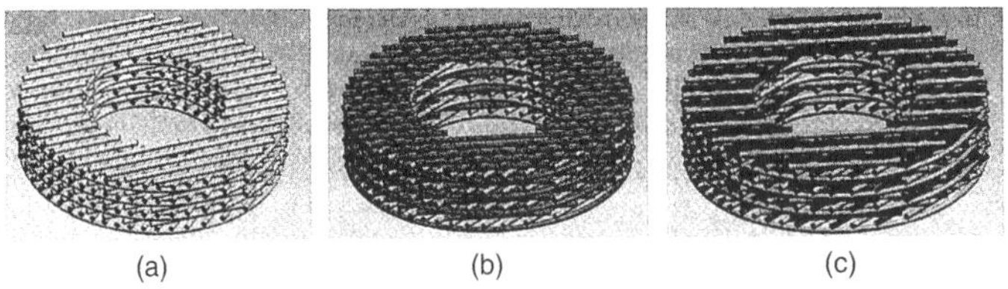

图 8－10 Schematic illustration of the different types of biocomposite constructs: (a) compounds: a matrix material is reinforced by a dispersion of filler material; (b) and (c): multi－material: alternating sections of different materials, that may be compounds themselves (Courtesy of University College Ghent)

第一类材料是在环境温度（低于 40 ℃）下呈粘性的材料，适合于在材料加工过程中引入细胞和药物，也适合于用溶液法来进行加工。这类材料主要包括合成和天然的聚合物基水凝胶、复合凝胶、泥浆和胶粘剂，如天然的海藻酸钠凝胶和纤维蛋白凝胶以及化学合成的聚乙烯醇凝胶。第二种材料是热塑性聚合物，这类材料在加工时需要升高温度（甚至高达300 ℃），目的是增加其流动性以及塑性形变。常见的例子有可降解的聚乳酸、聚乙醇酸、聚-ε-己内酯以及它们的共聚物。它们可以用粉料或粒料在熔点以上加工而成，或在室温下用溶液法制得。第三种材料是热固性聚合物，这类材料高度交联，一旦化学键发生固化（热交联、辐射交联或化学交联），它们便不会随着加热而减弱，在固化前材料通常是液态或柔软的，热固性材料通常用作复合材料的基体材料。最后一种是高温材料，主要包括金属和陶瓷材料，这类材料需要在300 ℃以上（有时高达1 500 ℃）进行熔融或烧结。当被用于生物复合材料中增强填充组分时，它们会相应地影响基体的加工温度。

下面我们将会讨论多种生物复合材料的加工技术以及它们的结构与设计。

8.5.2 生物复合材料的制备技术

制备技术的选择受所用材料以及最终产品的理想性能的直接影响，常规的成型技术有：溶剂浇铸、相分离、电纺丝、挤出和注射成型、缠绕成型、压缩成型、热压成型、烧结和3D绘图成型等，决定性因素如下：

（1）材料的加工成型温度；

（2）（当设计多种材料复合时）不同材料的组成与几何分布；

（3）构造物所需要达到的孔隙率以及纤维尺寸；

（4）所需要的几何自由度或周期性。

8.5.2.1 挤出和注射成型

以热塑性材料为基体的生物复合材料可以用生产日用塑料制品的传统方法来加工。增强相可以是短纤维或颗粒。最常用的加工方法有挤出成型和注射成型，选择哪种取决于聚合物熔体的可塑性。在挤出成型中，聚合物粒料通过料斗进入加热料筒，在料筒中精心设计的螺杆会不断推动已塑化材料向前移动，其间需要连续喂料，然后材料通过模具挤出成丝、薄片或板块。聚合物线或薄片都是这样生产的。在注射成型中，材料在进入螺杆前先计量投料，然后在螺杆的推力作用下进入密闭模具的空腔中，材料冷却后，打开模具取出产品。生物医用制品如螺钉就是用注射成型制得的。这些传统的成型技术常用于尺寸较小的产品或热塑性的生物复合材料制品，如用于一次性包装的生物可降解聚乳酸材料的工业制备，这对生物医用研究工作者研究关于材料加工的工艺要求具有重要的参考价值[56]。

8.5.2.2 缠绕成型

缠绕成型是一种制备中空复合材料结构（如管材、压力容器和游艇的桅杆）的常用技术。这个过程包括在不同的压力下通过凸模或心轴进行纤维缠绕。心轴自旋并水平移动，按设定图案缠绕纤维。一旦心轴上的产品达到理想的厚度，就可移开得到最终产品[57]。缠绕成型非常适合于自动化操作，纤维上施加的应力可实时监测。在高应力缠绕下得到的产品具有高的刚性和强度，而低压力缠绕则使产品更柔软。纤维缠绕的角度会影响产品的机械性能[58]，而纤维的堆积顺序则会决定材料的最终性能。大角度会有高的压缩强度，而小角度（如闭合或螺旋）会有高的拉伸强度。缠绕成型技术在生物医用的热塑性材料（原纤维或者挤出成型纤维）中得到了广泛的研究，如人造肌腱或人造血管的发展[59]，非常适合利用缠绕不同纤维来制备多组分复合材料。

8.5.2.3 模压成型

模压成型是一种传统的复合材料生产方法，该方法当初设计的目的是制备替代金属的复合材料制品，特别是用于制备较大的平板或中等弯曲的构件。首先是要将经过预热的成型材料放入一个开放的热模腔内。模具是密闭的，顶端有压力或插头部分，压力使材料充斥于整个模具中，在这期间需一直保持着压力和持续加热直至材料固化。与注射成型相比，模压成型产生的编织物线更少，纤维发生断裂的情况也更少。

该过程采用部分固化且含有高含量增强材料的热固性树脂，增强材料可以是粉末状、颗粒状或预成型坯。模压成型是一种大体积、高压的方法，适合于复杂、高强的材料成型。一般来说，这些材料比热塑性材料具有更优异的热物理性能，包括高的热流动性、导热性、耐冲击性和高温力学性能稳定性[60]。相似的技术还有树脂传递模塑成型（RTM）和片状模塑成型（SCM）。RTM 适用于聚合物基体的结构复合材料，在预放置或预形成的增强纤维中注入树脂形成纤维增强系统，聚合反应在注射之后发生[61]。SCM 中通常需要对板状材料进行裁切以适合模具的表面，接着最后一部分是在压力和加热下固化形成的。

先进的热塑性复合材料也可以用模压成型技术制备，如复合结构中的单向胶带、无纺布或无规取向纤维席。和传统的热塑性成型工艺相比，模压成型的优点是可制备体积大且壁厚的构件。投料可以是粒料也可以是片状，或直接在塑化螺杆中挤出。材料加热至熔点以上，成型后冷却。材料在模具表面投料越均匀，压缩时发生流动取向就越少。

8.5.2.4 灌注成型

真空灌注成型是用真空压力让树脂浸透增强纤维层的方法。在树脂注入前，模具里放入纤维并保持真空。当模具达到真空后，真空的吸力会将树脂吸入铺好的纤维层[62]。这种方法的改进之处是用另一个真空袋来吸走基体中多余的树脂，使纤维和树脂的组成比例增大，从而增强最终产品的强度，同时也可以减少树脂的浪费。

8.5.2.5 热压成型

热压成型是热固性和热塑性复合材料的又一种成型技术，在热压器中同时进行加热和加压。使用高压有利于提高纤维的体积分数和降低孔隙率以获得最大的结构效率。当加工半结晶热塑性树脂时，必须考虑自固化开始的冷却速率，这是非常重要的参数，须控制在可获得合适的结晶度以及防止微裂纹的产生的范围[63]。热压成型的价格昂贵，因此通常在必须用等静压来制备形状复杂的复合材料时使用。

8.5.2.6 溶剂浇铸成型

溶剂浇铸成型适合于制备形状不复杂的材料，如在室温下成型的平板材料。该方法的优点是操作简单，不需要专门的设备以及成型温度低。缺点是聚合物有毒溶剂可能残余，制品形状和种类有限，溶剂可能导致天然蛋白变性[64]。聚合物在溶剂中的浓度取决于溶剂浇铸成型膜材料所需的粘度和性能。通常选择在玻璃或聚四氟乙烯平板表面浇铸，干燥的时间取决于溶剂的挥发速度和成膜厚度。为了彻底去除溶剂，可在真空下二次干燥。当溶剂从膜中完全挥发后，膜就可脱下使用。复合材料中的组分分布完全取决于在形成溶液前生物复合材料中各组分的比例。由于溶剂浇铸成型法不能控制制品的形状，因此该方法适用于制备简单的生物复合材料制品，而不适合多种材料的复杂结构。但溶剂浇铸成型法和其他方法相结合可以制备出结构更为复杂的材料[65]。

8.5.2.7 相分离法

相分离法可用于制备多孔材料。对于聚合物溶液来说，相分离技术是以溶剂结晶为基础的[66]，成型步骤如图 8－11 所示。把聚合物溶液放置在容器里冷却，温度下降会使溶剂结晶并冻结，形成固液态的分离相，然后将冻结物转移到冷冻干燥机中，利用真空将溶剂从混合物中除去，从而形成高度多孔的泡沫结构。该工艺不局限于聚合物溶液，同样可用于聚合物—陶瓷的混合物，但这个制造过程很复杂[67]。与溶剂浇铸成型法一样，相分离法只能得到有限的简单宏观形态（但可以得到更厚的制品），而且复合材料中各相的分布只取决于溶解的化合物，而不能从几何上控制。在多孔结构中，孔的大小和形状可以进行控制，但如果孔洞间没有完全连通，则会产生很长的扭曲壁垒，这对生物医用中的信号释放和营养物传送是不利的[68,69]。

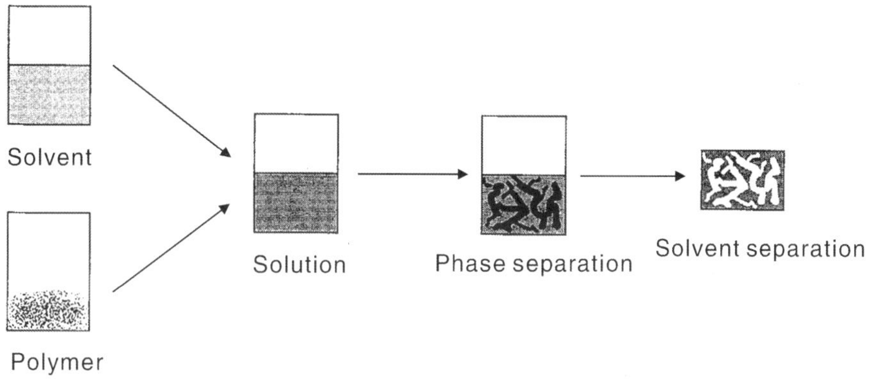

图 8－11　Schematic representation of the phase separation process. A solution undergoes a temperature－induced (freezing) phase separation, after which the solvent component is removed (Courtesy of Sven Vernaillen, University College Ghent)

8.5.2.8　电纺丝法

电纺丝技术是一种以溶液为基础的用于制备细丝的工艺，如图 8－12 所示。该方法利用电荷可以制得非常精细的纤维，主要是微米或纳米级尺寸。电纺丝法综合了纤维电喷射和传统溶液喷雾干燥法的特点。这种方法是非损伤性的，不需要使用化学混凝或高温溶液制备固态丝，特别适用于利用大分子复合物（如生物复合材料）来制备纤维[70]。标准的实验室电纺丝设备包括连接高电压（5～50 kV）直流电源的喷丝板（典型的有注射器针头）、注射泵以及接地集电片。聚合物溶液、溶胶—凝胶、颗粒悬浮液或熔融液被加入注射器中，然后液体在注射泵的压力下以恒定的速率流出针尖。同时，喷丝板针尖上的液滴通过定压池提供的恒定压力进行补充。这种恒定的压力补给对于低粘度的原材料来说效果更好。在生物医用复合材料中，该技术可用于制备人造器官元件、组织工程支架、植入材料、药物释放和伤口敷料。超细的电纺纤维在制备长纤维复合材料中具有明显的潜力[71]，但该方法在短时间内很难制备出大量的纤维来构建大尺寸制品，因而在医用中用少量的纤维来制备电纺丝纤维增强材料是比较受欢迎的。静电纺丝因此被称为是划算的并可用于制造伤口敷料、医用植入材料和人工器官组织支架的方法。制备这些纤维状的生物复合材料，目的是要模仿天然组织中的细胞外基质结构。生物可降解聚合物（如聚己内酯）已被用于这方面的研究，通过在这些纤维上涂覆一层胶原可以促进细胞的作用，然而胶原蛋白也可以直接电纺成膜[72]。这种以溶液为基础的制备技术也可用于制备凝胶或聚合物基热塑性生物复合材料。多种材料复合物也可以通过将不同材料一起纺丝形成连续多层的结构[73]。

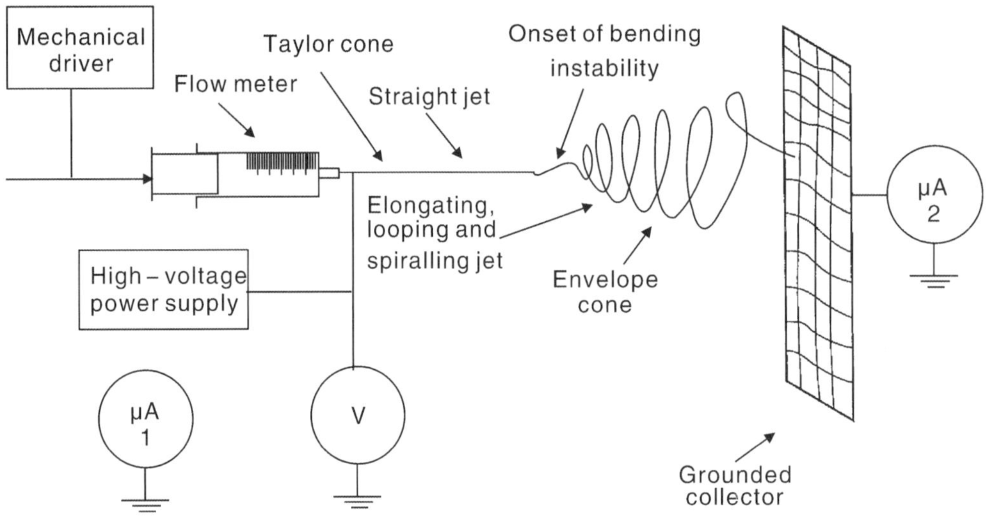

图 8－12　Schematic representation of the electrospinning process (Courtesy of Sven Vernaillen, University College Ghent)

8.5.2.9　固体自由构建技术

可以控制三维结构（3D）的计算机数值控制装置是一种颇具前景的生物复合材料制备技术，该方法就是已被熟知的快速原型设计（RP）或是固体自由构建（SFF）。SFF 是运用 3D 的 CAD 软件层层构造的一类技术，它可制备出比传统制作工艺更复杂的结构[74,75]。

8.5.3　工艺参数对生物复合材料的性能影响

生物复合材料的加工要求作业人员对设备和材料特征有充分的了解。同传统聚合物相比，大多数生物高分子没有典型的材料特征[56]。例如在挤出和注射成型过程中，聚合物的粘度会随着加工压力的增加而降低，这叫剪切变稀。但生物复合材料显示出几乎恒定的粘度/压力曲线，如图 8－13 所示。这种现象会对加工条件造成影响。对聚乳酸的测试结果表明生物高分子的收缩率很低，这会影响材料的精确性和加工稳定性。因此，需要使用精确的电动控制系统来提高生物复合材料制品的精确性和重现性。与标准的聚合物相比，生物高分子的温度和压力加工范围比较窄，变化 5 ℃将直接影响塑化和烧结参数，改变注射或挤出速率会导致与传统塑料相反的重量变化。

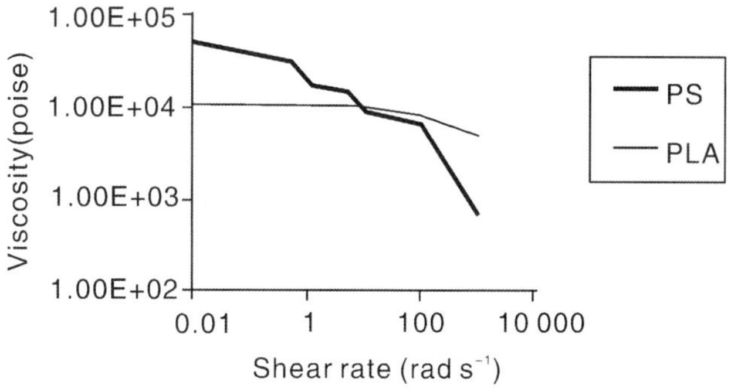

图8－13 For processing shear rates below 100 rad s^{-1}, biopolymer PLA is not subject to shear thinning, a typical quality of thermoplastic polymers, where the viscosity drops with higher shear rates (higher injection pressure) (Courtesy of Nick Gereels, University College Ghent)

在3D绘图中，生物高分子很容易在成型中发生热降解[76]。这是因为分批给料会使大部分等待加工的材料在熔点以上停留时间过长，从而导致聚合物链发生断裂而降解，影响绘制长丝的质量以及最终产品的机械性能[77]。

当加工以溶液为基础的复合物（如糨糊或水凝胶）时，溶液的粘度对加工参数影响很大。相应地，粘度大小取决于溶剂对复合物的溶解性，会影响所需复合材料的特性（如孔结构和孔大小）。增加溶剂/溶质的比例将会导致溶液的粘度降低以及制品的高孔隙率。制备以溶液为基础的复合物时，特别要注意在加工的最后阶段把有机溶剂完全去除[78]，因为残余溶剂会对人体有严重影响。

8.5.4 生物复合材料在医用中的设计

目前，有效的加工技术为工业和科研环境，特别是医用领域，提供了很大的革新空间。利用复合材料结构与加工方法的多种结合方式来对最终的产品设计进行优化，可能会使复合材料有新的应用。增强假肢、骨水泥以及各种软硬组织工程支架都是医用领域一些常见的实例。关于假体，除了一些常用的金属植入物外，还可以通过SFF技术基于医学扫描数据对病人的特殊部位进行3D的CAD集成设计。需要时可以通过表面涂覆技术来增强生物医学作用[79]。在支架材料中，多种材料复合的支架有明显的优点。例如，一种材料能够促进细胞粘附与增殖，而另一种能提供类似天然骨的机械性能。选择适当的复合材料可达到与天然组织相似的力学特征[80]。这些支架材料可以是天然大分子，也可以是合成聚合物[81]。前面所提到的各种加工方法，如电纺丝、纤维缠绕成型和SFF，为复合材料的设计构建创新提供了可能性。为了方便选择合适的成型技术和生物复合材料，表8－3对各种方法和材料应用进行了概述。

表 8-3 Overview of technologies and material applications (Courtesy of University College Ghent)

	Material processing		(Matrix) material class				Biocomposite type			
Technique[1]	Solution based	Undiluted material	Gels (ambient T)	Thermoplast (medium T)	Metal/ceramic (high T)	Final product	Compound	Multi-material	Material example	Application example
Solvent casting	×		×	×		Porous sheets	×		PLGA	Assembly of scaffolds for tissue engineering
Phase separation	×		×	×		Porous simple geometries	×		PLGA collagen gels	Scaffolds for tissue engineering: vascular, nerve guidance
Electrospinning	×	(×)	×	×		Non-woven material	×	×	PCL collagen gel	Scaffolds for vascular tissue engineering
Extrusion injection	× ×			× ×		Filament/profile 3D shape (dense)	× ×	 ×	ePTFE PLA	Vascular prosthesis Degradable screws
Filament winding		×		×	×	Hollow shape	×	×	PLLA, PCL	Artificial tendons
SFF-SLS/SLM		×		×	×	3D geometry (porosity per design)	×		Ti PCL $CaCO_3$	Dental implants, Scaffolds for bone tissue engineering
SFF-3D plotting	×	×	×	×		3D geometry (porosity per design)	×	×	PLA, PCL fibrin gels	Scaffolds for tissue engineering: bone, vascular

1 products made with one technique can be combined with other techniques in order to obtain multi-material parts.

8.6 生物复合材料在硬组织中的应用

8.6.1 引言

生物医用复合材料的广泛应用主要有以下几方面原因。第一，它的机械性能与天然组织相匹配，可用于筋[82]和椎间盘[83]等软组织，以及骨等硬组织的置换和修复[84,85]。这种匹配特性包括与天然组织非线性动力学行为的匹配以及组织—植入物界面处的应力应变的优化，从而减少天然组织中压力屏蔽或界面处应力集中带来的风险。第二，复合材料中的生物学性能可以通过优化植入体的生物学响应来调节，从而可以由身体产生的强生物界面来包围以至于融合整个植入体[84,85]。第三，该方面与生物复合材料的可降解性相关，随着植入体的降解，来自植入体的负荷可以逐渐传递给天然组织[86]。

例如，当增强复合材料被用作硬组织取代物（如骨头）时，其刚性必须和骨头相似[87]，因为在多数情况下，材料的强度要高于待取代或增强的骨组织，因此骨头最有可能受到损伤。同时，植入物需对骨有生物活性，以促使骨在材料表面沉积。如果材料可降解，降解产物需无毒而且可加速骨的愈合[4]。这些要求听起来简单，但骨取代物或增强物实际应用时，其机械性能要求很高。例如，慢走时髋关节受到的压力是体重的 3.5 倍，绊倒则会增至体重[88]的9 倍，而进行正常的活动时膝盖的压力是体重的 2 ~ 2.5 倍[89]。因此，对于体重为 80 kg 的人来说，正常受力负荷是很大的，如膝关节受力是 2 kN、胯关节受力是 2.8 kN，体重更大的人受到的负荷还会增加。此外，材料的抗疲劳性能也要好，因为人走路时材料会受到循环应力而发生疲劳。Wallbridge 和 Dowson（1982）[90]发现，一个人在 20 岁时平均每年大约走 200 万步，到 80 岁时这数字会有所下降，但也有 50 万步，这与 Joyce 和 Unsworth（2000）[91]用上臂负荷周期预测的数值是相似的。

到目前为止，尽管有很多材料被用于体内或体外研究，但是只有少数的复合材料被报道用于临床研究。

8.6.2 颌面的应用

颌面应用由于比其他骨骼的力学要求低而最早被应用，但如果应用中出现问题则更加明显，因为植入物的位置处于表层，覆盖的软组织比较少。这个现象在早期使用可降解的聚乳酸板进行首次临床修复时就已有报道[92]。

Bonfield 等首次将羟基磷灰石（HAP）和高密度的聚乙烯（HDPE）的复合物 HAPEX™用作眼眶底取代材料[84,85,93]，发展了两种不同的取代物：第一种是简单的压缩模制盘，厚度低于 1 mm，直径大约为 15 mm，作用是在眼眶底骨折后对其关闭和防止软组织被挤压到鼻窦空间；第二种材料要大些，是作为失去眼睛患者的眼睛空间填充物，要求是植入物的体积不发生改变并且与眼眶底有很好的接触。早期的植入物有脂肪球，但其在眼眶中会随着时间的延长而被吸收导致体积变小；玻璃球和硅胶球取代物则和眼眶的结合性不好而导致从眼眶中挤出。在这两组病人中，HAPEX™的植入与眶底密切结合，这可从计算机 X 线断层照相中看出（图 8 - 14），用手触诊也显示稳定的界面形成。然而，出于商业上的原因，这些材料后来没有再用于其他病患者。

Tormala 等研究出了一系列可降解的自增强聚乳酸（SR - PLLA）杆、螺丝钉和盘[4,92,94-96]，目前这些材料已在商业上应用。杆状和螺丝钉状材料由规整排列的 PLLA 纤维模压成型制得，盘状材料则是通过板拉成薄片，然后切割成厚 0.5 mm、底面积 12 mm × 40 mm的盘形，这些植入物最初用于颅面外科[4,95,97]。Suuronen 等（1992）[95]建议用 4 个厚 0.5mm 的盘拧在一起来获得临床应用所需的刚度和强度，当病人是 6 个月到 8 岁的孩子时，可以选择 1 到 3 个盘。血管化组织的保护层以及不使用过量的植入物，将会降低由于植入物降解而引起炎症的风险。del Campo 等（1994）[97]用这些盘修复上颌骨截骨，发现手术后有较好的稳定性，无并发症。大部分有关颅面区域的报道[96]都发现此植入物效果良好，其中一个优点是在发育成长的孩子中，植入物的力学性能随着吸收而逐渐降低，从而不会阻碍孩子脸部的成长，同时也可以通过在高于玻璃化转变温度（T_g，~60 ℃）下加热植入体来改变材料的形状。然而，值得注意的是自增强的 PLLA 盘完全降解需要 5 年，而自增强的 PGA 盘则只需 6 到 12 个月[95]。

Zanetti 等[98,99]用羟基磷灰石和聚己内酯制成柔性片材，厚度为 0.3 ~ 1.2 mm，它们被用于 42 个年龄在 14 ~ 64 岁间的病人的外耳道壁重建[98]，以及 7 个颅底轻微缺陷患者的颅底修复[99]。在耳朵修复研究中，两年后外耳成功修复的有 37 例（88%），而外耳完全再上皮化的有 33 例（79%），再次复发的患者有 3 位，而有 7 位患者的植入物变形。然而，同其他的研究结果相比，有 3/4 的患者转为正常而没有其他的感染，因此是成功的。在头骨研究中，缺陷治疗的直径均小于 30 mm，18 ~ 62 个月后没有发现挤压或异体反应。

8.6.3 耳的应用

HAPEX™眼眶植入材料在临床上的成功应用鼓舞了 Smith 和 Nephew ENT 将此材料用于中耳实验，他们制出了许多中耳植入材料，如由 Goldenberg（1994）[100]和 Dornhoffer（1998）[101]设计的 HAPEX™中耳植入材料。它具有如下特点：与鼓膜（耳膜）接触的头部是羟基磷灰石，而轴部是超高分子量聚乙烯（UHWMPE）。轴部在手术中可以切割成所需的长度，有利于声音从耳外向耳内传递和放大。羟基磷灰石用作接触耳膜材料是因为其他材料不合适，而 UHWMPE 的使用是因为它易于切割，在手术中能够裁剪以适合患者。用 HAPEX™取代 UHWMPE 的原因可能是 HAPEX™会促进轴和镫骨间的接合，提高材料长时间稳定植入的性能；存在于聚乙烯中的 HAP 颗粒还可使材料更易修剪；最后，HAPEX™的密度比 UHWMPE 要大，应该会有利于声音通过植入轴的传输。目前，这些材料在外科手术中仍然使用。Goldenberg 和 Driver（2002）总结了这些植入物的临床成功案例，检查了 233 位患者，其中有 77 位患者的植入物植入时间超过 5 年。总的来说，听力成功率为 65.8%，而有 5.3% 的患者受到植入物挤压，7.7 % 的患者发生了植入物明显滑移。由此，他们认为植入材料可稳定地提供良好的听力，而且失败率低。Meijer 等（2002）[102]综述了 11 种 HAPEX™材料在植入 2 ~ 20 个月后的组织响应，他们发现在所有材料表面均覆盖有纤维组织层（图 8 - 14）。

图8－14 Scanning electron microscopic appearance of an HAPEX^{TM} middle ear prosthesis consisting of a hydroxyapatite head (H) and a hydroxyapatite－polyethylene shaft (S). The shaft has been trimmed intra－operatively to fit to the appropriate size in the middle ear. The shaft is composed of sintered hydroxyapatite and polyethyene which gives a smooth but irregular surface[102]

8.6.4 牙齿的应用

生物材料在牙齿外科上也有应用，主要是应用生物复合材料来取代牙齿内的填充物汞合金。此外，植入的复合材料也可用于取代牙龈坏死部位，作为牙桩来为天然或人工牙齿提供暂时的或永久的支撑[103]。对于牙根的置换问题，过去是用复合材料来处理的，而如今多用Branemark钛合金牙。Hodde等（1976）[104]制备了聚甲基丙烯酸甲酯（PMMA）和玻璃碳（VC）的混合植入物。在取出一个或多个牙齿后，他们在病人牙槽嵴的间隙制作模具，然后用95%的PMMA和5%的VC的混合物填充模具，并通过甲基丙烯酸甲酯单体的加热聚合形成复合物。这些植入材料通过磨砂处理除去表面层从而露出VC，经超声波清洗和灭菌，植入病人口中为牙齿提供支撑，结果显示愈合快速并且没有不适感。他们研究了15位病人，同样发现骨损伤程度低、保持牙槽嵴的高度、比骨模量低的材料更有利于植入物和骨间的载荷传递。

8.6.5 中轴骨的应用

第一个在临床上应用的中轴骨复合材料制品是由Hastings等人[105－107]开发的碳纤维增强环氧树脂复合材料骨折内固定板。这种材料是将21层碳纤维预浸于环氧树脂中，每层纤维与固定板的长轴平行或成45°排列，然后热压成型。板制成后，钻螺孔，并根据当时金属骨折固定板的特征来确定形状和大小。这种板的弯曲强度大约为金属板的1/4，而抗疲劳性和抗扭曲性能均比金属板高60%。在通过小鼠体内植入实验对材料与骨和肌肉接触时的生物相容性进行评价后，这种板材料已被用于29名前臂骨折的患者[107]。但与金属植入物不同，复合材料板不能弯曲以保证断裂处末端间以及植入物与身体其他部位骨组织间的紧密接触，因而在应用中只限于前臂。临床上70%的例子表明，患者用复合材料植入物比用金属植入物愈合得要快，愈合过程是次要的，愈合中首要的是减少假骨质的形成（图8－15）。

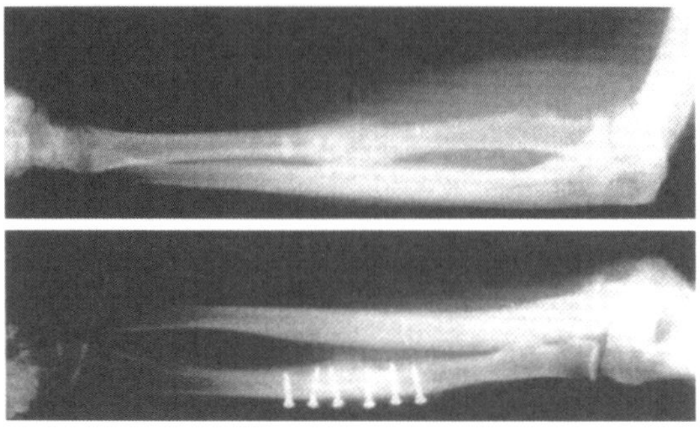

图8－15 Clinical response to carbon－fiber－reinforced epoxy resin fracture fixation plates in the forearm showing the "healing by close－knit callus which was seen in 70% of cases"[107]

当骨折部位的可动范围小于100 μm时将发生初步愈合，而当骨折处能够进行有限运动时将发生速度更快的第二阶段愈合。愈合完全后，所有的植入材料将会被移除。尽管在植入物周围的软组织中发现有残留的碳颗粒，但组织学分析表明除了六处断裂外，所有断裂处均显示最小的组织反应。因此，在将来的研究中不需要取出植入物。目前，这些材料的缺点是它们不能弯曲以适应患者，因此仅限用于前臂。

最近，由Tormala小组[4,92,94－96]发明的自增强聚乳酸（SR－PLLA）可用于踝关节和股骨颈断裂的修复。他们在早期的踝关节内侧和外侧断裂置换研究中[86]，将自增强的聚交酯—乙交酯纤维和传统的金属螺钉进行了比较，发现在结构上没有差别，而在功能结果中各组的并发症相近。在最近的踝关节研究中，Joukainen等（2007）[108]将一种由30%聚－LD－丙交酯和70%聚－L－丙交酯制得的自增强的聚乳酸螺钉（SR－PLA70）与另一种由100% LPLA制得的自增强螺钉（SR－PLLA）进行比较，用于治疗60位踝关节断裂的病人。这两种材料在机械性能上差别很小，但是共聚物螺钉在体外的强度保持时间由36周减少到24周。他们发现用共聚物螺钉（SR－PLA70）的患者有65天的病假，而用SR－PLLA的患者只有60天，其他没有太大的差别。两组螺钉在一年后仍然可见（图8－16）。

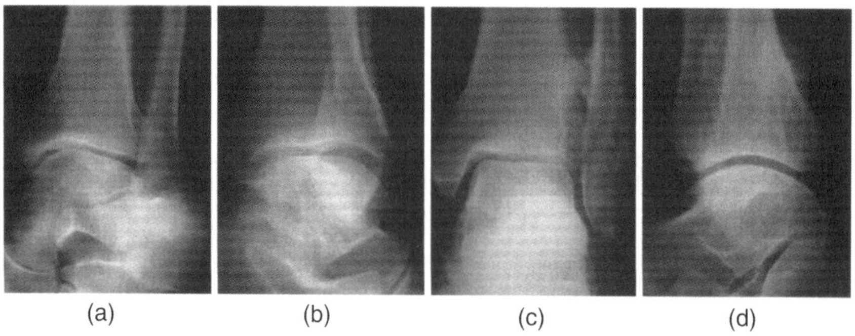

图8－16 Fracture of the lateral malleolus pre－operatively（a），（b）and at the 1－year follow－up（c），（d）treated with two SR－PLA70 screws. Note the syndesmotic ossification between the tibia and the fiber. The patient did not report any problems at the 1－year follow－up[108]

在股骨颈研究中，Jukkala - Parito 等用直径为6. 3 mm 的 SR - PLLA 螺钉治疗了40 位颈椎断裂患者，并将结果与用直径 7. 0 mm 的金属螺钉处理的38 位患者进行对比。这两组病人的年龄和临床问题相似，再脱臼数目也相似，但是使用可降解植入物的患者长时间行走的能力要强些。

在关节置换中，Field 和 Rushton[109,110]发明了用 Cambridge Cup 来置换病人的髋臼关节软骨的方法，这些病患者以往通常采用半置换治疗，也就是在股骨颈断裂后只置换股骨头，这种治疗适用于年龄大、活动力低以及骨质疏松患者。在这些患者中，股骨头和关节软骨相连，随着时间的推移这些软骨可以穿透，但是许多患者对于整个髋关节置换还是不适应。Cambridge Cup 是由厚度为 1. 5 mm 的碳纤维增强聚对苯二甲酸丁二醇酯（PBT）层支撑 3mm 厚 UHMWPE 来组成的。植入固定物可以是 60 μm 厚的等离子 HAP 涂层，也可以是由复合物固定针填充的 PMMA 骨水泥（图 8 - 17）。这种设计理念来源于植入物的刚度和关节软骨相似。尽管 UHMWPE 层相对较薄，但没明显的磨损，这归因于材料的柔韧性。

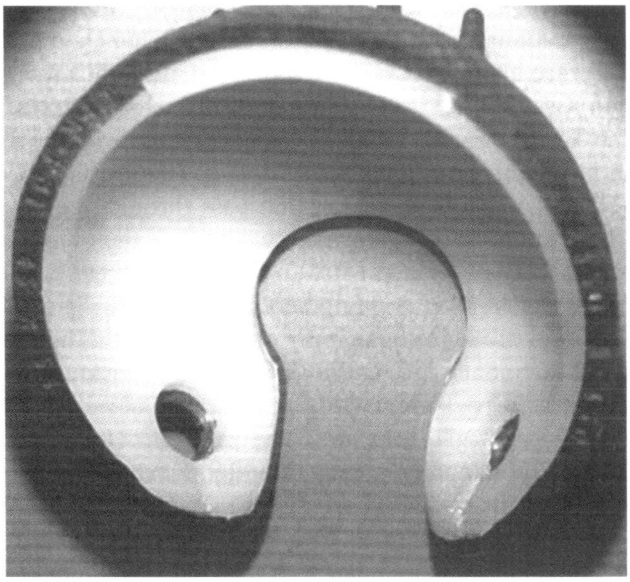

图 8 - 17　Cambridge Cup showing the outer polybutyleneterephthalate (PBT) carbon - fiber composite shell with the inner UHMWPE bearing and holes for the insertion of fixation pegs[109]

复合材料还可以取代熟石膏在体外用于骨折固定，包括体外铸件的纤维增强复合材料和用作 Ilizarov 外固定架的碳纤维增强环氧树脂。熟石膏有很多缺点，如不透 X 光、机械脆性、高密度及不防水。一种用纤维网浸渍的可固化树脂材料可用来取代熟石膏。这种材料的特性是 X 射线透过率高，在治疗期间可用 X 光片来观察骨折愈合情况而不需要拿出植入物，同时具有较高的断裂韧性、防水性及低密度。Ilizarov 的外固定架是由西伯利亚 Gavriil Ilizarov 教授在 1950 年发明的，但直到 20 世纪 80 年代才被西方所熟知[111]。这种固定架可用于肢体增长和增强的骨折固定。起初，整个固定架是由不锈钢制成的，重量大且不能透过 X 光。后来，Ilizarov 发明用短切纤维增强环氧树脂和针织芳纶 - 29 增强环氧树脂[112,113]取代传统的不锈钢材料的方法。虽然复合材料的刚度比不锈钢要差，但在临床应用中已能满足刚度和强度的要求，而且减轻了重量并可以透过 X 光，因此便于患者的治疗。

8.6.6 复合材料在硬组织应用中的优缺点

复合材料可以达到和它们所替换的天然组织相似的刚度，从而有利于减少应力屏蔽和提高生物学反应。并且，许多新型复合材料可以释放磷酸钙，补充钙磷离子或其他生物活性物质，有利于加速骨的愈合。复合材料可以根据手术需要进行裁剪，而大多数金属植入物只能弯曲而不能切割，陶瓷材料甚至不能切割和弯曲。此外，复合材料的塑性形变与金属植入物也是不同的，后者需加热或切割而不是塑性形变。复合材料的缺点是它们的强度和断裂韧性比较差，因而只限于低载荷应用。

8.6.7 未来的发展趋势

自 20 世纪 70 年代以来复合材料已被用于临床。然而，早期的复合材料是含碳材料，只显示出可接受的生物响应性。新型的复合材料应该是生物活性的，有利于提高活性的生物响应。主要发展之一是根据临床应用需要选择非降解性或降解性的高分子材料。对于关节置换或类似的应用，可选择非降解性的植入物，而对于骨折内固定或组织工程支架，可使用降解性的材料，由此病人会忘记人工材料曾经在体内植入。由此可见，应该根据特殊的临床问题将植入材料及其设计很好地结合起来，而不是可用就行。值得注意的是，目前只有少数的复合材料通过了临床试验，由于从发明一种新材料到临床应用需要的时间很长，我们期望在将来的 5 ~ 10 年会有更多的复合材料可以在临床上使用。随着时代的发展，人们对复合材料在临床应用中优缺点的不断了解，将会加速生物活性材料或智能材料等更加先进的复合材料的发展。

8.7 生物复合材料在软组织中的应用

软组织发生损伤（意外或手术）会引起结构、生物化学性能、细胞和自我平衡等功能缺失[104]。在细胞和细胞外基质（ECM）存在的复合聚合物网络内，经常会发生这样的损伤。ECM 主要由结构蛋白和多糖类组成，它们可以保护细胞活性和脆弱组织的自我调节系统。如果组织受损，完整的 ECM 可以快速、简单、有效地为真皮提供所需的成分，并促使新的组织形成。组织的自我修复过程是逐步进行的，需要经过一系列的相互反应，比如先形成凝血阻止出血，接下来凝血逐步被新的组织取代。在这个过程中发生一系列的微环境和生化反应，促进细胞增殖和活性合成[114]。事实上，组织修复因阶段的不同而不同，凝血的形成是免疫反应的结果，然后促进形成更高级的有血管的肉芽组织，最后变成疤。组织通常都先由胶原纤维包裹，最后重塑为健康的组织。免疫反应发生的同时，肉芽组织在组织修复过程中充当基体[114]。在这两个阶段中，会分泌一些生化刺激物，促使在受伤部位产生间充质干细胞并促进其增殖，最后，合成沉淀为新的 ECM。对于皮肤修复，上皮细胞会迁移并增殖覆盖在临时的肉芽组织上。角质细胞和纤维细胞互相刺激合成生长因子并增殖。在这个阶段，纤维细胞形成表型，肌原细胞促进 ECM 的构建，促进伤口愈合。这个过程依赖于细胞激素和生长因子之间的协调平衡。但是，只有满足以下两个基本条件，组织才会进行自我修复：①损伤部位可以与新的结构组分连接，并且细胞可以感受到生化信号；②仍保持生理的自我平衡，且细胞的活性未受任何病理情况的影响。当受损面积非常大或有其他特殊的病理情况出现时，受损细胞之间不能有效地传递信号，也就不能产生活性浓度梯度[114]。在糖尿病或自体免疫性疾病这类特殊的情况下，组织修复会因某些未知的原因而发生变化[115]。例如，最近有研究发现，在患糖尿病的小鼠体内，血小板生长因子（PDGF－BB）受体表达显著降低，成肌纤维细胞的增殖会刺激和促进组织的修复[115]。在临床上经常遇到这样的情况，所以需要对治疗过程进行干预。为了达到这个目的，采用植入手术就可以临时或永久性地对受损部位进行修复。植入体由生物材料制作而成，大部分情况下，都是从原始的健康组织的结构和生物性能获得设计灵感。在尝试满足这些性能要求时，科学家和制造者发现，可以研究发展复合生物材料来达到仿造受损软组织的目的[104]。

本节对应用于软组织修复的生物复合材料发展进行论述。可使用的材料必须要考虑它是否可以仿造为所需替代的组织。对于可降解生物材料，它们应该可以合成在不同的修复阶段所需要的 ECM 的成分。最后，得到的复合材料的使用必须建立在临床应用和相关性能的基础上。

8.7.1 外伤敷料

生物复合材料已广泛使用于初级和二级外伤敷料中，传统的结构组成包括以下三个分层：

（1）半粘附或不粘附层直接接触伤口，确保修复部位不和其他正常组织粘连。半粘附或不粘附层的特性使敷料可以随着修复部位的移动而移动。另外，这层敷料中的水凝胶可以使分泌物向吸附层扩散，并且在修复部位保留/释放抗生素。

（2）吸附层可以将分泌物和组织残骸从损伤部位排除。这个过程可以防止皮肤浸软、细菌滋生，同时提供一个湿润的环境。为了达到这个目的，水凝胶、凝胶和泡沫等这类材料被采用。这层敷料通过吸附过多的分泌物，就可以用自体清创术吸收伤口处的焦痂和坏死组织。

（3）细菌屏障层可以阻止水蒸气的扩散，防止细菌渗透入吸附层。大部分最新的产品都有细菌屏障层，它可以减少吸附层分泌物的渗漏，进而降低换药的频率。

目前市场上有许多已投入使用的复合敷料。其中，透气胶膜就是典型的例子，它由水胶体胶粘剂、泡沫和海藻酸盐组成。这种形式已在 20 世纪 70 年代开始使用，大部分都是将吸附层附着于海藻酸盐或丙烯酸高分子层上。Viasorb 是另外一种多层敷料，其吸附层吸附于棉布或聚酯构成的纱布上。Smith 和 Nephew 已经将这类基于聚氨酯薄膜的几种敷料商业化。研究表明，在敷料的反面，聚氨酯薄膜存在一个 MVTR 反应，可以随着伤口分泌物量的变化转变它的物化性质来调整水蒸气的扩散。因为分泌物的存在会使薄膜松软，进而引起更多的蒸发。

8.7.2 皮肤移植

皮肤移植替代物是临床治疗中一种典型的例子，它基于由胶原和 GAG 复合而成的 3D 支架。这些支架在商业上已经应用于细胞和非细胞移植，并且可以弥补皮肤出现损伤时自体移植的缺陷[116]。一旦上皮组织受到伤害，既要保护伤口不受细菌污染，又要防止体液流失。替代品要可以促进细胞繁殖，最终形成一个有血管的新组织。根据损伤深度，皮肤替代品已进行改进，既可以用于伤口覆盖，又可以用于伤口愈合。传统的用于覆盖的皮肤替代品有以下几种：

（1）Biobrane，这种皮肤替代品是由一层薄的硅树脂膜覆盖在尼龙网上而组成的双分子结构。尼龙丝经胶原衍生物多肽类修饰，可以使其通过与组织细胞粘附而与创面成为一体。硅树脂表面为半渗透性，可以防止体液流失和微生物滋生。生物膜主要是作为一种临时的敷料，在伤口处理和自体移植之前就要取下来。

（2）Transcyte，这种皮肤替代品由经胶原涂层的尼龙网构成，材料的网眼种植了从新生包皮提取的纤维原细胞。在移植前，须经过冷冻处理，减弱其中的细胞活性，并且提供新的系统结构蛋白和生长因子。这种处理也可以降低免疫活性发生的可能性。

必须强调一点，因为尼龙不可生物降解，生物膜和Transcyte都不能被严格地当作皮肤替代品。它们一般用于自体移植前在局部较厚损伤部位的临时处理。可以使用由生物可吸收复合材料组成的皮肤替代品达到治愈创伤的目的，其中使用最多的是Integra。Integra是由胶原—粘多糖海绵经由硅树脂膜涂覆组成的双层结构皮肤替代品。这种复合产品已经过严格测试，并且在临床上大量使用。它的孔结构可以使纤维原细胞自由迁移，形成自有的细胞外基质，促进微脉管系统生长，进而重塑支架。硅树脂膜作为临时的表皮层替代物保护伤口与外部环境隔离，同时确保氧气的渗透。在3~6周内，硅树脂膜被皮肤自体薄片移植物代替。基于这些特性，Integra在临床使用中作为一种伤口闭合品被用在局部或大片较浅的损伤处。

这种产品已经在临床处理第三阶段烧伤和大片皮肤损伤时大量使用。它明显减少了处理周期，并且最终治愈创面。但是，在处理大面积组织区域时会留下疤痕。为了提高其临床效果，研究人员已经着手采用新方法进行试验，可以在支架上形成同种人体角质细胞。在小体型动物活体试验中发现，角质细胞的形成在降低伤口粘连和提高创伤组织的组织学特征的同时，还可以实现伤口和替代品较理想的粘连状态[117]。真皮和表皮层都可以通过人体源细胞获得再生。

实际上，已经发展使用、经过培育的皮肤替代品弥补了细胞支架在机械性能方面的缺陷。人们发现新的细胞外基质初期的沉积物可以提高这种非常软的复合支架的稳定性。角质细胞可以在真皮层形成呈分层状态的、角质化的基体膜。尽管还未完全应用于手术中，一种基于胶原/GAG/软骨细胞的新型复合支架已经发展起来了，可以在其上种植造血源细胞，在不使用生长因子时就可以促成血管的形成[118]。继续在这种设备上种植角质细胞，为细胞和血管的整合提供一个更完善的环境，最终能获得理想的皮肤替代品。

8.7.3 屏障复合补片

生物复合材料已广泛用于防止术后粘附，它可以分为以下三大类型：无屏障的轻质复合补片、可吸收屏障复合补片、不可吸收屏障复合补片。

8.7.3.1 无屏障的轻质复合补片

VYPRO II和ULTRAPRO是设计用于治疗腹股沟疝的复合补片[119]，由Vicryl和聚丙烯丝或缝线和Prolene通过缠绕和编制形成较好的网状结构，网孔尺寸大约为4.5 mm，可以使组织细胞在其上生长，最终增殖形成较强的3D蛋白纤维组织。因为Vicryl和Moncryl的存在，这种补片可以部分被吸收。这部分被吸收的网眼和在其上生长的组织最终可减少大约70%的网状结构，最后形成所谓的“疤—网”而非“疤—片”。这种类型的补片最终可达到获得重塑组织和可接受的腹壁迁移率的双重目的。

然而，这种补片不能用于实现目前的伤害性最小化的手术。因此，研究人员已经设计新的设备，可以通过小伤口植入，只在腹壁一侧实现组织修复，而在接触肠道一侧不产生粘连。为了达到这个目的，需使用可吸收和不可吸收两类屏障。这些复合补片有相同的设计理念，使用由聚酯或聚丙烯或聚四氟乙烯作为基体的分层和腹壁接触，促进组织生长并且防止肠道和材料粘连。

8.7.3.2 可吸收屏障复合补片

说到可吸收屏障复合补片，市场上使用的几种可吸收屏障复合物有：

（1）Sepramesh 生物外科复合材料（Genzyme Biosurgery，Cambridge，USA），是由一侧为大孔聚丙烯材料，另一侧为可生物吸收、无至免疫性的透明质酸钠和羧甲基纤维素膜组成的双组分修复生物材料。

（2）Seprafilm 生物膜，被设计为可以防止术后第一周复发危险期发生的腹腔内粘连。这种可吸收屏障可以在 48 小时内变为胶体，并且可以覆盖在补片上大约 7 天，最终也可以在 28 天内被自身清除。生物膜本身抗粘附，可以降低组织表面的粘度从而防止粘附。总之，邻近的组织可以被单独治疗。而且，因为透明质酸钠和羧甲基纤维素是带有阴离子的多糖，所以可以形成带负电荷的屏障进而促进治疗组织的分离。

（3）Parietex 复合材料和 Parientene 复合补片（Sofradim，France），由多种聚酯纤维网组成，网眼上连接有净化的、氧化的骨 I－型胶原，并且涂覆了可吸收的 PEG 和甘油粘膜。PEG 的惰性和甘油的润滑性相互作用，可以减少组织粘连。涂覆胶原是为了促进其在聚酯表面形成细胞外基质，并且减少纤维组织和外体材料的相互作用。胶原、聚乙烯、乙二醇和甘油膜可以在植入后的 3 周内被吸收。Parientene 有相同的抗粘连屏障，不同的是它涂覆在聚丙烯上。

（4）PROCEED 手术补片，为无菌多层补片，其特征是薄且具有柔韧性，它是由氧化纤维素和缝线组成的薄片结构。聚丙烯补片经由聚二氧六环酮反复压缩。聚丙烯补片可促进组织生长，而氧化可再生纤维素作为可生物吸收层，可以在植入前将补片和器官表面分离，减少不良粘连。聚二氧六环酮将纤维素和其余部分连在一起。这种网眼可以在体液流失最小的情况下进行组织修复，并且降低感染的风险。

8.7.3.3 不可吸收屏障复合补片

不可吸收屏障复合补片，这是一系列在手术中被广泛使用的补片，这其中最为人熟知的有：

Bard 复合型补片（Davol Inc.，Cranston，USA），它是由涂覆一层薄的抗粘连 ePTFE 补片构成的。因为补片不能轻易地被腹腔镜检查前轴压扁，可以通过有较小伤害性的胆囊结石嵌顿法植入，但是这个过程非常复杂。因此，它的植入需要用相对较大的端口（12 mm）来操作。

GORE－TEX 双重补片（W. L. Gore，USA），其两面特征有非常明显的差别：一面较平滑，孔径为 3 mm，而另一面较粗糙，孔径大约 22 mm。较平滑的表面朝向内脏器官一侧，可以减少粘连，较粗糙一面可促进组织细胞在腹壁一侧增殖。补片由固体薄片和穿孔薄片两种形式制作而成，后者可促进组织整合。最近，有第三种补片，采用抗菌药剂如银和氯已定加到 ePTFE 层。

可吸收和不可吸收屏障复合补片在减少粘连和粘连并发症方面的作用正在研究，一些新的临床应用结果也已经被陆续报道。所有屏障补片与大孔径聚酯相比，粘连的发生率和粘性都有所减少。尽管这些新型的复合生物材料替代品已经在腹腔打开和在腹腔镜检查疝气手术中用于防止粘附，但是没有长期的后续可使用性，而且相对于无屏障大孔径补片的优势还需要进一步证明。通常，临床医生要根据不同的手术类型选择补片。对于腹腔内手术，需要使用可以防止肠粘连的补片。

另一个重要的因素是补片的尺寸。在腹股沟疝气修复移植之前，这些补片需覆盖至少15 cm×15 cm的面积，在腹部脐带和切口疝手术中，还需要超过创口面至少4 cm。补片需要在各个方向上超过切口，这是因为太小的话会引起补片插入创口而引起复发。复合补片因需要缝合，所以必须保持一定的机械强度。通常在腹腔内放置的补片，在其四角应该用一些较硬的缝合线，随后在四周大约3 cm处进行锚型固定，这样可以防止补片和创伤处之间的肠粘连。缝合之前，补片不能相连。

最近，已经发展出一种由胶原/GAG基质连接聚丙烯的补片。这种补片是在胶原/GAG基体空隙内用合成的聚合补片制作而成的。生物高分子复合涂层最后与戊二醛交联。与无涂层的补片相比，植入后4周，复合植入体促进形成了相连的、与组织相似的结构，可防止无涂层补片使用时可能发生的肠粘连。

8.7.4 心血管材料

复合生物材料在心血管应用方面有非常重要的作用，已经大量用于制作人工血管和心脏瓣膜。传统的植入体都是基于生物复合材料的概念。

8.7.4.1 人工血管

人工血管用于代替、疏通或保持已经被损坏的血管结构功能。支架材料可以是天然的（从病人自身或捐献者获得），也可以是合成的。为了达到机械和生物相容性的要求，复合支架由可以疏通血管循环的合成或生物复合材料构成。设计的基本目的是满足机械性和生物相容性的要求。天然材料在促进植入体与周围组织的整合方面非常重要。一个完全复合的支架，需要有适当的孔洞才能利于组织的生长[120]。在生物复合的设备里，胶原的作用是促进设备和宿主细胞之间的相互作用。一个典型的生物合成支架的例子是Omniflow II，它的直径为5～8 mm，长度为20～65 cm，已经用于外围动脉的修复。Omniflow II是基于胶原的聚酯导管补片。交联技术可以产生较好的血液相容性，进而降低凝血的发生率[121]。在制作过程中，胶原纤维在聚酯补片支架上有序沉积，为复合物的形成提供有力支撑。

8.7.4.2 心脏瓣膜

大动脉瓣膜结构被破坏后可引起非常严重的功能损伤。采用机械性瓣膜和尼龙管代替损伤大动脉瓣膜已成为一种较为普遍的手术方法。异种材料经常用于连接聚合物扩张来支撑瓣膜。然而，异种材料会退化和钙化，需要进行修复手术来置换所有导管。所以，人们尝试获得更稳定的支架。一个较典型的例子是在复合支架上连接无支架瓣膜[122]。更特别的是，将无支架的猪心脏瓣膜与胶原涂覆的聚酯编织血管网络组合。这种人工瓣膜在具有良好的机械性能和生物相容性的同时，还会降低修复手术的伤害性。实际上，这种设备必须在恶化的生物组织与导管支架分离后，才允许医生离开手术台。

8.7.5 尿道修复

尿路系统的重建明显需要复合生物材料的使用。已有多种生物材料可以达到目的并且通过测试[123]。有篇报道特别值得关注，它用相当多的病例证明了复合生物材料在临床研究中的潜能[124]。目的是研究复合补片悬带在支持应激性泌尿失禁手术上的作用。设计这种悬带是为了防止比如慢性闭尿和尿道糜烂等术后并发症的发生，而这种并发症在使用聚丙烯悬带时经常发生。另外，这种悬带也是为了使手术操作更简单，伤害性更小。它包括无张力悬带和由两种材料构成的补片：单丝、不可吸收聚丙烯补片和可吸收聚二氧环已酮单丝。这种材料经由 FDA 和 CE 认可，已采用线吊术植入 40 多位患有尿道负荷的病人体内。跟踪研究持续了 15 ~70 个月，结果显示了较好的（97.5%）尿失禁解决成果，而且没有明显的排泄刺激症状出现，也未出现病态或其他并发症。所以研究人员认为，由这种补片的复合性产生的良好机械性能和可生物吸收的聚合物材料促成的组织整合性，已经使它与其他非复合生物材料相比有了很大的提高。

8.7.6 软骨

人工软骨临床上主要用于外伤或疾病引起的有关损伤，其中骨关节炎和分离性软骨炎是发生频率最高的。这种伤害不能进行充分的自体修复，结果还可能形成成纤维软骨[125]，在这个过程中，软骨蛋白聚糖和大量具有纤维特征的胶原基体沉积在一起，它的机械性能和原有的健康软骨的功能也不相匹配。在尝试获得损伤软骨的安全修复时，人们发现了一些新的移植技术。不幸的是，还没有一种方法可以获得满意的临床效果，而其中最成功的是自体软骨细胞移植术（ACI）。这种技术是从病人自身的其他部位获得软骨细胞，经过培育增殖再重新植入到病灶部位的方法。虽然有较大的可能性，但又因为软骨细胞的分化方向随着培育条件的变化而变化，所以临床效果有很大的局限性。生物材料只有在保证满足培育步骤和移植过程要求的前提下，才能模仿自然的生长环境。最近，科学家已经研究出可以作为软骨细胞或源细胞的载体，在临床前阶段模拟软骨细胞的微环境[126]。这其中只有几种是复合的，而且据我们所知，没有一种已经在人体内检测到。这些复合物的形成主要是靠结合像多糖和胶原这样的天然材料，或者是合成高分子和无机材料（比如 PLGA/TCP）[127]。

8.7.7 末梢神经

神经外科医生一直都会遇到因为外伤而引起末梢神经断裂的问题。因为神经系统的特征和结构非常复杂，临床上的神经修复必须可以使不同部位的神经恢复指导作用。特别是轴突的延长，只有和切断的神经末梢连接上才算完成重建。尽管轴突短距离重建是可能的，但是一旦轴突的全部横断面包括髓鞘、叶鞘和神经内导管损伤，那么就会引起由一系列细胞，包括施万细胞、巨噬细胞和单核细胞产生的沃勒变性，从而导致神经末梢的修复恶化。所以就要求轴突快速介入，才可以刺激施万细胞扩散，促进轴突向外生长。与此同时，需要控制巨噬细胞的活性，阻止其腐蚀组织碎片，也要限制成纤维细胞的移植，减少纤维组织的形成，因为纤维瘤会阻碍轴突的修复过程。

目前，末梢神经修复最常用的方法是自体神经移植，即从病人身上的其他部位获得神经，然后手术种植到病灶部位与受损神经相连。显然，这种方法会导致供体功能丧失、病态，在移植之前还需要进行多次手术来获取神经。另外，要想获取和需要修复神经大小相匹配的健康神经非常困难。因此，自体神经移植并不合适。一些致力于研究合成的或天然的、稳定和可吸收神经导管的材料科学家开始关注神经导管的修复问题。中空的导管可以引导神经从邻近部位到末梢残肢进行修复，还可以保护其不受纤维组织的破坏。但是，在人体内采用神经导管进行治疗后得出了与此矛盾的结果。尽管还未充分应用，但是复合材料好像比传统的硅或胶原神经导管的优点要多。事实上，复合神经导管，包括 PGA 和聚交酯—已内酯这样的可生物降解人工复合材料有更好的机械性能，并且可以更好地促进组织生长和整合。与由硅和聚四氟乙烯制作而成，可以促进神经修复但无弹性，还会被再生神经压迫而引起慢性疼痛的不可吸收复合神经导管相比，这是一个很好的优点。

然而，这些复合的可降解生物材料只适用于相对较短的神经损伤。对于极大尺寸的神经损伤，就要求材料具有更高的机械性能和生物活性结构。为了达到临床要求，研究人员已经设计研发了可修饰性的复合材料，包括天然的（胶原、粘连蛋白、纤维蛋白）和人工合成的（尼龙、环己酮、苯乙烯）生物材料，它们会释放纤维细胞生长因子、神经胶质生长因子和神经生长因子（NGF）等生长因子。一个典型的例子是由 P（HEMA - co - MMA）水凝胶制作的神经导管，它以 NGF - 负载 PLGA 微球作为载体的形式负载生长因子。

复合生物材料在这个领域的应用具有优越性，也是因为可以通过一些新的方法来调整制作孔径，而可生物降解的导管也呈现出多样的导管通道来引导轴突向外生长。例如，涂布芯棒和芯棒粘合的方法已被采用于制作微结构神经导管，此法可以介入多种数量的不同结构、组成和直径的管道。由 PCL 和多孔的、以胶原作为基体的玻璃粉（CultiSphers）交联而成的复合神经导管[128]，掺入胶原玻璃粉可以促进神经细胞的粘附生长能力，同时也可以促进神经扩张，因此这种神经导管在具备良好的生物相容性的同时，还可以获得合适的机械性能。

【参考文献】

1. Schwartz, M. M.. *Composite Materials Handbook.* New York: McGraw – Hill, 1992.
2. Evans, S. L. & Gregson, P. J.. Composite Technology in Load – bearing Orthopedic Implants. *Biomaterials*, 1998 (19): pp. 1329 – 1342.
3. Mallick, P. K.. *Composites Engineering Handbook.* New York: Marcel Dekker, 1997.
4. Waris & Pohjonen. Self – reinforced Absorbable Polylactide (SR. PLLA) Plates in Craniofacial Surgery—A Preliminary Report on 14 Patients. *Euro. J. Plast. Surg.*, 1994 (17): pp. 236 – 238.
5. Gdoutos, E. E., Pilakoutas, K. & Rodopoulos, C. A.. *Failure Analysis of Industrial Composite Materials.* New York: McGraw – Hill, 2000.
6. Wolf, W. D., Vaidya, K. J. & Francis, L. F.. Mechanical Properties and Failure Analysis of Alumina Glass Dental Composites. *Journal of the American Ceramic Society*, 1996 (79): pp. 1769 – 1776.
7. Santis, R. D., Ambrosio, L. & Nicolais, L.. Polymer – based Composite Hip Prostheses. *Journal of Inorganic Biochemistry*, 2000 (79): pp. 97 – 102.
8. Katz, J.. Orthopedic Applications, in *Biomaterials Science*, San Diego: Academic Press, 1966.
9. Yildiz, H., Ha, S. K. & Chang, F. K.. Composite Hip Prosthesis Design. *Journal of Biomedical Materials Research*, 1998 (39): pp. 92 – 101.
10. Kettunen, J., Makelaa, E. A. & Miettinen, H.. Mechanical Properties and Strength Retention of Carbon Fiber – reinforced Liquid Crystalline Polymer (LCP/CF) Composite: An Experimental Study on Rabbits. *Biomaterials*, 1998 (19): pp. 1219 – 1228.
11. Bacakova, L. V. Start, Kofronova, O. & Lisa, V.. Polishing and Coating Carbon Fiber – reinforced Carbon Composites with a Carbon – titanium Layer Enhances Adhesion and Growth of Osteoblast Like MG63 Cells and Vascular Smooth Muscle Cells in Vitro. *Journal of Biomedical Materials Research*, 2001 (54): pp. 567 – 578.
12. Pietrzak, W. S.. Principles of Development and Use of Absorbable Internal Fixation. *Tissue Engineering*, 2000 (6): pp. 425 – 433.
13. Alexander, H.. Composites, in *Biomaterials Science*, San Diego: Academic Press, 1996. pp. 94 – 105.
14. Dauner, M., Planck, H. & Caramaro, L.. Resorbable Continuous – fiber Reinforced Polymers for Osteosynthesis. *Journal of Materials Science: Materials in Medicine*, 1998 (9): pp. 173 – 179.
15. Kelly, A., Cahn, R. W. & Bever, M. B.. *Concise Encyclopedia of Composite Materials.* New York: Pergamon Press, 1994.
16. Cook, W. D., Forrest, M. & Goodwin, A. A.. A Simple Method for the Measurement of Polymerization Shrinkage in Dental Composites. *Dental Materials*, 1999 (15): pp. 447 – 449.
17. Beatty, M. W., Swartz, M. L. & Moore, B. K.. Effect of Microfilter Fraction and Silane Treatment on Resin Composite Properties. *Journal of Biomedical Materials Research*, 1998 (40): pp. 12 – 23.
18. Nicholson, J. W.. Adhesive Dental Materials: A Review. *International Journal of Adhesion and Adhesives*, 1998 (18): pp. 229 – 236.
19. Kim, D. J., Lee, M. H. & Kim, C. E.. Mechanical Properties of Tape – cast Alumina – glass Dental Composites. *Journal of the American Ceramic Society*, 1999 (82): pp. 3167 – 3172.
20. Francis, L. F., Vaidya, K. J., Huang, H. Y. & Wolf, W. D.. Design and Processing of Ceramic – based Analogs to the Dental Crown. *Materials Science and Engineering*, 1995 (3): pp. 63 – 74.
21. Kusy, R. P.. A Review of Contemporary Archwires: Their Properties and Characteristics. *Angle Orthodontist*, 1997 (67): pp. 197 – 207.
22. Fallis, D. W. & Kusy, R. P.. Variation in Flexural Properties of Photo – pultruded Composite Archwires: Analysis of Round and Rectangular Profiles. *Journal of Materials Science: Materials in Medicine*, 2000 (11): pp. 683 – 693.

23. Wang, M. , Berry, C. , Braden, M. & Bonfield, W. . Youngś and Shear Moduli of Ceramic Particle Filled Polyethylene. *Journal of Materials Science: Materials in Medicine*, 1998 (9): pp. 621 – 624.
24. Hanak, R. & Hoffman, E. S. . Specification and Fabrication Details for the ISNY Above – knee Socket System. *Orthotics and Prosthetics*, 1986 (40): pp. 38 – 42.
25. Seal, B. & Panitch, A. . Polymeric Biomaterials for Tissue and Organ Regeneration. *Materials Science and Engineering*, 2001 (262): pp. 1 – 84.
26. Lohr, J. M. , K. V. James, Hearn, A. T. & Ogden, S. A. . Lessons Learned from the DIASTAT Vascular Access Graft. *American Journal of Surgery*, 1996 (172): pp. 205 – 209.
27. Fyhrie & Kimura. Cancellous Bone Biomechanics. *Journal of Biomechanics*, 1999 (32): pp. 1139.
28. Boskey. The Organic and Inorganic Matrices. *Bone Tissue Engineering*, 2005. pp. 99 – 123.
29. Weiner & Wagner. The Material Bone: Structure – mechanical Function Relations. *Annual Reviews of Material Science*, 1998 (28): pp. 271 – 298.
30. Currey. The Structure of Bone Tissue. *Bones – structure and Mechanics*, 2002. pp. 3 – 25.
31. Weiner, Traub & Wagner. Lamellar Bone: Structure – function Relations. *Journal of Structural Biology*, 1999 (126): pp. 241 – 255.
32. Weiner, Arad, Sabanay & Traub. Rotated Plywood Structure of Primary Lamellar Bone in the Rat: Orientations of the Collagen Fibril Arrays. *Bone*, 1997 (20): pp. 509 – 514.
33. Liu, Wagner & Weiner. Bending and Fracture of Compact Circumferential and Osteoma Lamellarbone of the Baboon Tibia. *Journal of Materials Science: Materials in Medicine*, 2000 (11): pp. 49 – 60.
34. RS, L. . Materials with Structural Hierarchy. *Nature*, 1993 (361): pp. 511 – 515.
35. Li & Jee. Integrated Bone Tissue Anatomy and Physiology. *World Scientific*, 2005. pp. 11 – 56.
36. Choi, Kuhn, Ciarelli & Goldstein. The Elastic Moduli of Human Trabecular and Cortical Bone Tissue. *Journal of Biomechanics*, 1990 (23): pp. 1371 – 1381.
37. Kuhn, Goldstein & Ciarelli. The Limitations of Canine Trabecular Bone as a Model for Human: A Biomechanical Study. *Journal of Biomechanics*, 1989 (22): pp. 95 – 107.
38. Griffith & Genant. Bone Mass and Architecture Determination: State of the Art. *Best Pract. Res. Clin. Endocrinol. Metab.* , 2008 (22): pp. 737 – 764.
39. Njeh, Nicholson & Rho. The Physical Measurement of Bone. *Institute of Physics*, 2003. pp. 125 – 174.
40. Tai, Dao, Suresh & Palazoglu. Nanoscale Heterogeneity Promotes Energy Dissipation in Bone. *Nature Materials*, 2007 (6): pp. 454 – 462.
41. Quinn & Morel. Microstructural Modeling of Collagen Network Mechanics and Interactions with the Proteoglycan Gel in Articular Cartilage. *Biomech. Model Mechanobiology*, 2007 (6): p. 73.
42. Kovach. A Molecular Theory of Cartilage Viscoelasticity. *Biophysical Chemistry*, 1996 (59): p. 61.
43. Mow & Guo. Mechano – electrochemical Properties of Articular Cartilage: Their Inhomogeneities and Anisotropies. *Annual Reviews of Material Science*, 2002 (4): pp. 175 – 209.
44. Lai & Mow. Drag – induced Compression of Articular Cartilage during a Permeation Experiment. *Biorheology*, 1980 (17): pp. 111 – 123.
45. Eisenberg & Grodzinsky. Swelling of Articular Cartilage and Other Connective Tissues: Electromechanochemical Forces. *Journal of Orthopaedic Research*, 1985 (3): pp. 148 – 159.
46. Huang, Stankiewicz & Ateshian. Anisotropy, Inhomogeneity, Tension – compression Nonlinearity of Human Glenohumeral Cartilage in Finite Deformation. *Journal of Biomechanics*, 2005 (7): pp. 397 – 402.
47. Birk. Type V Collagen: Heterotypic Type I/V Collagen Interactions in the Regulation of Fibril Assembly. *Micron*, 2001 (32): pp. 223 – 237.
48. Canty, Lu, Meadons & Shaw. Coalignment of Plasma Membrane Channels and Protrusions (Fibripositors) Speci-

fies the Parallelism of Tendon. *Journal of Cell Biology*, 2004 (165): pp. 553 – 563.

49. Silver, Freeman & Bradica. Structure and Function of Ligaments, Tendons, and Joint Capsule. *Repair and Regeneration of Ligaments, Tendons and Joint Capsule*, 2006. pp. 15 – 48.
50. Netti, D'amore, Ronca, Ambrosio & Nicolais. Structure – mechanical Properties Relationship of Natural and Ligaments. *Journal of Materials Science: Materials in Medicine*, 1996 (7).
51. Lanir. Structure – strength Relations in Mammalian Tendon. *Biophysical Journal*, 1978 (24): pp. 541 – 551.
52. Jenkins & Little. A Constitutive Equation for Parallel Fibered Elastic Tissues. *Journal of Biomechanics*, 1974 (7): pp. 397 – 402.
53. Diaspro et al. . Multiphoton Excitation Microscopy. *Biomedical Engineering Online*, 2006. pp. 5 – 36.
54. Lee, Kong & Mooney. Quantifying Interactions between Cell Receptors and Adhesion Ligand – modified Polymers in Solution. *Macromolecular Bioscience*, 2008 (8): pp. 140 – 145.
55. Fisher, Marszalek & Fernandez. Stretching Single Molecules into Novel Conformations Using the Atomic Force Microscope. *Nature Structural Biology*, 2000 (7): pp. 719 – 724.
56. Koster. The Bio – molding Test Program—A Collaborative Activity of Industry and University. *3rd Polymers and Moulds Innovations Conference*, 2008.
57. Guarino & Causa. Polylactic Acid Fibre – reinforced Polycaprolactone Scaffolds for Bone Tissue Engineering. *Biomaterials*, 2008 (29): pp. 3662 – 3670.
58. Mollica. Mechanical Properties and Modelling of a Hydrophilic Composite Used as a Biomaterial. *Composites Science and Technology*, 2006 (66): pp. 92 – 101.
59. Jeong. Tissue – engineered Vascular Grafts Composed of Marine Collagen and PLGA Fibers Using Pulsatile Perfusion Bioreactors. *Biomaterials*, 2007 (28): pp. 1115 – 1122.
60. Bloom, Baikerikar, Otaigbe & Sheases. Development of Novel Polymer/Quasicrystal Composite Materials. *Materials Science and Engineering*, 2000. pp. 294 – 296.
61. Ferret, Anduze & Nardari. Metal Inserts in Structural Composite Materials Manufactured by RTM. *Composites Part A—Applied Science and Manufacturing*, 1998 (29): pp. 693 – 700.
62. Rijswijk, V. . Textile Fiber – reinforced Anionic Polyamide – 6 Composites. *Composites Part A—Applied Science and Manufacturing*, 2009 (40): pp. 1 – 10.
63. Fernandez, Blas & Frovel. Autoclave Forming of Thermoplastic Composite Parts. *Journal of Materials Science: Materials Processing Technology*, 2003. pp. 143 – 144.
64. Rutkokswi. Processing of Polymer Scaffolds: Solvent Casting. *Methods of Tissue Engineering*, 2002. pp. 681 – 686.
65. Ikada. Tissue Engineering: Fundamentals and Applications. *Interface Science and Technology*, 2006 (8).
66. Zhang & Ma. Processing of Polymer Scaffolds. Phase Separation. *Methods of Tissue Engineering*, 2002. pp. 715 – 724.
67. Zhang & Ma. Poly (alpha – hydroxyl acids) Hydroxyapatite Porous Composites for Bone – tissue Engineering. *Journal of Biomedical Material Research*, 1999 (44): pp. 446 – 455.
68. Moroni. Integrating Novel Technologies to Fabricate Smart Scaffolds. *Journal of Biomaterials Science—Polymer Edition*, 2008 (19): pp. 543 – 572.
69. Rouwkema. Vascularization in Tissue Engineering. *Trends in Biotechnology*, 2008 (26): pp. 434 – 441.
70. Ramakrishna & Fujihara. *An Introduction to Eletrospinning and Nanofibers*, World Scientific Publishirg Co. Pte. Ltd. , 2005.
71. Lannutti. Electrospining for Tissue Engineering Scaffolds. *Materials Science and Engineering C—Biomimetic and Supramolecular Systems*, 2007 (27): pp. 504 – 509.
72. Matthews. Electrospinning of Collagen Nanofibers. *Biomacromolecules*, 2002 (3): pp. 232 – 238.
73. Vaz. Design of Scaffolds for Blood Vessel Tissue Engineering Using a Multi – layering Eletrospinning Technique. *Acta Biomaterialia*, 2005 (1): pp. 575 – 582.

74. Leong, Cheah & Chua. Solid Freeform Fabrication of Three – dimensional Scaffolds for Engineering Replacement Tissues and Organs. *Biomaterials*, 2003 (24): pp. 2363 – 2378.

75. Peltola. A Review of Rapid Prototyping Techniques for Tissue Engineering Purposes. *Annals of Medicine*, 2008 (40): pp. 268 – 280.

76. Ragaert. *Micro Extrusion for the Engineering of Thermoplast Scaffolds*, 2008.

77. Pietrzak & Eppley. The Effect of High Temperature Intraoperative Molding on Bioabsorbable PLLA – PGA Cranion-facial Fixation. *Journal of Craniofacial Surgery*, 2006 (17): pp. 920 – 925.

78. Sachlos & Czernuszka. Making Tissue Engineering Scaffolds Work. *European Cells and Material Journal*, 2003 (5): pp. 29 – 40.

79. Mirza. Biomedical Implant Surface Coating for Tissue Engineering. *Polymers and Moulds Innovations*, 2008.

80. Mikos & Temenoff. Formation of Highly Porous Biodegradable Scaffolds for Tissue Engineering. *Electronic Journal of Biotechnology*, 2000 (3): pp. 114 – 119.

81. Burg, Porter & Kellany. Biomaterial Developments for Bone Tissue Engineering. *Biomaterials*, 2000 (21): pp. 2347 – 2359.

82. Amish, Campbell, Kempson & Miller. Comparison of the Structure of Neotendons Induced by Implantation of Carbon or Polyester Fibers. *J. Bone Joint Surg.* [*Br*], 1984 (66 – B): pp. 131 – 139.

83. Ambrosio, Santis, D. & Nicolais. Composite Hydrogels for Implants. *Proc IMechE Part H: J Eng Med*, 1998 (212): pp. 93 – 99.

84. Bonfield, Bowman & Grynpas. *Composite Materials for Use in Orthopaedics*, 1980.

85. Bonfield, Grynpas, Tully, Bowman & Abram. Hydroxyapatite Reinforced Polyethylene—A Mechanically Compatible Implant Material for Bone Replacement. *Biomaterials*, 1981 (2): pp. 185 – 186.

86. Bos, Boering, Rozema & Leenslag. Resorbable Poly – (L – lactide) Plates and Screws for the Fixation of Zygomatic Fractures. *J Oral Maxillofac Surg*, 1987 (45): pp. 751 – 753.

87. Currey. Mechanical Properties of Vertebrate Hard Tissues. *Proc. IMechE. Part H: J. Eng. Med.*, 1998 (211 – H): pp. 399 – 411.

88. Bergmann & Graichen. Hip – joint Loading during Walking and Running Measured in 2 Patients. *J. Biomech.*, 1993 (26): pp. 969 – 990.

89. Mundermann, Dyrby, D1ima & Colmell. In Vivo knee Loading Characteristics during Activities of Daily Living as Measured by an Instrumented Total Knee Replacement. *J. Orthop. Res.*, 2008 (26): pp. 1167 – 1172.

90. Wallbridge & Dowson. The Walking Activity of Patients with Artificial Hip Joints. *Eng. Med.*, 1982 (11): pp. 95 – 96.

91. Joyce & Unsworth. The Design of a Finger Wear Simulator and Preliminary Results. *Proc. IMechE. Part H: J. Eng. Med.*, 2000 (214 – H): pp. 519 – 526.

92. Bostman, Hirvensalo, Makinen & Rokkanen. Foreign – body Reactions to Fracture Fixation Implants of Biodegradable Synthetic – polymers. *J. Bone Joint Surg.* [*Br*], 1990 (72 – B): pp. 592 – 596.

93. Wang, Porter & Bonfield. Processing, Characterization and Evaluation of Hydroxyapatite – reinforced Polyethylene Composites. *Br. Ceram Trans.*, 1994 (93): pp. 91 – 95.

94. Tormala, Rokkanen & Laiho. Material for Osteosynthesis Devices. *US Patent*, 1988 (4).

95. Suuronen. Strength Retention of Self – reinforced Poly – L – lactide Screws and Plates. *J. Mater. Sci.: Mater. Med.*, 1992 (3): pp. 426 – 431.

96. Ashammakhi. Developments in Craniomaxillofacial Surgery: Use of Self – reinforced Bioabsorbable Osteofixation Devices. *Plastic Reconstructive Surg.*, 2001 (108): pp. 167 – 180.

97. del Campo, D. Fixation of Horizontal Maxillary Osteotomies with Biodegradable Self – reinforced Absorbable Polylactide Plates: Preliminary Results. *Euro. J. Plast. Surg.*, 1996 (19): pp. 7 – 9.

98. Zanetti. Surgical Repair of Bone Defects of the Ear Canal Wall with Flexible Hydroxyapatite Sheets: A Pilot Study.

Otol. Neurotol., 2001 (22): pp. 745 – 753.

99. Zanetti & Nassif. Transmastoid Repair of Minor Skull Base Defects with Flexible Hydroxyapatite Sheets. *Skull Base—An Interdisciplinary Approach*, 2003 (13): pp. 1 – 11.

100. Goldenberg. Ossiculoplasty with Composite Prostheses—PORP and TORP. *Otolaryngologic Clin. North. Am.*, 1994 (27): pp. 727 – 745.

101. Dornhoffer. Hearing Results with the Dornhoffer Ossicular Replacement Prostheses. *Laryngoscope*, 1998 (108): pp. 531 – 536.

102. Meijer, Segenhout & Albers. Histopathology of Biocompatible Hydroxyapatite – polyethylene Composite in Ossiculoplasty. *ORL: J. Oto – Rhino – Laryngology Rel. Specialities*, 2002 (64): pp. 173 – 179.

103. Chan, Giannini & DeGoes. Provisional Anterior Tooth Replacement Using Nonimpregnated Fiber and Fiber – reinforced Composite Resin Materials: A Clinical Report. *J. Prosthetic Dentistry*, 2006 (95): pp. 344 – 348.

104. Hodde & Johnson. Extracellular Matrix as a Strategy for Treating Chronic Wounds. *Am. J. Clin. Dermatol.*, 2007 (8): pp. 61 – 66.

105. Hastings. Carbon Fibre Composites for Orthopedic Implants. *Composites*, 1978 (9): pp. 193 – 197.

106. Bradley, Hastings & Johnson – nurse. Carbon Fibre Reinforced Epoxy as a High Strength, Low Modulus Material for Internal Fixation Plates. *Biomaterials*, 1980 (1): pp. 38 – 40.

107. Ali, French & Hastings. Carbon Fibre Composite Bone Plates Development, Evaluation and Early Clinical Experience. *J. Bone Joint Surg.* [*Br*], 1990 (72 – B): pp. 586 – 591.

108. Joukainen, Partio & Waris. Bioabsorbable Screw Fixation for the Treatment of Ankle Fractures. *J. Orthop. Sci.*, 2007 (12): pp. 28 – 34.

109. Field & Rushton. Five – year Clinical, Radiological and Postmortem Results of the Cambridge Cup Inpatients with Displaced Fractures of the Neck of the Femur. *J. Bone Joint Surg.* [*Br*], 2005 (87 – B): pp. 1344 – 1351.

110. Field, Cronin & Singh. Bone Remodeling around the Cambridge Cup—A DEXA Study of 50 Hips over 2 Years. *Acta. Orthop.*, 2006 (77): pp. 726 – 732.

111. Ilizarov. The Principles of the Ilizarov Method. *Bull. Hosp. Jt. Dis.*, 1988 (48): pp. 1 – 11.

112. Baidya. Quantitative Radiographic Analysis of Fiber Reinforced Polymer Composites. *J. Biomater. Appl.*, 2001 (15): pp. 279 – 289.

113. Baidya. Advanced Textile Composite Ring for Ilizarov External Fixator System. *Proc. IMechE. Part H: J. Eng. Med.*, 2001 (215): pp. 11 – 23.

114. Werner, Krieg & Smola. Keratinocyte – fibroblast Interactions in Wound Healing. *J. Inv. Dermatol.*, 2007 (127): pp. 998 – 1008.

115. HH, L., XB, F. &L, Z. Research of PDGF – BB Gel on the Wound Healing of Diabetic Rats and Its Pharmacodynamics. *J. Surg. Res.*, 2008 (145): pp. 41 – 48.

116. Ventre, Netti, Urciuolo & Ambrosio. Soft Tissue Characteristics and Strategies for Their Replacement and Regeneration. *Springer*, 2009.

117. Kremer, E, L. & Berger. Evaluation of Dermal – epidermal Skin Equivalents (Composite – skin) of Human Keratinocytes in a Collagen – glycosaminoglycan Matrix (Integra Artificial Skin). *British J. Plast. Surg.*, 2000 (53): pp. 459 – 469.

118. Dezutter – Dambuyant et al.. Evolutive Skin Reconstructions: From the Dermal Collagen – glycosaminoglycan – chitosane Substrate to an Immunocompetent Reconstructed Skin. *Biomed. Mater. Eng.*, 2006 (16): pp. 85 – 94.

119. Doctor. Evaluation of Various Prosthetic Materials and Newer Meshes for Hernia Repairs. *J. Min. Acc. Surg.*, 2006 (2).

120. Ramakrishna, Mayer, Wintermantel & Leong. Biomedical Application of Polymer – composite Materials: A Re-

view. *Comp. Sci . Technol.* , 2001 (61) .

121. Koch, Gutschi, Pascher, Fruhwirth & Glanzer. Analysis of 274 Omniflow Vascular Prostheses Implanted over an Eight - year Period. *Anz. J. Surg.* , 1997 (67) .
122. Urbaniski & Hacker. Replacement of the Aortic Vavle and Ascending Aorta with a Valved Scentless Composite Graft: Technical Considerations and Early Clinical Results. *Ann. Thorac. Surg.* , 2000 (70) .
123. Pariente, Kim & Anthony. In Vitro Biocompatibility Assessment of Naturally Derived and Synthetic Biomaterial Using Normal Human Urothelial Cells. *J. Biomed. Mater. Res.* , 2001 (55) .
124. Trabucco, Blitstein & Chang. Novel Composite Sling for the Treatment of Stress Urinary Incontinence. *J. Pelvic. Med. Surg.* , 2004 (10) .
125. Oakes. Basic Science and Clinical Strategies for Articular Cartilage Regeneration/Repair. *Springer*, 2009.
126. Galois, Freyria, Grossin & Hubert. Cartilage Repair: Surgical Techniques and Tissue Engineering Using Polysaccharide - and Collage - based Biomaterials. *Biorheol*, 2004 (4) .
127. Sherwood, Riley & Palazzolo. A Three - dimensional Osteochondral Composite Scaffold for Articular Cartilage Repair. *Biomaterials*, 2002 (23) .
128. Bender, Bennett & Waddell. Multichanneled Biodegradable Polymer/CultiSpher Composite Nerve Guides. *Biomaterials*, 2003 (25) .

9　纳米生物材料

9.1　引言

纳米技术（Nanotechnology）是20世纪末发展起来的一种空间平台技术，一般是指研究纳米尺度（1～100 nm范围内的几何尺度）范围物质的结构、特性和相互作用，以及利用这些特性制造具有特定功能产品的技术，广义上包括纳米材料技术、纳米加工技术和纳米测量技术等。依据国家标准GB/T19619－2004的定义[1]，所谓纳米材料是指物质结构在三维空间中至少有一维处于纳米尺度，或由纳米结构单元（具有纳米尺度结构特征的物质单元）构成的且具有特殊性质的材料。由于纳米尺度的物质具有与宏观物质迥异的表面效应、小尺寸效应、宏观量子隧道效应和量子限域效应，因而纳米材料表现出异于普通材料的尺寸依赖性、化学或物理性质，包括催化、光、电、磁、热、力学和机械等性质，以及生物学效应，这些构成了纳米技术发展的重要基础，使之可广泛应用于化工、机械、信息、环境保护和生物医药等众多领域，已成为当前材料科学的研究热点。此外，由于尺寸在几百纳米的材料往往也具备纳米尺度所特有的性质，故也被纳入纳米材料范畴。

作为纳米材料在生物材料领域的分支，纳米生物材料（Nanobiomaterial），又称生物医用纳米材料，是指对生物体进行诊断、治疗，置换或修复损伤组织、器官，增进其功能的纳米材料。一方面，纳米材料具有许多传统材料所不具备的独特的理化性质和生物学效应，在生物医用领域具有广阔的应用前景[2,3]。如纳米载体材料可改善难溶药物的水溶性，提高药物的生物利用度、稳定性和安全性，提高药物靶向性，从而更好地发挥药物的治疗效果；荧光量子点、荧光纳米碳及荧光纳米硅等荧光纳米探针在细胞与组织的标记、生物成像、生物传感、疾病诊断与检测等纳米生物医学领域具有重要的应用价值；磁性纳米粒子可用于磁共振成像（MRI）和生物分离等。另一方面，生物体中存在大量精细的纳米结构，从蛋白质、核酸到细胞器，大量的生物大分子体系和亚细胞层次结构的空间尺度都在纳米量级，如骨骼、牙齿等中都发现有纳米结构（如纳米磷灰石）的存在，体内的细胞外基质（ECM）具有三维纳米纤维结构，细胞表面功能结构域的尺度亦为纳米级；许多生物功能分子、ECM组分和细胞的相互作用都发生在纳米级别，并直接影响细胞的行为与功能，因此基于纳米技术构建的纳米生物材料有利于在分子水平和细胞水平上实现对生命体系与生物材料之间相互作用的有效调控，获得高性能的生物医用材料[4]。

近年来，随着纳米技术、材料科学和生命科学的不断交叉和深入发展，纳米生物材料已成为21世纪生物医用材料研究开发中最富挑战性和最有前景的领域，并在新型医用植入材料和介入医用材料、组织工程和再生医学材料、新型药物和基因控释载体及高效生物诊断材料等领域取得较大进展。然而，纳米材料在生物体内的生理行为与常规物质可能有很大的不同，其负面生物效应，尤其是毒理学与安全性问题对人类健康造成的不良影响不能忽视，也限制了纳米材料的生物医学应用[5]。当前，世界各国对纳米材料毒理学研究还处在初步阶段，研究方法还不统一和规范。因此，纳米生物材料的研究虽然十分活跃，但总体而言还刚刚起步，有待进一步发展完善。

9.2 纳米生物材料的分类和基本性能

纳米生物材料的研究领域十分广泛，不同来源、不同制备方法得到的具有不同形态、化学组成和物理结构的纳米材料可以表现出许多独特的不同于常规材料的物理化学性质及生物学效应，其应用范围已涵盖生命科学、医疗器械及药物等领域的方方面面。而且，随着纳米材料科学与生物医学的交叉渗透，纳米生物材料已成为生物医用材料发展的重要方向，不断有新的纳米生物材料及应用出现。本节将简单介绍纳米生物材料的种类及其与生物医用密切相关的基本性能，尤其是生物相容性。

9.2.1 纳米生物材料的种类

纳米生物材料的种类繁多，应用范围广泛，目前尚无统一的分类标准，可从不同角度进行划分，如表 9－1 所示。

表 9－1　纳米生物材料的分类

分类方法	纳米生物材料的种类
按材料的物理形态	纳米粉末（Nanopowder）：离散纳米颗粒的集合体 纳米纤维（Nanofiber）：直径处于纳米尺度的线（管）状材料 纳米薄膜（Nanofilm）：厚度为纳米尺度并具有特殊性能的薄膜 纳米块体（Nanobulk）：三维大尺寸纳米晶材料 纳米孔（Nanopore）：孔径为纳米尺度的孔隙
按纳米尺寸的维数	零维：纳米粒、纳米囊、纳米凝胶、纳米壳等 一维：纳米线、纳米管 二维：纳米膜（单层或多层） 三维：纳米结构单元构成的三维大尺寸材料
按材料的晶体状态	纳米晶生物材料 纳米非晶生物材料
按材料的化学成分	纳米金属生物材料 纳米无机非金属生物材料 纳米高分子生物材料 纳米复合/杂化生物材料
按材料的来源	天然改性纳米生物材料 人工合成纳米生物材料 天然/合成混杂纳米生物材料
按生物降解性	非生物降解型 生物降解型
按材料的应用	药物/基因传输载体纳米材料 医用植入纳米材料 组织工程纳米材料 介入治疗纳米材料 生物诊断纳米材料 抗菌纳米材料 ……

纳米生物材料按其化学成分一般可分为纳米金属生物材料、纳米无机非金属生物材料、纳米高分子生物材料和纳米复合/杂化（hybrid）生物材料四大类。

9.2.1.1　纳米金属生物材料

纳米贵金属颗粒是目前研究最活跃的纳米金属生物材料，包括各种形态和结构的纳米金、纳米银及纳米双金属颗粒（合金或核—壳等）的制备，如不同尺寸的纳米球、纳米壳（Nanoshell）、纳米盒（Nanobox）和纳米笼（Nanocage），不同长径比的纳米棒（最大长径比20 ~ 25）、纳米立方体、纳米长方体和纳米八面体等多种纳米多面体、纳米单晶和多晶等[6]。它们表现出与其组成、形状、大小以及结构密切相关的理化性质，尤其是光学特性，在医学造影成像、生物诊断、药物传输载体和光热治疗等生物医用领域具有巨大的应用前景[7]。此外，纳米银粒子还具有优良的广谱抑菌作用，且不产生耐药性，适用于细菌感染的处理和治疗。

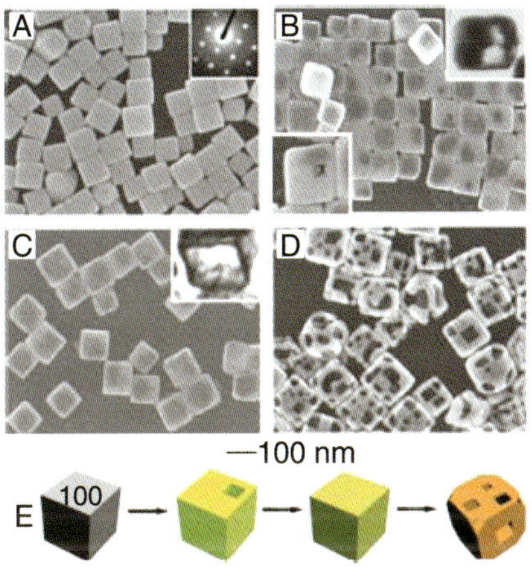

图 9 - 1　Ag 纳米立方体（A）转变为 Au/Ag 纳米盒（C）至 Au 纳米笼（D）[6]

9.2.1.2　纳米无机非金属生物材料

纳米无机非金属生物材料涉及的材料种类很多，主要有纳米金属氧化物、纳米半导体颗粒（量子点）、纳米碳系材料、纳米硅系材料及纳米钙磷酸盐陶瓷材料等。

生物医用纳米金属氧化物中研究和应用最广泛的是铁的氧化物纳米颗粒，如 Fe_3O_4 和 $\gamma-Fe_2O_3$，它们具有磁响应性和超顺磁性，可在恒定磁场下聚集和定位、在交变磁场下吸收电磁波产热，被应用于生物标记与分离、靶向药物载体、核磁共振成像、肿瘤热疗等领域。另外，纳米氧化铝陶瓷材料作为一种生物惰性材料在骨组织修复中也有应用。

量子点（Quantum - Dots，QDs）是一种物理尺寸小于或接近其激子（电子—空穴对）波尔半径的纳米半导体材料[8]。目前报道的 QDs 主要是元素组成为ⅡB - ⅥA 族（如 CdS、CdSe、CdTe）或ⅢA - VA 族（如 GaAs、InP、InAs）的均一或核/壳结构（如 CdSe/ZnS）纳米颗粒，直径一般在 1 ~ 10 nm 之间。由于量子点的电子和空穴被量子限域，连续的能带结构变成具有分子特性的分立能级结构，受激后能够产生荧光，因此往往被称为荧光半导体量子点。QDs 最广泛的应用是被作为荧光探针对生物体系进行研究，与传统的有机荧光染料相比，其具有吸收光谱宽、发射光谱窄而对称、通过调节组成和大小可以使其发射出不同颜色的光，且荧光强度较高和光稳定性等特点，已被广泛用于蛋白质及DNA检测、细胞标记成像、活细胞生命动态过程示踪、活体动物体内肿瘤细胞靶向示踪等生物医学领域。

第四主族元素纳米材料[9]主要是指纳米碳系材料和纳米硅系材料。纳米碳系材料主要包括纳米金刚石（sp^3）、纳米石墨（sp^2）、石墨/金刚石混杂纳米碳、单壁和多壁碳纳米管（CNT）、富勒烯（如C_{60}）及它们的衍生物，如金属化C_{60}、生物分子化CNT等，可用作细胞探针、基因转染、药物控制释放等生物医用领域。纳米硅系材料则主要包括纳米硅和纳米二氧化硅微球或多孔微球，可作为药物传输系统平台。

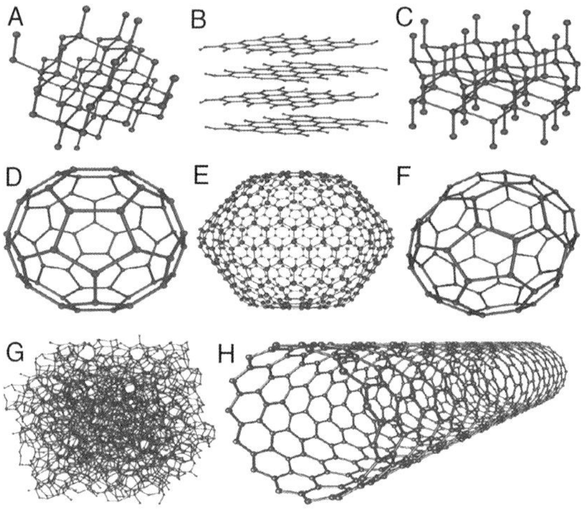

图9－2　碳材料的结构[9]

A. 金刚石，B. 石墨，C. 蓝丝黛尔石（Lonsdaleite），D. C_{60}富勒烯，
E. C_{540}富勒烯，F. C_{70}富勒烯，G. 无规碳，H. 单壁碳纳米管

纳米钙磷酸盐陶瓷材料是一种非常重要的生物医用陶瓷材料[10]，主要包括纳米羟基磷灰石［HAP，分子式为$Ca_{10}(PO_4)_6(OH)_2$］、α和β－磷酸三钙［TCP，分子式为$Ca_3(PO_4)_2$］以及磷酸四钙（TTCP，分子式为$Ca_4P_2O_9$）等。与常规陶瓷材料相比，纳米陶瓷中的内在气孔或缺陷尺寸大大减小，材料不易造成穿晶断裂，提高了断裂韧性；而且晶粒的细化又使晶界数量大大增加，有助于晶界间的滑移，使纳米陶瓷材料表现出独特的超塑性。同时，纳米钙磷酸盐陶瓷材料还具有良好的生物活性和成骨诱导能力。由于纳米钙磷酸盐陶瓷材料具有与生物硬组织相匹配的强度、韧性、硬度以及生物相容性，已被广泛用于骨科、牙科等人体硬组织修复、替换及增进功能的生物材料。此外，多孔纳米钙磷酸盐陶瓷材料还可用于实现药物的控制释放。

9.2.1.3　纳米高分子生物材料

纳米高分子生物材料涵盖的范围十分广泛，从其形态结构来看，有纳米微粒、纳米微囊、纳米凝胶、纳米纤维、纳米孔结构生物材料等；从高分子来源来看，主要有改性天然高分子纳米材料，如壳聚糖及其衍生物、透明质酸、葡聚糖等天然多糖，胶原等天然蛋白质，以及人工合成高分子纳米材料，如聚丙烯酸酯类、聚乳酸和乳酸—乙醇酸共聚物等；从生物降解性来看，主要分为非生物降解型纳米高分子材料和可生物降解型纳米高分子材料两大类。其中，研究最活跃的是用于实现药物或生物活性物质传输及缓/控制释放的纳米高分子载体材料，以及用于组织修复与再生的纳米高分子纤维支架材料。

常见的纳米高分子载体主要有脂质体、固体脂质纳米粒、聚合物纳米微粒（含聚合物胶束、树枝状高分子等）。

脂质体（Liposome）是由磷脂、胆固醇等类脂质主要依靠疏水缔合作用在水中形成的具有复层或单层脂质双分子膜结构的纳米小囊，其结构类似生物膜。由于脂质体作为药物载体，能改变其体内的药代动力学行为，降低不良反应和提高疗效，还能赋予药物靶向性，避免耐药性和改变给药途径等作用，已被用于抗肿瘤药物的靶向传输、介导基因转染等领域。但脂质体作为药物载体往往存在包封率不高、稳定性差等问题，近年来发展起来的 pH 敏感、温敏、声振波敏感和光敏感等智能型及表面修饰型新型脂质体技术能有效改进脂质体作为药物载体的使用性能。

固体脂质纳米粒（Solid lipid nanoparticles，SLN）是一种以室温下为固态的天然或合成的脂质或类脂为基质内核，外层包裹着一层表面活性剂分子双层膜的粒径为 50～1 000 nm 的固体脂质粒子给药体系。SLN 的固体基质为生物相容性好、可降解的天然和合成类脂，主要有脂肪酸（硬脂酸、棕榈酸、癸酸、二十二酸等）、甘油酯（三月桂酸甘油酯、三棕榈酸甘油酯、三硬脂酸甘油酯、三肉豆蔻酸甘油酯、单硬脂酸甘油酯等）、蜡质类（鲸蜡醇十六酸酯等）和类固醇类（胆固醇等）。磷脂、胆酸盐、泰洛沙姆、非离子表面活性剂和一些短链醇则常作为乳化剂。由于 SLN 采用易于工业化生产且生物相容性好的固态类脂材料为载体，克服了一般脂质体在体内外不稳定的缺点，以及聚合物纳米粒子在制备过程中潜在的毒性物质残留，有利于实现药物的靶向传输及控制释放。

聚合物纳米微粒（Polymeric Nanoparticles）是由天然或合成高分子材料构成的大小在 10～1 000 nm之间的固态胶体颗粒，可用作输送药物/基因及诊断物质的载体。根据制备工艺和材料的差异，纳米微粒可分为纳米球（Nanosphere）和纳米囊（Nanocapsule）两种类型，前者属基质骨架型，药物可以吸附在表面、包封在内部或分散于其中；后者属药库膜壳型，由高分子材料形成的外壳和液状（水或油状）内核构成，药物通常被包封在内腔中或吸附在壳层表面。早期构建纳米微粒的聚合物材料多为非生物降解材料，由于其自身往往具有毒性，且在体内不能降解，会影响人体正常生理功能，故逐渐被生物降解型聚合物所替代，主要有合成聚合物如聚乳酸、聚乙醇酸、乳酸—乙醇酸共聚物、聚己内酯、聚羟基丁酸、聚原酸酯、聚酐等，以及天然高分子聚合物，如葡聚糖、壳聚糖、明胶、海藻酸钠等。

聚合物胶束[11]（Polymeric Micelles）通常是由两亲性共聚物通过氢键、疏水作用、静电相互作用等分子间作用力，自发形成的具有疏水性内核和亲水性外壳的纳米自组装体，是热力学、动力学稳定的体系，具有临界胶束浓度（Critical Micelle Concentration，CMC）低、稳定性好等优点，是一种较理想的纳米药物载体材料。聚合物胶束的形状以球形最为常见，此外还有棒状、囊状、片状、管状、星状等。而根据其自组装形成胶束的原理，聚合物胶束大致可分为嵌段共聚物胶束、接枝共聚物胶束和聚电解质胶束等。

两亲性共聚物的亲水和疏水链段可以通过无规、嵌段和接枝三种方式排列，其中后两种常可用于制备聚合物胶束，可在水性环境中自组装形成具有相对较窄的粒径分布及核壳结构的聚合物胶束。聚乙二醇（Polyethylene Glycol，PEG）是具有生物相容性，得到了 FDA 认证的非离子水溶性聚合物，毒性较低，是目前最广泛地被用来作为聚合物胶束亲水链段的聚合物；而疏水链段常有聚酯（己内酯、丙交酯）等，两种链段一起可构成各种两嵌段（AB）或三嵌段（BAB）两性聚合物，并形成各种胶束。而由疏水的骨架链和亲水的支链构成的接枝共聚物（或亲水的主链上接枝疏水链的共聚物）分散在水中，也都可能自组装形成具有核壳结构的纳米胶束粒子，通常采用大单体路线或对天然高分子接枝改性，通过对接枝共聚物主链、支链的结构设计，以及对接枝共聚物的构型、支链的长短与数量、接枝点的控制，可实现对聚合物胶束结构和性能的有效调控。

聚电解质胶束又称聚复合离子胶束。带电的嵌段或接枝共聚物可以与带有相反电荷的嵌段（或接枝共聚物）、均聚物、核酸、聚电解质以及酶等主要通过静电作用形成聚电解质胶束。通常共聚物的一端是 PEG 链段，另一端则为带阴离子或阳离子的离子型链段（如聚氨基酸、聚甲基丙烯酸等）。与一般的荷电相反的聚电解质形成的复合物及由亲疏水链组成的两亲性聚合物胶束不同，形成聚电解质胶束的嵌段（接枝）共聚物是完全水溶性的，且胶束的形成过程具有链长识别的特点，即带有相反电荷的两种嵌段聚合物混合后，只有严格配对亦即电荷数目完全相同的聚离子链段之间才能复合成胶束内核，不能匹配的嵌段聚合物仍游离在水中形成外壳。聚电解质胶束作为药物载体的一个显著优点就是胶束的核能够负载带电生物大分子化合物（如：核酸、蛋白质和多肽），并保持其活性。

树枝状大分子（Dendrimers），又称为树枝状聚合物或树枝状高分子，是一类通过枝化基元逐步重复反应得到的具有高度枝化结构和良好单分散性的新型大分子[12]。其结构可分为三部分：中心核、表面基团区以及连接两者的重复支化单元，具有高度的几何对称性。中心核上有 N_c个反应官能团，常见的有氨（$N_c=3$）、乙二胺（$N_c=4$）、季戊四醇（$N_c=4$）以及芳环结构和糖苷结构等；以中心核为起始中心向外由重复单元构成的一系列同心层称为代（Generations，记作 G 1.0、G 2.0 等），一般是两种 N_b（官能度）>1 的反应单体交替在外面接枝，每完成两步反应增长一代；最外层是表面官能团区，由终止官能团组成，例如胺基、羟基等，官能团数目与 N_c、N_b以及 G 有关，即终止官能团数目 $=N_c\times N_b\times G$。

常见的树枝状大分子有 PAMAM（聚酰胺胺）、DAB（以 1，4－丁二胺为核心的聚丙烯亚胺）、DAE（以乙二胺为核心的聚丙烯亚胺）、CSi－PEO（碳硅烷—聚乙二醇）等，包括聚阳离子型和聚阴离子型，其中 PAMAM 树枝状大分子是研究及应用最为广泛的一类树状大分子。近年来，树状大分子已从单一结构功能逐渐向多功能超支化树枝状大分子发展，出现了诸如聚乙二醇树枝状大分子、具有中空纳米球核的树枝状大分子、树枝状嵌段共聚物及以氨基酸（赖氨酸、脯氨酸及丙氨酸等）为骨架的多肽树枝状大分子等。

与传统的线性大分子相比，树枝状大分子有明确的相对分子质量及分子尺寸，结构规整，分子体积、形状和功能基团都可在分子水平上精确控制，既具有内部空腔，又具有大量的表面官能团。药物分子既可以物理包封于树枝状大分子的内部空腔中，也可以通过化学偶联与表面官能团共价结合，提高药物的稳定性和血液循环时间，降低用药剂量；同时其表面高反应活性的功能团易被配体修饰，有利于实现药物的主动靶向。此外，树枝状大分子的单分散性使其药代动力学性质稳定、可重现。

而用于组织修复与再生的纳米高分子纤维支架材料则主要是一些生物相容性良好且生物可降解的天然及合成高分子材料，如胶原、壳聚糖、聚乳酸等，它们采用静电纺丝法、自组装多肽法、相分离法和聚电解质共凝聚法等技术制成。

9.2.1.4 纳米复合/杂化生物材料

复合生物材料是指由两种或两种以上不同性质的材料，通过物理或化学的方法，以不同方式组合而成的多相体系生物材料。按其组成一般可分为金属/金属复合生物材料、非金属/金属复合生物材料、非金属/非金属复合生物材料及多组分混杂生物材料。各种材料在性能上互相取长补短，克服单一材料的缺陷，并能产生协同效应，使复合生物材料的综合性能优于原组成材料并满足各种不同的生物医用要求。其中，纳米复合生物材料是指具有纳米尺度组成相的复合生物材料，而杂化生物材料则往往是指有机/无机杂化生物材料，它不同于传统意义上的复合生物材料，其有机相与无机相微区尺寸均在纳米范围内，甚至在分子水平复合。

从材料学观点出发，生物体内多数组织均可视为由各种基质材料构成的天然复合材料，尤以无机/有机纳米复合生物材料最为常见，如骨骼、牙齿等就主要是由羟基磷灰石（HAP）纳米晶体和胶原纳米纤维构成的纳米复合生物材料。研究和开发无机/无机、有机/无机、有机/有机以及生物活性/非生物活性的纳米结构复合生物材料用于细胞种植、生长，使种植的细胞保持活性和增殖能力，是目前组织工程和再生医学领域研究的重点内容之一。其中，模拟天然骨的纳米尺度结构及化学组成，构建模拟体内骨组织 ECM 环境的羟基磷灰石/高分子纳米纤维多孔复合支架，具有高的生物活性和好的组织相容性，以及与人体骨匹配的弹性模量和力学性能，可为骨组织重建提供良好的支架条件，促进骨组织修复，已成为当前骨组织工程研究领域的热点[13]。

由于生物组织大多是由生物大分子网络构成的水凝胶结构，因此构建以水凝胶为基质的纳米复合材料在生物医用领域具有重要应用价值。其中，具有抗菌作用的纳米银/水凝胶复合材料的制备及性能研究尤其受到关注。

而在纳米医药领域，近年来可以同时实现药物的靶向传输、控制释放及显影成像等多种医学功能的多功能纳米载体系统的研究尤为活跃，这离不开高性能多组分纳米复合材料系统的发展。Guo 等[14]报道了负载抗癌药物的 FITC 荧光探针/金纳米棒/壳聚糖多功能纳米复合载体（见图 9－3），它可针对恶性肿瘤细胞进行药物/光热协同治疗，并以细胞成像显示治疗效果。

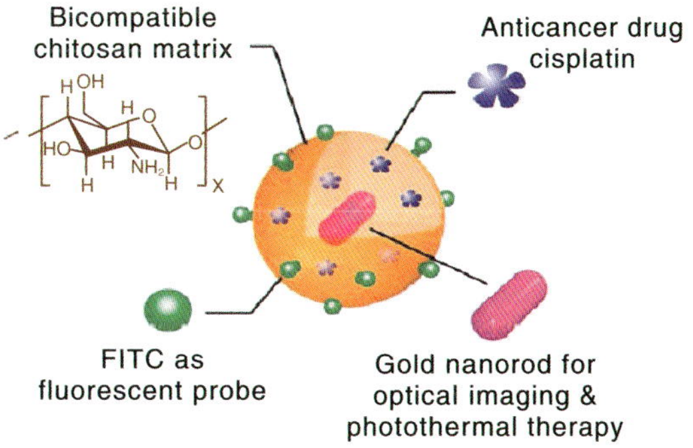

图 9－3　用于细胞成像、药物传输及光热治疗的多功能纳米载体[14]

9.2.1.5　生物材料的表面纳米结构

生物材料的发展历程表明生物材料设计不仅要考虑材料的物化性质，还要考虑材料与生命体系间的相互作用。显然，生物材料的表面结构及性质对材料与生命体系间的相互作用有着至关重要的影响。通过对生物材料表面进行纳米构建，不改变材料的本体结构，可在保持其本体性能的基础上，赋予其特定功能，提高其生物相容性及生物活性等。但是严格意义上并不能将其整体列入纳米生物材料范畴。

在金属或陶瓷植入物表面引入纳米多孔无机材料涂层，如三氧化二铝纳米管、二氧化钛纳米管（如图9－4所示）及纳米多孔二氧化硅等，可在满足植入物基本生物相容性基础上，赋予其药物负载及缓慢释放的性能，提高治疗效果[15]。

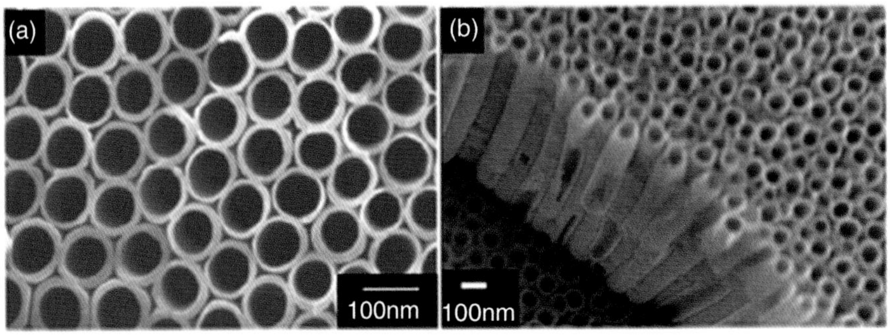

图9－4　二氧化钛纳米管阵列

（a）表面图，（b）截面图[15]

此外，通过物理或化学方法获得具有特殊纳米级图案的表面拓扑形貌或生物活性微区，可实现细胞粘附、增殖、分化、迁移等生理行为的调控。采用仿生矿化技术，在体外模拟机体环境，可在骨修复材料或骨组织工程支架材料表面形成纳米羟基磷灰石，促进骨组织再生和功能重建。

9.2.2　纳米生物材料的基本性能

纳米单元的尺寸小，比表面积大，位于表面的原子占相当大的比例。一方面其表面结构不同于内部完整的结构（包括键态、电子态、配位数等）；另一方面其体相结构也受到尺寸制约而不同于常规材料的结构，且原子间相互作用也发生改变，从而产生了小尺寸效应、表面效应、量子尺寸效应、宏观量子隧道效应等。其中，小尺寸效应是指当纳米单元的尺寸与光波的波长、传导电子德布罗意波长以及超导态的相干长度或透射深度等物理特征尺寸相当或更小时，周期性的边界条件被破坏，声、光、电磁、热力学等物理特性均发生变化的效应；表面效应是指纳米单元表面原子与总原子数之比随着纳米粒子尺寸的减小而大幅度增加，引起了纳米粒子性质的变化；量子尺寸效应是指当纳米尺寸在接近或小于玻尔量子半径时，纳米单元的费米能级附近的电子能级由连续能级变为分立能级，并且纳米半导体微粒存在不连续的最高被占据的分子轨道能级和最低未被占据的分子轨道能级，使得能隙变宽，当能级间距大于热能、磁能、静磁能、静电能、光子能量或超导态的凝聚能时，必须要考虑量子效应，这就导致纳米单元的磁、光、声、热、电以及超导电性与宏观特性有着显著的不同；而宏观量子隧道效应是指纳米颗粒的一些宏观量（如颗粒的磁化强度、量子相干器件中的磁通量等）具有穿越宏观系统势垒的能力。

正是由于纳米生物材料具有以上不同于常规材料的特殊效应，它在化学、物理（热、光、电磁等）及生物学性质方面表现出特异性，也在某些应用领域具有普通生物材料无法比拟的优越性。本节将重点介绍纳米生物材料研究较活跃的特异性光学性能、磁学性能，尤其是生物学效应。

9.2.2.1 光学性能

纳米贵金属颗粒和纳米半导体颗粒等具有独特的优异光学性能，在生物分子检测、医学成像、疾病治疗等生物医用领域具有广阔的应用前景。

纳米金颗粒具有显著的表面等离子共振性质（Surface Plasmon Resonance，SPR），来源于入射光与金纳米粒子自由电子表面等离子体振动的共振耦合，在紫外—可见光谱上显示强的吸收峰。该SPR峰的位置主要取决于以下几个因素：纳米粒子的大小、形状、微结构、表面电荷、聚集状态、环境介质条件等。分散良好的球形纳米金颗粒表现为单一的SPR峰，而棒状纳米金颗粒则具有一个横向等离子共振吸收峰（Transverse Surface Plasmon Resonance，TSPR）和一个纵向等离子共振吸收峰（Longitudinal Surface Plasmon Resonance，LSPR），分别对应其横轴和纵轴两个特征尺寸。对于不同长径比的金纳米棒，其TSPR峰的位置基本不变（水溶液中约520 nm），而LSPR峰的位置则随长径比值增大而发生红移。因此，通过制备不同长径比的金纳米棒颗粒，可以实现其LSPR从可见光区向近红外光（NIR）区的调控（如图9-5所示[16]）。而近红外波长范围通过人体组织的光学透射是最理想的，这对实现人体组织光学成像和肿瘤的光热治疗十分有利。通过调节金纳米壳和金纳米笼的形态也可将其表面等离子振动吸收峰调控至近红外光区。

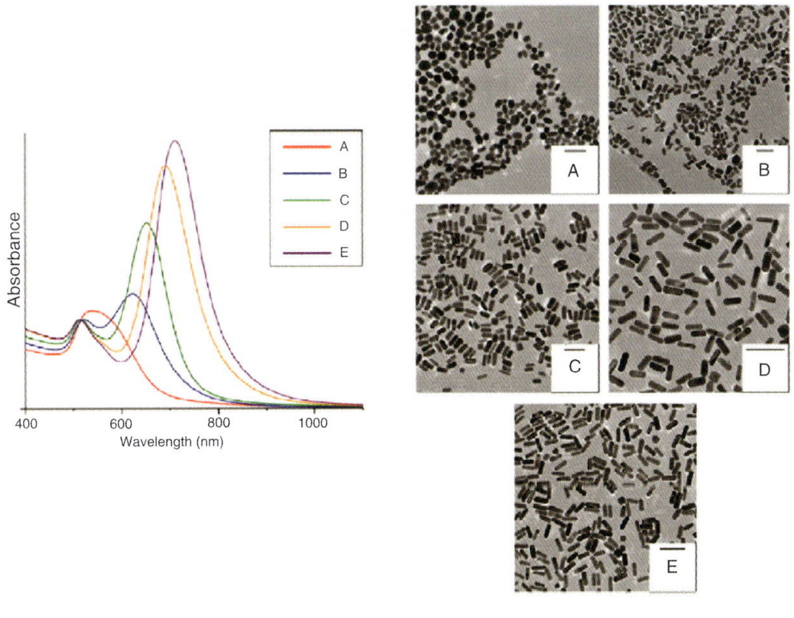

图9-5 具有不同长径比的金纳米棒的紫外—可见吸收光谱和TEM照片[16]（标尺长度：100 nm）
长径比：A. 1.42±0.32，B. 1.82±0.49，C. 2.31±0.55，D. 2.65±0.43，E. 2.80±0.37

纳米半导体颗粒（量子点）具有特殊的量子尺寸效应和表面效应，表现出独特的光学特性，具有量子效率高、激发光谱宽、发射光谱窄、发射光的颜色随粒径变化、光化学稳定性好等一系列优点。纳米半导体颗粒发光波长的粒径依赖性如图9-6所示[17]，其发射光随粒径增大而发生红移，且同一粒径的量子点发射荧光峰狭窄对称，不同粒径量子点发射光谱之间很少重合，可显著提高灵敏度和分辨率。

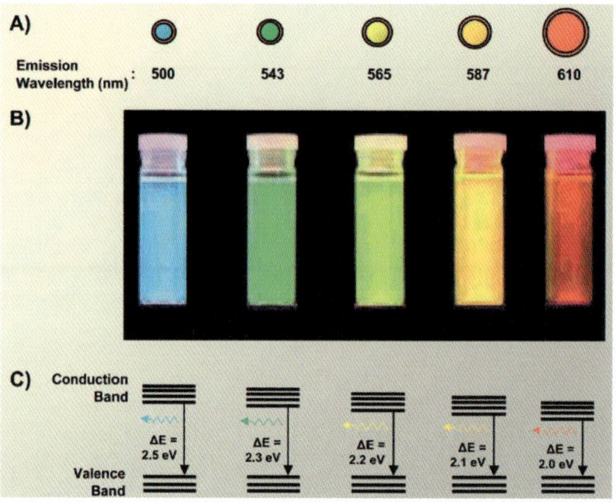

图 9－6　纳米半导体颗粒发光波长的粒径依赖性[17]

当前研究最活跃的绿光 CdSe/ZnS 量子点与有机荧光染料罗丹明 6G 和绿色荧光蛋白的光学性能对比见表 9－2。

表 9－2　绿光 CdSe/ZnS 量子点、有机荧光染料罗丹明 6G 和绿色荧光蛋白的光学性能对比[17]

性能	绿光 CdSe/ZnS 量子点	罗丹明 6G	绿色荧光蛋白
发射波长（nm）	550	555	509
半高宽（nm）	20～40	40～55	35～45
吸收线（nm）	<520	530	487
量子产率（%）	20～65	50～90	68
摩尔吸光系数（M^{-1} cm^{-1}）	10 000～100 000	80 000	39 200
荧光寿命（ns）	15～20	1～5	3
其他	可调的发射波长 光稳定性 比表面积大 连续的吸收线	小 光谱拖尾	可调的发射波长 可基因插入 光谱拖尾

9.2.2.2　磁学性能

纳米磁性颗粒具有尺寸小、比表面积大、能够被外部磁场操纵、在交变磁场的作用下能生热等特性，在生物分离、靶向热疗、靶向给药以及核磁共振成像等生物医学领域中应用广泛。

常规的铁磁性材料如 Fe_3O_4 和 $\gamma-Fe_2O_3$ 等，随着尺寸的减小，其磁结构和磁响应行为将发生改变。一方面其铁磁性磁畴结构随颗粒尺寸减小，由铁磁性多畴（Multi－domain）逐渐变为铁磁性单畴（Single－domain），尺寸进一步小于某一临界尺寸后，则由铁磁性（Ferromagnetic，FM）纳米颗粒转变为超顺磁性（Superparamagnetic，SPM）纳米颗粒（如图 9－7A 所示）；另一方面其磁化强度随外磁场变化的响应行为也发生改变（如图 9－7B 所示）。

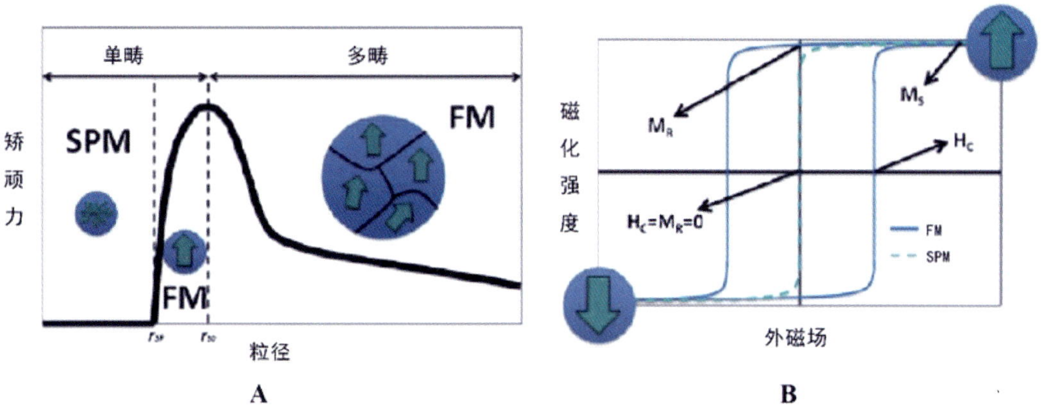

图 9-7　纳米磁性颗粒的矫顽力随粒径的变化曲线（A）和磁响应曲线（B）[18]

此外，铁磁性纳米颗粒和超顺磁性纳米颗粒在交变磁场中的磁热效应的机理也有所不同。铁磁性纳米颗粒在交变磁场中的磁热效应来源于磁滞损失；而超顺磁性纳米颗粒，则主要是由于 Néel 弛豫和 Brown 弛豫而产生。

9.2.2.3 生物学效应

与相同成分的常规尺寸材料相比，纳米材料物理化学性质的改变必将影响纳米材料与生物体系的相互作用，往往会表现出与常规尺寸材料不同的生物学效应。纳米材料的生物学效应具有两面性：一是正面的纳米生物效应，表现为纳米材料具有的有利于解决人类健康问题的多种生物活性和生物学行为，其研究学科主要归属于“纳米生物学”；二是负面的纳米生物效应，主要是指纳米材料与生物体系作用产生的毒理学效应，其研究学科相应属于“纳米毒理学”。

纳米生物材料的基本要求之一是必须具有生物安全性，在广义上包括纳米生物材料的物理性能、化学性能、生物学性能和临床应用性能等方面。在实际工作中，生物安全性一般是指其狭义范围的生物学评价，即纳米生物材料必须具有生物相容性，对人体无毒性、无刺激性、无致敏性、无遗传毒性、无致癌性，对人体组织、血液、免疫等系统无不良反应。这要求纳米生物材料和宿主间应产生恰当的、相适应的作用，其主要包括两方面的内容：一是材料反应，主要指纳米材料在生物环境中被腐蚀、吸收、降解、磨损和失效等行为；二是宿主反应，包括局部和全身反应，如炎症、细胞毒性、凝血、过敏、致畸和免疫反应等。不同的使用场合对纳米生物材料的生物相容性具有不同的要求和内涵。

1. 纳米—生物界面相互作用

与常规生物材料相比，纳米生物材料具有独特的物理化学性质，如尺寸、形态、比表面积、表面修饰、电荷、亲/疏水性以及氧化还原活性等，它在体内不同器官组织、细胞中对蛋白质、脂质等生物大分子的吸附模式也不一样（与纳米生物材料所处的微环境相关），这导致其在分子、细胞、器官及机体各个层次下与生物体系的相互作用也表现出特异性，决定其在体内不同器官组织、细胞中的不同定位、转运和最终的生物学命运产生区别，从而产生各种特殊的生物学效应；同时纳米生物效应的存在也对纳米生物材料的生物相容性评价提出了与常规生物材料不一样的要求。

我们必须认识到，对纳米材料与生物系统相互作用的深入认识是解释一系列复杂的纳米材料生物学效应和进行纳米材料生物安全性评估的基础，这涉及纳米材料与生物体系界面处多方面的影响因素，如表 9－3 所示[19]。以下从微观到宏观简要介绍不同层次下的纳米—生物界面作用。

表 9－3　纳米材料与生物体系界面的主要影响（以纳米颗粒为例）

纳米颗粒	尺寸、形状和比表面积 表面电荷、表面能、粗糙度和多孔性 能带结构的价带和导带状态 官能团 配基 结晶态和缺陷 疏水性和亲水性
周围介质	水 酸和碱 盐和多价离子 天然有机质（腐殖质、蛋白质、脂质等） 表面活性剂 高分子 聚电解质
固—液界面	表面水合和脱水 表面重构和表面自由能释放 离子吸附和电荷中和 双电荷层形成、Zeta 电位、等电点 空间位阻分子和毒素的吸附 静电作用、空间位阻作用及电致位阻作用 聚集、分散和溶解 亲水和疏水作用
纳米—生物界面	膜作用：特异性和非特异性作用力 受体—配体结合作用 膜包覆：抑制和促进作用力 生物分子（蛋白质、脂质、DNA）导致的结构和功能性效应 生物大分子构型变化 自由能传递给生物分子 生物分子的氧化损伤 线粒体和溶酶体破坏、ATP 减少

（1）纳米材料与蛋白质的相互作用。

纳米生物材料进入生理环境，首先会与周围介质发生作用，往往在材料表面形成蛋白吸附层，进而引发一系列的生物反应，因此这层所谓纳米粒子的“蛋白质花冠”（Protein Corona）对纳米材料的生物学效应具有重要意义。蛋白质的吸附是一个复杂的过程，有多种因素对纳米材料的蛋白质吸附行为产生影响，包括：蛋白质自身的性质，如蛋白质的构象、电荷分布；纳米材料的表面性能，如材料表面的化学官能团、带电基团的分布、整体及微区的亲/疏水性、纳米材料的表面形貌及粗糙度等；纳米材料的尺寸、形状；纳米材料所处的介质环境，如 pH 值、电解质组成和浓度等。同时，纳米材料的蛋白吸附也是一个动态的过程，在其表面的不同蛋白质的吸附速度、吸附—解吸的平衡、多种蛋白的竞争吸附等最终达到一个动态的平衡。此外，我们还要注意蛋白质吸附后发生的构象改变对纳米材料生物学效应的重要影响。

（2）纳米材料与细胞的相互作用。

细胞是生物的基本结构和维持正常生命过程的基本功能单元，其大小在几微米到几十微米量级。比细胞小几个量级的纳米生物材料与细胞发生什么样的相互作用，对细胞的生理活动造成什么影响，这些问题都直接关系到纳米材料的生物学效应和生物安全性，因此已经成为人们高度关注的焦点。目前国内外纳米材料与细胞相互作用的相关研究主要有：纳米粒子在细胞膜上的粘附、跨膜吸收、在细胞器中的分布以及胞吐等，对纳米粒子在药物/基因传输系统领域的应用具有重要意义；纳米纤维和生物材料表面纳米构建及图案化等对细胞的粘附、生长、分化及功能表达等的影响，对其在组织工程及创伤修复等领域中的应用具有重要价值。

研究表明，纳米生物材料与细胞的相互作用受多种因素的影响。不仅与纳米材料的化学成分、结构、尺寸、形状、表面电荷、表面修饰基团等纳米材料的物理化学性质相关，还与细胞的类型（如血细胞、巨噬细胞、内皮细胞、神经细胞、肝细胞、干细胞等）相关。但迄今为止，纳米生物材料与细胞相互作用过程的具体细节和机制还存在许多问题，这主要是由实验方法学上的限制造成的。

① 纳米粒子与细胞的相互作用。

纳米粒子可以有效输送多种药物和生物活性大分子如多肽、蛋白质和基因等，在药物靶向和控制释放、疾病检测和诊断中有着广泛的应用前景。这些应用中不可避免地涉及了纳米粒子与细胞间的相互作用，尤其是纳米粒子进入细胞的途径、在细胞中的位置和分布以及胞吐等。

实际上，纳米粒子一旦粘附到细胞表面上，就有可能被转运到细胞内部。必须注意到：尽管细胞膜上存在一些离子通道，但相对于纳米粒子还是太小。细胞对纳米粒子的转运可通过吞饮作用或吞噬作用来实现。一般当细胞胞吞较大的颗粒（$> 0.5\ \mu m$）时，称为吞噬作用；当细胞吞入液体或极小的粒子（$< 0.2\ \mu m$）时，称为吞饮作用。由于在胞吞过程中会形成包围细胞外物质的囊泡，因此又称小泡运输。总的来说，真核细胞通过胞吞作用和胞吐作用完成大分子和粒子的跨膜运输。

一般情况下，胞吞过程为：细胞膜下陷形成胞吞小凹，小凹颈部细胞膜融合，把细胞外粒子装入胞吞小泡；胞吞小泡进一步在细胞内定向运输，使胞吞粒子经由内体（Endosomes）到达溶酶体（Lysosomes），在那里被消化降解，降解产物进入细胞基质为细胞所利用。近年来的研究表明细胞对纳米粒子的胞吞机理主要有三种：流体相内吞、吸附内吞和受体介导内吞。其中，对纳米粒子的胞吞最有效的机理是受体介导胞吞，在此过程中修饰在粒子表面的配体与细胞膜表面表达的受体相连，受体与连接的粒子通过膜的内陷进入细胞中。胞吞通过受体介导（网格蛋白有被小凹 Clathrin - coated pits）或者流体相（无被小凹 Uncoated pits）途径进行时，粒子进入溶酶体中，可能被降解为小分子。当胞吞过程是通过小穴（Caveolae）机制进行时，可能发生粒子到内质网、高尔基体的迁移，或者通过胞吞吐直接穿过细胞。通过对纳米粒子进行合适的表面修饰，可以使粒子从不同的途径进入细胞中。此外，当纳米粒子进入细胞内时，也可能伴随着几种机理同时存在的情况。

纳米粒子进入细胞后，首先被包在内体中。由于内体为弱酸性环境，且其到达溶酶体后进一步酸化，并激活大量的酶，如果纳米粒子负载DNA、多肽等生物活性大分子，则很容易失活，因此必须及时破坏内体膜，将纳米粒子及其负载物释放到细胞质基质中。内体膜的破裂有多种机制，可由破膜肽产生，也可通过质子海绵效应完成。总的来说，纳米粒子的胞吞性能及其在细胞中的分布与纳米粒子理化性能（如尺寸、形状、电荷和亲/疏水性）、浓度、培养时间、温度和细胞系（由于不同细胞的膜结构以及所含有的蛋白不同）有关。在通常情况下纳米粒子可能分布在细胞膜上、溶酶体中、细胞质中和线粒体内。例如，有报道说富勒烯单丙二酸衍生物主要集中定位在细胞的线粒体和细胞膜上，富勒烯三丙二酸衍生物部分定位在细胞的线粒体上[20]。如果用穿膜多肽修饰粒子的表面，粒子也可能进入细胞核中。此外，外部环境的刺激，如温度或者pH值的改变，也能影响细胞对纳米粒子的胞吞作用。但也有报道称功能化碳纳米管的细胞摄取与表面官能团和细胞类型无关[21]。

②纳米纤维与细胞的相互作用。

人体ECM环境中具有大量的纳米纤维结构，对正常细胞的粘附、增殖和功能表达具有重要意义。而制备类似ECM结构的纳米纤维状组织工程支架材料，研究其与细胞的相互作用已成为组织工程和再生医学研究的重要方向之一。

纳米纤维具有超过微米纤维1 000倍的比表面积，理论上能提高材料与细胞相接触的面积，更好地实现细胞在材料上的粘附。Woo等[22]的研究表明：与厚壁的PLLA支架相比，具有相同孔隙率的PLLA纳米纤维支架的成纤维细胞的粘附率提高了2倍，而其蛋白质吸附量为前者的4倍。Cukierman等[23]的研究表明桩蛋白和α_5整合素在三维纳米纤维环境下共同表现出焦点粘附特性，这与在其他培养基上两者分别表现出焦点粘附和丝纤维粘附有所不同，而这种表现焦点粘附的特征和体内细胞在细胞外基质中表现出的粘附特征一致。Meshel等[24]发现，若将人工制备的纳米纤维基质通过机械压缩破坏其纳米纤维结构，在纳米纤维环境下存在的桩蛋白—α_5整合素—纤连蛋白三者共同焦点粘附的特征消失了。可见，纳米纤维形貌在影响细胞与细胞外基质的粘附过程中起着非常重要的作用。

纳米纤维在影响到细胞的粘附、生长、分化的同时，其独特的表面微观结构也必将通过与细胞、蛋白间的相互作用，在一定程度上影响到细胞的功能和表达，而细胞功能的表达则决定了组织与器官的修复和重建能否成功。通过对电纺丝制备的聚酰胺纳米纤维支架和非纳米纤维聚酰胺基质进行细胞培养，Nur - E - Kamal[25]等发现，纳米纤维能使Rho、Rac、Cdc42等这些对肌动蛋白起主要调控作用的GTP酶快速生成，并能较一般聚酰胺基质持续更长时间，同时还能表现出和体内的细胞Rho因子信号通道打开相似的现象。

（3）纳米材料的体内吸收、分布、代谢和排泄。

与常规生物材料相比，纳米材料也表现出特异性的体内吸收、分布、代谢和排泄行为，直接影响着纳米材料的生物学效应和毒理学效应。进入机体内的纳米材料所产生的生物效应及其强度依赖于其尺寸、结构、表面性质及其在靶器官的浓度等，而其在靶器官的浓度又依赖于纳米材料的剂量、吸收、分布、结合、排泄及其聚集的可能性等多种因素。纳米粒子在体内可形成聚集体，其聚集行为和聚集体尺寸受不同器官或组织的pH值和离子强度的影响；而且纳米粒子的真实尺寸也依赖于粒子与体内微环境的相互作用，即使具有相同初始尺寸的不同纳米粒子进入体内，到达各器官或组织后，其尺寸也可能发生不同程度的改变。

纳米粒子在生物系统内的吸收是其产生生物效应/毒性的基础阶段。纳米生物材料可经呼吸系统、消化系统、皮肤及静脉注射等途径吸收，进入血液而分布到全身。

纳米粒子在呼吸道的沉积和吸收受到纳米粒子尺寸、水溶性和表面性质等因素的直接影响，其靶向区域主要取决于粒子尺寸的大小。根据国际放射防护委员会（ICRP）提出的人呼吸道颗粒沉积模型，直径 20 nm 的纳米粒子在肺泡组织的沉积率约 50%，而在鼻咽部和气管支气管的沉积率仅约 10%；当粒径尺寸减小至 5 ~ 10 nm 时，主要分布在鼻咽部和气管支气管，肺泡沉积的有效率为 20% ~30%。纳米粒子在肺泡区的沉积使其可能通过肺泡毛细血管的吸收进入循环系统。研究表明，吸入的纳米粒子从肺组织的迁移可能主要存在三种途径：物理扩散、吞噬作用和淋巴系统移除。其中肺巨噬细胞能够有效吞噬肺泡区的纳米粒子，并在纳米粒子转运和清除过程中起重要作用。但也有研究表明纳米粒子还可能具有削弱巨噬细胞功能的作用。

皮肤是人体最大的器官，由表皮、真皮、皮下层三层组织结构组成，不易被微米颗粒渗透。至于纳米颗粒，其皮肤渗透性具有尺寸依赖性和化学依赖性，通常小尺寸颗粒比大尺寸颗粒更易进入皮肤而到达深层皮肤；且颗粒的类型不同，其渗透行为也不同，其化学成分是决定其渗透能力的根本因素之一。例如，纳米脂质体的皮肤渗透具有尺寸依赖性，粒径较大（586 nm）的一般到达活性表皮；272 nm 的不仅到达活性表皮，有些还可到达真皮；而较小尺寸的脂质体在活性表皮和真皮具有较高的浓度[26]。

胃肠道吸收也是纳米生物材料进入体内的重要途径之一。纳米粒子能够通过含有 M 细胞（特殊的肠上皮噬菌细胞）集合的肠淋巴组织（派伊结，Peyer's Partches，PP）摄入，也可通过正常肠上皮细胞摄入，还有少量可经细胞旁路途径转运。研究表明，纳米粒子的尺寸、表面电荷、亲/疏水性、表面化学修饰等诸多因素都会影响纳米粒子的扩散、通过粘液层的能力及其与内皮细胞或 M 细胞的作用，从而影响纳米粒子在胃肠道的作用区域（位点）及吸收动力学。

纳米粒子在体内的迁移和分布受到吸收途径、纳米粒子特性等多种因素的影响。传统研究认为外源性物质在体内的初始分布受控于血流，最终分布决定于其与组织的亲和力以及其被动扩散或运输进入细胞的渗透能力。除传统因素外，纳米特征可能是决定纳米粒子最终生物分布的主导因素，包括表面修饰、尺寸等。研究表明，纳米粒子经呼吸道吸入后，可迁移到上皮细胞、血液、中枢神经系统，进而分布全身。其中，嗅神经可能是纳米粒子进入神经中枢的一种重要途径，该迁移机制可用于实现药物靶向中枢神经系统，并克服肝脏的首过效应。纳米粒子经过静脉注射一般被网状内皮系统的单核巨噬细胞摄取，主要分布于肝（60% ~90%）、脾（2% ~10%）和肺（3% ~10%）。经过 PEG 等亲水性物质修饰，可明显降低纳米粒子在肝、脾、肺中的分布，延长纳米粒子在循环系统中的滞留时间，有利于肝、脾、肺以外的组织或器官的靶向性。

纳米粒子可通过尿液、粪便等途径自体内消除，其中肾脏是排泄外源化学物的最重要的器官。纳米粒子通过尿液排出体外的机制可能与代谢终产物通过肾脏（肾小球的滤过、肾小管的被动扩散排泄和主动分泌）排出体外的机制相同。肾小球的毛细血管的膜孔是 7 ~ 10 nm，尺寸大于或等于膜孔尺寸的颗粒不能通过。而且，血浆蛋白与粒子结合形成复合物将使其尺寸增大，也导致其难以通过肾小球膜孔。

2. 正面生物效应

纳米材料在分子、细胞、器官及机体各个层次下与生物体系的相互作用可能产生有利于解决人类健康问题的多种生物活性和生物学行为，即正面生物效应，它在药物传输、基因治疗、疾病诊断、组织工程、创伤修复等生物医学领域具有重要的应用价值。

以药物传输为例，药效的产生和持续与药物的体内过程密不可分，通常药物的体内过程决定了药物的血液浓度和目标部位的浓度的变化，进而影响着药物效应产生的速度、持续的时间以及效应的强弱。此外，药物从给药部位吸收进入血液循环系统后，主要由血液运送到全身各器官。药物在体内的分布与其理化性质及生理因素有关，往往是不均匀分布，且不同的药物有不同的分布特性。若药物能选择性地分布在目标器官或组织，在必要时间内维持一定浓度，并尽量少向其他部位分布，就能充分发挥药物疗效，减少副作用。大量的临床前研究和临床试验的数据表明，以纳米脂质体、固体脂质纳米粒、纳米胶束和聚合物纳米粒等为载体的纳米载体药物具有一系列优点：①改善水难溶性或不溶性药物的溶解性；②增强药物的稳定性，避免药物失活；③改善药物吸收和分布，提高生物利用度；④提供药物靶向性；⑤实现药物的减慢和延时释放或控制释放；⑥减小药物的毒性；⑦增强患者的用药可接受性。

（1）克服血脑屏障。

血脑屏障（Blood Brain Barrier，BBB）是存在于血液和脑组织之间的一层屏障系统，其解剖学结构基础是脑毛细血管内皮细胞及其细胞间紧密连接。与其他组织器官内皮细胞间有较大的孔隙不同，脑毛细血管内皮细胞排列紧密，且缺少跨膜转运的质膜小泡和细胞孔，从而排除了细胞旁路径溶质扩散通过内皮屏障和99%经胞饮途径进行的溶质交换，因此正常生理情况下相对分子质量小于500的脂溶性小分子才能跨过BBB入脑，绝大部分大分子药物和约98%的小分子药物不能通过BBB。血脑屏障是许多中枢神经系统（CNS）疾病缺乏有效治疗手段的主要原因，而利用纳米粒子可促使药物通过血脑屏障。

目前，纳米粒子透过血脑屏障的机制尚不十分明确。Kreuter等提出了载药纳米粒子入脑的六种可能机制：①纳米粒子作载体使药物吸附在脑毛细血管壁上，延长药物在吸收部位的滞留时间，提高血管内外药物的浓度梯度，有利于药物进入脑内；②纳米粒子产生表面活性作用，增加血管内皮细胞膜脂质的溶解度，导致膜对药物的通透性增加；③纳米粒子破坏脑血管内皮细胞紧密连接，血脑屏障开放，药物直接入脑；④载药纳米粒子被脑血管内皮细胞胞饮，在其中释药并将药物传递入脑；⑤载药纳米粒子可以直接穿过脑血管内皮入脑；⑥聚山梨酯—80作为纳米粒子修饰物的同时可以抑制高效外排泵的作用，尤其是P—糖蛋白，减少药物外排。这六种机制也可能联合发挥作用。就目前的研究来看，最可能的机制是载药纳米粒子能被脑血管内皮细胞胞饮，在其中释药并将药物传递入脑，且主要可能与血脑屏障内皮细胞通过低密度脂蛋白受体介导的内吞作用有关[27]。此外，纳米载体还可通过鼻腔给药的方式克服血脑屏障。

（2）肿瘤靶向。

在临床上广泛应用的肿瘤治疗药物大多是非选择性的，治疗剂量下对正常组织器官毒副作用大，疗效欠佳，而利用纳米粒子可实现抗癌药物的肿瘤靶向输送，降低其毒副作用，增强疗效。

纳米粒子肿瘤靶向的机制如图9－8[28]所示，可分为被动靶向和主动靶向两大类，后者又分为主动靶向肿瘤细胞和主动靶向肿瘤血管。针对肿瘤组织的被动靶向性来源于实体肿瘤组织的所谓EPR效应，即通透性和滞留增强效应。正常组织中的微血管内皮间隙致密、结构完整，小分子药物可扩散进入，而大分子和脂质颗粒不易透过血管壁；而实体肿瘤组织中的血管丰富、血管壁间隙较宽、结构完整性差，且淋巴回流缺失，造成肿瘤血管系统中大分子类物质及纳米粒子的高通透性渗出和血管外滞留。肿瘤组织细胞与正常细胞在基因及基因表达方面存在差异，其细胞表面或其血管表面具有一系列特异或过度表达的抗原或受体，这些特异性抗原或受体与肿瘤生长和增殖密切相关，可以作为结合靶点，而将与之对应的靶向分子（抗体或配体）与纳米粒子偶联可构成肿瘤主动靶向纳米载体系统。目前研究较多的主要有免疫（抗体—抗原）靶向纳米载药系统和受体—配体介导靶向纳米载药系统。

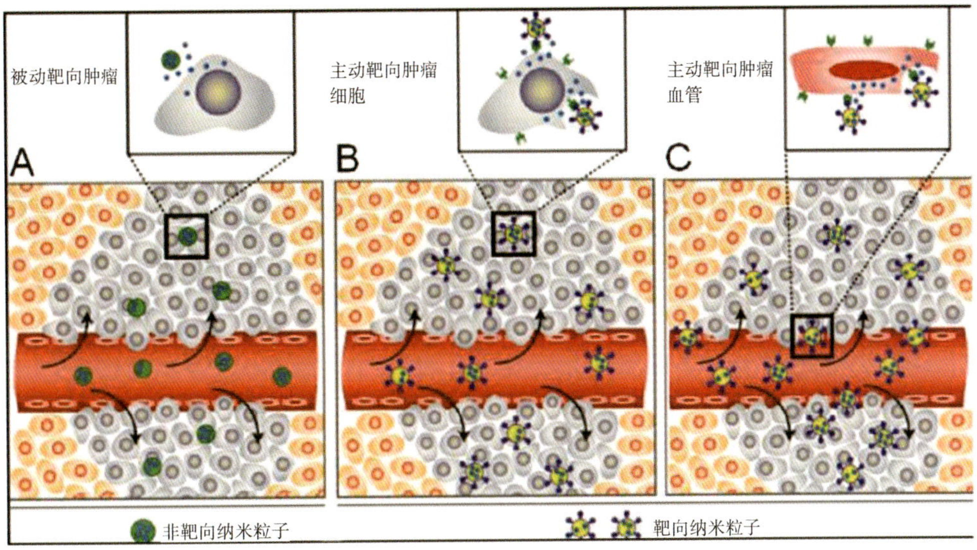

图 9－8　纳米粒子的肿瘤靶向机制示意图[28]

A. 被动靶向肿瘤，B. 主动靶向肿瘤细胞，C. 主动靶向肿瘤血管

细胞的癌变会造成大量在质与量上均不同于正常细胞的蛋白的表达，并在肿瘤细胞表面形成肿瘤相关抗原和肿瘤特异性抗原。针对这些特异性抗原，以相应的特异抗体为靶向分子与不同的纳米载体相结合，利用其免疫反应可实现肿瘤的靶向治疗。但是，肿瘤类型众多，同一种肿瘤的个体差异也很大，某一种肿瘤的特异性抗原的单克隆抗体只能针对特定的肿瘤，而且人体对异源性抗体存在排斥作用，因此利用肿瘤的单克隆抗体作为靶向单元仍然具有很大的局限性，当前人们正致力于发展抗体的人源化、双特异性抗体（通过体外交联或采用基因重组技术将两个特异性不同的抗体分子连接在一起，构建成为具有两种特异性的新型免疫分子）及偶联物分子的小型化［如通过酶切方法得到单抗 F（ab'）或 Fab 片段］等，以进一步改善载药系统的靶向性能。

在肿瘤细胞表面或肿瘤相关血管表面存在一系列受体，它们与肿瘤生长增殖密切相关并在肿瘤组织过度表达。利用受体与其配体的结合具有特异性、选择性、饱和性、亲和力强和生物效应明显等特点，将配体连接在纳米载体上，通过受体介导作用，可实现药物靶向，降低毒副作用，提高疗效。例如，人转铁蛋白受体（hTfR）是Ⅱ型膜蛋白，通过结合和内化将血浆中的转铁蛋白（Tf）摄取入细胞。由于肿瘤细胞快速生长对铁的需求量增加，往往都过度表达 hTfR；而且 TfR 还是血脑屏障的内源性膜体，存在于脑部毛细血管内皮，这为脑部肿瘤的治疗提供了有效靶向和通过血脑屏障的途径。同样，叶酸受体是一种有糖基化磷脂肌醇连接的膜糖蛋白，在上皮细胞系肿瘤中呈高水平表达，尤其在转移瘤中的表达高于在原位、恶性程度低的肿瘤中的表达。如卵巢、结肠、乳腺、前列腺、鼻咽、脑等的癌细胞均有叶酸受体过度表达的报道。另外，肿瘤组织细胞分裂增殖需要更多的叶酸，对叶酸的摄取也增强，因此，叶酸受体是肿瘤治疗的一个有效靶点。以叶酸为靶向单元构建的纳米系统具有相对分子质量小、方便易得、化学性质简单和无免疫原性等优点，是一种较理想的肿瘤靶向纳米载体系统。

（3）基因转染。随着人类基因组计划的完成和后基因组计划的实施，功能基因不断涌现。如何将所需的功能基因导入受体细胞，使目的基因能够在靶细胞中获得安全、高效、可控且稳定的表达是基因研究和应用的关键，开发安全高效的基因传递载体已成为当前研究的热点。基因载体主要有病毒载体和非病毒载体两种。常用的病毒载体，如腺病毒、逆转录病毒，虽经改造后去除了病原性，保留了高的基因转染效率，但制备困难、目的基因容量小、靶向特异性差，以及自身免疫原性和生物安全性问题，限制了它们的应用。而非病毒型纳米载体可携带基因进入细胞，并因为具有低毒、低免疫反应，携带基因大小类型不受限制等优点受到广泛关注。目前用于基因载体的纳米材料主要包括金属纳米颗粒、无机非金属纳米颗粒、生物降解性高分子纳米颗粒和生物性颗粒，如表 9 - 4[29] 所示。

表 9 - 4　纳米基因载体的种类及优缺点

载体种类	优点	缺点	代表性材料
金属纳米颗粒	特异性结合，毒副作用小	表面修饰后才能有效结合基因，生物相容性不好	纳米金
无机非金属纳米颗粒	制备简单，大规模使用	颗粒表面电位偏低，装载量少，有团聚现象	二氧化硅、磷酸钙、羟基磷灰石
生物降解性高分子纳米颗粒	生物降解性，生物相容性好	易与细胞表面带负电的非特异性蛋白结合，有些材料有细胞毒性，转染效率不高，需进行表面改性	多聚赖氨酸、聚乙烯亚胺、聚酰胺胺树形高分子、壳聚糖、阳离子多肽
生物性颗粒	生物亲和性结合，靶向性好	与基因带电情况相近，转染效率不高，易发生免疫反应	蛋白质、糖蛋白、脂质体、抗体

纳米基因载体虽然发展十分迅速，但其与病毒载体相比，基因转染效率仍然不高，限制了其实际应用。当前人们正致力于研究从纳米基因载体的细胞摄取、内涵体逃逸和细胞核靶向等方面提高基因转染的效率。

3. 负面生物效应

纳米材料所具有的纳米尺寸效应、纳米表面效应、量子效应、分散—团聚效应、比表面积效应、高反应活性、表面吸附、颗粒数浓度效应、自组装效应等也可能对人类的健康造成负面的影响，即负面生物效应。相关研究属于所谓纳米毒理学的范畴，也是进行纳米生物材料生物安全性评价的基础。

毒理学是研究（外源性）化学物质对生物机体损害作用的学科，主要包括五个方面的研究内容[5]：①毒物的暴露相。研究外源化合物进入机体的各种可能途径及影响吸收的各种因素，包括化合物本身、机体机能状态及环境因素等。②毒物的动力相。研究外源化合物吸收入血后，在体内的转运、分布、储存、代谢转化及自体内排出的过程和规律。③毒物的毒效相。研究外源化合物进入组织、器官后与机体之间的相互作用及其在靶器官引起有害作用的过程和特点。④中毒机理的探讨。从不同水平（整体、器官、细胞及分子）研究毒性损伤的机理、预防、诊断、急救解毒及相应的治疗措施。⑤安全性评价。通过全面分析动物实验资料，综合评价外源化合物对人群可能造成的危害，为制定卫生标准等提供依据。

由于纳米材料所具有的独特物理化学特性，其进入机体内以后可能会产生与常规材料完全不同的毒理学效应。在研究方法和研究内容等方面，纳米毒理学也有别于传统毒理学（如表9-5所示）。质量或浓度是传统毒理学中描述剂量、建立量效关系的主要参数，而对纳米材料则显然不够全面，纳米材料的物理化学性质包括纳米尺寸和分布、形状、聚集状态、结晶态、化学结构、比表面积、表面电荷、表面化学和多孔性等，它们也会影响纳米材料的毒理学效应，这也是纳米毒理学的研究重点，而传统毒理学研究并不会考虑。

表9-5　传统毒理学与纳米毒理学的比较[5]

项目	传统毒理学	纳米毒理学
影响量效关系的关键因素	质量/浓度	质量/浓度
		尺寸
		结构
		比表面积
		表面修饰
		表面电荷
		……

当前的研究[5]已表明，纳米尺寸对纳米毒性可能具有决定性的影响。某些纳米材料在一定的尺度内有毒，而在其他尺度则是安全的。对口服纳米粒子的急性毒性研究甚至出现“反尺寸效应”、“反剂量效应”等异常报道。“反尺寸效应”是指通常情况下，纳米粒子随尺寸减小而毒性增大，但某些纳米粒子的毒理学效应却是随尺寸的增大而增大；“反剂量效应”是指通常情况下，纳米粒子随剂量增加而毒性增大，但某些纳米粒子的毒理学效应却随剂量增大而减小。

传统毒理学理论下，化学组成相同的物质的剂量决定其毒性。而对纳米材料，其结构将影响其在机体中的化学反应性、生物活性、结合位点及动力学特性等，从而产生不同的细胞毒性及剂量—效应关系。如纳米碳材料在相同剂量下，其细胞毒性表现为：单壁碳纳米管>多壁碳纳米管>富勒烯，存在明显的“纳米结构—效应”关系。纳米材料的表面性质也在其毒理学或生物学效应中起着关键作用。Hoshino等[30]研究了一系列带有羟基、羧基、氨基及其混合体等不同基团的表面修饰量子点的理化特性、细胞毒性及DNA损伤，发现不同的表面修饰使量子点的特性发生显著改变，其诱导细胞毒性和产生DNA损伤的能力也不相同。

此外，不同组织或器官的生物微环境（pH值、蛋白质种类、离子类型、离子强度等）、组织成分、结构和功能不同，与外源性纳米粒子的相互作用也不相同。心血管系统、呼吸系统、皮肤、肝脏和肾脏可能成为各种类型纳米粒子的靶器官，出现纳米毒性反应；且在不同器官中，其毒理学效应也可能不同。表9-6归纳了纳米材料可能的病理生理学和毒理学效应。

表 9－6　纳米材料的病理生理学和毒理学效应[31]

纳米材料生物效应	可能的病理生理学结果
产生活性氧（ROS）	蛋白质、DNA 和膜损伤，氧化应激
氧化应激	II 相酶作用、炎症、线粒体混乱
炎症	炎症细胞组织浸润、纤维化、肉芽肿、动脉粥状硬化、急性期蛋白质表达（如：C 反应蛋白）
网状内皮系统的摄取	纳米粒子在肝、脾、淋巴结的无症状隔离和贮存，可能造成器官扩张和功能紊乱
蛋白质变性、降解	酶活性丢失，自身抗原性
细胞核摄取	DNA 损伤，核蛋白凝聚，自身抗原
神经组织的摄取	脑和末梢神经系统损伤
吞噬细胞功能紊乱、“粒子超载”、介质释放	慢性炎症、纤维化、肉芽肿、干扰感染物质的清除
内皮机能障碍、凝血作用	动脉粥状硬化、形成血栓、中风、心肌梗塞
新抗原产生，免疫耐受性破坏	自身免疫、辅助效应
改变的细胞周期调节	增殖、细胞周期停滞、老化
DNA 损伤	遗传突变、组织变形、致癌作用

当前纳米生物材料安全性评价研究还是依照国家标准的要求进行，主要是在不同水平上系统研究纳米材料的毒性作用[32]，包括：①纳米生物材料在动物整体和人体水平上的生物效应（如急性、亚急性、慢性毒性）。②纳米生物材料的体内分布。为了能更加全面、细致地了解纳米生物材料对人体的不利影响，就需要观察其在动物体内的药代动力学特征，包括吸收、分布、消除的特点，探明组织蓄积性及可能作用的靶器官，深入探讨一些微粒的基本参数（如粒子尺寸、粒径分布等）与体内分布消除常数的相关性。③纳米生物材料与细胞间的相互作用及其对细胞结构与功能的影响。④纳米生物材料的生物相容性。当前评价材料安全性的实验方法主要有细胞毒性试验、血液相容性试验、急慢性毒性试验、免疫毒理学试验、遗传毒性试验、全身毒性试验、刺激和皮内反应试验、致敏和热原试验、致癌试验、生殖和发育毒性试验、植入试验等。但如果仍然采用常规的实验方法来检测纳米生物材料的生物安全性，显然是不科学、不充分的。过去宏观物质的安全性评价结果有可能不适用于纳米材料。目前，国内外对纳米生物材料的生物安全性评价研究才刚刚起步，缺乏必要的系统、可靠、具有理论性和定量化的评价标准、方法和技术，包括体外细胞试验方法、动物试验模型及体内吸收、分布、代谢和排泄的测试技术等。在纳米生物材料投入临床应用前，完善其相应的安全性评估量化技术和指标体系刻不容缓。

9.3　纳米生物材料的制备方法

纳米生物材料的种类繁多，其制备方法也多种多样。不同成分、不同结构、不同形态及不同用途的纳米生物材料往往对其制备技术也有着不同的要求。总体而言，纳米生物材料的制备方法可分为物理方法、化学方法和生物学方法三大类；而从制备路线来看，又可分为自上而下和自下而上两大类，前者是通过纳米加工技术将宏观材料制备成纳米材料，后者是从微观的原子或分子出发制备纳米材料。

常用的制备纳米生物材料粉末的方法主要有如下几类：第一类是物理法，包括惰性气体沉积法（即在低压惰性气体气氛或高真空中，利用激光、等离子、高频感应等方法使原料蒸发气化、冷凝，制备纳米粉末）、物理粉碎法（即通过机械粉碎或电火花爆炸等制备纳米粉末）、高能球磨法（利用高能球磨机内部硬球的转动或振动对粉末进行强烈的撞击、研磨和搅拌，球磨时可充保护气体，制备纳米粉末）、溅射法（即经加速的高能离子轰击材料表面，使材料发射出中性的及电离的原子和原子团，制备纳米粉末）和喷雾法（将溶液通过各种物理手段进行雾化，制备纳米粉末）；第二类是化学法，包括化学气相沉积法（即利用挥发性化合物的蒸气，通过化学反应合成所需要的物质，在保护气体中快速冷凝，制备纳米粉末）、沉淀法（即通过化学反应生成的沉淀物，再经过滤、洗涤、干燥或加热分解，制备纳米粉末）、水热合成法（即在一定的温度和压力等条件下先在水溶液或水蒸气等流体中合成，再经分离和热处理，制备纳米粉末）、溶胶—凝胶法（即化合物经溶液、溶胶、凝胶而固化，再经热处理，制备氧化物或其他化合物纳米粉末）、微乳液法（即两种互不相溶的液体在表面活性剂的作用下形成一个均匀的微乳液，从微乳液中析出固相，制备纳米粉末）；第三类是生物法，即利用微生物、植物体、动物体等，在室温条件下合成金属、半导体等纳米颗粒。

其他一些重要的纳米生物材料的制备方法还有：模板合成法（即在含有高密度纳米孔洞的模板上，利用物理、化学或生物化学方法向其中填充各种金属、非金属或半导体等材料，进行纳米材料合成）、插层复合法（即采用层状无机物作为主体，有机单体作为客体插入主体的夹层间，制备有机/无机纳米复合材料）、自组装法（即利用分子之间的相互作用，如静电力、氢键、疏水性缔合等，组装成有序纳米材料）。此外，纳米生物材料的表面修饰，即对纳米生物材料表面进行物理、化学或生物化学处理，使其具有特定性质的研究也十分活跃。

本节将重点介绍有机高分子基生物材料纳米粒子和纳米纤维的制备方法，以及生物材料的表面纳米功能化方法。

9.3.1 高分子基生物材料纳米粒子的制备

高分子基生物材料纳米粒子可作为药物载体，用于促进药物溶解、改善吸收、提高靶向性，从而提高药物疗效。常见的高分子基生物材料纳米粒子主要有脂质体和固体脂质纳米粒、聚合物纳米微粒，包括聚合物胶束和树枝状高分子等。

9.3.1.1 脂质体和固体脂质纳米粒的制备

普通脂质体的制备技术包括：薄膜分散法、逆相蒸发法、二次乳化法、熔融法、注入法、冷冻干燥法等。例如，逆相蒸发法的一般工艺是将磷脂等膜材溶于有机溶剂中，加入待包封药物的水溶液超声直至形成稳定的 W/O 型乳剂，然后减压蒸发除去有机溶剂，达到胶态后滴加缓冲液，再旋转减压蒸发制得水性混悬液，通过凝胶色谱法或超速离心法，除去未包封的药物，即得到负载药物的脂质体，该法适用于包裹水溶性药物及生物大分子活性物质。而二次乳化法（又称为复乳法）的一般工艺是首先将少量的水相与较多量的磷脂油相进行乳化形成 W/O 的反相胶团（一级乳），减压除去部分溶剂，然后加入较大量的水相进行乳化，形成 W/O/W 复乳（二级乳），减压蒸发除去有机溶剂，即得脂质体。冷冻干燥法即将类脂高度分散在水溶液中冷冻干燥，然后再分散到含药的水性介质中形成脂质体，该法适用于对热不稳定的药物，且冻干态的脂质体便于长期保存。但脂质体作为药物载体往往存在包封率不高、稳定性差等问题，可通过配方和制剂工艺优化等来改进。

固体脂质纳米粒的制备技术包括高速匀浆和超声法、高压乳化法、溶剂乳化法、薄膜—超声分散法和微乳液法等。其中高速匀浆和超声法是最早用于制备 SLN 的方法，因操作简单而被广泛采用，乳化时间、搅拌速率和冷却条件等不同实验参数对其粒径和表面电位影响很大，但在制备过程中存在粒度分布不均和金属粒子污染等问题。

溶剂乳化法是先将药物溶于有机溶液中，然后加入含乳化剂的水相中进行乳化，最后蒸去有机溶剂得到 SLN。颗粒的大小取决于有机相脂质的浓度，非常小的颗粒只能在低脂浓度下存在。而薄膜—超声分散法是将类脂和药物等溶于适宜的有机溶剂中，减压旋转蒸发除去有机溶剂后形成一层脂质薄膜，再加入含有乳化剂的水溶液，用带有探头的超声仪进行超声分散即可得小而均匀的 SLN，其粒子大小主要取决于油相与乳化剂的摩尔比。这两种方法的缺点是使用了有机溶剂。

微乳液法通常是先将脂质载体加热熔化，加入药物、乳化剂、辅助乳化剂和温水制成外观透明、热力学稳定的 O/W 型微乳液，然后在搅拌条件下将微乳液分散于冷水（2 ℃ ~ 3 ℃）中，即可形成 SLN 分散体系。所得 SLN 的粒径与微乳液粒径和稀释时微乳液聚集有关。冷却时，微乳液与冷水的温差对制备小粒径的 SLN 非常重要，快速结晶可部分防止粒子聚集。但该法得到的 SLN 分散体系的固体含量较低，且需使用大量的乳化剂和辅助乳化剂。

高压乳化法分为高温高压乳化法和冷却高压乳化法两种。前者是将含有药物的脂质分散在高温表面活性剂溶液中，搅拌形成初乳，然后在脂质熔点以上进行高压乳化，最后降温形成 SLN。该法制得的 SLN 粒径小且分布窄，但长时间高温可能导致药物发生降解。后者是用固体脂质与液氮或干冰混合研磨产生包含 50 ~ 100 μm 粒子的脂质粉末，然后将粉末分散在表面活性剂溶液中，在低于脂质熔点 5℃ ~ 10℃ 下高压乳化，通过高压乳化机的剪切力使固体微粒成为 SLN。冷却高压乳化法中药物暴露于热环境中时间短，因此该方法适用于对温度极敏感的药物，如 DNA、蛋白等，所得颗粒粒径大且分布广。

9.3.1.2 聚合物纳米粒子的制备

聚合物纳米粒子的制备方法主要有两类：单体聚合法和聚合物分散法。

1. 单体聚合法

单体聚合法是利用可产生聚合反应的单体，在一定条件下发生聚合反应形成纳米微粒，通过控制聚合反应的条件可实现对微粒粒径、结构和表面荷电性质的调控。主要有乳化聚合法、界面聚合法和胶束聚合法等。

（1）乳化聚合法是在分散介质中，在乳化剂存在的情况下，利用机械搅拌或超声波将药物和聚合物单体分散成纳米尺度，然后在一定催化剂或引发剂作用下发生聚合反应，形成包裹药物的聚合物微粒；药物也可在纳米微粒形成后再吸附在表面。水常被用作分散介质。通常，pH 值高、单体浓度大、搅拌速度快，则聚合反应快，形成的纳米微粒的粒径大。但对于一定的单体，往往存在一个最优的实验条件。而影响其载药量的因素有 pH 值、乳化剂浓度、微粒大小、相对分子质量等。

（2）界面聚合法是将药物和单体溶于有机相中，在搅拌下将其缓慢滴入含有表面活性剂的水溶液中，有机相在水相中分散成 O/W 型乳滴，单体在油水界面发生聚合形成纳米粒。此技术适合于脂溶性药物纳米囊的制备，不仅包封率高，而且能很好地保护药物。

（3）胶束聚合法是将水溶性高分子及药物溶于水相，经搅拌使之分散在大量的含表面活性剂的疏水介质中（如正己烷），然后引发单体聚合得到载药纳米粒。

2. 聚合物分散法

聚合物分散法是直接利用天然、半合成或合成聚合物材料作为载体形成纳米微粒的方法，包括乳化溶剂挥发法、乳化溶剂凝聚法、干燥浴法、盐析凝聚法和喷雾冷冻法等。

（1）乳化溶剂挥发法是先将载体聚合物溶于含有药物、易挥发的有机溶剂中（常用二氯甲烷），然后将其注入含乳化剂的水相中，不断搅拌，形成O/W型乳液，在常压或减压下使溶剂挥发，得到固态的载药纳米粒。该方法适用于水不溶性药物。对于水溶性药物，可先用有机溶剂把它们分散成油包水的乳液，再用油溶性壁材进行包裹形成纳米胶囊。影响纳米粒的尺寸、包封率、载药量的因素主要有药物性质、有机溶剂的种类、乳化剂的类型、浓度、温度、搅拌速度和载体聚合物的性质等。

（2）乳化溶剂凝聚法是先将药物和载体聚合物（如白蛋白、明胶等）一起溶解或分散于水相，再将其加入油相形成W/O型乳液，然后采用化学交联或加热变性使乳滴固化，最后分离得到载药纳米微粒。

（3）干燥浴法是将载体聚合物溶解在一种与水不相容的、沸点比水低的易挥发有机溶剂中，然后把药物水溶液分散到上述溶液中，通过搅拌加入表面活性剂等手段形成W/O型乳液，另外制备一种含有胶体稳定剂的水溶液作微胶囊化的介质溶液，在搅拌作用下将上述W/O型乳液加到介质溶液中并分散形成（W/O）/W多相乳液，除去有机溶剂，水洗，收集微球，冻干即得到载药纳米粒。纳米粒的大小和均匀性与有机相中的载体聚合物的浓度和相对分子质量以及外相中的胶体稳定剂（常用PVA）的浓度、温度和搅拌速度等因素有关。在外相中添加盐类，可使微球表面光滑，体外释放突释量少，同时显著提高药物包封率。

（4）盐析凝聚法是先将聚合物加入含有药物的稀水溶液中溶胀，再加入盐析剂使聚合物脱水凝聚成团粒，再交联固化得到载药纳米粒。该法常用的聚合物多为明胶、白蛋白等，盐析剂为硫酸钠等。

（5）喷雾冷冻法是将药物及稳定剂溶液分散到疏水性载体高分子的有机溶剂中（常用二氯甲烷）形成W/O型乳液后，经喷雾装置进入到冷的酒精中，后者界面封以液氮，在 -70 ℃下乙醇将微球中的有机溶剂不断抽提，经过滤、干燥即可得到载药纳米粒，此方法制得的药物包封率可接近100%。

9.3.1.3 聚合物胶束的制备

常用的聚合物胶束制备方法主要有三种：直接溶解、透析法和自组装溶剂蒸发，具体的制备方法主要取决于聚合物在水中的溶解性。水溶性好的聚合物可以用直接溶解的方法。在常温或较高的温度下，水溶性好的聚合物可直接溶解于水或水溶液中（如磷酸盐缓冲液），在浓度高于CMC时形成透明澄清的胶束溶液。而水溶性不好或难溶于水的聚合物则采用透析法或溶剂蒸发法。透析法是将选择性溶剂滴入共聚物的良溶液中，诱发胶束形成，然后经透析除去良溶剂得到聚合物胶束，也可直接将聚合物良溶液在选择性溶剂中透析。透析法常用的是与水互溶的有机溶剂，如二甲基亚砜（DMSO）、N，N—二甲基甲酰胺（DMF）和四氢呋喃（THF）等。自组装溶剂蒸发是先把两亲性共聚物溶解到共同有机溶剂中，再在搅拌下滴入选择性溶剂（水）以形成胶束，然后加热，蒸出有机溶剂。

另外，聚电解质聚合物胶束可通过在聚合物的水溶液中添加反离子水溶性聚合物或直接加水溶性的带相反电荷的药物或蛋白质等直接形成；而一些具有特殊性质的共聚物还可通过改变外界条件，如温度、离子强度和 pH 值等方法诱导形成聚合物胶束。

9.3.1.4 树枝状大分子的制备

树枝状大分子的合成方式按生长方向主要分为发散法（Divergent Approach）和收敛法（Convergent Approach）两类。发散合成是先将具有三个以上官能团（B）的中心核分子与另一个有三个以上官能团［其中之一（A）为反应性，其他基团（Z）为被保护］的单体反应，得到的分子脱保护基又变为多官能团（B）的分子，再与单体反应，如此反复进行直至得到所需大小的树枝状高分子。例如，PAMAM 树枝状大分子的发散合成路径为：以氨、乙二胺或丙胺等为核，与丙烯酸甲酯进行迈克尔加成反应得到半代的 PAMAM 酯，再与过量的乙二胺进行胺解反应得酰胺基胺（整代的 PAMAM），可再与丙烯酸甲酯进行迈克尔加成反应，如此反复进行可得到所需的树枝状高分子，其分子大小、代数可由迈克尔加成和酰胺化反应的重复次数控制。

收敛法合成方向与发散法相反，是从所需合成的树枝状大分子的边缘部分开始，向内进行。该方法采用含有两个以上的反应官能团（B）与一个被保护的反应性基团（W）的单体。首先连接单元分子 R－A 与单体的官能团反应，得到的分子脱保护基后可变为反应性基团（A），再与单体反应，如此反复进行直至得到所需大小的树枝状大分子。

发散法特点是大分子增长级数愈大，反应点数目愈多，这也易导致每一代增长反应的末端官能团反应不完全，使下一级产物产生缺陷。为防止副产物的生成和使反应趋于完全，每一步产物都须经过分离、提纯与鉴定之后才能进行下一步增长反应，且往往需要加入过量的反应物与使用较苛刻的反应条件，这都给产物纯化带来一定困难。该方法适合于大量制备相对高代数的树枝状大分子，但其表面功能化往往不完全。收敛法的每步增长过程中反应官能团数目要少一些，反应不完全产生的缺陷相对较少，结构也更加完整；但由于立体位阻，随着树枝状大分子的增长，反应官能团活性减小，反应产率下降，得到的大分子代数较低。该方法在合成单分散性树枝状大分子、提纯和表征等方面优于发散合成，且可对大分子具体位置的功能化进行不平行控制，并可有针对性地选择末端基团，从而更好地控制树枝状结构。

由于上述两种合成方法存在冗长和耗时等缺点，许多更为有效的合成途径被发展完善，如“双阶”收敛法、结合发散法和收敛法优点的双向合成法、采用两种不同功能单体的“两步法”等，涉及的合成方法包括缩合反应、加成反应、开环聚合、原子转移自由基聚合、固相聚合和络合反应等。

9.3.2 高分子基生物材料纳米纤维的制备

当前，可以成功构建高分子基生物材料纳米纤维的方法[13]主要有：静电纺丝法、自组装多肽法、相分离法和聚电解质共凝聚法，如表 9－7 所示。

表 9－7 构建高分子基纳米纤维的几种技术对比

技术	现阶段研究水平	操作难度	优点	局限
静电纺丝	实验室/工业生产	简单	高效、可获得取向纤维 可获得连续的纳米纤维 可控制纤维大小、尺寸 可用于多种聚合物	获得的纤维直径较大 大部分需使用有机溶剂 无法构建控制 3D 孔结构

（续上表）

技术	现阶段研究水平	操作难度	优点	局限
自组装多肽	实验室阶段	困难	可获最小直径的纤维 可在细胞存在时构建纤维 结构稳定性好、生物相容	只能获得纳米级别纤维 产率较低、强度差 局限于少量的聚合物
相分离技术	实验室阶段	简单	可控的孔径、连通性等结构 各批次材料一致性较好	产率较低 局限于PLA系列聚合物
聚电解质共凝聚	实验室阶段	简单	可控制结构且结构稳定 生物相容、无毒无害	产率低、强度稍差

9.3.2.1 静电纺丝法

静电纺丝法是在静电场作用下，对聚合物溶液或熔体进行纺丝的技术。首先使聚合物溶液或熔体带上几千至上万伏高压静电，带电的聚合物液滴在电场力的作用下在毛细管的顶点被加速。当电场力足够大时，聚合物液滴克服表面张力形成喷射细流。细流在喷射过程中溶剂蒸发或固化，最终落在接收装置上，得到聚合物纳米纤维。目前静电纺丝法已经可以制备出几十种以合成或天然高分子材料为基材的纳米纤维，包括天然高分子，如胶原、壳聚糖等；合成高分子，如聚酯、聚酰胺、聚乙烯醇、聚丙烯腈等；以及复合材料纳米纤维。其直径小至3 nm，大到1 μm以上，且可具有多种不同的微结构（见图9－9）。

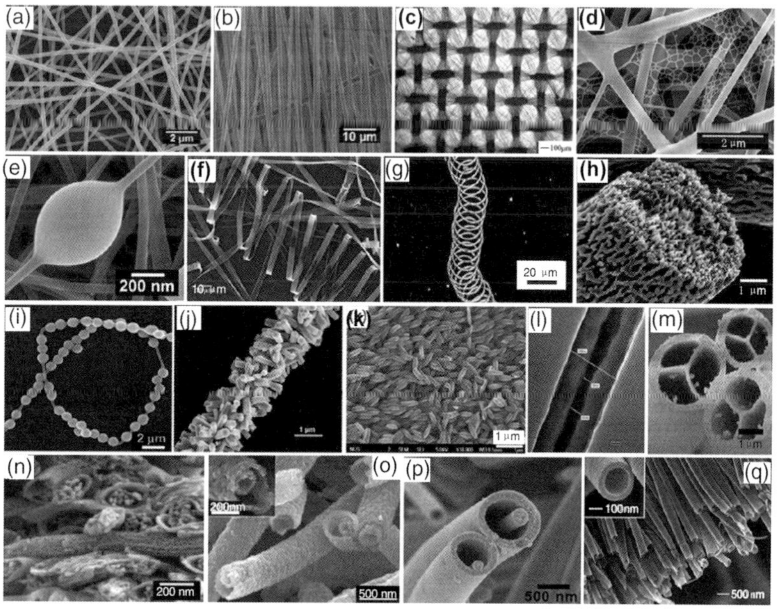

图9－9　静电纺丝技术制备的不同微米/纳米纤维结构[33]

静电纺丝法制备纳米纤维的影响因素很多，包括溶液性质，如粘度、弹性、电导率和表面张力；设备参数，如毛细管中的静电压、毛细管口的电势和毛细管口与收集器之间的距离；环境参数，如溶液温度、纺丝环境中的空气湿度和温度、气流速度等。通常在其他条件恒定时，随着聚合物溶液浓度增加，纤维直径增大。而电场强度增大、毛细管口与收集器之间的距离增大均有利于制得更细的纤维。另外，通过设计喷口结构可获得具有芯鞘结构的纳米纤维，如图 9－10 所示。

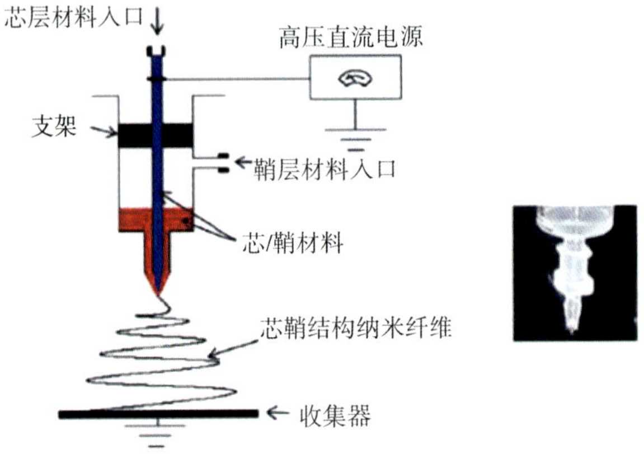

图 9－10　制备芯鞘结构纳米纤维的电纺丝装置[34]

9.3.2.2　自组装多肽法

多肽自组装技术是一种利用多肽分子在热力学平衡条件下，通过非共价键间的相互作用自发形成稳定的聚集态结构的技术，其优点在于可在单体水平上设计并形成高度有序的纳米结构，而且该过程中不生成共价键，没有逆反应。多肽分子的两亲性、分子间的静电力以及分子间的氢键等都对多肽自组装形成纳米纤维结构具有重要影响。

Hartgerink 等[35]将固相法合成的一端为亲水性的－Arg－Gly－Asp－（RGD）多肽序列、另一端含磷酰化氨基酸残基的两亲性多肽通过 pH 介导自组装形成纳米纤维，并作为模板引导矿化物形成。结果发现这种纳米纤维与矿化羟基磷灰石形成的复合材料重现了人骨的 ECM 结构，可为骨细胞生长提供一个理想的生活环境。

此外，多肽自组装能在已经存在细胞的生理环境中，自发组装成纳米纤维网状结构，围绕在细胞周围，可以避免在支架上种植细胞时可能产生的各种问题。但目前自组装多肽纳米纤维还缺乏足够的机械强度，只能作为细胞或药物载体，或者与微米纤维支架结合应用于组织工程。

9.3.2.3　相分离技术

相分离技术是制备聚合物三维组织工程支架常用的一种方法。首先将聚合物溶解在适当溶剂中，在临界温度（T_c）以上时，聚合物呈均相溶液。然后控制条件使温度冷却至 T_c 以下，此时体系发生热诱导相分离，转变为富含聚合物和富溶剂的双连续相结构。相分离完成后，将溶剂以适当的方式脱出，可采用冷冻干燥或溶剂萃取脱去溶剂，即形成三维多孔支架。通过调节下列因素：溶剂、聚合体的类型、聚合物的浓度、溶质、热处理及操作程序等，可以控制多孔支架的形态学特征，甚至得到纳米级的纤维网状结构。

Ma 等[36]采用热诱导相分离法成功制备了直径 50～500 nm 的 PLLA 纳米纤维三维支架，并且有可控的孔隙率（>98.5%）、高比表面积和较好的机械性能。其具体方法为：①50 ℃

下配制一定浓度的 PLLA 溶液；②将 PLLA 溶液迅速冷却，使其在某一温度下形成凝胶；③将 PLLA 凝胶浸入蒸馏水中进行溶剂置换；④将溶剂置换后的凝胶移至冰箱中冷冻一段时间；⑤冻干即得到纳米纤维支架。

应用相分离技术制成的纳米纤维支架具有多样性的特点，可以容易地控制支架的微观结构和宏观形状。相分离技术的另一个优点是不需要很复杂的设备，技术操作简单，可以产生连续的纤维网状结构，具有较好的机械性能。

9.3.2.4 聚电解质静电自组装

聚电解质静电自组装技术是将带有相反电荷的聚电解质置于溶液中，在相对温和的环境下两种相反的电荷发生相互作用共同凝聚，自行组装形成聚电解质复合物的技术。

聚电解质可以通过静电、疏水、氢键等各种相互作用形成微粒、微囊、胶束等聚电解质复合物，可具有规则结构，且尺寸在纳米范围。通常认为，影响聚电解质自组装的因素主要有：①溶剂；②聚阴阳离子的浓度；③溶液的 pH 值；④阴阳离子比例等。在一定的条件下，采用静电自组装技术可以获得聚电解质纳米纤维。Zeng 等[37] 利用壳聚糖和多聚磷酸钠（TPP）的静电自组装，以己二酸溶液为溶剂，通过控制组装条件，成功获得了直径在 200 nm 以内的 CS/TPP 纳米纤维。

聚电解质复合物在结构与性能上与生物大分子存在许多相似性（如表面电荷、亲疏水性等），具有良好的生物相容性，而且制备工艺简单易行，没有有机溶剂的参与，无毒无害；此外，静电自组装法构建的纳米纤维还具有优良的控制释放性能，可以作为生长因子等生物活性物质的载体，因此其在组织工程支架材料领域有着巨大的应用前景。

9.3.3 生物材料的表面纳米功能化

生物材料或器件往往需要对其表面进行修饰，在保持其本体性能的基础上，赋予其表面特定的功能，如调节表面润湿性（亲水性/疏水性），提高生物相容性，固定酶、抗体、蛋白质和 DNA 等生物活性分子等。相关的表面改性方法也有多种，可分为表面形态改性、物理化学表面改性及生物化学表面改性三类，其中表面形态改性包括表面粗糙度控制、表面微米—纳米图形构造；物理化学表面改性包括表面覆膜、注入、等离子体表面接枝、微接触印刷、表面层层自组装法、Langmuir - Blodgett 技术、仿生矿化等；而生物化学表面改性则主要包括在材料表面固定生物大分子的技术方法等。在一些条件下，其改性层厚度可控制在纳米范围内，都可归属为表面纳米功能化（或构建）。由于纳米粒子的表面功能化对其生物医学应用具有重要意义，本节重点介绍纳米粒子表面化学偶联生物分子（核酸、抗体、多肽、糖等）的功能化方法。

9.3.3.1 碳二亚胺偶联

碳二亚胺是一类含有 - N = C = N - 结构的化合物，能够与羧基反应形成高反应活性和短寿命的 O—酰胺异脲衍生物，进而分别与含伯胺、羟基的生物分子形成酰胺键或酯键，因此被广泛应用于多肽合成及偶联反应。其中，水溶性的盐酸化 1 - 乙基 - 3 - （3 - 二甲基氨丙基） - 碳二亚胺（EDAC）是一种最常用的零长度交联剂，可促进羧基分别与含伯胺或羟基的生物分子形成酰胺键或酯键，或者与水分子反应水解成原来的羧基，其机理如图 9 - 11 所示。

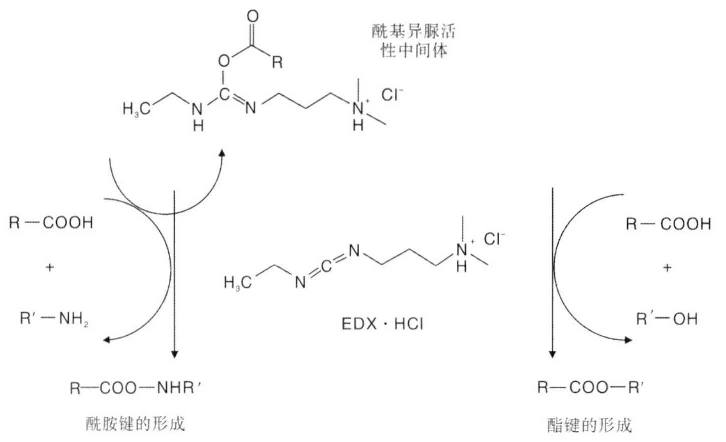

图 9 - 11　EDAC 促进酰胺键和酯键形成的机制

但 EDAC 活化羧基生成的活性中性物在水溶液中半衰期较短，很快会失活，影响偶联效率。可采用 N - 羟基琥珀酰亚胺（N - hydroxysuccinimide，NHS）和 N - 羟基硫代琥珀酰亚胺（Sulfo - N - hydroxysuccinimide，Sulfo - NHS）增强技术，形成较酰胺异脲中间体具有更佳稳定性的 NHS 酯中间体，且可在弱碱性环境下发生偶联。EDAC/Sulfo - NHS 促进具有表面羧基的纳米粒子以酰胺键偶联蛋白质等含氨基的生物分子的机制如图 9 - 12 所示。

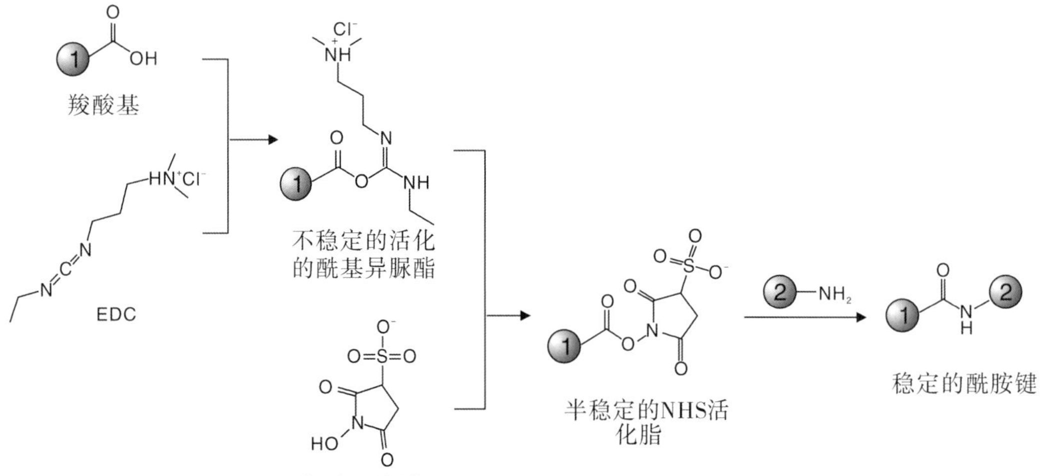

图 9 - 12　EDAC/Sulfo - NHS 促进酰胺键形成的机理

9.3.3.2　马来酰亚胺偶联

马来酰亚胺可用于实现含氨基分子与含巯基分子的偶联。如琥珀酰亚胺 - 4 - （N - 甲基马来酰亚胺）环己烷 - 1 - 碳酸酯（SMCC）或硫代 SMCC（Sulfo - SMCC）可与纳米粒子表面的氨基反应，活化生成马来酰亚氨基，它可与含巯基的生物分子发生偶联反应，形成硫醚键，从而实现 DNA、蛋白质等生物大分子的偶联。Sulfo - SMCC 作为偶联剂实现多肽—纳米粒子偶联的机制如图 9 - 13 所示。

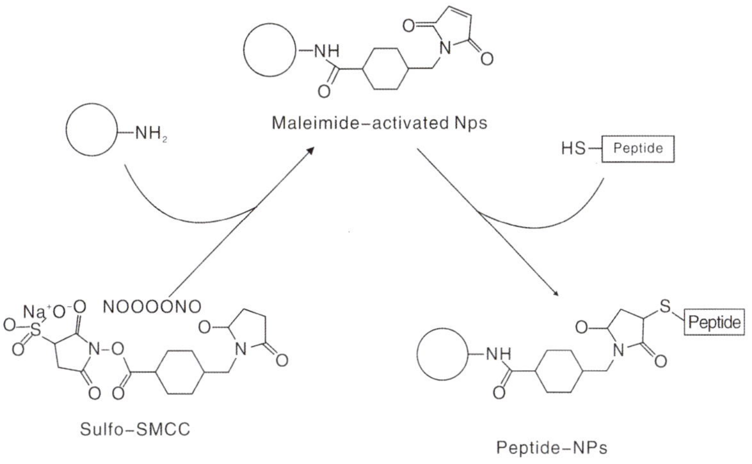

图 9－13　Sulfo－SMCC 偶联机制

9.3.3.3　点击化学偶联

利用点击化学（Click Chemistry）的代表反应，即 Cu（I）催化的叠氮－炔基 Husigen 环加成反应（Copper－Catalyzed Azide－Alkyne Cycloaddition）生成 1，2，3－三唑环，也可实现纳米粒子表面固定生物分子，如图 9－14[38] 所示。

图 9－14　基于点击反应在纳米粒子表面偶联生物分子

9.3.3.4　二硫键偶联

巯基间可形成二硫键连接，且该连接具有还原敏感性，也可用于纳米粒子偶联生物分子。Hilliard 等利用二硫键在二氧化硅纳米粒子表面偶联寡聚核酸，其制备路线如图 9－15[39] 所示。

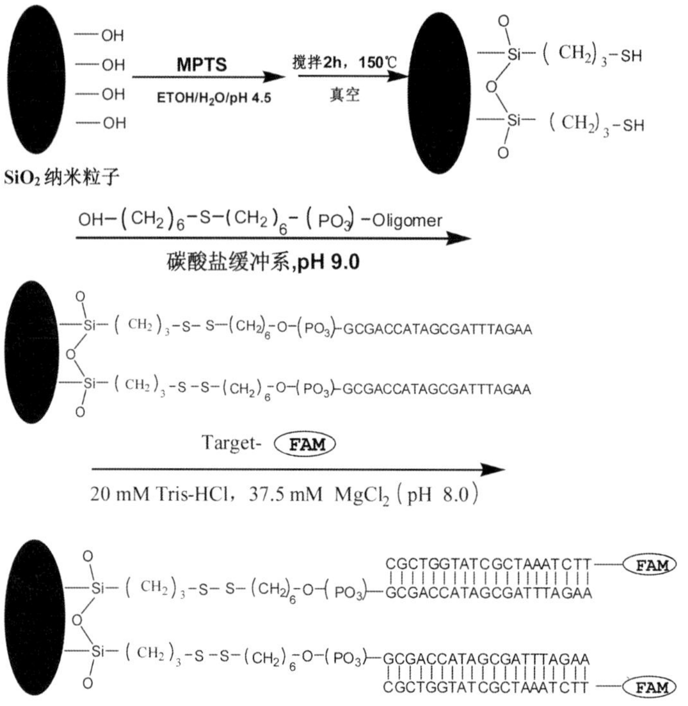

图 9-15　通过二硫键在二氧化硅纳米粒子表面偶联寡聚核酸的制备路线

9.3.3.5　聚乙二醇偶联

应用异端基双功能基 PEG 衍生物（Heterobifunctional PEG）也可方便地实现生物分子在纳米粒子表面的偶联。这类衍生物在 PEG 链的两端具有不同的两个末端基团，其通式为 X - PEG - Y，包括 NHS 酯、马来酰亚胺、乙烯砜、吡啶基二硫化物、胺基和羧酸等。而 PEG 链段则主要提供水溶性、柔顺性和赋予连接单元 X 和 Y 一定的自由度。常用的一些异端基双功能基 PEG 衍生物的结构式如图 9 - 16 所示。例如，异端基双功能基 PEGs 一端的 NH_2 用 Fmoc 或 t - Boc 保护起来后，另一端的活泼基团可与纳米粒子进行反应，然后用无水三氟乙酸和强碱脱掉保护基后可游离出氨基，再与生物分子实现偶联。而 NHS - PEG - 生物素的一端为 NHS 活泼酯，可与表面具有氨基的纳米粒子连接；另一端为生物素，可与带有亲和素的配体连接。

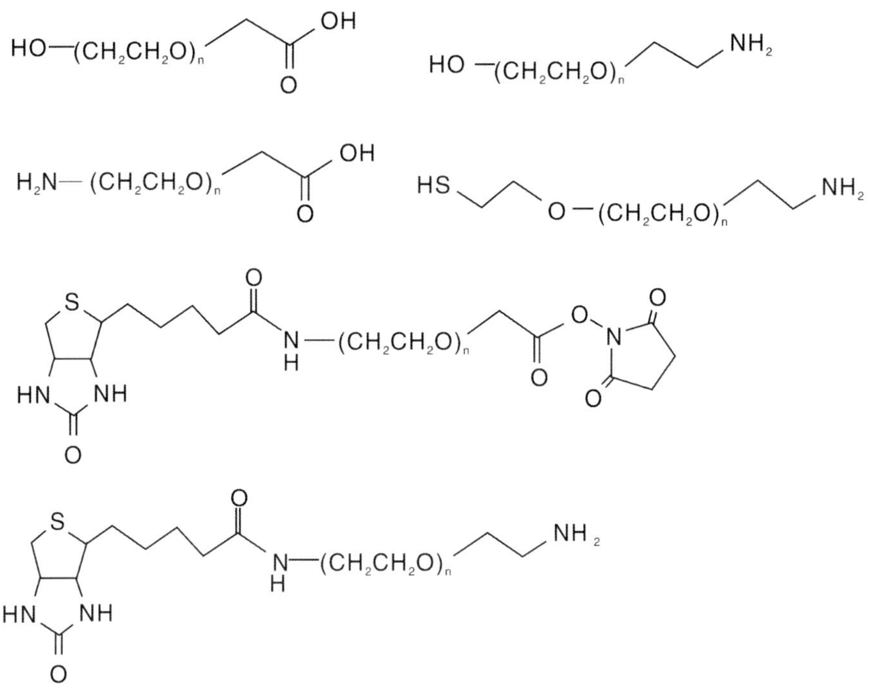

图 9－16　常用的一些异端基双功能基 PEG 衍生物的结构式

此外，还可利用还原胺化、形成肟键和腙键等方法实现纳米粒子的表面生物分子功能化。

9.4　纳米生物材料的生物学评价技术

对纳米生物材料与生物系统相互作用的深入认识是解释一系列复杂且独特的纳米生物学效应和进行纳米材料生物安全性评估的基础，这有赖于高灵敏度、高准确性和高可靠性的生物学评价技术的发展，且必须考虑到纳米材料在结构和理化性质方面与常规材料的不同之处。本节重点介绍针对纳米粒子的体外细胞相容性、血液相容性和体内生物安全性的评价方法。

9.4.1　纳米粒子体外细胞相容性评价方法

9.4.1.1　细胞摄入和胞内定位

细胞摄入和胞内定位是纳米粒子与细胞相互作用的重要环节，也是进行纳米粒子细胞相容性评价的重要内容。常用的分析技术主要有透射电镜法（TEM）和荧光光谱法等。

透射电镜技术可以直接观察纳米粒子在细胞或组织中的定位，而且结合其附属的元素定性分析技术，如电子能量损失谱（EELS）、电子衍射 X 射线分析（EDS）等，还可确定生物样品中纳米粒子的化学组成成分。但 TEM 成像最适用于电子密度高的纳米粒子，如金属纳米粒子，但对电子散射材料的分辨率较差，如 PEG 包裹的氧化铁纳米粒子。此外，还要特别注意：生物样品的染色技术可能会在纳米尺度上诱导电子密度聚集，造成纳米粒子假象。同时，生物样品的 TEM 制样和成像技术难度较大，分析耗时较长，也限制了该技术的应用。

荧光光谱技术在定量分析纳米粒子的细胞摄入和定位研究方面也具有重要应用价值。人们可以使用荧光显微镜、激光共聚焦荧光显微镜、流式细胞仪等，通过检测纳米粒子本身或共价/非共价结合上分子的荧光信号，实现对活细胞内痕量纳米粒子的定量分析，甚至实时行为观测。例如，量子点本身具有荧光性质，采用共聚焦显微镜可观测其在细胞内的运动轨迹。对本身不具有荧光性质的纳米粒子，可采用生物标记荧光分子的方法进行标记，再通过荧光成像技术观测和分析其在活细胞中的行为，其中，FITC 是最常用的生物标记荧光分子。需要注意的是，纳米粒子表面经过荧光标记后，其物理化学性质乃至生物学行为都可能发生变化，因此有必要进行额外的对照试验来验证表面荧光标记物及其结合方式带来的影响。此外，受纳米粒子荧光性质和荧光仪器收集信号所能达到的空间分辨率的限制，荧光技术最高的空间分辨率约 200 nm。

为了更全面、更准确地认识生物体系对纳米粒子摄取的过程和机制，不断有新的分析技术涌现。例如，金纳米粒子在近红外区具有较高的散射效率，无须进行荧光标记即可采用双光子发光显微镜、视频增强微分干涉显微镜等测定其在细胞中的轨迹和定位，并具有良好的时间分辨率。

9.4.1.2 细胞毒性评价

纳米粒子的体外细胞毒性评价是其毒理学研究的重要组成部分，通常是评估纳米粒子对细胞发育情况（存活/死亡的比例）的影响及毒性机制，常用的评价技术归纳见表 9－8。

表 9－8 常用的纳米粒子的体外细胞毒理学研究技术[5]

检验类型	分类	细胞性质/过程探针	评价方法
发育能力	繁殖	代谢活性 DNA 合成 集落形成	MTT，XTT，WST－1，Alamar Blue ^{3}H 标记胸腺嘧啶脱氧核苷 Cologenic
	坏死	膜完整性	LDH，Trypan Blue，Neutral Red，propidium iodide
	凋亡 （活/死）	膜结构 酯酶活性/膜完整性	Annexin－V Calcein acetoxymethyl/ethidium homodimer
机制	DNA 损伤	DNA 裂解	Comet，CSE
		DNA 双链断裂	TUNEL
	氧化应激	活性氧（ROS）	DCFDA，Rhodamine123
		脂质过氧化反应	C11－BODIPY，TBA assay for malondialdehyde
		脂质氢过氧化物	Amplex Red
		抗氧化物损耗	DTNB
		超氧化物歧化酶（SOD）活性	Nitro blue tetrazolium
		SOD 表达	Immunoblotting

纳米粒子影响细胞繁殖能力的评估可通过 MTT 法测量细胞代谢情况来判断。MTT 全称为 3－(4，5)－Dimethylthiahiazo（－z－y1）－3，5－di－Phenytetrazoliumromide，学名为 3－(4，5－二甲基噻唑－2）－2，5－二苯基四氮唑溴盐，商品名为噻唑蓝。其原理在于活细胞线粒

体中的琥珀酸脱氢酶能使外源性 MTT（淡黄色）还原为水不溶性的蓝紫色结晶甲瓒（Formazan）并沉积在细胞中，而死细胞无此功能。该技术简单快速，结果可重复，已被广泛用于各种纳米材料的体外细胞毒性研究。但最近，人们也发现四唑盐的代谢还原不足以说明体外细胞的繁殖情况，且其还原定位已被发现在线粒体外。此外，MTT 法生成水不溶性甲瓒染料产物时，结晶产物的胞外分泌可能导致结果出现明显偏差，为此，人们开发了生成水溶性染料产物的分析方法，如 XTT、WST－1 等。其他代谢活性评价方法还有利用阿尔玛蓝（Alamar Blue）的氧化还原评价法。需要特别注意的是，纳米材料与反应物或四唑盐产物间的相互作用可能导致假阳性结果。有报道指出 SWNTs、多孔硅和炭黑纳米粒等的细胞试验中均出现这一情况。放射性元素^{3}H 标记胸腺嘧啶脱氧核苷进入新合成的 DNA 也是测试细胞繁殖发育能力的一种灵敏度较高的方法，但其相对价格较高。而细胞集落形成的评价方法（Cologenic assays）是通过活细胞成像法分析和计数观测纳米材料暴露后的细胞群落，可避免纳米材料与探针分子间相互作用的影响。

细胞膜完整性评价也是测定细胞存活能力的常用方法，可通过检测细胞对台盼蓝（Trypan Blue，TB）、中性红（Neutral Red，NR）和碘化丙啶（Propidium Iodide，PI）等染料的摄取，或检测细胞培养介质中活性酶及乳酸脱氢酶的释放量来实现。还可用钙黄绿素乙酸甲酯/溴乙啶二聚体标记来分辨活细胞和死细胞。

纳米粒子引起细胞凋亡的评价则包括细胞形态改变的观察、膜联蛋白 V（Annexin－V）方法、DNA laddering 方法、Comet（彗星电泳）技术和 TUNEL 技术等。其中，膜联蛋白 V 是一种被活细胞排出的磷脂酰丝氨酸特异性结合的基质；DNA laddering 方法是通过分离和荧光标记受影响的 DNA，表征它们的破裂；Comet 技术也叫单细胞凝胶电泳（SCGE）技术；而 TUNEL 技术源自末端脱氧核糖核酸转移酶介导的 dUTP 切口末端标记技术（TDT－mediated dUTP－biotin nick－end labeling）。纳米粒子引起 DNA 损伤（基因毒性）也可用 DNA laddering 方法、Comet 技术或 TUNEL 技术来评价。

纳米粒子还可能破坏细胞的氧化平衡，导致细胞内出现大量的活性氧（ROS）和活性氮（RNS）等，这就是纳米粒子导致的细胞氧化应激现象。这些反常的高浓度 ROS 和 RNS 会与蛋白质、脂质、核酸反应，导致细胞功能异常，产生毒理学效应。荧光探针分子与 ROS 和 RNS 的反应被广泛用于体外评价纳米粒子引起的氧化应激效应，常用的探针分子有：双氯荧光黄乙酸乙酯（DCFDA）、二氢罗丹明 123、C11－BODIPY 等。此外，通过检测蛋白质和脂质过氧化反应产生的生物标志物或 DNA 碎片也能检测氧化应激，虽然迄今为止还没有通用的生物标志物。此外，氧化应激的其他标志物，包括细胞内补偿机制中某些物质水平的上调，如超氧化物歧化酶或谷胱甘肽产物的显著变化，也可作为检测指标。

9.4.2 纳米粒子体外血液相容性评价方法

纳米粒子与血液直接接触时，将与血液中血小板、红细胞、白细胞及血浆蛋白等成分发生作用，若粒子发生血液不相容性行为，包括血小板、白细胞或其他细胞的激活或破坏，凝血、纤维蛋白溶解、补体系统的激活等，将影响人体的健康，严重的甚至会危害人的生命，因此有必要对纳米粒子的血液相容性进行系统评价，这也是其生物相容性评价的重要组成部分。而采用体外法评价纳米粒子血液相容性，即将离体的人血或动物血与受检的纳米粒子接触，观察血液成分（血浆蛋白、血小板、白细胞、红细胞等）的变化及测定粒子表面与血液成分的反应程度，具有方便、快捷、经济、敏感的特点。

依据国际及国家相关标准，对医疗器械及生物材料的血液相容性检测可分为五类：血栓形成、凝血、血小板和血小板功能、血液学及补体系统。但由于血液成分的功能及其作用机理比较复杂，涉及的内容比较多，评价医疗器械及医用材料与血液相互作用的血液相容性经典的试验方法比较少，除溶血试验外，其他涉及凝血、血栓形成、血小板功能改变、血浆蛋白粘附、补体免疫系统功能改变等诸多方面的血液相容性试验方法，大多未建立标准的定量方法，对纳米粒子更是如此，因此对纳米粒子进行血液相容性定量化的评价尚有一定的难度。目前，评价纳米粒子体外血液相容性的研究方法主要可依据国家标准 GB/T16886.4－2003／ISO10993－4：2002《医疗器械生物学评价第 4 部分：与血液相互作用试验选择》，内容如下。

9.4.2.1 溶血试验

红细胞破裂，血红蛋白逸出称红细胞溶解，简称溶血。国家标准 GB/T16886.4－2003／ISO10993－4：2002 对材料的溶血评价已经给出了规范的方法和结果标准，它们也适用于纳米粒子。分析方法主要有血红蛋白（Hb）总量测定，包括氰化正铁血红蛋白法、权合血红蛋白法、测铁法；血浆或上清液血红蛋白浓度测量，包括直接光学评价、化学技术评价和免疫比浊法评价。

9.4.2.2 凝血试验

血液凝固，或称为凝血，指的是血液由液体状态转变为不流动的凝胶状态的过程。相关的评价方法包括全血凝固时间（CT），血浆复钙时间（PRT），血浆凝固指数（BCI），凝血酶原时间（PT），部分凝血酶原时间（PTT），凝血酶时间（TT），血浆纤维蛋白原（FIB），FDP（纤维蛋白/纤维蛋白原降解产物），以及特异凝血因子 FPA（纤维蛋白肽 A）、D－dimer（D－二聚体）、F1＋2（凝血酶原片段）、PAC－1、TAT（凝血酶—抗凝血酶Ⅲ复合物）的测定。

9.4.2.3 血小板激活试验

血小板的激活与其粘附、聚集和释放等行为密切相关，并直接影响凝血过程。纳米粒子对血小板激活的检验，可利用酶联免疫法或放射免疫法测定血小板激活后释放的颗粒物，如 GMP－140、PF4、β－TG、TSP 等；也可利用流式细胞仪技术检测血小板激活物，如血小板—白细胞复合体、血小板膜表面 GMP－140 等。

9.4.2.4 补体激活试验

补体（Complement，C）是存在于血清、组织液和细胞膜表面的一组经活化后具有酶活性的蛋白质，广泛参与机体的特异性和非特异性免疫机制，促进血凝。纳米粒子对补体系统激活的常用检测方法有：CH50 总补体激活活性，酶联免疫法或放射免疫法检测 C3a、C5a、iC3b、C4d、TCC、SC5b－9 等血浆中补体激活物，免疫电泳法测定 C3、iC3b、C4d 的含量，流式细胞仪技术法检测粒子表面所粘附的补体激活产物 SC5b－9、iC3b 等。

此外，还可通过粒细胞激活试验来评价纳米粒子的致炎作用。

9.4.3 纳米粒子体内生物安全性评价技术

9.4.3.1 评价的基本要求与内容

尽管体外评价可以提供纳米粒子的细胞毒性、血细胞激活等一些重要信息，但是由于在体外并不能完全模拟真实的体内生理环境，而且纳米粒子的一些生物学特性也必须在生物体内才能真正体现出来，如纳米粒子在体内的组织特异性分布行为等，因此只有观察测定纳米粒子在实验动物模型体内的转运行为、毒性及其他生物学效应等，才可以正确评价其安全性和有效性。

常用的进行体内评价的小型实验动物模型主要有小鼠、大鼠、豚鼠、兔和犬等。由于不同的动物模型具有不同的解剖和生理环境，而且动物解剖和生理特征与人仍然存在很大区别，纳米粒子在不同动物模型体内的吸收、分布、代谢和排泄行为也不一样，实验结果外推至人时需要格外谨慎。

纳米粒子的体内安全性评价试验主要包括三方面的内容：①血清生化学指标变化和细胞数量的变化；②组织形态学的变化；③纳米粒子的生物分布和清除过程。针对血液组成成分，包括血液细胞及血清生化指标的检查是最常用的毒性检测技术。红细胞、白细胞、T 细胞和巨噬细胞的数量及分布，血清生化指标，如丙氨酸转氨酶、天冬氨酸转氨酶、总胆红素、白蛋白、血红素、葡萄糖和尿素氮等与正常情况的偏差或背离都可能是毒性反应的表示。组织学/组织病理学检测也是广泛使用的体内检验技术，针对动物处死后被固定的组织，以光学显微镜观察组织和细胞形态的变化（其样品的标准制备程序是固定—包埋—切片和染色），可提供纳米粒子造成组织和细胞形态学改变的物理证据。而对纳米粒子成分、尺寸、表面功能性、表面电荷等对其组织分布和清除速率的影响，可采用磁共振成像、荧光标记/放射性标记、ICP－MS 或 ICP－AES 等技术针对活体动物、处死的整体动物和固定组织来检测获得。

9.4.3.2 分子影像技术的应用

近年来随着分子影像技术的发展，在正常的生理条件下对纳米粒子在活体动物体内的吸收、分布、代谢和排泄过程进行直接实时的跟踪观测已成为现实。常用的高分辨率体内示踪成像方式主要有放射性核素成像、磁共振成像以及光学成像三种，而且纳米粒子若不能直接在活体内检测，则必须进行必要的标记。

1. 放射性核素成像

以放射性核素作为示踪剂对纳米粒子进行标记，并利用其不断地放出特征射线的核物理性质，使用核探测器随时追踪它在动物体内的位置、数量及其转变等，从而得到纳米粒子的体内分布信息。该方法不仅灵敏度高，测量方法也简便易行，能准确地定量、定位，但放射性同位素法对环境有污染。

2. 磁共振成像

磁共振成像是一种重要的医用无损影像诊断技术。以 Fe_3O_4 和 $\gamma-Fe_2O_3$ 两种铁的氧化物为主的超顺磁纳米粒子在动物和人体组织中可使得周围磁场的均匀性发生改变，当水分子弥散穿过不均匀磁场时导致了自旋失相位和横向弛豫加速，缩短了有关质子的 T_2 时间，同时对 T_1 无甚影响，因而造成信号降低，呈黑色或暗色，故可作为阴性 MRI 造影剂。相应地，MRI 技术可对 SPIONs 及以其标记的纳米粒子进行活体成像。

3. 光学成像

生物活体组织中的血红蛋白、水及脂质等对近红外光（波长 600～900 nm 的电磁波）吸收很少，而近红外光在生物组织中穿透深度大，可以在深层组织产生光信号，且对组织本身几乎无影响，因此近年来发展起来的近红外荧光成像技术以其安全、无损、实时、在位监测等优势而在活体动物模型体内过程研究中备受青睐[40]。常用的近红外荧光标记物包括菁染料、噻嗪和恶嗪染料、含四吡咯基团染料（酞菁和卟啉）、罗丹明类、BODIPY、稀土离子配合物和量子点等。

相对于磁共振、放射性核素成像等其他非侵入性观察手段，近红外荧光成像的光子量探测域值低，故检测灵敏度高，而且荧光成像有方便、便宜、直观和标记靶点多样等优点。但由于产生荧光信号首先需要激发光穿过组织到达荧光标记物，然后发射光需要从体内出来，路径较长；且信号水平取决于激发光的强度、标记物的数量和深度、光线穿过的组织对其的吸收及散射等因素，使得荧光强度很难定量。

9.5 纳米生物材料的应用及发展趋势

作为纳米技术与生物材料科学交叉研究的前沿，近年来纳米生物材料的研究十分活跃，在医用植入材料和介入材料、组织工程和再生医学材料、药物和基因传输系统载体材料及高效生物医用检测和诊断材料等领域展现出诱人的应用前景。

9.5.1 纳米生物材料用于医用植入和介入材料

所谓外科植入物是指通过外科侵入方法，导入体内留存时间为30天或者以上的医疗器械。它被用以取代丢失的生物结构，支持生物结构损坏，维持或加强现有的生物结构功能。植入物涵盖的范围十分广泛，按是否需要电源或其他能源操作，可分为有源和无源植入物两类；按材质可分为金属基、陶瓷基和聚合物基植入物等。植入物主要包括心血管植入物、牙种植体、人工关节、骨折内固定材料、骨接合、矫形器械、心脏起搏器、除颤器、耳蜗植入物、神经刺激器等。对植入物的设计必须考虑到其预期的使用目的、生物相容性、力学相容性和植入物安全性等问题。植入体在体内必须考虑其生物相容性，即其与组织、血液以及免疫和全身的反应，又必须满足其力学相容性，即具有足够的强度和韧性、适宜的弹性模量、高度的稳定性（耐蚀、耐磨）和持久的耐用性（疲劳和断裂）等。

微创介入治疗是在医学影像技术的引导下，进行穿刺、活检、造影，应用药物与介入器材予以诊断及治疗的过程。与传统外科手术相比，它具有出血少、创伤小、并发症少、安全可靠、术后恢复快等优点，已成为21世纪临床医学发展的趋势之一。其中，具有适宜的力学性能及良好生物相容性，尤其是血液相容性的介入器械是保障介入治疗成功实施的关键，这种器械包括介入导管、血管支架等。

研究表明，纳米技术在医用植入和介入生物材料中的应用是解决其生物相容性和生物功能性这一关键问题的有效手段。特别是，当前植入物材料研究正从被动适应生物环境（惰性）向组织学适应、诱导及参与生物体物质、能量交换的功能性半生命（活性）方向发展，纳米仿生技术的应用在其中起着举足轻重的作用。

与常规的粗晶材料相比，纳米晶结构材料，包括纳米晶金属和纳米晶陶瓷材料往往具有优良的力学、物理及化学等特性，并通常具有较高强度、硬度、疲劳寿命和耐磨性等。一些材料还表现出良好的抗腐蚀能力，可作为人工关节等硬组织替代材料、如纳米钛合金材料，纳米钙磷陶瓷材料等。此外，由于生物体的骨骼、牙齿等实际上是一种主要由纳米羟基磷灰石和胶原基体构成的天然纳米复合生物材料，因此具有良好生物活性和生物相容性的羟基磷灰石/聚合物纳米复合材料[41]（HAP/PMMA、HAP/PLA、HAP/PE和HAP/PA等）在骨缺损修复材料中的应用研究也十分活跃，已有商品用于临床。

创伤、脊柱和骨关节病患接受了内固定和人工关节置换手术的常见术后并发症就是植入物相关感染。对植入物进行表面纳米修饰，使之具备抗感染特性的同时不对原有材料性能产生大的影响，已成为应对植入物感染的有效途径，包括引入纳米银等无机涂层、抗生素缓释有机纳米涂层以及粘附阻碍涂层等。

表面纳米设计和构建已成为调控材料与机体组织之间表面/界面的相互作用，提高医用外科植入及介入材料的生物、力学相容性和植入安全性的重要研究方向。通过 PVD、CVD、溅射、电镀和电解沉积等表面涂层或沉积技术，以及表面机械加工技术等可实现金属材料表面纳米化，有利于提高金属材料表面活性，改善其生物相容性。例如，在钛合金表面引入纳米羟基磷灰石，或进行表面微纳米拓扑结构控制等，有望在满足植入物基本性能的基础上，改善其与骨、牙齿等硬组织接触的界面相容性，提高治疗效果。

以有机分子，包括蛋白质、多糖和 DNA 等为模板的仿生矿化技术也为实现常温条件下的高性能纳米仿生生物材料的制备提供了一种有效手段，并可构建有机/无机复合材料用于骨组织修复。崔福斋等[42]仿照人骨生成机理，采用胶原为模板，在室温的钙磷盐溶液中调制矿化，仿生自组装制备出一种纳米晶胶原基骨移植材料，其在微结构与成分上都与天然骨中胶原和矿物的组装结构和成分比例高度相似，可促进新骨组织形成，已获得了国家药监局的准产许可。

血管支架等介入器械的血液相容性的改善也可通过用静电自组装等技术构建表面纳米结构层来实现。采用静电自组装技术可以方便快捷地在结构复杂的心血管支架等医用器械上形成纳米多层涂层，且能够方便地引入多种生物活性分子，如药物、蛋白、DNA 等，并保持其原有的生物活性，实现控制释放，以抑制血小板粘附，促进器械表面的内皮化，促进抗凝血和抗血栓功能的实现。

9.5.2 纳米生物材料用于组织工程和再生医学材料

组织、器官损伤或缺损修复以及功能重建一直是医学领域研究的重大课题。近年来，利用生命科学、材料科学、计算机科学和工程学等学科的原理与方法，通过替代、再生人类细胞、组织或器官来修复和重建受损的组织或器官正常功能的组织工程和再生医学成为当前国际研究的热点，其关键技术之一就是支架材料的设计和制备。

支架材料可以为细胞粘附提供物理支撑，为细胞增殖、代谢提供空间；可以提供特定的宏观、微观结构，引导细胞构建特定功能的组织或器官，并传递化学或力学信号，调控细胞的功能。理想的支架材料应能提供微环境以利于组织再生，包括其连通多孔结构应保证细胞的营养输送和代谢废物的排出，其表面物理和化学结构应有利于细胞粘附、迁移、增殖、分化以及新组织的形成。当前的研究表明，细胞外基质具有三维的纳米纤维网络结构，并包含可与细胞表面受体相互作用的不同化学配体；细胞外基质的微纳结构和化学性质变化可引起不同的细胞响应。从仿生角度出发，模拟天然细胞外基质的成分和微纳结构已被认为是获得理想的组织工程支架的有效途径。近年来纳米加工技术的飞速发展也使得在纳米尺度实现对材料的操控成为可能，而对天然 ECM 微纳结构的深入认识也为指导和设计理想的微纳结构仿生支架提供了帮助。

光学影印技术、纳米压印微影技术、微接触印刷技术、层层自组装等技术的应用可以提供具有特殊微米及纳米级图案的细胞生长环境。而通过聚合体体系的热力学处理、气体发泡、相分离和冷冻干燥等技术的条件调节，也可在微米和亚微米尺度精细地控制聚合物材料支架的孔的尺寸、分布和连接性，印记规则的孔隙排列，获得纳米纤维支架。此外，快速成型技术，又称固体自由成型（Solid Free - form，SFF）技术，包括立体平板印刷法、三维打印技术（3 - Dimensional Printing，3 - DP）和熔融堆积成型（Fused Deposition Modeling，FDM）等，可利用组织或器官三维计算机成像的结果，而后逐层制造出支架，可在避免使用昂贵的洁净空间的条件下，制作具有微米尺度和纳米尺度特征的聚合物组织工程支架材料，获得有序或无序的微观多孔形态结构。当前，快速成型技术已成功应用于制备初级体外支架模型，但还未与构建真正的组织和器官原型支架联系起来。其原因可能在于：一方面，利用现有的计算机断层扫描（CT）、MRI 等医学影像手段难以准确、快速、完备地获取实物的三维几何数据；另一方面，成型过程中制件的翘曲变形、成型后由于温度和内应力变化等不稳定因素会造成支架无法精确预计地变形。

为了确保支架具有良好的细胞相容性、结构相容性和适宜的降解速率，用于构建微纳结构仿生支架的生物降解性高分子材料可以是天然高分子及其衍生物，也可以是合成高分子。前者包括胶原、明胶、壳聚糖、甲壳素、纤维素、淀粉及它们的衍生物，后者包括通常应用的生物可降解合成聚合物如 PLA、PGA、PLGA 和 PCL 等。天然高分子材料往往具有较好的细胞相容性，但产品批次稳定性较差；而合成材料比天然材料具有的优势在于它们易于被加工制备成具有各种各样性能的材料，且其性能具有可预见性。此外，还可以根据需要进一步引入羟基磷灰石等纳米陶瓷粒子或生物活性玻璃纳米粒子，以及生长因子、多肽、DNA 等生物活性大分子调控支架材料与细胞间的相互作用，以引发所需要的细胞反应，包括细胞粘附、增殖、分化、凋亡及细胞外基质的重建，从而实现组织再生和功能重建的最佳化。

当前，纳米纤维支架材料已经在各种组织工程构建中得到应用，并在皮肤、骨和软骨、神经系统及心血管组织再生等领域取得了较大进展。例如，Venugopal 等[43]采用电纺技术，制备了具有多孔纳米结构的聚己内酯/胶原的多孔薄膜。该纳米纤维薄膜具有良好的创面贴附性能，且不易导致创面积液，体外细胞培养实验证明，其多孔纳米结构能更好地支持皮肤成纤维细胞的粘附和增殖，真皮再生和再表皮化速率都得到明显提高，可望促进皮肤创面的修复。Li 等[44]通过静电纺丝制备了含有 BMP－2 和纳米 HAP 的丝素蛋白纳米纤维支架，培养人骨髓源间充质干细胞用于体外骨形成，发现其能支持 hMSC 的生长，并显著增强骨的形成。细菌纤维素具有较好的力学性能，易于塑形，含水率高；自身呈三维超微纤维网状结构，具有良好的生物可降解性和相容性，适于营养物质、生物因子扩散及血管的长入，Svensson 等[45]报道了这种天然纳米支架材料用于软骨组织工程支架的情况。Yang 等[46]用丝素纳米纤维导管桥接 10 mm 长坐骨神经缺损，其治疗效果和自体神经移植相当。Kim 等[47]比较了静电纺丝法制备的有序和无序排列两种聚乙烯纳米纤维支架对大鼠 17 mm 长坐骨神经缺损修复的作用，发现 16 周后有序排列组的神经轴突明显多于无序排列组，且轴突有髓鞘化。神经电生理检查发现，在相同的刺激下，有序排列支架修复的大鼠和自体神经移植的大鼠可以检测到复合动作电位，而无序排列支架桥接修复的大鼠则无法引出动作电位；且通过对大鼠步态分析发现，有序排列支架和自体神经移植修复的大鼠跛行症状较无序排列支架修复的大鼠明显减轻，可见该类纳米纤维支架能有效促进神经功能恢复。

9.5.3 纳米生物材料用于药物/基因传输系统

随着人类对健康水平要求的不断提高，对药物在治疗和预防中的完美性也提出了更高的要求，这不仅包括对药物高效及低毒副作用的严格要求，也包括对药物制剂有效性、安全性和顺应性等的要求。基于纳米生物材料构建的药物/基因传输系统具有提高药物的生物利用度和稳定性、提高难溶药物的水溶性、改善药物靶向性、延长药物作用时间、增加疗效、减小毒副反应等诸多优点，在医药领域受到广泛关注，发展十分迅速，已初步用于肿瘤、糖尿病和血管疾病等疾病的试验和临床治疗，取得较为满意的效果[48]。表 9－9[49]列出了一些进入临床试验阶段和获准上市的高分子纳米药物例子。

表9-9 一些进入临床试验阶段和临床治疗的注射用高分子纳米药物[49]

成分	名称	适应证	临床试验阶段
白蛋白—紫杉醇	Abraxane	乳腺疾病	通过
白蛋白—甲氨蝶呤	MTX-HSA	肾疾病	II
葡聚糖—阿霉素	DOX-OXD	多种	I
葡聚糖—喜树碱	Delimotecan	多种	I
PEG-L-门冬酰胺酶	Oncaspar	白血病	通过
PEG-喜树碱	Prothecan	肺疾病	II
PEG-IFNa2a/-IFNa2b	Pegasys/Pegintron	黑素瘤、白血病	I/II
PHPMA-阿霉素	PK1	乳腺、肺、结肠疾病	II
氨基半乳糖靶向化PK1	PK2	肝疾病	I/II
PHPMA-奥沙利铂	ProLindac	卵巢疾病	II
PGA-紫杉醇	Xyotax	肺、卵巢疾病	III
PGA-喜树碱	CT-2106	结肠、卵巢疾病	II

常用的纳米药物载体材料包括脂质体、固体脂质纳米粒、聚合物纳米微粒（含聚合物胶束和树枝状高分子）、磁性纳米粒子、多孔二氧化硅纳米粒子等。普通的纳米药物载体进入血液后，易于被机体防御系统识别为异物而通过调理化作用清除出血液循环，影响了其治疗作用的发挥。为了克服这一缺点，研究人员相应发展了以PEG表面修饰为代表的一系列长循环纳米载体技术，可显著延迟药物吸收，限制药物生物分布，减少药物消除及减慢药物代谢，有利于药效的发挥。为了进一步降低药物的毒副作用，提高疗效，当前发展可感知机体内源于不同组织、器官乃至细胞病变处的特异生物环境，并作出有效响应，从而实现药物或其他生物活性物质的靶向输运和可控释放的纳米载体系统的研究十分活跃。

纳米载体的靶向性能按其靶向机理主要可分为生物靶向、理化靶向以及复合靶向三类。生物靶向是利用抗体、细胞膜表面受体或特定基因片段的专一性作用，将相应靶向单元结合在载体表面，通过其与目标细胞表面的特异性识别和结合，实现靶向输运；理化靶向是利用载体的物理化学敏感特性（包括pH敏感、热敏、磁导向等）实现靶向给药；复合靶向则是综合利用生物和理化靶向机理以达到提高靶向效率的目的。而根据靶向作用性质，靶向性能可分为主动靶向和被动靶向两类。主动靶向是指由单克隆抗体、磁趋向、受体介导的靶向制剂，往往对靶器官具有高度的选择性和特异性；而被动靶向主要指利用载体的亲/疏水性、静电作用、载体的大小、pH值等理化因素增加载药载体在靶器官的聚集，减少在非靶器官的分布。目前研究较多的主要有针对肿瘤的免疫（抗体）靶向和受体—配体介导靶向输运，以及针对肝、脑等特定器官的靶向输运，其关键在于靶向单元的设计。

细胞的癌变会造成大量在质与量上均不同于正常细胞的蛋白的表达，并在肿瘤细胞表面形成肿瘤相关抗原和肿瘤特异性抗原。针对这些特异性抗原，以相应的特异抗体作为靶向单元与纳米载体相偶联，利用其分子水平的免疫反应可实现肿瘤的靶向治疗，使药物集中作用于靶细胞，可增强疗效并减少对机体正常细胞的毒副作用。重组细胞工程的发展也使单克隆抗体（mAbs）的低成本工业化生产成为可能。目前已应用的抗体包括：EGF mAbs、CD52 mAbs、anti－CD19、转铁蛋白抗体等。但实际上，抗体在体外的高度特异性并不意味着抗体—纳米载体在体内可以实现选择性给药，目前尚存在一些问题难以解决，如其与纳米载体化学偶联后特异性降低，由于纳米载体理化性质而引起抗体—纳米载体被非特异性摄取等。此外，肿瘤类型众多，同一种肿瘤的个体差异也很大，某一种肿瘤的特异性抗原的单克隆抗体只能针对特定的肿瘤，而且人体对异源性抗体存在排斥作用，因此利用肿瘤的单克隆抗体作为靶向单元仍然具有很大的局限性，当前人们正致力于发展抗体的人源化、双特异性抗体及抗体片段来改善纳米载体的靶向性能。

同样，在肿瘤细胞表面或肿瘤相关血管表面存在一系列受体，它们与肿瘤生长增殖密切相关并在肿瘤组织过度表达。以肿瘤细胞表面特异性或过度表达的受体为靶点，利用受体与其配体结合所具有的特异性、选择性、饱和性、亲和力强和生物效应明显等特点，将配体连接在纳米载体上，通过受体介导作用，可实现药物靶向递送到肿瘤细胞（或组织），降低毒副作用，提高疗效。常用的配体包括蛋白质、脂蛋白、肽、糖类，以及其他内源性分子或天然分子，如叶酸、转铁蛋白、RGD 肽等。

肝脏细胞主要由肝实质细胞、非实质细胞（内皮细胞、库普弗细胞、肝脏星形细胞和隐窝细胞）和胆管上皮细胞组成。由于不同类型细胞表面具有不同的特异性受体，如肝实质细胞膜上存在有去唾液酸糖蛋白受体（ASGP－R）、转铁蛋白受体等，非实质细胞膜上分布有甘露糖受体、低密度脂蛋白受体及“清道夫”受体等，可以根据不同的治疗需要，针对肝内不同类型细胞膜上特异性受体或结合位点的化学结构，利用受体—配体结合来实现纳米药物载体的主动靶向传递。

血脑屏障是存在于血液和脑组织之间的一层屏障系统，其解剖学结构基础是脑毛细血管内皮细胞及其细胞间紧密连接。血脑屏障是许多中枢神经系统（CNS）疾病缺乏有效治疗手段的主要原因。利用受体介导构建靶向纳米药物载体可具有较好的脑靶向性，能克服血脑屏障，使药物在脑内达到有效浓度，获得满意的临床效果。目前已证实存在于脑毛细血管内皮细胞膜上的特异性受体中有转运作用的包括胰岛素受体和转铁蛋白受体等，但直接以胰岛素、转铁蛋白等作为靶向单元介导药物通过 BBB 实现脑靶向存在许多问题，如胰岛素半衰期较短，且会造成机体低血糖，高浓度内源性转铁蛋白与受体结合存在饱和性等。可使用能与特异的肽受体上的表面抗原簇相结合的某些单克隆抗体来代替内源性肽作为脑靶向单元，如抗转铁蛋白受体单克隆抗体 OX26。此外，利用具有蛋白质转导结构域（PTDs）的多肽也能实现纳米药物载体的脑靶向。

随着人类对自身基因尤其是与疾病相关基因的深入认识，基因治疗已成为当前国内外的研究热点。研究开发安全有效的基因载体以提高转染效率，是基因治疗的关键问题之一。纳米基因载体以其安全性、低毒性、低免疫反应、靶向性及易于组装等优点被寄予厚望。脂质体作为最早研究的非病毒载体已实现商品化，但其仍存在有细胞毒性、转染效率不高、易泄露、在体内具有不稳定性等缺点。目前，对金属纳米颗粒、无机非金属纳米颗粒、生物降解性高分子纳米颗粒和生物性纳米颗粒等用于基因传递的研究十分活跃，尤其是致力于提高基因的转染效率。构建具有长循环功能、可连接靶向因子以实现特定组织或细胞靶向、内吞体逃逸功能、核靶向能力、促进基因的核内转运等多种功能集成的纳米基因载体是目前非病毒基因载体研究的热点和难点之一。程序组装[50]是实现基因载体多功能化的主要手段，常用的程序组装有：共聚物自组装，即共聚物功能化修饰后，与 DNA 自组装形成胶束；脂质掺入，即脂质类载体中亲脂性插入各种功能性基团；层层自组装，即具有特定功能的聚电解质材料与DNA通过静电吸引的层层自组装技术形成纳米基因载体。

9.5.4 纳米生物材料用于生物医用检测和诊断

很多疾病诊断得越早，其疗效和预后就越好。用基于纳米生物材料发展的高灵敏度和高选择性的生物医用检测方法来检测疾病相关分子是当前纳米生物医学的一个重要研究方向，具有重要的临床应用价值和社会意义。

纳米材料具有独特的尺寸依赖性、化学或物理性质，包括催化性、电化学性质、电子转移、磁性、光学性质以及热力学等性质，在生物分析和生物传感器等应用方面具有重要作用，可以检测金属离子、小分子、蛋白质和核酸生物标志物等，在其表面进一步修饰一些抗体、适配体、肽等，还可使纳米粒子在体内外对特定的蛋白质、基因、细胞进行识别检测。目前，研究较多的用于生物医用检测和诊断的纳米材料主要包括纳米金、量子点、磁性纳米粒子、碳纳米管及硅纳米线等，已有商品面市（如表9-10所示）。

表9-10 商用的医学检测纳米粒子[51]

种类	应用	适应证	公司
碳纳米管	体外诊断	呼吸功能监测	Nanomix (Emerryville, CA, USA)
	成像	原子力显微镜探针	Carbon Nanoprobes Inc. (Seattle, WA, USA)
量子点	体外诊断、成像	标记试剂（Western blotting、流式细胞术、生物检测）	Evident Technologies (New York, NY, USA), Quantum Dot Corp. (Hayward, CA, USA), Nanoco Technologies Ltd (Manchester, UK)
磁性纳米粒子	体外诊断	癌症	Immunicon (Huntingdon Valley, PA, USA)
	成像、治疗	肝癌、心血管疾病、贫血	Advanced Magnetics (Cambridge, MA, USA)
纳米金	体外诊断	HIV	Amersham/GE (Little Chalfont, UK)
	体外诊断、成像	标记试剂（PCR、RNA、Western blotting）、血管造影术	Nanoprobes Inc. (Yaphank, NY, USA)

纳米金又称胶体金，具有依赖于其大小、形状及聚集状态的光学和电学性质，且生物相容性好，表面可以修饰多种功能基团等多种优点，已成为生物医学检测中的重要工具。目前，基于纳米金独特性能的检测方法主要包括：基于纳米金的比色检测法、基于纳米金能量转移的检测及基于纳米金的生物条形码检测等。例如，对特定病原或遗传疾病DNA序列的检测，以往的方法大多是建立在标记有放射性、荧光和化学发光物质的探针与靶序列杂交的基础上。而纳米金比色法的原理是利用巯基修饰的寡核苷酸在一定尺寸的金纳米粒子上进行组装，形成寡核苷酸包裹的金粒子探针，当该探针与互补的靶分子杂交时，使纳米金等离子共振吸收峰由520 nm红移至600 nm，形成网状聚集体而使纳米金溶液颜色由红变紫，从而指示靶分子的存在。纳米金标记蛋白质的原理一般认为是由于蛋白质溶液在其pH值等于或稍高于该蛋白质的等电点时呈现电中性。此时蛋白质分子与纳米金颗粒相互间的静电作用较小，但蛋

白质分子的表面张力却最大，处于一种微弱的水化状态，较易吸附于金颗粒表面，在免疫分析方面有很好的应用前景。纳米金具有的表面等离子共振性质能提高成像对比度，在医学光成像领域中具有潜在的应用价值，特别是金纳米壳、金纳米棒和金纳米笼的 SPR 波长可调控到近红外波段，有望用于活体成像及光热肿瘤治疗。

量子点具有包括耐光漂白、激发光谱宽、发射光谱窄且随粒径大小的改变而改变等独特的光学特性；而且经过表面修饰，量子点还可具有水溶性、在水溶液中保持胶体稳定性、非特异性吸附低，以及能通过羧基、巯基或胺基等功能团与生物分子结合等特点，可广泛应用于生物医学检测系统。例如，偶联了抗体的量子点探针可用于检测抗原或细菌、肿瘤等有表面抗原的病原体、细胞、组织，并且具有很高的灵敏度。另外，量子点对表面变化非常敏感，基于量子点的这一特性发展起来的荧光猝灭探针、酶活性探针也具有很好的实用价值。目前量子点已用于肿瘤的检测和诊断、DNA 分子的检测、蛋白质的测定以及动物活体成像等方面。

此外，四氧化三铁等磁性纳米粒子可用于医学磁共振显影成像及肿瘤热疗。碳纳米管、硅纳米线具有独特的电学、光学特性，经过表面修饰生物识别基团后，在生物传感器方面具有广阔的应用前景。

与传统的检测技术相比，基于纳米生物材料构建的生物医学检测方法具有微型化分析、实时多重分析、低样品量和试剂的消耗、高灵敏度以及分析速度快等优点，但仍然存在一些不足，包括纳米粒子的合成有待改进以提高其单分散性，纳米粒子的表面修饰技术有待改进以提高其在水溶液和高离子强度环境中的稳定性，及获得表面的多功能性等。人们致力于发展可在复杂的生物体液，如血液、尿液、血清等中有效检测目标分析物的纳米检测技术。

9.5.5 展望

随着纳米技术、材料科学和生命科学研究的交叉深入，纳米生物材料的发展日新月异，在生物医药领域展示出广泛的应用前景。当前，纳米生物材料的发展方向主要是基于仿生思想，在保证其生物相容性的基础上，实现纳米生物材料的多功能化和智能化。

一方面，纳米结构广泛存在于整个生物体中，从蛋白质、核酸、病毒到细胞器，大量的生物大分子体系和亚细胞层次结构的空间尺度都在纳米量级。现代仿生学已经进入了分子水平，从更微观的层次师法自然，实现材料纳米仿生是纳米生物材料研究的热点和发展方向。在纳米尺度通过分子和超分子的组装与复合构建的纳米生物材料，可望在人工组织和器官、模拟酶和分子反应器、药物和基因纳米载体、分子马达、生物芯片等许多领域得到应用，包括可程序化释放多种生长因子的微纳结构仿生的组织工程支架，以及在治疗或诊断上可同时执行多种功能（长循环、靶向、控制释放、显影等）的多功能纳米粒子（图 9－17 给出了一些典型的生物医用多功能纳米粒子的构成图[52]）。

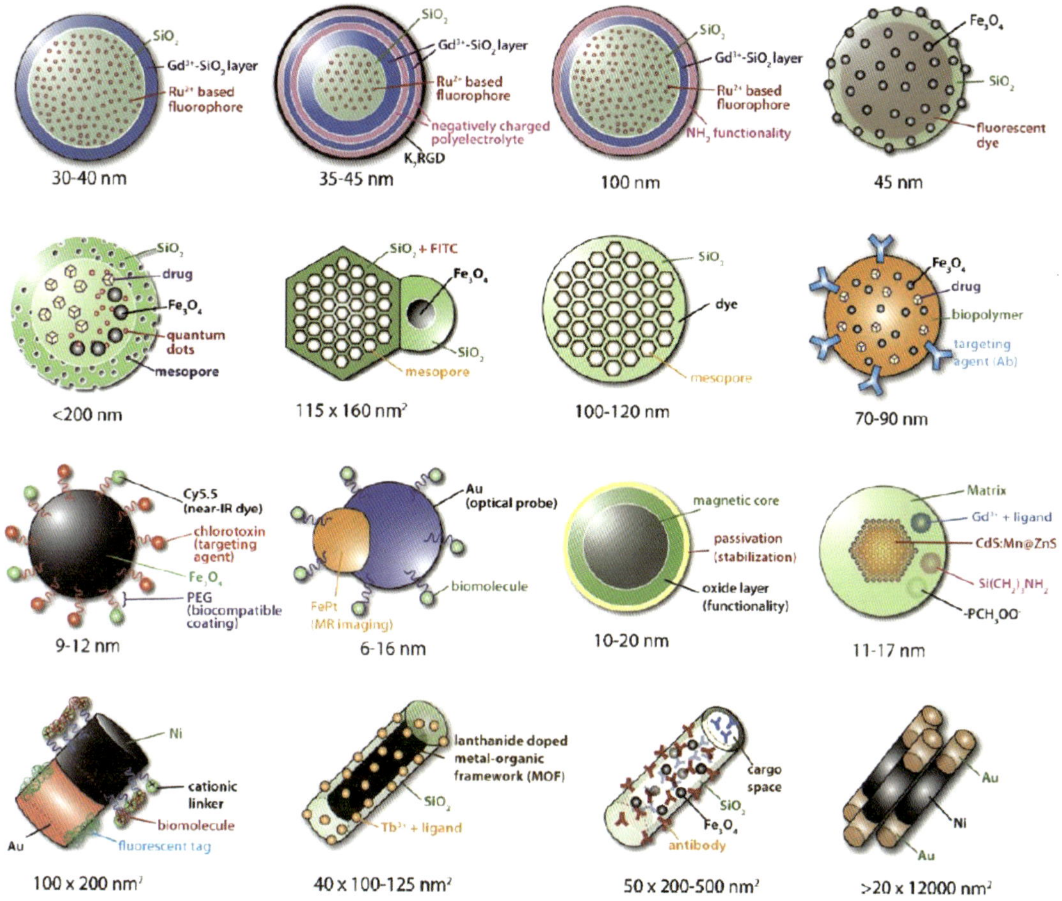

图 9－17　一些典型的生物医用多功能纳米粒子（MFNPS）

另一方面，虽然纳米材料在生物医药领域有着广泛的应用前景，但迄今为止，纳米生物材料的应用还十分有限，大多数还处在实验室研究阶段，尤其是关于纳米生物材料的安全性问题的研究还处在初步阶段，研究还不全面，研究方法还不统一和规范，还需进行大量系统的动物试验和临床试验予以证实。这就要求广大材料学、生物学、医学和纳米技术研究人员进一步加强合作，促进纳米生物材料科学的发展，在人类重大疾病的诊断、治疗和预防等方面获得更大突破，改善人类的生活质量，造福人类。

【参考文献】

1. GB/T 19619 - 2004，纳米材料术语.
2. R. A. Petros, J. M. DeSimone. Strategies in the Design of Nanoparticles for Therapeutic Applications. *Nat. Rev. Drug Discov.*, 2010 (9): pp. 615 - 627.
3. H. Koo, M. S. Huh, J. H. Ryu, D. E. Lee, I. C. Sun, K. Choi, K. Kim, I. C. Kwon. Nanoprobes for Biomedical Imaging in Living Systems. *Nano Today*, 2011, 6 (2): pp. 204 - 220.
4. 曾戎，屠美. 生物医用仿生高分子材料. 广州：华南理工大学出版社，2010.
5. 赵宇亮，柴之芳. 纳米毒理学——纳米材料安全应用的基础. 北京：科学出版社，2010.
6. S. E. Skrabalak, J. Chen, Y. Sun, X. Lu, L. Au, C. M. Cobley, Y. Xia. Gold Nanocages: Synthesis, Properties, and Applications. *Accounts Chem. Res.*, 2008, 41 (12): pp. 1591 - 1595.
7. T. K. Sau, A. L. Rogach, F. Jäckel, T. A. Klar, J. Feldmann. Properties and Applications of Colloidal Nonspherical Noble Metal Nanoparticles. *Adv. Mater.*, 2010, 22 (16): pp. 1805 - 1825.
8. J. M. Klostranec, W. C. W. Chan. Quantum Dots in Biological and Biomedical Research: Recent Progress and Present Challenges. *Adv. Mater.*, 2006 (18): pp. 1953 - 1964.
9. J. Fan, P. K. Chu. Group IV Nanoparticles: Synthesis, Properties, and Biological Applications. *Small*, 2010, 6 (19): pp. 2080 - 2098.
10. S. J. Kalita, A. Bhardwaj, H. A. Bhatt. Nanocrystalline Calcium Phosphate Ceramics in Biomedical Engineering. *Mat Sci Eng C - bio S*, 2007 (27): pp. 441 - 449.
11. K. Miyata, R. J. Christie, K. Kataoka. Polymeric Micelles for Nano - scale Drug Delivery. *React. Funct. Polym.*, 2011 (71): pp. 227 - 234.
12. R. Duncan, L. Izzo. Dendrimer Biocompatibility and Toxicity. *Adv. Drug Deliver Rev.*, 2005 (57): pp. 2215 - 2237.
13. P. X. Ma. Scaffolds for Tissue Fabrication. *Mater. Today*, 2004 (7): pp. 30 - 40.
14. R. Guo, L. Zhang, H. Qian, R. Li, X. Jiang, B. Liu. Multifunctional Nanocarriers for Cell Imaging, Drug Delivery, and Near - IR Photothermal Therapy. *Langmuir*, 2010, 26 (8): pp. 5428 - 5434.
15. E. Gultepe, D. Nagesha, S. Sridhar, M. Amiji. Nanoporous Inorganic Membranes or Coatings for Sustained Drug Delivery in Implantable Devices. *Adv. Drug Deliver Rev.*, 2010 (62): pp. 305 - 315.
16. C. J. Murphy, L. B. Thompson, D. J. Chernak, J. A. Yang, S. T. Sivapalan, S. P. Boulos, J. Huang, A. M. Alkilany, P. N. Sisco. Gold Nanorod Crystal Growth: From Seed - mediated Synthesis to Nanoscale Sculpting. *Curr Opin Colloid In*, 2011 (16): pp. 128 - 134.
17. J. M. Klostranec, W. C. W. Chan. Quantum Dots in Biological and Biomedical Research: Recent Progress and Present Challenges. *Adv. Mater.*, 2006 (18): pp. 1953 - 1964.
18. A. Figuerola, R. D. Corato, L. Manna, T. Pellegrino. From Iron Oxide Nanoparticles towards Advanced Iron - based Inorganic Materials Designed for Biomedical Applications. *Pharmacological Research*, 2010 (62): pp. 126 - 143.
19. A. E. Nel, L. Mädler, D. Velegol, T. Xia, E. M. V. Hoek, P. Somasundaran, F. Klaessig, V. Castranova, M. Thompson. Understanding Biophysicochemical Interactions at the Nano - bio Interface. *Nat. Mater.*, 2009 (8): pp. 543 - 557.
20. 李炜，赵峰，陈春英，赵宇亮. 碳纳米材料的细胞生物效应. 化学进展，2009，21 (2/3): 430 ~ 435.
21. K. Kostarelos, L. Lacerda, G. Pastorin, W. Wu, S. Wieckowski, J. Luangsivilay, et al. Cellular Uptake of Functionalized Carbon Nanotubes Is Independent of Functional Group and Cell Type. *Nat. Nanotechnology*, 2007, 2 (2): pp. 108 - 113.
22. K. M. Woo, V. J. Chen, P. X. Ma. Nano - fibrous Scaffolding Architecture Selectively Enhances Protein Absorption Contributing to Cell Attachment. *J. Biomed. Mater. Res. A*, 2003, 67A (2): pp. 531 - 537.
23. E. Cukierman, R. Pankov, D. R. Stevens, K. M. Yamada. Taking Cell - matrix Adhesions to the Third Dimension. *Science*, 2001, 294 (5547): pp. 1708 - 1712.

24. A. S. Meshel, Q. Z. Wei, R. S. Adelstein, M. P. Sheetz. Basic Mechanism of Three – dimensional Collagen Fibre Transport by Fibroblasts. *Nat. Cell Biol.*, 2005 (7): pp. 157 – 164.
25. A. Nur – E – Kamal, I. Ahmed, J. Kamal, M. Schindler, S. Meiners. Three Dimensional Nanofibrillar Surfaces Induce Activation of Rac. *Biochem. and Biophy. Res. Co.*, 2005, 331 (2 – 3): pp. 428 – 434.
26. D. D. Verma, S. Verma, G. Blume, A. Fahr. Particle Size of Liposomes Influences Dermal Delivery of Substances into Skin. *Int. J. Pharm.*, 2003, 258 (1 – 2): pp. 141 – 151.
27. 林锦超，张俊卿，田新华．经血脑屏障载药纳米材料的研究．国际神经病学神经外科学杂志，2008，35 (3): 246 ~ 249.
28. O. C. Farokhzad, R. Langer. Impact of Nanotechnology on Drug Delivery. *ACS Nano*, 2009, 3 (1): pp. 16 – 20.
29. 杨文胜，高明远，白玉白．纳米材料与生物技术．北京：化学工业出版社，2005.
30. A. Hoshino, K. Fujioka, T. Oku, M. Suga, Yu F. Sasaki, T. Ohta, M. Yasuhara, K. Suzuki, K. Yamamoto. Physicochemical Properties and Cellular Toxicity of Nanocrystal Quantum Dots Depend on Their Surface Modification. *Nano Lett.*, 2004, 4 (11): pp. 2163 – 2169.
31. G. Oberdörster, E. Oberdörster, J. Oberdörster. Nanotoxicology: An Emerging Discipline Evolving from Studies of Ultrafine Particles. *Environ. Health Perspect*, 2005 (113): pp. 823 – 839.
32. 熊玲，奚廷斐，蒋学华，汤京龙．纳米特性引发的生物效应及其纳米生物材料安全性评价．中国临床康复，2006，10 (45): 132 ~ 135.
33. X. Wang, B. Ding, J. Yu, M. Wan. Engineering Biomimetic Superhydrophobic Surfaces of Electrospun Nanomaterials. *Nano Today*, 2011, 6 (5): pp. 510 – 530.
34. J. H. Yu, S. V. Fridrikh, G. C. Rutledge. Production of Submicrometer Diameter Fibers by Two – fluid Electrospinning. *Adv. Mater.*, 2004 (16): pp. 1562 – 1566.
35. J. D. Hartgerink, E. Beniash, S. I. Stupp. Self – assembly and Mineralization of Peptide Amphiphile Nanofiber. *Science*, 2001 (294): pp. 1684 – 1688.
36. X. Liu, Y. Won, P. X. Ma. Porogen – induced Surface Modification of Nanofibrous Poly (L – lactic acid) Scaffolds for Tissue Engineering. *Biomaterials*, 2006, 27 (21): pp. 3980 – 3987.
37. R. Zeng, M. Tu, H. Liu, J. Zhao, Z. Zha, C. Zhou. Preparation, Structure, Drug Release and Bioinspired Mineralization of Chitosan – based Nanocomplexes for Bone Tissue Engineering. *Carbohyd. Polym.*, 2009, 78 (1): pp. 107 – 111.
38. J. L. Brennan, N. S. Hatzakis, T. R. Tshikhudo, N. Dirvianskyte, V. Razumas, S. Patkar, J. Vind, A. Svendsen, R. J. M. Nolte, A. E. Rowan, M. Brust. Bionanoconjugation via Click Chemistry: the Creation of Functional Hybrids of Lipases and Gold Nanoparticles. *Bioconjugate Chem.*, 2006, 17 (6): pp. 1373 – 1375.
39. L. R. Hilliard, X. Zhao, W. Tan. Immobilization of Oligonucleotides onto Silica Nanoparticles for DNA Hybridization Studies. *Anal. Chim. Acta*, 2002, 470 (1): pp. 51 – 56.
40. 张怡，韩彧，赵春林．活体动物体内光学成像技术的研究进展．生命科学，2006，18 (1): 25 ~ 30.
41. X. Wang, Y. Li, J. Wei, K. De. Groot. Development of Biomimetic Nano – hydroxyapatite/Poly (Hexamethylene Adipamide) Composites. *Biomaterials*, 2002, 23 (24): pp. 4787 – 4791.
42. 崔福斋，李艳．发展我国具有自主知识产权的外科植入物．中国医疗器械信息，2006，12 (7): 4 ~ 7.
43. J. R. Venugopal, Y. Z. Zhang, S. Ramakrishna. In Vitro Culture of Human Dermal Fibroblasts on Electrospun Polycaprolactone Collagen Nanofibrous Membrane. *Art. Org.*, 2006, 30 (6): pp. 440 – 446.
44. C. Li, C. Vepari, H. J. Jin, H. J. Kim, D. L. Kaplan. Electrospun Silk – BMP – 2 – Scaffolds for Bone Tissue Engineering. *Biomaterials*, 2006, 27 (16): pp. 3115 – 3124.
45. A. Svensson, E. Nicklasson, T. Harrah, B. Panilaitis, D. L. Kaplan, M. Brittberg, P. Gatenholm. Bacterial Cellulose as a Potential Scaffold for Tissue Engineering of Cartilage. *Biomaterials*, 2005 (26): pp. 419 – 431.
46. Y. Yang, F. Ding, J. Wu, W. Hu, W. Liu, J. Liu, X. Gu. Development and Evaluation of Silk Fibroin – based

Nerve Grafts Used for Peripheral Nerve Regeneration. *Biomaterials*, 2007, 28 (36): pp. 5526 – 5535.

47. Y. Kim, V. K. Haftel, S. Kumar, R. V. Bellamkonda. The Role of Aligned Polymer Fiber – based Constructs in the Bridging of Long Peripheral Nerve Gaps. *Biomaterials*, 2008, 29 (21): pp. 3117 – 3127.
48. J. Shi, Z. Xiao, N. Kamaly, O. C. Farokhzad. Self – assembled Targeted Nanoparticles: Evolution of Technologies and Bench to Bedside Translation. *Accounts Chem. Res.*, 2011 (44): pp. 1123 – 1134.
49. T. Lammers, V. Subr, K. Ulbrich, W. E. Hennink, G. Storm, F. Kiessling. Polymeric Nanomedicines for Image – guided Drug Delivery and Tumor – targeted Combination Therapy. *Nano Today*, 2010, 5 (3): pp. 197 – 212.
50. 李敏，张娜．程序组装多功能化纳米基因载体．生命的化学，2012，32 (1): 17 ~ 22.
51. 王萍，毛红菊．纳米材料在生物医学检测中的应用．中国生物工程杂志，2011，31 (9): 88 ~ 95.
52. W. H. Suh, K. S. Suslick, G. D. Stucky, Y. H. Suh. Nanotechnology, Nanotoxicology, and Neuroscience. *Prog. Neurobiol.*, 2009 (87): pp. 133 – 170.

10 生物材料制品与应用

10.1 引言

众所周知，生物材料基本不可能发挥防病治病的功能，要将其制造成具有一定功能的制品才能应用于临床，达到防病、治病、医疗保健的目的。生物材料制品一般分为两大部分，即医疗器械和药物载体。无论是医疗器械，还是药物载体，其服务主体对象都是人。医疗器械和药物载体是多学科交叉的高技术密集型产品，而且往往是前沿边缘学科的交叉。因此，医疗器械和药物载体应该是应用新技术、新材料和新工艺最及时、最迅速的工业产品群，应该是社会需求、经济发展和科学技术服务于社会的必然结果。随着社会的进步、人类对生命的日益关怀和对医疗技术水平的更高期待，作为医疗卫生事业重要支柱的医疗器械和药物载体材料的持续发展就显得越来越重要。

医疗器械是指直接或间接用于人体的仪器、设备、器具、体外诊断试剂及校准物材料以及其他类似或者相关的物品，包括所需要的计算机软件等。医疗器械的使用目的：一是疾病的预防、诊断、治疗、监护或者缓解；二是损伤或残疾组织的诊断、治疗、监护、缓解或者补偿；三是解剖或生理过程的研究、替代或其调节以及妊娠控制。医疗器械在人体内外的作用不是以药理学、免疫学或代谢的方式获得，或者虽然有这些方式参与，但是只起辅助作用。依据医疗器械的结构特征，一般把医疗器械分为有源性医疗器械和无源性医疗器械。有源性医疗器械是指依靠电能或其他能源而不是直接由人体自身产生的能源来发挥功能的医疗器械，主要包括能量治疗器械、诊断监护器械、电离辐射器械、实验室仪器设备、医疗消毒设备及其他有源器械和辅助设备。无源医疗器械主要包括药液输送保存器械、与血液或体液有相互作用的器械、外科使用器械、一次性无菌器械、植入器械、护理器械以及体外诊断试剂等。

药物载体的主要功能是增强和扩大药物的作用和疗效，降低毒副作用。药物载体可以改变药物的给药途径，提高药物的生物利用度，调控释药速率。药物载体还可以借助材料的特殊功能改变释药规律和人体局部生理机能，以利于药物吸收或改变主药的理化性质，使之更适合于药效发挥，增强主药的稳定性，掩盖主药的不良味道及减小刺激性等。给药系统主要包括控缓释给药系统、靶向给药系统、智能给药系统、经皮给药系统、粘膜给药系统等。药用载体材料已与现代制药技术、现代制药设备仪器一起成为现代药物剂型与制剂的三大支柱，其中材料是现代制剂的基础，没有新型材料，再先进的技术也制备不出理想的现代药物剂型。临床治疗的多样化必然导致药物载体的多样化。临床治疗的功能性要求也必然导致对载体材料的特殊功能要求。因此，药用载体材料不仅要求材料组成的多样化，更重要的是要具有专一的功能化或多重功能的一体化。临床医学、药物学与材料学的发展为药用生物材料的发展创造了良好的机会和环境。

10.2 生物材料加工工艺

10.2.1 生物材料加工的特殊性

与其他材料不同，生物材料制品使用环境特殊，要与人体组织、细胞和体液等直接接触，这不仅要求生物材料的原料本身具有生物相容性、非毒性、非致炎性以及特殊应用的可生物降解性，还要求在材料的成型加工过程中不要带来任何外界污染，配方中也不能添加未经相关部门准许的添加剂。为了获得特殊功能和结构的生物材料制品，除了要求生物材料具有生物相容性外，还必须强调生物材料的良好加工性[1]。

所谓加工性就是要求材料具有良好的可塑性和采用适宜的灭菌消毒方法，尤其是在材料的混合、混炼、成型等工艺过程中不会使材料产生对人体有害的物质或使材料的综合性能发生变化，最大限度地保持材料良好的生物相容性。材料加工性的含义还包括借助材料的加工工艺和成型条件对材料的结构和性能进行设计或改性。生物材料制品有材料加工的一般特性，也应该遵循材料加工成型的基本原理，材料的加工工艺和制造方法等都是在借鉴了普通材料的成型加工方法基础之上发展起来的。所以，本章对材料加工的基本原理和工艺就不再赘述。

加工过程是生物材料应用的最关键步骤，也是直接决定制品最终使用性能的最后一关。根据相关管理部门的相关规定以及制品的应用范围，生物材料及其制品的制备过程必须对组成配方、工艺条件、设备类型、生产环境、灭菌工艺、产品包装等都有特殊的要求，不仅需要对加工各个步骤进行精心设计和周到安排，还需要在经 GMP 认证的超洁净车间进行生产，生产车间要定期进行灭菌处理。值得注意的是，不同类型的生物材料品种，使用要求不同，应用场合或部位不同，材料的制备与成型方法也不同。

近年来，得益于信息技术的渗透以及先进制造技术与生物技术的结合，先进生物材料的加工制造正引领新一轮的科技浪潮，不仅给制造行业带来新的变革与机遇，还能得到以往无法通过常规制造方法得到的全新的生物制品，这将极大地促进人们健康水平的提高。例如，利用 3D 阵列细胞打印技术可以将复合材料和细胞等根据设计好的图纸和程序以及需要随意打印人体的各部位组织，以替换和修复人体受损的组织和器官。再如智能型水凝胶可制作机器人，适合于人体的湿软环境，它如同人造肌肉一样，具有良好的柔韧性，可放置在人体内智能地送递药物，并应用于特殊环境。

10.2.2 生物材料加工的基本要求

生物材料及制品的特殊性决定了其加工制造过程的特殊性，通常生物材料的加工过程应注意以下几点：

（1）生物材料及制品的配方中最好不要添加小分子添加剂，更不能添加未经批准或许可的添加剂，包括增塑剂、润滑剂、填充剂等助剂，以防止其溶出或渗出影响制品的生物相容性。

（2）由于生物材料及制品应用领域的特殊性，其整个加工过程必须严格按照相关要求进行生产和设计，必须避免油污、微生物、灰分、水蒸气等污染。因此，生物材料制品的生产、包装和运输都必须严格按照主管部门的要求进行。

（3）生物材料及制品加工过程中要防止材料发生不必要的化学变化，尤其是应该注意材料在较高温度和特殊力的作用下发生的降解、氧化等改变材料化学组分的过程。材料的降解和氧化不仅有可能产生有一定副作用的毒性物质，还有可能改变加工制品的力学性能，影响其产品的最终使用性能，甚至有可能产生明显的毒副作用。

（4）灭菌与消毒是生物材料及制品生产必不可少的过程，也是影响生物材料和制品特殊性的主要因素之一。生物材料的灭菌方法有紫外照射、酒精浸泡、环氧乙烷灭菌、高压蒸汽灭菌、钴 60 辐照灭菌等。灭菌工艺既可以在包装前进行，也可以在包装后通过钴 60 辐照或高压蒸汽灭菌。

（5）生物材料及制品的应用不同于一般的产品，尤其是具有一定形状和大小的制品，会因应用的目的和部位不同而有明显的差异性。因此，生物材料和制品无法像普通制品一样能够以同样的规格进行大量的重复生产，有些制品需定制生产。与传统的物理和化学加工成型相比，生物材料及制品加工成型具有精密、高效的特点[1]。

10.2.3 生物材料制品加工工艺

按照加工过程中材料的变形原理不同，加工方法主要可以分为两大类：熔融加工法和溶液加工法。材料的用途不同，选用的加工方法也不同。此外，即使同一种材料有不同的用途，也可以采用多种不同的方法进行加工。以聚乳酸为例，将其加工成可吸收骨固定制品时一般采用的是熔融加工法，而将其制备成组织工程支架时则采用溶液加工法[2]。

10.2.3.1 熔融加工法

材料的熔融加工是指在一定温度下，使弹性固体、固体粉末或粒状、糊状或溶液态材料，在剪切力等作用下变形或熔融，经过模具或口型流道的压塑，经冷却形成所需的形状，最终得到能保持所取得形状的制品的工艺过程。熔融加工的工艺过程一般包括混合与混炼、成型、后加工三大部分。能采用熔融加工方法的生物材料有橡胶和塑料两大类高分子材料。常见的熔融加工的设备有：开（密）炼机、挤出机、注塑机、平板硫化机等。熔融加工的关键问题是防止材料在各个加工步骤中出现的降解、氧化、变质等化学变化。熔融加工法的优点在于其工艺过程自动化程度高，不使用有毒害的有机溶剂，可以大批量地制备生物材料及制品。

熔融加工法在制备一次性医疗器械、聚乳酸类骨固定材料、高分子量聚乙烯人工关节等方面用得较多。熔融法制备的生物材料及制品的分类如表 10－1 所示。

表 10－1 熔融加工法成型的生物材料及制品

序号	名称	品名举例	制造方法
1	输液、输血器具及管路	一次性使用输液器、输血器、血袋、采血器、血液成分分离器材、连接管路、与血路接触的开关、药液过滤滤膜、空气过滤滤膜、麻醉导管、一次性使用血液过滤器	挤出成型/吹膜成型/注塑成型
2	导管、引流管	胸腔引流管、腹腔引流管、脑积液分流管、一次性使用导尿管、一次性使用单腔导尿管、双腔气囊导尿管、胆管引流管	挤出成型

（续上表）

序号	名称	品名举例	制造方法
3	植入器材	骨板、骨钉、骨针、骨棒、脊柱内固定器材、结扎丝、聚髌器、骨蜡、骨修复材料、脑动脉瘤夹、银夹、血管吻合夹（器）、整形材料、心脏或组织修补材料、眼内填充材料、节育环、神经补片	挤出成型/模压成型
4	植入性人工器官	人工食道、人工血管、人工椎体、人工关节、人工尿道、人工瓣膜、人工肾、义乳、人工颅骨、人工颌骨、人工心脏、人工肌腱、人工耳蜗	挤出成型/模压成型
5	可降解血管支架	血管支架	熔融纺丝
6	医用缝合线	聚乳酸缝合线，各种锦纶、丙纶、涤纶缝合线	熔融纺丝

10.2.3.2 *溶液加工法*

材料的溶液加工是指将材料和其他组分溶解或分散到溶剂中，形成均匀混合的溶液，再利用升高温度或减压的方式溶剂挥发完全，得到需要的材料形状和制品结构，进而得到制品的工艺过程。溶液加工常用的仪器设备有：搅拌器、反应釜、减压装置、冷冻干燥机、静电纺丝仪等。溶液加工法的关键问题首先是确保材料各组分的均匀混合，保证材料制品的结构和性能的均一性；其次是保证最终制品中的溶剂完全挥发掉。因为即使少量残余的溶剂都可能对材料的生物相容性产生很大的危害。溶液加工法设备投资一般较小，能够方便灵活地调整工艺参数，适合小批量和实验室规模的样品制备。

溶液加工法是制造组织修复材料、组织工程支架材料、药物控释系统等最常用的技术。溶液加工法得到的生物材料及制品的主要分类如表 10－2 所示。

表 10－2　溶液加工法成型的生物材料及制品

序号	名称	品名举例	制造方法
1	可吸收性止血、护创材料，防粘连材料	明胶海绵、胶原海绵、生物蛋白胶、透明质酸凝胶、聚乳酸防粘连膜	冷冻干燥/静电纺丝
2	接触式人工器官	人工喉、人工皮肤、人工角膜	溶液浇注
3	可降解血管支架	血管支架	静电纺丝
4	牙科材料	合成树脂牙、义齿基托树脂、义齿软衬材料、造牙粉及造牙水	溶液固化
5	医用粘合剂	骨水泥等凝固粘合材料、医用 α－氰基丙烯酸酯类、输卵管粘堵剂、血管吻合粘合剂、表皮粘合剂、粘合带、生物胶、医用几丁糖	溶液混合法

10.3 医疗器械

医疗器械的科技水平已成为一个国家科技进步和国民经济现代化水平的标志之一。医疗器械行业已经成为高增长率、高附加值，聚集着大量高新技术的朝阳或明星工业。医疗器械的目的是疾病的诊断、预防、监护、治疗或者缓解；损伤的诊断、监护、治疗、缓解或者功能补偿；生理结构或者生理过程的检验、替代、调节或者支持；生命的支持或者维持；妊娠控制以及通过对来自人体的样本进行检查，为医疗或者诊断目的提供信息。医疗器械的趋势是具备更强的信息获取、分析和处理能力，更高的智能化程度和体积更小、能源更少以及多功能化并存的综合发展方向，例如精密传感器的应用、蛋白质疗法、基因治疗、介入诊疗、组织工程和人工器官等会使临床医学得到许多根本性的提高和改善。

10.3.1 医疗器械分类与管理

为了保证医疗器械的安全、有效，保证人体健康和生命安全，世界各国都会按照各自的实际制定相关的医疗器械监督管理条例。我国也在2000年颁布的《医疗器械监督管理条例》的基础上，于2014年2月对其进行了修订，其目的是进一步加强和理顺国务院有关部门及其各级政府在自己的职责范围内负责与医疗器械有关的监督管理工作，详见《医疗器械监督管理条例》(2014年2月12日国务院常务会议修订通过)。

按照《医疗器械监督管理条例》的分类方法，我国将医疗器械按照其风险程度分为三类：第一类是风险程度较低，实行常规管理可以保证其安全、有效的医疗器械。第一类医疗器械产品备案，一般是由备案人向所在地设区的市级任命政府食品监督管理部门提交备案资料进行备案即可。从材料的角度讲，第一类材料制品通常是非植入的医疗器械。第二类是具有中度风险，需要严格控制管理以保证其安全、有效的医疗器械。第二类医疗器械主要用于和人体有直接接触的诊断或治疗仪器，多属于植入或半植入的生物材料制品。由于第二类医疗器械对人体可能有一定的危害，需要进行产品注册，申请人应当向省级人民政府食品药品监督管理部门提交注册申请资料。第三类医疗器械是具有较高风险，需要采取特别措施严格控制管理以保证其安全、有效的医疗器械。第三类医疗器械必须向国务院食品药品监督管理部门提交注册申请。由于第三类医疗器械大多需要永久性植入人体，或是重大疾病的诊疗化验设备，对人体的潜在危害极大，需要严格的临床试验为依据才能上市，所以需要凭“医疗器械经营（或生产）许可证”经营。

我国《医疗器械分类目录》中的分类是按照临床使用的部位或功能进行分类的，而与生物材料密切先关的除了各种手术器械和检测设备外，涉及的类别主要包括医用化验和基础设备器具、体外循环及血液处理设备、植入材料和人工器官、口腔科设备及器具、病房护理设备及器具、消毒和灭菌设备及器具、口腔科材料、医用卫生材料及敷料、医用缝合材料及粘合剂、医用高分子材料及制品、介入器材等[3]。

随着科学技术的发展及其在医疗器械中的应用，医疗器械产品日新月异，临床技术革新需要研制医疗器械新产品。医疗器械新产品，是指国内市场尚未出现过的或者安全性、有效性及产品机理未得到国内认可的全新的品种。第二类、第三类医疗器械新产品的临床试用，应当按照国务院药品监督管理部门的规定，经批准后进行。完成临床试用并通过国务院药品监督管理部门组织专家评审的医疗器械新产品，由国务院药品监督管理部门批准，并发给新产品证书。境内第一类医疗器械由设区的市级（食品）药品监督管理机构审查。境内第二类医疗器械由省、自治区、直辖市（食品）药品监督管理部门审查，批准后发给医疗器械注册证书。境内第三类医疗器械由国家食品药品监督管理局审查，批准后发给医疗器械注册证书。境外医疗器械由国家食品药品监督管理局审查，批准后发给医疗器械注册证书。台湾、香港、澳门地区医疗器械的注册，除本办法另有规定外，参照境外医疗器械办理。医疗器械经营许可证有效期为5年。

10.3.2 一次性医疗器械

一次性医疗器械是专供患者一次性使用的用品，不用再次消毒、处理，取之即用，用完则弃之，受到了广大患者和医护人员的欢迎。一次性的医疗器械品种规格不断增加，应用范围不断扩大，许多常规的检查和手术器具被一次性产品所代替。如输液器具、输血器具、注射器具、呼吸麻醉器具、诊疗器具、手术室用品和检验室用品等都用到了一次性医疗用品，尤其是一次性使用输液（血）器、注射器在我国每年的消耗量均达到10亿套之多，成为一次性医疗用品中应用最多最广的医疗器具。以一次性输液器为例，随着国际及国内行业标准的提高和医疗卫生知识水平的提升，人们对一次性输液器质量的要求越来越高，如对一次性输液器中颗粒及无菌的要求等。此外，人们还要求一次性输液器使用时包装易拆易组、设计精巧，而又要保证产品质量，这直接关系一线医护人员的使用评价和病人的直接感觉，必须引起研发生产者足够的重视。安全注射器、无针注射器、胰岛素注射器、骨髓腔内注射系统以及自动注射器将成为今后发展的热点。

一次性使用医疗器具直接与人体组织、腔道、器官、体液和血液接触，因此对其原材料有严格的要求。一般来讲，除材料本身所具有的物理、机械性能外，还应具备化学稳定性、耐老化性和生物相容性。材料的物理、机械性能指的是形成产品后的性能，一般包括：强度（指断裂强度、弯曲强度、压缩强度、冲击强度和撕裂强度等）、硬度、断裂伸长率、可挠性、透明性等。对于一次性使用的医疗器具，要求具有较好的透明度（如输液/输血器和注射器要求可见光透过率>70%）、较高的机械强度、一定的硬度和韧性、较好的粘合性和柔软性。但不同的产品有不同的使用要求，具体还应该根据产品应具备的强度、硬度、韧性和弹性选择原材料。

耐老化性指的是耐热性、耐寒性、耐辐射性和耐药品性。对于一次性使用的医疗器具，材料要求具有耐老化性，因此要求材料本身的纯度较高，分子量分布较窄；此外还要求成型加工过程中加入的各种助剂在使用时不析出，从而保证制得的产品性能稳定，耐辐射、耐老化性能好。材料的化学稳定性指的是非溶出性和无毒性，一般通过检测材料或制品的溶出物来监控，控制指标包括还原物质、重金属、铵、氯化物、pH值及不挥发物。一次性使用医疗器具使用的材料对单体及低聚物的残留有严格的限制；对材料中锌、铅、镉、铜、钡、锡以及重金属离子的残留情况有严格的规定；对在加工过程中使用的助剂要求尽可能采用无毒助剂；对长期存放或使用时助剂的析出有严格的要求。总的来说，要求材料无毒性、无溶出物和生理惰性。材料的生物相容性指的是材料应无热原性、无细胞毒性、无致敏性、无刺激性、无溶血性等，一般通过生物检测来实现。

表10-3 常用的一次性使用医疗器具和材料

种类	材料
整套输液器	医用聚氯乙烯（软质PVC）、聚乙烯、聚丙烯
整套输血器	医用聚氯乙烯（软质PVC）、聚乙烯、聚丙烯

（续上表）

种类		材料
整套注射器		聚丙烯、聚碳酸酯（PC）、丙烯腈—丁二烯—苯乙烯共聚物（ABS）、天然橡胶
静脉留置针、输液针、流量计		聚乙烯、聚四氟乙烯（PTFE）、丙烯腈—丁二烯—苯乙烯共聚物（ABS）
医用三通旋塞、注射针		聚甲醛（POM）
输液（血）器过滤器（网）		聚酯（PET）
导管	呼吸系统导管	医用 PVC、聚乙烯、聚丙烯、天然橡胶、硅橡胶
	麻醉系统导管	医用 PVC、聚乙烯、聚丙烯、硅橡胶（金属丝加强）
	泌尿系统导管	天然橡胶、硅橡胶、医用 PVC、聚氨酯（PU）、聚四氟乙烯（PTFE）
	引流管	硅橡胶、医用 PVC、聚氨酯（PU）、天然橡胶
	营养导管	医用 PVC、硅橡胶、天然橡胶、聚氨酯（PU）
	血液导管	硅橡胶、聚氨酯（PU）、聚四氟乙烯（PTFE）、医用 PVC
各种输液（血）袋、氧合袋、外科手套、体外引流袋、尿袋		医用 PVC、聚乙烯
试管、培养皿、样品杯		聚丙烯、聚苯乙烯（PS）
各种诊疗器具		医用 PVC、聚丙烯、聚乙烯、丙烯腈—丁二烯—苯乙烯共聚物（ABS）、聚碳酸酯（PC）

10.3.3 医用敷料

医用敷料在临床上常用来保护创面、防止细菌污染，并且吸收创面的渗液，维持伤口适量的血运和氧分，为创面愈合提供一个良好的局部环境。根据敷料材质和用途的不同，医用敷料大致可分为传统敷料、动物类敷料、人工合成敷料、人造生物敷料、药物性敷料和固定用敷料等。传统敷料以棉花、纱布、绷带为主，是临床上使用的主要敷料。传统敷料的原材料成本低，来源丰富，可吸收创面渗液，在临床上使用广泛，但传统敷料对创面只起保护作用，起不到促进愈合的作用，并且易粘连伤口，在使用中存在很大的缺陷。为了改变传统敷料存在的不足，以合成高分子为原料的人工合成敷料和以胶原为主要基质的人造生物敷料由此产生并逐渐发展起来。

人工合成敷料种类很多，有薄膜类、液体类、泡沫类、喷雾类、水凝胶类、水胶体类和藻酸盐类等，其中水凝胶类、水胶体类和藻酸盐类敷料代表了敷料领域的变革与发展，改变了过去有关伤口愈合理论的传统观点，提出了“无大气氧环境能促进血管增生，从而加速愈合”的新理论。近些年出现的部分人工合成敷料（水凝胶类、藻酸盐类）属新型敷料，也称生物活性敷料。生物活性敷料代表了创伤敷料领域的变革与发展，是对过去一些传统观点在理论和实践上的突破。在欧美，新型敷料已在临床和患者中得到广泛应用，对糖尿病性溃疡、下肢动静脉疾病性溃疡、褥疮、烧伤创面以及其他一些创伤的修复起到了积极作用，从治疗上来讲不仅大大加速了创面修复的进程，同时患者所承担的医疗费用也呈逐渐下降趋势。

一般而言，理想的医用敷料应具备以下特点：①能保护创面，不与创面粘连，更换敷料时不会再次损伤创面，防止细菌污染；②能吸收创面渗液，维持创面温度，维持伤口适量的血运和氧分，为创面愈合提供一个良好的局部环境，主动促进创面愈合；③无免疫抗原性，不引发排异反应和炎症；④舒适，病人无痛苦，无不良反应；⑤使用方便，能满足患者各种生活条件下的需要，且不增加患者本身和护理人员的负担；⑥制作容易，贮存与消毒方便，能为广大患者所接受并使用。

组织工程化皮肤是医用敷料新的发展方向，它最大的特点是含有种子细胞和细胞外基质替代物。目前皮肤组织工程的主要研究内容依然是细胞外基质替代物的研究、种子细胞的培养和生长的研究、组织工程化组织在各种病损组织中的替代的研究。用组织工程技术制成的人工皮肤已被 FDA 批准生产，现已用于治疗严重烧伤和难以愈合的糖尿病性溃疡。尽管如此，目前人工皮肤用于临床仍有许多难题，其中细胞培养期较长、难以大量生产和成本昂贵是以后要解决的关键问题，因此，人工皮肤的研究还有待进一步深入。

随着社会的不断发展，人类对敷料的要求会越来越高。而目前使用的各种敷料离理想型敷料的要求还有很大距离，相信在不久的将来，在发展新型敷料和组织工程人工皮肤的同时，更优质、更理想的医用敷料会出现，服务于全人类。

10.3.4 粘合剂

粘合剂作为皮肤、血管、脏器和止血的粘合材料在临床上被广泛应用，近年来逐步向品种多元、功能专一的系列产品方向发展。理想的粘合剂应该具备以下性质：①安全、可靠、无毒性、无“三致”（致癌、致畸、致突变）；②具有良好的生物相容性，不妨碍人体组织的自身愈合；③可在一定时期内保持无菌；④在有血液和组织液的条件下可以使用；⑤在常温、常压下可以实现快速粘合；⑥具有良好的粘合强度及持久性，粘合部分具有一定的弹性和韧性；⑦在使用过程中对人体组织无刺激性；⑧达到使用效果后能够逐渐降解、吸收、代谢；⑨具有良好的使用状态并易于保存。

α－氰基丙烯酸酯粘合剂是最早发现的软组织粘合剂，该种粘合剂的特点是粘接速度快、粘接强度高，而且毒性相对较小，组织反应较弱。根据其酯基的不同，高级酯与低级酯相比，其弹性及韧性好，聚合时聚合热明显下降，有利于眼、肝等部位的应用，但体内降解速率缓慢。该粘合剂目前已广泛应用于妇科、腹腔科、整形外科、神经科、泌尿生殖外科、血管科、胸外科等，取得了显著的临床效果。α－氰基丙烯酸酯在弱盐基性物质如水（湿气）、醇等环境下，之所以能在瞬间发挥其强粘接作用，是因为其迅速发生了阴离子聚合。其过程如下：

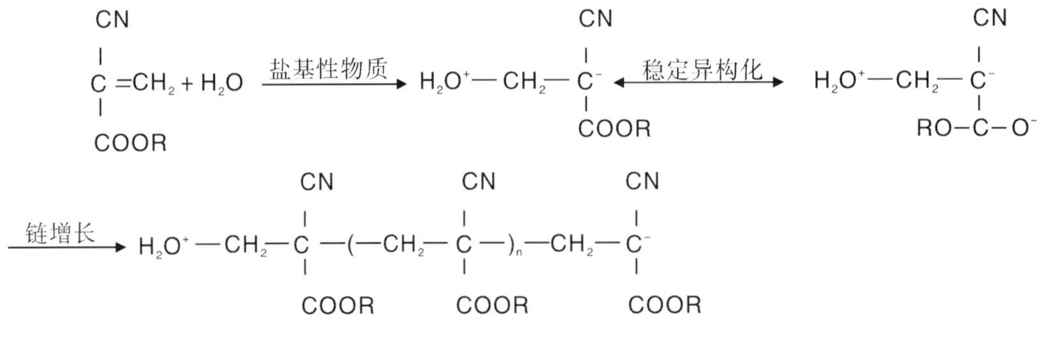

纤维蛋白粘合剂（FS）又称生物胶，分为异体与自体，主要有纤维蛋白原（Fibrinogen)、活性溶液（Applicator Solution）和抗纤溶剂抑肽酶（Aprotinin）。纤维蛋白原为血浆中的主要成分，是分子量约为340 KD的生物大分子，由三对肽链 $A\alpha_2$、$B\beta_2$ 和 γ_2 组成。活性溶液（Applicator Solution）包括凝血酶、Ca^{2+}、XⅢ因子，可以从 Aα 和 Bβ 链的氨基端分别水解下一个酸性多肽A和B，促使纤维蛋白原转变成纤维蛋白单体。单体间由于负电荷减少，可以自发聚集成无共价键相连的多聚体，并可以在 Ca^{2+} 的存在下激活XⅢ因子，被激活的XⅢ因子催化相互接近的单体间两条γ链的谷氨酰胺残基和赖氨酸的E-氨基形成共价键，最终形成稳定的纤维蛋白多聚体抗纤溶剂，主要为抑肽酶，用以抑制或减缓纤维蛋白溶酶原（纤溶酶）对凝块的降解。这种粘合剂的粘合作用不受血小板减少等血液凝固障碍的影响，生物相容性好，可适度吸收。它主要用于：软组织手术创伤部位的止血；神经、胰管、脾、血管的粘合、缝合增强；骨折片固定；创伤覆盖材料；整形外科无效腔填充材料。

商品的纤维蛋白粘合剂通常由两种组分组成，A组分含有高浓度的纤维蛋白原和XⅢ因子，并含有适量的抑肽酶和稳定剂；B组分主要含有凝血酶和 Ca^{2+}。使用时将两种溶液在所需部位混合即可。

聚氨酯粘合剂主要成分为聚氨酯弹性体或其改性共聚物，其特点为：①吸收生物体组织的水分，快速固化，增强与组织间的密合；②固化后粘合部位具有一定的柔韧性；③缓解软组织吻合部位的应力集中；④粘合剂贮存稳定；⑤具有良好的生物相容性和生物可降解性。它主要用于外科创伤、烧伤、溃疡等的修复粘合以及胆道、肠管等部位的粘合。

其他种类的软组织粘合剂主要分为：①明胶系，如GRF胶，用于皮肤与粘膜的粘合涂覆；②血浆系，如Plasma，用于神经组织保护、皮肤的粘合；③有机硅系，如Silicone Adhesive，用于皮肤表面保护；④聚甲基丙烯酸羟乙酯系，用作烫伤保护膜；⑤氯乙烯乳液系，如Geon Latex 652，用作脑动脉瘤的补强；⑥火棉胶系，即4%硝化纤维素溶液，用作止血涂覆剂。

10.3.5 止血材料

止血材料在各种外科手术中，对减少出血、缩短手术时间及加速患者愈合有着重要的影响。目前国内外临床上使用的可吸收止血材料主要有生物胶、明胶海绵、淀粉基止血微球等。生物胶类止血材料主要由纤维蛋白原、凝血酶以及辅助因子组成，生物胶有纤维蛋白胶（FG）[4]和冻干纤维蛋白贴（DFSD）[5]。FG是从人或哺乳动物血浆中提取，由纤维蛋白原、凝血酶、抑肽酶和氯化钙组成的一种生物止血粘合剂。其止血机制是通过高浓度的纤维蛋白原和凝血因子模拟机体凝血的第三阶段，并直接在创面形成一层纤维蛋白膜而有效地止血。

尽管纤维蛋白胶有诸多好处，但在临床应用上仍不十分满意[6]，如使用手术区要求尽可能保持干燥，使FG能与创面充分结合；创面粘合强度较低，同时会产生过敏现象。FG存在成本高，并有可能传染人或动物血源性疾病，使用复杂，止血速度慢以及对大血管止血效率低等缺陷。DFSD接触血液后，释放高浓度凝血酶，酶解纤维蛋白原形成纤维蛋白粘附到伤口上，实现快速止血。试验表明DFSD对各种类型的出血（如5级肝损伤、腹主动脉损伤）均有效，明显降低了死亡率，并且具有可吸收、使用方便等优点，可用于手术或创伤止血[7]。但其作为血液制品，存在传播疾病、引发变态反应等危险。

明胶海绵属于蛋白质胶原类产品，止血需要凝血因子的参与，因此对自身有凝血障碍的患者效果欠佳。胶原蛋白是一种异物，可发生发热、嗜酸粒细胞增多、皮肤过敏等不良反应，同时会增加伤口的感染，尤其是污染伤口。另外，明胶止血速度较慢，对血小板等止血成分的牵拉能力以及对创面的附着能力差，容易破裂[8]。

微球类止血材料主要有沸石止血剂（Qc）[9]和淀粉基止血微球（MPH）[10]，Qc是由沸石无机颗粒制备的微球材料，MPH是从植物淀粉中提取，经乳化交联处理制成的颗粒状止血材料。该类材料具有分子筛作用，当置于出血创面上时，颗粒的分子迅速吸收血液中的水分，并将血液中的有形成分（如血小板、红细胞、白蛋白、凝血酶和纤维蛋白等）聚集在颗粒表面，达到止血的功效；同时加速内源性凝血因子的激活，缩短凝血时间，形成局部凝血块，适用于弥漫性渗血或低压高流量出血。Qc多具有生物惰性，不会引起免疫反应，经FDA认证，用于外伤止血，同时贮存稳定性好，价格低廉，适宜大批量生产应用。但是临床应用中发现微球类止血材料对高流量出血效果有限，止血时的放热反应（局部温度达90 ℃以上）还可能导致组织热损伤。同时，使用该类产品时，必须将创面表面水分擦干，使其能充分跟创面组织接触，撒上止血粉的创面需用干纱布按压数分钟。

针对目前临床使用的外科止血材料的不足，开发快速、高效、稳定、安全、方便的新型止血材料对于材料开发与临床应用均具有重要意义。近年来医用可吸收止血材料引起了各国医学界和产业界的高度重视，新型止血材料已成为外科止血领域的研究热点之一。Malette等于1983年首次发表了关于壳聚糖止血功能的研究[11]，其后壳聚糖的止血性能越来越受到人们的关注[12]。国内外众多研究已经证实壳聚糖具有优良的止血功能。它一方面通过蛋白质介导粘附血小板，形成的复合物加速血纤维蛋白单体的聚合并共同形成凝块；另一方面诱导红细胞聚集，刺激血管收缩，最终形成血栓，缝合伤口。它的止血作用不依赖于正常凝血系统和血小板，因此正日益成为生物材料的研究热点。在猪肝脏、脾脏切开出血模型和脾脏被膜剥脱出血模型以及在住院患者的小肠手术中对比壳聚糖膜、氧化纤维和可吸收胶原蛋白的止血性能，结果表明壳聚糖膜的止血能力明显优于氧化再生纤维和可吸收胶原蛋白[13]。在可控的脾脏裂伤动物模型中对壳聚糖和当前流行的止血材料产品（可吸收胶原蛋白Acitfoam、氧化再生纤维Surgicel和纤维蛋白Bolheal）的止血性能进行比较，非肝素化系统和肝素化两个系列的动物试验结果均显示壳聚糖是一种比可吸收胶原蛋白、氧化再生纤维和纤维蛋白更高效的止血材料。

10.3.6 介入式医疗器械

介入式医疗器械通过外科手段插入人体或自然口腔中进行短时间的治疗或检查，治疗或检查完毕即取出。介入医学诊疗是在介入放射学基础上发展起来的一门和内科、外科并列的临床医学诊疗学科，是在影像医学（X线、超声、CT、MRT）引导下利用穿刺针、鞘管，通过经皮穿刺途径或通过人体原有孔道，使得导管或其他介入器械插到病变部位，进行诊断性造影和治疗，或对组织进行细菌学、细胞学、生理、生化诊断。介入医学诊疗是生物材料在临床诊断治疗中的集中应用。介入医学诊疗分为非血管性介入诊疗和血管性介入诊疗两大类。

非血管性介入疹疗主要用于：①经皮穿刺活检、抽吸、引流及治疗，如实质性脏器病变的经皮穿刺活检及消融治疗，经皮椎间盘切吸融核术，经皮穿刺脓肿、囊肿的抽吸、引流及注药治疗，结石处理等；②管道狭窄的球囊扩张及管腔内支架成形，如气管、支气管、食管、胃肠道、胆道、尿道、输尿管及吻合口狭窄球囊扩张及管腔内支架置入成形。

血管性介入诊疗主要用于：①心血管造影及心导管检查；②药物灌注如向动脉内灌注化疗药物、溶栓药物、止血剂等；③血管栓塞，如出血血管、肿瘤血管、动静脉畸形、脾动脉栓塞治疗等；④血管成形，如心脏瓣膜狭窄的扩张、血管狭窄的扩张、血管内支架置入成形、血管激光、旋切成形等。

10.3.6.1 导管

导管是介入医学诊疗用主要器械之一，它以合成医用高分子材料为主，经挤出成型、注塑成型、粘接成型、焊接二次成型、复合等加工手段制造而成。血管性介入导管主要有造影导管、球囊扩张导管、中心静脉导管、套针外周导管、微型漂浮导管、动静脉测压导管。造影导管、球囊扩张导管、PTCA 导管、PTA 导管、微导管、溶栓导管、指引导管、消融导管等，根据结构和作用特点可分为普通导管和特殊导管两大类。

普通导管由导管杆、导管前段和导管座三部分组成。导管的前段能形成不同形状和曲度，以适应不同部位的血管解剖形态。导管前段弯曲形状主要有五种，其名称见图 10－1。

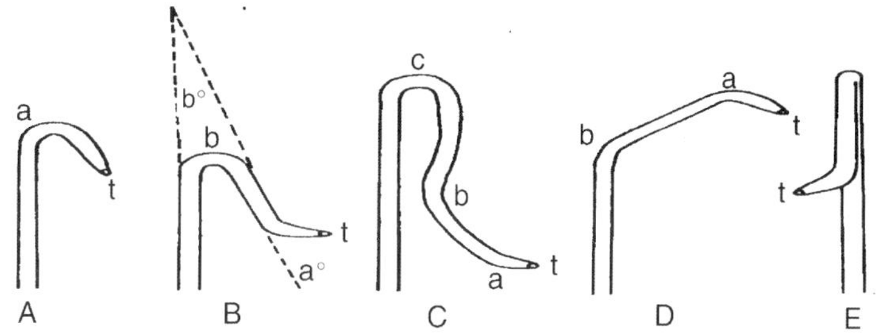

图 10－1 导管前段各部分名称

A. 单弯（Simple Curve） B. 反弯（Reverse Curve）
C. 三弯（Triple Curve） D. 双弯（Double Curve）
E. RH 导管（特殊弯曲）
a. 第一曲 b. 第二曲 c. 第三曲 t. 导管尖端
a°. 第一曲角度 b°. 第二曲角度

导管杆的材料要求具有适当的硬度、弹性、扭力和形态记忆性能以及表面低摩擦系数。不同部位要求不一样，如：导管的尖端（X 线可视端）要求非常柔软，第一曲段（同轴段）要求材料有较好的柔韧性，第三曲段（抗折断）就要求中等硬度，而输送段则要求比较牢固。一般导管有三层，最外层是经特殊处理的高分子材料，对导管的形状、硬度以及与血管内膜的摩擦力有较大的影响；导管的中间一般会由多根钢丝编织而成，主要是确保导管腔不会塌陷；导管的最内层最好选择抗凝血性能好的材料，能减少导丝、球囊和支架与导管内腔的摩擦力。

特殊导管包括球囊导管、可脱性导管、带孔导管以及动脉成形术专用球囊导管等。典型的球囊结构由带开关的导管座、导管杆和球囊三大部分组成。球囊是球囊导管最关键的部件，它由和导管杆相同或不同的材料经挤出成型和顺塑成型等二次加工而成。球囊壁很薄但耐高压，充盈前球囊紧贴导管杆，它位于导管前段接近端部处。按球囊特性，球囊导管分为高压无弹性扩张或血管成形球囊导管和低压有弹性球囊导管，两者之间差异很大。

10.3.6.2 导丝

导丝是介入医学治疗的另一关键器械，是输送球囊、支架和其他器械的导轨，也是最先接触血管病变的介入器械，尤其是在冠状动脉治疗中，导丝的选择和性能非常重要。

不同的导丝结构会具备不同的功能，导引导丝一般由核芯、头端、护套和光滑涂层组成。

导丝的核芯主要由不锈钢、镍钛合金等制备而成。为适应不同的病变程度和部位，导丝的头端要求柔性和操作性比较好。护套也是导丝的重要组成部分，主要功能是保证导丝直径的均匀性，进一步改善导丝的可控性，同时也是导丝可视性的设计来源。导丝护套有金属弹簧圈和高分子材料两种。导丝涂层主要是为了减少导丝的摩擦力，提高跟踪性，便于器械输送。涂层材料一定要具有良好的生物相容性和化学成分的稳定性，尤其是应具有良好的抗血栓性能。涂层既可使用亲水性材料，如水凝胶材料；也可选用疏水性材料，如聚四氟乙烯或硅树脂类。

10.3.6.3 球囊

介入医学治疗的另一关键性器械是用于血管狭窄病变扩张治疗的球囊。球囊的主要应用一是预扩张血管，以利于后续支架的顺利到位；二是以其后扩张保证支架的充分膨胀或良好贴壁。冠状动脉疾病的球囊扩张技术主要用于心肌供血范围不大，血管内径小冠状动脉发生病变并有临床症状时，且经球囊扩张后能达到“支架样”管腔疗效的血管狭窄治疗。

动脉成形术专用球囊导管专用于颈动脉成形，它是四腔双球囊的特殊球囊导管结构，见示意图 10 - 2。

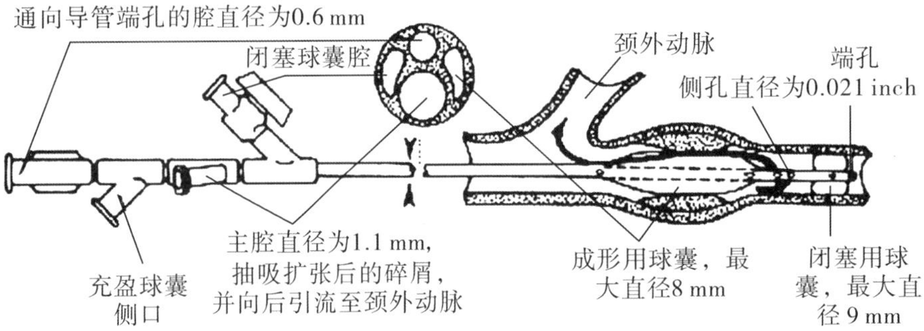

图 10 - 2　颈动脉成形术的特殊球囊导管（Bockenheimer 导管）

该导管内有四腔通道，第一腔与扩张球囊相通，充盈或抽吸球囊，用于治疗颈动脉狭窄症；第二腔与闭塞球囊相连，防止栓子进入颅内；第三腔用于抽吸扩张中产生的碎屑，腔直径大约为 1.1 mm；第四腔通向导管端孔，该腔直径为 0.6 mm，能通过直径 0.53 mm 的导丝。球囊导管长 100 cm。该特殊球囊导管对材料和制造工艺均提出了很高的技术要求。

经皮腔内冠状动脉成形术（Percutaneous Transluminal Coronary Angioplasty，PTCA）在球囊导管中占有很重要地位，它是材料科学工程学和临床医学的最新科学技术的集中体现。

冠状动脉介入治疗最终由球囊扩张达到，因此球囊导管的选择直接影响愈疗后效和成功率。组织学和血管内超声的研究已证明冠状动脉狭窄主要是通过斑块的挤压、内膜和局限的中层血管平滑肌的撕裂、斑块区域血管游离壁的伸展等产生的。选用正确的球囊直径和扩张压力，能达到既使狭窄消除，又不产生严重的中层血管平滑肌撕裂和内膜夹层的效果。常用的 PTCA 球囊导管有三种，其分类如图 10 - 3 所示。

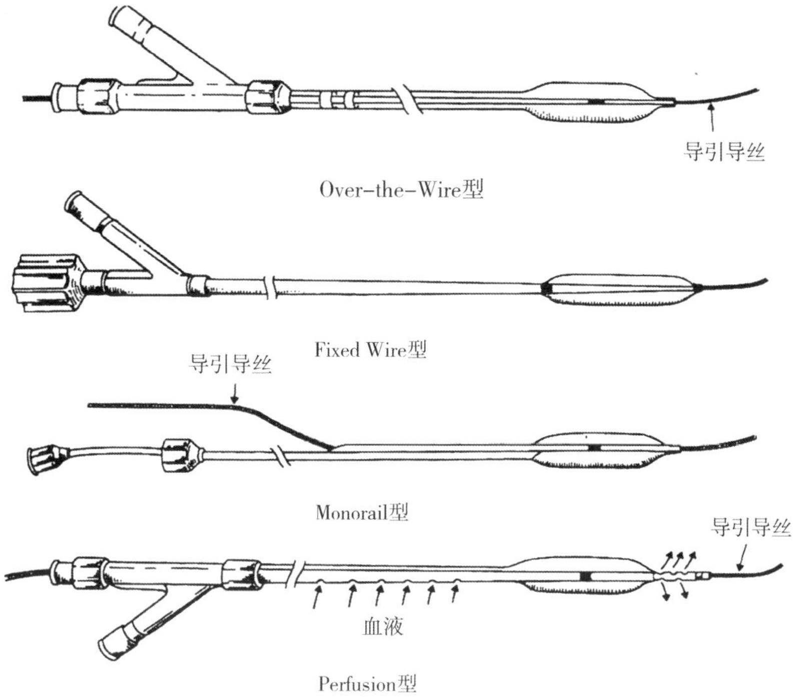

图 10－3　PTCA 球囊导管分类示意图

球囊的关键性技术的体现是球囊的膨胀直径可以精确地控制，抗压耐裂性能优良，挤压病变能力强以及有较好的顺应性（球囊的顺应性是指球囊充盈时每增加一个大气压球囊外形或体积相应发生的变化，是球囊拉伸能力的指标）、推进性、轨迹性和灵活性。球囊使用的材料几乎都是高分子材料。最早的球囊材料是 PVC，由于 PVC 的生物相容性较差，甚至有致癌性，而且硬度较大，加工困难，已经随着新材料的不断完善而被淘汰。20 世纪 80 年代开始使用交联聚乙烯（XLPE）和聚苯二甲酸二甲酯（PET）制备球囊，使球囊的性能得到很大的改善。XLPE 是非极性线型分子，有良好的化学稳定性和酸碱稳定性，生物相容性良好。PET 同样是线型分子，但分子具有较好的刚性和蠕变性、较高的尺寸稳定性以及较低的吸湿率和良好的加工性能。XLPE 和 PET 制作的球囊都具有较好的抗压性能和良好的结构力学性能，但因硬度很大而在临床应用上受到了许多限制。目前大家比较关注的是尼龙和热塑性聚氨酯。聚氨酯的优点是具有良好的加工性能和耐磨性能以及优异的生物相容性，其缺点是耐水性较差。尼龙具有很高的机械性能和抗拉、抗压强度。球囊材料的选择也与其他制品一样，复合材料或共聚物的使用越来越多，例如聚四氟乙烯、尼龙和聚氨酯与其他材料的复合材料已经成为球囊广泛使用的基本材料。(《大连学报》2010 年第 5 期)

球囊的临床治疗效果不仅与材料的性能有关，还与球囊的结构形状关系密切。评价球囊性能的主要指标是球囊的直径精度、顺应性、推进性、轨迹性、爆破性以及灵活性。球囊因结构形状不同可分为多种类型，如灌注球囊、切割球囊、双导丝聚力球囊、乳突球囊、载药球囊等；按照球囊的使用特点可分为同轴整体交换型、快速交换型及固定导丝的球囊三种。不同结构形状的球囊适用于不同病变的血管治疗，如乳突球囊是带有乳突的耐高压防滑球囊，有利于球囊的准确定位，不会损伤正常血管，一般适用于钙化性病变的预扩张、药物支架的预扩张以及药物支架内的再狭窄病变。药物涂层球囊是今后球囊发展的方向之一。药物涂层球囊的最大优点是进行病变血管扩张的同时可以降低血管的再狭窄率。目前使用于药物涂层球囊的药物主要是紫杉醇。

10.3.6.4 冠状动脉支架

管腔内支架置放术是治疗管腔阻塞或狭窄性病变的手术。通常先行管腔阻塞穿通、扩张，再在腔内置入内支架。依据支架的应用部位可将其分为血管型支架和非血管型支架两大类。前者主要治疗阻塞性血管病变，可提高疗效，降低再狭窄率；后者主要用于肿瘤性消化道或胆道管腔狭窄，可解决梗阻。依据置入体内后的扩张方式可将支架分为自扩张支架和球囊扩张支架。依据支架的形状又可分为网状支架、管状支架、缠绕型支架、环状支架。血管型支架包括冠状动脉支架（简称冠脉支架）、周围血管管腔内支架（髂动脉、股动脉、静脉等管腔内支架）和主动脉（胸主动脉、腹主动脉）内管腔内支架。限于篇幅，在此仅以冠状动脉支架为例进行简单介绍。

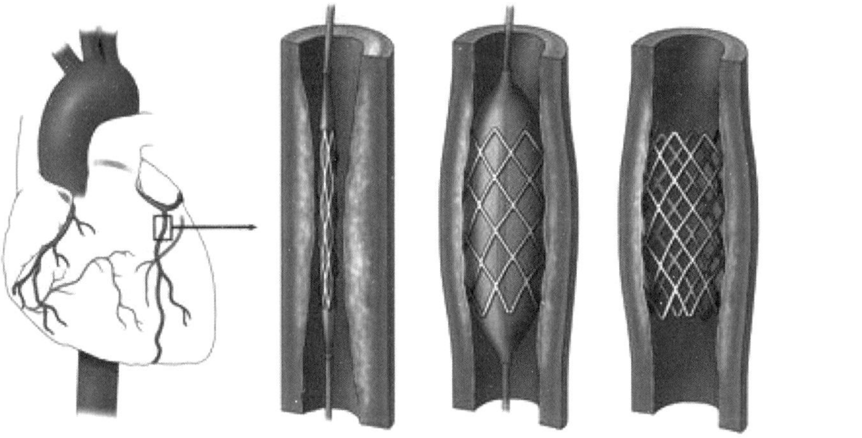

图 10-4　冠状动脉支架示意图

血管内移植物经皮冠状动脉介入治疗（PCI）具有理想的微创伤性和高效性，已成为心肌血运重建的主要手段，临床经皮冠状动脉介入治疗中近八成是植入冠状动脉支架。由于冠状动脉植入支架的影像效果非常好，尤其是急性期效果非常理想，能够治疗由球囊扩张引起的急性或濒临闭塞，使介入治疗的安全性大大提高。

冠状动脉支架不仅应具有良好的生物相容性，尤其是具备极佳的血液相容性，还应具有良好的力学性能，如扩张性能、支撑性能、顺应性能、X 光可视性能以及流体力学性能等。此外，支架的材料性能、结构形状、加工工艺以及表面修饰等也会直接影响支架的综合性能。不同类型的支架对材料性能和加工工艺有不同的要求。球囊扩张型金属支架需要较大的拉伸强度和弹性模量以及良好的柔顺性，而屈服强度越低越好。自扩张型金属支架关注的是支架的扩张支撑性能、抗拉强度、耐脉动和弯曲疲劳性等。冠状动脉支架材料主要是金属和高分子材料。金属材料支架的加工性、顺应性、传送性、覆盖性以及辐射张力都优于高分子材料支架，但金属支架的长期安全性、生物相容性，尤其是血管内再狭窄率偏高的问题至今尚无优良方法解决，限制了其临床应用。高分子材料支架的径向力比金属支架小，需要更大的支架体积，会对血管造成潜在的危险。

目前，临床常用的支架仍以316 L不锈钢支架为主，它也是目前耐腐蚀性能和综合力学性能较好的一类支架材料，但其X光可视性差，加入镍元素又会导致过敏反应。为更有效地防止支架内再狭窄和血栓形成，应改善支架的支撑性和透视性。钴铬合金支架与不锈钢支架相比，强度更高，密度更大，有更好的磁共振相容性，成为第二代冠脉药物支架的主体。钛合金支架已经成为目前临床应用最广泛的支架之一，但其较小的密度和弹性模量限制了应用范围。镍钛合金由于具有“形状记忆效应”和超弹性，被广泛地应用于颅内支架、颈动脉支架、远端保护器及外周血管支架等。难熔金属钽具有良好的抗生理腐蚀性和血液相容性，也已经成为支架材料的重要原料之一。此外，支架材料中还包括铂、金、铱、钯等。金属支架发展的趋势主要是选择复合金属材料。

临床支架使用的最大问题是血管的再狭窄。为了减少或避免再狭窄，不少科学家已经开始研究可生物降解的支架材料。研究表明，血管的再狭窄主要发生在支架置入的6个月内，只要材料在一定时间内支撑血管腔，保持血液畅通后自然消失，就会大大降低狭窄发生的可能性。因此，具有良好血液相容性的生物可吸收材料成为新型可降解性支架的首选材料。目前，用于生物降解性冠状动脉支架材料的合成高分子材料主要有聚乳酸类、聚原酸酯、聚己内酯及它们的共聚物或复合材料等。可降解高分子类材料有一定的发展前景，但也有扩张性能、支撑性能、顺应性能较差的缺点。目前的研究表明，聚乳酸类支架置入时还无法用气囊将其充分扩张，因此高分子支架还无法完全取代金属支架。生物可吸收金属支架因其独特的性能越来越受到重视，其中镁合金因其良好的力学性能、可控腐蚀性能以及降解产物的无毒性而受到国际上研究者的重视。镁合金一般在几个月内就可降解，几毫克的镁合金支架所释放的镁离子远远小于血液中的生理浓度，不会产生毒副作用。镁合金的缺点：一是X光的不可视性，二是降解速率过快，一般两个月内即可完全降解。

支架依据涂层分类可分为普通裸支架和药物支架。裸支架是不带药物涂层的支架，优点是病人服用抗血小板药物时间短，但缺点是再狭窄发生率较高。药物支架的表面涂覆一定的药物，以防止支架置入时引起血管过度增生，减少置入后再狭窄发生的可能性，但术后病人需要服用较长时间的抗血小板药物。目前国内大多数采用药物支架，裸支架大多只用于病变期内富含血栓、血管直径比较大以及短期内需要进行外科手术的病人。药物洗脱支架通常由金属支架、涂层药物、控制药物释放系统、高分子涂层以及输送支架系统组成。药物支架目前仍以金属支架为主，不同的支架可能会采用不同的合金制备。其使用的药物一般能使细胞生长周期停滞在G1期，从而抑制内膜增生，如紫杉醇、西罗莫司（英文名称Sirolimus，是一种大环内酯抗生素类免疫抑制剂）和依维莫司（英文名称Everolimus，借助阻断生长因子刺激而改变细胞分裂进程，抑制血管生成）等。控制药物释放的涂层均为高分子材料，一般包括底层、载药层和控制释放层。底层主要是增加药物层与支架的粘附力，保证药物洗脱支架在体内扩张时无脱落和开裂。载药层主要是抗增生药物与高分子材料的复合体，主要是保证载药量和药物的均匀分散。控制释放层由高分子材料与少量药物构成，关键是要实现药物的均匀释放。目前药物洗脱支架的研发重点之一是药物载体和控释材料的选择以及材料结构形态的控制，尤其是控制释放材料。目前使用的控释材料有降解和非降解两种，前者主要是聚酯类，如聚乳酸、聚己内酯、壳聚糖等，后者如聚丁基丙烯酸酯/乙烯基醋酸盐共聚物，能利用单体组成不同的比例，调节材料的膨胀性能。血管壁是亲水性的，亲水性材料和血管壁生理相容性好，可显著减少不良炎症反应。药物则是亲脂性的，支架核心的亲脂分子可以兼容药物并且少量、均匀释放药物，从而治疗病变日趋复杂的冠心病患者。

血管支架的综合性能除了受材料自身的影响以外，还受支架的网孔形状、大小、厚度、金属覆盖率、可视性、回缩率以及球囊的长度等的影响。支架的网孔有开环型、闭环型和开闭均有的中间型。开环型柔顺性和顺应性好，但会有斑块凸入管腔。闭环型覆盖管腔的面积较大，但柔顺性差。支架丝的厚度越小，金属的相对含量也越低。一般认为支架的金属含量越高，血管发生再狭窄的概率越高，但金属含量过低又难以保证支架的力学强度，应该是在保证支架力学强度的前提下尽量减少支架的金属含量。支架的金属覆盖率也是影响再狭窄发生的重要因素。一般而言，金属覆盖率太低，斑块会通过网孔向管腔凸出，引发血栓和血管的再狭窄，但金属含量过高又会影响支架的柔顺性和输送性，也会因金属的增加而影响支架的生物相容性。

10.3.6.5 栓塞剂

经导管栓塞术是介入治疗中的重要技术，也是介入放射学的三大重要技术之一。它是将一些人工栓塞材料有控制地注入病变器官的供应血管内或病变血管内，使之发生闭塞，中断血供，以达到控制出血，治疗血管性病变、肿瘤以及消除病变器官功能的目的。

栓塞材料一旦注入血管即可将血管阻塞，并对靶血管、靶器官（包括肿瘤和血管本身）及局部血流动力学三方面产生影响。栓塞术的关键之处是实施栓塞的过程，它关系到治疗的成败、效果和并发症等。栓塞剂的释放方法主要有三种：一是在不阻断血流的情况下注入栓塞剂，由血流将其携带至远端血管并将其栓塞，对于所谓低压的要求，是以注射时不造成反流为准；二是将靶血管用球囊导管或导管端部嵌入靶血管使血流暂时中断，然后注入栓塞剂；三是将栓塞物放置于预定的靶血管，局部造成栓塞，主要用于大型栓塞物的释放，如GDC、钢圈和球囊等，这种方法要求首先插管到位，然后准确计算靶血管，选用适当大小的栓塞物，方可安全释放。

栓塞材料对栓塞术的成功起着很重要的作用，甚至可以说是栓塞过程的关键所在。栓塞材料种类繁多，可以适应不同部位、不同性质病变的需要。理想的栓塞材料应无毒、无抗原性，具有较好的生物相容性，能迅速闭塞血管，能按需要闭塞不同口径、不同流量的血管，易经导管运送，易得，易消毒；更高的要求是能控制闭塞血管时间的长短，一旦需要，可经皮回收或使血管再通。

固体栓塞材料主要有PVA颗粒，PVA颗粒大小在140～1 000 μm，使用时将其混入造影剂，以悬浮液的形式经导管注入病变部位，机械性阻塞并诱发血栓形成，从而将血管闭塞。白芨粉是中药止血剂，也可用来作栓塞材料。可吸收性栓塞材料主要包括自体血块、吸收性明胶海绵、微胶原纤维以及闭塞胶（玉米胶蛋白、泛影酸钠、罂粟油和丙二醇混合物）。

液体栓塞材料可直接注入动脉瘤腔内，可以完全适应不同形状和大小的动脉瘤腔，使瘤壁和栓塞材料之间不留任何空隙，从而达到永久性栓塞。液体栓塞材料分为两种，即粘附性液体栓塞材料和非粘附性液体栓塞材料。物理栓塞有微弹簧圈、可脱球囊、真丝线段等。

目前已使用多种硬化剂来作为栓塞材料，如高渗葡萄糖液、十四烃基硫酸钠、鱼肝油酸钠和聚乙二醇单十二醚等，硬化剂可用于精索静脉曲张、胃食管静脉曲张等的治疗。

10.3.7 植入式医疗器械

植入式医疗器械（6845）是通过外科手段全部或部分插入人体或自然口腔中或替代上表

皮或眼表面，并在体内至少存留30天，且只能通过外科或内科手段取出的医疗制品，如：骨科修复与内固定材料、口腔修复与植入材料、人工器官、心脏支架等。人工器官和心血管支架另有简介，在此简单介绍骨科和口腔修复与内固定材料。

10.3.7.1 骨填充修复制品

骨科材料包括无机非金属材料、金属材料和高分子材料，通常分为骨修复材料和骨固定材料。骨修复材料就是在骨缺损处植入与人体骨成分相近，能够维持骨的稳定结构以及机体的正常运动，具有诱导和加速骨修复的功能材料。创伤、感染、肿瘤以及先天性疾病等常导致的骨缺损，其修复过程是一个复杂的骨再生过程，包括骨结构和功能的重建。骨缺损治疗的中心环节就是选择适当的骨修复材料，其骨生长的生物学特性对骨修复材料也有特殊的要求。

理想的骨修复材料应该是具有良好的生物相容性、骨传导和诱导性、生物力学适应性和一定生物活性的材料，其骨组织界面或具有直接成骨的功能。组织工程骨修复是最理想的骨组织修复过程。骨修复材料的修复过程主要依靠骨传导和骨诱导机制。骨传导机制是材料通过促进宿主骨与植入材料表面的结合，为骨细胞的生长提供可攀附的支架结构，引导骨形成。骨诱导机制材料通过所携带的生物因子，如骨形态发生蛋白（BMP）、转化生长因子（TCF）等诱导局部细胞或移植的细胞分化形成成熟的骨细胞，同时抑制破骨细胞的骨吸收作用。

骨水泥是骨科常用的一种填充修复材料，因其物理性质以及凝固后外观和性状与建筑用白水泥相似，便俗称为“骨水泥”。其学名应叫“骨粘固剂”，化学名为丙烯酸粘固剂（Acrylic cement）、聚甲基丙烯酸甲酯（Polymethyl Methacrylic，PMMA）。骨水泥的主要成分是聚甲基丙烯酸甲酯，主要用于人工关节置换手术。骨水泥由预聚体和单体两部分制剂组成，将其按一定比例调和，即可在室温下发生聚合反应，形成粘稠浆状，可任意成形，十几分钟后固化。骨水泥临床使用会产生一些副作用，如填充时偶尔可引起骨髓腔内高压，致使脂肪滴进入血管，引起栓塞；也会因人体骨骼不同，时间过久，人工关节仍可能发生松动。为克服其缺点，需一方面改进材料配方，另一方面改进置换技术。如采用专门的骨水泥枪进行填充，放置减压管，可以减少并发症。再如在骨水泥中加入适当比例的骨粒，日后骨粒吸收，人体骨骼组织即慢慢长入骨水泥内部，可达到自身固定的目的，不易松动。

磷酸钙骨水泥（CPC），又叫自固化磷酸钙，具有优良的生物活性、生物相容性、自固化能力以及易塑性。由于CPC具有多功能性，它在修复骨缺损、骨折治疗与骨病治疗等骨科临床中显示出较好的效果。CPC是由固相粉末和固化液以一定的比例混合而成的，其中固相多由一种或多种磷酸盐构成，固化液常采用水、磷酸盐水溶液、稀磷酸、生理盐水或手术部位的血液等。它与上述丙烯酸类骨水泥相比有较好的生物相容性和骨传导性，但可注射性较差，不利于微创手术的使用。因此，出现了大量的CPC复合材料。聚丙烯酸、丙烯酸与乌头二酸的共聚物/CPC的复合可以缩短固化时间，强度也明显提高。聚甲基乙基醚—顺丁烯二酸共聚体/CPC的复合可以延长固化时间，并且保持CPC较高的生物力学强度。壳聚糖具有促进前成骨细胞的分化和加速骨形成的作用，壳聚糖与CPC的复合可以显著提高机械性能，固化时间适宜，与骨组织结合较好，适合临床应用。可吸收纤维与CPC的复合可使新生的血管组织长入到因纤维溶解而留下的空隙中，给骨组织再生提供了良好的生长环境，使其强度和韧性都明显增强。

10.3.7.2 骨固定器件

目前国际上骨组织内固定器件主要集中在金属、人体可吸收型高分子材料、镁合金以及异种骨组织上。

早期治疗骨折及骨缺损的内固定材料主要是不锈钢和钛合金等金属材料，这类内固定材料的缺点已经非常明显，主要是由于应力屏蔽效应导致骨质疏松和骨萎缩，影响愈合骨的机械性能[14]。由于钛和其他合金材料具有较大的弹性模量（钛的弹性模量是 $10^5\sim10^7$ GPa），而皮质骨、松质骨和骨小梁的弹性模量相对较小（分别约 13.7 Gpa、1.85 Gpa 和 23.6 GPa），在利用钛金属固定时，会对骨组织产生应力屏蔽效应，最终导致新骨生长速度减慢和植入物的稳定性降低[15]。此外，金属内固定材料植入体内较长时间后，金属物松动和蚀损会导致炎症反应，对周围软组织和骨组织产生慢性刺激，造成溶骨。金属内固定材料在骨组织愈合后须再次取出，增加病人的经济、心理及身体上的负担，增加手术感染率，这也是其较大的弊端。

镁及其镁合金（自然状态下表面为 MgO）是一类在体内可被腐蚀吸收的金属材料，其降解过程释放 OH^- 离子，使体液呈碱性，近年在骨组织修复材料方面的应用得到日益重视。与其他常用的金属植入材料相比，镁的弹性模量为 45 GPa，与人骨十分接近，可有效降低应力屏蔽效应。另外，镁是存在于人体内较丰富的阳离子之一，参与人体的新陈代谢，正常 70 公斤重的成年人，大约有一半的镁存储在骨组织中[16]。镁是许多酶的辅助因子，能使 DNA 和 RNA 的结构保持稳定。研究表明，镁对新骨的生成有刺激效应，能够促进骨组织的愈合，因此，镁和镁合金常被用作一种质量较轻、可降解的骨科承重植入材料。

聚乳酸（PLA 或 PLLA）是经过美国 FDA 批准，可用于生物医用材料产品制造的一类可降解吸收高分子材料，因其可生物降解和降解产物无毒而备受关注，是目前临床应用最多的可吸收骨科内固定材料。聚乳酸类可吸收骨科内固定材料容易加工成形，具有较好的初始机械强度和良好的生物相容性，更重要的是其能够随着骨的愈合而逐渐降解为无毒性的小分子被人体组织降解吸收或排出体外，可以避免二次手术的痛苦。因此，与常规的不可降解的医用材料相比，这类可生物降解高分子材料具有显著优势，已在临床上作为非承重骨的固定器件。其中，采用自增强技术制备的可降解 PLLA 具有良好的初始力学强度和生物相容性，是目前商用可降解吸收骨科内固定材料的首选。然而，多年来的临床应用结果同样也证明，聚乳酸类可吸收骨科内固定材料仍然存在明显不足[17]，如材料的力学强度不够，韧性较差，难以作为承重骨的修复；早期降解速率和强度衰减过快，后期降解速率过慢，聚乳酸完全降解通常需要 3～8 年，酸性降解产物易导致无菌性炎症反应；材料亲水性差，细胞亲和性不够理想；X 射线不显影等。

从生物学角度看，自然骨基质是一种结合了有机/无机的杂化材料。近年来，生物活性玻璃和钙磷化合物、碳纤维、氧化物（二氧化硅、二氧化钛等）、无机纳米管（碳纳米管、埃洛石纳米管）、纳米粘土等无机填料或纤维增强聚乳酸的研究取得了显著进展[18,19]。然而，碳纳米管、碳纤维、二氧化钛、二氧化硅等一类为非生物活性的无机填充物，虽然可以改善聚乳酸材料的力学性能，但难以调控聚乳酸材料的降解性能和有效提高其生物活性。生物活性陶瓷如生物活性玻璃和钙磷化合物则能在一定程度上同时提高聚乳酸材料的力学性能和生物活性。天然骨组织中的无机矿物质主要为羟基磷灰石，它具有骨传导、骨诱导机制且具有良好的生物相容性，将其与 PLA 材料复合后可提高 PLA 材料的机械强度和生物相容性，增加材料与骨组织直接的骨性结合[20]。

10.3.7.3 口腔科材料与制品

用于口腔修复和治疗领域的生物材料和器械是生物材料领域中最早被应用的，主要应用于义齿、植入材料、颌面修复及填充材料及组织工程修复领域。近年来，随着技术发展，口腔修复材料向纳米化、全瓷化和数字化方向迅速发展。

用纳米级无机粒子改性塑料是近些年发展起来的一项新技术[21]，纳米材料作为增强剂使用时，即使添加量很少，也能使复合材料的力学性能与基体相比有显著提高。纳米无机材料由于粒径小、比表面积大，在聚合物复合材料中，与基体材料间有很强的结合力，不仅能提高材料的刚性和硬度，还可以起到增韧和增加耐磨性的效果。纳米 SiO_2 在 20 世纪末已被应用于填充修复树脂中，纳米（PMMA/ SiO_2）义齿基托复合材料及人工牙材料、聚合物/ 蒙脱土纳米复合材料等产品还在不断研发中。纳米羟基磷灰石具有高度的生物相容性和优良的成骨活性，广泛应用于修复颌骨缺损、牙槽嵴扩增、盖髓材料以及牙周疾病的治疗[22]。

全瓷修复效果美观逼真，菌斑不易附着，生物相容性好，耐磨损，已越来越受到口腔医生和患者的青睐，是目前牙齿美容修复中的热点。全瓷修复系统种类繁多，根据材料的不同可以分为氧化铝陶瓷、氧化硅陶瓷、氧化锆陶瓷、长石瓷、玻璃陶瓷等，其中氧化锆陶瓷近年来在口腔领域的发展与应用受到了口腔医生和材料研究学者更多的关注，产品化也最多。与大多数脆性陶瓷材料相比，部分氧化锆 3Y－TZP 陶瓷具有良好的韧性，材料的使用寿命依然可以控制在 20 年以上[23]，美观，尺寸稳定性好。在单冠修复体中，其边缘密合度可以达到 0 ~ 74 μm，单冠和固定桥五年修复成功率大于 90%[24]。但由于其价格昂贵，在国内市场推广受限制。

口腔领域中的数字化发展，是目前口腔材料与器械发展最迅速的领域。尽管电脑辅助设计与制造技术在工业制造中已被广泛使用，但由于口腔修复体的个性化和口腔修复材料的局限性，电脑辅助设计与制造在近年来才得到长足的发展，分别有 Subtractive Manufacturing（削减制作）、Additive Manufacturing（层层叠加）、Stereolithography（SLA）、Fused Deposition Modeling（熔融沉积 FDM）、Selective Electron Beam Melting（电子束选择熔融）、Laser Powder Forming Techniques（激光粉末烧成）和 Inkjet Printing Technologies（打印技术）[25]。图 10－5 是采用 SLA 制备制作的树脂牙冠和固定桥，这种牙冠和固定桥常用作齿牙的临时替代品。与传统的制作技术相比，数字化技术的一个优势是摆脱了对手工熟练程度的依赖。另一个特点是只要机器具备相关的部件，就能制造任何数量的复杂产品，且制备时间短，效率高。数字技术在牙科领域飞速发展，使口腔修复变得更容易、更快、更便宜、更容易预测。分层制造过程可以形成复杂的形状，价格也很低，而原料根本没有浪费。而面临的挑战是，牙科材料研究领域要在 CAD 和 CAM 技术与材料之间架起桥梁，使其适用于口腔修复的临床应用，这将开拓口腔材料研究一个新的方向。

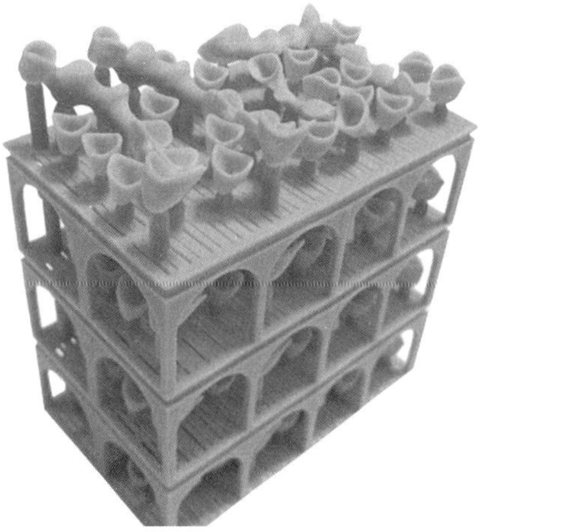

图 10－5　采用 SLA 制备制作的树脂牙冠和固定桥[26]

10.4 人工器官

10.4.1 简介

人工器官是临床治疗必不可少的医疗器械，是临床医学技术水平的重要标志，是21世纪最有潜力的朝阳产业。当人体的器官因病不能康复、行使功能时，现代医学提供了四种可能恢复功能的技术途径：一是自体器官的移植；二是同种异体的器官移植；三是进行异种器官的移植；四是用人工器官置换或替代病损器官。当然，组织工程和再生医学的发展为病变器官的修复或再生提供了新的途径，虽然临床使用的例子还不多，却是病变器官的原位修复或再生的革命性变化。人工器官一般是指生命体器官或器官的部分功能的人工替代物，是用机械和生物材料加工制造的一种人体器官代用品。人工器官不具备人体的生物学功能，其功能的发挥靠自身的物理和化学性能，无再生和修复功能。

10.4.2 人工器官材料

人工器官对材料的基本要求是材料在理化性能，尤其是力学和生理性能上必须满足设计要求，材料须具有良好的生物相容性。由于组织与植入材料的相互作用，纤维包膜的形成是不可避免的，而包膜有时可以限制植入材料的移动。人工器官材料表面的润湿性愈好，界面结合性能愈佳；材料与组织细胞界面形成键合愈易，则组织细胞相容性愈好；密度稍高的环境可提高碱性磷酸酶的活性，使界面钙离子浓度改变，有利于界面细胞生长，从而获得骨性结合；材料表面进行粗糙化或微孔化处理，或采用多孔体，有利于细胞与材料的机械嵌合，增强细胞附着。人工器官材料的刚性、边缘的钝锐性及材料的应力松弛效应对界面细胞的吸附、生长、抑制有直接的影响，尤其是对周围组织的破坏作用均有明显影响。人工器官的形状要力求有最佳的应力传导效果，以保证机体细胞在界面的生长和稳定等。

人工器官常用的生物材料在有些场合对强度和导电率有所要求时，就要用到金属材料，例如人造髋部的股骨尚没有能够替代金属的合适材料，心脏起搏器的电极也必须是金属的。

10.4.3 心血管系统的人工器官

心血管系统的人工器官主要包括：人工心脏、人工心脏瓣膜、人工心脏起搏器、人工血管、人工血液等。

10.4.3.1 人工心脏

人工心脏是利用机械的方法把血液输送到全身各器官以代替心脏功能的装置。在人体心脏因疾病而严重衰竭时，需植入人工心脏暂时辅助或永久替代人体心脏，推动血液循环。人工心脏一般分为完全人工心脏和辅助人工心脏两大类。人工心脏的应用：一是在心脏移植前等待供体时提供短时间的循环维持；二是在外科手术中供不能脱离体外循环者，或某些心肌功能丧失患者的一时性应用。

人工心脏主要有四个部件。其一是整个系统的关键——血泵。血泵有多种形式，如膜式、囊式、管型、摆型和螺型等。其中后三种应用较少，有逐渐被淘汰的趋势。血泵的材料必须具有优异的血液相容性、组织相容性以及优异的耐曲挠性能和力学性能。作为血泵材料使用的有：聚硅氧烷、聚氨酯、聚四氟乙烯及其复合材料等。其二是检测和控制心脏的工作状态，使之适应于人体的循环生理需要，保证人工心脏的正常进行的检测控制系统。其三是为血泵提供动能的驱动装置，如机械、液动、气动、电动和磁动等。其四是能源供给系统。

人工心脏的临床应用主要包括可逆性且暂时的心功能损害、心脏手术后心功能不全、重病患者心力衰竭、冠状动脉搭桥手术时缺血性心脏病、心脏瓣膜置换术短时间的辅助维护。

人工心脏按用途分类可分为左心室辅助循环、右心室辅助循环、双心室辅助循环和全人工心脏。按应用分类可分为短期泵、间断性泵、长期泵和永久性泵。短期泵、间断性泵主要为左、右心室辅助循环，用于短期辅助自身心脏恢复供血功能；长期泵和永久性泵主要指双心室辅助循环、全人工心脏，用于终末期心脏疾病心脏移植或永久性全人工心脏移植。

高分子材料一直是人工循环的主要应用材料。针对人工心脏的特点，聚酯类有较好的应用前途。今后还有可能利用人工材料的特点体外塑型，以微创手术将人工心脏置入人体，或者将人工材料做成人体可降解材料，使其在一定时期完成功能后自然降解，以免除二次手术。人工合金对人工心脏也做出了较大的贡献，如镍—钛合金曾经被用作人工心脏瓣膜、心室，其坚固性、轻质、表面光滑性非常适用于人工心脏。近来有人做成镍—钛—锆合金，其优越性更为突出。

人工心脏的发展需要进一步解决的问题是开发小型而具有高射血效能并安全可靠的控制系统和能源供应模型以及经久耐用的带瓣血室。

10.4.3.2 人工心脏瓣膜

人工心脏瓣膜指用机械或生物组织材料加工制造的用于替代病损心脏瓣膜功能的人工器件。心脏瓣膜是保证心脏推动血液循环定向流动的生物阀门，心脏瓣膜的病变会影响正常血液循环。

心脏瓣膜的基本结构应符合心脏瓣膜生物流体力学性能的要求，即瓣膜开放阻力最小，开放时瓣口两侧无明显压力差。当瓣膜关闭时，瓣膜关闭速度要快，要严，没有反流。血液通过瓣口产生的流场近似于生理血液流场，不产生涡流。瓣膜材料的理化性能和机械性能稳定，耐久性能良好，瓣膜的正常功能可保持数十年或更长。此外，瓣膜材料要求组织相容性和血液相容性良好，便于外科手术移植，消毒保存方便，材料易得，便于制造，价格合理，容易推广。

人工心脏瓣膜使用的材料主要有生物瓣和非生物瓣两大类，目前临床使用的大多是生物瓣。生物瓣主要有两种：一是异种主动脉瓣膜，多选用猪供体；另一种是由生物片状组织材料制作的瓣膜，牛心包和硬脑膜最为常用。心脏瓣膜基本由缝合环、金属瓣架和阻塞体三部分组成。缝合环一般用聚四氟乙烯、涤纶等高分子材料。曾经用作生物瓣材料的生物组织有：同种同体组织如阔筋膜、肺动脉；同种异体组织如主动脉瓣、硬脑膜、阔筋膜；异种异体组织如猪主动脉瓣、牛心包、牛主动脉瓣等。生物瓣的固定剂有甲醛、β－丙炔内酯、甘油和戊二醇。

凡是瓣膜病变严重又无法做成形手术者，只要全身条件允许都会争取做心瓣膜替换术，病人的年龄无绝对限制。

10.4.3.3 人工心脏起搏器

心脏房室传导系统发生病变时，心房刺激不能下传，导致心室不能正常收缩，心脏泵血功能难以维持血液正常循环，使用电子起搏器发出的电脉冲刺激心肌，能促使心室预定频率收缩，从而能正常搏动，恢复泵血功能。

10.4.3.4 人工血管和人造血液

人工血管是人工器官临床应用较早的器官之一。最早是利用自体血管移植，20 世纪中叶开始同种异体血管的移植。无论是自体还是同种异体，均存在供体受限。异体器官还因存在退行性变、扩张、动脉瘤形成、远期通畅率低等缺陷而渐渐被放弃。与此同时，人们也试图利用各种坚硬材料制作血管替代物，但均因血管无渗透性，无法与周围组织结合以及血栓的形成而未获成功。人工血管应具有的基本条件是良好的血液相容性，尤其是不能激发血栓的形成反应。具体而言，人工血管的表面不能激发血液中的血小板、白细胞以及相关的凝血因子。人工血管用于人体后，血管周围组织必须能生长于血管壁内，并具有良好的接触界面。因此血管的外层应具有一定的孔隙，使周围组织形成一定的包膜反应。此外，血管应具有易缝合性，能与人体血管组织形成一个合适的吻合口。血管的厚度、致密性和材料的性能会直接影响缝合的效果。临床效果表明，血管无渗漏也是非常关键的因素，有人建议血管外壁使用丝状结构以减少渗漏。PTFE 血管虽有开放间隙，但壁厚，间隙的孔道较深，一般不会渗漏。目前，临床上使用的编织人工血管多用高分子纤维材料编织而成。如今使用人工血管最大的缺陷是很难完全杜绝血栓的产生，尤其是在替代静脉时更难以避免。当前使用的高分子材料有聚氨酯、天然真丝、膨体聚四氟乙烯、聚酯纤维等。

人工血管基因修饰利用基因工程技术，将目的基因转入人工血管内衬的内皮细胞中，加强其分泌细胞因子的能力，促进其粘附生长以及抗血栓功能。许多研究报道了 7 - GAL、T - PA、FGF - 1、VEGF、TM 等基因用于内皮细胞的基因修饰研究，显示了良好前景和巨大潜力。小口径（ <6 mm）人工血管的远期畅通率的提高是目前亟待解决的问题。

人工血液实际上是人造血红素，是为解决血源不足，避免疾病传染而发展起来的。目前使用较多的是人工合成的氟化碳（FC）乳剂。它的携氧能力是血红蛋白的数倍，对氧的溶解度也比水高 20 倍左右，但与血红蛋白不同的是其为物理溶解。人工血对氧和二氧化碳的摄取—释放反应都很迅速。临床实例表明人造血液没有毒副作用及变态、过敏反应。目前人造血液的制造是把血红素基因转植到细菌体内，再利用细菌繁殖生产血红素。

10.4.4 呼吸、消化系统人工器官

10.4.4.1 人工肺

肺组织是肺的主要部分，肺组织可分成许多肺小叶和肺段。肺组织由肺实质和肺间质组成。肺实质包括肺内各级器官及肺泡。肺间质是指肺内结缔组织、血管、神经和淋巴管等。肺的主要生理功能就是交换气体，不断地吸收外界的新鲜空气，呼出体内的二氧化碳，保证人体新陈代谢的顺利进行。

人工肺又名氧合器，是一种代替肺脏排出二氧化碳，摄取氧气，进行气体交换的人工器官。人工肺基本分为四种：静立垂平式、转蝶式、鼓泡式和膜式。鼓泡式目前临床应用最广，膜式的血气不直接接触而隔一薄膜，靠气体弥散进行血气交换。

人工肺的主要功能就是气体交换，因此人工肺多为鼓泡式和膜式两种。前者使用的材料多为聚氨酯、纤维素和硅树脂等。膜式氧合器所采用的膜材以硅橡胶为主，其次是聚四氟乙烯、聚丙烯、聚砜类等。膜的结构有无孔薄膜、微孔薄膜和复合膜等[27]。

10.4.4.2 人工肝

众所周知，急性肝功能衰竭死亡率很高，严重危害人类的身体健康。人工肝支持系统的研究，无疑为肝功能衰竭的治疗提供了一条崭新的途径。由于肝脏有强大的再生能力，而且

部分肝组织切除能够完全恢复原状及功能，因此人工肝主要用作肝脏部分功能的暂时性替代装置，例如协助肝衰竭患者度过危险期或延长其生命，等待肝细胞再生或等待肝移植。至今人工肝尚不能长期使用和基本代替肝脏主要功能，因此被一些专家称为人工肝辅助。

人工肝主要分为以动物肝为主要部件的生物性人工肝和采用生物材料用于吸附解毒、血液透析和血浆及氨基酸的调整补充的非生物性人工肝两大类。非生物性人工肝有以下三种：①血灌流吸附解毒，利用活性炭或树脂等吸附材料，将患者血液中抑制肝细胞生长的毒性物质等吸附清除。因为活性炭的血液相容性不好，可在活性炭外面涂以高分子生物医学包膜，近来有用吸附树脂代替活性炭的趋向。②血透析及超滤，肝衰竭患者的血液中含有一些与病情相关、分子量在 1 000 ~4 000 的中分子物质，可用聚丙烯腈膜或中空纤维进行血液透析以除脱。③血浆及氨基酸的平衡补充，补充氨基酸制剂而调整血浆氨基酸平衡。

生物人工肝支持系统可将肝细胞体外培养系统用于人工肝，使之具备更完备的肝功能效果，优于传统的人工肝，即参与糖、蛋白、脂肪三大代谢；完成中间代谢；清除毒素和中间代谢产物；具有生物合成、转化功能；分泌具有促进肝细胞生长的活性物质等。

10.4.4.3 人工胰

糖尿病是一种常见的代谢紊乱性疾病或内分泌病。目前对糖尿病的主要疗法有皮下注射胰岛素、口服降糖药、胰脏移植或胰岛细胞植入、使用人工胰等。目前的人工胰能随时测知患者的血糖值，适时地释放适量胰岛素，发挥胰脏失去了机能的 β 细胞功能，控制血糖，使其维持在正常值范围。人工胰装置除可有控制地给患者注入胰岛素之外，还可注入葡萄糖和胰高血糖素等。

按构造不同，人工胰可分为机械人工胰和半生物人工胰两种。机械人工胰主要由胰岛素注射泵、控制微机和能连续测定血糖值的传感器所组成。半生物人工胰利用动物胰腺组织或细胞对人体的血糖变化迅速反应，释放适量胰岛素来调节血糖。含少量季氨基的丙烯酸酯的共聚物和海藻酸钠与氯化钙、聚赖氨酸形成的聚离子复合物等材料，已成功地用作胰岛细胞的包囊。有人用海藻酸钙包埋胰岛细胞制成人工胰腺。

生物人工胰主要是采用胰腺材料，并对胰组织采取免疫隔离技术后移植入受体，使植入的胰岛或其他生物材料免受受体免疫系统的攻击。目前生物胰取材主要是胰岛，也包括胰块和 β 细胞等。在来源上有人体、猪、猴、鼠等。采用的免疫隔离技术包括微囊、中空纤维、弥撒仓等。其中研究得最多的为微囊化胰岛移植。人工胰岛素释放系统是模拟人体的胰岛素对血糖反应而释放胰岛素的系统，它模拟了人体依血糖浓度高低而进行胰岛素分泌的反馈性。它通常由血糖浓度监测、胰岛素泵以及泵控制三个子系统组成。

10.4.4.4 人工喉和人工食管

人工喉又称助讲器，可分为气动人工喉、电磁人工喉和电子人工喉三种。按声音导入方式，又分为内导入型、颈外导入型和口腔上腭型三种。正常人的肺和支气管汇于气管，经喉与食道连接。喉癌病人需要切除喉头，由于声带随同切除而不能发音，气管也因喉切除而将断端封于颈部。肺的呼吸虽仍能使气体流动，但不能发音，所以人工喉的主要功能不是为了呼吸，而是利用正常的气体呼吸进行发音重建。聚氨酯、硅橡胶是制造人工喉的主要原料。

食管是一种柔软的肌性管，主要功能是参与机械性消化，通过蠕动方式将食物送入胃内。人工食管不能完全模拟食管形态，管腔是持续开放型的，这就要求人工食管有合适的弹性和硬度。人工食管的主体材料是硅橡胶、尼龙织物和聚氨酯弹性材料。

10.4.5 泌尿系统人工器官

泌尿系统由肾、输尿管、膀胱和尿道组成。肾是泌尿系统最重要的实质性器官，它的主要功能是生产尿液。肾不仅起排泄作用，还对肌体水电解质平衡和酸碱平衡起重要的调节作用，同时还分泌肾素、前列腺素、促红细胞生成素。

10.4.5.1 人工肾

人工肾是一种替代肾脏功能的装置，主要用于治疗肾功能衰竭和尿毒症。人工肾主要是将血液引出体外，利用透析、过滤、吸附、分离等原理排除体内过剩的含氮化合物、新陈代谢产物或过量的药物等，调节电解质平衡，然后再将净化的血液引回体内。

人工肾一般由供水系统、净化系统和监护系统组成。因为病人一次透析需要用210～240 L的无离子水或蒸馏水，所以要有提供用水的装置。净化系统主要包括透析器及透析液供给和血液体外循环用的附属管路。人工肾一般分为透析型、滤过型、吸附型三大类。

中空纤维型透析器（简称HFAK）是最常用，又较先进的透析型人工肾。这种人工肾由上万根内径为210～260 μm的由醋酸纤维膜和铜珞玢膜制成的空心纤维管组成，装在一透明容器中，两端配有动脉和静脉血路，使血液和透析液分别在空心纤维管内外做反向流动，通过纤维管壁渗透。实际上透析膜是具有一定大小孔隙的薄膜，不同物质的溶液或同种物质不同浓度或压力差的溶液在透析膜两边可以达到浓度和成分的平衡。

在血液内应除去的毒物中，小分子量者是指水、尿素（分子量60）、肌酐（分子量113）、尿酸（分子量168）等；中等分子量者一般指分子量在1 000～5 000的物质，如维生素B_{12}（分子量1 355）、菊粉（分子量5 200）等。血液从人体动脉引出，进入透析器，在透析膜的两边发生离子的交换，血液中低、中分子量如PO_4^{3-}、SO_4^{2-}、肌肝酸、尿素、肝素等应清除的物质排出血液，而HCO_3^{2-}等从透析液适当补充到血液中，血液中的大分子物质如血浆蛋白和血液细胞不会从小孔隙中向外流失，外面的细菌病毒也不会跑进血液内部造成感染。经清除后的血液再回到人体的静脉中去。

吸附型人工肾不使用透析液，而是用高分子膜包被活性炭颗粒来吸附血液中的肌酐、肌酸、尿酸、毒性药物等。由于其他人工肾不能清除尿素和水分，也不能调节电解质及酸碱平衡紊乱，因而不能单独完成肾衰患者的血液净化，多和透析型人工肾配合使用。由于其对中分子毒素吸附有优良效果，故多用于急性药物中毒患者的抢救。这种人工肾俗称“碳肾”。

滤过型人工肾模仿正常人体肾小球清除溶质的机理工作，使患者体外循环血液通过装有用聚丙烯制成的滤过膜（AN69）或用聚砜膜制成的中空纤维的特制滤器，通过提高跨膜压来提高超滤率，借以有效清除溶质。这种人工肾不需要透析液，设备简单，能有效地清除中分子量毒素，还不会发生失衡综合征和低血压，是目前使用效果较好的一种。但是它只能模仿肾小球的滤过功能，另需靠输入置换液来代替肾小管和集合管的重吸收功能，这是它的不足之处。

生物人工肾[28]是根据组织工程的原理制造出来的，它由生物人工血滤器和生物人工肾小管辅助装置两部分组成。前者使用包裹具有活性的内皮细胞的生物材料膜，使移植的细胞逃避宿主的排斥，通过转基因技术，并合成分泌多种肾原性物质；后者具有肾小管的再生、分裂、分化、分泌等功能。因此，生物人工肾应具有正常肾的滤过、分泌和肾小管的重吸收、内分泌和代谢等多种功能。随着生物器官打印技术、微机电系统技术以及纳米制造技术的迅猛发展，利用天然材料制备可移植小型化生物人工肾已经成为可能。与天然材料比较，人工合成材料生物相容性差，移植到体内后容易导致免疫炎症反应，限制了应用。而天然材料如胶原、壳聚糖、透明质酸及其他细胞外基质等抗原性较低，不会诱发体内免疫反应，如脱细胞弹性纤维、各型胶原等具备较好的机械特性与良好的生物相容性，便于体内移植与缝合。

10.4.5.2 人工膀胱

膀胱是储存和排除尿液的肌性囊状器官，其容量有 300 ~ 500 mL。当受伤或病变时会引起尿路部分区段受阻或梗死，影响肾功能。因此，必须对其进行改道或更换。人工膀胱有两类：一是用自体组织或异体组织的生物组织材料制作的人工膀胱；二是用合成高分子材料制作的人工膀胱。前者是利用肠管（如结肠、回肠）代替膀胱，也可用肛门括约肌自肛门排尿，一般称为自体人工膀胱再造术。理想的人工膀胱应具有以下作用：保护肾脏功能；能有效地储存尿液；能完全排空；抗感染和异物沉积以及有良好的生物相容性等。

除自体再造人工膀胱外，利用高分子材料制作的人工膀胱假体及人工尿道多用于膀胱切除术。用作人工膀胱的高分子材料必须具有良好的血液相容性、在尿液中的性能稳定性、对泌尿系统无刺激和良好的密封性。常用的材料有硅橡胶、聚四氟乙烯、涤纶、聚氨酯、聚乙烯海绵、天然乳胶等。

10.4.6 其他人工器官

随着现代医疗事业的发展，一些高新技术的人造器官犹如雨后春笋般涌出，为人类的健康带来了福音。[29,30,31]

人工皮肤，看起来毫不出色的人造皮肤市场，却生机盎然。由牛身上“骨胶原”制成的人造皮肤，成功地商品化。这种人造皮肤，是由牛的真皮抽出骨胶原制成的，没有排斥反应，而且表皮形成能力优异，治疗灼伤的效果很好。

神经修补技术已经有许多不同的材料，而硅胶管是最常用的材料。硅胶管具有较高的生物惰性、透明、高柔软度等优点。但硅胶管不易被生物体降解，必须进行二次手术将硅胶管取出，否则该硅胶管将会压迫管内新生的神经组织而产生后遗症。近年来有不少可降解材料的应用，如 PLA、PLLA、PLGA 等，其优点是当再生的轴突长入神经远端后，降解材料可被分解为能被生物体吸收的物质，以避免二次手术所造成的伤害。但降解产物有可能会引发局部组织纤维化而妨碍神经的再生。所以材料在神经再生方面的应用与研发，还有很长的路要走。

人工中耳已开始临床试用，产品分内外两部分。体外部分装在耳朵的后方，功能是将麦克风捕捉到的声音，以电子信号放大，再用无线电传送到体内。体内部分则用手术埋入中耳腔内，由耳小鼓振荡子和线圈构成。线圈在收到无线电信号之后，便将信号转换成电压，振动耳小鼓振荡子，然后再传达给中耳的镫骨。这种半隐藏式人造中耳不但能使患者听到所有人耳能听到的声音，而且听起来清楚、自然，也有立体感。

人工角膜有异体角膜、动物角膜、高分子材料角膜以及组织工程化角膜，目前临床应用的几乎全是第一类，组织工程化角膜成功以后有可能替代异体角膜。除人体角膜移植外，可用透明的高分子材料如硅橡胶、聚甲基丙烯酸酯类、聚酯等材料的薄片制成人工角膜进行移植，也取得良好的效果。

玻璃体是眼球的主要部分，体积约占眼球的70%，它对视网膜起保护作用，若破坏了玻璃体就会造成失明。当眼部由于某些疾病要进行手术（如晶状体摘除、视网膜剥离、人工角膜）或玻璃体发生意外事故时，就要补充或替换玻璃体。人工玻璃体必须具备以下特征：无菌，有与眼睛的要求相适应的折射率等光学特性，对眼组织无刺激，无障碍，可在眼内长期保留，易于操作注入，易于保存等。聚乙烯醇水凝胶基本上能满足上述要求。

人工晶状体一般用聚甲基丙烯酸酯类的透明高分子材料制成，单用聚甲基丙烯酸甲酯会显得太脆，所以一般采用甲基丙烯酸甲酯和甲基丙烯酸丁酯共聚以增加韧性，也可采用甲基丙烯酸环己酯和甲基丙烯酸丁酯共聚以提高其折光性和韧性。将上述高分子材料制成厚度为1 mm以下的薄片，在铜模内热塑成型即可制得。这种晶状体植入眼球内有很好的效果。

人工肌腱先后用过的材料有玻璃纸、丝绸、火棉胶、钽丝、聚乙烯、聚四氟乙烯、尼龙、不锈钢管等，效果都不显著，主要原因是感染、排异、粘连等。组织工程人工肌腱是在碳纤维增强的聚乳酸（PGA）表面涂覆胶原。将人工肌腱细胞在此材料表面先体外培养，再植入体内，桥接肌腱断端，聚乳酸和碳纤维在体内最终会被降解吸收，最终生成结实的新肌腱。

10.5 组织工程支架材料

10.5.1 基本概念

组织工程（Tissue Engineering）概念于1987年由美国科学基金会在华盛顿举办的生物工程小组会上提出，1988年正式定义为：应用生命科学与工程学的原理与技术，在正确认识哺乳动物的正常及病理两种状态下的组织结构与功能关系的基础上，研究、开发用于修复、维护、促进人体各种组织或器官损伤后的功能和形态的生物替代物的一门新兴学科。

组织工程研究主要包括种子细胞、支架材料、构建组织和器官的方法和技术。目前临床上常用的组织修复途径都存在不足，如免疫排斥反应及供体不足等。组织工程的发展将从根本上解决组织和器官缺损所致的功能障碍或丧失的治疗问题。

组织工程的核心是建立由细胞和生物材料构成的三维空间复合体，然后在体内外形成具有生命力的活体组织，对病损组织进行形态、结构和功能的重建并达到永久性替代。生物体是由细胞和细胞间质构成的，细胞是构成生物体功能的基本单位，细胞间质不仅有直接支持细胞组织的作用，而且可以影响细胞的形态，调控细胞的正常代谢、迁移、增殖、分化以及信息传递。因此，生物体内的细胞间质是最理想的支架材料。

10.5.2 支架材料的基本功能与要求

组织工程支架材料为体外构建工程组织或器官提供三维的细胞生长支架，起到细胞外基质的作用，使细胞间形成适宜的空间分布和必要的细胞联系，并能提供特殊的生长和分化信号，诱导细胞的定向分化和维持细胞分化[32]。除可注射性材料以外，大多数组织工程支架必须预先制成多孔支架。组织工程多孔支架需要满足以下要求：①良好的生物相容性，即无明显的细胞毒性、炎症反应和免疫排斥；②可生物降解吸收性，支架要具有与细胞、组织生长速率相适应的降解吸收速率；③合适的孔结构，包括合适的孔尺寸（ >100 μm）、高的孔隙率（ >90%）和相连的孔形态，以利于大量细胞的种植、细胞和组织的生长、细胞外基质的形成、氧气和营养物质的传输、代谢物的排泄以及血管和神经的内生长；④可加工性，可加工成特定的三维外形以获得所需的组织或器官形状；⑤大的比表面积和合适的表面理化性质以利于细胞粘附、增殖和分化，以及负载生长因子等生物信号分子；⑥与植入部位组织的力学性能相匹配的结构强度，以在体内生物力学微环境中保持结构稳定性和完整性，并为植入细胞营造合适的微应力环境；⑦良好的消毒性能。组织工程支架材料的外观结构（cm ~ mm尺寸），决定了工程化组织的形状和大小；而组织工程支架材料的孔径大小（μm 尺寸），可以影响调节细胞的长入和生长；支架材料的表面化学性质（nm 尺寸）是控制着细胞的粘附和诱导细胞的基因表达的关键。

10.5.3 主要的组织工程支架材料

组织工程支架材料一般分为可生物降解的天然材料、合成高分子材料、无机材料以及杂化复合材料等。很多材料在本书的前面章节都有涉及。天然材料如甲壳素及其衍生物、胶原、透明质酸、珊瑚等，这类材料具有优异的生物相容性和生物降解性，但是主要存在力学强度低和来源差异性强等问题，因此应用时一般都需要改性或者跟其他材料复合。合成高分子材料大多是可降解聚酯类材料，如聚乳酸（PLA）、聚乙醇酸（PGA）及两者的共聚物（PLGA）、聚己内酯（PCL）、聚酯尿烷、聚醇酸亚胺共聚物聚羟丁酯（PHB）及其共聚物等[33]。这类材料性能可调、加工性能好，但是由于碳链上缺乏细胞识别位点，在很大程度上影响了生物相容性及细胞特异性反应。目前应用较多的无机材料主要为羟基磷灰石、β－磷酸钙和镁合金等材料，主要应用于硬组织修复。组织工程支架材料今后应注重以下几点：①天然材料应注重机械强度的提高、加工性能的改善、潜在的病毒隐患消除。②合成材料应关注增进细胞的识别功能，降低降解产物的毒副作用，调解材料的降解速率、降解速率与支架材料的力学衰减之间的关系，研制可以释放某种化学物质或生长因子到周围组织，进而激活相关的细胞，能诱导组织再生的新型材料。③支架材料的精密加工技术。④从仿生学的角度制备具有生物活性的支架材料；从分子生物学、细胞学和组织学的角度提出新的合成设计思想和寻找新的合成方法；从组织或个体的特异性角度加强对不同细胞或组织所需材料的筛选工作，找出最优的支架材料和最适合的制备方法；加强支架材料制备的规范化、标准化，而不因设计者的个人经验不同而产生差异，提高制备过程中机械和电脑控制的程度。

10.5.4 组织工程支架的制备方法

10.5.4.1 组织工程支架的常用制备方法

组织工程支架材料的制备因其特殊要求，采用的方法也有所不同，其关键是在保证基本功能的同时，还要适应组织的修复空间和环境。除了力学性能和降解性能以外，材料的孔隙大小和孔隙率也非常重要。常见的制备方法有纤维粘连技术（无规粘合、有序编制）、溶液浇铸—粒子沥滤技术、冷冻干燥法［包括乳液（W/O）冷冻干燥法、溶液冷冻干燥法、凝胶冷冻干燥法］、热致相分离法、气体发泡法、熔融成型法、烧结微球法、快速成型技术（固体自由模型）、三维打印（刻蚀）技术、熔融堆积成型等。准分子激光在材料表面得到的微米和亚微米水平的拓扑学结构比光蚀刻有更多优点。辐射接枝法利用高能辐射使材料表面产生活性点，引发单体的接枝聚合。

表 10 - 4 不同制备技术的优缺点比较

构建技术	优点	缺点
纤维粘连技术	多孔支架的比表面积大、孔与孔之间相互连通性好	孔隙率和孔尺寸不易控制，亦不易独立调节。需使用有机溶剂
溶液浇铸—粒子沥滤技术	简单、适用性广、孔隙率和孔尺寸易独立调节	需使用毒性较大的有机溶剂
热致相分离/冷冻干燥法	该技术避免了高温，比表面积大	孔尺寸偏小
气体发泡法	避免使用有机溶剂	孔的连通性不好
烧结微球法	孔连通性好、孔尺寸易调控、力学强度大	孔尺寸偏小、孔隙率低
快速成型技术	成型时间短、利于大规模生产、可制备具有个体特征的多孔支架	孔隙率偏低

10.5.4.2 快速成型法

临床上组织缺损的病例增多，对组织工程支架的制备效率提出了更高的要求。能一步形成支架的外形和相连的多孔结构的快速成型技术（Rapid Prototyping Manufacturing，RPM）是解决此问题的有效途径[34]。RPM 技术是在计算机和制造业迅速发展的基础上发展起来的一门先进的快速、批量成型技术，其优点在于成型时间短，利于自动化大规模生产；可根据个体的不同，迅速制备出具有个体特征的三维多孔支架，并可以方便地进行人工设计或修正支架结构；可制备各个部位具有不同孔结构的支架以适应复合组织的不同要求。

RPM 技术最早应用于医学领域，通过 CT 收集的数据用于外科手术导航系统和钛合金植入体设计。常用的 RPM 技术有三维打印技术（3 - Dimensional Printing，3 - DP）、熔丝沉积成型（Fused Deposition Modeling，FDM）、分层实体制造（Sheet Lamination Fabrication，SLF）、粘结技术（Adhesive Bonding）、选择性激光烧结（Selective Laser Sintering，SLS）、光固化成型或立体光刻造型（Stereo Lithography Apparatus，SLA）等，能根据电脑设计的模型快速打印出结构复杂的产品，直接将设计思想转化成实体原型。值得一提的是，三维打印技术已经成为最近两年最热门和发展最为迅速的工艺方法，在组织工程领域具有光明的应用前景。

用三维打印法制备多孔支架时，打印喷头依次打印出聚合物粉末和粘合剂（通常为溶剂）或者熔体，在计算机控制下，按预定程序逐层打印，即可形成三维支架，现在天然材料、合成高分子、生物陶瓷甚至金属材料等材料如 PLA、PCL、PLGA、透明质酸、海藻酸钠、磷酸钙盐、钛合金等均可以用作“墨水”进行打印[35-39]。

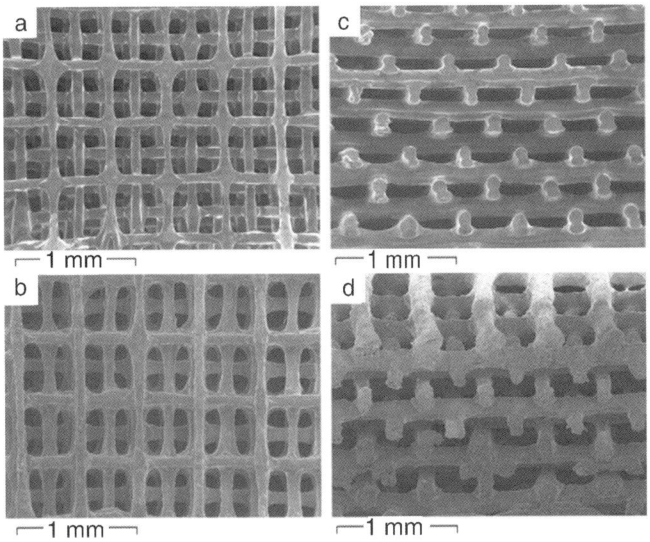

图 10－6　3D 打印支架扫描电镜图片

（a，c）PLA/PEG；（b，d）PLA/PEG/G5；

（a，b）top view；（c，d）cross－section view[40]

除了直接3D打印外，为防止高分子在热熔过程中发生降解，并批量制备性质形态均一的多孔复合支架材料，间接快速成型工艺方法也有很多应用。其原理一般是先通过熔丝沉积成型技术设计出三维多孔蜡制模具，将单一或者复合材料溶液灌入模中固化，然后除去模具，最终得到三维多孔支架材料[41]。

3D 打印出的精细结构更能起到细胞外基质的作用，但是后期的细胞接种也会存在很多问题，比如细胞接种率不高或细胞分布不均匀等。如果将高吸水高分子材料的快速成型和细胞包覆技术（或者称为人工细胞）结合起来将会是很好的解决方案，如图 10－7 所示。因此现在发展的3D 打印不仅可以简单地打印材料，还可以将活细胞、生长因子、药物等与材料复合打印出来[42,43]。例如使用水凝胶及人体活细胞作为材料，利用3D 打印技术已经成功打印出较小比例的人类耳朵软骨组织、肝脏单元、肾脏单元、血管等组织器官[44]。最新的3D 打印技术不仅可以实现无菌条件下的生物材料和细胞3D 打印，还能通过新型的温控单元和打印喷头设计，支持从－5 ℃到260 ℃熔融的多种生物材料打印。但是3D 细胞打印也存在两个主要问题，严重影响细胞的存活率：一是打印时的压力和喷头尺寸小；二是打印形成的凝胶缺少内部贯通的孔洞[45]。解决后者的方法一般是将凝胶材料和明胶复合，或者和一些热塑性材料共打印[46,47]，如透明质酸和 PCL 共打印成凝胶[48]等。

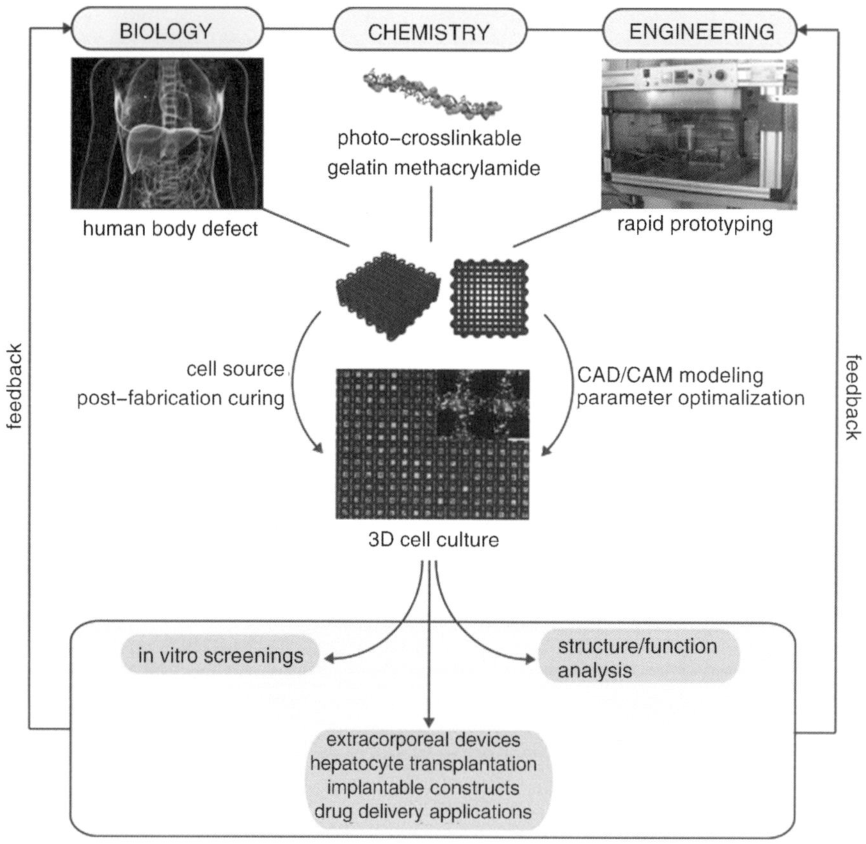

图 10－7　多学科快速成型技术在组织工程中的应用示意图[49]

3D 打印与医学影像建模、仿真技术结合后，能够在人工假体、植入体、人工组织器官制造方面产生巨大的推动效应。随着组织工程的深入发展，很多组织或者器官，比如假牙和假肢等，能根据每个人的特定情况“量身定做”。

10.5.4.3 静电纺丝法

天然细胞外基质材料为蛋白和多糖类等大多呈纤维状的物质。目前也有很多学者认同如果材料和细胞的接触面接近或者小于细胞的尺寸，才是真正意义上的“三维”培养，即孔和纤维尺寸必须比细胞要小[50]。如图 10－8 所示，支架材料的结构对细胞的粘附和伸展影响很大，A 和 B 分别代表细胞连接在微米尺寸的孔洞和纤维上，可以看出细胞在这种微米级别的支架上粘附似乎是在 2D 平面上培养。C 是具有纳米结构体系的支架，具有巨大的比表面积，有利于吸附蛋白，提供更多的与细胞膜受体连接的点。

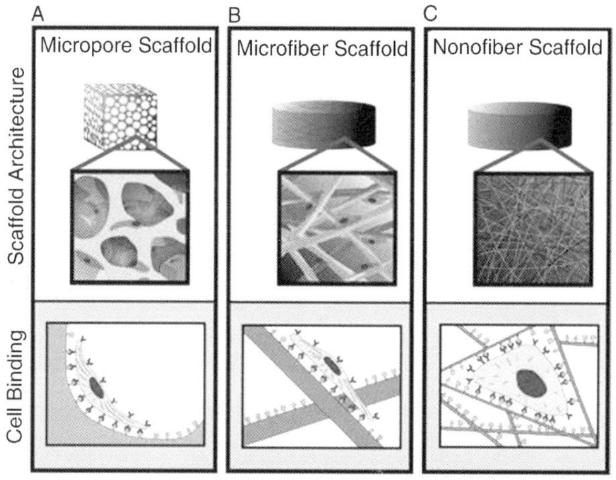

图 10－8　支架材料的结构对细胞粘附和形态的影响

此理论为纤维支架材料的发展提供了更有利的支持，也使得静电纺丝技术（Electrostatic Spinning，ES）白热化发展。静电纺丝是由静电喷涂发展而来的网状材料制备技术。将聚合物（如 PCL）溶于溶剂后配制成一定浓度的溶液，或者熔融液，置于静电纺丝机内，利用外加电场力使聚合物溶液或熔体克服表面张力，在纺丝喷头毛细管尖端形成射流。当电场强度足够大时，在静电斥力、库仑力和表面张力的共同作用下，聚合物射流沿不稳定的螺旋轨迹弯曲运动，在几十毫秒内被牵伸千万倍，随溶剂挥发，射流固化形成亚微米至纳米级超细纤维从阳极喷出，并在阴极将纤维接收，形成网状无纺结构[51]。

目前已有超过 100 种人工合成高分子和天然材料被成功地电纺成纳米纤维[52]，合成材料如 PLA、PLGA、PCL 及共聚物和共混物等，天然材料如胶原或明胶、蚕丝蛋白、透明质酸、纤粘连蛋白等。所得单根纤维的直径为 40～200 nm，甚至可以跨越 10～10 000 nm 的量级，即微米、亚微米或纳米尺度范围[53]。通过调节收集装置得到无规的或者取向的纤维排布，可以通过添加无机盐得到矿化表面，也可以加入添加剂致相分离得到多孔纤维表面等，如图 10－9所示。

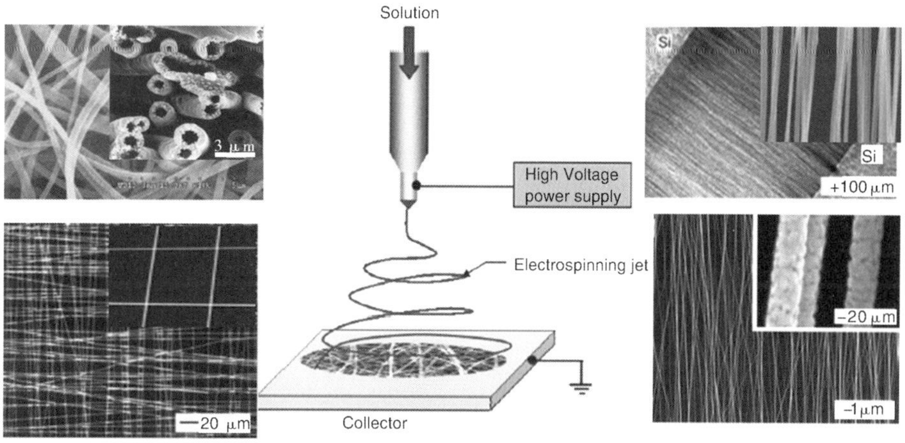

图 10－9　静电纺丝装置示意图及形成的各种纤维支架形貌

静电纺丝制备支架材料有几个主要的优点[52]：能够制备直径与天然 ECMs（其中胶原纤维的直径为 50～500 nm）相近的连续超细纤维，因而支架可以最大限度地仿生人体内 ECMs 结构；能够简单快捷地制备各种聚合物支架，支架材料可以是单一的聚合物，也可以是多种聚合物的复合体，并可以在支架中引入无机粒子（如羟基磷灰石等）、生长因子、细胞调控因子甚至活细胞；制备的支架具有较高的孔隙率和较好的孔道连通性。通过调节加工参数，电纺纳米纤维的孔隙率可达 90% 左右，能够满足细胞生长对材料孔隙率的要求，由纳米纤维层层堆积而成的结构也确保了支架具有良好的孔道连通性。此外，纳米纤维具有极大的比表面积。这些都为细胞的生存提供了良好的微环境，有利于细胞的粘附、分化、增殖。在制备过程中可以通过选择适当的材料和加工参数，获得降解率可控的纳米纤维支架，并能对材料表面进行理化修饰，提高支架的生物相容性。也可以通过调节溶液浓度、纺丝参数等控制支架的厚度、三维结构和力学性能。

同轴纺丝（Coaxial Electrospinning）用于电纺核—壳或者空心结构纤维，这种结构可以用来调节电纺材料的物理性质，并可以用于控释某些活性物质[54]。核材料的物理性质对所形成的支架材料起到力学支撑作用，壳材料可以是一些活性物质，用于提高与细胞之间的相互作用。或者将两种不相溶的物质共纺制备空心纤维，也可以将天然材料和合成材料共纺制备力学强度和生物相容性互补的复合材料。另外也可以利用同轴纺丝将一些生长因子、药物、酶甚至细胞与材料共纺。

尽管越来越多的研究表明静电纺丝可以用作神经、骨、软骨、皮肤和血管等组织支架材料，但是该项技术也存在一个明显的缺点，即所形成的支架孔洞尺寸太小，限制了细胞的长入。最近有研究者将电纺丝和 3D 打印结合起来设计软骨组织的分级结构[55]，如图 10－10 所示，这种方法可以同时提高材料的力学强度和生物相容性。相信随着组织工程、纳米技术及药物释放等技术的发展与融合，静电纺丝将会有更多的发展和应用。

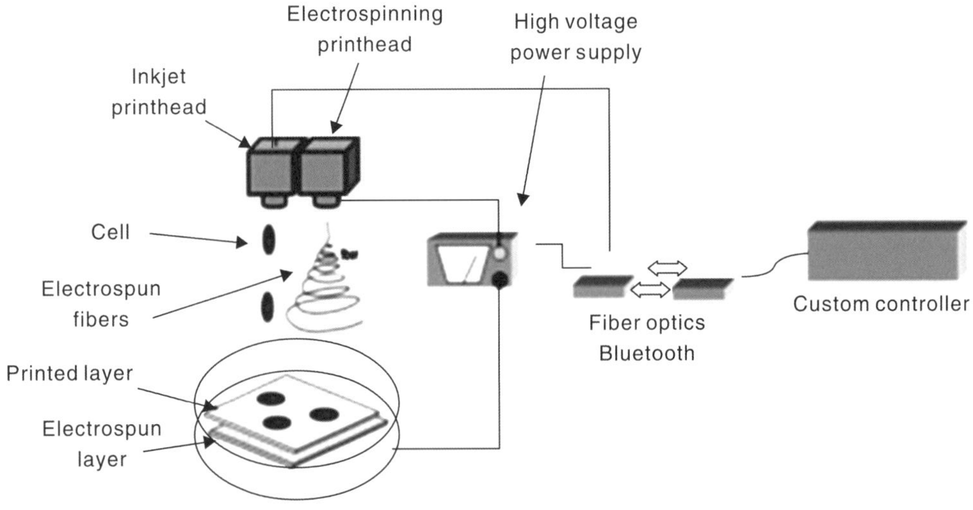

图 10－10　静电纺丝和三维打印联合应用技术示意图

10.5.4.4　可注射成型法

可注射型支架是预先将一种具有流动性的生物相容性良好的材料与异体或自体细胞复合后注射到机体缺损部位，在体温、pH 值、离子浓度或其他条件作用下，完成溶胶—凝胶转变，原位形成具有一定机械强度、形状并且可与体液进行交换的支架。

从再生医学角度来看，可注射支架比其他传统大块支架相比解决了两个主要的问题：一是微创的临床修复，对于某些不能进行大创伤手术的疾病是非常必要的，如脑中风、关节软骨修复等；二是可以对预先未知的复杂形状进行有效填充[56]。从材料化学的角度讲，在相转变过程中的化学反应不能影响周围组织及细胞，并同时可以复合活细胞和敏感性药物。水凝胶具有在一定条件下可保持流动状态而在外部的物理或化学刺激下可形成一定形状和强度的体型材料的特性，因此成为可注射型支架的首选材料。可注射水凝胶支架除了满足支架材料一般的物理、化学及生物学要求外，还有一个非常关键的问题是如何形成多孔结构。

关于凝胶材料的选择和制备，本书前面已经介绍过，本章主要介绍可注射支架的常见类型，如图 10 - 11 所示。最常见的一种类型为胶体溶液在絮凝剂、离子强度、温度或者 pH 值等影响下成胶。这类智能型凝胶材料前面讲了很多例子，比如最常见的聚异丙基丙烯酰胺（PNIPAM）在高于临界温度 32 ℃时形成凝胶。第二种类型为剪切稀化溶液（Shear Thinning Fluid），主要是一些天然材料如透明质酸、纤维素、壳聚糖、丝素蛋白等凝胶在注射剪切力作用下稀化，达到缺损处撤去剪切力后重新成为凝胶[57,58]。这类方法可以预先将细胞或药物均匀加入到胶体前驱液中形成凝胶，再进行快速注射。第三种类型是由相反电荷粒子形成的胶体凝胶（Colloidal Gel），这类凝胶具有假塑性，由粒子表面的静电作用形成凝胶，在注射时产生的剪切力破坏了这种相互间作用力而形成流体，注射完毕再由静电作用自组装成凝胶[59]。这种类型的例子是带有相反电荷的 PLGA 纳米粒子。通常这类粒子表面经过地塞米松、壳聚糖、海藻酸钠等修饰以增强静电作用和生物相容性。第四种类型是通过静电作用、范德华力、氢键等形成的物理凝胶。这类凝胶涵盖范围很广，如常用的天然高分子材料海藻酸钠与很多二价金属离子形成凝胶，胶原利用分子内和分子间氢键成胶[60]，或者是水溶性合成高分子材料以及通过多糖、氨基酸和多肽改性的材料等。还有一类可注射材料是通过化学或者光化学交联制备的化学水凝胶，但是放热反应可能会损伤细胞及周围组织。

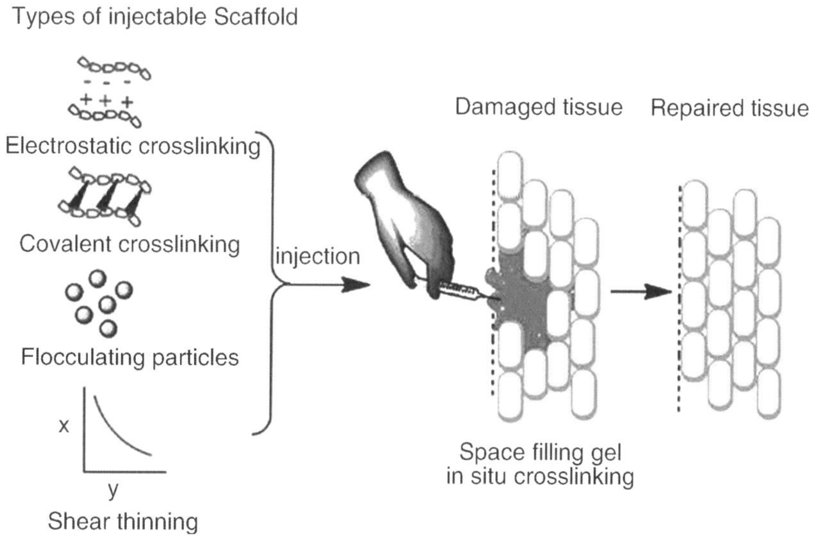

图 10 - 11　组织工程应用中常用的可注射凝胶支架类型[61]

除水凝胶外，硬组织修复中应用的可注射材料为自固化的骨水泥。骨水泥广泛应用于关节、椎体修复及球囊扩张椎体成形术[62]。此外，骨水泥还用于骨缺损填充和骨支架，这时一般是将骨水泥注入外科手术造成的或者肿瘤形成的缺损处[63]。骨水泥最初为流动的浆状或者膏状，在一定时间内固化成坚硬的固体。

根据骨水泥的化学组成，主要分为丙烯酸类骨水泥（ABCs）、磷酸钙基骨水泥（CPCs）和硫酸钙基骨水泥（CSCs）。ABCs 的主要成分是甲基丙烯酸甲酯（PMMA），一般是利用预聚物 PMMA 或者跟其他单体共聚形成的共聚物，通过 BPO 或者其他引发剂引发聚合形成，这个过程是放热反应，温度可高达 70 ℃，这样的高温会引起局部细胞受损。另外未反应的单体或者小分子聚合物会残留在体内，产生细胞毒性或者长期作为异物引发感染。CPCs 是由一种或多种磷酸钙盐（CaP）组成的膏状物，和液体相发生反应后沉积、固化。根据固化反应不同，一般分为两类：一类跟酸性 CaP 和碱性 CaP 反应生成中性 CaP；一类的反应物和产物具有相同的 Ca/P 摩尔比。最终的产物基本上都是形成羟基磷灰石（HAP）。CPCs 也存在明显的不足，如形成的产物孔洞小，影响新骨的长入，CaP 粒子一遇到水就开始反应，因此一定要使用前现配现用。CSCs 骨水泥，或称为石膏，临床使用已经有近百年的历史，是一类合成简单并具有良好生物相容性的材料，但是石膏在与水混合后的重结晶过程是不可控的，因此存在很多结晶缺陷，近年来发展的一些医用级硫酸钙已经基本解决了这个问题。CSCs 骨水泥在体内吸收很快，基本两个月就能被新骨替代，但是由于其缺乏生物活性，在骨修复最初阶段与骨的结合较弱。

可注射支架材料在注入过程中既有物理/化学的转变，植入后又兼具多种生物学功能，因此在材料的设计和制备时具有很大的挑战性。在全球科学家的共同努力下，现在基本上在不同临床部位的使用上都能找到合适的材料，但是材料的结构与天然结构或者组织修复必需的生物学系统要求相差太远，即结构太简单。天然结构一般具有分子级、纳米级、微米级等尺寸上的不同结构，因此设计精细复杂的分级结构仍是可注射支架努力的主要方向之一。

10.6 药用材料

10.6.1 简介

生物材料可分为医用与药用材料两大类。医用材料是临床治疗上与人体直接或间接接触的所有生物材料。药用材料是现代药物制剂中协助主药（原料药）产生特殊功能的一类材料，如控缓释、靶向、粘附等，以及包装药品或与药品直接接触的一类生物材料。药用材料可分为药用无机材料与药用高分子材料两大类，绝大部分药用材料是高分子材料。

无论使用何种给药方式，关键是考察人体内的血药浓度与治疗所需要的最佳血药浓度之间的关系。血药浓度是指药物吸收后在血浆内的总浓度，包括与血浆蛋白结合的或在血浆游离的药物，有时也可泛指药物在全血中的浓度。一般的直接给药方式中，血药有效浓度只能维持较短时间，血药浓度上下波动较大，血药浓度过低无疗效，过高又有副作用（如图 10-12 所示）。因此，制备能够缓控释放药物、靶向释放药物以及满足各种治疗需要的新型载体药物就显得非常必要。要制备高效、低毒的长效药品，关键是要制备能承载药物的载体材料。

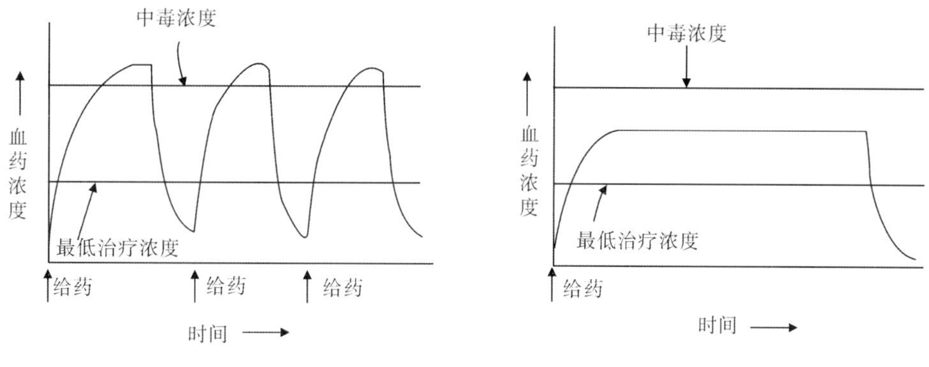

图 10－12　普通药物制剂与控释药物制剂示意图

根据现代药剂学不同剂型提出的要求，按照材料学的内部固有规律，去设计、研制、开发新的药用材料，满足新剂型的各种功能要求，具体内容可包括：①根据药剂学提出的剂型和制剂设计要求，设计新的具有特殊功能的药用材料；②从自然界动物、植物或海洋生物中提取纯化新的物质作为药用材料；③用生物工程、微生物发酵、生物技术等方法研制、提纯、开发新的药用材料；④对天然或人工合成的药用生物材料进行修饰与改性；⑤研究生物材料与药物之间的作用；⑥对药用材料按国际 ISO 或国家标准进行生物学的评价；⑦按照制剂设计要求，选择相应模型药物进行体外实验；⑧研究药用材料与人体组织、体液、细胞相互作用的机理。

药物载体的内涵随着新型制剂和新功能的更新而不断完善或扩展，载体的研究方向也非仅仅考虑材料的结构性能，而是更加注重药物—抗体结合、药物—载体共存、载体—抗体介导、载体修饰以及载体—药物偶联等形式发展，以达到更加理想的临床治疗效果。

10.6.2　药用材料的类型

按照材料的组成或形态，药用材料可以分为高分子微胶囊、水凝胶、胶束、脂质体以及纤维类给药体系等。

10.6.2.1　高分子微胶囊给药系统

高分子微胶囊属于用物理包埋的方式把药物和材料结合在一起，增加了药物与材料的相互作用力，因而药物结构稳定性高，同时易于药物贮存。但是高分子微胶囊也存在药物控制释放的重复性差、药物突释、载药量低等问题。

10.6.2.2　水凝胶释放体系给药系统

水凝胶是亲水性高分子之间的交联形成的三维空间网络，交联作用力包括共价键、氢键、范德华力或者物理缠结。水凝胶给药体系主要应用于易被生物酶类降解、生物半衰期短的多肽、蛋白质及核酸类等生物大分子药物。利用水凝胶可以响应环境的微小变化而发生可逆性相变的特点，可有效控制药物释放的速率、时间及释放部位，具有提高药物疗效、降低患者用药成本、减少药物的不良反应等优点。

10.6.2.3　胶束释放给药系统

胶束是由两亲性高分子在氢键、静电作用和范德华力等推动下有序排列而形成的。胶束药物释放体系主要包括嵌段共聚物胶束、接枝共聚物胶束、聚电解质共聚物胶束和非共价键胶束等。胶束用于载药时，疏水药物以远大于药物在水中饱和浓度的方式被包埋到胶束的疏水核内，而亲水链围绕在疏水核周围形成紧密的覆盖层，能保护核中药物免受水解和酶解，并且亲水链形成的壳能避免网状内皮系统的识别，延长载药在人体内的循环时间，保护基因、疫苗和蛋白质药物的活性，提高药物生物利用度。

10.6.2.4 脂质体药物释放给药系统

脂质体是类似于生物膜的脂质双分子层，体积几百纳米到微米间，具有靶向性、缓释性。脂质体属于靶向载体，在体内主要被网状内皮系统吞噬，使得药物能在到达病灶部位后才释放药物，可减少药物不良反应。脂质体可有效活化肝、肺和骨髓等器官中的单核吞噬细胞，从而提高药效。脂质体本身化学和物理的不稳定性导致脂质体具有在体内循环时间短、药物容易渗漏等缺陷。

10.6.2.5 纤维药物释放给药系统

利用静电纺丝制得的高分子纳米纤维，是一种良好的载药材料。一方面，根据病理学界的共识，药物和封装药物的胶囊尺寸越小，药物就越容易为人体吸收，药物和药物载体的比表面积越大，药物颗粒的分解速率就越快。

10.6.2.6 粘膜给药系统

粘膜给药是使用合适的载体将药物与人体的一些粘膜表面紧密接触，通过该处上皮细胞进入循环系统发挥全身作用的给药方式。粘膜给药拓宽了许多药物的给药途径，愈来愈多的药物被发现可通过粘膜吸收，特别是一些多肽类、大分子类药物如黄体酮、雌二醇等可通过鼻粘膜、眼粘膜、子宫粘膜和阴道粘膜被吸收。药物经粘膜吸收避免了首过效应，提高了生物利用度，达到全身治疗的目的。

10.6.2.7 植入给药系统

植入控释给药系统是一类经手术植入皮下或经穿刺针导入皮下的控制释药制剂。植入式给药系统可在特定的作用部位以恒定的速率持续释药并维持治疗浓度，药物直接作用于靶位，还避免一些药物的迅速代谢，延长其体内半衰期，若发现有严重的过敏反应或副作用可迅速取出。载体除最早使用的硅橡胶外，人体可吸收材料的使用也愈来愈广泛，其中包括聚己内酯、聚酸酐、聚乳酸、聚氨基酸等。植入型给药系统适用于长期给药和靶向给药。

10.6.2.8 多肽、蛋白质、疫苗类药物给药系统

多肽和蛋白质类药物指用于预防、治疗和诊断的多肽和蛋白质类物质生物药物。多肽和蛋白质类药物本身是人体内源性物质或针对生物体内调控因子研发而得，可促进或抑制人体内细菌、病毒中生理生化过程而发挥作用，副作用低，药效高，针对性强，不会蓄积于体内引起中毒。

10.6.2.9 DNA 基因治疗给药系统

基因治疗是指将外源正常基因导入靶细胞，以纠正或补偿因基因缺陷和异常引起的疾病，以达到治疗目的的治疗方法。从广义上说，基因治疗还可包括从 DNA 水平采取的治疗某些疾病的措施和新技术。一般意义上疾病的治疗针对的是因基因异常而导致的各种症状，而基因治疗针对的是疾病的根源——异常的基因本身。基因治疗有体细胞和生殖细胞基因治疗两种方式，因生殖细胞能引起遗传改变而受到限制，目前更多的是采用体细胞基因治疗。

按照药物的释放方式，药用材料还可以分为如下几种：

1. 控缓释给药系统

控制释放是指药物在预定的时间内自动以预定的速率释放，使血药浓度在较长时间内维

持在有效浓度范围内。控释过程中药物的释放动力学是零级或接近零级释放。缓释就是缓慢释放，是指药物在体内能够在较长时间内持续释放药物，能达到较长时间的疗效，其药物释放动力学主要是一级释放过程。

2. 微粒载药系统

微粒载药系统是缓控和靶向释药的最常用方法。所谓微粒是指粒径在微米以下的载药粒子，包括微球、微囊、纳米粒、脂质体以及微乳等。药物载体的微粒化，不仅可以使有效血药浓度维持较长的时间，而且对微粒修饰以后可以实现靶向给药。微粒载药系统目前面临的难点是如何降低药物的突释量，实现药物的零级释放。

3. 靶向给药系统

靶向给药系统指供助载体、配体或抗体将药物通过局部给药胃肠道或全身血液循环而选择性地浓集定位于靶组织、靶器官、靶细胞或细胞内结构的给药系统。靶向给药系统可分为主动靶向、被动靶向和物理化学靶向。

4. 智能给药系统

智能药物系统是由智能载体构成的具有自我反馈功能的给药系统，能感知生理环境及外部刺激，并做出药物释放的特定响应。所谓智能载体材料是指通过协调材料内部的各种功能，对环境感知并响应，且具有发现能力的一种新材料。智能凝胶作为药物载体的智能给药系统能对周围的环境刺激因素，如温度、pH、离子、电场、磁场、溶剂、反应物、光或应力等做出有效响应并且自身性质也随之发生变化，即发生膨胀与收缩，使药物通过扩散释放出来；身体恢复到正常时，凝胶又恢复到收缩状态。

5. 经皮给药系统

经皮给药系统是指能促进药物透过皮肤，进入体循环发挥系统作用的控释药物系统，该系统最大的优点有：一是药物可不受肝脏和胃肠道的首过效应影响；二是能按照治疗需要将药物输送至体内，血药浓度波动小，副作用小；三是通过药物贮库和控释特性控制半衰期短的药物的治疗时间，可随时停止用药。经皮给药系统目前主要有储库型和高分子骨架型两种，前者主要适用于液态或凝胶载药体系，后者是将药物溶解或分散在高分子骨架中。在经皮给药系统中，脂质体是一种极具前途的给药载体。

10.6.3 微球给药系统

微球（有时也称微粒）是指药物分散或被吸附在材料基质中形成的粒径在微米以下的球状实体，包括微米级的微球和微囊。微球载体可提高药物的稳定性，解决口服易水解药物的问题，防止抗生素类药物等因口服后被胃酸破坏，提高了药物的生物利用度。采用具有良好生物相容性和生物降解性的微球载体，可以维持较长时间的有效血药浓度，提高疗效。

微球的直径很小，可以分散于水性或非水性液体中，制成多种类型的注射液和口服液，也可以与辅料混合加工成片剂、胶囊剂、贴剂、喷剂等。载药微球尤其是纳米粒可突破生物体内的许多天然屏障，使药物传输到相应病灶。载药微球还可通过人体毛细血管，将药物有效输送到作用部位。微球载体因其比表面积大，药物分散均匀，还可提高难溶性药物的溶解度和溶出速率，控制药物的长效作用。基因和蛋白质药物水溶性高、分子量大、透过性差，使得药物不易被亲脂性膜所摄取，难以通过生物屏障。微球给药系统具有独特的药物保护及控制释放性能，对基因和蛋白药物的缓控释、靶向释放、延长药物活性、提高药物半衰期等方面比一般药物制剂有明显的优越性[64,65]。

在微球给药系统中，材料除了满足一般材料的生物相容性，无免疫原性，降解产物无毒副作用，具一定的机械强度和可塑性的要求外，还要关注制剂崩解引起的药物严重突释而导致的药物过敏甚至中毒问题，以及不影响药物的药理作用和含量测定。生物降解型高分子材料作为药物缓控释载体具有独特的优势，可以降解为被体内吸收代谢的物质，消除了制剂残余物在体内滞留的问题[66]。可生物降解材料的种类很多，如聚酯类、聚酸酐类、聚原酸酯类、聚碳酸酯类，以及天然高分子如壳聚糖[67]、海藻酸钠及其衍生物等。

就载体材料而言，现在的研究热点是通过共聚、共混、分子修饰等方法：①合成含亲水和疏水链段的共聚物改善材料的特性；②合成含功能侧基的聚合物增加化学反应官能团；③合成多臂及星型共聚物用于组织工程需要，从而提高药物的稳定性、提高载药量、降低初始突释量、较为精确地控制药物的释放及靶向性。载药微球的制备方法对微球的形态和释药情况有显著的影响，按照制备性质可分为化学非均相聚合法、物理化学法以及物理机械法等。微球载体的性能除了构成微球载体的成分外，很大程度上取决于载体的宏观、微观结构形态，如微球的尺寸分布、形态、内部结构、多孔性以及聚合物和药物的结晶性等。

载药微球的释放行为与微球的理化性能以及释药环境关系密切[68]。一般而言，微球的药物释放行为受微球的降解行为、孔径孔隙、溶胀性能等影响较大。下面以高分子载药微球的释放过程为例，简单介绍其释放过程：第一阶段是吸附在微球表面的药物溶解环境中，通常是造成微球突释现象的主要过程；第二阶段是近表面层的药物在浓度差的推动下从载体或多孔性结构中扩散释放；第三阶段是载体材料降解后，由于浓度梯度的驱动，药物通过高分子链间产生的不规则断裂带以及药物离开和溶蚀形成的更多孔隙等传质通道扩散；第四阶段是微球降解后，载体基本溶蚀，载体分子量大大下降，足以溶解分散，产生药物释放。

10.6.4 植入式给药系统

植入式给药系统是由药物与赋形剂（或不加赋形剂）经一定的工艺制备而成的一种供腔道、组织或皮下植入用的无菌固体控制释放，经手术植入或者经针头导入的控制释药系统。植入式给药系统早已广泛用于避孕、抗癌、抗菌、抗风湿痛、糖尿病治疗、免疫调节等临床治疗与预防。近年来已有更多药物的植入释放系统问世，如甾体抗炎药物植入系统、镇痛药物植入系统等。植入控释给药系统（植入式给药系统）除能做到定位给药，减少用药次数，剂量小以外，还可消除药物释放的峰、谷现象，以恒定的速率持续在特定部位释药并维持治疗浓度，减小毒副作用，可避免某些剂型给药后引起的不适感、损伤及痛苦等，若发现有严重的过敏反应或副作用可迅速取出。

植入式给药系统的材料使用了从可降解的胶原到非生物降解的钛金属等多种材料。无论何种材料，生物相容性和性能稳定性是必不可少的。材料必须不能与药物或辅料发生任何生物作用，材料及其降解产物应无毒。此外，材料应可塑性好，能消毒，易取出。理想的植入式材料是体内可降解吸收材料，无血药浓度的波动，关键是植入物应置于特定的靶位并以给定的速率持久释药而产生疗效。硅酮和聚乳酸/羟基乙酸共聚物植入系统已被批准用于临床。目前，广泛用于植入式给药系统的材料有两类：一类是体内非降解材料；另一类是体内可降解材料。非降解材料主要包括聚甲基丙烯酸甲酯、磷灰石·钙硅石玻璃陶瓷、羟基磷灰石等。药物可经合理配比直接添加到骨水泥中而成为骨水泥系统；将药物以粉剂形式加入陶瓷中心的孔洞或以浸泡、冻干方式吸附在陶瓷的微孔中则成为生物陶瓷系统。羟基磷灰石植入式缓释系统主要应用于骨肿瘤切除后需进行关节置换或骨缺损修复的情况，药物释放持久而缓慢。

不言而喻的是，这种植入式系统的导入手段是随人工假体经手术植入。

在植入式给药系统中，人体可吸收材料具有降解产物无毒、不需要进行二次手术取出等优越性，应该是今后发展的重点。目前，使用的材料主要有胶原、聚 ε－己内酯、聚乳酸、聚乙交酯、丙交酯/乙交酯共聚物、聚丙烯酰胺以及聚－β－羟基丁酯等。PLA、PLGA 和 PCL 酯类材料已经美国 FDA 批准用于给药装置。聚酯高分子系统可制备成流动性胶状物，经注射法导入组织间质中，也可加工成固体经手术切开埋植于组织中，也可将缓释药物制备成球形或固体棒状，经由穿刺针推入组织中或由带内芯的穿刺针直接行“固体注射”法注入组织。

植入式给药系统的制备方法相对比较简单，关键是如何保证植入的安全性和有效性，方法主要有以下几种：

（1）直接灌装法。即直接将药物灌入硅胶管或在药物中加入赋形剂，灌装后成药。药物的释放速率取决于硅胶管的数量、囊壁的厚薄、埋植剂长度、比表面积及药物含量等因素。

（2）溶剂浇铸法。即将载体和药物形成溶液或悬浮液，注入模具中，借助溶剂在常温下或低温下缓慢挥发，形成植入体。溶剂浇铸法的优点是可方便地控制孔隙、尺寸和形态且可选择较温和的制备条件，因而可用于制备高孔隙率、高比表面积、孔隙尺寸可控的组织工程用多孔细胞支架。

（3）压模成型法。即将药物与载体直接压模成型，成型过程中药物和载体的粒径、模压温度、压力等因素都直接影响药物的释放率，但必须符合药物的耐温条件。压模成型法有时也借助喷雾干燥法和共价键合方法来调整药物的释放速率，抑制突释现象等。

（4）熔融成型法。该方法是将载体与药物物理混合后，在高于聚合物熔点 10 ℃左右熔融，然后注入模具压模成型。熔融成型法通过改变模具的几何形状和规格大小可制备各种形状的剂型。

（5）三维打印技术[69－71]。三维打印成型技术可以制造出任意复杂形状的三维实体，可以制作结构微细的给药系统。三维打印技术同其他的快速成型技术和成型工艺的原理大致相同，操作简便，室温下可进行，可用于多种粉末材料如聚合物和陶瓷等的加工，成品价格较低，是迄今为止在复杂结构植入剂制备中应用很有前途的一种技术。基于三维打印技术的植入式给药系统的研究与应用，目前大多仍处于实验室阶段。植入式给药系统利用三维打印技术具有制备复杂型腔的药物多孔结构的独特优势，解决受制备工艺局限导致已有植入剂主要呈结构简单的球形或固体棒状，难以满足更加合理的用药方案需要的问题，是植入式给药系统中重要的研究方向之一。

10.6.5 胶束给药系统

胶束（Micelles）是指表面活性剂的浓度高于临界胶束浓度（CMC）时，水分子与表面活性剂分子相互间的排斥力远大于吸引力，导致表面活性剂分子自身依赖范德华力相互聚集的产物。可以形成胶束的材料很多，基本是具有亲水链段和疏水链段的两亲性嵌段高分子材料。胶束的形态有球状、囊泡状、棒状、层状、六角束状、洋葱状、蠕虫状等。胶束能够作为药物载体的重要因素是疏水性胶束核能够增溶疏水性的药物，提高难溶性药物在水中的溶解度。同样，亲水性胶束核能够增溶亲水性的药物。水相中的胶束外壳是由亲水链段构成的，亲水层能够防止血液中的蛋白吸附在胶束上，降低了被免疫系统识别和清除的可能。胶束的尺寸通常在 200 nm 以下，肝单核巨噬细胞难以捕获，脾脏中网状内皮细胞无法过滤，因而能够在血液中有比较长的循环时间，对静脉注射来说是效率最高的给药方式。

根据胶束疏水嵌段长度的不同，可将胶束分成两种：若亲水端长度大于疏水端，则形成星型胶束；亲脂嵌段大于亲水嵌段，则形成平头胶束。亲水嵌段部分应用较多的有聚乙二醇（Polyethylene Glycols，PEG）、聚氧乙烯（Polyethylene Oxide，PEO）或聚乙烯吡咯烷酮（PVP）等；疏水嵌段有生物降解聚乳酸（PLA）、聚己内酯（PCL）、乳酸—羟基乙酸共聚物（PLGA）以及含不同比例羟基的聚天冬氨酸或聚谷氨酸接枝共聚物等。含羟基的聚天冬氨酸接枝共聚物具有较好的缓蚀性能，且随着羟基比例的增加缓蚀性能提高，但生物降解性有所下降。不可降解疏水嵌段有聚苯乙烯（PST）、聚异丙基丙烯酰胺（PIPAA）等。此外，还有两亲性三嵌段共聚物，如 PEO - PPO - PEO、PEG - PLGA - PEG 等。目前胶束药物传递系统中涉及两嵌段和三嵌段线型共聚物、接枝共聚物及一些特殊构型的共聚物如刷型、Y 型和星型共聚物也可以用来制备载药胶束。

载药胶束通常是胶束的形成与药物的包载同步进行，胶束药物的制备方法主要有直接溶解法、溶剂稀释法和溶剂挥发法。

（1）直接溶解法：材料与药物间有较强相互作用并均在水中溶解时多采用直接溶解法。在水溶液中材料和药物会因两者间的相互作用力自发结合在一起形成胶束。

（2）溶剂稀释法：先将材料和药物一起溶解在水溶性有机溶剂中，然后向体系加入水稀释有机溶剂，随着水含量升高，材料和药物就会由疏水作用介导形成载药胶束。溶剂稀释常用透析技术，故溶剂稀释法又被称为透析法。

（3）溶剂挥发法：包括乳化法和薄膜水化法。乳化法是先将材料和药物共溶于非水溶性有机溶剂中，并加水乳化，减压除去有机溶剂得到载药胶束溶液。薄膜水化法是将材料和药物的有机溶液直接减压或加热形成混合薄膜，用适量水溶解薄膜就能得到载药胶束。

胶束载药的重要判断依据是载药量和包封率，胶束载药通常有三种途径。

（1）物理包裹：药物和材料只需物理处理，疏水性药物就可直接被裹进胶束内核中。

（2）共价键结合：将药物通过共价键结合在高分子链上，然后再形成胶束。当药物分子影响了疏水部分的疏水性时，可在高分子链与药物分子之间引入疏水链段。此类胶束可避免肾排泄及网状内皮系统的吸收，提高药物的生物利用度。

（3）静电结合：药物与带相反电荷的胶束疏水区可以借助静电作用而将药物包封于胶束内。在实际研究制备过程中，以上几种载药方法有可能会联合使用。

不同性能的药物在胶束中的存在形式和分布是不同的，因此也具有不同药物释放机制。亲水性的药物主要集中在胶束的表面，脂溶性药物主要在胶束的核中，两亲性药物则主要在胶束亲水、亲脂的界面。胶束通常用于包封亲脂性强的药物。释药特性与其制备方法密切相关：用物理方法制备的胶束主要以被动扩散方式将药物释放，释放速率缓慢；用化学方法制备的胶束首先要使药物与高分子链的结合键断裂，才能借助扩散作用将药物释出。胶束“内核”包裹的药物主要是通过胶束降解才释放出来。集中在胶束表面的药物通常会有一定的突释现象，而脂溶性药物相对而言集中在胶束核内，可借助载体的溶蚀扩散缓释和降解缓释。

10.6.6 水凝胶给药系统

水凝胶的交联网络是不溶于水但可以吸收大量的水的高分子材料，柔软、有弹性，其物理化学性质类似活体组织，具有良好的生物相容性和无毒性，因此水凝胶在药物输送中的应用引起了研究者的广泛关注。水凝胶很容易进行调节而变成高度多孔的结构，这些结构可以通过凝胶基质的交联密度和水凝胶在水环境中的溶胀亲和力来进行调控。它们的孔隙结构也允许药物分子负载到凝胶基质中，随后以一定的速率进行药物释放，释放速率依赖于小分子或大分子在凝胶网络中的扩散系数。事实上，药物输送水凝胶的优势很大程度上是其药代动力学，主要是制备一个药库，然后药物缓慢洗脱，虽然它们也可以用于全身药物递送，但主要是在较长时间内保持对周围组织较高的局部药物浓度。

10.6.7 纤维载药系统

传统纺织技术如干纺、湿纺、熔纺等都有制备载药制品的研究报道和生产应用。随着材料学与药学的发展和纺织技术在给药系统中的应用，将载药纤维作为一种新的药物中间剂型，尤其是静电纺丝的应用已经成为近期发展的热点。纤维状载药体系，还有较好的强度和加工性能，用静电纺丝技术可以直接将药物加工成膜状、管状、层状以及涂覆状，主要用在抗生素，抗癌、抗肿瘤、抗真菌类药物以及伤口护理、植入器材的包覆、术后防止粘连和感染的纱布等。

静电纺丝制备的纳米纤维可以调控药物释放动力学[72]。同轴静电纺丝制备的核壳型纤维用于药物释放系统，可实现近似零级释放的药物动力学，没有药物突释现象[73]。利用静电纺丝制得的高分子纳米纤维，因其比表面积大，药物容易为人体吸收，也有可能使原本难以被人体吸收的药物缓慢分解释放，提高药物利用度。高分子纳米纤维材料还可以保护药物在进入人体过程中不被胃酸和酶类侵蚀降解，避免了首过效应，提高了药物的稳定性。电纺纤维还可以用于组织工程和基因治疗，含有生长因子的纳米纤维可以释放生长因子以辅助细胞的生长，也可释放出细胞穿透性和生物活性保持完好的基因药物，用于引导组织修复和器官再生。

到目前为止，药物在纤维中存在的形式有四种：一是药物以颗粒的形式吸附在纤维表面；二是纳米纤维状载体材料与药物纤维交错分布或交织；三是先把药物与材料均匀混合再电纺丝成纳米纤维状；四是先把载体材料电纺丝成中空状，再把药物转载空心内。上述几种形式各有优缺点，真正的效果还需要具体的系统性的研究确定。电纺丝作为载药微米/纳米纤维的制备方法在不断地改善或更新，如同轴纺丝、乳液纺丝等新工艺[74]。

同轴静电纺丝[75]就是在传统静电纺丝的基础上实现一步制备连续的壳—芯结构纳米纤维或中空纳米纤维的新技术，此技术制造管状载药纤维，效果很好。同轴静电纺丝技术还可将亲水性高分子熔融体和疏水性液体纺到一起，得到的亲水性纤维主体中带有疏水性珠状物，珠状物中则充盈着疏水性液体。这类纤维可以将油性药物封入疏水性珠状物中，制成缓释药剂，可以使得油性药物在人体内得到良好的吸收。

乳液纺丝[76]，也是将药物液滴或微球封装入纤维的一种有效方法，与同轴静电纺丝相比，它所用的设备更加简单，封装效果也能达到相当的理想状态。清华大学的齐宏旭等人用此法从水/油和油/水乳液中制得具有“水珠挂线”结构的复合材料纤维，如图 10 - 13 所示。他们用藻酸钙盐微球作为亲水性药物载体，对牛血清白蛋白（BSA）进行载药。纤维的主体由生物降解性的聚（L - 乳酸）（PLLA）构成，亲水性蛋白质则进入水珠挂线结构的水珠部分。体外释放实验表明，经过这样处理的纤维，释药时间增加，突释速率也低于裸露的藻酸钙盐微球。

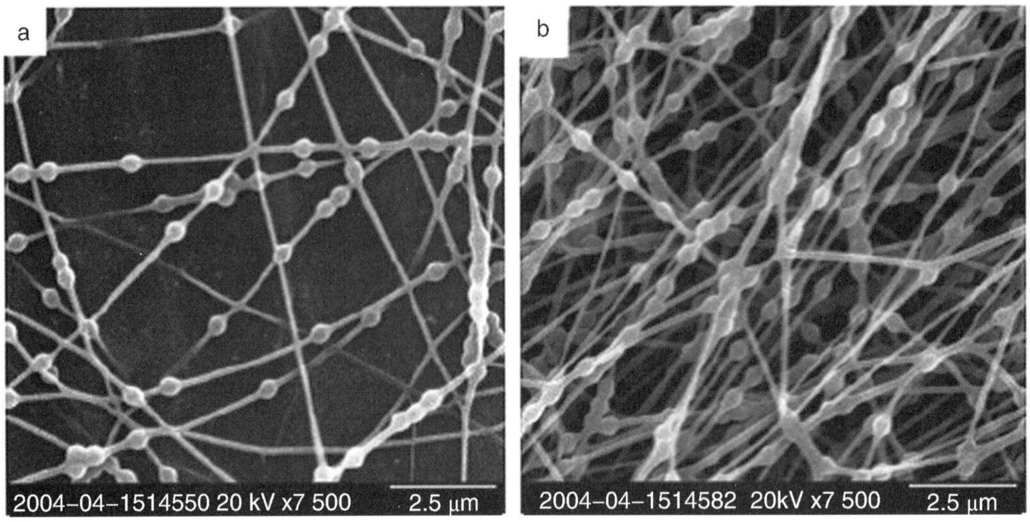

图 10－13 乳液法纺丝的载药 PVA 纤维形态

纤维的表面涂覆技术既可保持包覆酶的活性，又能使酶完整无缺地释放，此技术可以在生理条件下实现酶或其他敏感药物在电纺丝纳米纤维中的控制释放。一般而言，纳米纤维的直径随着针头孔径的减小而减小，随着聚合物浓度的增加而增加，随着电压的升高而减小。载药量对纤维直径也有一定的影响。

纤维释药性能的影响因素主要包括药物的性质、载药材料的性质以及纤维的加工方式与方法。药物的加入方式和药物在纤维中的存在形式也会在一定程度上影响最终的释药性能。药物性质会直接影响药物的释放速率和释放总量。药物分子的亲/疏水性是直接的影响因素，通常而言，亲水性的药物分子会有利于体内的释放。药物的分子量也是影响释放的重要因素之一，一般而言，随着药物分子量的增大，药物释放速率和释放总量都会减小，但电纺纤维释药性能仍远远优于同类流延膜。除了药物自身的性质外，药物与高分子之间的相容性，也是影响药物释放效果的一个重要因素。药物和材料搭配合理可以有效避免突释现象的出现。药物与载药高分子之间的结合能力对药物颗粒在成型纤维中的分布至关重要，最终会影响药物的释放性能。

对于生物降解性纤维而言，药物在纤维中的释放遵循联合扩散机制和酶降解机制。一般来说，联合扩散机制在早期占优势，经过一段时间后，起作用的主要就是酶降解机制了[77]。体外药物释放实验表明，最初确实会出现明显的突释现象，但是慢慢就会转入平稳而缓慢的释放过程。并且，纤维的直径越大，零级释放期就越长；对药物的压缩越紧密，潜伏后期的突释就越明显。对浸润现象的研究也表明，电纺纤维的疏水程度越高，水分进入纤维毡的速率就越慢，于是便会影响纤维表面腐蚀降解的状况。

在纺丝溶液中加入某些物质，也会使电纺纤维的直径和形貌发生改变，从而最终影响释药性能。加入表面活性剂后，纤维直径减小而均一度增加，说明药物被封装在纤维内部，在有蛋白酶 K 存在时，药物的释放遵循零级动力学原理。

10.7 抗菌材料

10.7.1 抗菌材料简介

抗菌材料是指自身具有杀灭或抑制微生物功能的一类新型材料。自然界中有许多物质本身就具有良好的杀菌或抑制微生物的功能，一般是具有特定基团的有机化合物和金属及其化合物。抗菌材料广泛应用于家庭、医院和公共场所，抑制或者杀死微生物。由于病原微生物常常能引起人体各个组织和器官发生病变，严重危害人类的身体健康，所以抗菌材料也常被用于医疗领域进行抑菌或抗菌[78]。

随着人体植入材料的广泛应用，植入伤口感染引起的炎症反应大大增加了患者的发病率和死亡率，给患者带来身心和经济的双重损失，因此预防和抑制感染成为目前生物材料研究的一项重要内容[79]。初步研究已经表明，炎症表现出的高水平炎症细胞因子和蛋白酶以及创面周围不活跃的生长因子、异常细胞以及功能失常的伤口基质成分等会抑制伤口的愈合[80]。

10.7.2 抗菌材料的类型

抗菌材料根据材料成分不同，可以分为无机抗菌材料、有机抗菌材料和天然抗菌材料。

无机抗菌材料主要分为两种：一种是含有重金属（如银、铜和锌）离子的无机物。其抗菌机理是通过金属离子作用于细菌，破坏其蛋白结构，导致细菌的功能受到阻碍或者死亡[81]。其中以银系抗菌材料应用最多，如：载银医用敷料覆盖在伤口上可以抑制伤口细菌感染，并且可以促进伤口的愈合[82]。Pratten 等[83]在外科缝合线上涂上一层载银生物活性玻璃，发现其具有明显的抑菌效果。Maneerung 等[84]制备的含有植入纳米银颗粒的细菌纤维素伤口敷料对大肠杆菌和金黄色葡萄球菌均具有较强的抗菌性能。另一种是光催化类的抗菌剂，以 TiO_2为代表。它们通过很强的氧化还原方式破坏细菌的增殖能力并杀死细菌[85]。

有机抗菌材料主要是有机酸、酯、醇、酚等物质[86]，这类抗菌材料可用作防腐剂、防霉剂。这类抗菌材料与细菌或霉菌细胞膜表面的阴离子或巯基结合反应，大多能干扰细胞的基因表达和相关的酶系统，因此对生物细胞有一定的毒性，这限制了这类抗菌材料的发展[87]。

季铵盐类抗菌材料是研究较多的一类合成有机杀菌材料。有研究表明季铵化壳聚糖衍生物比壳聚糖（Chitosan，CS）具有更强的抗菌活性、更广的抗菌谱[88]。研究发现，随着壳聚糖季铵盐烷基链长度的增加，其抗菌活性增强。这些结果表明，壳聚糖季铵盐的疏水性和阳离子电荷在抑菌活性中起了重要的作用。此外，壳聚糖季铵盐在醋酸溶液中比在水溶液中的抗菌活性强[89]。Shi 等[90]发现加入壳聚糖季铵盐纳米颗粒的聚甲基丙烯酸甲酯骨粘固剂对金黄色葡萄球菌、表皮葡萄球菌的抗菌效果比单纯地加入壳聚糖和壳聚糖纳米粒抗菌效果更好。Sun 等[91]制备的季铵化羧甲基壳聚糖比羧甲基壳聚糖和季铵化壳聚糖具有更为明显的抑菌效果。

天然抗菌材料主要有壳聚糖、多肽类、鱼精蛋白、桂皮油、小檗碱、鱼腥草和鱼腥草素、罗汉柏油以及大蒜素等，它们大多是从动植物中提炼出来的，使用安全，无毒副作用。其中以壳聚糖研究最多。

10.7.3 壳聚糖抗菌机制与应用

10.7.3.1 壳聚糖抑菌活性

甲壳素脱乙酰以后得到CS。甲壳素主要存在于节肢动物的外壳、甲壳类动物的外壳以及菌类和藻类的细胞壁中。由于CS的化学结构是由多个N－乙酰氨基葡萄糖通过β－（1－4）糖苷键连接起来的，能表现出独特的抗菌性能[92]，已在食品、制药、纺织、农业、水处理和化妆品等行业里被广泛使用[93]。

CS已被证明对许多细菌如丝状真菌和酵母菌等具有抑菌活性[94]。CS对革兰氏阳性菌和革兰氏阴性菌均具有广谱抗菌作用和较高的抑菌率，且对哺乳动物的毒性较低[95]。自从Allan首次提出CS具有广谱抗菌活性以来[96]，壳聚糖及其衍生物的巨大商业潜力不断被挖掘出来。研究成果表明，壳聚糖及其衍生物的抗菌活性依靠众多内外因素产生抗菌机制，比如pH值、微生物种类、存在或不存在的金属阳离子、pKa值、分子量（Mw）和CS脱乙酰化的程度等[97]。

虽然CS拥有广谱的抗菌活性，但针对不同的真菌、革兰氏阳性和革兰氏阴性菌，表现出不同的抑菌率。对于真菌，CS发挥抑制产孢作用，从而起到抗真菌的效果[98]。不同的革兰氏阳性菌和革兰氏阴性菌由于其细胞不同的表面特性，抗菌活性的作用机理不同。在几项研究中，对革兰氏阴性菌与革兰氏阳性菌作对比试验，CS对革兰氏阴性菌表现出更强的抗菌活性[99]，而在另一项研究中革兰氏阳性菌则更容易受到影响。这可能是由革兰氏阴性菌外膜屏障造成的不同[100]。也有研究表明CS对细菌的抑菌性能没有显著的影响[101]。

10.7.3.2 壳聚糖抗菌的作用机制

很多学者研究发现了CS及其衍生物的作用机制：①阳离子CS结合了磷脂质中的唾液酸，从而抑制微生物中物质的运动；②壳寡糖渗透进微生物细胞防止DNA到RNA的转换，从而阻止细胞的生长[102]。

CS及其衍生物的不同物理状态和分子量提供了独特的抗菌模式。低分子量水溶性CS和超细纳米颗粒能够穿透细菌的细胞壁与DNA结合，并抑制mRNA的合成和DNA复制。高分子量的水溶性CS和固体CS，包括更大尺寸的纳米颗粒与细胞表面相互作用或改变细胞的通透性，在细胞周围形成一个防渗透层，从而阻断必需的营养物质进入细胞[103]。

尽管革兰氏阴性和革兰氏阳性菌的细胞壁有差别，但它们的抗菌模式都开始于细胞表面，并首先与细胞壁或细胞膜发生中和。对于革兰氏阳性菌，脂磷壁酸（LTA）能为CS在细胞中提供一个分子链接，允许它扰乱膜功能[104]。革兰氏阴性菌外膜（OM）的成分脂多糖（LPS）和蛋白质通过与二价阳离子所产生的静电相互作用结合在一起，二价阳离子固定住OM。当pH值低于CS及其衍生物的pKa时，聚阳离子与二价阳离子竞相与聚阴离子结合；当pH值高于pKa值时，它们与聚阴离子的状态变成螯合关系，与细胞壁里的Mg^{2+}和Ca^{2+}离子替换，破坏细胞壁的完整性，进而影响降解酶的活性[105]。

到目前为止，CS及其衍生物的抗菌模式基本上是从理化和形态学的角度分析，较少学者从分子的角度进行研究。最近的一项分子生物学研究显示，CS的转录响应模式揭示166个开放阅读框（0.64% False Discovery Rate）在表达水平上具有统计学意义的显著改变。CS抑制细菌的生长清楚地反映在基因的表达谱上。这些转录响应数据提供了CS干扰细胞能量代谢的间接证据。CS和细胞壁聚合物聚合在一起将触发次级细胞响应：细菌的膜功能不稳定和随后的细菌膜功能混乱，这虽然不会造成明显的孔洞，却减弱了膜屏障功能和细胞成分的泄漏。

此外，产生膜最大能量的通路也受到影响，原因可能是电子传递链的功能组织受到损害，产生适当的氧还原迫使细胞转移到厌氧能量生产。这可能最终导致细胞的整体功能失调[106]。

10.7.3.3 壳聚糖作为抗菌材料的应用

CS作为抗菌材料，可以在炎症反应期间增强炎症部位细胞的功能，同时加速细胞向受伤部位迁移[107]。这些细胞（如巨噬细胞）能杀灭微生物，去除死细胞，并刺激其他免疫系统的细胞，通过减少感染概率来提高治愈的概率。CS的正电荷能与粘多糖产生静电相互作用以吸引生长因子来加快细胞的生长。CS所带的阳离子也与细菌细胞壁的阴离子发生静电作用，以降低细菌的活性[108]。CS的几种物质形式中，有的可以单独使用，例如水凝胶，而其他形式可以与传统的绷带一起使用，为伤口提供避免外界因素干扰的保护层，同时也可以维持一个促进伤口愈合的湿润环境。因壳聚糖做成的绷带能安全地在体内生物降解而不需要拆卸，这使CS成为一个很有吸引力的伤口愈合材料[109]。CS可以最大限度地减少局部炎症反应，促进伤口的愈合，这成为许多学者研究的重点。

10.7.4 纳米抗菌材料

纳米抗菌材料是将无机抗菌剂采用高科技的纳米技术处理，使其具有更为广泛、卓越的抗菌杀菌功能，并且通过缓释作用，提高了抗菌长效性。

纳米抗菌材料的抗菌机理有两点。一是接触反应，即抗菌制品中的金属离子与细菌接触反应后，造成微生物固有成分破坏或产生功能障碍。当微量的金属离子到达微生物细胞膜时，因后者带负电荷，依靠库仑引力，使两者牢固吸附，金属离子穿透细胞壁进入细胞内，并与巯基（-SH）反应，使蛋白质凝固，破坏细胞合成酶的活性，使细胞丧失分裂繁殖能力而死亡。金属离子还能破坏微生物电子传输系统、呼吸系统和物质传输系统。当菌体失去活性后，金属离子又会从菌体中游离出来，重复进行杀菌活动，因此其抗菌效果持久。二是光催化反应，在光的作用下，金属离子能起到催化活性中心的作用，激活水和空气中的氧，产生羟基自由基和活性氧离子。活性氧离子具有很强的氧化能力，能在短时间内破坏细菌的繁殖能力而使细胞死亡，从而达到抗菌的目的。

总之，性能优良的抗菌材料要求对致病微生物在较长的时间内具有明显的抑制效果，具有较好的理化性能，取材简单，并具有一定的降解性能，对人体无毒副作用，具有良好的生物相容性。目前，虽然抗菌材料的研究取得了迅猛的发展，但由于这类材料的制备技术较烦琐，大规模生产比较困难，且目前的研究大都集中在体外的实验阶段，需要进行动物基础试验和临床研究来验证和推动抗菌生物材料的发展，使得抗菌材料在临床得到真正的应用。

10.8 先进生物材料的应用新进展

生物材料制品有两大类，即医疗器械和药用载体，都属于防病治病、医疗保健、抗灾除疫的特殊商品，在保障社会发展原动力——延长人的生命和提高生存质量方面的作用，已日益为人们所认识。随着社会的进步、科技的发展、生命的关怀，生物材料制品的持续高水平发展已经成为当今科学技术发展的重要领域之一。无论是医疗器械还是药用载体都是多学科的高技术密集型产品，又往往是边缘学科的知识交叉，属于最及时应用新技术、新材料和新工艺的工业产品群，已经成为世界各国重点发展的新型战略产业之一 。

生物材料制品的服务对象是人，解决的问题是保障人类的健康和长寿，所以，许多科学家都会将新型的高新科学技术及时应用到医疗器械和药用载体。生物学和纳米技术是21世纪发展迅速的领域之一，将会对医疗器械和药用载体功能的改进发挥重要的作用。可以想象，如果没有纳米技术和生物科学的支撑，新型医疗器械和药用载体的创造将会何等困难。今后医械公司如果要继续立足医械界，就必须具有纳米新技术和新材料以及分子和细胞生物学方面的新视野和如何及时创新地将它们融合在一起的方法。

医疗器械的趋势是制造体积更小、耗能更少、功能更强、价格更低并由传感器作用的器械，如基于蛋白质或基因的新疗法为此提供了新目标。蛋白或基因治疗的缓控释装置非常重要，所涉及的技术就包含纳米技术和纳米材料以及许多新材料的制备方法。许多体内电刺激装置若能实现内置智能器件、生物制品等，其治疗效果将会大大改善。采用逆转录酶病毒进行基因治疗就是采用纳米技术使其具有一定的靶向作用。采用β细胞治疗糖尿病同样是纳米技术、生物制品和器械相互结合的典范。

心血管类产品将是医疗器械工业最为关注的部分，是竞争激烈、变化迅速的市场之一。经皮冠状动脉成形术（PTCA）、裸血管支架都有导致血管内膜的增生和引起血管再狭窄的可能，所以，用抑制炎症反应和内膜增长的药物在血管支架涂层，抑制支架内的再狭窄已经成为目前临床使用和继续研发的热点。研究重点还有设计新的高弹性、低刚性的支架形状，研制抑制内膜增生的新材料，从根本上减少支架对血管壁的损伤，抑制内膜的增生，将再狭窄的发生率降至最低。

药物涂层支架技术的成功，对医疗器械的改进产生了巨大的影响，标志着器械和药物组合装置将进入新时期。许多医械和药物的适当联用，衍生出许多新型的器械和植入物，如神经刺激装置、血管缝合器、助听器、前列腺治疗器、胸部植入物、齿科植入物、避孕阻塞器、起搏器、电刺激导线、脊柱修补器械、人工关节、糖尿病治疗器械等。

矫形医疗器械也将是最大的、增长最为迅速的产品领域之一，其中重建植入物占有最大的份额，并将持续增长。信息技术、医用成像技术、药物和医疗器械之间的协同作用，将产生出许多新的治疗方法，使临床效果达到新的水平。药物涂层支架和远程医学是这一发展趋势的两个实例。为推广社区医疗，研发可用于门诊诊断的技术和产品，如远程监护、微创器械、自行护理等产品，有十分重要的意义和影响。心脏辅助装置体积都在变得更小，新一代起搏器采用双心室起搏技术，使心室恢复同步，增加心搏出量，以增强心脏泵送作用。正在研发的三腔起搏器具有三个独立可控的脉冲发生器，能按病人情况作自行调节。

用于体内植入的材料功能要求越来越高，生物相容性的要求也越来越严格。无论是组织工程支架材料、组织再生材料，还是常用的组织修复、填充材料都有一个共同的要求，就是生物可降解性、组织再生诱导性和智能性。为了解决材料的组织诱导性和智能性，就必须搞清楚材料与人体组织、细胞、蛋白以及生物大分子之间的相互作用关系。依据人体结构的复杂性和仿生学的原理，纳米材料、复合材料、液晶材料、凝胶材料及其相关的生物降解性就必然成为生物材料的重要研究内容。相关内容已在相关章节中有所介绍，在此不再赘述。

【参考文献】

1. 周长忍等. 生物材料学. 北京：中国医药科技出版社，2004.
2. 石淑先. 生物材料制备与加工. 北京：化学工业出版社，2009.
3. 中国食品药品监督管理局. 中国医疗器械分类目录，2000.
4. Tawes Jr. RL., Sydorak GR., DuVall TB.. Autologous Fibrin Glue: The Last Step in Operative Hemostasis. *The American Journal of Surgery*, 1994, 168 (2): pp. 120 – 122.
5. Holcomb JB., Pusateri AE., Harris RA., Charles NC., Gomez RR., Cole JP., et al. Effect of Dry Fibrin Sealant Dressings Versus Gauze Packing on Blood Loss in Grade V Liver Injuries in Resuscitated Dwine. *The Journal of Trauma and Acute Care Surgery*, 1999, 46 (1): pp. 49 – 57.
6. Berguer R., Staerkel RL., Moore EE., Moore FA., Galloway W., Mockus MB.. Warning: Fatal Reaction to the Use of Fibrin Glue in Deep Hepatic Wounds Case Reports. *The Journal of Trauma*, 1991, 31 (3): pp. 408 – 411.
7. Kheirabadi B.. Evaluation of Topical Hemostatic Agents for Combat Wound Treatment. *US Army Med. Dep. J.*, 2011, 2 (1): pp. 25 – 37.
8. Elisabettacenni, Ciapetti G., Stea S., Corradini A., Carozzi F.. Biocompatibility and Performance in Vitro of a Hemostatic Gelatin Sponge. *Journal of Biomaterials Science, Polymer Edition*, 2000, 11 (7): pp. 685 – 699.
9. Alam HB., Chen Z., Jaskille A., Querol RILC., Koustova E., Inocencio R., et al.. Application of a Zeolite Hemostatic Agent Achieves 100% Survival in a Lethal Model of Complex Groin Injury in Swine. *The Journal of Trauma and Acute Care Surgery*, 2004, 56 (5): pp. 974 – 983.
10. Björses K., Faxälv L., Montan C., Wildt – Persson K., Fyhr P., Holst J., et al.. In Vitro and in Vivo Evaluation of Chemically Modified Degradable Starch Microspheres for Topical Haemostasis. *Acta Biomaterialia*, 2011, 7 (6): pp. 2558 – 2565.
11. Malette WG., Quigley HJ., Gaines RD., Johnson ND., Rainer WG.. Chitosan: A New Hemostatic. *The Annals of Thoracic Surgery*, 1983, 36 (1): pp. 55 – 58.
12. Klokkevold PR., Fukayama H., Sung EC., Bertolami CN.. The Effect of Chitosan (Poly – N – acetyl Glucosamine) on Lingual Hemostasis in Heparinized Rabbits. *Journal of Oral and Maxillofacial Surgery*, 1999, 57 (1): pp. 49 – 52.
13. Grenha A., Seijo B., Serra C., Remuńán – López C.. Chitosan Nanoparticle – loaded Mannitol Microspheres: Structure and Surface Characterization. *Biomacromolecules*, 2007, 8 (7): pp. 2072 – 2079.
14. Karachalios T., Tsatsaronis C., Efraimis G., Papadelis P., Lyritis G., Diakoumopoulos G.. The Long – term Clinical Relevance of Calcar Atrophy Caused by Stress Shielding in Total Hip Arthroplasty: A 10 – year, Prospective, Randomized Study: No Benefits or Funds Were Received in Support of This Study. *The Journal of Arthroplasty*, 2004, 19 (4): pp. 469 – 475.
15. Zeng R., Dietzel W., Witte F., Hort N., Blawert C.. Progress and Challenge for Magnesium Alloys as Biomaterials. *Advanced Engineering Materials*, 2008, 10 (8): pp. B3 – B14.
16. Gao J – C., Wu S., Qiao L – Y., Wang Y.. Corrosion Behavior of Mg and Mg – Zn Alloys in Simulated Body Fluid. *Transactions of Nonferrous Metals Society of China*, 2008, 18 (3): pp. 588 – 592.
17. Tunc D., Rohovsky M., Jadhav B., Lehman W., Strongwater A., Kummer F.. Body Absorbable Osteosynthesis Devices. *Advances in Biomedical Polymers: Springer*, 1987. pp. 87 – 99.
18. Bordes P., Pollet E., Avérous L.. Nano – biocomposites: Biodegradable Polyester/Nanoclay Systems. *Progress in Polymer Science*, 2009, 34 (2): pp. 125 – 155.
19. Luo B – H., Hsu C – E., Li J – H., Zhao L – F., Liu M – X., Wang X – Y., et al.. Nano – composite of Poly (L – lactide) and Halloysite Nanotubes Surface – grafted with L – lactide Oligomer under Microwave Irradiation. *Journal of Biomedical Nanotechnology*, 2013, 9 (4): pp. 649 – 658.
20. Yang C., Cheng K., Weng W., Yang C.. OTS – modified HA and Its Toughening Effect on PLLA/HA Porous

Composite. *Journal of Materials Science: Materials in Medicine*, 2009, 20 (3): pp. 667 - 672.

21. Ferracane JL.. Resin Composite—State of the Art. *Dental Materials*, 2011, 27 (1): pp. 29 - 38.
22. Sadat - Shojai M., Atai M., Nodehi A., Khanlar LN.. Hydroxyapatite Nanorods as Novel Fillers for Improving the Properties of Dental Adhesives: Synthesis and Application. *Dental Materials*, 2010, 26 (5): pp. 471 - 482.
23. Tsumita M., Kokubo Y., Ohkubo C., Sakurai S., Fukushima S.. Clinical Evaluation of Posterior All - ceramic FPDs (Cercon): A Prospective Clinical Pilot Study. *Journal of Prosthodontic Research*, 2010, 54 (2): pp. 102 - 105.
24. Beuer F., Edelhoff D., Gernet W., Sorensen JA.. Three - year Clinical Prospective Evaluation of Zirconia - based Posterior Fixed Dental Prostheses (FDPs). *Clinical Oral Investigations*, 2009, 13 (4): pp. 445 - 451.
25. van Noort R.. The Future of Dental Devices Is Digital. *Dental Materials*, 2012, 28 (1): pp. 3 - 12.
26. http://www.envisiontec.de/.
27. 梅早仙. 人工肺的现状和发展. 生物医学工程学杂志, 2010, 27 (6): 1410 ~ 1414.
28. 顾汉卿, 邓飞. 生物人工肾的研究前景. 世界医疗器械, 2003 (9).
29. 胡惠静, 卢婷利, 陈涛. 生物医用眼科材料的研究. 材料导报, 2009, 23 (4): 93 ~ 100.
30. 孙伟. 人造皮肤. 生命世界, 2011, 261 (7): 58 ~ 61.
31. 朱希山, 曾丽芬, 赵春华. 组织工程化人工皮肤研究的新进展. 中国组织工程研究与临床康复, 2007, 11 (6): pp. 1145 - 1148.
32. Hollister SJ.. Porous Scaffold Design for Tissue Engineering. *Nature Materials*, 2005, 4 (7): pp. 518 - 524.
33. Seal B., Otero T., Panitch A.. Polymeric Biomaterials for Tissue and Organ Regeneration. *Materials Science and Engineering: Reports*, 2001, 34 (4): pp. 147 - 230.
34. Hutmacher DW., Schantz JT., Lam CXF., Tan KC., Lim TC.. State of the Art and Future Directions of Scaffold - based Bone Engineering from a Biomaterials Perspective. *Journal of Tissue Engineering and Regenerative Medicine*, 2007, 1 (4): pp. 245 - 260.
35. Butscher A., Bohner M., Hofmann S., Gauckler L., Müller R.. Structural and Material Approaches for Bone Tissue Engineering in Powder Based 3D Printing. *Powder Based Three - dimensional Printing of Calcium Phosphate Structures for Scaffold Engineering*, 2013 (7): p. 14.
36. Pereira T., Silva M., Oliveira M., Maia I., Silva J., Costa M., et al.. Effect of Process Parameters on the Properties of Selective Laser Sintered Poly (3 - hydroxybutyrate) Scaffolds for Bone Tissue Engineering: This Paper Analyzes How Laser Scan Spacing and Powder Layer Thickness Affect the Morphology and Mechanical Properties of SLS - made Scaffolds by Using a Volume Energy Density Function. *Virtual and Physical Prototyping*, 2012, 7 (4): pp. 275 - 285.
37. Wu C., Fan W., Zhou Y., Luo Y., Gelinsky M., Chang J., et al.. 3D - printing of Highly Uniform $CaSiO_3$ Ceramic Scaffolds: Preparation, Characterization and in Vivo Osteogenesis. *Journal of Materials Chemistry*, 2012, 22 (24): pp. 12288 - 12295.
38. Chou D - T., Wells D., Hong D., Lee B., Kuhn H., Kumta PN.. Novel Processing of Iron - Manganese Alloy Based Biomaterials by Inkjet 3D Printing. *Acta Biomaterialia*, 2013.
39. Gildenhaar R., Knabe C., Gomes C., Linow U., Houshmand A., Berger G.. Calcium Alkaline Phosphate Scaffolds for Bone Regeneration 3D - fabricated by Additive Manufacturing. *Key Engineering Materials*, 2012 (493): pp. 849 - 854.
40. Serra T., Planell JA., Navarro M.. High - resolution PLA Based Composite Scaffolds via 3D Printing Technology. *Acta Biomaterialia*, 2012.
41. Li L., Kommareddy K., Pilz C., Zhou C., Fratzl P., Manjubala I.. In Vitro Bioactivity of Bioresorbable Porous Polymeric Scaffolds Incorporating Hydroxyapatite Microspheres. *Acta Biomaterialia*, 2010, 6 (7): pp. 2525 - 2531.

42. Lee M. , Wu BM. . Recent Advances in 3D Printing of Tissue Engineering Scaffolds. *Computer – Aided Tissue Engineering*: *Springer*, 2012. pp. 257 – 267.

43. Billiet T. , Vandenhaute M. , Schelfhout J. , Van Vlierberghe S. , Dubruel P. . A Review of Trends and Limitations in Hydrogel – rapid Prototyping for Tissue Engineering. *Biomaterials*, 2012, 33 (26): pp. 6020 – 6041.

44. Romano P. . 3D Printing Live Stem Cells; Hobbit in 3D; Super "Retina Display"; Your Microbiome; Hospitals Takeover; Income Taxes; Bicyclists; Deer Dangers. *Binocular Vision & Strabology Quarterly*, *Simms – Romano's*, 2012, 28 (1): pp. 52 – 64.

45. Wang X. , Yan Y. , Pan Y. , Xiong Z. , Liu H. , Cheng J. , et al. . Generation of Three – dimensional Hepatocyte/Gelatin Structures with Rapid Prototyping System. *Tissue Engineering*, 2006, 12 (1): pp. 83 – 90.

46. Xu M. , Wang X. , Yan Y. , Yao R. , Ge Y. . An Cell – assembly Derived Physiological 3D Model of the Metabolic Syndrome, Based on Adipose – derived Stromal Cells and a Gelatin/Alginate/Fibrinogen Matrix. *Biomaterials*, 2010, 31 (14): pp. 3868 – 3877.

47. Shim J – H. , Kim JY. , Park M. , Park J. , Cho D – W. . Development of a Hybrid Scaffold with Synthetic Biomaterials and Hydrogel Using Solid Freeform Fabrication Technology. *Biofabrication*, 2011, 3 (3): 034102.

48. Hydrogels MP. . Gelatin – methacrylamide Hydrogels as Potential Biomaterials for Fabrication of Tissue – engineered Cartilage Constructs. *Macromol Biosci.* , 2013 (13): pp. 527 – 530.

49. Billiet T. , Gevaert E. , De Schryver T. , Cornelissen M. , Dubruel P. . The 3D Printing of Gelatin Methacrylamide Cell – laden Tissue – engineered Constructs with High Cell Viability. *Biomaterials*, 2013.

50. Stevens MM. , George JH. . Exploring and Engineering the Cell Surface Interface. *Science*, 2005, 310 (5751): pp. 1135 – 1138.

51. Deitzel J. , Kleinmeyer J. , Harris Dea. , Beck Tan N. . The Effect of Processing Variables on the Morphology of Electrospun Nanofibers and Textiles. *Polymer*, 2001, 42 (1): pp. 261 – 272.

52. Ashammakhi N. , Ndreu A. , Yang Y. , Ylikauppila H. , Nikkola L. . Nanofiber – based Scaffolds for Tissue Engineering. *European Journal of Plastic Surgery*, 2012, 35 (2): pp. 135 – 149.

53. Zhang Y. , Lim CT. , Ramakrishna S. , Huang Z – M. . Recent Development of Polymer Nanofibers for Biomedical and Biotechnological Applications. *Journal of Materials Science*: *Materials in Medicine*, 2005, 16 (10): pp. 933 – 946.

54. Li D. , Xia Y. . Direct Fabrication of Composite and Ceramic Hollow Nanofibers by Electrospinning. *Nano Letters*, 2004, 4 (5): pp. 933 – 938.

55. Xu T. , Binder KW. , Albanna MZ. , Dice D. , Zhao W. , Yoo JJ. , et al. . Hybrid Printing of Mechanically and Biologically Improved Constructs for Cartilage Tissue Engineering Applications. *Biofabrication*, 2013, 5 (1): 015001.

56. Hou Q. , Paul A. , Shakesheff KM. . Injectable Scaffolds for Tissue Regeneration. *Journal of Materials Chemistry*, 2004, 14 (13): pp. 1915 – 1923.

57. Peppas NA. , Hilt JZ. , Khademhosseini A. , Langer R. . Hydrogels in Biology and Medicine: From Molecular Principles to Bionanotechnology. *Advanced Materials*, 2006, 18 (11): pp. 1345 – 1360.

58. Kim U – J. , Park J. , Joo Kim H. , Wada M. , Kaplan DL. . Three – dimensional Aqueous – derived Biomaterial Scaffolds from Silk Fibroin. *Biomaterials*, 2005, 26 (15): pp. 2775 – 2785.

59. Wang Q. , Wang J. , Lu Q. , Detamore MS. , Berkland C. . Injectable PLGA Based Colloidal Gels for Zero – order Dexamethasone Release in Cranial Defects. *Biomaterials*, 2010, 31 (18): pp. 4980 – 4986.

60. Olsen D. , Yang C. , Bodo M. , Chang R. , Leigh S. , Baez J. , et al. . Recombinant Collagen and Gelatin for Drug Delivery. *Advanced Drug Delivery Reviews*, 2003, 55 (12): pp. 1547 – 1567.

61. Rahman C. , Saeed A. , White L. , Gould T. , Kirby G. , Sawkins M. , et al. . Chemistry of Polymer and Ceramic – based Injectable Scaffolds and Their Applications in Regenerative Medicine. *Chemistry of Materials*, 2011, 24 (5): pp. 781 – 795.

62. Lewis G. . Viscoelastic Properties of Injectable Bone Cements for Orthopaedic Applications: State – of – the – art

Review. *Journal of Biomedical Materials Research Part B: Applied Biomaterials*, 2011, 98 (1): pp. 171 – 191.

63. Wee ATH., Wong YS.. Percutaneous Reduction and Injection of Norian Bone Cement for the Treatment of Displaced Intra – articular Calcaneal Fractures. *Foot & Ankle Specialist*, 2009, 2 (2): pp. 98 – 106.
64. Ha W., Meng X – W., Li Q., Fan M – M., Peng S – L., Ding L – S., et al. Self – assembly Hollow Nanosphere for Enzyme Encapsulation. *Soft Matter*, 2010, 6 (7): pp. 1405 – 1408.
65. Strehlow V., Lessig J., Gase M., Reibetanz U.. Development of LbL – biopolymer Capsules as Delivery System for the Multilayer – assembled Anti – inflammatory Substance α1 – antitrypsin. *J. Mater. Chem. B.*, 2013.
66. Wei W., Wang LY., Yuan L., Wei Q., Yang XD., Su ZG., et al.. Preparation and Application of Novel Microspheres Possessing Autofluorescent Properties. *Advanced Functional Materials*, 2007, 17 (16): pp. 3153 – 3158.
67. Wei W., Yuan L., Hu G., Wang LY., Wu J., Hu X., et al.. Monodisperse Chitosan Microspheres with Interesting Structures for Protein Drug Delivery. *Advanced Materials*, 2008, 20 (12): pp. 2292 – 2296.
68. Yan Y., MR' rnmalm M., Caruso F.. Assembly of Layer – by – Layer Particles and Their Interactions with Biological Systems. *Chemistry of Materials*, 2013.
69. Katstra W., Palazzolo R., Rowe C., Giritlioglu B., Teung P., Cima M.. Oral Dosage Forms Fabricated by Three Dimensional Printing. *Journal of Controlled Release*, 2000, 66 (1): pp. 1 – 9.
70. 伍卫刚. 三维打印技术制备多药控释载药人工骨及其治疗慢性骨髓炎的实验研究. 华中科技大学博士学位论文, 2010.
71. 余灯广, 杨祥良, 徐辉碧, 曾繁典. 三维打印技术在药剂学中的应用. 中国新药杂志, 2005 (7): 843 ~ 848.
72. A. K., editor. *Nanofibers*. InTech, 2010.
73. Pakravan M., Heuzey M – C., Ajji A.. Core – Shell Structured PEO – Chitosan Nanofibers by Coaxial Electrospinning. *Biomacromolecules*, 2012, 13 (2): pp. 412 – 421.
74. McCann JT., Marquez M., Xia Y.. Melt Coaxial Electrospinning: A Versatile Method for the Encapsulation of Solid Materials and Fabrication of Phase Change Nanofibers. *Nano Letters*, 2006, 6 (12): pp. 2868 – 2872.
75. 龙新云. 同轴静电纺丝法制备中药载药材料的研究. 北京化工大学硕士学位论文, 2009.
76. Qi H., Hu P., Xu J., Wang A.. Encapsulation of Drug Reservoirs in Fibers by Emulsion Electrospinning: Morphology Characterization and Preliminary Release Assessment. *Biomacromolecules*, 2006, 7 (8): pp. 2327 – 2330.
77. Zhang Y., Wang X., Feng Y., Li J., Lim C., Ramakrishna S.. Coaxial Electrospinning of (Fluorescein isothiocyanate – conjugated bovine serum albumin) – encapsulated poly (ε – caprolactone) Nanofibers for Sustained Release. *Biomacromolecules*, 2006, 7 (4): pp. 1049 – 1057.
78. 王佰亮, 朱晔凌, 孟金刚, 宋晨, 杨富春, 计剑. 医用抗菌材料的研究进展. 中国科技论文在线, 2010 (4): 307 ~ 311.
79. Montanaro L., Campoccia D., Arciola CR.. Advancements in Molecular Epidemiology of Implant Infections and Future Perspectives. *Biomaterials*, 2007, 28 (34): pp. 5155 – 5168.
80. Mulder M.. The Selection of Wound Care Products for Wound Bed Preparation. *Professional Nursing Today*, 2011, 15 (6): pp. 30 – 36.
81. Jaiswal S., Bhattacharya K., Sullivan M., Walsh M., Creaven BS., Laffir F., et al.. Non – cytotoxic Antibacterial Silver – coumarin Complex Doped Sol – gel Coatings. *Colloids and Surfaces B: Biointerfaces*, 2013, 102: pp. 412 – 419.
82. Silver S., Phung LT., Silver G.. Silver as Biocides in Burn and Wound Dressings and Bacterial Resistance to Silver Compounds. *Journal of Industrial Microbiology and Biotechnology*, 2006, 33 (7): pp. 627 – 634.
83. Pratten J., Nazhat SN., Blaker JJ., Boccaccini AR.. In Vitro Attachment of Staphylococcus Epidermidis to Surgical Sutures with and without Ag – containing Bioactive Glass Coating. *Journal of Biomaterials Applications*, 2004, 19 (1): pp. 47 – 57.
84. Maneerung T., Tokura S., Rujiravanit R.. Impregnation of Silver Nanoparticles into Bacterial Cellulose for Anti-

microbial Wound Dressing. *Carbohyd. Polym.*, 2008, 72 (1): pp. 43 - 51.

85. Umadevi M., Sangari M., Parimaladevi R., Sivanantham A., Mayandi J.. Enhanced Photocatalytic, Antimicrobial Activity and Photovoltaic Characteristics of Fluorine Doped TiO_2 Synthesized under Ultrasound Irradiation. *Journal of Fluorine Chemistry*, 2013, 156: pp. 209 - 213.
86. 李淳，孙蓉，曾秋苑，敖宁建．有机高分子抗菌剂的制备及抗菌机理．高分子通报，2011 (3): 79 ~ 85.
87. 夏金兰，王春，刘新星．抗菌剂及其抗菌机理．中南大学学报（自然科学版），2004 (1): 31 ~ 38.
88. Xie Y., Liu X., Chen Q.. Synthesis and Characterization of Water - soluble Chitosan Derivate and Its Antibacterial Activity. *Carbohyd. Polym.*, 2007, 69 (1): pp. 142 - 147.
89. Tikhonov VE., Stepnova EA., Babak VG., Yamskov IA., Palma - Guerrero J., Jansson H - B., et al.. Bactericidal and Antifungal Activities of a Low Molecular Weight Chitosan and Its N - /2 (3) - (dodec - 2 - enyl) succinoyl/ - derivatives. *Carbohyd. Polym.*, 2006, 64 (1): pp. 66 - 72.
90. Shi Z., Neoh KG., Kang ET., Wang W.. Antibacterial and Mechanical Properties of Bone Cement Impregnated with Chitosan Nanoparticles. *Biomaterials*, 2006, 27 (11): pp. 2440 - 2449.
91. Sun L., Du Y., Fan L., Chen X., Yang J.. Preparation, Characterization and Antimicrobial Activity of Quaternized Carboxymethyl Chitosan and Application as Pulp - cap. *Polymer*, 2006, 47 (6): pp. 1796 - 1804.
92. Tharanathan RN., Kittur FS.. Chitin—the Undisputed Biomolecule of Great Potential. *Critical Reviews in Food Science and Nutrition*, 2003, 43 (1): pp. 61 - 87.
93. Mourya V., Inamdar NN.. Chitosan - modifications and Applications: Opportunities Galore. *Reactive and Functional Polymers*, 2008, 68 (6): pp. 1013 - 1051.
94. Ueno K., Yamaguchi T., Sakairi N., Nishi N., Tokura S.. Antimicrobial Activity by Fractionated Chitosan Oligomers. *Advances in Chitin Science*, 1997 (2): pp. 156 - 161.
95. Franklin TJ., Snow GA.. *Biochemistry of Antimicrobial Action*, 1981.
96. Allan CR., Hadwiger LA.. The Fungicidal Effect of Chitosan on Fungi of Varying Cell Wall Composition. *Experimental Mycology*, 1979, 3 (3): pp. 285 - 287.
97. Zivanovic S., Basurto C., Chi S., Davidson P., Weiss J.. Molecular Weight of Chitosan Influences Antimicrobial Activity in Oil - in - water Emulsions. *Journal of Food Protection*, 2004, 67 (5): pp. 952 - 959.
98. Chung Y - C., Su Y - P., Chen C - C., Jia G., Wang H - L., Wu JG., et al.. Relationship between Antibacterial Activity of Chitosan and Surface Characteristics of Cell Wall. *Acta Pharmacological Sinica*, 2004 (25): pp. 932 - 936.
99. Zhong Z., Xing R., Liu S., Wang L., Cai S., Li P.. Synthesis of Acyl Thiourea Derivatives of Chitosan and Their Antimicrobial Activities in Vitro. *Carbohydrate Research*, 2008, 343 (3): pp. 566 - 570.
100. Wang X., Du Y., Liu H.. Preparation, Characterization and Antimicrobial Activity of Chitosan - Zn Complex. *Carbohyd. Polym.*, 2004, 56 (1): pp. 21 - 26.
101. Takahashi T., Imai M., Suzuki I., Sawai J.. Growth Inhibitory Effect on Bacteria of Chitosan Membranes Regulated with Deacetylation Degree. *Biochemical Engineering Journal*, 2008, 40 (3): pp. 485 - 491.
102. Sashiwa H., Aiba S - I.. Chemically Modified Chitin and Chitosan as Biomaterials. *Progress in Polymer Science*, 2004, 29 (9): pp. 887 - 908.
103. Eaton P., Fernandes JC., Pereira E., Pintado ME., Xavier Malcata F.. Atomic Force Microscopy Study of the Antibacterial Effects of Chitosans on Escherichia Coli and Staphylococcus Aureus. *Ultramicroscopy*, 2008, 108 (10): pp. 1128 - 1134.
104. Raafat D., Von Bargen K., Haas A., Sahl H - G.. Insights into the Mode of Action of Chitosan as an Antibacterial Compound. *Applied and Environmental Microbiology*, 2008, 74 (12): pp. 3764 - 3773.
105. Rurián - Henares JA., Morales FJ.. Antimicrobial Activity of Melanoidins Against Escherichia Coli Is Mediated by a Membrane - damage Mechanism. *Journal of Agricultural and Food Chemistry*, 2008, 56 (7): pp. 2357 - 2362.

106. Roller S. , Covill N. . The Antifungal Properties of Chitosan in Laboratory Media and Apple Juice. *International Journal of Food Microbiology*, 1999, 47 (1): pp. 67 – 77.

107. Chen J – P. , Chang G – Y. , Chen J – K. . Electrospun Collagen/Chitosan Nanofibrous Membrane as Wound Dressing. *Colloids and Surfaces A: Physicochemical and Engineering Aspects*, 2008 (313): pp. 183 – 188.

108. Di Martino A. , Sittinger M. , Risbud MV. . Chitosan: A Versatile Biopolymer for Orthopaedic Tissue – engineering. *Biomaterials*, 2005, 26 (30): pp. 5983 – 5990.

109. Yang T – C. , Chou C – C. , Li C – F. . Antibacterial Activity of N – alkylated Disaccharide Chitosan Derivatives. *International Journal of Food Microbiology*, 2005, 97 (3): pp. 237 – 245.

后　记

近七十万字的书稿终于出版啦！三年来，我们尽心尽力，兢兢业业，还有点提心吊胆，因为大家都想尽善尽美，实际上这是很难做到的。尽管书名是“先进生物材料学”，可“先进”二字也只能相对而言，更何况生物材料发展迅速，撰写过程又有不少新的研究成果诞生。大家在编写过程中试图尽量涵盖更多的相关内容，但难度很大，尤其是对作者不熟悉或尚有争论或结果有待进一步验证的内容只能忍痛割爱了。作为亡羊补牢、抛砖引玉之举，现把未能写进书中的一些内容简单总结如下：

生物材料经历了从惰性到生物活性的发展过程。惰性生物材料为临床医学的进步作出了重要贡献，如骨科、牙科重建，心脏瓣膜、血管的置换或搭桥等。惰性生物材料的宿主响应性的主要影响因素是生物力学和颗粒状产物的释放等，一般只是简单的功能替代。生物活性材料关注材料与组织/细胞之间的相互作用，通常能主动与人体细胞、组织产生可控的相互作用，实现组织的修复和再生，这是生物材料发展的方向。药物输送系统的发展趋势是从宏观到微观，从单一功能向多功能发展，如负载多种药物分子、诊断分子或探针的多功能生物材料。

生物材料构建是组织工程和再生医学研究的关键和核心，关键是目前使用的生物材料是不是拟复制靶细胞的天然环境，况且靶细胞的微环境可以在细胞外基质表达的过程中随时间的变化而变化，更重要的是生物材料降解和吸收特性能否与细胞微环境的要求相一致。材料力学、化学性能会刺激细胞，进而影响材料与细胞之间的作用规律与机制，如材料的弹性，特别是刚性，可以促使机械信号传递到靶细胞，影响甚至优化其细胞分化、增殖和基因表达。组织工程支架材料不仅可以在体内外优化细胞、养分、气体和生物分子的运输，完善血管和神经发育的结构体系，还应该没有内在的细胞毒性和免疫原性，以及最低限度的促炎性。

生物金属材料是生物材料的重要组成部分，其临床使用的范围很广，如以种植牙为主的牙科材料、钛及钛合金等医用级原材料、无镍不锈钢及其他新型合金、可降解镁合金以及脊柱非融合治疗技术等。

作者深感本书的缺憾所在，但也无法做到面面俱到，只能结合作者的研究特点把相关内容阐释出来，只求对读者有一定的帮助，若有误导或不妥之处敬请读者谅解。

2014 年 6 月